Standard Textbook

標準細胞生物学

監修

石川　春律　元群馬大学名誉教授

編集

近藤　尚武　東北文化学園大学教授
柴田洋三郎　九州大学名誉教授，福岡県立大学理事長・学長
藤本　豊士　名古屋大学大学院教授
溝口　　明　三重大学大学院教授

執筆（執筆順）

石川　春律	元群馬大学名誉教授	依藤　　宏	群馬大学大学院教授
井関　尚一	金沢大学大学院教授	藤原　敬己	ロチェスター大学教授（循環器）
小路　武彦	長崎大学大学院教授	神谷　　律	東京大学名誉教授
友田　燁夫	前東京医科大学教授（生化学）	米田　悦啓	大阪大学大学院教授
黒岩　常祥	東京大学名誉教授，日本学士院会員	関元　敏博	大阪大学大学院助教
		片平じゅん	大阪大学大学院准教授
横田　貞記	長崎国際大学教授（薬学部）	年森　清隆	千葉大学大学院教授
高田　邦昭	群馬大学学長	中島　　孝	静岡がんセンター病理部長
曽我部正博	名古屋大学大学院教授	菊池　韶彦	名古屋大学名誉教授
藤本　豊士	名古屋大学大学院教授	帯刀　益夫	東北大学名誉教授
柴田洋三郎	九州大学大学院教授	大隅　典子	東北大学大学院教授
井出　千束	藍野大学教授	八木沼洋行	福島県立医科大学教授
近藤　尚武	東北文化学園大学教授	永田　和宏	京都産業大学教授・学部長（総合生命科学部）
溝口　　明	三重大学大学院教授		

医学書院

標準細胞生物学

発　行	1999年 1月10日　第1版第1刷
	2007年10月15日　第1版第8刷
	2009年 2月 1日　第2版第1刷Ⓒ
	2012年12月15日　第2版第2刷

監修者　石川春律(いしかわはるのり)

編集者　近藤尚武(こんどうひさたけ)・柴田洋三郎(しばたようさぶろう)・藤本豊士(ふじもととよし)・溝口　明(みぞぐちあきら)

発行者　株式会社　医学書院
　　　　代表取締役　金原　優
　　　　〒113-8719　東京都文京区本郷 1-28-23
　　　　電話 03-3817-5600(社内案内)

印刷・製本　横山印刷

本書の複製権・翻訳権・上映権・譲渡権・公衆送信権(送信可能化権を含む)は㈱医学書院が保有します.

ISBN 978-4-260-00393-3

本書を無断で複製する行為(複写,スキャン,デジタルデータ化など)は,「私的使用のための複製」など著作権法上の限られた例外を除き禁じられています.大学,病院,診療所,企業などにおいて,業務上使用する目的(診療,研究活動を含む)で上記の行為を行うことは,その使用範囲が内部的であっても,私的使用には該当せず,違法です.また私的使用に該当する場合であっても,代行業者等の第三者に依頼して上記の行為を行うことは違法となります.

JCOPY〈(社)出版者著作権管理機構　委託出版物〉
本書の無断複写は著作権法上での例外を除き禁じられています.
複写される場合は,そのつど事前に,(社)出版者著作権管理機構(電話 03-3513-6969,FAX 03-3513-6979,info@jcopy.or.jp)の許諾を得てください.

第2版 序

　生物体を構成する基本的単位であり，生命の最小単位でもある細胞は，17世紀から始まった光学顕微鏡の開発当初から，その観察対象として注目を集めてきた。その細胞の形態と機能を総合的に理解しようとする細胞生物学は，近年，分子生物学や遺伝子工学の相前後する発展に伍して，生命科学の中で中心的位置を占めるに至っている。その結果，細胞生物学は，生命科学ないし医学教育において重要科目となった。

　このような時代の流れを鑑みて，本書初版をこの学問分野におけるわが国で最初の本格的な教科書として世に問うたのは10年前であった。その編集方針として，それまでに流布していた海外の細胞生物学の教科書が分子レベルを重視する傾向だったのに対して，本書では細胞の構造・形態を幹として細胞生物学を説く立場を貫いた。それが本書のユニークさとして，ある程度，世に認められたと見なせるなら嬉しいかぎりである。

　まさに日進月歩の細胞生物学にとって，この10年の歳月は非常に長く，その間の新知見の集積は著しい。したがって，今の時期に本書の内容の刷新は必須と判断して，「細胞の生命活動は構造の上に展開される」とする初版の編集方針を堅持して改訂を行った。

　目次を一見すると明らかなように，この領域の世界の趨勢を見極めて，章の構成を全面的に組み改めた。一方で初版に引き続いて，各章の冒頭に「本章を学ぶ意義」を設けて読者の注意を喚起し，本文中にはコラム欄として，基本的なコアの部分を越えた内容を「Advanced Studies」に，最新の知見を「Side Memo」に，研究方法の実際を「技術解説」に詳しく記述した。さらに，基礎的知見がいかにして病態解明につながりうるかという視点で，関連する疾患などを取り上げる「臨床との接点」を新たに設けた。加えて，巻末に「医師国家試験出題基準」および「医学教育モデル・コア・カリキュラム」の対照表を新たに載せて，講義を行なう側と受ける側，双方にとっての便宜を図った。これらの工夫が，読者にとって有意義なものとなることを願う。

　こうして，新しい需要に応えるべく改訂作業を進めて，その完成が間近になった2008年秋に，初版の立案から今回の改訂まで常に編集の強力な牽引者であ

り続け，日本の細胞生物学のパイオニアの一人であった石川春律博士を失うという悲報に遭遇してしまった。ご逝去される数日前に，監修者としてチェックしていただいた校正刷りをお送りいただいたばかりであった。最後まで本書にかける想いは格別であったことと拝察される。ここに，衷心より本書第2版を，故石川博士に捧げたい。

2008年12月

編集者一同

初版 序

　細胞は生物体を構成する基本的単位であり，生命の最小単位でもある。この細胞を総合的にとらえる細胞生物学は近年急速に発展してきた。今や細胞生物学は生命科学の中でその中心的位置を占めるに至っている。医学教育においても細胞生物学は医学の基礎中の基礎として医学入門の一環として取り上げられるようになった。本書は医学生向りの教科書「標準」シリーズの一冊であるが，医学生のみならず，広く生命科学を学ぶ学生をも対象としている。

　従来，わが国の医学教育では細胞生物学は組織学総論の一部として，また，生化学や生理学などの中で断片的に取り扱われてきた。しかし，細胞生物学の急速な発展とともに，その重要性が認識され，必須の基礎科目として独立して学ぶようになってきた。残念ながら，わが国では細胞生物学が今日の発展を見るに至っても未だ細胞生物学の本格的な教科書は出版されないまま，ほとんど外国の教科書に頼っているのが現状である。そして，わが国独自の細胞生物学の教科書発行を望む声は強く，その機は熟したといえよう。

　細胞生物学は，大学における医学・生物学教育全体の中でも専門基礎科目として入門の位置づけになっていて，入学してすぐか，比較的低学年で学ぶことが多い。そのような状況を考えるとき，どのような教科書が適切であろうか。最近の外国の教科書は分子レベルを重視した分子細胞生物学の性格が強くなっており，この学問の今日の動向をよく表している。しかし，入門的な教科書としては取り付きにくいところが多く見られる。そこでわれわれは，細胞生物学の進歩の歴史がそうであったように，「細胞の構造」を幹として解説した方が理解しやすいのではと考えた。われわれの経験からも，また「標準」という観点からも，この取り組みは妥当だと信じる。もちろん，構造と機能は密接不可分であり，分子レベルの理解が重要であることは申すまでもない。したがって，新しく創る教科書では，分子レベルに意を留めつつも，構造あるところに機能あり，細胞の生命活動は構造の上に展開されるとする立場を明確にすることを基本とした。主として形態学の観点から細胞生物学に取り組んでいるわれわれが編集を担当することになったのもそのためである。構造・形態を基盤とする立場がこの教科書をユニークなものにすると思う。

　本書は医学・生物学を学ぶ出発点としての教科書であり，ほどよい内容と深さをもって細胞生物学の基本的知識を学ぶことに主眼を置いている。全11章からなり，平均して1章が授業1回分に相当するような内容・構成にした。各章の冒頭には，オリエンテーションとして「本章を学ぶ意義」をつけた。2色刷

りにして，図表を多く入れ，視覚的にも理解しやすい工夫をした．また，読者には細胞生物学の面白さが感じられ，かつ理解が深まるよう次の三つのコラム（小活字欄）を設けた．

①歴史やエピソード，研究発展の過程や考え方の変遷を「Side Memo」として触れた．

②細胞生物学は日進月歩であり，最新の重要な進歩もできるだけ含めることにし，これらは通読して理解する基本部分とは区別して，関連事項・参考事項を少し詳しく知りたい学生のために「Advanced Studies」として述べた．

③研究方法として重要なものは，「技術解説」としてその場で解説した．

教科書はその学問分野の集大成でもある．しかし，限られた紙面にそのすべてを盛り込むことは不可能である．本書では，細胞生物学分野において第一線で活躍している研究者がそれぞれの専門領域を分担執筆した．細胞の構造と機能の基本的原理および両者の相関について基本的知識に絞った，いわゆるコア（核）の内容になっていながら，急速に発展している細胞生物学研究の最前線が随所に垣間みられるのはそのためである．加えて，病態や臨床医学との関連にも積極的に触れるようにした．

本書が広く医学・生物学教育の現場で活用されることによって，細胞生物学が教育により着実に根づく一助となり，わが国の細胞生物学教育を加速させ，ひいてはこの研究分野の一層の発展に資することになれば存外の喜びである．終わりに，本書を「標準」シリーズの一冊に加える方針を立てられた医学書院のご勇断に敬意を表するとともに，本書刊行に力を尽くされた同社の編集部，制作部の関係者に心から感謝申し上げたい．

1998年11月

編集者一同

目次

第1章　細胞と生命　　1

- **本章を学ぶ意義** ———— 石川春律　1
- **I. 細胞とは** ———— 石川春律　2
  - A. 生命活動と細胞 …………………… 2
  - B. 細胞の全体像 ……………………… 2
  - C. 細胞の発見と学説 ………………… 3
    1. 細胞の発見　3
    2. 細胞説　4
    3. 細胞学から細胞生物学へ　5
- **II. 細胞の起原と進化** ———— 石川春律　6
  - A. 細胞の起原 ………………………… 6
    1. 化学進化　6
    2. 化学進化から生物進化へ　6
  - B. 細胞の進化 ………………………… 7
    1. 原始細胞の分化　7
    2. 真核細胞の出現　8
  - C. 多細胞生物と細胞分化 …………… 9
- **III. 細胞の微細構造** ———— 井関尚一　10
  - A. 細胞の基本形態 …………………… 10
    1. 細胞膜　10
    2. 膜小器官　10
    3. 細胞骨格　11
    4. 封入体　12
    5. 細胞質基質　12
    6. 核　12
  - B. 原核細胞と真核細胞 ……………… 12
  - C. 細胞機能の概観 …………………… 13
    1. 遺伝情報の発現　14
    2. 代謝とエネルギー産生　14
    3. 物質輸送　14
    4. 接　着　14
    5. 情報伝達　15
    6. 運　動　15
    7. 増　殖　15
    8. 分　化　15
    9. 老化と死　16
    10. 防　御　16
- **IV. 細胞の多様性** ———— 井関尚一　17
  - A. 植物細胞と動物細胞 ……………… 17
    1. 細胞壁　17
    2. 液　胞　17
    3. 色素体　18
  - B. 単細胞生物と多細胞生物 ………… 18
    1. 多細胞生物の進化　18
    2. 多細胞生物の発生　18
    3. 細胞の分化と増殖　19
  - C. 細胞から組織へ …………………… 19
    1. 上皮組織　20
    2. 支持組織　20
    3. 筋組織　20
    4. 神経組織　20

第2章　遺伝子と蛋白質合成　　23

- **本章を学ぶ意義** ———— 溝口　明　23
- **I. 遺伝子とその機能** ———— 小路武彦　24
  - A. 遺伝子 ……………………………… 24
    1. 染色体とDNA　24
    2. DNAとRNA　24
    3. ハイブリダイゼーション　25
  - B. DNA複製と転写 …………………… 26
    1. DNA複製　26
    2. DNA修復　27

3. DNA 転写　28

II．遺伝子発現と蛋白質合成 ── 小路武彦　33
A．遺伝暗号（コドン）　33
1. コドン　33
2. 変異　33
B．翻訳と翻訳後修飾　34
1. 翻訳　34
2. 翻訳後修飾　36

III．小胞体における蛋白質合成 ── 小路武彦　40
A．小胞体の構造と機能分化　40
1. 基本構造　40
2. 粗面小胞体　41
3. 滑面小胞体　41
B．シグナル仮説　42
C．蛋白質修飾　43
D．細胞内輸送　43

IV．蛋白質の機能発現 ── 小路武彦　46
A．蛋白質の立体構造確立　46
B．粗面小胞体からの輸送　46
C．蛋白質の分解　47
1. 蛋白質発現の制御ステップ　47
2. リソソームによる分解　47
3. ユビキチン系による分解　47

第3章　代謝とエネルギー産生　51

● 本章を学ぶ意義 ── 近藤尚武　51

I．酵素と代謝 ── 友田樺夫　52
A．酵素　52
1. 酵素の分類　52
2. 酵素の特徴　53
B．代謝と関連する用語　55
1. 異化と同化　55
2. ATPと高エネルギー　56

II．解糖系とそれに関連する代謝 ── 友田樺夫　57
1. 解糖系　57
2. 糖新生　59
3. ペントースサイクル　59
4. グリコーゲン合成と分解　59
5. アセチルCoAとTCAサイクル　59
6. グルコース代謝の病態的意義　60

III．ミトコンドリアとエネルギー産生 ── 黒岩常祥　61
A．外膜と膜間区画　61
B．内膜とマトリックス　61
C．酸化的代謝　62
D．ミトコンドリアDNAと蛋白質合成　63
E．蛋白質輸送　64
F．細胞内共生説　64

IV．ペルオキシソーム，色素顆粒，その他の顆粒成分 ── 横田貞記　67
A．ペルオキシソーム　67
1. ペルオキシソームの形態　67
2. ペルオキシソームの機能　69
3. ペルオキシソームの増殖，形成と分解　71
B．色素顆粒　73
C．その他の顆粒成分　73

第4章　細胞と外界　75

● 本章を学ぶ意義 ── 柴田洋三郎　75

I．生体膜 ── 高田邦昭　76
A．生体膜のモデル　76
1. 脂質2分子層モデル　76
2. 単位膜仮説　76
3. 流動モザイクモデル　77
B．生体膜の構成　79
1. 極性脂質　79
2. 膜蛋白質　81
3. 膜の糖質　81
C．生体膜の動態　81
1. 流動性　81
2. 非対称性　81
3. 膜融合と分裂　82
4. 電気絶縁性　82
D．生体膜の機能　82

1. 隔壁の形成　82
2. 膜輸送　82
3. 識別標識　83
4. 情報伝達と応答　83
5. 代謝反応界面　83

E. 生体膜の合成と移行……………………　84

II. 細胞膜蛋白質 ──────── 高田邦昭　85

A. 細胞膜蛋白質の種類……………………　85
1. 膜内在性蛋白質　85
2. 脂質アンカー型膜蛋白質　86
3. 膜周辺蛋白質　86

B. 膜糖蛋白質………………………………　86
C. 細胞膜蛋白質の存在様式………………　87
D. 細胞膜の裏打ち構造と膜骨格…………　87

III. 細胞膜の透過性と物質輸送
──────── 曽我部正博　90

A. 膜を介した物質輸送：受動輸送と能動輸送………………………………………　90
B. 受動輸送：単純拡散と促進拡散………　91
1. 単純拡散　91
2. 促進拡散　92

C. 能動輸送…………………………………　95
1. 一次性能動輸送　96
2. 二次性能動輸送：アンチポーターとシンポーター　96

D. 上皮輸送（極性輸送）…………………　97

第5章　物質の分泌・吸収・消化　99

●本章を学ぶ意義 ──────── 藤本豊士　99

I. ゴルジ装置 ──────── 横田貞記　100

A. ゴルジ装置の構造 ……………………　100
1. ゴルジ装置の要素　100
2. ゴルジ装置の区画　102

B. 構造の極性 ……………………………　102
C. ゴルジ装置の機能 ……………………　103
1. 蛋白質プロセシング　104
2. プロテオグリカンの合成　104
3. オリゴ糖鎖のトリミング　105
4. ゴルジ装置におけるその他の生合成反応　107

D. ゴルジ装置内の輸送 …………………　108
1. 層の成熟モデル　108
2. 定着層モデル　109
3. 小胞輸送モデル（SNARE 仮説）　109
4. ゴルジ装置を通る物質輸送　112

E. ゴルジ装置の構造に影響する薬剤 …　114

II. エンドサイトーシス ──── 藤本豊士　117

A. ファゴサイトーシス …………………　117
B. パイノサイトーシス …………………　118
1. クラスリン被覆小胞　119
2. エンドソーム　120
3. クラスリン非依存性エンドサイトーシス　120
4. 受容体とリガンドの運命　121

III. リソソームと物質消化 ── 横田貞記　125

A. リソソームの性質と形態 ……………　125
1. リソソームとは　125
2. リソソームによる分解　125
3. リソソームの形態　126

B. リソソームの分類 ……………………　127
1. 異食リソソーム　127
2. 一般的二次リソソーム　128
3. 自食リソソーム　129
4. 残余小体　129

C. リソソームの形成 ……………………　130
D. ファゴソームの成熟と液胞融合 ……　131
E. リソソームと疾患 ……………………　133

第6章　細胞の接着と極性　135

●本章を学ぶ意義 ──────── 柴田洋三郎　135

I. 細胞接着分子 ──────── 柴田洋三郎　136

A. カドヘリン ……………………………　136
B. 免疫グロブリンスーパーファミリー　136
C. セレクチン ……………………………　136
D. インテグリン …………………………　137

II. 細胞間結合 ────────── 柴田洋三郎　138

A. 閉鎖結合（タイト結合）………………　138
B. 連結結合 ………………………………　139
1. アドヘレンス結合　139

2. デスモソーム 140
　C. 交流結合 …………………………………… 140
　　　1. ギャップ結合 140
　　　2. シナプス結合 142
Ⅲ. 細胞-基質間の接着 ────井出千束 143
　A. ヘミデスモゾーム …………………………… 143
　B. 斑状接着 …………………………………… 143
　C. インテグリン ………………………………… 144
　D. その他の接着 ……………………………… 144
Ⅳ. 細胞間質 ──────────井出千束 146
　A. コラーゲン線維 ……………………………… 146
　　　1. 構　造 146

　　　2. 生　成 147
　B. 弾性線維 …………………………………… 148
　C. プロテオグリカン …………………………… 148
　　　1. グリコサミノグリカン 148
　　　2. プロテオグリカンの構造と機能 149
　D. 接着分子 …………………………………… 150
　　　1. フィブロネクチン 150
　　　2. ラミニン 151
　E. 基底膜 ……………………………………… 151

Ⅴ. 細胞の極性 ───────柴田洋三郎 153
　A. 上皮細胞の極性 …………………………… 153
　B. 神経細胞の極性 …………………………… 154

第7章　細胞の情報伝達　　155

● 本章を学ぶ意義 ────────石川春律 155
Ⅰ. 細胞間情報伝達機構 ─────近藤尚武 156
　A. 細胞接着に依存した伝達 ………………… 156
　B. 拡散性シグナル分子に依存した伝達 …… 157
　　　1. 順行性伝達 157
　　　2. 逆行性伝達 160
Ⅱ. 細胞内情報伝達機構 ──────溝口　明 162

　A. 細胞内情報伝達機構の基本概念 ……… 162
　B. 細胞内情報伝達の基本機構 …………… 162
　　　1. 五つの基本系 162
　　　2. 7回膜貫通型受容体・G蛋白質 164
　　　3. リン脂質代謝回転系 168
　　　4. 受容体型チロシンキナーゼ 170
　　　5. 細胞膜透過性のリガンドの情報伝達系 171

第8章　細胞骨格と細胞運動　　173

● 本章を学ぶ意義 ────────石川春律 173
Ⅰ. 細胞骨格とは ──────────石川春律 174
　A. 細胞骨格の定義 …………………………… 174
　B. 細胞骨格を構成する線維構造 …………… 175
　C. 細胞骨格線維を構成する蛋白質 ………… 176
　　　1. 微小管 176
　　　2. アクチンフィラメント 177
　　　3. 中間径フィラメント 178
　D. 細胞骨格に結合する蛋白質 ……………… 178
　E. 分布と機能 ………………………………… 179
　　　1. 微小管 179
　　　2. アクチンフィラメント 180
　　　3. 中間径フィラメント 181
Ⅱ. 筋収縮 ────────────依藤　宏 183

　A. 筋細胞の種類 ……………………………… 183
　B. 骨格筋 ……………………………………… 183
　　　1. 骨格筋の筋原線維と収縮機構 183
　　　2. 骨格筋の内膜系と収縮の調節 185
　　　3. 骨格筋の中間径フィラメントおよび
　　　　 その他の細胞骨格蛋白 187
　C. 心　筋 ……………………………………… 188
　D. 平滑筋 ……………………………………… 188
Ⅲ. アクチンフィラメント ──────藤原敬己 190
　A. アクチン …………………………………… 191
　B. アクチンフィラメントの極性 ……………… 191
　C. アクチン重合 ……………………………… 192
　D. アクチン結合蛋白質 ……………………… 193
　　　1. アクチン単体分子結合蛋白質 194
　　　2. フィラメント切断蛋白質 194

3. フィラメント端結合蛋白質　194
4. フィラメント架橋蛋白質　194
5. フィラメント側方結合蛋白質　195
6. モーター蛋白質　194

E. 細胞内分布と配列 ……………………… 196
F. 細胞の骨格的機能 ……………………… 196
1. ストレス線維　194
2. アクチンフィラメントと接着　197
3. 細胞表面の特殊構造　197
G. アクチン系細胞運動 …………………… 198
1. 細胞移動　198
2. 細胞質分裂　198
3. 細胞質（原形質）流動　199

IV. 微小管 ──────── 神谷 律　203

A. チュブリンと微小管 …………………… 203
1. チュブリン　203
2. 微小管　204
3. 微小管結合蛋白質（MAPs）　204
4. チュブリンの重合・脱重合　205
B. 細胞内分布と機能 ……………………… 206
1. 細胞内分布　206
2. 細胞内輸送　208
3. モーター蛋白質：キネシンとダイニン　209
C. 細胞分裂 ………………………………… 211

1. 分裂前期　211
2. 前中期　211
3. 中　期　211
4. 後期 A　213
5. 後期 B　213
6. 終　期　214
D. 線毛・鞭毛運動 ………………………… 214
1. 構　造　214
2. 運動機構　216
3. 運動調節　217

V. 中間径フィラメント系 ── 石川春律　219

A. 中間径フィラメントとは ……………… 219
B. 中間径フィラメントの構成蛋白質 …… 220
1. 細胞の種類と構成蛋白質　220
2. 中間径フィラメントの分子構築　221
3. 中間径フィラメント蛋白質の発現様式　223
C. 中間径フィラメント結合蛋白質 ……… 223
D. 中間径フィラメントの細胞内分布と
　　機能 …………………………………… 224
1. 上皮細胞とサイトケラチン　224
2. 間葉系細胞とビメンチン　225
3. 筋細胞とデスミン　225
4. 神経細胞とニューロフィラメント　226
5. 神経膠細胞とグリアフィラメント　228
6. 核膜とラミン　228

第9章　核と細胞分裂・増殖　231

●本章を学ぶ意義 ──────── 柴田洋三郎　231

I. 核-細胞質間物質輸送 ──── 米田悦啓　232

A. 蛋白質の核-細胞質間輸送機構 ……… 233
1. 核　膜　233
2. 核膜孔　233
3. 核局在化シグナル　234
4. 核蛋白質輸送に関与する分子群　236
B. 蛋白質の核から細胞質への遊出 …… 237
1. 核-細胞質間分子"シャトル"　237
2. 核外移行シグナル　238
3. RNA の核外への移行　238
C. 低分子量 GTPase Ran の役割　239

II. クロマチンと染色体 ──── 米田悦啓　240

A. クロマチン …………………………… 240
1. DNA　240
2. ヒストン　241

3. ヌクレオソーム　241
B. 染色体 ………………………………… 243

III. 細胞周期とその調節
──────── 関元敏博・米田悦啓　248

A. 細胞周期とは ………………………… 248
1. 四つの細胞周期　248
2. 細胞周期の時期の判別　249
B. 細胞周期を進行させる役者たち：Cdk
　　とサイクリン ………………………… 249
C. 巧妙な活性制御機構 ………………… 250
D. チェックポイント機構 ……………… 251

IV. 細胞分裂と増殖
──────── 片平じゅん・米田悦啓　253

A. 細胞分裂と増殖 ……………………… 253
B. 動物細胞の細胞分裂の諸段階 ……… 253
1. 前　期　254

　　　　2. 前中期　255
　　　　3. 中　期　255
　　　　4. 後　期　255
　　　　5. 終　期　256
　　C. 細胞質分裂 ………………………… 256
　　D. 増殖因子 …………………………… 257
　V. 生殖細胞と減数分裂 ──── 年森清隆　259
　　A. 生殖細胞の起源 …………………… 259
　　B. 配偶子(生殖子)形成 ……………… 259
　　　　1. 減数分裂　260
　　　　2. 精子発生(広義の精子形成)　260
　　　　3. 卵子形成(卵子発生)　262
　　C. 受　精 ……………………………… 263
　　　　1. キャパシテーション(精子活性化)と
　　　　　 先体反応　263
　　　　2. 精子-卵子融合と卵子活性化　263

　　　　3. 前核形成と核融合　263
　　D. 卵割, 初期胚およびES細胞 ……… 264
　　　　1. 卵　割　264
　　　　2. 初期胚　264
　　　　3. ES細胞　264
VI. 細胞のがん化 ──────── 中島　孝　266
　　A. がん細胞の特徴 …………………… 266
　　　　1. 正常細胞とがん細胞の形態学的違い　266
　　　　2. がん細胞の生物学的特徴　267
　　B. がん細胞の遺伝子異常 …………… 269
　　　　1. がん遺伝子　269
　　　　2. がん抑制遺伝子　269
　　C. ヒトがんの発生 …………………… 270
　　　　1. 化学発がん　271
　　　　2. 多段階発がん　271

第10章　遺伝の仕組み　　　　　　　　　　　　　　　271

　●本章を学ぶ意義 ──────── 藤本豊士　271
　I. 遺伝の法則 ────────── 菊池韶彦　274
　　A. メンデルの法則 …………………… 274
　　B. 変異体 ……………………………… 275
　　C. 連鎖と組換え ……………………… 276
　　D. 遺伝子地図 ………………………… 277
　　E. シストロン ………………………… 279
　　F. 染色体の分配 ……………………… 279
　　G. 遺伝解析の重要性 ………………… 280
　II. 非メンデル遺伝 ─────── 菊池韶彦　281

　　A. 細胞質因子 ………………………… 281
　　B. エピジェネティックな遺伝現象 … 282
　　C. プリオン …………………………… 282
　III. 遺伝子・染色体異常
　　　　　　　　　　　── 菊池韶彦　284
　　A. 染色体異常 ………………………… 284
　　B. ファージDNAの組込みと切出し … 284
　　C. IS因子, トランスポゾン ………… 286
　　D. 真核生物のトランスポゾン ……… 287

第11章　細胞の分化・老化・死と適応・応答　　　　　289

　●本章を学ぶ意義 ──────── 近藤尚武　289
　I. 細胞分化 ─────────── 帯刀益夫　290
　　A. 多能性幹細胞の存在 ……………… 291
　　B. 幹細胞の増殖と分化の決定の制御 … 292
　　　　1. 幹細胞の自己複製と分化決定のモデル　292
　　　　2. 環境による幹細胞の制御　294
　　　　3. 細胞間相互作用　295
　　C. 細胞分化の遺伝子調節 …………… 296
　　D. 赤血球特異的遺伝子の発現と制御 … 296
　　E. 他の血液細胞での遺伝子発現制御 … 299

　　F. 多能性血液幹細胞の分化系列決定 … 300
　　G. 増殖と分化のスイッチ …………… 300
　II. 形態形成過程における細胞のふるまい
　　　　　　　　　　　── 大隅典子　302
　　A. 卵における極性 …………………… 302
　　B. コンパクション …………………… 302
　　C. 胞胚における背腹軸および前後軸形成 … 302
　　D. 原腸胚における左右極性の形成 …… 303
　　E. 神経板/神経管の形成 …………… 303

F. 神経堤形成と神経堤細胞 …………… 304
G. ニューロンとグリアの分化 ………… 305
H. 神経板/神経管の領域化……………… 306
I. 体節形成 ……………………………… 307

III. 加齢・老化 ─────── 帯刀益夫 309

A. 寿命の制御因子 ……………………… 309
   1. 細胞寿命とテロメア 309
   2. テロメラーゼ 309
   3. 早老症 310
B. 個体の寿命の制御因子 ……………… 310
   1. インスリン/IGF-1 経路 310
   2. フリーラジカル仮説 312
   3. 食餌制限と寿命 312

IV. アポトーシス ─────── 八木沼洋行 314

A. アポトーシスとは …………………… 314
B. アポトーシスに特徴的な形態的および生化学的変化 …………………………… 314
C. アポトーシスとネクローシス ……… 315
D. アポトーシスの意義 ………………… 315
   1. 形態形成のためのプログラム細胞死 316
   2. 免疫系の発生におけるクローン選択のためのアポトーシス 316
   3. 器官・組織の恒常性維持のためのアポトーシス 316
   4. 生体防御のためのアポトーシス 316
E. アポトーシスの分子メカニズム …… 316
   1. アポトーシスの共通実行メカニズム 316
   2. 細胞死受容体から始まる外因性経路 317
   3. ミトコンドリアの破綻から始まる内因性経路 318
   4. アポトーシス開始の鍵を握る Bcl-2 分子ファミリー 318
   5. アポトーシスを決定する上流のシグナル 319

V. ストレス応答 ─────── 永田和宏 321

A. ストレス応答とストレス蛋白質 …… 321
   1. ストレス応答 321
   2. 熱ショック応答 321
   3. 熱ショック応答と小胞体ストレス応答 322
   4. ストレス蛋白質 323
B. ストレス蛋白質遺伝子の発現制御 … 323
   1. 熱ショック応答と転写調節 323
   2. 小胞体ストレス応答(UPR) 324
C. ストレス蛋白質の機能 ……………… 325
   1. 蛋白質の安定な構造 325
   2. 蛋白質の変性 325
   3. 変性蛋白質の再生 325
D. 分子シャペロンとしてのストレス蛋白質 ……………………………………… 325
   1. 新生ポリペプチドの初期合成 325
   2. アンフィンゼンのドグマと蛋白質フォールディング 327
E. 蛋白質の品質管理 …………………… 327
   1. 小胞体における品質管理機構 327
   2. PERK による翻訳の停止 327
   3. 分子シャペロンの誘導 328
   4. 小胞体関連分解 329
   5. アポトーシス 329
F. ストレス応答の臨床的重要性 ……… 329
   1. 虚血におけるストレス応答 329
   2. ストレス耐性 330

医師国家試験出題基準対照表 ──────── 334
医学教育モデル・コア・カリキュラム対照表 ──── 334
略語・記号一覧 ──────────────── 336

和文索引 ────────────────── 341
欧文索引 ────────────────── 351
人名索引 ────────────────── 358

第1章
細胞と生命

Ⅰ. 細胞とは　2
Ⅱ. 細胞の起原と進化　6
Ⅲ. 細胞の微細構造　10
Ⅳ. 細胞の多様性　17

● **本章を学ぶ意義**

　すべての生物は細胞から構成されている。細胞は生物を構成する基本単位であり，生命の最小単位でもある。生命の起源は35億年前に遡る。無機質から作られた有機質が地球の原始の海で小塊を作り，生命をもつ細胞へと進化した。生命の起源は細胞の起源と重なる。原始細胞から始まって，長い進化の過程を経て，現在の多様な細胞種が生じた。細胞は原核細胞と真核細胞に大別され，真核細胞には動物細胞と植物細胞があり，それぞれ細胞としての基本型を保つとともに，特徴的な構造と機能を有する。細胞は相互依存性に集合して，多細胞生物を作る。多細胞生物では，細胞は役割分担をするべく構造的にも機能的にも分化し，細胞の秩序ある集合により組織，器官を作っている。細胞は多様な分子から構成されているが，主な構成成分は蛋白質，脂質，糖質，核酸である。これらの成分が主体となって，高次の細胞構造に組み立てられ，それを基盤に生命活動が整然となされる。

　本章で，細胞とは何か，生物体における細胞の位置づけ，細胞の誕生と進化の過程，細胞の基本的な形態と化学構成を学ぶことは，生命を担う細胞像をイメージするとともに，これから学ぶ細胞生物学へのよい導入部となろう。

I. 細胞とは

A 生命活動と細胞

　生物は，動物も植物も細胞 cell から構成されている．1個の細胞だけの生物もいれば，多数の細胞が集まって一つの個体を作っている生物もいる．ヒトの体は約60兆個の細胞からなるという．細胞は生物を構成する基本的単位であり，生命が宿る最小単位である．したがって，細胞以下には生命はない．

　では，生命とは何か．生きているということはどういうことなのか．この問いはあまりにも重大で，また，あまりにも身近であり，正確に答えることは難しい．生物が生命を有することは誰でもわかることである．強いて答えるとしたら，生命は生物に備わっていて，生物でないものには備わっていない状態であるといえる．では，生物に備わっている状態とは何か．

　生物は生きていくために，栄養物質を絶えず分解し，発生するエネルギーを使っている．生命活動は秩序あるものでなければならず，生物は周囲環境（外界）と一線を画して内部の秩序を保つ．つまり恒常性を維持している．こうして，外界との間で物質やエネルギーを交換しながら主体性を保ち（自己保存），子孫を産み，その種を保つ（自己増殖・種族保存）ことになる．それが生命活動であり，生命活動を発揮できる最小単位は細胞である．このことは典型的な例では容易に理解できるが，生物と無生物との境界は考えるほど明確なものではない．生物を構成する基本的単位は細胞であるから，生命とは細胞に備わっていて，細胞以下には備わっていない状態と言い換えることができる．生物体を作り上げている生きている物質は，古典的には**原形質** protoplasm と総称される．原形質は生命の物質的基盤で，この物質が独立して生きる最小の単位もやはり細胞ということができる．

　細胞のほとんどは，顕微鏡でしか見えない小さいものである．細胞個々が独立して生物体をなすものは**単細胞生物** unicellular organism と呼ばれ，細菌（バクテリア）や原生生物がこれに当たる．原生生物にはアメーバやゾウリムシなどが属する．これに対し，細胞が多数集まって一つの生物体をなすものは**多細胞生物** multicellular organism である．動物や植物は多くの異なる種類の細胞からなる多細胞生物で，それらの細胞が相互に依存し合う集合体として個体をなす．個体の中では，同じような機能をもつ細胞が集団をなし，**組織** tissue を作る．動物では，組織は大きく4種類からなり，体の表面を被う上皮組織，細胞や組織をつなぐ結合組織，運動を担う筋組織，それに神経組織がある．これら4種の組織が組み合わさって，胃や腸，肺，心臓，腎臓など，まとまった機能を営む**器官** organ となる．関連した器官が順序よく連なって**器官系** organ system となり，これらが一体に集まったものが個体である．

B 細胞の全体像

　すべての細胞は共通した基本形態を示す（図1-1）．外界から境する膜，**細胞膜** cell membrane（**形質膜** plasma membrane）で囲まれ，中に**細胞質** cytoplasm がある．言い換えれば，細胞の主体である細胞質は形質膜によって完全に包まれている．細胞質の中心部には遺伝物質である DNA (deoxyribonucleic acid) の集塊である**核** nucleus が位置している．細胞内の核のありかたの違いによって，細胞は**原核細胞** prokaryotic cell と**真核**

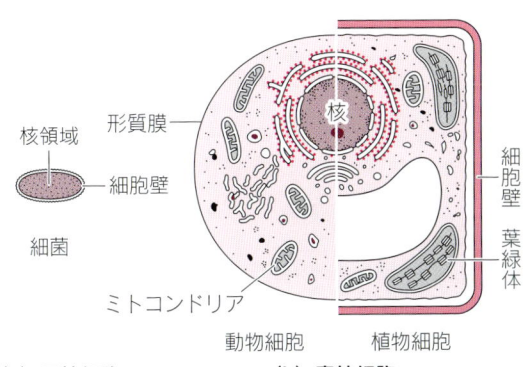

図 1-1 細胞の基本型

細胞には，大きく分けて，原核細胞と真核細胞がある。細菌やラン藻は原核細胞に，他のすべての動物・植物細胞は真核細胞に分類される。いずれも外界とは形質膜によって境されている。原核細胞は小型の細胞で，単純な形態を示し，核は膜に囲まれることなく，核領域をなすにすぎない。これに対して，真核細胞は大型で，核は核膜によって細胞質から境され，細胞質内にはミトコンドリアなど膜性の小器官や線維構造（細胞骨格）が発達し，植物細胞は，さらに葉緑体という小器官を有する。また，細胞分裂においても，原核細胞が単純な二分割をするのに対し，真核細胞は特殊な分裂装置を作って分裂する。細菌や植物細胞は，さらに外側を自身が産出した細胞壁などによって囲まれ，保護されるが，それだけ変形能が制限される。

細胞 eukaryotic cell の2型に大別される。

原核細胞は小形の球状または桿状の細胞で，長さが数 μm で，丈夫な細胞壁をもつ。その下に細胞膜があり，単一の細胞質区画を囲む。単純な形態を示し，細菌やラン藻（ラン色細菌）がこれに当たる。原核細胞では核は膜によって囲まれることなく，核領域が存在するのみである（核様体）。また，細胞質には膜や線維などの特別な内部構造はほとんど見られない。細胞分裂に際しては単純に二分されるのみである。

真核細胞は普通の動物や植物を作る大形の細胞で，一般に原核細胞の 100 倍またはそれ以上の大きさがある。真核細胞の構造は生物の種類によって，また，細胞の種類によって実に多様である。しかし，真核細胞としての共通の基本型を有し，細胞は細胞膜（形質膜）によって完全に被われ，核も膜（核膜）によって囲まれ，周りの細胞質から仕切られている。細胞質には膜でできた構造物，す

なわち，ミトコンドリア（糸粒体），小胞体，ゴルジ装置，リソソームなどの細胞小器官（オルガネラ）cell organelle が発達し，線維構造も見られる。細胞分裂に際しては特別な装置を形成する。植物細胞は細胞の外側に厚い細胞壁を有し，細胞内には光を利用してでんぷんや糖を作る葉緑体を有する（図 1-2）。

真核細胞は原核細胞から進化したと考えられる。その進化は，細胞機能の複雑化・高度化，そのための DNA の量の増加，DNA の正確な分配のための巧妙な細胞分裂の仕組みをもたらした。細胞は，膜からなる細胞小器官を発明したことによって，ある特定の機能を細胞内の限局された構造と関係して営むことができるようになった。植物の細胞は葉緑体における光合成により無機物質から有機物質を合成することができる。これに対して，動物の細胞はすべてが細胞のエネルギー源となる有機物質を他に求めなければならない。

多細胞生物は，1個の細胞から始まって細胞分裂を繰り返して細胞数を増やし，それらがそのまま集まって1個の個体をなすものである。細胞の数が増えることを**増殖** proliferation といい，増殖を繰り返しながら，細胞が個体の中で異なる役割を分担するように変わっていくことを**細胞分化** cell differentiation という。細胞分化は同じ遺伝物質を有しながら異なる機能をもつ細胞に変化するという特異な現象である。多細胞生物は，異なる機能をもつ細胞が相互依存性に集まった生物体といえる。これに対し，単細胞生物は，細胞分裂は行うが，個々の細胞は遊離して独立に生き続ける。1個の生物体としてのすべての生命機能を備えもつ細胞であり，集合することを拒否した細胞ともいえる。

C 細胞の発見と学説

1 細胞の発見

細胞は肉眼では見えない。細胞の存在は顕微鏡によって初めて明らかにされた。細胞の発見は 17 世紀になって顕微鏡が発明されたことによる。

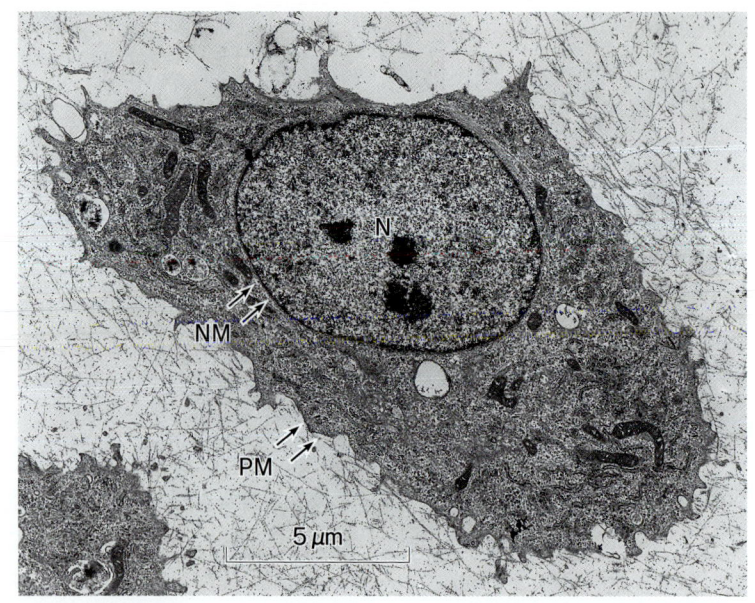

図 1-2 電子顕微鏡で見た真核細胞
培養された細胞を超薄切片にして電子顕微鏡で観察すると，細胞は表面の形質膜（PM）によって外部環境から隔てられ，中央に核膜（NM）で囲まれた円形の核（N）が存在し，周囲の細胞質と明瞭に区分されている。細胞質には，各種の膜構造や線維構造などが密に詰まっている。

英国の科学者，ロバート・フック（Robert Hooke）はコルクの薄切りを顕微鏡で拡大して見て，小さな蜂巣状に小部屋が並んでいるのに気づいた。これに「小室 cell」と名づけ，1651 年に出版された"Micrographia"に記載した。実際に観察されたのは，植物の細胞の抜け殻で，細胞の外側にある細胞壁 cell wall であったが，この名が残った。日本ではのちに，この cell は「細胞」と翻訳された。同じ頃，オランダの眼鏡屋であったルーエンフック（Antonio van Leeuwenhoek）はいろいろな細胞を自作の単玉レンズの顕微鏡で観察し，そのスケッチの結果を 1674 年から書簡の形で，英国の王立協会（Royal Society）の雑誌に投稿し続けた。その数は 450 通にも及んでいる。こうして，細胞の存在は明らかになったが，細胞の重要性が認識されたのは 2 世紀も後の 19 世紀になってからである。

2 細胞説

生物体が細胞から構成されていることが確立したのは 19 世紀になってからのことである。ドイツの植物学者，シュライデン（Mathias J. Schleiden）が 1838 年に，翌 1839 年に動物学者，シュワン（Theodor Schwann）が，生物体の基本的な構成単位は細胞であるという細胞説 cell theory を提唱した。細胞は生きたものであり，すべての動物や植物はこの細胞が一定の法則に従って配列した集合体であると唱えた。1855 年になって，ドイツの病理学者，ウイルヒョウ（Rudolph Virchow）はこの考えをさらに進め，すべての細胞は既存の細胞から生じる〔"Omnis cellula e cellula"（all cells come from cell）〕と考え，細胞増殖に関する基本的概念を提出した。また，ヒトの疾患の症状は細胞レベルの障害を反映していると唱え，近代病理学の祖となった。次いで，フランスの微生物学者，パスツール（Louis Pasteur）が見事な実

験によって細菌の自然発生説を完全に否定した。オーストリアのメンデル（Gregor J. Mendel）が遺伝の法則を発見したのはその後まもないことである。こうして，すべての生物は細胞からなるという細胞説が提唱され，確立していった。

3 細胞学から細胞生物学へ

17世紀の顕微鏡の発明は細胞の発見に導いた。その後，複数のガラスのレンズを組み合わせた複合顕微鏡の発達により，細胞の観察が進み，19世紀には細胞説が提唱され，生物体の構成単位としての細胞の位置づけが確立した。

顕微鏡による組織や細胞の観察では，通常，固定，脱水，包埋，薄切，染色という過程を経て，試料を作る。この染色切片試料を主として用いて，組織の中の細胞構成をはじめ，各種細胞の形態や細胞内部の構造が徹底的に調べられた。こうして，組織学 histology や細胞学 cytology が発展し，組織と細胞の正常な構造についての理解が進んだ。また，ヒトの疾病を組織や細胞の異常として捉え，病理学が発展した。

可視光を用いた光学顕微鏡 light microscope は性能を高めながら，発展を続け，19世紀末には早くもその分解能 resolving power が理論的限界に達した。分解能とは，顕微鏡でいかに小さいものを区別して観察できるかの性能をいい，2つの点または線を2つとして識別できる最小の間隔で示される。光学顕微鏡が可視光を用いる限り，分解能には限界がある。細胞形態の詳細については，光学顕微鏡のこの分解能の限界に阻まれ，解決できない多くの問題や論争を残した。

光学顕微鏡の限界を破るべく登場したのが電子顕微鏡 electron microscope である。光の代わりに電子を用いた電子顕微鏡が本格的に生物学に応用されたのは1950年代になってからである。細胞の微細な構造に関するわれわれの理解は，急速にそして飛躍的に深まった。その分解能は分子を可視化するレベルであり，したがって，細胞の微細構造を分子構築として捉えることができ，細胞の構造を物質そして機能と直接結びつけることとなった（図1-2）。他の各種の生化学的，生物物理学的技術の開発・応用が始められたときでもあり，電子顕微鏡応用と相まって，急速に細胞と機能との関連づけが進み，ここに，近代的な細胞生物学 cell biology が誕生したといえる。

細胞生物学の誕生と同じ時期に創始された分子生物学の技術が真核細胞について応用されるに至り，両学問が融合し，今日では分子細胞生物学 molecular cell biology として大きく展開され，生命科学の中心的位置を占めている。

●参考文献
1) Alberts B, Bray D, Lewis, J, et al : Molecular Biology of the Cell 3rd ed. pp.3-40, Garland Publ Inc, New York and London, 1994. 日本語版：細胞の分子生物学（中村桂子他監訳），1997.
2) 藤田尚男，藤田恒夫：標準組織学総論 第3版．医学書院，1988.
3) 平本幸男：光学顕微鏡操作法．実験生物学講座2 光学・電子顕微鏡実験法（新津恒良・平本幸男編），pp.85-121, 丸善，1983.
4) 石川春律：細胞の微細構造．現代医学の基礎2 分子・細胞の生物学Ⅱ-細胞（石川春律・高井義美・月田承一郎編），pp.1-28, 岩波書店，2000.
5) Kleinsmith LJ, Kish VM : Principles of Cell Biology. pp.3-34, Harper Row Publ, New York, Cambridge, Philadelphia et al, 1988.
6) 重中義信：細胞―その秘密を探る．共立出版，1994.
7) 柳田充弘：細胞から生命が見える．岩波書店，1995.

II. 細胞の起原と進化

A 細胞の起原

　細胞は生命の最小単位である。したがって，生命の始まりを考えることは，細胞がどう作られたかということになる。細胞は細胞から生じるという大原則はあるが，地球の歴史を振り返るとき，初めから細胞が存在したとは考えられず，当然，無生物から生物が発生した過程があるはずである。

1 化学進化

　地球の誕生は46億年前にさかのぼるが，生命の誕生は35億年前と推論される。発見された最古の生物の痕跡である微化石が約35億年前のものであるからである。細胞は基本的には4種の有機物質，すなわち，蛋白質，多糖類，脂質および核酸から作られている。地球の誕生時にそれらの有機物質が存在していたとは考えられない。したがって，生命の誕生前には，無機物質から有機物質が自然に生成されるという過程，つまり化学進化 chemical evolution が起こらなければならなかったはずである。

　1920年代に，ロシアの生化学者，オパーリン(Aleksandr I. Oparin)は35億年前の地球を想像して，化学進化を含む生命の起原の大胆な仮説を提唱した。生命は化学進化ののち誕生したという考えである。この考えは1938年出版された『生命の起原』に集成された。当時の地球では，火山の噴火が至るところで起こり，地表は高熱で，地球を取り巻く大気は二酸化炭素(CO_2)，水蒸気(H_2O)，水素ガス(H_2)，一酸化炭素(CO)，窒素ガス(N_2)からなり，これに少量のアンモニア(NH_3)，メタン(CH_4)，硫化水素(H_2S)のような無機分子が含まれていたであろう。地球がゆっくりと冷えるにつれ，水蒸気が凝縮し，豪雨となり，海が生まれた。地球表面を浸蝕した水は塩水の海となった。原始の大気は激しい雷や太陽からの強い紫外線を受け，炭素や窒素を含む低分子の有機化合物が生じたであろう。オパーリンと同じ考えはスコットランドの生理学者，ハルダン(J.B.S. Haldane)によっても提唱された。

　1950年代になって，研究室でオパーリンやハルダンの仮説を試す実験がなされた。アメリカのミラー(Stanley L. Miller)とユレイ(H.G. Urey)は，当時の地球の環境を想定して，酸素のない原始大気に似せて，二酸化炭素，水素，窒素ガス，メタン，アンモニア，水蒸気の混合ガスを作り，水とともに熱し，これに放電(雷を想定)を加えることにより，アミノ酸やアルデヒドなどの小さな有機化合物を生成することに成功した。その後，いろいろなガスの組合せで放電や紫外線照射などの実験が繰り返され，さらに小さな蛋白質や核酸の成分である塩基や糖など多種の有機分子が生成されることが証明された。

2 化学進化から生物進化へ

　実験で無機分子から単純な有機分子が比較的容易に生成されることが示され，原始の地球でも同様のことが起こった可能性が高くなった。次の疑問はそれらの有機分子からどのように生命体が作られたかである。いくつかの段階が考えられる。まず，小さな有機分子が互いに反応し合い，連なって蛋白質や核酸のような高分子になる必要がある。次に，これらの高分子が濃縮され，相互作用を経て，もっと複雑な集合体となる。その中で，高分子は代謝や複製のような活性を示すようになり，この集合体は細胞に似た構造となり，ついには原始的な細胞に進化する。一旦，原始細胞が出現す

れば，あとは自然淘汰による進化を通じて，細胞が高度化・効率化に向けて変化することは容易に理解できることである．

オパーリンは，有機分子が複合的に混ざった集合体から原始細胞が生じる過程として**コアセルベート** coacervate モデルを提唱した．浅い海で単純な有機分子は集合・濃縮し，いわゆる「有機スープ」になった．この中で，アミノ酸は直線状に連なり蛋白質に，ヌクレオチドは連なり核酸に高分子化していった．高分子化した有機分子は親水性コロイドの粒子となり，これが集合し濃厚な液滴となり，周囲の溶液から分離される．このコアセルベート液滴が膜様物質で周囲から境されるようになると，内部と外部が区別され，内部で有機分子は濃縮され，互いに反応しやすくなる．物質を選択的に取り込み，成長と分裂といった生命の特性のいくつかを有するようになったコアセルベートは，ついには，小さく膜で囲まれた球状体となって最初の単純な細胞性の生命を作り出したのであろう．

多くの科学者は有機分子の高分子化は岩や粘土の表面でなされたと考えている．とくに，粘土は最初の有機高分子化の場として興味深い．なぜならば，触媒となる亜鉛や鉄のイオンを豊富に含んでいるからである．フォックス（Sidney Fox）らは，アミノ酸を無水状態で加熱して蛋白質様高分子を作ることに成功した．オーゲル（Leslie Orgel）らは核酸の一つ，**RNA**（ribonucleic acid）をとくに重視した．RNA が自身を鋳型として4個の塩基を整然と並べ自己複製することを見出したからである．このことは RNA が遺伝情報を管理する分子であったことを意味する．これにはまた共存する蛋白質も何らかの関与をしたであろう．RNA ははじめ触媒的な機能と塩基配列情報を伝える機能を有したが，のちにより安定な DNA（deoxyribonucleic acid）が生成されると，RNA の情報機能は DNA に移され，触媒機能は蛋白質に酵素として移されることになる．

最初の**原始細胞**は約35億年前に生まれ，単純な細菌様の形をとっていたと信じられている（図1-3）．その証拠は35億年前のストロマトライト stromatolites と呼ばれる堆積物の中に原始細菌の化石（微化石）として見出される．原始細菌が誕生する過程では，まず RNA や蛋白質が進化し，親水性と疎水性の両方の性質をもった脂質分子が外界との限界膜を作ることになった．

B 細胞の進化

1 原始細胞の分化

地球上に生まれた最初の細胞は，**原始細菌**である．原始細菌は，現存の原核細胞に似た形をとった．原始細菌はさらに長い年月をかけて，現存する**真正細菌** eubacteria や**古細菌** archaebacteria になり，さらに真核細胞が進化したと考えられる．真正細菌は通常の細菌類で，ほとんどすべての病原菌もこれに含まれる．古細菌は，高温の硫黄泉や高塩水の中で生きる細菌や，二酸化炭素をメタンに変える細菌などを含む．

初期の地球上には酸素分子がなく，すべての原始細菌は嫌気性 anaerobic であった．酸素を必要とせず，外界から各種の有機分子を取り込んで，それを分解して生命活動を行ったであろう．後に，おそらく有機分子を使い切る前に，突然変異が起こり，太陽の光からエネルギーを得て，有機分子を合成する細菌が現れた．**光合成細菌**である．28億年前，光合成細菌であるラン藻 blue green algae（シアノバクテリア cyanobacteria）が大発生した．光合成では，二酸化炭素を光エネルギーで還元して糖を生成する．自ら生成した糖の化学エネルギーを利用して物質代謝を行うことができる，いわゆる自家栄養的な細菌である．自前で糖を生成できない他の細菌は光合成細菌やその生成物を食料として生き伸びることができた．光合成の過程では，同時に水を分解し酸素を大気中に遊離する．これによって，大気中の酸素が徐々に増加し，二酸化炭素は減少した．4億年前には，大気中の酸素は21%にまで増加し，現在にほぼ等しい地表環境が作られた．酸素はオゾンにもなって地球を包み，太陽からの紫外線を減少させた．こうして，生物はより地表に近く生きることができ，さ

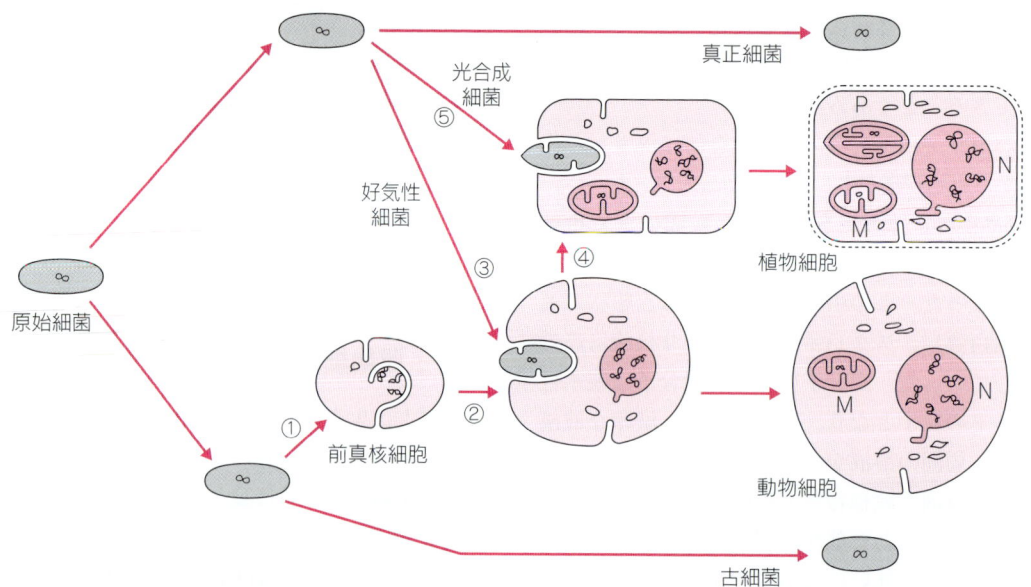

図 1-3　細胞の進化の過程（推測図）
　地球上の最初の生命体としての細胞は原始細菌の形をとっていたと考えられる。原始細菌は長い年月をかけて進化し，原核細胞としての古細菌と真正細菌，真核細胞としての植物細胞，菌類，動物細胞になっていった。古細菌には，好塩菌やメタン細菌などが属し，過酷な環境の中で生きている。真正細菌は一般的な細菌で，好気性細菌や嫌気性細菌があり，光合成細菌も含まれる。原始細菌から真核細胞への進化は，古細菌から分かれて，細胞の大型化や遺伝情報物質 DNA の増量が進む前真核細胞を経て，好気性細菌との共生関係を確立した。植物細胞への進化にはさらに光合成細菌との共生が必要であった。共生関係の好気性細菌はミトコンドリア（M），光合成細菌は葉緑体（P）という小器官に変化した。形質膜からの陥入・分離により，核膜が核質を囲むような核（N）を形成し，また他の各種膜小器官や線維構造からなる細胞骨格を発達させていったと考えられる。①～⑤は考えられる進化の順序。

らに陸上でさえ生存できるようになった。

2　真核細胞の出現

　真核細胞が化石に登場するようになったのは，今から 19 億年前である。原核細胞である原始細菌から，どのように真核細胞が生じたのであろうか。原始細菌はまず真正細菌と古細菌とに分かれたと考えられる。

　真核細胞の祖先は古細菌であるという考えが定着しつつある。古細菌の中に大型化するものが現れ，表面の膜は落ち込んで，内部にも膜成分が増えていき，遺伝物質も増量されていったのであろう。これが前真核細胞であり，真核細胞への第一歩である。真核細胞に向けて進化するとともに，細胞は大型化し，細胞質に各種の膜性構造（膜小器官）や線維構造（細胞骨格）が作られ，増加した遺伝物質を膜で囲んだ真の核が作られた。細胞の分裂に際しても，遺伝物質を正確に分配する仕組みを発達させた。

　真正細菌の中からは光合成細菌が生まれ，その光合成の結果，大気中に酸素が増加することになった。この環境変化に適応するように，酸素を使ういわゆる好気性の細菌が生まれてきたことは容易に想像できる。酸素はきわめて反応性の強い分子であり，初期の細菌にとって毒性でもあった。多くの嫌気性細菌は絶滅へと追いやられたが，わずかに逃れた嫌気性細菌は酸素のない限られた環境で生きるほかはなかった。嫌気性光合成細菌の中から光合成装置を捨てることによって，好気性細菌が発生したとする説が有力である。好気性細菌は酸素を使うことによって糖を完全に酸化的に分解でき，格段に効率よくエネルギーを得ることができる。他方，嫌気性の前真核細胞は不利な生存環境という制約を克服する一つの道として，好気

性細菌を取り込み，共生関係を作ることを選んだ（図1-3）。

原核細菌が「宿主」の前真核細胞に取り込まれ，互いに助け合うという共生関係は大きな発展である。真核細胞内の膜性小器官の一つ，ミトコンドリア（糸粒体）は好気性細菌，αプロテオ細菌から，植物細胞の葉緑体は光合成細菌，ラン藻から転化したと考えられる。この考えは細胞内共生説endosymbiont theoryであり，これを支持する状況証拠は多い（図1-3）。実際，ミトコンドリアや葉緑体は細菌に多くの類似点をもつ。細菌と同じような大きさや形を示し，類似の遺伝物質DNAやRNAをもち，二分して分裂もできる。ミトコンドリアは酸素を利用して効率よく**ATPase**（adenosine triphosphatase）という化学エネルギーを産生する構造である。酸素を利用できるようになったことで，真核細胞は飛躍的な発展を遂げたといえる。真核細胞はのちに集合体として，多細胞生物を作るようになる。最初の多細胞生物は6億年前に海中で生まれている。

C 多細胞生物と細胞分化

原始細菌は進化して，原核細胞（古細菌・真正細菌）と真核細胞に分かれていったが，真核細胞はさらに光合成ができる植物性細胞と光合成のできない動物性細胞や菌類細胞に分化した。真核細胞は，集合体を作る多細胞生物（ほとんどの動物・植物）と多細胞生物になるのを拒否した原生生物（アメーバやゾウリムシなど）に分類される。現存の生物界は原核生物，原生動物，植物，菌類，動物の5界に分類される。菌類はキノコやカビなど変形菌・真菌類からなる。

多細胞生物では，1個の細胞（受精卵）から出発して，細胞分裂によって数が増えるのと並行して，多種多様な細胞に変化しながら大きな個体を作る。単一の受精卵から多様な細胞種が生じることを細胞分化という。細胞分化に伴なって，神経細胞，筋細胞，肝細胞のような細胞が生じ，細胞の機能や形態が大きく異なる。

生物は進化することによって多様になる。現在の多様な生物の進化の過程をさかのぼる試みが系統樹に表現される。これまでの系統樹は主として形態学的特徴に基づいて提唱されたものであったが，最近は分子進化の分析から再検討されている。現在の生物分子はとくに進化の過程についての情報源となる。蛋白質分子のアミノ酸配列または遺伝子（DNA）の塩基配列を生物種間で比較することによって，進化の過程を時間軸を含めた推測することができる（分子系統樹）。その結果は化石の記録とよく一致する。

細菌より小さいマイコプラズマmycoplasmやリケッチアrickettiaは細菌が断片化または変形したものと考えられている。マイコプラズマは直径約 $0.3\,\mu m$ で，細胞膜で包まれていて，独自のDNAを有し，約400種の蛋白質を作る遺伝情報を有している。常に動物や植物に寄生して生き増殖するが，最低限の生命をもっている。ウイルスvirusは細胞の遺伝物質の破片として発生したと考えられる。独自のDNAまたはRNAはもつが，代謝活性は示さず，宿主の中でのみ増殖できる。生物と無生物との間に位置し，もはや生命体とはいえない。

●参考文献
1) Alberts B, Bray D, Lewis J, et al : Molecular Biology of the Cell 3rd ed. pp.3-40, Garland Publ Inc, New York and London, 1994. 日本語版（中村桂子他監訳）：細胞の分子生物学 第3版．教育社，1997．
2) 石川　統：細胞内共生．東京大学出版会，1985．
3) 黒岩常祥：ミトコンドリアはどこからきたか．日本放送出版協会，2000．
4) Margulis LM, Schwartz KV : Five Kingdoms : An Illustrated Guide to the Phyla of Life on Earth 2nd ed. WH Freeman, New York, 1988.
5) Miller SL, Orgel LE : The Origin of Life on the Earth. Prentice-Hall, Englewood Cliffs, NJ, 1974.
6) 宮田　隆：分子進化への招待．ブルーバックス，講談社，1994．
7) 野田春彦：生命の起原．日本放送出版協会，1984．
8) オパーリン AL，ポナムペルマ C，今堀宏三：生命の起原への挑戦．講談社，1957．

III. 細胞の微細構造

A 細胞の基本形態

　細胞 cell のもつ基本的な要件は，自己複製能をもつ遺伝子 gene，遺伝子の情報から種々の機能をもつ蛋白質を合成する機構，および内部環境を外部から隔絶する細胞膜 cell membrane の存在であると考えられる．現存する細胞はまず**原核細胞** prokaryotic cell と**真核細胞** eukaryotic cell とに大別され，真核細胞には**動物細胞** animal cell と**植物細胞** plant cell，その他が含まれる．

　動物細胞の基本形態を模式図(図1-4)に示す．このような構造は，電子顕微鏡(電顕)の発達により 1950～1960 年代に明らかになったものである．光学顕微鏡(光顕)の時代には，細胞を作る物質，すなわち**原形質** protoplasm のうち，**細胞質** cytoplasm と核 nucleus の区別のみが確かなものであり，原形質を細胞外と隔てる細胞膜は仮想的な存在であった．電顕の分解能により初めて細胞膜の実在が証明された．また細胞内には核以外にさまざまな構造物，すなわち**細胞小器官** cell organelle が存在することがわかった．小器官の多くは細胞膜と同様の膜(**生体膜** biomembrane)をもつこと，また膜をもたない構造物の多くは管状または線維状の細胞骨格 cytoskeleton であることがわかった．

1 細胞膜

　まず細胞膜は**形質膜** plasma membrane とも呼ばれ，電顕的には厚さ 7.5～8 nm で暗，明，暗の三層構造をなし，生化学的には主にリン脂質分子が疎水性部分を内側にして向き合った二重層と，その表面に付着したり内部を貫通する多数の蛋白質分子でできている．このような基本構造を単位膜 unit membrane という．細胞内外での基本的な障壁をなすのは**脂質二重層** lipid bilayer であるが，膜蛋白質 membrane protein は細胞内外でのイオンの通過や物質の輸送，細胞同士や細胞と細胞間質の相互作用，細胞外からのシグナルの受容とその細胞内への伝達など，さまざまな役割をもっている．

2 膜小器官

　細胞内にあって単位膜をもつ構造物を膜小器官 membranous organelle と呼び，膜小器官の膜を総称して**細胞内膜系** internal membrane と呼ぶ．細胞質は内膜系により区画化されていると言える．

1) 小胞体-ゴルジ系

　膜小器官のうち，**小胞体** endoplasmic reticulum，**ゴルジ装置** Golgi apparatus，**分泌小胞** secretory vesicle，**リソソーム** lysosome，**エンドソーム** endosome は，それぞれ1枚の単位膜をも

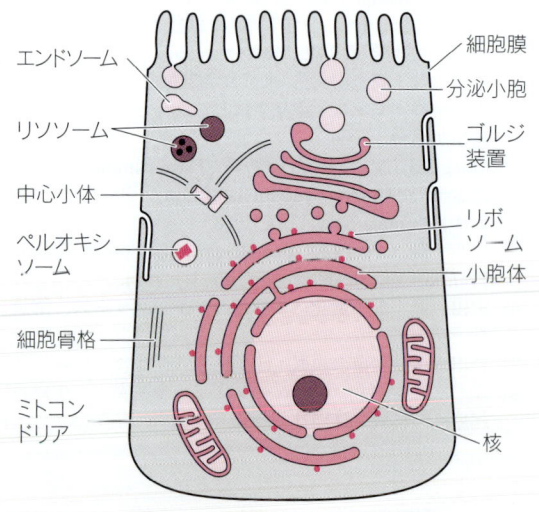

図1-4　動物細胞の模式図

ち，直接の連続はないが機能的には小胞性輸送 vesicular transport により互いに連絡し，細胞膜とも連絡している。またこれらの小器官の膜に囲まれた内腔は機能的に細胞外の空間に通じている。小胞体のうち，膜表面に**リボソーム** ribosome を結合させた部分を**粗面小胞体** rough-surfaced endoplasmic reticulum と呼び，分泌蛋白質および膜の蛋白質と脂質の合成と輸送に関与する。これと連続するリボソームをもたない部分を**滑面小胞体** smooth-surfaced endoplasmic reticulum と呼び，脂質代謝や解毒などに関与する。粗面小胞体のリボソームにおいて伝令 RNA messenger RNA(mRNA)から翻訳 translation された蛋白質は，膜を通過して小胞体内腔に入った後，ゴルジ装置で修飾，仕分け，濃縮を受け，分泌小胞を経てエキソサイトーシス exocytosis により細胞外に分泌される。この際，新たな膜成分が内膜系から細胞膜に移行する。リソソームの膜および加水分解酵素を含む内容物も同様にして小胞体-ゴルジ系由来である。逆に，細胞外からエンドサイトーシス endocytosis により取り込まれた蛋白質がエンドソームを経てリソソーム内で消化される際に，細胞膜成分が内膜系に回収される。

2) ミトコンドリアとペルオキシソーム

ミトコンドリア mitochondria は，上記の分泌に関わる細胞内膜系とは機能的に独立した小器官である。内外2枚の単位膜をもつが，このうち内膜およびそれが内側に折れ込んだクリスタ crista と呼ばれる構造は，種々の点で原核生物の細胞膜に近い特徴をもつ。内膜には電子伝達により水素イオン(H^+)を汲み出すポンプおよび H^+ の流入と共役した ATP 合成を行う酵素からなる一連の膜蛋白質があり，細胞内呼吸によるエネルギー産生の場となっている。ミトコンドリアは独自のDNA すなわち遺伝子をもち，自身の蛋白質の一部を合成するとともに，小胞体-ゴルジ系とは独立して自己複製を行う。

ペルオキシソーム peroxisome と呼ばれる小器官は，過酸化水素の産生とこれを用いた酸化反応などに関与する。ペルオキシソームは1枚の単位膜をもち，独自の遺伝子はもたないが，ミトコンドリアと同様に自己複製を行うとされる。また小胞体の一部の分離により作られるという説もある。

Side Memo 研究の歴史

1950〜1960 年代にかけて，超遠心 ultracentrifugation による細胞分画法で得た小器官の生化学的分析と，電顕による小器官の形態学的観察とを組み合わせることにより，細胞小器官の役割が次々に解明された。その結果として，1974年のノーベル医学生理学賞が Claude, De Duve および Palade の3者に与えられた。特に Palade は，細胞に取り込ませた放射性アミノ酸が小胞体，ゴルジ装置，分泌小胞の順で移動することを電顕オートラジオグラフィーで解析し，真核細胞における蛋白質の合成と分泌の基本経路を確立した。最近では，細胞外から導入した遺伝子により特定の蛋白質と蛍光を発するマーカー蛋白質との融合蛋白質を作らせ，特定の蛋白質がどの小器官に局在して機能するかを調べることもできるようになった(第5章Ⅰ節の技術解説，105頁を参照)。

3 細胞骨格

細胞内にあって膜をもたない構造物としては，遊離リボソーム free ribosome のほか，細胞質に張りめぐらされた細胞骨格と呼ばれるものがある。細胞骨格には直径約 25 nm の中空のもの(**微小管** microtubule)と充実性のもの(細糸または**フィラメント** filament)があり，後者にはその直径により**マイクロフィラメント** microfilament(直径5〜7 nm)と**中間径フィラメント** intermediate filament(直径 10 nm)がある。微小管は**チュブリン** tubulin，マイクロフィラメントは**アクチン** actin という，それぞれ球状の蛋白質からなり，中間径フィラメントは組織により異なった種類の線維状蛋白質からなる。アクチンからなるマイクロフィラメントは，アクチンフィラメント actin filament と呼ばれることが多くなった。このほか，主に筋細胞に存在する太いフィラメント thick filament(直径 15 nm)は**ミオシン** myosin という線維状蛋白質からなる。光顕時代から知られる中心小体 central body は微小管により作られる特殊な小器官で，やはり微小管からなる紡錘糸 spindle の形成中心となり，**細胞分裂** cell division に関与する。また一部の細胞の表面に存在する可動性の**線毛** cilium も微小管からなる構造をもって

いる。細胞骨格自体も膜をもたない細胞小器官とみなされるが，その構造は必ずしも安定なものではなく，後述する細胞質ゾルに遊離型で存在するチュブリンやアクチンと，それらが重合した微小管やアクチンフィラメントとは常に動的な平衡関係にある。細胞骨格の機能は，細胞に張力を与えて形を保つこと，細胞の運動および細胞分裂，細胞小器官の位置を保持したり移動させることなど，さまざまである。

4 封入体

このほか，細胞質には電顕的に観察されるが特定の生理機能をもった恒常的構造物でないために細胞小器官とみなされないものがあり，封入体 inclusion と呼ばれる。たとえば脂肪滴やグリコゲン顆粒，種々の色素など，細胞の代謝産物が一時的に細胞質に蓄積したものがそれである。

5 細胞質基質

以上の電顕的に観察される構造をすべて除外して残った無構造に見える細胞質の部分を，細胞質基質 cytoplasmic matrix と呼ぶ。これは生化学的には超高速遠心による上清，すなわち細胞質ゾル cytosol と呼ばれる分画とほぼ一致する。細胞質基質には豊富な水溶性物質が含まれ，高分子物質としては各種の酵素を含むサイトゾル蛋白質が存在する。サイトゾル蛋白質は遊離リボソームで合成される。

6 核

核は遺伝子である DNA の存在する場所であり，DNA の複製 replication および RNA への転写 transcription は主にここで起こる。電顕で見ると，核は 2 枚の単位膜からなる核膜 nuclear membrane により細胞質から隔離されている。しかしミトコンドリアと異なり，これら内外の核膜間に生化学的性質の違いがないこと，外核膜と粗面小胞体との直接の連続が見られること，および核膜に無数に空いた核膜孔 nuclear pore の部位で内外の核膜が連続することから，核膜は全体として扁平な袋状の小器官とみなすことができる。核自身を細胞小器官に含めることもあるが，核は細胞分裂の際に消失して染色体 chromosome となるので，恒常的な構造ではなく，細胞質基質につながる一つの領域と見なすべきである。両者の組成の違いは，核膜孔における物質の選択的移動により作られる。光顕時代から，核の内容として核小体 nucleolus，クロマチン（染色質）chromatin および核基質（核液）nuclear matrix が区別されていた。電顕で観察すると，クロマチンには微細な線維状の部分（正染色質 euchromatin）と，より密度の高い異染色質 heterochromatin がある。後者は核全体に散在するほか，核膜の直下や核小体の周囲にまとまって存在する。クロマチンは直径約 30 nm の線維を基本とし，これをさらにほどくと，塩基性蛋白質であるヒストン histones の八量体からなる円板の周囲に DNA が巻きついたヌクレオソーム nucleosome と呼ばれる構造の規則正しい繰り返しが見られる。クロマチン線維は細胞周期の上で分裂期に近づくにつれ，さらに高次の凝縮を行って染色体になり，分裂後は再び分散する。遺伝子が転写を受けるためにはクロマチンが分散状態であることが必要条件である。異染色質は恒常的にクロマチンが高次に凝縮しており，したがって遺伝的に不活性の領域である。転写された RNA は不要な部分が切断される（スプライシング splicing）などの修飾を受けてから核膜孔を通って細胞質に出て mRNA となる。核小体は RNA を多く含む線維状および顆粒状の部分からなる。ここでリボソーム RNA 遺伝子から転写されたリボソーム RNA ribosome RNA（rRNA）が蛋白質と複合体を形成し，その後核膜孔を通って細胞質に出てリボソームを形成する。核基質は無構造の部分とされてきたが，近年は核膜直下にある核ラミナ nuclear lamina と呼ばれる中間径フィラメントを初め，核全体に骨格様の構造が存在することが明らかになり，その機能が推測されている。

B 原核細胞と真核細胞

原核生物 prokaryote は広義の細菌 bacteria であり，さらに古細菌 archaebacteria と真正細菌

III. 細胞の微細構造　13

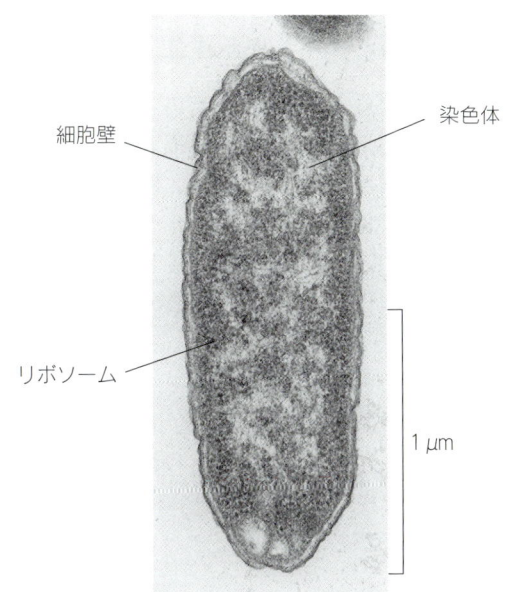

図1-5　大腸菌細胞の電子顕微鏡写真
細胞壁の表示はグラム陰性菌に特徴的な外膜を含む。

eubacteriaに分類される。原核生物は原核細胞からなる単細胞生物 unicellular organism である。原核細胞の名称は、真核細胞におけるような核膜により細胞質から隔離された核をもたないことによる。図1-5に示す代表的な原核細胞である大腸菌 Escherichia coli を例にとると、細胞の大きさは1〜3μmで、平均的な動物細胞の10分の1程度である。細胞膜の外側にペプチドグリカンpeptidoglycanからなる細胞壁 cell wall をもつ。細胞質には電顕で観察しても真核細胞のように明らかな構造が見られない。細胞質の周辺部はリボソームの粒子が存在するために暗く見え、中心部は染色体の線維が存在するため明るく見えるが、そのような分布の違いは細胞標本作製の際の人工産物の可能性もある。

　原核細胞には独自の細胞骨格があるが、細胞内膜系は存在しない。原核細胞の細胞膜は、電子伝達系によるエネルギー産生や翻訳中の蛋白質の膜通過性輸送など、真核細胞の内膜系が果たしている機能をもつ一方、エキソサイトーシスやエンドサイトーシスなどの機能はもたない。これに対して真核細胞は、内膜系を発達させて飛躍的に膜の表面積を広げるとともに、原核細胞の細胞膜が果たしていた役割の一部を内膜系に分担させ、細胞膜をもっぱら細胞内外の物質輸送や情報伝達に利用することにより、大型化、多細胞化および分化の道をたどったと考えられる。原核細胞は固い細胞壁に囲まれて外形はあまり変化せず、運動には鞭毛 flagella のような外部構造を用い、また分裂装置によらない無糸分裂 amitosis を行う。

　原核細胞の染色体は1個の環状のDNAで、真核細胞のクロマチンのように蛋白質と結合したヌクレオソーム構造をもたない。染色体の一部は細胞膜に付着し、複製の開始部位となっている。原核細胞の特徴は、染色体が細胞質中にあるために遺伝子の複製、転写、翻訳が真核細胞のように時間的空間的に分離していないことである。すなわちDNAの複製が終了しないうちに転写が起こり、転写中のmRNAはスプライシングなどの修飾を受けないままリボソームと結合して翻訳が同時進行する。さらにリボソームが細胞膜に結合し、分泌蛋白が翻訳と同時に膜を通過して細胞外に輸送される。

✎ Side Memo　ウイルスとリケッチア

　一般に微生物 microorganism と呼ばれるものには、真核生物 eukaryote の一部（かびなどの菌類 fungi、アメーバなどの原生生物 protist）、原核生物（細菌）およびウイルス virus がある。このうちウイルスは、細胞膜をもたず、遺伝子としてDNAまたはRNAの一方のみをもち、増殖に際して二分裂様式をとらず、また遺伝子複製やエネルギー産生を宿主細胞に完全依存するという点で、細胞とは異なる存在である。細胞がすべての生物の単位であるとすれば、ウイルスは生物ではないことになる。これに対してリケッチア Rickettsia やクラミジア chlamydia と呼ばれる微生物は、培養液中で増殖できず、宿主体内でのみ増殖できる（偏性寄生性）という点でウイルスと細菌との中間の存在と考えられたこともあったが、その他の点では一般の細菌と同じ原核細胞をもつ生物とみなしてよい。しかしこの意味では、真核細胞の共生体と思われるミトコンドリアや葉緑体 chloroplast もまた、原核細胞をもつ生物と見なすべきではないかという興味を与える。

C 細胞機能の概観

　細胞の機能は、すべての細胞に共通のものと、特殊化した細胞（分化細胞 differentiated cell）のものとに分けられる。共通の機能は、細胞が与え

表 1-1　細胞の構造と機能の対応

細胞構造	主な細胞機能
細胞膜	物質輸送，分泌と吸収，細胞接着，細胞間情報伝達
膜小器官	蛋白質合成，代謝とエネルギー産生，分泌と吸収，消化，ストレス応答
細胞骨格	細胞接着，細胞運動，細胞分裂
細胞質基質	代謝とエネルギー産生，細胞内情報伝達，ストレス応答
核	遺伝，遺伝子発現，細胞増殖，細胞の分化・老化・死

られた環境の下で自己の生存を維持するとともに，自己を複製して増殖するためにある．しかし多細胞生物 multicellular organism においては，個体全体のために個々の細胞はそれ自身の生存と増殖のための機能の一部を抑制して分化することにより，特殊な機能を発達させている．細胞の機能を可能にしているのは細胞の構造である．分化した細胞の特殊な構造や機能も，すべての細胞に共通の構造や機能を変化，発展させたものである．高等動物細胞の主な機能を，共通の機能を中心にして概観する(表 1-1)．

1　遺伝情報の発現

まず，細胞機能の指令を出す遺伝情報を蓄積しているのは，核内にある遺伝子すなわち DNA である．細胞は DNA の複製を行って次世代の細胞に遺伝子を伝えるとともに，DNA の修復 repair を行って遺伝情報を保持する．さらに DNA の情報を mRNA に転写して細胞質に運び，リボソームにおいて mRNA の情報を翻訳して蛋白質を合成する．細胞ごとに特定の遺伝子の転写すなわち遺伝子発現 gene expression の量は厳密に調節されている．これは主に DNA に結合する蛋白質の働きによる．できあがった蛋白質は，細胞の構造をつくったり，酵素 enzyme としてさまざまな化学反応を触媒する．また細胞内に留まるものと，ゴルジ装置を経て細胞外に分泌されたり，膜に組み込まれるものとがある．

2　代謝とエネルギー産生

細胞の生存および機能のためには，エネルギーが必要である．細胞は外界から取り込んだ化学物質を酵素の作用の下に他の物質に変換して利用する．これを代謝 metabolism という．代謝には，低分子物質から高分子物質を合成して細胞の構成成分とする同化 anabolism と，高分子物質を低分子物質に分解する異化 catabolism があり，異化の際に放出される化学エネルギーを ATP の形で蓄積する．ATP の産生を伴なう化学反応には，細胞質ゾルにおいて嫌気的に行われるものと，ミトコンドリアやペルオキシソーム内で好気的に行われるものとがある．

3　物質輸送

細胞内の種々の化学反応は，細胞膜によって外界と隔てられ，また細胞内膜系によって区画化された環境の中で行われる．生体膜を介した物質の輸送の方法は，物質の大きさや水もしくは脂質との親和性によって異なり，膜蛋白質を介する場合と介さない場合があり，物質の濃度勾配に従う場合と逆らう場合がある．膜蛋白質を通したイオンの移動による細胞内電位の変化は，神経細胞や筋細胞に見られる興奮を引き起こす．一般に細胞が細胞膜を介して外界の物質を細胞内に取り込むことを吸収 absorption といい，細胞内で産生した物質を外界に放出することを分泌 secretion と呼ぶ．このうち，蛋白質のような高分子物質が膜に包まれるやりかた(小胞性輸送)により吸収または分泌されることを，それぞれエンドサイトーシス endocytosis とエキソサイトーシス exocytosis と呼ぶ．また特に光顕で見えるような大きな構造物が細胞に取り込まれることを，食作用(ファゴサイトーシス) phagocytosis と呼ぶ．取り込まれた構造物や高分子物質はリソソーム中で消化 digestion され，低分子物質にまで分解される．

4　接　着

ある種の細胞同士は互いに集合して接着 adhesion し，協調的に働く．接着した細胞の間には，

さまざまな形式の結合装置 junctional complex が形成される。結合装置には細胞同士をくっつけるものと，細胞と細胞間質とをくっつけるものがあり，いずれも細胞膜蛋白質である接着分子 adhesion molecule と，細胞質にある細胞骨格が関与している。接着により，細胞には形態的および機能的な方向性（極性 polarity）が生じる。細胞接着の生理的役割として，細胞の物理的な支持および極性の維持とともに，細胞間の情報（シグナル）の伝達がある。

5 情報伝達

細胞が環境に適応して生きていくには，外界からの刺激を受け取り，これに対して適切に反応しなければならない。多細胞生物においては，ある細胞が作るシグナル分子 signaling molecule がほかの細胞の**受容体（レセプター）**receptor に結合することにより，刺激として働く。このような細胞間情報伝達 cell signaling には，シグナルを発する細胞と標的となる細胞との間の距離，伝達の速さ，標的の選択性などの異なるいくつかの形式がある。細胞間シグナルは標的細胞の細胞膜または細胞質や核に存在する受容体蛋白質に結合した後，細胞内で別のシグナル形式に変換される。これをシグナル変換 signal transduction という。シグナルは次々と変換されつつ細胞内で伝達され，最終的には細胞の代謝過程，遺伝子発現，細胞骨格などの変化という形で細胞の応答 response を引き起こす。

6 運　動

細胞の運動は，細胞全体の運動のみならず細胞の一部や細胞小器官の動きを含み，いずれも細胞骨格が深く関わっている。たとえばアクチンフィラメントはアクチン分子の重合と脱重合により細胞質のゾル-ゲル化を調節し，細胞の辺縁部の流動運動を起こす。もっと速い動き，すなわち植物細胞の原形質流動，白血球などのアメーバ様運動，細胞分裂における細胞質の分裂などは，アクチンフィラメントとアクチン結合蛋白質の一種であるミオシンとの相互反応により起こる。さらに筋の収縮は，筋細胞にあるアクチンフィラメントとミオシンフィラメントとの間で起こる急速なすべり運動である。微小管の関与する運動として，細胞分裂における染色体の移動は，紡錘糸のチュブリン蛋白質の方向性をもった重合と脱重合により起こる。また線毛や鞭毛などの細胞運動装置の動きは，微小管と微小管結合蛋白質との相互作用による微小管同士のすべり運動である。神経細胞などにおいて，膜性小器官が微小管のレールの上をすべって輸送される動きも，同じ仕組みで起こる。

7 増　殖

細胞増殖 cell proliferation を行う細胞においては，DNA の複製と細胞分裂とが一定の時間間隔をはさんで繰り返される。これを細胞周期 cell cycle と呼ぶ。真核細胞の DNA には塩基性の蛋白質であるヒストンが結合し，これが種々の段階に凝縮してクロマチンを形成している。細胞周期における DNA 複製期には，クロマチンが最も分散した状態になり，逆に細胞分裂期には最も凝縮した状態，すなわち染色体となる。細胞分裂においては，複製を完了した染色体に紡錘糸がつき，姉妹染色分体 sister chromatids が分離する。このような体細胞分裂 mitosis に対して，生殖細胞系列に見られる減数分裂 meiosis においては，1 回の DNA 複製の後に 2 回の細胞分裂でそれぞれ相同染色体 homologous chromosomes と姉妹染色分体が分離することにより，染色体数が体細胞の半分の生殖子 gamete ができる。生殖子同士の接合 pairing による遺伝形質の組み合わせが，個体レベルの遺伝 heredity を決定する。

8 分　化

細胞が受精卵 fertilized egg から分裂増殖を繰り返していくうちに，その形態と機能が特殊化していくことを細胞分化 cell differentiation という。すべての細胞は同一の遺伝情報（ゲノム genome）をもっているが，特定の細胞が特定の遺伝子のみを選択的に発現する結果として分化が起こる。成体においても，消化管，皮膚および精細管の上皮，骨髄など，細胞が絶えず更新されている組織では，

細胞の増殖から分化への過程が繰り返されている。

9 老化と死

　真核細胞の染色体の末端部分にあるテロメア telomere と呼ばれる DNA 配列が DNA 複製のたびに短くなっていくため，細胞は一定回数しか分裂できない。このことは細胞の老化 aging の原因の一つと考えられている。細胞の死の一形態として，核の変性から始まる**アポトーシス** apoptosis がある。アポトーシスは発生の過程で生理的に起こる予定細胞死 programmed cell death で見られ，個々の細胞の死が個体全体にとって必要なことを示している。

10 防　御

　生体防御には，個体レベルの防御（広義の免疫）のほかに細胞レベルの防御があり，ストレス応答 stress response という。これには細胞質基質および小胞体などの小器官にあるストレス蛋白質 stress protein が関与している。ストレス蛋白質は，合成後の蛋白質に結合してその正常な折りたたみを助けたり，細胞外からのストレスにより変性した蛋白質を回復させたりする分子シャペロン molecular chaperone として働く。

技術解説

透過電子顕微鏡法（超薄切片法）

　光学顕微鏡の分解能は光の波長により規定される一定の値（最高で約 200 nm）より高くなり得ないので，これより小さなものを見るためには光より波長の短い波を用いる必要がある。真空中で加熱したフィラメント（陰極）に加速電圧をかけて得られる電子線 electron beam は，粒子と同時に波の性質をもち，光の代わりに顕微鏡に用いることができる。その波長は加速電圧により定まり，たとえば 100 kV では約 0.0038 nm（可視光の 10 万分の 1 以下）である。電子線が磁界を通過すると屈折して集束するので，電磁石をレンズとして用いることができる。これらの原理を応用して 1939 年に電子顕微鏡 electron microscope を完成したのは，Ruska（1986 年ノーベル物理学賞を受賞）を中心とするドイツの Giemens 社である。光顕の場合と同様に試料に電子線を通過させ，試料の各部分で電子が透過または散乱することによる明暗の像を得ることを透過電子顕微鏡法 transmission electron microscopy という。電磁レンズの性能による制約から，透過電顕の分解能は最高で約 0.2 nm（倍率にして光顕の 1,000 倍）であり，また得られる像は電子線の波長が単一であるためにモノクロである。

　生物試料に透過電顕法が応用されたのは 1950 年代からであり，固定，脱水，包埋，薄切，染色からなる電顕試料作成法が工夫された結果，真空中で細胞に電子線を当てて観察することが可能になった。生物試料は一般にグルタールアルデヒドとオスミウム酸による二重固定の後にエポキシ系樹脂に包埋され，超ミクロトームと呼ばれる装置により電子線が透過可能な約 50〜100 nm の厚さの切片に薄切される。こうして得られた超薄切片 ultrathin section をウランや鉛などの重金属化合物で染色し，試料中の構造物に電子線の散乱度（電子密度 electron density）の違いによる明暗のコントラストをつけた上で，電子線を通過させる。透過電子線を電磁レンズにより収束し，蛍光板に当てて像を観察したり，フィルムや CCD カメラの感光により電顕写真を撮影する。

●参考文献
1) Harris H 著，荒木文枝訳：細胞の誕生―生命の「基」発見と展開．Newton Press，2000．
2) De Duve C 著，三代俊治・長野　敬訳：細胞の秘密　生命の実体と起源を探る．医学書院，1992．
3) Palade G : Intracellular aspects of the process of protein synthesis. Science 189 : 347-357, 1975.
4) Fawcett DW : The cell 2nd ed. W B Saunders, Philadelphia, 1981.
5) 朝倉健太郎，安達公一：電子顕微鏡をつくった人びと．医学出版センター，1989．
6) 日本電子顕微鏡学会関東支部編：電子顕微鏡試料作成法．丸善，1986．

IV. 細胞の多様性

A 植物細胞と動物細胞

　真核生物 eukaryote は原生生物 protist，菌類 fungi，動物 animal および植物 plant に分類される。植物細胞の構造は基本的には動物細胞と共通であるが，電顕形態上の明らかな違いとして，細胞壁 cell wall の存在，液胞 vacuole の存在，および葉緑体 chloroplast をはじめとする色素体 plastids の存在がある（図1-6）。

1 細胞壁

　まず細胞壁は個々の植物細胞の細胞膜の外側を取り巻く固い構造である。光学顕微鏡の時代には植物細胞のみに認められる細胞壁を「細胞膜 cell membrane」と呼び，光顕で見えない動物細胞の細胞膜を「原形質膜 protoplasmic membrane」と呼んだことがあった。原形質膜という言葉は現在でも植物細胞の細胞膜の意味で用いられることがある。植物の細胞壁は多糖類の一種のセルロース cellulose からなる細線維がほかの多糖や糖蛋白からなる基質の中に埋め込まれたものである。これは細菌の細胞壁とは異なり，むしろ動物の結合組織にみられる細胞間質 intercellular substance に似ているが，後者で線維を形成するのはコラーゲン collagen などの蛋白質である。細胞壁の役割には植物体の骨格としての働き，細胞の保護と形態維持，物質の選択的透過などがある。細胞壁が高分子物質を通さないために植物細胞間のシグナル分子（ホルモン）は低分子物質のみである。その代わり植物では隣接する細胞間に細胞壁を貫いてプラスモデスム plasmodesm と呼ばれる細胞質の直接連絡があり，イオンなどの低分子物質を移動させる。

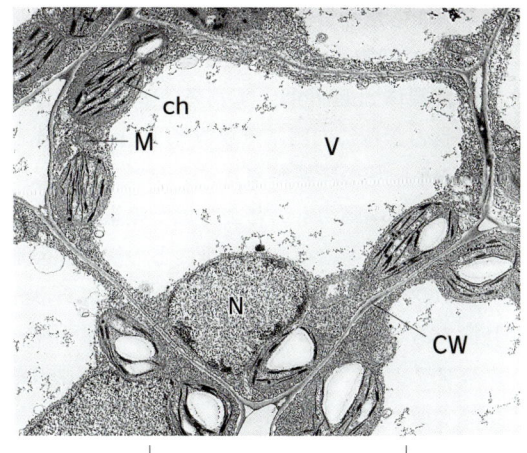

図1-6　トマトの葉の細胞の電子顕微鏡写真
　Ch：葉緑体，M：ミトコンドリア，N：核，V：液胞，CW：細胞壁。

2 液胞

　植物細胞の形は細胞壁で規定されるが，細胞外液が低浸透圧なので，細胞膜を通って流入した水により細胞は絶えず膨張して細胞壁に押しつけられる。これを膨圧 turgor pressure という。膨圧は単に細胞の形を保つのみならず，植物の成長の原動力となる。すなわち，動物における成長は原則として細胞増殖によるが，植物は細胞増殖以外の成長法として，膨圧の調節と細胞壁の再構築により個々の細胞の容積を短時間のうちに拡大する伸長成長を行う。その場合，細胞質の増加を伴わず，主に液胞の容積が拡大する。液胞は1枚の単位膜をもった細胞小器官であり，細胞質内に1個または数個あって細胞容積の30〜90％を占める。液胞には水とイオンのほかに種々の水溶性の栄養分や老廃物が貯蔵され，またリソソームと同様に加水分解酵素が存在する。液胞の膜を通って細胞

質ゾルとの間に物質が出入りし，細胞質ゾルのpHや浸透圧を調節するとともに膨圧を調整する。

3 色素体

植物細胞では2枚の単位膜をもつ細胞小器官として，ミトコンドリア以外に色素体と呼ばれる一群がある。色素体は植物の種類により，また器官により異なった性質をもつが，最も重要な色素体は主に葉の細胞にあって**光合成** photosynthesis を行う**葉緑体** chloroplast である。葉緑体には外膜と内膜のさらに内側にチラコイド thylakoid と呼ばれる小胞状の膜系がある。チラコイド膜はミトコンドリア内膜のものとよく似た膜蛋白質をもつが，電子伝達系の中心部に蛋白との複合体の形でクロロフィル chlorophyll という色素があるのが特徴である。チラコイド膜上で光のエネルギーがクロロフィルに捕えられ，水に始まる一連の電子伝達と酸化的リン酸化により酸素とATPが生成し，続いて二酸化炭素が炭水化物に変換される。呼吸の逆反応にあたるこれらの反応を，光合成と呼ぶ。葉緑体はミトコンドリアと同様に独自のDNAをもち，自己複製を行う。ミトコンドリアと色素体（葉緑体）という2種の小器官は，真核細胞の祖先に侵入して細胞内共生を行なった細菌に由来するとする説が有力である。

B 単細胞生物と多細胞生物

原核生物のすべて，および真核生物のうち，原生生物の多くと菌類の一部（酵母 yeast など）は単細胞であり，動物と植物を含めたその他の真核生物は多細胞である。進化のうえで最初の多細胞生物 multicellular organism は約10億年前に出現したとされる。

1 多細胞生物の進化

単細胞生物 unicellular organism が果たす多様な役割を，多細胞生物では特定の形態と機能をもった多種類の細胞が分担する。このことを細胞分化 cell differentiation という。単細胞生物のうちでも，たとえば原生生物のクラミドモナス Chlamydomonas のように，細胞群体 cell colony を作るものがあるが，細胞分化はない。現存する原始的な多細胞生物の例として原生生物のボルボックス Volvox があり，球状の細胞群体の表層にある体細胞と，内腔にある生殖細胞の2種の細胞に分化している。同じく原生生物の細胞性粘菌 cellular slime mold のように，単細胞と多細胞の二つの生活環をもち，多細胞の時期の細胞は柄と胞子の2種に分化するという例もある。菌類の多くは多細胞であっても，分化しない細胞が連結した菌糸 hypha という構造からなる。

多細胞生物の進化にとって必須であるのは，まず細胞が集合して細胞塊を作るために細胞接着 cell adhesion の機構が発達することである。次に細胞塊の中で細胞の分化が起こり，分化した細胞によるいくつかの集団，すなわち組織 tissue を形成することである。そして組織内および組織間で細胞間情報伝達 cell signaling の機構が発達することである。ヒトのような脊椎動物の体は200種以上の分化した細胞からなり，細胞総数はヒトの場合で60兆とも言われるが，その発生の過程ではたった一つの細胞（受精卵 fertilized egg）が増殖と分化を繰り返し，胚子 embryo を形成する。胚子の発生過程では多細胞生物が進化の過程で獲得したであろう機構が働く。発生においては原則としてすべての細胞が受精卵と同じ遺伝子セットをもっており，細胞分化とはこのうち特定の遺伝子のみを使い，他を使わないことにする選択の過程である。

2 多細胞生物の発生

初期の胚子は，細胞が隙間なく並んだ上皮 epithelium と，細胞がまばらに存在して間に細胞間質 intercellular substance を多く含む間葉 mesenchyme という組織で構成される。発生における細胞の集合と接着には，細胞表面に膜糖蛋白質として存在する接着分子 adhesion molecule が重要である。接着分子には細胞同士を接着させるものと細胞-細胞間質を接着させるものがある。また発生における細胞の分化を誘導する細胞間情報伝達機構としては，細胞接着そのものによる情報

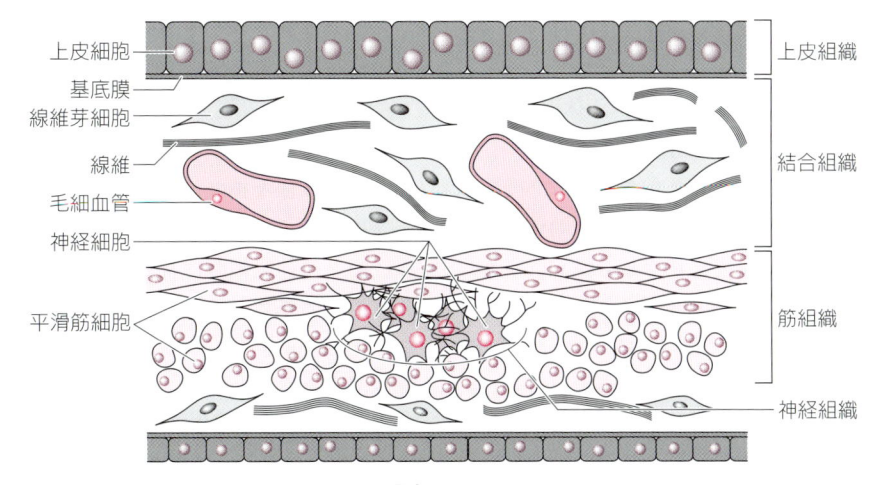

図 1-7 消化管など中空器官の壁の模式図
四大組織と主な構成成分を示す。

ラベル（上から）：上皮細胞／基底膜／線維芽細胞／線維／毛細血管／神経細胞／平滑筋細胞
右側：上皮組織／結合組織／筋組織／神経組織

伝達のほか，近接する細胞の間で液性のシグナル分子 signaling molecule が分泌され，受容される機構が存在し，いずれも遺伝子の転写の促進や抑制を起こす。特定の部位と時期における細胞間情報伝達により細胞分化が誘導され，胚子の形態形成を進行させる。形態形成を制御するシグナル分子や転写因子 transcription factor を作る遺伝子群は，生物種を超えて共通であることが知られている。発生が進むにつれ，より距離の離れた細胞との情報伝達を行う必要のため，神経系 nervous system や内分泌系 endocrine system が発達する。

3 細胞の分化と増殖

一般に，分化した細胞では増殖能が抑制される。脊椎動物の成体において，常に増殖している細胞は皮膚や消化管粘膜の上皮細胞や骨髄の造血細胞など，一部に限られる。これに対して，中枢神経系や心筋などの細胞の大部分は増殖能を失っている。その他の細胞は一時的に増殖を停止しているが，刺激に応じて増殖する。いずれの組織においても，少数の細胞は未分化の状態で増殖しつつ，分化細胞を生み出す能力をもっている。これを幹細胞 stem cell という。また有性生殖 sexual reproduction の目的で減数分裂 meiosis を行い，半数染色体をもつ生殖子 gamete を生み出すのは，精巣や卵巣に存在する生殖細胞 germ cell に限られる。生殖細胞の系列は，発生の比較的早い時期に体細胞の系列から分かれる。

C 細胞から組織へ

脊椎動物の成体には，たとえば血液のような液体の部分もあれば骨のような固い部分もある。これは組織の違いに基づくものである。すなわち組織とは体を作る材質とも言える。組織を形成するのは細胞および細胞が作り出した物質である。組織学 histology では，細胞と細胞の間の部分を細胞間質と呼び，これをさらに光顕で見える線維 fiber と無定形の基質 ground substance とに分けてきた。電顕により基質中にも多糖類からなる網目構造があることがわかった結果，これと線維とを合わせて細胞外マトリックス extracellular matrix と呼び，ほとんど細胞間質の同義語として用いることが多くなった。またマトリックスを基質と訳すこともあるので，注意を要する。脊椎動物の体を構成する組織は多様であるが，これを発生的由来および形態・機能上の特徴から4つの基本的グループに分類している。すなわち上皮組織 epithelial tissue，支持組織(結合組織) connective tissue，筋組織 muscle tissue および神経組織 nervous tissue である(図 1-7)。

1 上皮組織

上皮組織は，体の自由表面を覆い，体の内部と外界とを隔てる上皮 epithelium を作る上皮細胞 epithelial cell からなる。すなわち上皮に覆われた消化管や気道の内腔も体の外である。上皮由来で分泌作用を行う細胞の集まりである腺 gland も，上皮組織に含まれる。上皮細胞は互いに隙間なく接し，細胞間質はほとんどない。隣り合った上皮細胞間には，物質の移動を阻止するタイト結合 tight junction を含む結合装置 junctional complex が発達している。上皮細胞は上面と側面・下面とで形態や機能に違いがあり，極性 polarity をもつという。

2 支持組織

支持組織は，狭い意味の結合組織のほかに骨や血液なども含めた間葉由来の組織である。結合組織では線維芽細胞 fibroblast に代表される極性のない細胞がまばらに存在し，細胞間質が非常に豊富である。細胞が産生する細胞外マトリックス成分としてコラーゲンという蛋白質からなる膠原線維 collagen fiber やその他の線維と，多糖類のグリコサミノグリカン glycosaminoglycan からなるゲル状の基質があり，その網目の中に組織液 tissue fluid を含んでいる。結合組織はほかの組織の間をくまなく埋めつくし，上皮組織に接する部分には緻密な細胞外マトリックスからなる基底膜（基底板）basal lamina を形成する。

3 筋組織

筋組織は，発生初期の間葉が特殊化した組織であり，筋細胞 muscle cell により構成され，細胞の種類により骨格筋，心筋，平滑筋に分類される。個々の筋細胞はきわめて細長いので，筋線維 muscle fiber とも呼ばれる。特に骨格筋線維 skeletal muscle fiber は多核の細胞であり，長さ 10 cm にも達するものがある。筋線維の細胞質にはアクチンとミオシンのフィラメントが組み合わさった筋原線維 myofibril があり，神経からのシグナルを受けて細胞質内に放出された Ca^{2+} により両フィラメントがすべり合って収縮する。

4 神経組織

神経組織は，発生初期の上皮が特殊化した組織であり，多様な神経細胞 nerve cell およびそれらを支持するグリア細胞 glial cell により構成される。個々の神経細胞は神経系の複雑なネットワークをつくる基本的な単位なので，神経元（ニューロン）neuron ともいう。ニューロンは核を含む細胞体部分ときわめて長い細胞質の突起（神経線維 nerve fiber）からなり，長さ 1 m にも達するものがある。ニューロンの膜には，膜貫通蛋白質として各種のイオンポンプとイオンチャネルが発達している。ニューロンが外部のシグナルを受け取ると細胞膜を介した電位の変化による電気的興奮が起こり，神経線維を伝わって他のニューロンにシグナルを伝達する。

以上に述べた組織がさまざまに組み合わさって器官 organ を作り，器官が組み合わさって器官系 organ system，さらに個体を構成する。このように，生物体の構造は階層性 hierarchy をもつのが特徴である。

臨床との接点

幹細胞と再生医療

幹細胞とは，それ自身は未分化であり，分裂増殖により自己と同じ幹細胞を複製するとともに，特定の細胞に分化する前駆細胞 progenitor cell を生み出す細胞である。もともと幹細胞は消化管，皮膚および精細管の上皮や骨髄など，細胞増殖が活発で絶えず新しい細胞に更新される組織に存在することが知られていた。1981 年，マウス胚盤胞の内細胞塊の細胞が培養細胞株として樹立された。この細胞株は未分化状態を維持したまま継代できるとともに，培養条件を変えることにより，もとの胚細胞と同じく神経や筋，心臓，血管，骨，肝臓など，あらゆる組織に分化できる多分化能 pluripotency をもつため，胚性幹細胞 embryonic stem cell（ES 細胞）と呼ばれる。1998 年にはヒト由来の ES 細胞株も樹立された。一方，成体においても，従来知られていた組織以外に肝臓，膵臓，筋，中枢神経系など，ほとんどすべての組織・器官に幹細胞が存在することが明らかになり，成体幹細胞 adult stem cell または組織幹細胞 tissue stem cell と呼ばれる。成体幹細胞は限定された細胞種にのみ分化すると考えられていたが，最近の研究では成体幹細胞にも多分化能があることがわかってきた。特に骨髄にある造血幹細胞や間葉系幹細胞は，ES 細胞な

みに多種類の細胞に分化できることが報告されている．ES細胞や成体幹細胞は，発生や分化のメカニズムについての基礎的研究に有用であるのみならず，病気やけがなどで失われた人体の組織，器官を細胞移植によって修復する再生医療 regeneration medicine への応用が期待されている．幹細胞を用いた再生医療が比較的早く実現すると考えられているのは，糖尿病，心臓疾患，パーキンソン病などにおいてである．

2006年，山中伸弥らにより，ES細胞の多分化能維持に関与する数種類の遺伝子をマウスの体細胞に導入することで，ES細胞と似た性質をもつ人工多能性幹細胞(iPS細胞：induced pluripotent stem cell)が樹立され，その後ヒトのiPS細胞も樹立された．患者本人の体細胞由来の iPS 細胞は，免疫拒絶や倫理的問題のない再生医療の目的に有用であると期待されている．

技術解説

組織培養法

動植物の特定の器官，組織または細胞を生体から分離した状態で生存させることを広い意味で組織培養 tissue culture と呼ぶ．培養された細胞は生体での体液性または神経性の複雑な調節機構から離れ，既知の成分からなる培養液(培地) culture medium を入れた容器(プラスチック製のフラスコやペトリ皿)の中で増殖を行う．したがって組織培養を用いれば，生体を単純化した系において細胞間の相互作用や外部から与えたシグナルの細胞への影響などを調べることができる．

組織培養としては，まず発生中の胚や器官をそのままの形で培養する方法(器官培養 organ culture)がある．次に器官から組織片を分離して培養すると組織から周囲に細胞が遊走して増殖する．これを狭い意味での組織培養と呼ぶ．1907年，カエルの神経管を初めて組織培養した Harrison は，増殖した神経細胞が軸索を伸ばすことを見出し，神経系がニューロンの集合からなることを証明した．このようにして得られた細胞は，蛋白分解酵素を用いてばらばらに遊離させた後，他の容器に移し変えて継代培養することができる(細胞培養 cell culture)．一部の細胞は培養液中に浮遊して増殖するが，大部分の細胞は容器の底に固着して増殖する．生体組織から直接得られた培養を初代培養 primary culture と呼び，元の組織の正常な分化形質を多く残している．初代培養から継代した細胞(細胞系 cell line)の大部分は一定の回数しか分裂できないが，継代中にごく少数の細胞が無限に増殖する性質を獲得する(形質転換 transformation)．形質転換した細胞，または腫瘍細胞から単一の細胞を分離して増殖させることにより，樹立細胞系 established cell line (細胞株 cell strain)を得ることができる．培養細胞の利用法は多様であるが，部分的に残っている元の組織の分化形質を利用する場合と，微生物のように均一な細胞の集団として扱う場合とがある．最近は培養細胞に，外部から遺伝子を導入して特定の遺伝子産物を過剰発現させたり，発現抑制することで，個体レベルでの遺伝子改変に相当する実験を細胞レベルで行うことがさかんに行われる．

組織培養に用いる培地は生体の体液に近い浸透圧やpHを与える塩類のほか，栄養源として各種アミノ酸，グルコース，ビタミンを含み，このほかウシ胎児などの血清が加えられる．最近は血清中の特定のホルモンや成長因子などの蛋白性の生理活性物質が細胞の増殖に必要であることがわかった結果，無血清培地にこのような既知の物質を加えて種々の細胞株を増殖させることもできるようになった．培地の濃度やpHの変動を防ぐため，培養は通常5％程度の二酸化炭素と飽和水蒸気を含む恒温庫(CO_2 インキュベータ)の中で行う．

● 参考文献

1) 山科正平：新・細胞を読む 「超」顕微鏡で見る生命の姿．講談社ブルーバックス，2006．
2) 藤田恒夫，牛木辰男：細胞紳士録．岩波新書，2004．
3) 朝比奈欣治，立野知世，吉里勝利：絵とき再生医学入門．羊土社，2004．
4) 日本組織培養学会編：組織培養の技術 第3版．朝倉書店，1996．

第2章
遺伝子と蛋白質合成

Ⅰ．遺伝子とその機能　24
Ⅱ．遺伝子発現と蛋白質合成　33
Ⅲ．小胞体における蛋白質合成　40
Ⅳ．蛋白質の機能発現　46

● 本章を学ぶ意義

　本章では，遺伝情報が，核内のDNAというひも状の構造の中にどのように書き込まれており，さまざまな種類の細胞が適切な場面で必要な情報をどのように取り出すかについて，その基本原則を学習する．

　DNA分子の二重らせん構造が1953年に発見されて以来，分子生物学・細胞生物学は飛躍的に発展し，21世紀に入って，ヒトを含む多くの生物の全DNA配列が明らかにされている．その結果，ヒトでは，DNA上に約3万種類の遺伝子が存在し，RNAレベルで修飾が加わり，約30万種類の蛋白質が作られていることが明らかにされた．これらの遺伝子塩基配列上には，ほとんどの疾患の原因が記されているはずで，現在，遺伝子の塩基配列の変化が，細胞の機能にどのような変化を惹起し，疾患を起こすのかについて，全世界で研究が進んでいる．さらに，DNAを切断し，別のDNAとつなぎかえる分子生物学の技術の発展は，本来自然界にはない全く新しい蛋白質の合成が可能となった．これによって人類は，医学薬学的な診断治療に向けた画期的な新技術を獲得したことになる．

　本章は，この新技術の根幹をなす部分である．その意味を考えながら，細かいところまで，熱心に学習されることを期待する．

I. 遺伝子とその機能

A 遺伝子

1 染色体とDNA

1800年代半ば，遺伝物質が核内に存在するであろうことは，多くの科学者が予想していた。実際にFlemmingは分裂期の細胞内に染色体を発見し，Miescherは白血球の核やサカナの精子より核酸（DNA）を単離した。さらに，染色体が遺伝情報の伝達要素であろうという知見が蓄積されるとともに，その主要な成分がDNAであることが判明した。しかし，その中のDNA（蛋白質ではなく）が遺伝物質であるとの確かな証明は，1944年のAveryらの肺炎双球菌を用いた形質変換 genetic transformation の研究による。1953年WatsonとCrickにより，DNAの立体構造が明らかにされるに至って，一気に遺伝情報の本質とその発現機構が解き明かされ始めた。真核細胞では，1本の染色体に1分子の線状DNA（環状でない）が凝縮されていて，ヒトでは46本の染色体のそれぞれが $50～250×10^6$ 塩基対のDNAを含んでいる。ある生物の配偶子がもつ全染色体に含まれる遺伝情報を**ゲノム** genome と呼び，ヒトのゲノムサイズは約 $3×10^9$ 塩基対である。ヒト体細胞は二倍体であるから，1個の細胞当たり約 $6×10^9$ 塩基対のDNAが存在することになる。DNA中で機能があるRNA分子をコードする一つ一つの領域を**遺伝子** gene という。さらに一つの遺伝子は，一つのポリペプチドと対応している。

DNAはデオキシリボースとリン酸を基本骨格としてもつ化学的に比較的安定な物質で，構成塩基であるチミン（T）に対してアデニン（A）を，またシトシン（C）に対してグアニン（G）をそれぞれ相補的 complementary な塩基とした二重らせん double-helix 構造（図2-1）をもち，これらの性質は遺伝情報の世代を超えた伝達に有利に働いた。それは，一つにはDNAの半保存的複製を可能とし，また一方のDNA鎖の塩基に異常が生じた場合，他方のDNA鎖の塩基種に基づいて修復が可能となるからであった。

2 DNAとRNA

RNAはリボースとリン酸を基本骨格とし，A, G, CおよびTの代わりにウラシル（U）を含有する核酸である。DNAとRNA間で塩基の相補性は保たれていて，以下のような遺伝情報の蛋白質への流れを可能としている。

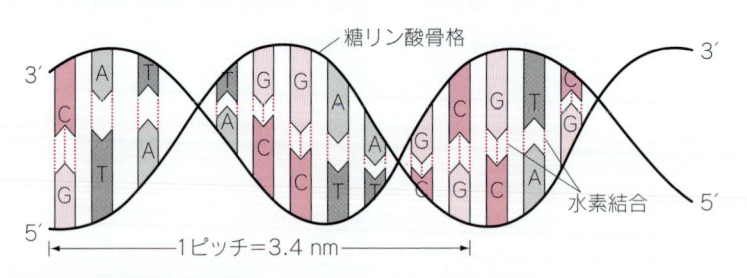

図2-1 DNAの高次構造

DNAは逆向きの2本のDNAからなる二重らせん構造を取っており，両鎖は相補的塩基間で生じる水素結合で安定な複合体となっている。らせんの1ピッチは3.4 nmであり，その間に10塩基対含まれている。

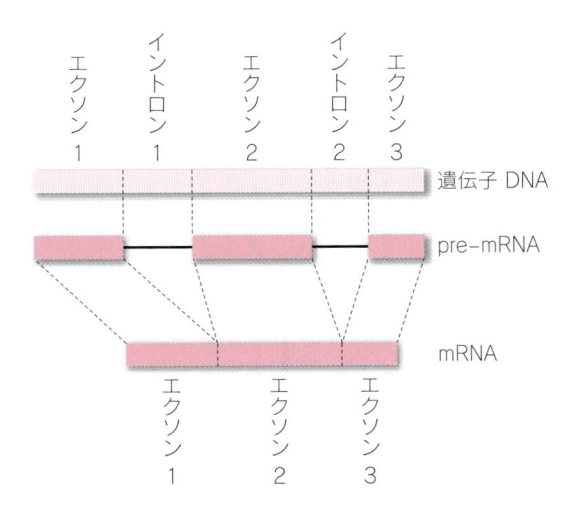

図2-2 スプライシングによるmRNAの産生
遺伝子から直接転写されたpre-mRNAには，イントロン配列も含まれているが，核内にあるスプライソソームでイントロン部分は除去され，最終的にはエクソン部分が直結したmRNAが完成する。

図2-3 相補的塩基間での水素結合形成（DNAの場合）
DNA-DNA雑種の形成においては，アデニン-チミンならびにグアニン-シトシン間でそれぞれ2本および3本の水素結合を生じる。DNA-RNA間での分子雑種ではRNA鎖のウラシルがチミンと同様に反応する。

DNAが保持している遺伝情報の発現は，まず特定の遺伝子DNAから伝令RNA messenger RNA（mRNA）への遺伝情報の転写 transcription に始まり，そのRNAの塩基配列に基づいてアミノ酸を結合して蛋白質を合成する翻訳 translation 過程へと続く。この遺伝情報の流れは，DNA→RNA→蛋白質という向きに一方向的にしか進まないと考えられ，セントラルドグマと呼ばれてきた。真核生物の遺伝子DNAには，その転写産物が実際の完成したmRNAに配列として組み込まれない，すなわちアミノ酸やその遺伝子の翻訳調節に対応する遺伝情報を保持していない部分があり，**イントロン** intron という。一方，mRNAの塩基配列に対応した遺伝子部位を**エクソン** exonと呼ぶ。両者は通常一つの遺伝子内で混ざり合って存在し，図2-2に示したように転写後スプライシング splicing によってエクソン部分のみが接続され，完成したmRNAとなる。イントロン部分には，転写調節に関係する種々の蛋白質因子が結合するエレメントが存在する。しかしながら遺伝子として機能する，あるいはその発現の調節領域となっているのは，全DNA中のほんの2～3%であるといわれている。

真核生物のpre-mRNAには，ほとんどの場合イントロンが存在する。しかしながら，その存在が示されたのは比較的最近で，1977年のことである。解析の進んでいたバクテリアでは，イントロンがなく，すべての塩基配列がアミノ酸に対応していたからである。もっとも，シアノバクテリアなどの原始的なバクテリアには，イントロンが存在していることが知られており，太古の単細胞生物の名残りとも考えられる。

DNAから転写されるRNAには，mRNAのほかにリボソームRNA ribosome RNA（rRNA）と転移RNA transfer RNA（tRNA）がある。rRNAはリボソームの構成要素であり，蛋白質合成の場を提供する。tRNAは個々のアミノ酸を結合してリボソームまで運搬する働きを担う。これらのRNAの全RNAに占める割合は，rRNAが70～80%，tRNAが10～20%，そしてmRNAが10%以下である。

3 ハイブリダイゼーション

ここで，DNAやRNAといった核酸分子に共通する重要な性質であるハイブリダイゼーション hybridization について解説する。二重らせん構造をとるDNAは，強アルカリ条件下で処理したり，その溶液を沸騰させたりすると**変性** denaturationし1本鎖化する。図2-3に示されるように，AとTあるいはUとの間には2本の水素結合が形成され，両塩基は安定化されている。この水素結合が切られると，いわゆる変性状態となるのである。ところが，適当な条件に戻してやると，1本鎖化した2本のDNA鎖の相補的塩基間で再度二重らせん構造が形成される。この再生 renaturation 反応をハイブリダイゼーションあるいは焼きなまし reannealing と呼び，アルカリ処理後の中和や高温で変性後，徐々に温度を下げていくことにより効率よく引き起こされる。さらにこの反応を利用して，未知の塩基配列をもつ2本の核酸鎖の間で塩基配列の相補性が検討できる。二本鎖形成可能な場合は，両鎖の塩基配列に相補性があると判定されるわけである。このようなハイブリダイゼーション反応は，DNA-DNA分子間のみならずDNA-RNA分子間あるいはRNA-RNA分子間でも形成され，現在の分子生物学の方法論的基盤となっている。

B DNA複製と転写

1 DNA複製

生物の最も基本的な特徴は自己複製であり，その根幹を担うのが遺伝情報であるDNAの複製 DNA replication である。DNAの複製機構に関しては，原核生物であるバクテリアの系で詳細に検討されており，現在ではその類似機構を模索することにより，真核生物についてもかなりの程度まで明らかにされている。1960年代初めに，^{3}H-チミジンを複製しつつあるDNAに短時間パルスで取り込ませ，新生したDNAをオートラジオグラフィーで解析した結果，複製部位を示す銀粒子の分布がY字形を示すことが判明した（図2-4）。この部位のことをDNA複製フォーク DNA replication fork と呼び，つけ根の部位が複製開始点 replication origin である。哺乳類細胞では，複製速度は約50ヌクレオチド/秒であることから，1本の染色体（ヒトでは約50〜250×10⁶塩基対を含む）が一定の時間内（8〜12時間程度）で複製する

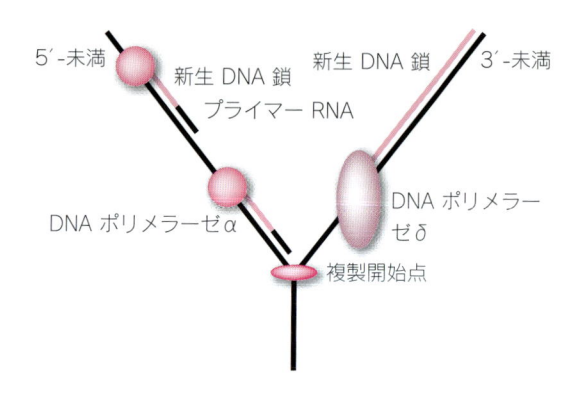

図2-4 DNA複製フォーク
既存のDNA鎖の3′末端側（リード鎖）の複製は，DNAポリメラーゼδにより行われる。一方，5′末端側（ラグ鎖）では，DNAポリメラーゼαにより不連続的に複製される。

ためには，多数の複製開始点が存在し，同時に複製が開始される必要がある。事実，20〜80か所の開始点が集団的に同時に活性化されることが知られている。複製開始点には酵母の場合300塩基程度の長さの特徴的な配列があり，その塩基配列も決定されているが，哺乳類細胞の染色体では未だ不明である。DNAの複製に際し，まず開始点でのDNAの一本鎖化が必要であるが，哺乳類細胞の場合，DNAウイルスであるSV40のT抗原様の蛋白質因子が関与しているらしい。一度一本鎖部位が生じると，一本鎖DNA結合蛋白質の結合により一本鎖DNA部位が安定化される。

DNAは非対称な二本鎖であり，またDNAを合成する酵素であるDNAポリメラーゼはすべて5′から3′方向にのみヌクレオチド鎖の伸長を行い，未だかつて逆方向にDNAを合成できる酵素の存在は知られていない。したがって図2-4に示したように，両鎖は同一の機構で同時に複製されることはない。鋳型となるDNA鎖のうち，複製開始点から5′から3′へ伸びている鎖をリード鎖 leading strand と呼び，他方の鎖をラグ鎖 lagging strand という。リード鎖は，DNAポリメラーゼδによって連続的に複製されるが，ラグ鎖は岡崎フラグメント Okazaki fragment と呼ばれる100〜200塩基からなる断片ごとに不連続的に複製される。岡崎フラグメントの形成は，DNAプライマーゼ DNA primase というRNAポリメ

ラーゼによる約10塩基のRNA鎖の合成に始まり，続いてDNAポリメラーゼαによるDNA鎖の伸長が起こる．最終的に一種のDNA修復系が働き，RNA鎖を除去し，DNA鎖に置き換えるとともにフラグメント間を接続させ，ラグ鎖の複製を完了する．DNAポリメラーゼには，αとδのほかにβとγが知られている．DNAポリメラーゼβは主としてDNAの修復過程で働き，DNAポリメラーゼγはミトコンドリアDNAの複製を担当している．

DNA鎖は二重らせん構造をとっているから，一部を無理に一本鎖化すると，その両端で"ねじれ"の力が増大する．複製中に生じるこのような"ねじれ"を解消するために，DNAトポイソメラーゼ DNA topoisomerase が働き，一過性にDNAの一本鎖切断や二本鎖切断を引き起こしている．

Advanced Studies DNAポリメラーゼδとPCNA

DNAポリメラーゼδには，増殖性核抗原 proliferating cell nuclear antigen（PCNA）という補助蛋白質が付属している．このPCNAには特異的に反応する抗体が得られており，PCNAを免疫組織化学的に染色することによりDNA合成期にある細胞核の同定が容易に可能である．

2　DNA修復　DNA repair

個体の生存のためには，遺伝情報の安定性が必要である．事実DNAに生じる不可逆的変化である突然変異 mutation の発生する頻度は，各細胞の1世代あたり10^9塩基対に1塩基程度ときわめて低い．しかしながら，実際には1個のヒト細胞DNAあたりN-グリコシル結合の解裂に伴う脱プリン化反応 depurination により1日に約5,000プリン塩基が消失し，脱アミノ化反応 deamination によるシトシンからウラシルへの変化は1日あたり100塩基に上る．

このようなDNA損傷は自発的なものであるが，ほかにも化学物質や放射線などのいわゆる発がん剤として働く変異原 mutagen によっても引き起こされる．変異原として作用する化学物質には，塩基のアナログや塩基を修飾するものと塩基間に介在して変異を起こさせるものがある．放射線としては，太陽光としてふり注ぐ紫外線 ultraviolet

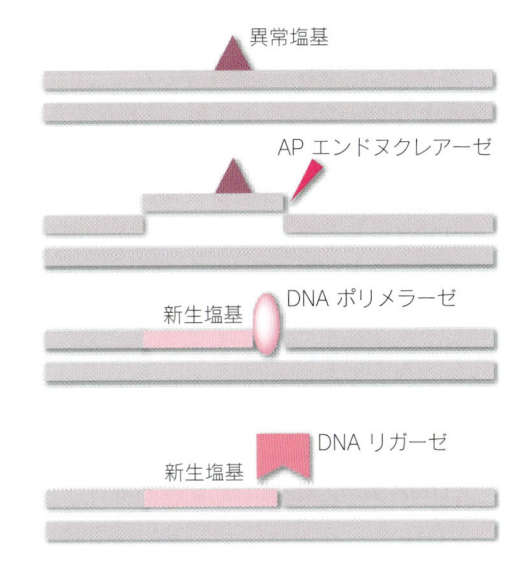

図2-5　DNA修復の基本過程
DNAに生じた異常塩基は，まずAPエンドヌクレアーゼにより除去される．続いてDNAポリメラーゼにより除去された部位が他方のDNA鎖の塩基配列を鋳型として合成され，最終的にDNAリガーゼによって新生塩基鎖の3'末端と既存のDNA鎖の5'端が接続され修復が完了する．

light（UV）とX線 X-ray などの電離放射線が重要である．UV照射では，隣接チミン間で形成されるチミン二量体 T-T dimer に代表されるピリミジンダイマー pyrimidine dimer 形成が生じ，複製や転写が阻害される．X線などでは，DNA鎖の切断が生じる．

このような変化を修復するために種々の修復機構の存在が知られている．基本的には（図2-5），APエンドヌクレアーゼ AP endonuclease による変異塩基の除去，DNAポリメラーゼ DNA polymerase による正しい塩基鎖の合成，さらにDNAリガーゼ DNA ligase による新生鎖と既存鎖との接続反応が含まれる．代表的な経路として，塩基除去修復 base excision repair とヌクレオチド除去修復 nucleotide excision repair が知られる．前者は，アルキル化されたり解裂した塩基をDNAグリコシラーゼ DNA glycosylase により除去した後，APエンドヌクレアーゼに始まる基本的機構を用いて修復するものである．後者は広範に生じた傷害を特殊な修復酵素複合体により除去し，上記と同様にして修復するものである．色素

性乾皮症 xeroderma pigmentosum の患者では，後者の過程に欠損があることが知られ，そのために太陽光中の UV による DNA 損傷を修復できず，容易に皮膚がんを発症する．すでに述べたように，DNA の構成塩基であるシトシンは脱アミノ化反応によりウラシルとなるが，この DNA 中のウラシルは異常塩基として認識され，ウラシル DNA グリコシラーゼにより除去される．まさにこの事実に，DNA 中にはウラシルの代わりにチミンが存在する意味が読み取れる．遺伝情報の管理機構は巧妙である．

3 DNA 転写 DNA transcription

1) 転写酵素

　DNA の塩基配列を RNA に転写する機構は，基本的には DNA の複製機構と類似している．しかし，実際に遺伝子として機能する DNA は全ゲノムの1％程度であり，非常に選択性の高い調節機構が要求される．さらに2本の DNA 鎖のどちらを読み取るのかも指定されなくてはならない．RNA 合成は，3種の RNA ポリメラーゼ RNA polymerase によって行われる．RNA ポリメラーゼ I は 28S rRNA や 18S rRNA などの大きな rRNA の合成を行い，RNA ポリメラーゼ II は mRNA やそのスプライシングに関与する snRNA の合成を行う．rRNA ポリメラーゼ III は，tRNA や 5S rRNA の転写を行っている．これら3種の RNA ポリメラーゼは，α-アマニチン α-amanitin という毒キノコ Amanita phalloides の毒素への反応性によって生化学的に分類できる．RNA ポリメラーゼ I 活性はまったく阻害されないが，RNA ポリメラーゼ II の活性は強く阻害される．一方，RNA ポリメラーゼ III の活性の阻害程度は中程度である．

2) 転写調節

　遺伝子の転写開始点付近には，特殊な DNA 塩基配列が認められ，その部分を**プロモーター** promoter と呼ぶ（図2-6）．プロモーターには方向性があり，どちらの DNA 鎖の配列が転写されるかもそこで決定される．RNA ポリメラーゼ II によ

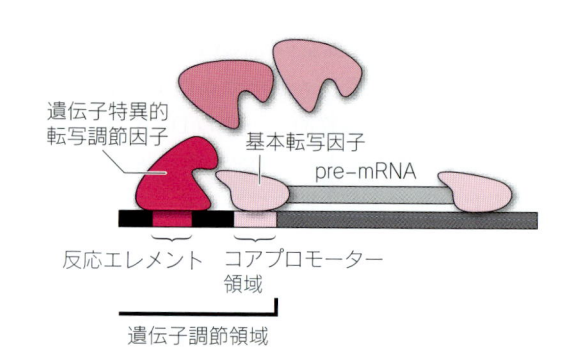

図2-6 転写調節機構
　おのおのの遺伝子のすぐ上流部には，コアプロモーターと呼ばれる領域があり，ここの TATA-box などが RNA ポリメラーゼ II などを中心とした基本転写因子が結合する部位として働く．さらに上流部には，基本転写因子の働きを制御する遺伝子特異的転写調節因子が結合する反応エレメント部位があり，これらの遺伝子の上流部を遺伝子調節領域という．

る mRNA 合成の場合には，TATAA のようないわゆる TATA 配列に，RNA ポリメラーゼ II といろいろな遺伝子の転写に共通に関与する基本転写因子 general transcription factor とが結合し，転写を開始する．RNA は 5′ から 3′ へと鋳型の DNA 配列（3′ から 5′ へと読まれる）に従って合成され，停止信号のところで停止する．さらに特定の遺伝子の転写を促進させたり，抑制したりする蛋白質（これを遺伝子特異的転写調節因子 gene-specific transcription regulatory factor という）が結合する調節配列（エンハンサー，リプレッサーなど）の存在が知られており，プロモーターやこれらの調節配列を含む領域を遺伝子調節領域という．これらの協調的働きにより各細胞種に特異的な遺伝子発現がもたらされる．

　また DNA の遺伝子調節領域のように，特殊化した領域に共通に見られる塩基配列を**コンセンサス配列** consensus sequence といい，しばしば転写調節因子の結合部位となっている．たとえば，セカンドメッセンジャーの一つである cyclic AMP（cAMP）に反応して転写活性が増大する遺伝子の調節領域には，しばしば TGACGTCA というコンセンサス配列が観察され，cAMP 反応エレメント cAMP response element（CRE）と呼ばれる．実際この配列には，cAMP の存在によ

クレオチド), 5.8S rRNA(約160ヌクレオチド), 5S rRNA(約120ヌクレオチド)と40Sサブユニットを構成する18S rRNA(約1,900ヌクレオチド)がある。このうち28S rRNAと18S rRNAおよび5.8S rRNAは同一の巨大分子である45S pre-rRNA(約13,000ヌクレオチド)から切り出される。この遺伝子はヒト細胞DNAあたり約400コピー存在することが知られ, 13番, 14番, 15番, 21番, 22番染色体の計5組10個の異なる染色体上に分散して存在している。

45S pre-rRNA合成は核小体で行われる。一方, 5SのrRNAの遺伝子は, 約2,000個の直列に並んだ遺伝子クラスターとして存在し, 核小体以外で合成される。これらのrRNAは, 核内でリボソーム構成蛋白質と複合体を形成し, おのおののサブユニットとなって細胞質へ出ていく。

mRNAの遺伝情報の伝令能力を考える上で, その寿命について理解する必要がある。一般的にrRNAやtRNAとは異なり, その半減期 half-life(ある時点に存在したmRNAの量が半分になる時間)は短く, 数時間から数日である。c-mycやc-fosといった細胞増殖の調節に関与する遺伝子産物の場合には, 数分間ときわめて短いものも知られている。さらにエストロゲン受容体(レセプター)(ER)α mRNAの半減期は, 通常4時間であるが, フォルボールエステル類などの発がん剤処理で40分に短縮することも知られている。この高い代謝回転の制御も重要な転写後調節の一つであると考えられる。なおバクテリアのmRNAの半減期は, 一般的に数分と言われている。

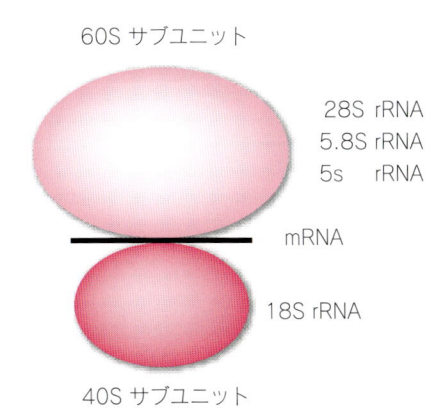

図2-7 リボソーム

リボソームは60Sサブユニットと40Sサブユニットが複合してmRNAをはさみ込み, 蛋白質合成の場を提供する。60Sサブユニットには28S rRNA, 5.8S rRNA, 5S rRNAが含まれ, 一方, 40Sサブユニットには18S rRNAが含まれる。

り特異的にリン酸化されるCRE結合蛋白質が結合し, 下流に存在する遺伝子の転写調節を行っていることが知られている。

3) 転写後調節 post-transcriptional control

すでに述べたように, 多くのmRNAは転写直後にはイントロン配列も含むpre-mRNAとして合成されてくるが, その後種々の転写後調節を受けて完成した機能的mRNAとなる。5′端では, 7-メチルグアノシンの付加に伴うキャップ形成が行われ, 3′端ではAAUAAA配列に従ってポリAポリメラーゼによる100〜200残基のアデニル酸が付加され, いわゆるポリAが形成される。ただし, すべてのmRNAがポリAを付加されているわけではなく, ヒストンmRNAのようにポリAを欠くものも知られている。

一方, 約80〜1万ヌクレオチドの長さに及ぶイントロン配列は, snRNAと多数の蛋白質から形成されるスプライソソーム spliceosomeと呼ばれる核内部位で切除される。完成したmRNAは核から細胞質へと移行し, リボソームと結合してアミノ酸への翻訳に用いられる。rRNAの場合にも最初巨大分子として合成され, 後に断片化される。

ヒトのrRNAには, リボソーム(図2-7)の60Sサブユニットを構成する28S rRNA(約4,700ヌ

Advanced Studies

1 DNA転写の阻害剤

遺伝子発現の制御機構や遺伝子産物の機能を検討する上で, 転写の阻害剤がしばしば利用される。中でもアクチノマイシンD actinomycin Dとα-アマニチンが有名である。前者は, DNAに結合してRNAポリメラーゼの移動を阻害することにより, また後者は前述したようにmRNAを合成するRNAポリメラーゼⅡ活性を抑制することで転写を阻害する。

2 翻訳過程の阻害剤

転写の場合と同様に, 翻訳過程の阻害剤も遺伝子発現の

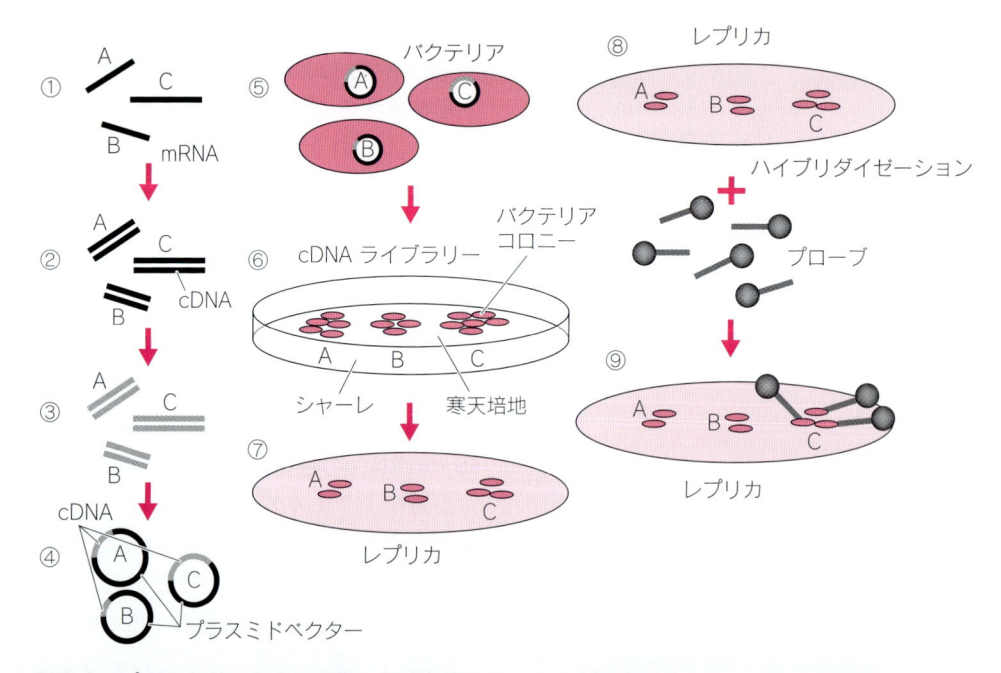

図 2-8 プラスミドベクターを用いた遺伝子クローニングの原理（cDNA を用いた場合）

まず mRNA を精製し①，それを逆転写酵素により mRNA-cDNA の二本鎖に変換し②，続いて RNA を除き最終的に二本鎖の DNA へと酵素反応により変換する③．できた二本鎖 cDNA をプラスミドに組み込み④，バクテリアに取り込ませる⑤．こうしてできた cDNA ライブラリーを適当な希釈で寒天培地に展開させ，単一バクテリアからなるコロニーを作らせる⑥．このコロニーを含むレプリカを作製し⑦，それと特異的なプローブと反応させる⑧．プローブの標識物の存在価値から特定のコロニーが同定され⑨（ここではコロニー C），そのコロニーの一部を培養することにより，特定の cDNA のみを含むバクテリアクローンが得られる．

制御機構の解明上重要である．常用されるものは，ピューロマイシン puromycin とサイクロヘキシミド cycloheximide で，ともにリボソームの働きを阻害する．前者は，アミノ酸と間違って新生しつつあるポリペプチド鎖に取り込まれ，それ以上の伸長を阻止する．後者は，リボソームの mRNA 上での移動を阻止することにより翻訳を阻害する．

3 触媒活性をもつ RNA：単細胞生物の繊毛虫テトラヒメナ

テトラヒメナ Tetrahymena の rRNA も巨大分子の転写産物からイントロンが除かれて完成するが，このスプライシングには何ら蛋白質因子が必要ないことが 1981 年に明らかにされた．すなわち，この反応は自己スプライシング self-splicing 反応であり，RNA 分子自身が酵素として触媒していたのであった．このような触媒活性をもつ RNA 分子は，リボザイム ribozyme として注目されており，翻訳過程で見られるリボソーム上でのアミノ酸をペプチドに転移するペプチジルトランスフェラーゼ活性も rRNA 自身の活性である可能性が指摘されている．

技術解説

1 遺伝子クローニング gene cloning

遺伝子クローニングとは，特定の遺伝子を含む DNA 断片をウイルス遺伝子やバクテリアのプラスミド plasmid といった自己複製可能な遺伝的エレメントに挿入し，大量に複製可能にすることをいう．この際使われる遺伝的エレメントをクローニングベクター cloning vector と呼ぶ．ここでは，プラスミドベクターを用いる方法について概説する（図 2-8 参照）．

通常使用されるプラスミドベクターは，天然に存在するプラスミドの一部を用いた小さな環状二本鎖 DNA であり，特定の抗生物質に耐性となる遺伝子を含んでいる．この DNA は分子量の違いから，容易にゲノム DNA から分離することができる．このプラスミドに特定の制限酵素 restriction nuclease を作用させると，同じく制限酵素で切断した DNA 断片と接続可能となり，いわゆる組換え DNA recombinant DNA が作製される．このプラスミドをバクテリアに取り込ませると，その増殖に伴って，プラスミドも複製される．バクテリアの増殖の際にプラスミドベクターの遺伝子によって耐性となる抗生物質を加えておくと，プラスミドを取り込んだバクテリアのみ増やすことができる．1 個の細菌は一つのプラスミドしか取り込まないので，ある細菌のコロニーでは特定のプラスミドしか複製されない．

特定の遺伝子のクローニングに先立ってライブラリー library の作製を行う．ライブラリーには，ゲノム

DNAを制限酵素で切断してプラスミドに挿入して得られたゲノムDNAクローンからなるゲノムDNAライブラリーと，mRNAに相補的なDNA complementary DNA(cDNA)を用いて作製したcDNAライブラリーがある。いずれもいろいろなDNA断片の一つを含むバクテリアクローンの混合物である。特定の蛋白質をコードするDNA断片のクローニングには，通常cDNAライブラリーを利用する。イントロン配列を含まないからである。

さてcDNAライブラリーから特定の遺伝子をもつバクテリアクローンを得るために，1個1個の細菌が独立したコロニーを形成できるように希釈して寒天培地上に撒き増殖させコロニーを形製させる。この上に濾紙を乗せてレプリカreplicaを作成する。濾紙上には各コロニーに対応した位置に細菌の一部が付着しており，そのDNAはアルカリ処理などにより容易に一本鎖化できる。これと，既知の蛋白質の一部のアミノ酸配列からコドン表(**表2-1,33頁**)を基に類推された可能性のあるすべての塩基配列をもつオリゴヌクレオチドを合成し，5′末端を^{32}Pなどで標識後プローブprobe混液としてレプリカと反応させ，プローブとハイブリダイズするコロニーを同定する。このコロニーを形成するバクテリアが，求める遺伝子を含むプラスミドをもつクローンである。

2 塩基配列決定法(図2-9)

遺伝情報物質としてDNAの配列の解明が生命現象を理解する上できわめて重要な意味をもたらすことは容易に想像がつくであろう。しかしながら，真核生物のDNAのサイズは巨大であり，さらに基本的にはたった四つの塩基の組み合わせから成り立っているので，その決定は困難であろうと想像されていた。しかし，制限酵素の発見や遺伝子クローニング技術の進歩，さらに以下の簡便な塩基配列決定法の開発により現在では自動化されている。

まずクローニングしたDNA断片を制限酵素により適切なサイズに切断し，その断片の塩基配列を決定し，最終的に制限酵素地図に基づいて断片の全塩基配列を決定していく。塩基配列の決定法には，Maxam-Gilbert法とSanger法がある。前者は，ある化学反応が塩基特異的に切断することに基づいたもので，後者はジデオキシヌクレオチドを取り込むとそこでDNA合成が停止することを用いたものである。ここでは種々の自動DNAシークエンサーに利用されているSanger法について説明する。

図2-9に示されているように，まず未知の塩基配列をもつ一本鎖DNAに既知の配列をもつプライマーをハイブリダイズさせ，さらにDNAポリメラーゼと基質(dATP, dGTP, dCTP, dTTP)，異なる蛍光を発する蛍光物質で標識された基質のジデオキシアナログ(ddATP：赤，ddGTP：青，ddCTP：緑，ddTTP：黄)存在下でDNA合成を行わせる。するとさまざまな塩基部位でDNA鎖の伸長が停止した長さの短いものができてくる。最終的にできたさまざまなサイズをもつ一本鎖DNAをポリアクリルアミドゲル電気泳動などで分子量依存的に分離してやると短い鎖から順に異なる蛍光を発する断片として検出され，それを順番に読み取ることで配列が決定される。

🖉 Side Memo

1 制限酵素 restriction enzyme

遺伝子のクローニングや塩基配列決定に必須である制限酵素は，そもそもは細菌のもつエンドヌクレアーゼの一種であり，制限部位 restriction siteと呼ばれる特定の認識配列部位で二本鎖DNAを切断する。要は，ウイルスなどの外来DNA分子が侵入した際，それを切断しその活動を制限することに由来する。細菌自身は，制限酵素が認識する塩基配列にメチル化を行うことにより切断を免れる。1970年代の後半では制限酵素を単離精製することが重要な研究テーマであったが，現在ではさまざまな制限酵素が簡単に入手できる。名称は，単離元の細菌株の属名から1文字，種名から2文字を取って組み合わせ，場合によっては菌株名を加えながら同じ菌株から単離された順番にローマ数字をつける。たとえば，*Eco R*Iは，*Escherichia coli* R株から単離された1番目であり，*Pvu*IIは*Proteus vulgaris*から単離された2番目の制限酵素である。

2 遺伝子診断

DNA診断とも呼ばれる。DNA配列を直接解析し，検出した遺伝子の異常などに基づいて行われる疾患などの診断。この診断法の特徴は，発症以前にしかも対象臓器の細胞に関わらず任意の細胞で解析可能であり，しかもPCRなどの利用により高感度で行えることである。実際に，遺伝病の診断や病原体の有無の診断およびその同定，さらには親子鑑定などの法医学の領域までその有効性は広がっている。しかしながら，治療法のない遺伝病の診断の臨床上の意味や倫理面での問題がクローズアップされ，また遺伝子異常の存在が必ずしも発症を意味しないことなどから適用への慎重さが求められている。

3 ヒトゲノム計画

1990年に，ヒトゲノムの全塩基配列を世界中の何百人もの科学者で分担して決定しようという国際プロジェクトとしてヒトゲノム計画が立ち上げられた。これは大腸菌の全ゲノム配列を決定するのに約6年かかったことから，ヒトゲノムの全容解明には約6000年かかるであろうとの試算に基づく。実際，2004年についにヒト全ゲノムの塩基配列が決定された。今後はこの配列の中に潜む未だ不明な暗号，特に遺伝子発現を制御する暗号を解読していくことが課題である。また，この計画の最後の段階では米国の営利企業が参入し，決定した配列を特許化したことから，人類の知的財産と商取り引きに関する社会的な問題を提起している。

4 分子進化 molecular evolution

種々のDNA構成塩基の突然変異や，遺伝子組換えの際に高頻度で起こる遺伝情報の倍化や欠失によるゲノムの再編成の結果，新たな遺伝子や新たな機能をもつ蛋白質が出現し，それが種内で固定化され，さらに種を越えて変化していくこと。この際，有害な変異は集団内で淘汰されて消滅し，有益なものが蓄積され，さらに変化を続けていくことになる。多数の蛋白質やその遺伝子配列の解析結果から，

図2-9 Sanger法によるDNA塩基配列決定法

特定のDNA部位へ相補的なプライマーを反応させ，その後基質としてdATP，dGTP，dTTP，dCTP存在下でDNAポリメラーゼを作用させるとプライマーに続けて相補的な塩基を結合していく．その際，おのおののジデオキシ塩基を基質に混ぜておくと，ジデオキシ塩基を取り込んだ所では次の塩基を結合できないため，その場所でDNA鎖の伸長は止まる．したがって，さまざまな段階で鎖の伸長が停止したDNAが混在されてくるわけであるが，それをゲル電気泳動により長さの順に並べておき，短いほうから末端塩基を読み取れば目的のDNAの相補的塩基配列が決定される．詳細は本文を参照のこと．

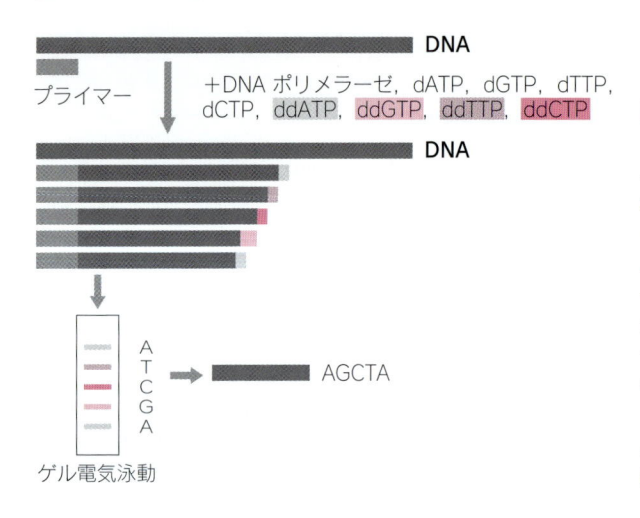

遺伝子はDNA内で直列つなぎで反復される(tandemly repeatedという)傾向にあり，そのおのおのの反復部位が一つの機能単位をコードするエクソンとして，さまざまな部位に転移し，新たな機能をもつ蛋白質を形成してきた可能性がある．そういった類似したポリペプチドドメインをもつ蛋白質は，同じような機能をもつことが多く，共通の祖先遺伝子から派生した一つのファミリーとして理解できる．

● 参考文献

1) Alberts B, et al : Molecular Biology of the Cell 3rd ed. pp.223-290, Garland Press, 1994.
2) Avery, et al : Studies on the chemical nature of the substance inducing transformation of Pneumococcal types. Induction of transformation by a deoxyribonucleic acid fraction isolated form Pneumococcus type Ⅲ. J Exp Med 79 : 137-158, 1944.
3) Blattner FR(ed) : Biological frontiers. Science 222 : 719-821, 1983.
4) Bravo R, et al : Cyclin/PCNA is the auxiliary protein of DNA polymerase-δ. Nature 326 : 515-517, 1987.
5) Cech TR: The ribosome is a ribozyme. Science 289 : 878-879, 2000.
6) Hanawalt PC, et al : DNA repair in bacterial and mammalian cells. Annu Rev Biochem 48 : 783-836, 1979.
7) Hastings ML, Krainer AR : Pre-mRNA splicing in the new millennium. Curr Opin Cell Biol 13 : 302-309, 2001.
8) Hoeijmakers JH : Nucleotide excision repair Ⅱ : from yeast to mammals. Trends Genet 9 : 211-217, 1993.
9) Hubscher U, Nasheuer HP, Syvaoja JE : Eukaryotic DNA polymerases, a growing family. Trends Biochem Sci 25 : 143-147, 2000.
10) International Human Genome Sequencing Conortium : Finishing the euchromatic sequence of the human genome. Nature 431 : 931-945, 2004.
11) Jeffreys AJ, Flavell RA : The rabbit β-globin gene contains a large insert in the coding sequence. Cell 12 : 1097-1108, 1977.
12) 小路武彦：サウスウェスタン組織化学-特異的転写因子の視覚的局在化法．医学のあゆみ 199 : 850-855, 2001.
13) Kruger K, et al : Self-splicing RNA : Excision and autocyclization of the ribosomal RNA intervening sequence Tetrahymena. Cell 31 : 147-157, 1982.
14) Ogawa T, Okazaki T : Discontinuous DNA replication Annu Rev Biochem 49 : 421-457, 1980.
15) Sancar A : DNA excision repair. Annu Rev Biochem 65 : 43-81, 1996.
16) Sanger F : Determination of nucleotide sequences in DNA. Science 214 : 1205-1210, 1981.
17) Schildkraut CL, et al : The formation of hybrid DNA molecules and their use in studies of DNA homologies. J Mol Biol 3 : 595-617, 1961.
18) Watson JD, Crick FHC: Molecular structure of nucleic acids. A structure of deoxyribose nucleic acid. Nature 171 : 737-738, 1953.

II. 遺伝子発現と蛋白質合成

A 遺伝暗号（コドン）

1 コドン codon

　mRNAの塩基配列のアミノ酸への翻訳に際し，どのような組合せの塩基が一つのアミノ酸に対応しているのかは大変興味のある問題であった。RNAはDNAの構成塩基であるチミンの代わりに，ウラシル（U）を含んで計4種の塩基から構成され，アミノ酸が20種類あることから重複順列の計算で少なくとも三つの塩基を利用する必要性が指摘された。しかし4種の塩基から三つの塩基を繰り返し許して取り出すと64通りの組合せが可能となり，明らかに余分が生じている。1961年，NirenbergとMattheiにより蛋白質の無細胞合成系を用いてポリ（U）がアミノ酸の一つのフェニルアラニンに対応することが示された。さらにKhoranaらの努力によって1966年までにすべてのアミノ酸は三つ組の塩基配列（これをコドンという）に対応していることが判明し，**表2-1**に示されたようなコドン表が完成した。コドン表の塩基配列は，転写される鋳型のDNAの塩基配列ではなくmRNAの塩基配列である。最終的に64種の三つ組配列の中で，61種類は特定のアミノ酸をコードしており，残りの三つは翻訳を停止させるコドン（停止コドン stop codon）であった。またメチオニンとトリプトファンを除いて複数のコドンが一つのアミノ酸をコードしている，いわゆる縮重 degenerate していることが明らかとなった。さらに，この三つ組暗号とアミノ酸の対応は種を越えて保存されており，基本的には細菌類・植物界・動物界でも成り立っている。なお，AUGはメチオニンをコードする配列であるとと

表2-1　コドン表

第1位	第2位				第3位
	U	C	A	G	
U	F	S	Y	C	U
	F	S	Y	C	C
	L	S	STOP	STOP	A
	L	S	STOP	W	G
C	L	P	H	R	U
	L	P	H	R	C
	L	P	Q	R	A
	L	P	Q	R	G
A	I	T	N	S	U
	I	T	N	S	C
	I	T	K	R	A
	M	T	K	R	G
G	V	A	D	G	U
	V	A	D	G	C
	V	A	E	G	A
	V	A	E	G	G

三つ組コドンの5′端を第1位として，次を第2位，続いて3′端を第3位として塩基を並べたときの対応するアミノ酸を一文字表記で示した。STOPとは，停止コドンを表している。一文字表記と三文字表記およびフルネームとの関係は**表2-2**に示す

もに，翻訳の開始コドンとしても働いている。

2 変異 mutation

　遺伝暗号が塩基の三つ組で決定されていることから，DNA上でのさまざまな塩基の変異が重大な蛋白質の発現異常につながることになる。たとえば，ある塩基対が一つ置換されるとコードされるアミノ酸が別のものに変わってしまう場合もあるし（ミスセンス変異 missense mutation），終止コドンに置き換わればそこで翻訳は停止することになる（ナンセンス変異 nonsense mutation）。また変異した結果，縮重した配列になれば結果として変異はなかったことになる（サイレント変異

表2-2 アミノ酸の略式名称対応表

アミノ酸名	英語名	三文字表記	一文字表記
アラニン	Alanine	Ala	A
アルギニン	Arginine	Arg	R
アスパラギン	Asparagine	Asn	N
アスパラギン酸	Aspartic acid	Asp	D
システイン	Cysteine	Cys	C
グルタミン	Glutamine	Gln	Q
グルタミン酸	Glutamic acid	Glu	E
グリシン	Glycine	Gly	G
ヒスチジン	Histidine	His	H
イソロイシン	Isoleucine	Ile	I
ロイシン	Leucine	Leu	L
リジン	Lysine	Lys	K
メチオニン	Methionine	Met	M
フェニルアラニン	Phenylalanine	Phe	F
プロリン	Proline	Pro	P
セリン	Serine	Ser	S
スレオニン	Threonine	Thr	T
トリプトファン	Tryptophan	Trp	W
チロシン	Tyrosine	Tyr	Y
バリン	Valine	Val	V

silent mutation）．さらにはある場所に一塩基挿入 base-pair insertion あるいは一塩基欠失 base-pair deletion されるとその箇所から暗号の読み枠がずれてしまう，いわゆるフレームシフト変異 frameshift mutation が生じる．実際に，たとえばアクリジン色素であるプロフラビン proflavin により，こうした一塩基挿入や欠失が誘起されることが知られ，その結果，さまざまな突然変異の出現や，その突然変異の打ち消しが生じることから，コドンの三つ組が類推された事実がある．

B 翻訳と翻訳後修飾

1 翻訳

1) リボソーム

　リボソーム ribosome は，かつて発見者にちなんで Palade の粒子と呼ばれていたもので，図2-18（41頁）の電子顕微鏡写真でも見られるように，直径15〜20 nm の電子密度の高い粒子として細胞質や小胞体上に検出される．基本的にはRNA-蛋白質複合体であって，粗面小胞体をデオキシコール酸ナトリウム sodium deoxycholate で処理すると分離される．高解像力の電子顕微鏡によると，リボソームは図2-7のように大小二つのサブユニットから形成されていて，その間に mRNA を挟み込んでいると考えられている．前述したように，各サブユニットには異なる rRNA が含まれていて重要な機能を果たしている．リボソームは，mRNA の遺伝情報をアミノ酸に翻訳する，すなわち蛋白質合成の工場であり，次の四つの部位が認識されている．一つは，mRNA 結合部位 mRNA binding site であり，残りは tRNA が結合する部位で，A 部位 A（aminoacyl）site，P 部位 P（peptidyl）site，そして E 部位 E（exit）site と呼ばれ，それぞれ新たに付加するアミノ酸を結合した tRNA が結合する部分，伸長しつつあるペプチド鎖が結合している tRNA が結合する部分，そしてペプチド鎖を離した tRNA が結合しリボソームから遊離していく部位である．tRNA はリボソーム上で A 部位から P 部位に，そして E 部位に移動していきながら翻訳過程を進めていく．

2) 転移RNA

　蛋白質合成の場はリボソームであるが，そこへ一つ一つのアミノ酸を運んでくるのは，tRNA transfer RNA である．tRNA は 70〜90 ヌクレオチドからなり，クローバー状の二次構造をとる小型の核酸分子で，31種類存在する．おのおのの tRNA は特定の1種類のアミノ酸を結合するが，それはやはり各アミノ酸に1種類ずつある合計20種のアミノアシル-tRNA 合成酵素 aminoacyl-tRNA synthetase によって触媒される．

　tRNA の立体構造はL字型をしていることがわかっているが，その一方の端にはアンチコドン anticodon と呼ばれる三つ組の塩基配列があり，その配列は mRNA の配列と相補的な関係になっている．他方の端には，アンチコドンと相補的な配列のコドンが指定するアミノ酸が結合し，両者の整合性はたえずアミノアシル-tRNA 合成酵素によって監視されている．アミノ酸によっては複数のコドンをもっているが，それらはアミノアシル-tRNA 合成酵素には同一の暗号として認識さ

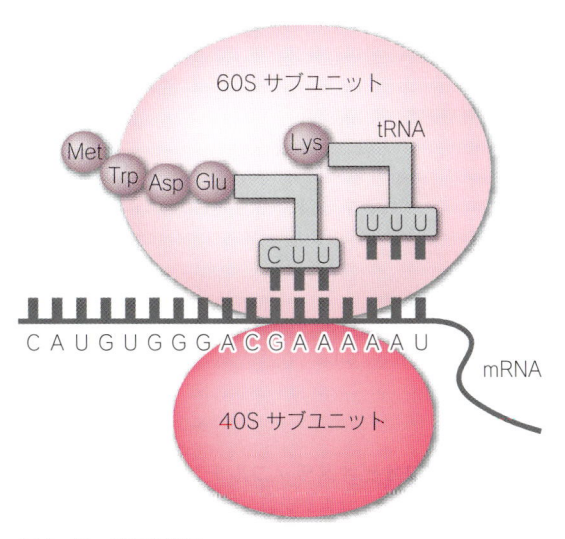

図2-10 翻訳機構
リボソームでmRNAの塩基配列がアミノ酸へ翻訳される。その際，mRNAの三つ組コドンと相補的なアンチコドンをもつtRNAがアミノ酸を一つずつ運搬し，60Sのサブユニットにある触媒活性によって，ペプチド鎖の伸長が起こる。

れる（図2-10）。なお，終止コドンを認識するtRNAはなく，終結因子 release factor と呼ばれる蛋白質が結合する。その結果，完成したポリペプチドが遊離される。

3）サプレッサー tRNA

前述したように，DNA上ではさまざまな突然変異が起こる。しかし，それがたとえ生命に必須な蛋白質の遺伝情報であろうと，フレームシフトを伴なわない点突然変異ではすべての変異が致命的というわけではない。特にコドン表（表2-1）を見れば明らかなように，コドンの3番目は他の塩基に変わっても，しばしばいわゆるサイレント変異となる。また蛋白質内の一つのアミノ酸が変異した程度では，その蛋白の機能に顕著な異常をもたらさない場合も多い。しかし，点突然変異により終止コドン（UAG, UGA, UAA）に変化するナンセンス変異が起こると事態は深刻である。そこで不完全な蛋白質ができてしまうからである。ところが，ある種の細菌ではきわめてユニークなtRNAが見出されている。この細菌の中ではナンセンス変異をもつファージが増殖可能となったのである。すなわち，通常なら終止コドンとして働く情報を元のコドンが指定するアミノ酸に関係なく，ある種のアミノ酸に変換するサプレッサーtRNA suppressor tRNA が存在していたのである。さらに面白いことに，このtRNAは通常の遺伝情報の最後にある終止コドンとは反応せず，中途にある終止コドンを選択的に認識する。

4）翻訳機構（蛋白質合成の仕組み）

真核生物のmRNA塩基配列のアミノ酸への翻訳は，通常AUGでコードされるメチオニンから始まるが，最初のAUG配列の選択には特殊な機構が働いている。まず40Sリボソームサブユニットとメチオニンを結合したtRNAが翻訳開始因子2 eukaryotic initiation factor 2（eIF-2）存在下で複合体を形成し，mRNAの5′端にあるキャップ構造に結合する。さらに種々の開始因子が加わり3′方向へ塩基配列をスキャンしていく。

基本的には，最初に出会ったAUGのところで翻訳開始複合体から開始因子が解離し，代わりに60Sリボソームが加わってポリペプチド形成が開始する。最初のAUGから3′方向へ順次三つ組コドンをアミノ酸に置き換えていき，UAA, UAG, UGAのいずれかの停止コドンに出会ったとき，リボソームは解離するとともに新生されたポリペプチドも解放される。

新生された蛋白質は，自己のもつ移行シグナルに従って細胞内の特定の場所へ移動し，必要な修飾を受ける。合成される蛋白質が，分泌性の蛋白質か細胞膜などの構成要素である場合，そのmRNAとリボソーム複合体は通常小胞体上に存在し，それ以外の場合には細胞質に認められる。盛んに翻訳されているmRNAは，数珠つなぎに多数のリボソームが結合したポリソーム polysome（あるいはポリリボソーム polyribosome）という構造をなし，多数の蛋白質分子を同時進行で合成している。ポリソームでは，各リボソーム複合体は約80ヌクレオチドの間隔を置いて並び，図2-11のように渦巻状（蚊取り線香状）を呈している。

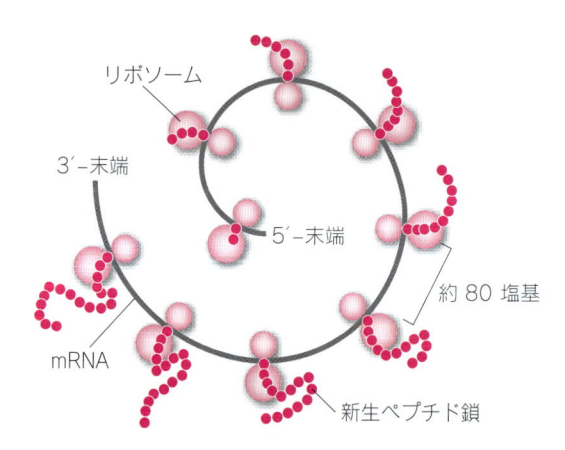

図 2-11　ポリソームの構造
活発に蛋白質合成が行われている mRNA には，多数のリボソームが同時に結合してポリソーム構造をなしている。

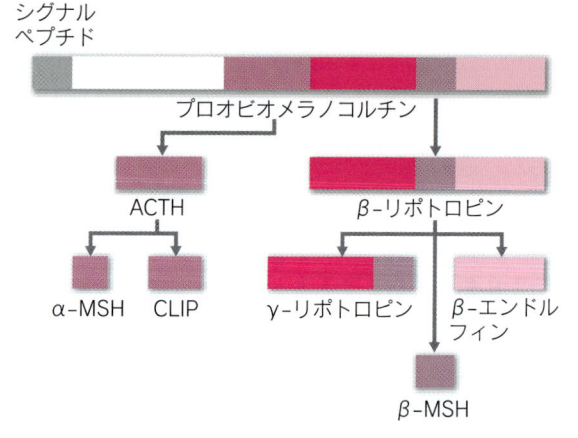

図 2-12　プロオピオメラノコルチンのプロセッシング
プロオピオメラノコルチンは，最初シグナルペプチドをアミノ末端にもつプレプロ蛋白質として合成され，次いで種々のパターンで蛋白質分解酵素による加水分解を受け，いろいろな機能的ペプチドを産生する。

5）フォールディング

　合成された蛋白質が固有の機能を発揮するためには，適切な立体構造が必要である。基本的にはそのアミノ酸配列である一次構造に基づいて，熱力学の法則に従い安定した二次構造，三次構造を取っていく。このアミノ酸鎖の折りたたみのことをフォールディング folding という。しかしながら，細胞内でのフォールディングには分子シャペロン molecular chaperone という特殊な介助蛋白群が関与することが知られてきた。代表的なものは熱ショック蛋白質（HSP）heat shock protein (HSP) と呼ばれる一群のものである。中でもよく知られているのは HSP 70 や HSP 47 である。これらの蛋白は，そもそも細胞を短時間加温すると発現が誘導されることから知られてきたもので，現在では ATP 依存的に標的となる蛋白質と，結合と解離を繰り返しながら正しいフォールディングを誘導し，また監視していると考えられている（第 11 章 V 節，323 頁参照）。

　実際，36～37℃で培養されているヒト細胞を 42℃に移すとさまざまな異常蛋白質が生じ，細胞死をも引き起こすことからも，フォールディングがいかに微妙なバランスに立っているかがわかるであろう。HSP などに発見された不完全な蛋白質は，修正されるか破壊されるかの道をたどる。さらに，これらの分子シャペロンは，細胞内オルガネラ間での物質輸送にも関与していることが示されている。

　アルツハイマー病 Alzheimer disease およびウシの海綿状脳症であり中枢神経系の異常を来たす狂牛病 mad cow disease などは，それぞれ突然変異した β アミロイド β-amyloid と変異型プリオン prion の蓄積により，発症することが指摘されている。異常なフォールディングを行った蛋白質は，不溶性の沈殿物を形成する傾向があり，生体内で蓄積して周囲の細胞や組織を破壊するわけである。

2　翻訳後修飾
post-translational modification

　蛋白質はポリペプチドとして合成された後，種々の修飾を受け完成した活性のある分子として分泌されたり適切な場所に配置されたりする。主要な修飾としては，プロテアーゼによる切断やリン酸化，メチル化，アセチル化あるいは糖鎖の付加などが知られる。たとえば多くの分泌蛋白質では，まずシグナルペプチドの切断除去により小胞体内腔に遊離し，トランスゴルジネットワーク trans Golgi network で小胞に詰め込まれるまでに，糖鎖の付加やさらなる切断が生じる。

たとえば，プロオピオメラノコルチン proopio-melanocortin (POMC) の場合は，最初にシグナルペプチドがあるプレプロ蛋白質 pre-pro-protein として合成され，シグナルペプチドが除去されてプロ蛋白質となり，個々の MSH, ACTH, endorphin などへの切断はトランスゴルジネットワークで行われる（図 2-12）。しかしどのポリペプチドが産生されるかは細胞種ごとに異なっており，細胞特異的修飾機構が存在する。

これらの翻訳後修飾以外に，最近蛋白質スプライシング protein splicing という現象が知られてきた。pre-mRNA のスプライシングと同じようなものであるが，要は翻訳後に蛋白分子内あるいは異なる蛋白分子間で一部のアミノ酸配列が切除され，残った部分がつなぎ合わされる機構である。切除される部分をインテイン intein，成熟した機能蛋白質となる部分をエクステイン extein と呼ぶ。場合によっては，インテイン部分が新たな機能分子として働くこともあるようである。

Advanced Studies mRNA の特異的細胞内局在

蛋白質はそのシグナル配列に従って特定の場所に局在化されるわけであるが，その蛋白質をコードする mRNA も細胞内で特異的な局在を示すことが高解像力をもつ *in situ* hybridization によって示され始めた。図 2-13 に示したように，たとえばアクチンの mRNA は細胞のより周辺部に局在しており，アクチン分子が必要とされる場所で合成も起こっている。また，エストロゲン受容体の mRNA も受容体蛋白質の核局在と一致して，核周囲を中心として局在していることも証明された。一方，ガストリンの蛋白質と mRNA の存在箇所はまったく異なることが知られる。このように，mRNA の細胞内局在の検討は未だ始まったばかりで，その意義づけは将来の重要な課題である。

技術解説

1 PCR 法（図 2-14）

PCR とは polymerase chain reaction の略称であり，この反応をうまく利用することにより特定の DNA 配列を短時間に大量に増幅することが可能となる。本法は，Kary Mullis（1993 年ノーベル医学生理学賞受賞）により発案されたもので，その妙味は 70～80℃ の温泉に生育する高温耐性の細菌 *Thermus aquaticus* から単離された高温でも安定な Taq ポリメラーゼを用いて DNA 合成を行わせる点にある。まず図 2-14 に示したように，増幅したい DNA 部位を挟むように両端の既知の配列に相補的な 20 塩基程度のプライマー

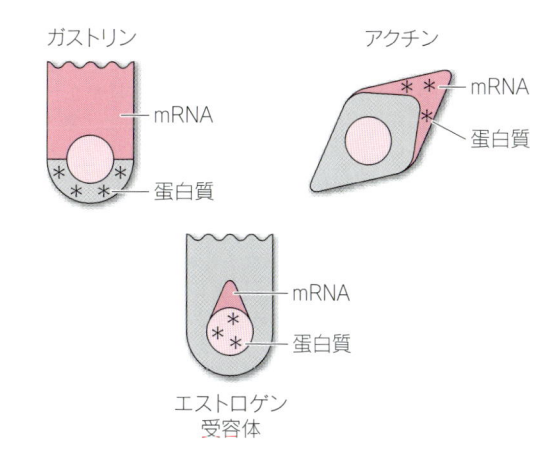

図 2-13 mRNA の細胞内局在

ガストリン mRNA gastrin mRNA は細胞質管腔側に認められるが，ガストリン蛋白質は基底部にあり，両者は一致していない。しかし，アクチン mRNA actin mRNA やエストロゲン受容体 mRNA estrogen receptor mRNA などでは，その最終生産物と局在箇所が一致あるいは隣接している。

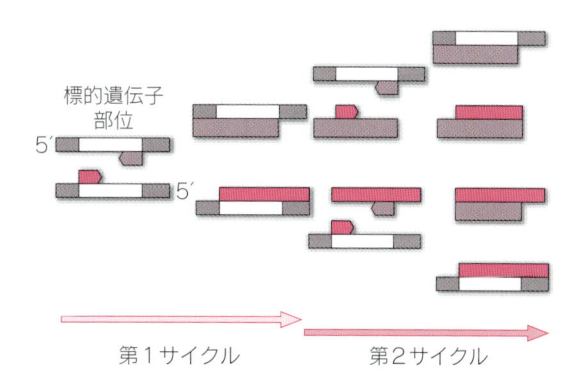

図 2-14 PCR 法の原理

まず第 1 サイクルでは，増幅したい標的遺伝子部位を挟むようにプライマーを作製し Taq ポリメラーゼを作用させて DNA 合成を行わせる。第 2 サイクルでは，合成された二本鎖の DNA を一本鎖化し，再度同じプライマーを作用させて DNA 合成反応を行わせる。すると右列のような 4 種類の構成をもつ DNA が得られる。続いて再度一本鎖化反応を行い，ポリメラーゼ反応を行うと，目的とする DNA 部位の二本鎖が得られる。第 3 サイクル以降では，目的とする二本鎖 DNA のみが大量に増幅されることになる。

を作製し，Taq ポリメラーゼおよび酵素の基質である dATP, dGTP, dTTP, dCTP の存在下で次のような反応サイクルを繰り返させる。すなわち，二本鎖 DNA を一本鎖化するために 95℃ に加温する。次に温

度を下げてプライマーとハイブリダイズさせ，続いて72℃でポリメラーゼ反応を起こさせる．この1工程は5分程度であり，何ら途中で酵素などを継ぎ足すことなく数十回のサイクルを繰り返す．そうすると，第3サイクル目からは両プライマーで挟まれた一定の長さをもつDNAが主要な産物となる．増幅したい配列は，1サイクルごとに2倍となるので，nサイクルで$2n$倍となる．したがって，通常では30〜35サイクルぐらい行うので，2〜3時間で莫大な量の特定配列のDNAを得られることになる．つまり髪の毛1本あればその個体のDNAの解析が可能であることを示している．

2 siRNA 法

21塩基の二本鎖 siRNA を細胞に導入することにより，それと相補的な配列をもつ mRNA を選択的に分解させ遺伝子発現を抑制する方法である．1998年に Fire らによって，二本鎖の RNA が相補性を示す RNA 分子を選択的に分解することが線虫で発見され，RNA 干渉 RNA interference(RNAi) と呼ばれた．この機構解明により，長い二本鎖 RNA はまずダイサー Dicer というリボヌクレアーゼで 21〜23 塩基対の RNA に断片化〔この断片化された RNA を small interfering RNA(siRNA) という〕され，その後，短い RNA 鎖の一方の配列と結合した相補的配列の mRNA を分解することが示された．この現象に基づいて，これから発現抑制したい遺伝子の mRNA に相補的な 21 塩基を選択し，RNA 合成機でセンス鎖とアンチセンス鎖を合成し，二本鎖化し，細胞にリポカチオン系の試薬などを用いて導入する．現在では siRNA の発現ベクターを導入し，長期間に渡った遺伝子の発現の抑制が試みられている．このような遺伝子発現の抑制を遺伝子ノックダウンと呼んでいる．

3 In situ hybridization

In situ hybridization(ISH) とは，組織切片や細胞標本上で特異的な塩基配列をもつ核酸分子を視覚化することにより，細胞1個1個についてその核酸分子の有無や局在位置を明らかにするための方法である．方法論上の違いから，染色体標本などで特異的遺伝子 DNA 配列の存在箇所を同定する染色体 ISH 法 chromosomal ISH と組織切片などで特異的な RNA 配列を検出するための組織 ISH 法 histo-ISH に大別される．前者は，特定の遺伝子の存在箇所や数の異常を検出するうえで重要であり，後者は特定の mRNA の発現を検討することにより各細胞での特定の蛋白質の合成を確認するうえで必要な方法である．

いずれにせよ特定の目的とする核酸配列に相補的な塩基配列をもつ核酸分子を ^{3}H や ^{35}S などの放射性同位元素で標識するか，あるいは非放射性の抗原性物質で標識しプローブとして利用する．プローブとして用いる核酸分子としては，二本鎖 cDNA，一本鎖 DNA や RNA あるいは機械的に合成したオリゴヌクレオチドが一般的である．ここでは，非放射性オリゴヌクレオチドをプローブとして特異的な mRNA を検出する方法を例として解説する．

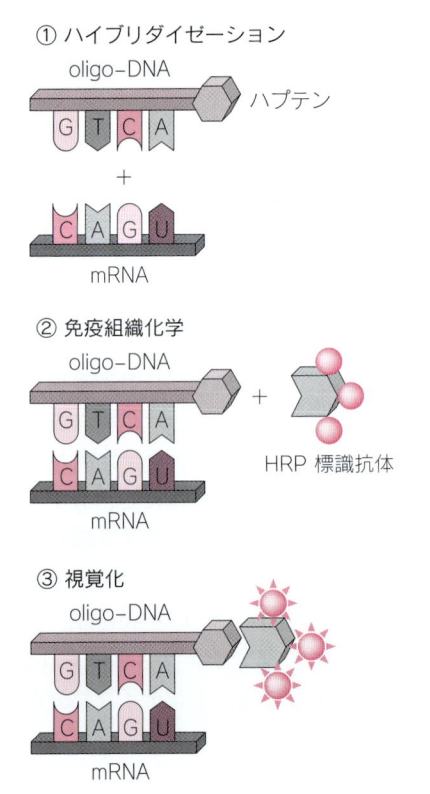

図2-15 非放射性合成オリゴヌクレオチドをプローブとした *in situ* hybridization の原理

対象とする mRNA に相補的塩基配列をもつオリゴヌクレオチド(oligo-DNA) を合成し，その端をジゴキシゲニンやチミンダイマーなどの抗原物質で標識する．この非放射性プローブを組織切片上で反応させて mRNA とハイブリダイゼーションを行わせる①．次いで，西洋ワサビのペルオキシダーゼ(HRP) などの酵素を結合した抗原性物質に対する特異抗体を作用させてプローブ核酸と結合させる②．最終的に，HRP などの酵素活性を利用して難溶性の色素をプローブ周囲に沈澱させ，特異的な mRNA の存在箇所を視覚化する③．

ISH の原理は，図2-15 に示したようにまず目的とする mRNA の配列に相補的塩基配列をもつオリゴヌクレオチドを合成し，標識物質を組み込んだ後，組織切片上で A と T (あるいは U) ならびに G と C の相補的塩基間でハイブリダイゼーションを行わせ，プローブ核酸の標識物質の性質を利用してシグナルを検出する．抗原性物質(たとえばビオチン，ジゴキシゲニン，チミンダイマーなど)で標識した場合には，一般的にはその標識物質に対する特異抗体を結合させる．通常その特異抗体には，西洋ワサビのペルオキシダーゼ horseradish peroxidase(HRP) などの酵素が結合されており，最終的にはその酵素活性を利用して難溶性の色素を酵素の周囲に沈着させる．図2-16 に例として，

II. 遺伝子発現と蛋白質合成

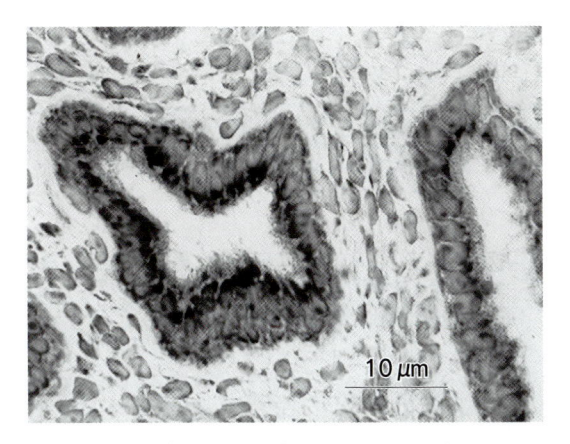

図 2-16　エストロゲン受容体 mRNA の局在証明
サル子宮内膜の未固定凍結切片をパラホルムアルデヒド固定した後，エストロゲン受容体 mRNA に相補的な塩基配列をもつ非放射性プローブを反応させ，最終的に黒色の呈色としてエストロゲン受容体 mRNA を視覚化したもの。核周囲ならびにやや管腔側よりに局在している。

サル子宮内膜切片においてエストロゲン受容体 mRNA の局在を示した。なお，染色体標本での遺伝子配列を検出する場合には，現在では蛍光色素で標識したプローブを用いたものが主流（FISH：fluorescence in situ hybridization 法という）で，最終的には蛍光を観察することによりシグナルを検出する

✎ Side Memo　cDNA プロジェクト

種々のゲノム計画が，ある生物種の全ゲノム配列を決定することを目的として行われてきたのに対し，cDNA プロジェクトというのは mRNA のコピーを得てその塩基配列を決定するもので，直ちに蛋白質のアミノ酸配列が判明する点でゲノムの機能解析に直接反映する情報を提供するものである。特に，真核生物のゲノムはエクソンとイントロンが混じり合う複雑な構造からなるため，全ゲノム配列の情報のみからでは一つの遺伝子の全体像を把握するのは困難である。特に，完全長の cDNA が得られればゲノム上での遺伝子構造の決定が可能となり，同時に最終生産物の蛋白質の構造と機能の解析を可能とする。

臨床との接点

狂牛病とプリオン

海綿状脳症という，いわば神経細胞が死滅して脳組織が海綿（スポンジ様）のようにすかすかになることにより生じる一連の病気が知られていて，そのウシバージョンが狂牛病である。そもそもはヒツジやヤギの海綿状脳症であるスクレイピー病 scrapie（体をお互いに擦り合わせる行動を続ける病気）や人食い風習で知られるニューギニア高地原住民に見られるクールー kuru（中枢神経の変性疾患）と同様のものである。これらの疾患の病原体は当初謎めいていたが，Stanley Prusiner の先駆的研究によりプリオンという感染性の蛋白因子であることが示され，この功績により Prusiner は 1997 年のノーベル賞に輝いた。感染性プリオン蛋白質（PrP^{Sc}）は正常に生体内に存在するプリオン蛋白質 PrP^{C} のフォールディング異常による変性構造体であり，驚くべきことは，少量の PrP^{Sc} の存在により周囲の正常体の構造が変性型構造に変えられて凝集体を生じることであった。しかもこの"病原性"は種を越えて伝播され，狂牛病のウシを食べたヒトに感染し，変異型クロイツフェルト-ヤコブ病として発症することが示され，世界中に衝撃を与えた。ヒトの場合には，最初は脱力感と認知症から始まり，最終的には短期間に命を落とす致死的な疾患である。

●参考文献

1) Alberts B, et al : Molecular Biology of the Cell 3rd ed. pp.223-290, Garland Press, 1994.
2) Becker WM, Kleinsmith LJ, Hardin J : The World of the Cell 5th ed. Pearson Education Inc, 2003.
3) Gall JG, Paradue M : Formation and detection of RNA-DNA hybrid molecules in cytological preparations. Proc Natl Acad Sci USA 63 : 378-383, 1969.
4) Hernandez-Verdum D : The nucleolus today. J Cell Sci 99 : 465-471, 1991.
5) 川崎広明：RNAi による遺伝子ノックダウン法．組織細胞化学 2004（日本組織細胞化学会編），pp.97-109, 学際企画，2004.
6) Koji T, ed : Molecular Histochemical Techniques (Springer Lab Manual), Springer-Verlag, 2000.
7) 小路武彦：In situ hybridization の基礎と基本手技．In situ hybridization 技法（小路武彦編），pp.3-77, 学際企画，1998.
8) Koji T, Brenner RM: Localization of estrogen receptor messenger ribonucleic acid in rhesus monkey uterus by nonradioactive in situ hybridization with digoxigenin-labeled oligodeoxynucleotides. Endocrinology 132 : 382-392, 1993.
9) Koji T, Nakane PK : Recent advances in molecular histochemical techniques : In situ hybridization and southwestern histochemistry (Review). J Electron Microsc 45 : 119-127, 1996.
10) Larsson LI, Hougaard DM : Combine non-radioactive detection of peptide hormones and their mRNA's endocrine cells. Histochemistry 96 : 375-380, 1991.
11) Mullis, KB : The unusual origin of the polymerase chain reaction. Sci Amer 262 : 56-61, 1990.
12) Prusiner, SB, Scott, MR : Genetics of prions. Annu Rev Genet 31 : 139-175, 1997.
13) Spiess C, et al : Mechanism of the eukaryotic chaperonin : protein folding in the chamber of secrets. Trends Cell Biol 14 : 598-604, 2004.
14) Teter SA, Klionsky DJ : How to get a folded protein across a membrane. Trends Cell Biol 9 : 428-431, 1999.

III. 小胞体における蛋白質合成

A 小胞体の構造と機能分化

真核細胞は，次の三つの構造グループに分類できる。

①**細胞内膜系** endomembrane system と呼ばれる脂質二重層の単位膜で構成されている構造物で，小胞体，ゴルジ装置，分泌顆粒，細胞膜，核膜，リソソームなど。

②**サイトゾル**と呼ばれる細胞質可溶性画分。

③それ以外の核構造物，ミトコンドリア，ペルオキシソーム

これらの構成蛋白質のほとんどは核内にある遺伝情報に従って小胞体とサイトゾルに存在するリボソーム上で合成され，最終的に決まったルールに従って輸送されたものである。本項では，小胞体での蛋白質合成について解説する。

1 基本構造

小胞体 endoplasmic reticulum は単位膜によっ

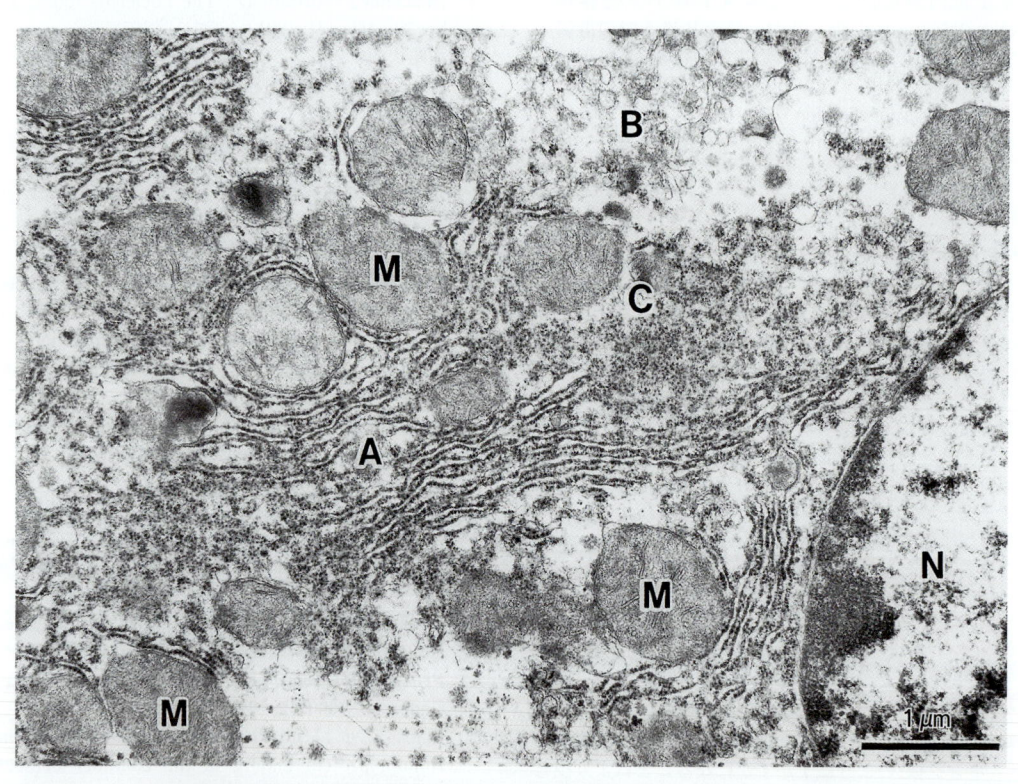

図2-17 マウス肝細胞の電子顕微鏡写真
　成熟マウス肝臓の超薄切片を作製し，透過型電子顕微鏡で観察したもの。図中Aのあたりには粗面小胞体が，Bの周囲には滑面小胞体が見られる。Cの周囲に見られるロゼット状の構造物はポリゾームである。図2-18におのおのの部位の拡大写真を示した。N：核，M：ミトコンドリア
（長崎大学医学部中央電顕　末松貴史氏提供）

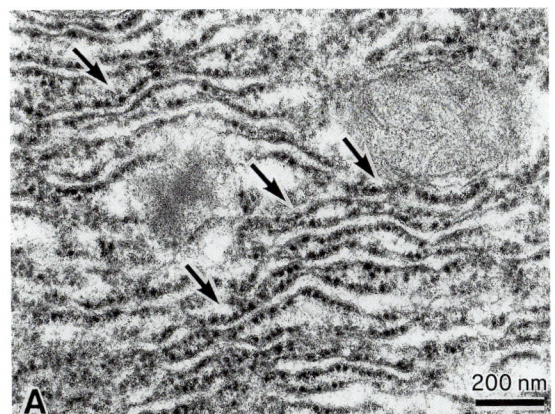

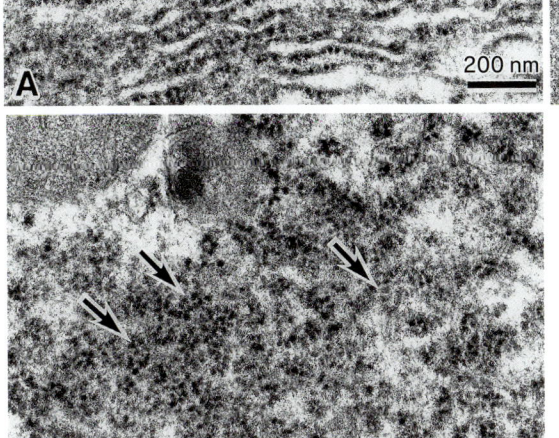

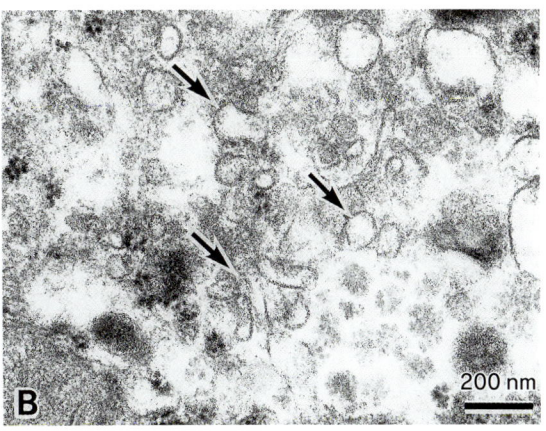

図2-18 マウス肝細胞の電子顕微鏡写真（図2-17の拡大写真）

A：粗面小胞体部分。膜状の構造物に電子密度の高い丸い粒子（リボソーム）が見られる。B：滑面小胞体部分。本部分は管状構造をしており，図では主として環状構造物の断面が見られる。全くリボソームは認められない。C：遊離のリボソーム。この部分は主として細胞内膜系以外の部位に局在する蛋白質の合成を行っている。多くは，mRNAは蚊取り線香状に渦巻いており，そこに多数のリボソームが連なるロゼット様構造をなしている。

て囲まれた囊状あるいは網目状をなす細胞内小器官である（図2-17）。基本的には，リボソームがその表面に付着しているかいないかで2種類に大別できる。リボソームを付着しているものを**粗面小胞体** rough endoplasmic reticulum といい，一般的にはシート状をなしている（図2-18A）。一方，リボソームを欠くものは**滑面小胞体** smooth endoplasmic reticulum と呼ばれ，主として管状構造をなす（図2-18B）。これらの細胞内での形状は多分にその細胞の代謝活性と密接に関わり合っているものであって，たとえば種々の蛋白質の分泌を司る肝細胞や膵臓外分泌部の細胞では粗面小胞体が顕著に発達しているし，ステロイドホルモン産生の盛んな副腎皮質細胞や精巣のライディッヒ細胞では，滑面小胞体が小胞体の主体である。

2 粗面小胞体

粗面小胞体はリボソームが付着していることからも予想されるように，蛋白質合成の中枢であり，特に細胞内膜系のオルガネラ organelle や細胞膜に取り込まれる蛋白質や将来細胞外へ分泌される可溶性蛋白質が合成されている（図2-18A）。最終的に，合成蛋白は膜に結合された状態か小胞体内に遊離する形で存在するが，翻訳と同時に小胞体局所への輸送が起こることから，**翻訳共役輸送** cotranslational import と呼ぶ。これに対して，サイトゾルにあるリボソームで合成された蛋白質は，主として翻訳後に核やミトコンドリアなどのオルガネラに輸送されるので，**翻訳後輸送** post-translational import という。粗面小胞体内では，以下に述べる糖鎖付加修飾やシステインの-SH残基間でできるS-S結合の形成や切断を触媒するプロテインジスルフィドイソメラーゼ protein disulfide isomerase による蛋白質の複合体形成も生じており，同時に適切な修飾，フォールディングおよび会合に失敗したものを除去するための品

3 滑面小胞体

滑面小胞体(図 2-18B)の最も重要な機能は，ステロイドホルモンを含むステロイドとリン脂質の生合成である．コレステロールとリン脂質は細胞膜の成分であり，膜脂質の主要な供給源であることも判明している．一方，ステロイド合成などに関与する-OH基の付加反応，すなわち**ヒドロキシル化** hydroxylation は疎水性有機化合物(脂質類)を水溶性に変え体外への排泄を高めるため，薬物の解毒作用としても認知されている．この反応にはチトクロムP450が電子の中間供与体として働き，モノオキシゲナーゼにより触媒されるものである．さらに，ベンゼン環を2個以上結合する多環式炭化水素に対しては，芳香族炭化水素水酸化酵素 aryl hydrocarbon hydroxylase によるヒドロキシル化が知られている．これらの蛋白質は，滑面小胞体と粗面小胞体の移行部に局在し解毒作用の中心となるが，一方で抗生剤などの臨床薬の効果を減じ，場合によっては無毒な化合物を発癌性物質に変えることも知られ，両刃の剣となっている．

さらに，肝細胞の滑面小胞体にはグルコース-6ホスファターゼという酵素が存在し，蓄積したグリコーゲンの分解反応に関与する．また，骨格筋細胞の筋小胞体にはカルシウム(Ca)ポンプがあり，ATP依存的にCa^{2+}の蓄積を行うことにより筋収縮の調節を行っている．

B シグナル仮説

リボソームにおいて，合成された蛋白質がどのようにして細胞の特定の箇所に移動していくのかは，大きな細胞生物学的疑問であった．事実，アイソトープで標識したアミノ酸の取込み実験は，新生ポリペプチドは直ちにまず小胞体内に移行し，その後目的地へ配送されていくことを示していた．その機構に関して1971年BlobelとSabatiniによりシグナル仮説 signal hypothesis が提出された(図 2-19)．これによると，蛋白のアミノ末端にあ

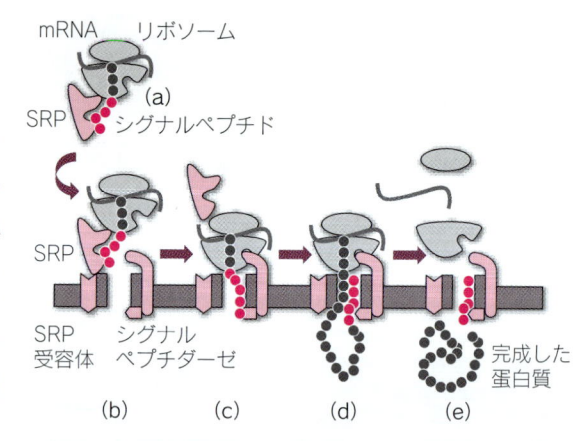

図 2-19 小胞体移行シグナルをもつ蛋白質の小胞体への移行機構

(a)：細胞質にある遊離のリボソームによりmRNAの翻訳が開始され，N-端のペプチド合成が始まる．このとき小胞体移行シグナルとなるシグナルペプチドが合成されると，そのペプチドにSRPが結合し，一旦そこで翻訳を停止する．(b)：SRPは小胞体膜上にあるSRP受容体と結合し，mRNA-リボソーム複合体を小胞体上に結合させる．(c)：続いてSRPは解離するが，シグナルペプチドは小孔内部に結合し，そこで翻訳が再開する．(d)：合成されたペプチドはどんどん小胞体内へ送り込まれる．(e)：最終的に，終止コドンまで行くと合成された蛋白質はすべて小胞体内に取り込まれ，mRNA-リボソーム複合体は解離する．一方，小胞体上の小孔壁に結合していたシグナルペプチドはシグナルペプチダーゼという蛋白質分解酵素により切り落とされ，残りの小胞体内部分が適切にフォールディングされて完成した蛋白質分子となる．

るアミノ酸断片は，**小胞体移行シグナル配列** signal sequence となっていて，リボソームでそのシグナル配列が合成されると，その配列を利用してmRNA-リボソーム複合体は小胞体上に結合し，そこで伸長されたポリペプチドは直接小胞体内に取り込まれるというものであった．その後，実際に免疫グロブリンGの軽鎖合成の検討で，まず本来の完成した軽鎖よりアミノ末端側に20個のアミノ酸が余分に付加された形で作られ，小胞体で完成した際にはその部分が切り落とされることが示され，この余分な配列が小胞体移行シグナル配列であることが判明した．現在では，小胞体移行シグナル配列は，15～30個のアミノ酸からなり，アミノ末端側の1～5個の親水性アミノ酸，中央の7～15個の疎水性アミノ酸に富む領域，およびそれに続く切断箇所としてのグリシンやプロ

リンが豊富な領域の，計三つのドメインからなることが知られている。このようなポリペプチド鎖自身に行き先を決定するシグナルがあるという考え方がこのシグナル仮説であり，現在では核移行シグナルやミトコンドリア移行シグナルなど，他のオルガネラへの移行シグナルも詳細に検討されている。

ここで，mRNA-リボソーム複合体の小胞体への結合機構を若干詳細に説明する（図2-19）。mRNAの翻訳開始コドンより小胞体移行シグナル配列が合成されると，その配列に**シグナル認識粒子** signal recognition particle（SRP）が結合し，翻訳を停止させる。この粒子は，六つの異なる蛋白質と300塩基のRNAとの複合体である。SRPは，小胞体上のトランスロコン translocon という特殊な構造物にmRNA-リボソーム複合体を結合させ，以降の反応を再開させる。トランスロコンも蛋白質複合体であり，SRP受容体，リボソーム受容体，小胞体膜を貫通する孔蛋白質およびシグナル配列を切除するシグナルペプチダーゼからなる。分泌蛋白質などの場合には，最終的に完成したポリペプチドから膜部分に結合していたシグナル配列が切除され，小胞体内腔に遊離され，一方でリボソームが小胞体から解離し，その後mRNAおよびリボソームのそれぞれのサブユニットも解離する。

C 蛋白質修飾

小胞体における主要な修飾 processing は，特定のアミノ酸残基への糖鎖付加あるいはグリコシル化 glycosylation である。この反応により糖蛋白質 glycoprotein が形成されるが，糖鎖付加には大きく分けて2種類あり，アスパラギン残基の側鎖アミノ基へ起きる **N-結合型グリコシル化** N-linked glycosylation と，セリンあるいはスレオニン残基のOH基へ付加反応が起こる **O-結合型グリコシル化** O-linked glycosylation である。小胞体で行われるのは前者である。N-グリコシル化反応には，まず小胞体膜細胞質側でドリコールリン酸 dolichol phosphate に N-アセチルグルコサミン N-acetylglucosamine（GlcNAc）を結合させることから始まるコアオリゴ糖 core oligosaccharide の形成を必要とする。この糖は，2分子のGlcNAc，9分子のマンノースおよび3分子のグルコースからなる。最終的に小胞体内腔側でオリゴ糖転移酵素によりアスパラギン酸に転移される。その後の糖鎖付加反応はゴルジ装置で行われることになる。

さらに，小胞体ではコラーゲン型の糖鎖付加も起こることが知られている。

D 細胞内輸送

さてここでリボソームで翻訳され合成された蛋白質が，その後どのような運命をたどるのかを概観したい。その運命は大きく分けて二つあった（図2-20）。一つはすでに述べた小胞体と結合し翻訳過程と共役して合成と同時に小胞体膜や小胞体内へ輸送されるものである。これは前述したまさに粗面小胞体での産生物であり，その多くは小胞体内で基本的な糖鎖付加を経た後，輸送小胞 transport vesicle に詰め込まれゴルジ装置へ輸送されることになる。ゴルジ装置は，その移行シグナルに基づいて蛋白質のさらなる加工および選別と，行き先ごとの振り分けを行う小器官と考えることができる。これらの小胞はさまざまな膜から出芽 budding によって生じるもので，細胞内膜系小器官間での物質輸送を行うシャトルバスとして働く。このような輸送を**小胞輸送** vesicle transport と呼び，本質的に小胞内は細胞外と空間的には相同で，小胞の膜は容易に他の膜成分と融合を行えることに基礎づけられている。この輸送により，分泌顆粒として細胞外へ放出されたり，リソソームや核膜などにも届けられる。

もう一方は，サイトゾルに存在する遊離のリボソーム（図2-18C）によって合成され，翻訳終了後輸送される蛋白質群である。これらの蛋白質はサイトゾル蛋白質となるか，小胞輸送によることなく目的のオルガネラに到達し膜を通過して取り込まれ，その成分となるものと思われる。特に細胞内膜系小器官以外のミトコンドリア，核，ペルオ

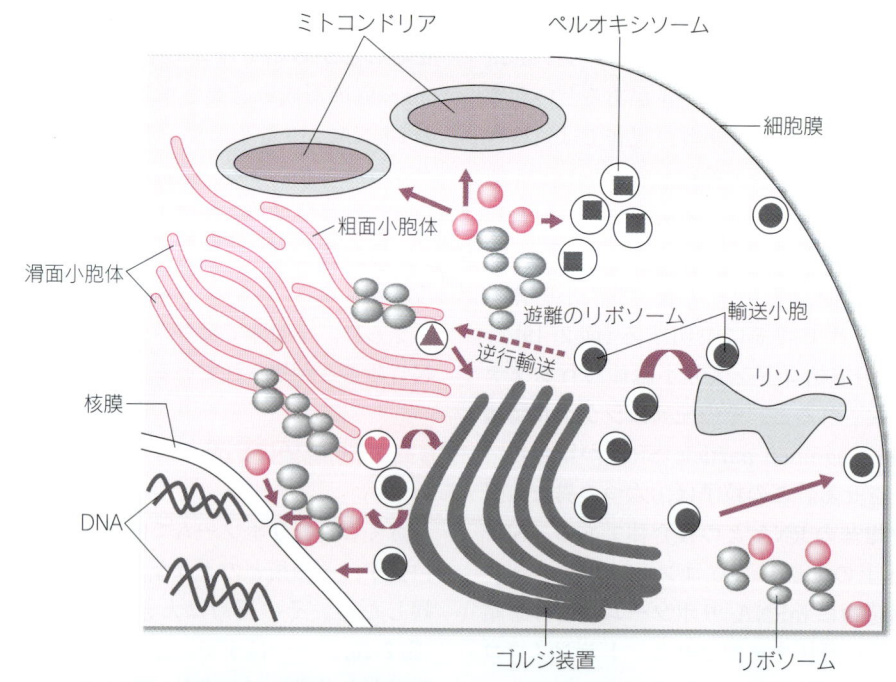

図 2-20　細胞内蛋白質輸送経路
リボソームで合成された蛋白質の細胞内での運命を模式的に示したもの。一部は，粗面小胞体に移行し，その後ゴルジ装置を経由して細胞外へ分泌されたり，リソソームへ移行したり，あるいは逆行輸送により小胞体へ送り返されることになる。この輸送には輸送小胞が利用される。一方，遊離のリボソームで合成された蛋白質は，その移行シグナルに従って，核内やミトコンドリアあるいはペルオキシソームなどに移動する。細胞質可溶性画分で働くものもある。

キシソームがその供給場所である。これらの蛋白質にも当然特異的な移行シグナルが知られている。たとえば，ミトコンドリアに輸送される蛋白質は，アミノ末端に**トランジット配列** transit sequence と呼ばれるものがあり，リボソームから遊離後数分以内で移行する。また核内に輸送されるものには，蛋白質分子内にプラスに荷電したアミノ酸（たとえばリジンやアルギニン）の密集領域がある。ペルオキシソームへの移行には，カルボキシ末端付近にあるセリン-リジン-ロイシン（SKL）配列がシグナルとなっている。

Side Memo

1 品質管理機構 protein quality control

合成途中で反応が停止した不完全な蛋白質や合成された蛋白質が正しく折りたたまれなかったり，また合成後に変性したり，何らかの化学物質によって障害を受けたいわゆる蛋白質の欠陥品を検出し，取り除く機構が品質管理機構として知られる。これらの欠陥蛋白質は，小胞体内では分子シャペロンである BiP やプロテインジスルフィドイソメラーゼによりその構造に基づいて管理・修復されるが，修復不可能なものや，ある特定のアミノ酸がアミノ末端に出現したものは，基本的には後述するユビキチン-プロテアソーム系により認識され分解される。

2 局在化シグナル retention signal

粗面小胞体で産生される蛋白質の中で，最終的に小胞体内に留まるものは，その蛋白質のカルボキシ末端にリジン-アスパラギン酸-グルタミン酸-ロイシン（Lys-Asp-Glu-Leu あるいは一文字表記で KDEL）配列をもっていることが判明し，局在化シグナルと呼ばれた。この配列をもつ蛋白質は，ゴルジ装置を経由した後，小胞体に逆輸送されそのまま小胞体に留まる。このように，最終的にある特定のオルガネラに留まらせる，言い換えれば定住させる標識を局在化シグナルという。

● 参考文献
1) Alberts B, et al : Molecular Biology of the Cell 3rd ed. pp.551-651, Garland Press, 1994.
2) Becker WM, Kleinsmith LJ, Hardin J : The World of the Cell 5th ed. Pearson Education Inc, 2003.
3) Ciechanover A, Ben-Saadon R : N-terminal ubiquitin-

ation : more protein substrates join in. Trends Cell Biol 14 : 103-106, 2004.
4) Hartl FU : Molecular chaperones in cellular protein folding. Nature 381 : 571-579, 1996.
5) Hegde RS, Lingappa VR : Regulation of protein biogenesis at the endoplasmic reticulum membrane. Trends Cell Biol. 9 : 132-137, 1999.
6) Klumperman J : Transport between ER and Golgi. Curr Opin Cell Biol 12 : 445-449, 2000.
7) Rothman JE, Wieland FT : Protein sorting by transport vesicles. Science 272 : 227-234, 1996.
8) Rutkowski DT and Kaufman RJ : A trip to the ER : coping with stress. Trends Cell Biol 14 : 20-28, 2004.
9) Teter SA, Klionsky DJ : How to get a folded protein across a membrane. Trends Cell Biol 9 : 428-431, 1999.
10) Walter P, Johnson AE : Signal sequence recognition and protein targeting to the endoplasmic reticulum membrane. Annu Rev Cell Biol 10 : 87-119, 1994.

IV. 蛋白質の機能発現

A 蛋白質の立体構造確立

　リボソーム上で翻訳されてくるポリペプチドは，活性をもつためには適切にフォールディングされて安定な三次構造を取り，場合によっては適切な他の分子と結合して四次構造を形成する必要がある。これらの適切なフォールディングを行うためには分子シャペロンの重要性がすでに指摘されているが，ここでは小胞体内での立体構造の確立機構について説明したい。小胞体内腔に遊離されたポリペプチドは，特に2種類の蛋白質の働きによって適切なフォールディングが誘導される。

　一つはBiPと呼ばれるHSP70ファミリーに属する分子シャペロンであり，特にポリペプチドの疎水性アミノ酸（ロイシン，フェニルアラニンやトリプトファンなど）が密集している領域に結合し，その疎水性部分が蛋白質の内部構造に取り込まれるまでATP依存的に，ついたり離れたりを繰り返していくようである。実際，蛋白質の表面には親水性のアミノ酸残基が配置されており，分子の内部に疎水性残基が集まっている。蛋白質のいわゆる"変性"とは，この構造が壊れ，疎水性部位が露出されることにより，その疎水性部分を介した相互の蛋白質の凝集を引き起こし，最終的に沈殿を生じるわけである。このBiPという蛋白は伸長してくるポリペプチド鎖の疎水性領域に結合し，その部位を保護するとともに，解離と結合を繰り返すことにより安定な正しい構造にフォールディングされるまで見張っていると考えられる。最終的に正常なフォールディングに失敗した蛋白質は，サイトゾルに押し戻され，後述するユビキチン系などにより分解される。

　もう一つのものは，すでに触れられたプロテインジスルフィドイソメラーゼの作用である。蛋白質の翻訳後修飾の中でフォールディングにも関係する重要なものは，システイン残基の側鎖にあるSH基間で生じるS-S結合である。このS-S結合を結合したり解離したりしているのが本酵素であり，蛋白質に適切な正しいシステイン残基間で結合が得られる，つまり安定な構造が得られるまで繰り返されるものと考えられている。

B 粗面小胞体からの輸送

　これまで述べてきたように，粗面小胞体で合成された多くの蛋白質は小胞体膜から出芽した輸送小胞に詰め込まれてゴルジ装置へ送られる。そして将来，さらに別の細胞内膜系のオルガネラに向かうか，細胞膜の成分になるか，あるいは細胞外へ分泌される。このような方向性をもった輸送を順行性輸送 anterograde transport という。それぞれの蛋白質には行き先を指定した"タグ"がつけられていて，そのグループごとに輸送小胞にパッキングされるわけである。タグは特定のアミノ酸配列である場合もあれば，マンノース6リン酸（リソソーム行きのタグ）のような糖鎖であることもあり，疎水性部位などの特徴的な構造物であることもある。小胞体に留まるものには，そもそも巨大分子であるがゆえに輸送小胞から排除されて残るものもあるようだが，小胞体への局在化シグナルであるKDEL配列をもつ蛋白質は一度ゴルジ装置へ輸送され，加工・修飾された後に特殊なKDEL受容体に結合して**逆行性輸送** retrograde transport により小胞体へ戻ってくる。

　小胞体から出芽する輸出小胞には，サイトゾル側の膜に**被覆蛋白質** coat protein と呼ばれる蛋白質の裏打ちが存在し，これらの小胞のことを被覆

小胞 coated vesicle という．小胞体からの輸送に関係する被覆蛋白質には，COP Ⅰ（あるいはコートマー coatomer）と COP Ⅱ が知られている．これらの被覆蛋白質の機能は，出芽を引き起こすことが最も重要なものと考えられる．さらに，多様な被覆蛋白質が発見されていて，輸出小胞にも質的に多様性があることから，これらの差がまた小胞の行き先の選別に一役買っているものと思われる．

C 蛋白質の分解

1 蛋白質発現の制御ステップ

遺伝情報の発現調節機構は，結局はその最終生産物である機能的な蛋白質の存在量の制御をもって役割を完遂することができる．これまで見てきたように，転写の制御から，pre-mRNA の転写後修飾，mRNA の細胞質への移動，リボソーム上での翻訳，蛋白質の翻訳後修飾などの多数の制御ステップからなる一連の反応を経て，機能的蛋白質が完成する．したがって，特定の蛋白質の量は，基本的に遺伝子発現の誘導や促進の結果，増大するものである．しかし，実はもう一つ重要な制御機構が存在する．それが蛋白質の分解過程である．同じ速度で合成が続いていても，分解速度が増大すれば蛋白質の存在量は減るし，分解が阻害されると存在量は増大する．

また，合成途中で反応が停止したような不完全な蛋白質や，フォールディングや他の分子との適切な会合に失敗した欠陥蛋白質，また酸化およびその他の化学反応によって異常アミノ酸が形成された蛋白質も速やかに分解される必要があり，同様な分解過程が関与している．ここでは，蛋白質の分解過程についての説明を行う．

2 リソソームによる分解

細胞内の蛋白質を分解する過程の一つは，リソソームを介するものである．リソソームによる自食作用 autophagy には，オルガネラレベルで消化する**マクロオートファジー** macro-autophagy，微小な細胞基質を取り込む**ミクロオートファジー**ならびに**シャペロン仲介性自食作用** Chaperone-mediated autophagy が知られている．

前二者による分解過程は，通常ではどちらかといえば定常的で蛋白質を選ばない非特異的な過程である．いずれにせよ，細胞質でリソソームに取り込まれた後，その中のさまざまな加水分解酵素により消化される．しかしながら，飢餓状態などの異常事態にはミクロオートファジーによる，より選択的な分解が行われることが知られている．特に，蛋白質のアミノ末端やカルボキシル末端に極端に塩基性アミノ酸が並んでいたり，酸性アミノ酸が集積していたり，あるいは疎水性アミノ酸が豊富である場合に，選択されるようである．

一方，シャペロン仲介性自食作用には選択性があり，蛋白質表面に，リジン-フェニルアラニン-グルタミン酸-アルギニン-グルタミン配列 KFERQ sequences と呼ばれる配列があると，HSP 70 により認識され，リソソーム内へ輸送され分解される．この輸送機構については，本配列を介して，オートファジーされる運命にあるオルガネラにまず結合し，その後，間接的にリソソームへ運ばれる場合と，リソソーム膜に存在する特殊な受容体を介して直接的にリソソーム内へ取り込まれる機構とが考えられている．

3 ユビキチン系による分解

より特異的な蛋白質の分解は，ユビキチン-プロテアソームの系による（図 2-21）．ユビキチン ubiquitin は 76 個のアミノ酸からなる蛋白質で，次の三つの酵素により特定の蛋白質のリジン残基がユビキチン化される．すなわち，ユビキチン活性化酵素，ユビキチン結合酵素および基質認識蛋白質である．まずユビキチン活性化酵素は，ATP 依存的にユビキチンを結合し，活性化する．続いてそのユビキチンはユビキチン結合酵素に移され，さらに基質認識蛋白質と複合体をなし，標的蛋白質を認識し，そのリジン残基にユビキチンを付加する．一度ユビキチン化が起こると，ユビキチン付加が連続的に起こり，ユビキチン鎖 multiubiquitin chain が形成される．さて，蛋白

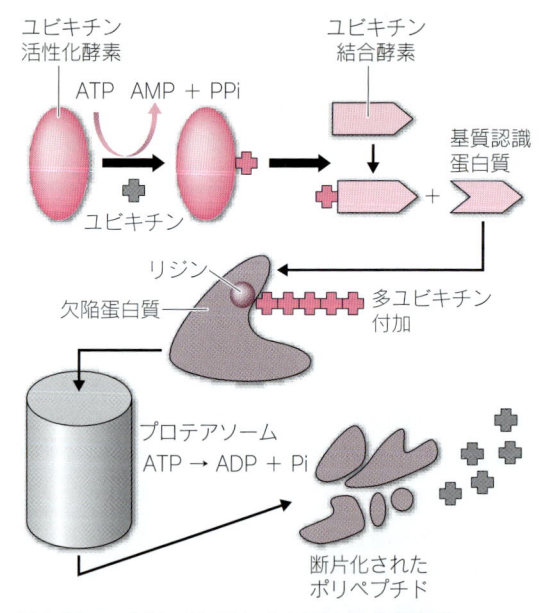

図2-21 ユビキチン系による蛋白質分解機構

まずユビキチンはATP依存的にユビキチン活性化酵素により活性化される。次いでユビキチン結合酵素に転移され、基質認識蛋白質と複合体を形成し、基質となる欠陥蛋白質のリジン残基にユビキチンを付加する。このようにユビキチン化された蛋白質はプロテアソームという巨大分解工場で加水分解され、短いペプチドに切断される。

質がユビキチン化されると、**プロテアソーム** proteasomeという円筒形の巨大蛋白質複合体に結合される。プロテアソームは細胞質に大量かつ偏在して存在し、全蛋白質の1％に及ぶという。この複合体はATPアーゼと六つの蛋白質分解酵素からなり、結合した蛋白質のペプチド結合をATP依存的に加水分解し、短いペプチドに切断する。同時に切り離されたユビキチンは再利用される。どのような蛋白質がこの系で分解されるのかは、まさに多様な基質認識蛋白質の働きにより決まる。フォールディングに失敗した蛋白質や何らかの欠陥を有する蛋白質が分解標的となる。また特に細胞質や核にある蛋白質では、その寿命に密接に関与する"アミノ末端通則"N-end ruleが知られており、アミノ末端がメチオニン、セリン、スレオニン、アラニン、バリン、システイン、グリシン、プロリン以外の場合には、ユビキチン付加が起こりプロテアソームにより速やかに分解される。基本的には、これら以外のアミノ酸は通常

蛋白質分子内にしまい込まれていて、変性状態において露出されるようである。

なお、半減期の長い（寿命の長い）蛋白質であるヒストンも、実はユビキチン化される。しかしこの場合はどうも、転写制御などの遺伝子発現調節に関係しているようで、ユビキチンの多様な機能が推測される。

技術解説

1 X線結晶構造解析

まず、蛋白質などの結晶にX線を照射する。すると、結晶構造をなす原子配列によって屈折したX線となって付加的あるいは相殺的干渉を起こさせてできる規則的な模様(X線回折像)ができる。それを数学的に解析すると、もとの分子の三次元的構造を明らかになる。この方法を利用して、PerutzとKendrewによりヘモグロビンやミオグロビンの結晶構造が明らかにされ、またWatsonとCrickによりDNAの二重らせん構造が解明された。最近では、結晶化が難しい膜蛋白質の構造解析も同様の方法で可能となり、ますます蛋白質構造と機能の関係が明らかにされつつある。

2 TOFMASと田中耕一氏

TOFMASとは、Time of Flight Mass Spectrometry(飛行時間型質量分析法)の頭文字を取ったもので、質量分析を行う方法の一つである。蛋白質をある熱エネルギー緩衝材の存在の下に蛋白質ともどもレーザーにより気化させる。そのさまざまな大きさのイオン粒子を移動時間の差で区別して検出する。この蛋白質の気化を世界で初めて成功したのが田中耕一氏で、この「ソフトレーザーイオン化法」の発見の功績により、2002年にノーベル化学賞が授与された。

Side Memo 蛋白質の寿命

細胞内における蛋白質の寿命は、細胞の生理状態によって大きく影響を受けるので一概に言えない。一般的には構造蛋白質の寿命は長く、さまざまな生体反応の調節に関与する蛋白質群の寿命は短い。またアミノ末端通則に従って、ある種のアミノ酸をアミノ末端にもつものは半減期が短い。さらにたとえば飢餓状態では蛋白質の分解反応が促進されるために寿命は短くなる。細胞内での酵素としての活性から考えると、その蛋白質個々の寿命というよりも、結局その蛋白質分子の産生と分解の総和が重要な因子となる。

●参考文献

1) Alberts B, et al : Molecular Biology of the Cell 3rd ed. pp.551-651, Garland Press, 1994.
2) Becker WM, Kleinsmith LJ, Hardin J : The World of the Cell 5th ed. Pearson Education Inc, 2003.
3) Ciechanover A, Ben-Saadon R : N-terminal ubiquitination : more protein substrates join in. Trends Cell Biol 14 : 103-106, 2004.

4) Hartl FU : Molecular chaperones in cellular protein folding. Nature 381 : 571-579, 1996.
5) Hegde RS, Lingappa VR : Regulation of protein biogenesis at the endoplasmic reticulum membrane. Trends Cell Biol 9 : 132-137, 1999.
6) Nakagawa T, et al : Deubiquitylation of histone H2A activates transcriptional initiation via *trans*-histone cross-talk with H3K4 di- and trimethylation. Genes & Dev 22 : 37-49, 2008.
7) Ross CA, Pickart CM : The ubiquitin-proteasome pathway in Parkinson's disease and other neurodegenerative diseases. Trends Cell Biol 14 : 703-711, 2004.
8) Rothman JE, Wieland FT : Protein sorting by transport vesicles. Science 272 : 227-234, 1996.
9) Spiess C, et al : Mechanism of the eukaryotic chaperonin : protein folding in the chamber of secrets. Trends Cell Biol 14 : 598-604, 2004.
10) Teter SA, Klionsky DJ : How to get a folded protein across a membrane. Trends Cell Biol 9 : 428-431, 1999.

第3章
代謝とエネルギー産生

Ⅰ. 酵素と代謝　52
Ⅱ. 解糖系とそれに関連する代謝　57
Ⅲ. ミトコンドリアとエネルギー産生　61
Ⅳ. ペルオキシソーム，色素顆粒，その他の顆粒成分　67

●本章を学ぶ意義

　細胞機能・現象を形態，特に電顕微細形態にしっかりと足場をおいて理解することが本書構成の基本的理念であることに鑑みると，酵素の基本的知識および解糖系とそれに関連する代謝系の経路についての知識は，エネルギー産生機構の理解に必須である。本章ではこの点についてその要点を簡明に記載してあるので，細胞小器官の機能を考えるのに有用である。この理解のもとに，必要に応じてそのさらなる詳細は生化学の専門書を紐解けば容易に得られるであろう。次いで，エネルギー産生の場であるミトコンドリアの微細形態について，その内・外膜と膜間区画，そしてマトリックス区画の順に理解する。そして，内膜での電子伝達系の詳細および区画間の蛋白質分子の輸送機構について思考を巡らすことが必要である。また，細胞核ゲノムと独立に，ミトコンドリアゲノムがそのマトリックス区画に存在することに注目し，この事実を基に，ミトコンドリアの細胞内共生説の存在，分裂増殖によるその存在の維持，および母方のみからの遺伝の事実，を理解することが大切であろう。
　さらに，ミトコンドリアの機能異常が原因となる疾患群の存在を学んでほしい。合わせて，生化学の基本的技法である遠心分画法と生体分子の電顕観察法の一つであるネガティブ染色法と低角度回転蒸着法について，それらの技術解説も上記各項目内容の理解に役立つであろう。

I. 酵素と代謝

A 酵素

　酵素 enzyme の本体は蛋白質 protein であるといっても過言ではない。酵素とは触媒機能をもった蛋白質であるといえる。1783年にイタリアのスパランツァーニ(Spallanzani)が胃液に蛋白質分解作用があることを発見し、1836年にドイツのシュワン(Schwann)が消化酵素ペプシン pepsin がその本体であることを証明した[1]。1800年代にいくつかの消化酵素が発見され、それらはトリプシン trypsin、ジアスターゼ diastase など独自の名前がつけられた。その後、酵素にはすべて語尾にアーゼ(-ase)をつけることとなった。酵素は特定の物質の反応を触媒するが、酵素反応の対象となる物質を基質 substrate といい、基質が酵素により代謝されて生成される物質を反応産物 product という。現在では4,000種類以上の酵素が発見されている。酵素は機能と性質などから、以下のように大きく分類される。

1 酵素の分類

　酵素は大きく分けて、加水分解酵素 hydrolase、酸化還元酵素 oxidoreductase、転移酵素 transferase、異性化酵素 isomerase、脱離酵素 lyase、合成酵素 ligase の六つに分類される。そのうち、加水分解酵素、酸化還元酵素、転移酵素について概説する。

1) 加水分解酵素

　加水分解酵素の代表例として、いくつかの消化酵素があげられる。消化管の中に分泌されて食物中の蛋白質、糖質、脂質、核酸などの高分子化合物を低分子化合物に分解する作用をもつ消化酵素は最も古くから知られている酵素群である。これらの酵素は加水分解作用により基質となる高分子化合物の分解を行う。

　蛋白質を分解する消化酵素である蛋白質分解酵素は、トリプシン、キモトリプシン、ペプシンなどが代表的なものであり、補酵素を必要としない。これらの酵素は前駆体としてトリプシノーゲン、キモトリプシノーゲン、ペプシノーゲンなど不活性な形で分泌されたのち、自己消化により自分自身から一部のペプチドが除去されて活性型として作用する。またペプチダーゼやセリンプロテアーゼ群(血液凝固と関係するトロンビン、ハーゲマン因子など)も蛋白質分解酵素の一種である。細胞内においてユビキチン依存性プロテアソームはATPを補酵素として作用し、細胞内の不必要な蛋白質や酵素を分解する作用をもつ。また、白血球細胞内のリソソームにも蛋白質分解酵素が存在し、食作用で取り込んだ細菌を消化する役割をもっている。

　糖質分解酵素ではアミラーゼが代表例であるが、この酵素はグリコーゲンやでんぷんなどの多糖類を少糖(オリゴ糖)まで分解する。また、二糖類の乳糖を分解する酵素としてラクターゼ、マルトースを分解する酵素としてマルターゼが知られている。

　食物中のトリアシルグリセロール(＝中性脂質)を分解する酵素は、膵リパーゼである。また、血液中でリポ蛋白質に含まれるトリアシルグリセロールを分解する酵素はリポプロテインリパーゼであり、血管内皮細胞の表面に存在する。

　小腸に分泌され、食物中の核酸をヌクレオチドまで分解する酵素はヌクレアーゼである。

2）酸化還元酵素

酸化還元酵素では，脱水素酵素（あるいはデヒドロゲナーゼ dehydrogenase）群が重要である。脱水素酵素は NAD^+, NADH, $NADP^+$, NADPH などのピリミジンヌクレオチドを補酵素とする。代表例は，グルコース 6-リン酸(G6P)を 6-ホスホグルコン酸(6-PG)に代謝し，$NADP^+$ を補酵素とするグルコース 6-リン酸脱水素酵素である。トリカルボン酸回路 tricarbonic acid cycle(TCA サイクル)はミトコンドリアのマトリックスに存在する。TCA サイクルを構成するイソクエン酸脱水素酵素，2-オキソグルタル酸脱水素酵素，リンゴ酸脱水素酵素により，補酵素の NAD^+ は NADH へと還元される。NADH はミトコンドリアの電子伝達系の電子供与体となる。コハク酸脱水素酵素の段階では FAD が $FADH_2$ へと還元され，$FADH_2$ も同様に電子伝達系の電子供与体となる。

3）転移酵素

転移酵素では，代表的な酵素群としてキナーゼ kinase があげられる。キナーゼは ATP, ADP, AMP, GTP, GDP などのプリンヌクレオチドを補酵素とし，これらのヌクレオチドのリン酸基を基質に転移させる。たとえば，解糖系の最初の段階の酵素であるヘキソキナーゼは ATP を補酵素とし，グルコースに ATP のリン酸基を転移させ，グルコース 6-リン酸に代謝する。また，蛋白質をリン酸化する酵素は蛋白質キナーゼであり，現在まで A キナーゼ，C キナーゼ，チロシンキナーゼ，B キナーゼ(Akt)などが知られている。キナーゼは ATP を補酵素とし，特定の蛋白質に ATP のリン酸基を転移させてリン酸化を行う作用をもち，細胞内の情報伝達機構に関わっている。

4）その他の酵素

以上述べた酵素群以外のこれらの蛋白質では，異性化酵素，合成酵素，脱離酵素などの酵素群があるが，詳細は成書を参考にされたい。また，酵素名の中で酵素の基質名がアーゼ(-ase)の前にある場合，たとえば ATP アーゼとは，ATP を分解する酵素を意味する。DNA アーゼであれば DNA 分解酵素であり，ホスホリパーゼであればリン脂質 phospholipid を分解する酵素という具合である。

2 酵素の特徴

1）酵素は反応速度を増加させるが，化学平衡は変化させない

生体触媒としての酵素は自身の特定部分に活性中心をもち，この部分で効率的に化学反応を触媒する。たとえば過酸化水素を水に溶かすと，最終的に次の反応が平衡状態に至るまで進行する。

$$2H_2O_2 \rightleftharpoons 2H_2O + O_2$$

この反応は触媒がない場合は，平衡状態に達するまで数千時間かかる。触媒の鉄イオン(Fe^{+++})を少量加えると，この反応は数時間で進行する。カタラーゼはこの反応を数秒で終了させる。カタラーゼの反応で代表されるように，酵素は反応の平衡定数(＝基質と反応産物の濃度の最終的な割合をいい，一定の数値をとる)は変化させないが，平衡に達するまでの時間を短縮させる。すなわち，酵素は反応速度を速める作用がある。

活性中心は酵素蛋白質の高次構造の中で特定の基質がきっちりと入り込む空間であり，特定のアミノ酸によりその環境が作られている。また，活性中心には補欠分子族といわれる分子(たとえば，ヘム)などを配位して触媒機能を高める場合がある。その例としてはカタラーゼ，チトクローム類(チトクローム P450 など)が知られている。また補酵素(たとえば，NADH や ATP)を配位して触媒機能を高める場合もある。

2）基質特異性

酵素は特定の化合物(基質)についてのみ，反応を触媒する。これを基質特異性 substrate specificity という。たとえば，解糖系の代表的な酵素であるピルビン酸キナーゼはホスホエノールピルビン酸(PEP)のみの代謝を行い，他の化合物は基質としない。

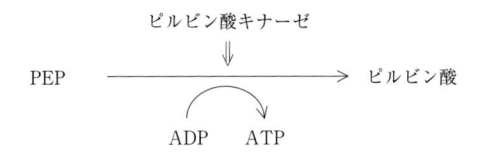

$$\text{PEP} \xrightarrow[\text{ADP} \quad \text{ATP}]{\text{ピルビン酸キナーゼ}} \text{ピルビン酸}$$

　基質特異性は，基質が酵素の活性中心の部分にきっちり挿入できるかどうかで決まる。これは鍵と鍵穴との関係に例えられる。

3） 酵素の至適温度（optimal temperature）と至適 pH（optimal pH）

　酵素の触媒活性は通常，酵素活性といわれる。酵素活性は反応液の温度や pH に大きく左右される。一般的に温度が 10 度変わると，酵素活性は 2 倍変化する。たとえば，体温が 37℃より 27℃まで下がると，酵素活性は 1/2 になり，生体の代謝も大きく低下する。また 50℃を超えると，酵素は変性し，活性を失う。DNA の量的増幅を利用する PCR（polymerase chain reaction）法では，高温に耐性を示す高温耐熱菌より抽出された DNA ポリメラーゼを利用する。これはこの DNA ポリメラーゼが高温でも活性を失わないことを利用したものである。

　酵素の pH 依存性は消化酵素で明らかにみられる。胃液の pH は約 2.0 であるが，ペプシンの至適 pH は 2.0 付近である。また，小腸の消化液の pH は弱アルカリ性であるが，トリプシンの至適 pH は 8.0 である。これらの消化酵素は消化液の pH で最も良く活性が表れるように，至適 pH が備わっている。

4） アロステリック酵素

　酵素の中で，いくつかの酵素は活性中心より遠く離れた部位に特定の物質（アロステリック因子 allosteric effector あるいは調節因子）が結合することで活性中心の構造が影響され，基質に対する親和性が変化し，酵素活性が変動する。このような性質をもった酵素をアロステリック酵素 allosteric enzyme という。たとえば，アスパラギン酸トランスカルバモイラーゼは CTP（シチジン三リン酸）の結合により酵素活性が上昇する。アロステリック酵素は一般に四つのサブユニット蛋白質が集合した四量体であることが多い。

　ヘモグロビンも α 鎖および β 鎖が 2 個ずつからなる四量体である。ヘモグロビンは β 鎖の末端に 2,3-BPG（2,3-ビスホスホグリセリン酸）が結合してヘムへの酸素結合能を変化させる。そのためヘモグロビンは酵素の機能はもたないもののアロステリック蛋白質の一つとして考えられている。

5） フィードバック阻害

　いくつかの酵素反応からなる代謝系で生産された最終産物が途中の反応を触媒する酵素に対して阻害作用を示し，最終産物の生成量を抑制する場合，これをフィードバック阻害 feedback inhibition という。たとえば解糖系の反応産物である ATP は解糖系の律速酵素であるホスホフルクトキナーゼの活性を抑制し，解糖系の流れを抑える。その結果，ATP の合成は減少する。

6） 酵素の活性阻害

　酵素反応速度は特定の物質が酵素に結合することにより低下する。このように酵素に結合し，酵素活性を抑制する物質を酵素阻害剤という。酵素阻害剤による酵素活性の阻害様式には，可逆的阻害 reversible inhibition と不可逆的阻害 irreversible inhibition がある。

　可逆的阻害は競合阻害と非競合阻害との二つに分類される。競合阻害とは，酵素の基質と類似した化合物による阻害様式で，活性中心を基質と競合することで起こる。たとえば，コハク酸 succinate と類似したマロン酸 malonate はコハク酸脱水素酵素の活性中心をコハク酸と競合する競合阻害剤である。非競合阻害は，基質の結合は妨げないが，活性中心における反応触媒能に影響することによって引き起こされる。

　酵素の活性中心にある SH 基が非可逆的にブロックされた場合，酵素活性は抑制される。このような場合，不可逆的阻害といい，それを引き起こす物質を不可逆的阻害物質という。たとえば，活性中心の SH 基にモノヨード酢酸が結合すると，グリセルアルデヒド脱水素酵素は不可逆的に阻害される。

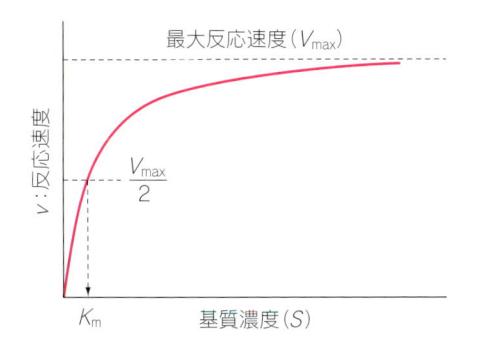

図 3-1 酵素反応速度と基質濃度との関係

7) ミカエリス定数（K_m）

酵素の反応速度について，ミカエリス（L. Michaelis）はミカエリス定数を提案した。これは酵素反応を調べる上で最も基本的な理論である。

図 3-1 のように，横軸に基質濃度（S），縦軸に反応速度 v をとり，最大速度を V_{max} とすると，$\frac{1}{2}V_{max}$ を与える基質濃度を K_m とする。酵素によって異なる K_m の値をもつ。K_m が小さいほど，基質に対する親和性が高く，K_m が大きいほど親和性は低い。いいかえれば酵素の K_m が小さいときは，低い基質濃度で $\frac{1}{2}V_{max}$ が得られることになる。

8) アイソザイム

酵素の中にはアミノ酸配列が一部異なっているが，同じ反応の触媒を行う類縁酵素の一群が知られている。これらの酵素を総称してアイソザイム isozyme と呼ぶ。代表的な例としては，ヒトの乳酸脱水素酵素 lactate dehydrogenase, LDH がある。図 3-2 のように LDH は四つのサブユニット蛋白質から構成される。サブユニット蛋白質は H 型（心臓型）と M 型（骨格筋型）の 2 種類である。H_4 型の LDH は心臓，膵臓，腎臓，赤血球に多く分布する。H_2M_2 型の LDH は肺に，M_4 型の LDH は骨格筋，肝臓に多く分布する。

3　補酵素

酵素の中にはビタミンを前駆体とする化合物や ATP などのヌクレオチドのような低分子化合物の補助を受けてはじめて作用を現すものがある。このように酵素の作用を補助する化合物を補酵素 coenzyme と呼ぶ。補酵素は酵素の活性中心に結合して種々の作用を媒介する。一般的にビタミンから由来する化合物が多い。たとえば，乳酸脱水素酵素の補酵素は NADH であるが，ビタミンの一種であるニコチン酸アミドを構成成分とし，電子の授受に関係する。また，コハク酸脱水素酵素の補酵素は FAD であるが，FAD はビタミン B_2 を構成成分とする。また，ATP や GTP などのヌクレオチドも補酵素となる。

B　代謝と関連する用語

1　異化と同化

異化 catabolism とは生物の組織における分解反応を示すが，高分子化合物を低分子化合物に分解する反応である。同化 anabolism とは逆に合成反応を示し，低分子化合物より高分子化合物を合成する反応を示す。たとえば，グリコーゲンをグルコースに分解するプロセスは異化であり，グルコースよりグリコーゲンを合成するプロセスは同化である。

図 3-2　ヒトの乳酸脱水素酵素（LDH）アイソザイム

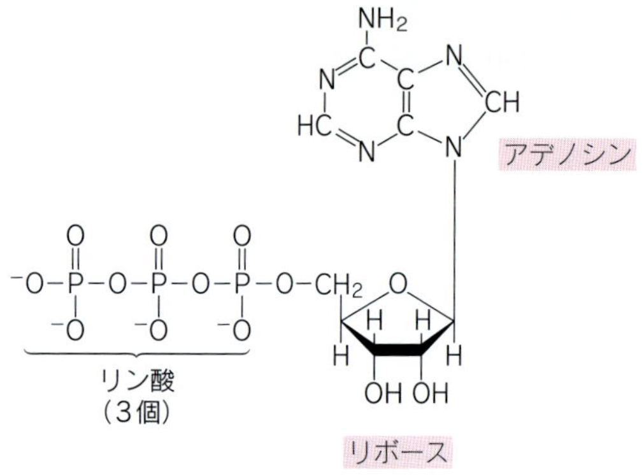

図3-3 アデノシン三リン酸(ATP)

2　ATPと高エネルギー

ATPの化学構造は図3-3に示す。リボースに結合した三つのリン酸基のうち，末端の2個のリン酸基は切断されると高エネルギーを放出する。

ATP(adenosine triphosphate アデノシン三リン酸)は

$$\text{Adenosine-ribose-P}\sim\text{P}\sim\text{P} \longrightarrow \text{Adenosine-ribose-P}\sim\text{P} + \text{Pi}$$

の反応でADPと無機リン酸(Pi)とに分解されると，多量の自由エネルギー($\Delta G_0 \sim -7{,}000$ cal)を放出する。この自由エネルギーは種々の生体内の反応に利用される。ATPが高エネルギーをもっていることは，波線($\sim$)で表す。

● 参考文献
1) 丸山工作：生命現象を探る(生化学の創始者たち). 中央公論社, 1972.

II. 解糖系とそれに関連する代謝

ウイルスを除くほとんどすべての生物は，グルコース glucose をエネルギー源としている。細菌や酵母から，ヒトにいたるまで，グルコースを代謝して生命を維持する。グルコースが代謝され，ピルビン酸 pyruvate を経て乳酸 lactate に至るまでの反応経路を解糖系 glycolytic pathway という（図3-4，56頁）。

ピルビン酸は NADH を補酵素とする乳酸脱水素酵素 lactate dehydrogenase により乳酸に代謝され解糖系は終了する。ピルビン酸は解糖系と TCA サイクル（TCA 回路あるいはクエン酸回路）との分岐点である。

ピルビン酸は NAD^+ を補酵素とするピルビン酸脱水素酵素 pyruvate dehydrogenase によっても代謝される。この反応では1分子の二酸化炭素が脱炭酸反応により生成し，ピルビン酸はアセチル CoA acetyl CoA に代謝される。この反応は不可逆的な反応であり，後戻りができない。アセチル CoA はオキサロ酢酸 oxalate と反応して TCA サイクルに流入するが，ケトン体代謝や脂肪酸合成，コレステロール合成にも利用される。

TCA サイクルでは，まずアセチル CoA とオキサロ酢酸とが反応して，クエン酸 citrate が合成される。クエン酸はいくつかの段階を経て，最終的にオキサロ酢酸へ代謝される。オキサロ酢酸はアセチル CoA と反応することによりクエン酸が再び合成されるので，この反応系は TCA サイクル（tricarbonic acid cycle）あるいはクエン酸サイクルと呼ばれる。TCA サイクルの意義としては（図3-5），クエン酸の代謝が1回転する間に，2分子の二酸化炭素が脱炭酸反応により生成されること，NAD^+ より NADH が3分子，FAD より $FADH_2$ が1分子生成され，電子伝達系へと電子が移行することにより ATP の合成がなされるこ

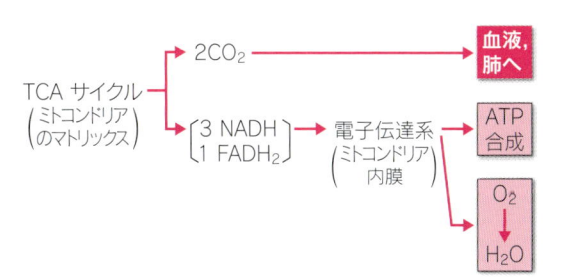

図3-5　TCA サイクルの役割

と，またこの電子伝達系の最終段階で酸素が利用され水が合成されることである。呼気中に排泄される二酸化炭素のほとんどは，ピルビン酸脱水素酵素の段階と TCA サイクルとで生成され，組織より血液へ排泄され，さらに血液を経て肺へ移行したものである。

1 解糖系

解糖系の第一段階の反応（図3-4）はヘキソキナーゼ hexokinase によって触媒される。この反応は ATP を補酵素とし，グルコースがリン酸化されグルコース 6-リン酸 glucose 6-phosphate（G6P）に代謝される。G6P はさらにフルクトース 6-リン酸（F6P），フルクトース 1,6-ビスリン酸（FBP），ジヒドロキシアセトンリン酸（DHAP），グリセルアルデヒド 3-リン酸（GA3P），1,3-ビスホスホグリセリン酸（1,3-BPG），3-ホスホグリセリン酸（3-PG），2-ホスホグリセリン酸（2-PG），ホスホエノールピルビン酸（PEP）の順に代謝され，さらにピルビン酸となり，最終的に乳酸に代謝される。解糖系の特徴としては，次の二つである。

①ヘキソキナーゼとホスホフルクトキナーゼの段階で ATP を利用し，3-PG キナーゼ，ピルビン酸キナーゼの段階で ATP を合成すること（2分子 ATP 合成）。

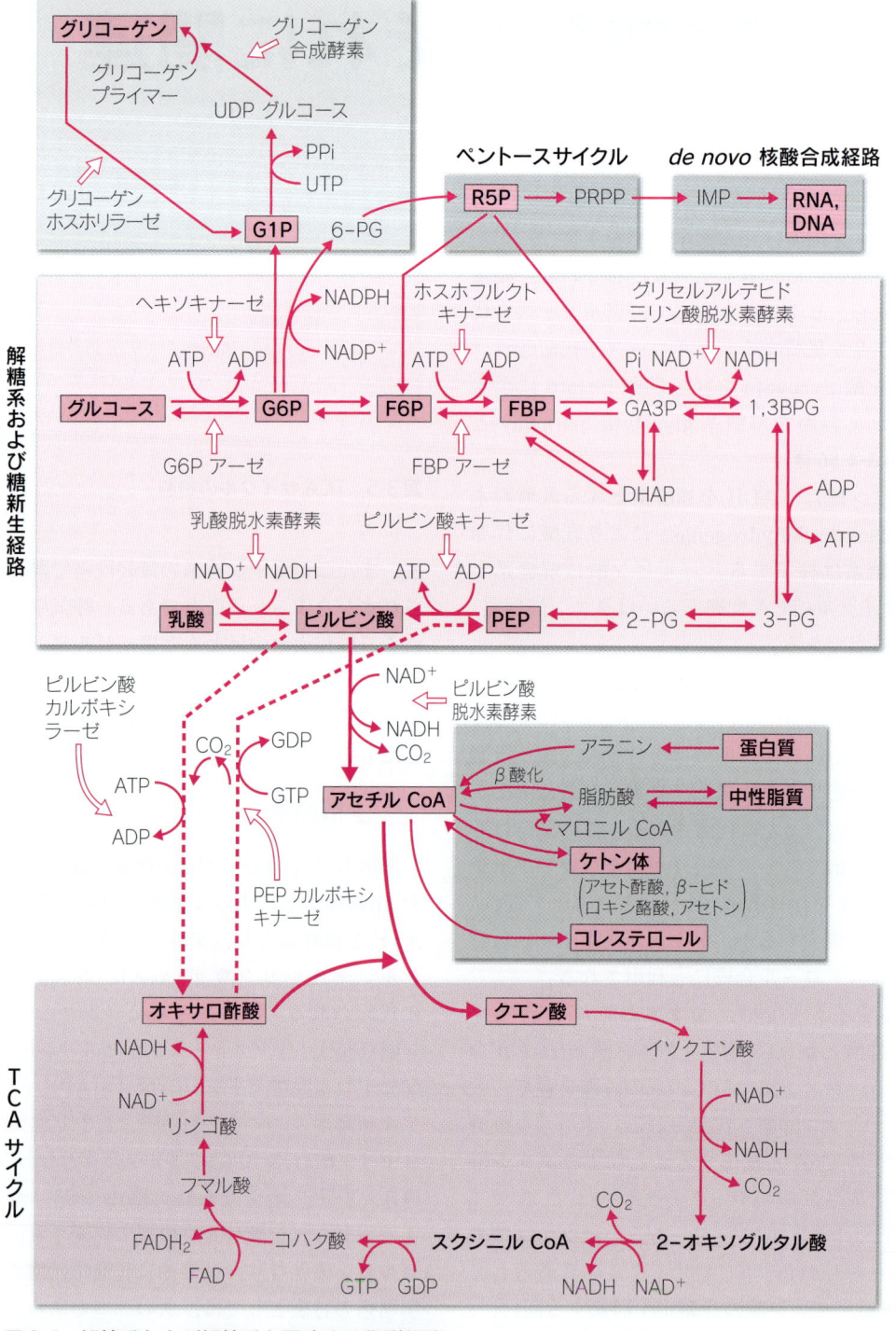

図 3-4 解糖系および解糖系と関連する代謝経路
(解糖系,糖新生系,ペントースサイクル,TCA サイクル,グリコーゲン合成系など)

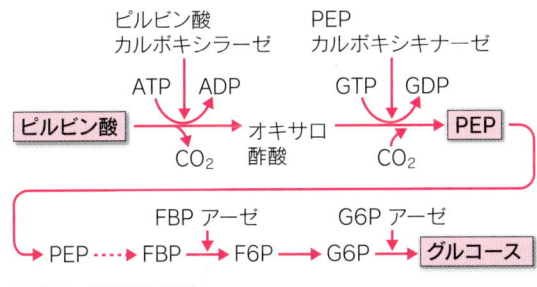

図3-6 糖新生経路

②GA3P脱水素酵素の段階でNAD$^+$を利用し、乳酸脱水素酵素の段階ではNADHを利用すること。

解糖系の酵素の中でもホスホフルクトキナーゼはpHの変化の影響を受けやすく、律速酵素といわれる。律速酵素とは、代謝系において全体の反応速度を調節する酵素を示す。

2 糖新生

肝臓では、解糖系で生成される乳酸やピルビン酸はグルコースに再び合成されるが、これを糖新生 gluconeogenesis という。乳酸やピルビン酸を出発物質として、オキサロ酢酸を経てPEPを合成し、さらに解糖系を逆行し、最終的にグルコースを合成する経路である。アラニンなどの糖原性アミノ酸もピルビン酸に代謝されたのち、糖新生系に流入する。このようにしてグルコースを合成することを糖新生という。ピルビン酸からPEPへの逆反応は進行しないので、反応は図3-6のように進む。

糖新生は全体的には解糖系の逆反応であるが、次のような特徴をもつ。

①ピルビン酸からPEPへの逆反応は起こらない。ピルビン酸は一旦、オキサロ酢酸に代謝され（ピルビン酸カルボキシラーゼ）、さらにPEPへ代謝されるという迂回路（PEPカルボキシキナーゼ）を経てPEPの合成がなされる。

②PEPからは解糖系の逆経路をたどってグルコースの合成がなされるが、とくにFBPをF6Pに代謝する酵素FBPアーゼ、G6Pをグルコースに代謝する酵素G6Pアーゼは、解糖系とは別の酵素で触媒される反応で、糖新生における律速段階となっている。

3 ペントースサイクル

解糖系での分岐点は、グルコース6-リン酸（G6P）とピルビン酸である。G6PはG6P脱水素酵素の反応で6-ホスホグルコン酸（6-PG）に代謝され、ペントースサイクルに流入する。このペントースサイクル（五炭糖回路）は、六炭糖であるG6Pが五炭糖の一種であるリボース5-リン酸（R5P）を経てF6Pに代謝され解糖系に合流することから、その名前がつけられた。この経路の意義としては、R5Pからホスホリボシルピロリン酸 phosphoribosyl pyrophosphate：PRPPが作られ、この物質がIMPを経てDNAやRNAの前駆体であるdATP、ATP、dGTP、GTPなどに代謝されることにある。また、G6P脱水素酵素の反応でNADP$^+$よりNADPHが合成されるが、NADPHは細胞内での重要な反応、たとえば脂肪酸の合成反応、ステロイド合成、薬物水酸化反応などに利用される。

4 グリコーゲン合成と分解

G6Pは、ホスホグルコムターゼの作用によりG1Pに代謝される。G1PはUTPと反応してUDP-グルコースが生成される。UDP-グルコースはグリコーゲンプライマーにグルコースを渡して、グリコーゲン合成酵素によるグリコーゲンの合成に利用される。グリコーゲンはグルコースのポリマーであるが、分解過程ではグリコーゲンホスホリラーゼの反応でG1Pが生成する。G1PはG6Pを経てグルコースの合成や解糖系代謝に利用される。

5 アセチルCoAとTCAサイクル

ピルビン酸は乳酸脱水素酵素により乳酸に代謝されるか、ピルビン酸脱水素酵素によりアセチルCoAへと代謝される。アセチルCoAは代謝の大きな分岐点となっている。ロイシンやイソロイシンなどのアミノ酸（ケト原性アミノ酸）やパルミチン酸のような脂肪酸からもアセチルCoAが合成

される（図3-4）。

アセチルCoAはオキサロ酢酸と反応してクエン酸に代謝され，TCAサイクルに入る。クエン酸はさらにイソクエン酸，2-オキソグルタル酸，スクシニルCoA，コハク酸，フマル酸，リンゴ酸を経て，オキサロ酢酸へと代謝される。オキサロ酢酸はピルビン酸より供給されたアセチルCoAと反応して，再びクエン酸へ代謝される。クエン酸の代謝が1回転する間に脱炭酸反応によって2分子の二酸化炭素が生成され，3分子のNADH，1分子のFADH$_2$および1分子のGTPが生成される（図3-5）。NADHはミトコンドリア内膜に存在するいくつかのチトクローム類とチトクロームオキシダーゼから構成される電子伝達系により利用される。最終的にはATP合成酵素によるATPの合成が行われる。

蛋白質は20種類のアミノ酸にまで分解される。これらのアミノ酸の中でもアラニンの占める割合（約30％）は大きい。アラニンはピルビン酸に代謝されグルコースの合成に利用される（糖新生）。また，グルコース（＝糖）の原料となるアミノ酸という意味で，アラニンやセリンは糖原性アミノ酸といわれる。これに対して，ケトン体の原料となるアミノ酸はケト原性アミノ酸といわれ，チロシン，ロイシン，リジンなどがある。

脂肪細胞に蓄積された中性脂質（トリアシルグリセロール）は脂肪酸とグリセリンに分解される。脂肪酸はさらにβ酸化によりアセチルCoAに代謝される。アセチルCoAはマロニルCoAと反応して脂肪酸合成経路を経て，脂肪酸に合成される。

6　グルコース代謝の病態的意義[1]

糖尿病，飢餓状態，激しい運動（たとえばマラソン）など組織へのグルコースの供給が滞った状態やグルコースが欠乏した状態では，解糖を含む代謝は著しく偏った動きをする。重症の糖尿病患者では血液中に長期にわたり高濃度のグルコースが滞留することから，血管系および神経系に大きな副作用をもたらす。同時に，組織の代謝系においては，グルコースの供給が十分でないことから，細胞内では解糖系が十分に流れず，エネルギーの供給源として中性脂質が利用される。中性脂質から代謝されて蓄積したアセチルCoAは，TCAサイクル以外に，アセト酢酸，β-ヒドロキシ酪酸，アセトンなどのケトン体の合成に利用される。このようにして糖尿病の重症患者では，ケトン血症が起こる。

マラソンのような激しい運動が長時間続くと，まずエネルギー源である血液中のグルコースが枯渇することから肝臓や筋肉に蓄積されたグリコーゲンの分解が始まる。マラソン開始後約60分でグリコーゲンが枯渇するが，次に脂肪組織の中性脂質の分解が起こる。中性脂質は脂肪酸とグリセリンへと分解され，脂肪酸はさらにアセチルCoAへ代謝され，TCAサイクルに利用される。中性脂質が枯渇するのはマラソンの最終局面であるが，その場合は蛋白質が分解されて糖原性アミノ酸，ケト原性アミノ酸などが供給されることになる。グルコースが血液中で枯渇すると，脳に十分なグルコースが供給されずに意識障害を来たす。

飢餓状態では，同じようなプロセスで生体内のグリコーゲン，中性脂質，蛋白質の順番で分解・消費されていくことになる。とくに筋肉の蛋白質の消失が重大である。グルコースまたはβ-ヒドロキシ酪酸が脳に供給されているかぎり，意識は保たれている。

●参考文献
1）玉井洋一，矢島義忠：症例から学ぶ生化学（訳）．東京化学同人，1995．

III. ミトコンドリアとエネルギー産生

　ミトコンドリア mitochondria は二重の膜に囲まれた小器官である。ヒトの細胞では1細胞当たり数千のミトコンドリアがあり，粒状あるいは桿状のものから，細胞によっては伸長した紐状のもの，さらに枝分かれしたようなものも多くみられる。ミトコンドリアは酸素呼吸によってATP adenosine triphosphate を産生するエネルギー代謝の中心としての役割が大きいが，そのほかには細胞死のシグナル伝達においても重要な役割を果たしている。ミトコンドリアはほぼすべての真核生物の細胞に存在するが，一部の嫌気的な生物では退化している。

　電子顕微鏡下でミトコンドリアの断面を観察すると，内膜は内部に陥入してひだ状あるいは管状の構造であるクリステ cristae を形成しているのがわかる（図3-7）。内膜と外膜の間の空間は膜間区画 intermembrane space と呼ばれる。内膜より内側の領域がマトリックス区画 matrix space である。マトリックスにはミトコンドリア DNA が存在し，DNA の複製とコードされる遺伝子の転写，蛋白質の翻訳が行われている。ミトコンドリアは新たに作り出すことができないので，分裂によってその数を増やす。その一方でミトコンドリア同士の融合も活発に行われており，細胞の状況に合わせてミトコンドリアの数や大きさ，形態はダイナミックに変化している。

A 外膜と膜間区画

　ミトコンドリア全体を包む外膜にはポリン porin と呼ばれる蛋白質が多数存在し，脂質二重層を貫通する小孔を形成している。この小孔は5,000 Da（ダルトン）以下の大きさの分子を自由に通すチャネルであるため，低分子量の物質に関し

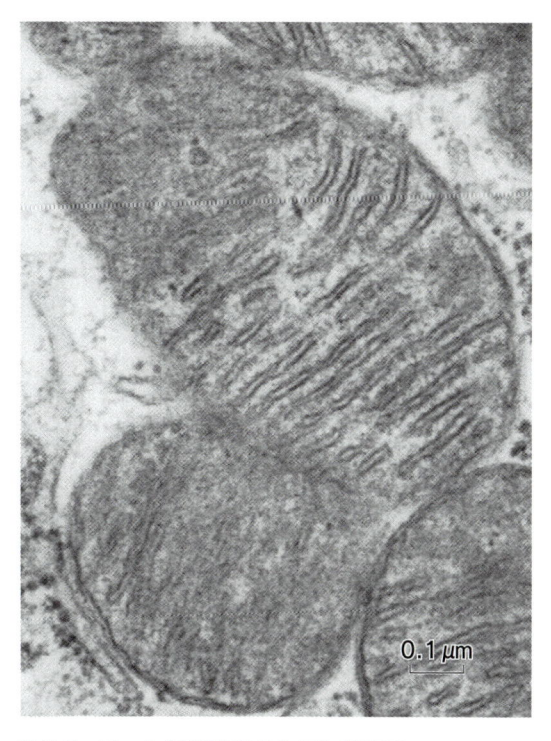

図3-7　ラット肝細胞のミトコンドリア
ひだ状のクリステが幾重にも発達している（×64,000）。

て，膜間区画は細胞質とほぼ等価になる。また外膜表面には細胞質の細胞骨格およびモーター蛋白質と相互作用する機構があって，ミトコンドリアの形態や細胞内での運動を制御していると考えられる。

　外膜と内膜の間が膜間区画である。膜間区画にはマトリックスで合成されて放出されるATPを使って，ほかのヌクレオチドをリン酸化する数種の酵素が存在する。

B 内膜とマトリックス

　内膜とそれに囲まれるマトリックスは，ミトコ

ンドリアの機能の主要部分である．内膜はひだ状あるいは管状になって基質内部に陥入してクリステを形成するが，細胞によってその形状や頻度にはばらつきがある．クリステによって内膜の面積は非常に大きくなるが，エネルギー代謝のさかんな細胞のミトコンドリアほどクリステがよく発達している傾向が見られる（図3-8）．内膜は脂質よりも蛋白質のほうが重量比として多い．その蛋白質の大部分は呼吸鎖（ミトコンドリアの電子伝達系）を構成する，主に三つの酵素複合体とATP合成酵素複合体である．また脂質としては特殊なリン脂質であるカルジオリピンを多く含んでいる．カルジオリピンは脂肪酸側鎖を二つではなく四つもつのでイオンの透過性を低くしていると考えられる．一方で内膜には多くの輸送蛋白質があって，選択的にさまざまな物質を能動輸送している．

マトリックスには数百種の酵素が高度に濃縮されて存在しており，主には脂肪酸およびグルコースの解糖で生じるピルビン酸からアセチルCoAを産生する経路と，そのアセチルCoAを代謝するクエン酸回路がある．

C 酸化的代謝

動物の消費するエネルギーの大部分は，酸化的代謝によってATPとして合成される．酸化的代謝の中心的な機構は，マトリックスにあるクエン酸回路 citric acid cycle（トリカルボン酸回路，TCAサイクル，クレブス回路）と内膜にある電子伝達系である（図3-9）．

糖，脂質，蛋白質はいずれもクエン酸回路に入ってATPを産生することができる．栄養素の酸化によって生じる還元力が NAD^+：nicotinamide adenine dinucleotide と FAD：flavine adenine dinucleotide という補因子を，電子とプロトンを得た還元型の NADH と $FADH_2$ に変換し，電子伝達系で酸素を還元してATPを合成する．

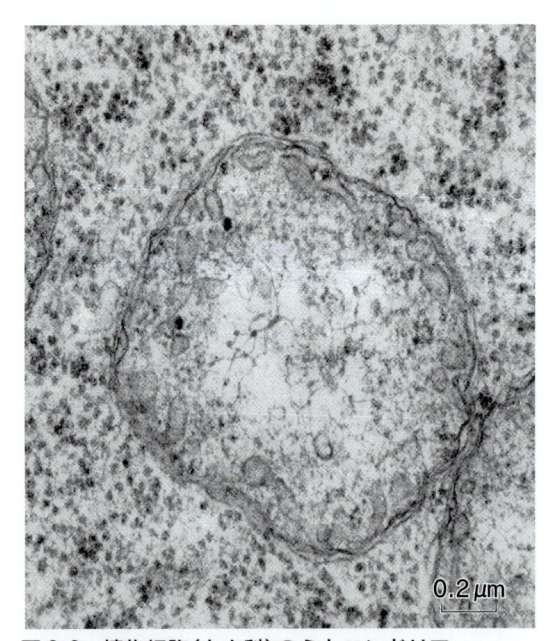

図3-8 植物細胞（キク科）のミトコンドリア
管状のクリステがまばらに見え，内部は均一ではない（×40,000）．

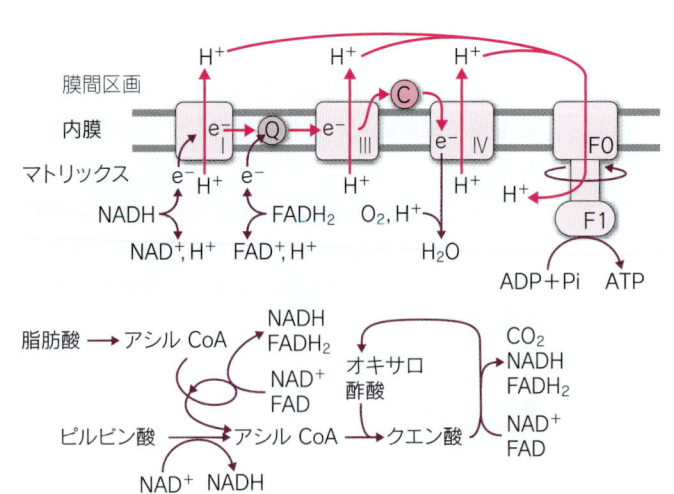

図3-9 酸化的リン酸化の概略図
クエン酸回路とその前過程で NADH と $FADH_2$ が生成され，CO_2 を放出する．
NADH と $FADH_2$ は電子伝達系に電子（e^-）を渡す．電子伝達系の各複合体（I，III，IV）は電子を授受する際にエネルギーを取り出してプロトンをマトリックスから汲み出す．汲み出されたプロトンはプロトン輸送ATP合成酵素（F_0F_1）を駆動してATPを合成する．

糖は細胞質の解糖系を経てピルビン酸となり，ミトコンドリアでアセチルCoA(酢酸と補酵素Aが結合したもの)にまで形を変えてNADHを生じた後にクエン酸回路に入る。

脂肪は細胞内外で脂肪酸とグリセロールに分解され，グリセロールは中間体を経て解糖系に入る。脂肪酸はカルニチンを介してミトコンドリア内に入ってCoAと結合してアシルCoAとなり，β酸化によって脂肪鎖が二つずつの炭素鎖に切り出されて，そのたびに一分子ずつのアセチルCoAと$FADH_2$，NADHを生じる。

蛋白質はアミノ酸に分解され，各アミノ酸によって異なる経路でクエン酸回路に入る。クエン酸回路はまず供給されたアセチルCoAとオキサロ酢酸からクエン酸を生じる。六つの炭素原子をもつクエン酸は段階的に炭素原子をCO_2として放出し，最終的に四つの炭素原子をもつオキサロ酢酸になってサイクルを一周する。その間に還元力を得て3分子のNADHと1分子の$FADH_2$を生じる。

一連の経路で生じたNADHと$FADH_2$は電子伝達系に高エネルギー状態の電子を渡してプロトンを放出し，NAD^+とFADに戻る。電子を受け取った電子伝達系は，そのエネルギー準位を段階的に下げながらプロトンをマトリックスから膜間領域に汲み出すという作業をする。最終的に電子は酸素に受け取られ，プロトンと結合して水分子になる。

電子伝達系は，主に以下の酵素複合体と補酵素からなる。

- NADH脱水素酵素複合体(NADH-CoQレダクターゼ，複合体Ⅰ)
- ユビキノン(コエンザイムQ，CoQ)
- シトクロムb-c1複合体(CoQ-シトクロムcレダクターゼ，複合体Ⅲ)
- シトクロムc
- シトクロム酸化酵素複合体(シトクロムオキシダーゼ，複合体Ⅳ)

これらの電子伝達体は下にいくに従って電子に対する親和性(酸化還元電位)が高くなっているので，三つの各複合体はその電子授受の際にエネルギーを得てプロトンを汲み出し，プロトン濃度勾配による電気化学ポテンシャルを形成する。$FADH_2$の電子はコハク酸ユビキノン酸化還元酵素複合体(コハク酸-CoQレダクターゼ，複合体Ⅱ)からユビキノンに入るが，この過程ではプロトンは汲み出さないため，全体として汲み出すプロトンはNADHより少ない。

このプロトン濃度勾配を利用してATP合成を行うのがプロトン輸送ATP合成酵素(F_0F_1-ATPアーゼ)である。この酵素は多数のサブユニットからなる複合体で，大きく分けて膜貫通領域(F_0)とATPアーゼ領域(F_1)からなる。電子顕微鏡で観察すると，ミトコンドリア内膜の基質側にこの突き出したATPアーゼ領域がサクランボ状の突起として多数観察される。膜貫通領域はプロトンを輸送するポンプになっており，プロトンが勾配に従って外から内に流入する際にポンプ自身が回転する力学的エネルギーへと変換する。この回転はサクランボ先端のATPアーゼの構造変化を引き起こし，ADPとリン酸を結合させてATPを合成する化学エネルギーへと転換される。この電子伝達系からATP合成に至る過程を特に**酸化的リン酸化**(oxidative phosphorylation)という。

D ミトコンドリアDNAと蛋白質合成

マトリックスにはミトコンドリアDNAが存在し，その複製・転写，そして蛋白質の翻訳を行う装置も備わっている。ミトコンドリアでの蛋白質合成の機構は真核生物よりもバクテリアのそれに近い。実際，バクテリアの翻訳を阻害する抗生物質に対してミトコンドリアの蛋白質合成が阻害される。このことはミトコンドリアが細胞内に共生したバクテリアが起源であるとする細胞内共生説の根拠の一つとなった。ミトコンドリアゲノムは生物種によって大きく異なり，哺乳類が最も小さい。ヒトでは約16,600塩基対の環状DNAであり，サイズとしては核ゲノムの10万分の一にも満たない。ヒトのミトコンドリアゲノムは13種類の蛋白質をコードしているに過ぎない。

またミトコンドリアの遺伝子は母方のみから遺

伝するが，これは精子と卵子が受精する時に卵子のミトコンドリア DNA のみが受け継がれるためである．ミトコンドリア DNA は細胞核よりもかなり高頻度で変異を起こすが，これは細胞核ゲノムほど複製および修復機構が高度ではないのと，ミトコンドリアにおけるエネルギー産生の過程で活性酸素を生じるため DNA が損傷を受けるからだと考えられる．

一つの細胞内には数千のミトコンドリアが存在し，さらにそれぞれのミトコンドリアは 10 コピー程度のミトコンドリアゲノムを保持するため，一つの DNA の変異が直ちに個体へ影響を与えることはないが，それゆえ変異は排除されずに蓄積されていく．この変異の蓄積が個体の老化に伴なう諸症状の一因であるといわれている．

E 蛋白質輸送

ミトコンドリア蛋白質の 98％以上は細胞核にコードされていて細胞質で合成されており，これらの蛋白質を外膜，膜間領域，内膜，マトリックスの各部位に輸送する機構が存在する．ミトコンドリアの各部位へ輸送される蛋白質には，局在化シグナルがアミノ酸配列として書き込まれている．大部分のマトリックス蛋白質や一部の内膜蛋白質は，その N 末端にプレ配列 presequence という局在化シグナルをもつ**前駆体蛋白質** mitochondrial precursor protein として合成され，ミトコンドリア内でプレ配列を切断されて成熟蛋白質となる．

一方で，多くの疎水的な膜蛋白質は切断可能な N 末端のプレ配列をもたず，蛋白質の内部にシグナル配列をもつ．このほかに，一部の外膜蛋白質や膜間領域蛋白質では，特殊な輸送機構がみられる．プレ配列は決まったアミノ酸配列ではなく，おおよそ 15 残基から 70 残基程度の長さで塩基性残基が多く酸性残基が少ないため正に帯電している．

プレ配列をもつ蛋白質は，外膜の受容体を介して外膜貫通孔を形成する TOM 複合体 translocase of the outer membrane complex を通り，膜間領域に呈されたプレ配列は内膜の受容体を経て内膜貫通孔を形成する複合体に導かれる．プレ配列は正の電荷を帯びているので膜電位依存的にマトリックスに引き込まれるが，前駆体蛋白質全体までは引き込まれない．そこでマトリックスに存在する Hsp70 というシャペロンの一種が前駆体蛋白質に結合して ATP を使ってマトリックス内に完全に引き込む．したがって内膜の通過には膜電位と ATP が必要である．

マトリックスに入った前駆体蛋白質は，特異的なプロテアーゼによってプレ配列を切断されたのちに折りたたまれて成熟蛋白質となる．この中で内膜や膜間区画に向かうべき蛋白質はプレ配列の下流に疎水性領域をもち，プレ配列切断後に内膜へ埋め込まれ，あるいは内膜を通過して膜間区画へ移動する．これはミトコンドリア内で合成される蛋白質と同じ経路である．内部シグナル配列をもつ内膜あるいは外膜行きの蛋白質の場合，プレ配列とは別の受容体を介して外膜の TOM 複合体を通り，膜間領域を経て，それぞれ内膜あるいは外膜にある膜挿入装置に認識されて膜に埋め込まれる．

F 細胞内共生説

太古の始原真核生物がアルファプロテオバクテリアを取り込み，細胞内に共生させたのがミトコンドリアの起源である，というのが現在支持されている細胞内共生説 endosymbiont theory である．バクテリアがもっていたゲノムは，一部がミトコンドリアゲノムとして保持されているが，大部分は細胞核に移行したか失われたことが，個々の遺伝子における分子系統学的解析から示されている．同様に，植物において光合成を行うオルガネラの葉緑体も，シアノバクテリアの細胞内共生によって獲得されたとみられるが，その葉緑体をもった真核生物をさらに別の真核生物が取り込むという複次的な共生も一部の系統で起こったようである．

表 3-1　ミトコンドリア病の症候群名

- Chronic progressive external ophthalmoplegia：CPEO
- Infantile myopathy and lactic acidosis (fatal and non-fatal forms)
- Kearns-Sayre syndrome：KSS
- Leber hereditary optic neuropathy：LHON
- Leigh syndrome：LS
- Mitochondrial encephalomyopathy with lactic acidosis and stroke-like episodes：MELAS
- Myoclonic epilepsy with ragged-red fibers：MERRF
- Neurogenic weakness with ataxia and retinitis pigmentosa：NARP
- Pearson syndrome

臨床との接点

ミトコンドリア病

　ミトコンドリア病とは，ミトコンドリアの機能異常が原因となる疾患群であるが，より狭義にミトコンドリアゲノムの変異に起因するものを指す場合もある（表3-1）。ミトコンドリアの呼吸機能不全はATP消費がさかんな組織に特に影響を与えると考えられるが，実際に脳神経，心臓，骨格筋，視覚，聴覚，内分泌系における障害が顕著である。また解糖系によってエネルギー代謝を補おうとするため，高乳酸血症になる場合が多い。これらに加えて糖尿病を伴なうことがあるが，その機構は不明である。

　ミトコンドリア呼吸機能不全は呼吸鎖を構成する蛋白質群やATP合成酵素の機能不全が直接的要因であるが，それらの遺伝子への変異のみならず，複合体構築に関わる因子，ミトコンドリアでの蛋白質合成，ゲノムの複製，さらにはミトコンドリア形態などミトコンドリアの恒常性維持における異常も原因としてあげられている。

　外眼筋麻痺を特徴とするCPEO，筋肉のけいれんを特徴とするMERRF，脳卒中様症状が特徴のMELASの患者では，多くの場合，ミトコンドリアゲノム中のtRNA遺伝子に変異あるいは欠失が見られ，またその変異部位は病型によって異なっていることが分かっている。

Side Memo　歴史的な背景⇒ミトコンドリア分裂

　ミトコンドリアは独自のDNAをもつので新たに作り出すことができない。そのためミトコンドリアは分裂増殖によってその存在を維持し続けてきた。細胞内共生の初期の段階では，ミトコンドリアはバクテリアとしての細胞分裂様式を保持していたとみられ，現在でも原始的な真核生物のミトコンドリア分裂にはバクテリアの細胞分裂因子であった蛋白質FtsZが関わっている。

　しかし高等な真核生物にはそのようなFtsZは存在せず，一方で真核生物に特有なダイナミン様蛋白質の一種がミトコンドリア分裂に必須であることが分かっていた。当初FtsZは進化の過程でダイナミンに置き換えられたと考えられていたが，のちに原始的な真核生物ではFtsZとダイナミンの両方でミトコンドリア分裂を行うことが明らかとなった。

　よってダイナミンはエンドサイトーシスでバクテリアを取り込む段階から用いられ，そのままミトコンドリア分裂に使われるようになったとする仮説が現在では支持されている。なお植物の葉緑体もまた細胞内共生によって獲得されたバクテリア起源のオルガネラであるが，この葉緑体の分裂においてもFtsZとダイナミンが関わっていることが並行して明らかにされており，細胞内共生オルガネラの制御において真核生物は同じ戦略をとったといえる。

技術解説

1 遠心分画法

　細胞を破砕して遠心機にかけると沈降速度の差によって核，ミトコンドリア，リソソーム，膜成分などの細胞内小器官を分けることができる。細胞内小器官をできるだけ損傷させないで生理的活性を維持するためには，破砕条件や浸透圧，遠心などを最適化する必要がある。

　肝臓の例を示すと，0.25 Mのショ糖溶液に重量比1/10の刻んだ組織を加えてホモジナイザーで破砕し，まず600 G，10分の遠心をかける。沈殿は核分画とするが，核のほかに破砕の不十分な細胞断片などが含まれる。上清を5,000 G，10分，ついで8,000 G，10分の遠心にかけたときの沈殿物をそれぞれミトコンドリア画分およびリソソーム画分とするが，リソソーム画分の主成分はミトコンドリアで，他の画分と比べてリソソームが最も多く含まれる画分という意味である。

　上清をさらに100,000 G，60分の遠心にかけると，沈降物としてミクロソーム画分が得られる。粒子の沈降速度は大きさと比重に依存するが，各細胞内小器官や粒子は必ずしも大きさは均一ではなく，また異なる物体で沈降速度がほとんど変わらないこともあり，この遠心分画法で得られるのは粗精製物である。

　さらに高い精製物を得るには，密度勾配遠心が用いられる。密度勾配遠心は，遠心管の底に向かって連続的あるいは段階的に密度が高くなるように形成された密度勾配溶液の中で試料を遠心することで，各粒子を主にそれぞれの比重に従って溶媒中の層として分離できる。

2 ネガティブ染色法と低角度回転蒸着法

　微細な構造を高分解能で観察するには電子顕微鏡を用いるが，実は生体分子はほとんど電子線を散乱させないため，直接的には十分なコントラストは得られない。組織切片では重金属溶液による染色を行うが，分離精製した小器官，ウイルスや高分子などの微粒子に対しては，ネガティブ染色法やシャドウイング法，低角度回転蒸着法が行われる。

　ネガティブ染色法は，支持膜上に分散させた試料に酢酸ウランやリンタングステン酸などの重金属溶液をのせて，すぐに吸い取る。それによって試料粒子のまわりや，窪みに溶液を残して乾燥させ，電子顕微鏡下で影のような像を与える。

　シャドウイング法は，平面上にある試料に対して斜

め上から白金などの金属の真空蒸着を行う．蒸着の入射方向に直行する角度に近い面ほど厚く金属が蒸着され，その背後の領域には蒸着されないので，電顕下では一方向から光を当てたような立体的な像を与える．

　また蒸着を低い入射角度で行ないながら試料を平面上で回転させ，試料の周囲全体に金属を堆積させてコントラストを得るのが低角度回転蒸着法である．

●参考文献
1) Chinnery PF, Schon EA : Mitochondria. J Neurol Neurosurg Psychiatry 74 : 1188-1199, 2003.
2) Miyagishima S, et al : An evolutionary puzzle : chloroplast and mitochondrial division rings. Trens Plant Sci 9 : 432-438, 2003.
3) Pfnner N, Wiedemann N : Mitochondrial protein import : two membranes, three translocases. Current Opinion in Cell Biology 14 : 400-411, 2002.
4) 日本生化学会 編：新生化学実験講座1　タンパク質1　分離・精製・性質．東京化学同人，1997.
5) 医学・生物学電子顕微鏡技術研究会編：よくわかる電子顕微鏡技術．朝倉書店，1992.
6) 細胞の生と死を司るミトコンドリア．細胞工学 24(8)：804-807, 2005.

Ⅳ. ペルオキシソーム，色素顆粒，その他の顆粒成分

A ペルオキシソーム

ペルオキシソーム peroxisome は，初めミクロボディ microbody と呼ばれ，1954 年にマウス腎臓で，1956 年ラット肝臓で相次いで発見された。同じころ細胞分画法によって，ラット肝臓にカタラーゼ catalase，D-アミノ酸オキシダーゼ D-amino acid oxidase および尿酸オキシダーゼ urate oxidase を含むミトコンドリアとは異なる顆粒の存在が認められていた。1960 年初めにこの顆粒がミクロボディと同じものであることが確認された。de Duve らは，この顆粒をペルオキシソームと呼ぶことを提案した。一方，植物では，発芽後の子葉で脂肪から糖を生成する一群の酵素を含むオルガネラが発見され，グリオキシゾーム glyoxysome と名づけられた。このオルガネラはカタラーゼとオキシダーゼを含むのでペルオキシソームの一種とされた。

1970 年半ばまで，動物のペルオキシソームは腎臓と肝臓にのみ含まれると考えられていた。しかし，カタラーゼの過酸化活性 peroxidatic activity を特異的に染色する酵素組織化学的方法（アルカリ性ジアミノベンチジン alkaline diaminobenzidine：DAB）法が開発されて，あらゆる組織細胞にその存在が証明され，すべての真核細胞に普遍的に存在するオルガネラであることが確認された。

1 ペルオキシソームの形態

ペルオキシソームはアルカリ性 DAB 法によって可視化できる（図 3-10 a～c）。細胞当たりの数は組織や細胞によって変化する。電子顕微鏡でみると，ペルオキシソームは単一の膜に囲まれた顆粒である（図 3-10 d～f）。その形は，多くは球形であるが，腎臓では多角形のものもある。その大きさは，0.1～0.8 μm の間で，0.4 μm より大きいものは腎臓と肝臓にみられ，これより小さいものは消化管上皮，筋組織，神経組織などにみられる（図 3-10 e）。小型のペルオキシソームはひも状のものが多く，ときに細網構造を示すことがある。また，サルやヒトの腎臓には亜鈴型のペルオキシソームがみられる。膜は約 8.5 nm でリソソームのそれ（約 9 nm）より薄い。ペルオキシソーム膜の蛋白質組成は，他の細胞小器官の膜系の蛋白質組成と著しく異なる。また，ペルオキシソームの膜は脆く破れやすい。そのため，ホモジェナイズすると，多くのカタラーゼ活性が可溶性画分に出てくる。この脆さは固定後にも観察できる。固定した肝臓の小片を 2 日間 4℃の緩衝液に保存すると，多くのペルオキシソームに膜の部分的な崩壊が起こる。ペルオキシソームの基質には動物種や臓器によって，さまざまな構造が見られる。

1) ヌクレオイド，コア

多くの動物の肝ペルオキシソームにはヌクレオイド nucleoid またはコア core と呼ばれている結晶様の構造がみられる（図 3-10 d）。コアは Triton ×100 のような界面活性剤で処理しても溶解しない比較的強固な構造で，容易に分離できる（図 3-11 a）。分離されたコアは高い尿酸オキシダーゼ活性を示すので，この酵素を多く含むと考えられる。コアは尿酸オキシダーゼをもたないヒトの肝ペルオキシソームにもまれにみられる。植物では結晶様構造に加えて，非結晶様のコアが基質に存在するが，尿酸オキシダーゼがその成分とは限らない。酵母では，炭素源をメタノールにすると，結晶構造が基質に現れるが，それはメタノール・

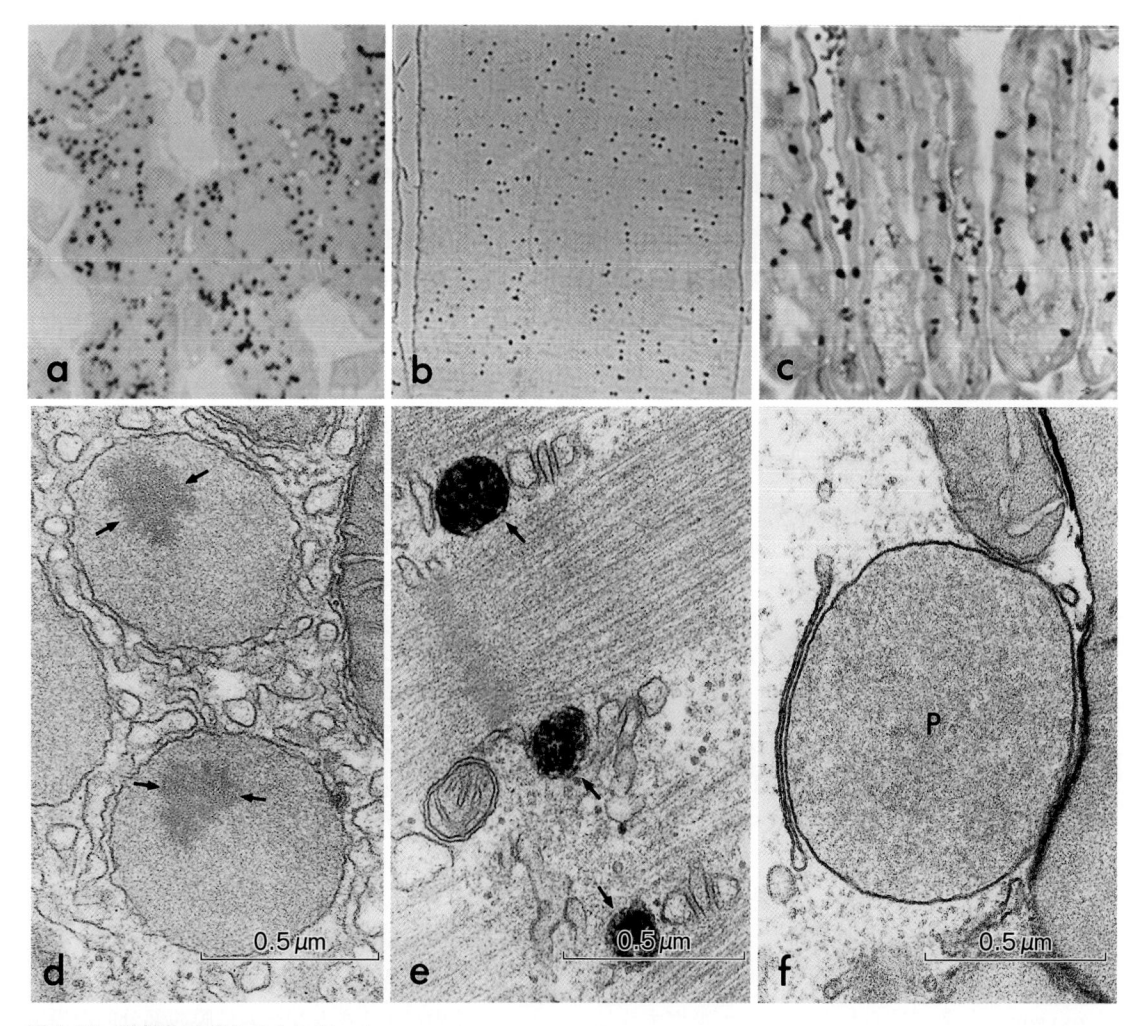

図 3-10 動植物のペルオキシソーム

　a〜c：光学顕微鏡像。アルカリ性 DAB 反応でペルオキシソームは黒く染まって，点状に見える。すべて 1,100 倍。a：ラット肝，b：ラットのヒラメ筋，c：カボチャの子葉。d〜f：電子顕微鏡像。すべて 50,000 倍。d：ラット肝細胞，2 個のペルオキシソームが見える。その基質にはコアがある(→印)。e：ラットのヒラメ筋。DAB 反応でペルオキシソーム(→印)が黒く染まっている。f：カボチャ子葉。大きなペルオキシソーム(P)が 1 個みえる。

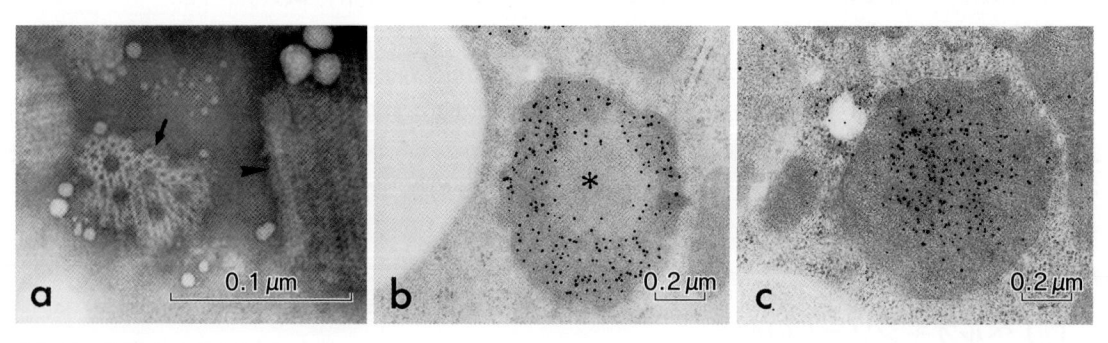

図 3-11 動物のペルオキシソーム

　a：分離したブタ肝ペルオキシソームのコア。リンタングステン酸でネガティブ染色してある。長い筒状の構造の断端(→印)と側面(矢尻)が見える。コアは球状の粒が規則正しく配列してできている(15 万倍)。b〜c：ラット腎ペルオキシソーム(ともに 34,000 倍)。b：プロテイン A-金法でカタラーゼを免疫標識してある。カタラーゼを示す金粒子はペルオキシソームの辺縁の基質にあって，中心明澄域(＊)にはない。c：D-アミノ酸オキシダーゼを同様に免疫標識してある。金粒子は中心明澄域に集中しており，辺縁部にはほとんどない。

オキシダーゼ methalnol oxidase の結晶と言われている。

2) 管状構造

ラット腎臓などのペルオキシソームにみられる細管構造で，微細な粒子がらせん状に並んで管の壁を作る。管腔は均質で特に構造はない。管状構造 tubular structure はペルオキシソーム膜に接して存在し，その並び方によって，ペルオキシソームの形態がさまざまに変化する。この構造にはいくつかの酵素が結びついている（図3-11 b）。

3) 線維状構造

この構造は動物に薬物を投与したときに現れる。たとえば，アスピリンをラットに投与すると，肝細胞のペルオキシソームが長楕円形に大型化して，その基質にこの線維状構造 fibrillar structure が多量に出現する。正常な動物には，ほとんどみられない。線維状構造の物質的な構成は明らかではないが，この構造に多数のペルオキシソーム酵素が結びついている。

4) 中心明澄域

これはラットの腎臓や肝臓のペルオキシソームに見られるもので，基質の中の電子密度が低く明るく見える領域である。この領域とほかの領域との間に明瞭な境界はない。試料をアクリル系樹脂に包埋すると，この領域はより明瞭にペルオキシソームのほぼ中央に見えてくる。中心明澄域 central clear region には D-アミノ酸オキシダーゼ D-aminoacid oxidase が分布するが，他の多くのペルオキシソーム酵素は検出されていない（図3-11 c）。

5) 辺縁板

この構造はペルオキシソーム膜の直下を裏打ちする電子密度の高い板状の構造である（図3-12 a）。ペルオキシソームは辺縁板 marginal plate の部分で扁平になる。辺縁板の数でペルオキシソームは三角錐や四角錐になる。辺縁板の構成物質は L-α-ヒドロキシ酸オキシダーゼ L-α-hydroxyacid

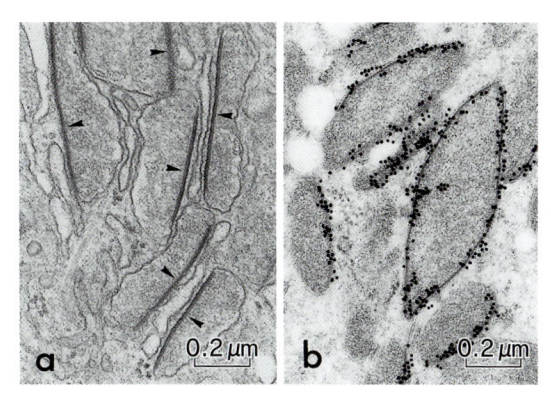

図3-12 サル腎ペルオキシソーム
a：通常電子顕微鏡像。辺縁板（矢尻）が見える（39,000倍）。
b：L α ヒドロキシ酸オキシダーゼを免疫標識してある。金粒子は辺縁板に一致している（36,000倍）。

oxidase である（図3-12 b）。辺縁板に相対する細胞質には多くの場合，滑面小胞体が狭い空隙を置いて接している。サルの腎臓にみられる亜鈴型ペルオキシソームの二つのふくらみをつなぐ軸部分にもこの酵素が分布する。

2　ペルオキシソームの機能

植物のペルオキシソームの機能は，発芽時に多数出現するグリオキシソームの研究により動物より早く明らかにされた。動物ペルオキシソームの機能に関する研究は，1976年に脂肪酸のβ-酸化系 β-oxidation system がラットの肝ペルオキシソームに発見されて以後，急速に進んだ。ペルオキシソーム欠損症（Zellweger 症候群）患者の細胞の酵素と代謝物質の分析はペルオキシソームの機能の研究をさらに前進させた。今日知られているペルオキシソームの機能には呼吸，アルコール代謝，長鎖脂肪酸のβ酸化，ジカルボン酸 dicarboxy acid の酸化，胆汁酸 bile acid の生成，プロスタグランジン prostaglandin の代謝，生体外物質 xenobiotics の代謝，プラズマローゲン plasmalogen の合成，コレステロール cholesterol の合成，グリオキシル酸 glyoxylic acid の代謝，プリン purine の代謝，アミノ酸代謝，ピペコリン酸 pipecolic acid の代謝などがある。

最近，分離精製されたラット肝ペルオキシソームのプロテオーム分析が行われ，65種の蛋白質

表3-2 ペルオキシソームに含まれる酵素

catalase
L-α-hydroxyacid oxidase
D-amino acid oxidase
urate oxidase
acyl-CoA oxidase
sarcosine oxidase
trihydroxycoprostanoyl-CoA oxidase
pristanoyl-CoA oxidase
enoyl-CoA hydratase, 3-hydroxyacyl-CoA dehydrogenase
3-keto-acyl-CoA thiolase
Δ3,Δ2-trans-enoyl-CoA isomerase
D-β-hydroxyacyl-CoA epimerase
carnitine octanoyltransferase
carnitine acetyltransferase
isocitrate dehydrogenase
alanine : glyoxylate aminotransferase
pipecolic acid oxidase
polyamine oxidase
aldehyde dehydrogenase
acetaldehyde dehydrogenase
epoxide hydrolase
Cu, Zn-superoxide dismutase
aspartate oxidase
dihydroxyacetone phosphate acetyltransferase
acetyl/alkyl-dihydroxyacetone phosphate reductase
enzymes of cholesterol synthesis
enzymes of dolichol synthesis
enzymes of phytanic acid oxidation
luciferase
3-hydroxy-3methylglutaryl-CoAreductase
Lon protease

が検出された。これまでにペルオキシソームに見つかっていて、分析でもれているものを加えると75種類になる。また、この中で他の細胞内区画にも共存するものは、3種（ミトコンドリア）、6種（小胞体）、11種（細胞内膜系）である。これらの結果はペルオキシソームが単独で機能するだけでなく、他の細胞区画と共同してその機能を果たしていることを示唆している。ペルオキシソームの酵素の代表的なものを表3-2に示す。

1) 呼吸とアルコール代謝

ペルオキシソームはいくつかのオキシダーゼとカタラーゼを含む。オキシダーゼは分子状の酸素を使って基質となる特定の有機化合物(R)から水素原子を奪う酸化反応を行い、下に示すように過酸化水素(H_2O_2)を生じる。このことからペルオキシソームという名称がつけられた。

$$RH_2 + O_2 \rightarrow R + H_2O_2$$

カタラーゼはこの H_2O_2 を用いてアルコール、フェノール類、ギ酸、亜硝酸、ホルムアルデヒドなどを下記のような過酸化反応によって酸化する。

$$H_2O_2 + R'H_2 \rightarrow R' + 2H_2O$$

このように、ペルオキシソームではさまざまな代謝中間体から電子を受け取り、酸素に供与して水を生成するという呼吸が行われていると考えられる。摂取されたエタノールのほぼ半分がこの反応により、腎臓や肝臓でアセトアルデヒドに酸化されると言われている。この呼吸には酸化的リン酸化によるATPの産生系が共役しておらず、ミトコンドリアの呼吸に比べて効率がきわめて低いので、進化的にミトコンドリアより早く出現した原始呼吸ではないかと言われている。さらに細胞内に蓄積した過剰な H_2O_2 はカタラーゼが水に変換する。

$$2H_2O_2 \rightarrow 2H_2O + O_2$$

2) 長鎖脂肪酸のβ酸化

脂肪酸のβ酸化は長い間ミトコンドリアで行われると考えられていた。しかし、分離したペルオキシソーム分画にシアン非感受性脂肪酸酸化活性が見つかり、その活性は増殖したペルオキシソームでは著しく増加することが明らかとなった。このβ酸化系はアシル-CoA オキシダーゼ acyl-CoA oxidase で始まる反応で、電子伝達系阻害剤のシアンで阻害されない。一方、ミトコンドリアのβ酸化系は初発反応が電子伝達フラビン蛋白質を介して電子伝達系と共役するアシル-CoA デヒドロゲナーゼ acyl-CoA dehydrogenase で始まるため、シアンで阻害される。炭素鎖長18以下の脂肪酸は両方のβ酸化系の基質になりうるが、炭素鎖長22以上の極長鎖脂肪酸はペルオキシソームのβ酸化系で酸化される。その他のβ酸化系の酵素もミトコンドリアとペルオキシソームでは異なる。

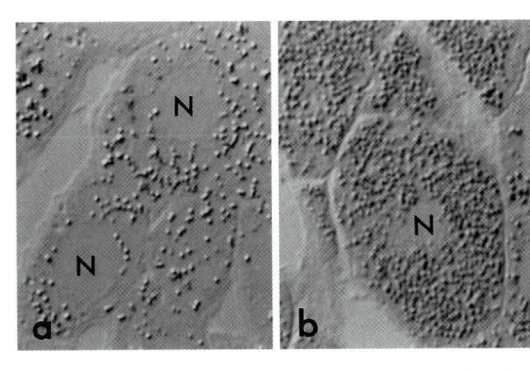

図 3-13 DAB 染色したペルオキシソームのノマルスキ光学顕微鏡像(980 倍)
　a：正常ラット肝細胞。浮き出したように見える顆粒がペルオキシソーム。b：ペルオキシソーム増殖剤 di-(2-ethylhexyl)phthalate を 2 週間投与したラット肝。細胞質に無数のペルオキシソームが充満している。細胞は 1.6 倍になっている。N：核。

3　ペルオキシソームの増殖，形成と分解

1) ペルオキシソームの増殖

　ペルオキシソームの性質の中で早くから研究者の興味を引いてきたのは，その増殖が誘導されることである。増殖誘導はいくつかの脂質低下剤やある種の薬物の投与および動物を特定の生理的条件下に置くことによって起こる(図3-13)。また，この増殖は組織特異性がある。薬物による増殖は肝臓でみられ，飢餓や実験的糖尿病による増殖は筋組織で顕著である。増殖の度合いは，投与する薬物，動物種，性によって異なる。効果をもつ薬物の間にとくに構造的な類似性はない。

　ペルオキシソーム増殖による生化学的な特徴は，β-酸化系酵素群の著しい増加(約 20 倍)である。一方，カタラーゼは 2 倍程度にしか増加しない。

　ペルオキシソーム増殖の機構は明らかではないが，増殖剤がペルオキシソーム増殖活性化受容体 peroxisome proliferator activated receptor(PPAR)に結合し，この複合体が DNA の応答配列 AGGTCA を認識することにより，酵素合成のシグナルになるという説がある。アシル-CoA オキシダーゼ遺伝子の上流にあるプロモータ領域にはこのモチーフがある。

2) ペルオキシソームの形成

　ペルオキシソームは発見されると，その形成が問題になった。さまざまな説が提唱されたが，1970 年半ばまで，形態学的研究から小胞体由来説と既存のペルオキシソームからの出芽説が主流であった。しかし，ペルオキシソームに含まれる酵素の合成とペルオキシソームへの輸送の研究が進むにつれて，小胞体由来説は表舞台から消えていった。

　ペルオキシソームは固有の DNA を含まず，その蛋白質はすべて細胞核の遺伝子にコードされている。ペルオキシソームの蛋白質は遊離のリボソームで合成され，細胞質を経てペルオキシソームに移行する。この膜移行にはペルオキシソーム標的シグナル peroxisomal targeting signal(PTS)と呼ばれるアミノ酸配列が必要である。それには PTS1 と PTS2 が知られている。

　PTS1 は多くのペルオキシソーム酵素の C-末端に見られる 3 個のアミノ酸からなる配列(SKL コンセサス)で，酵素がペルオキシソームに移行した後も切り離されることはない。一方，PTS2 は N-末端にある RLX_5H/QL 配列で，哺乳動物のペルオキシソーム・チオラーゼなどに存在する。移行後切り離されるものと，そうでないものがある。

　これらのシグナル配列は細胞質にある受容体によって認識され，蛋白質をペルオキシソーム膜に導く。PTS1 シグナルは Pex5p 受容体，PTS2 シグナルは Pex7p と結合する。受容体と結合して運ばれた蛋白質をペルオキシソーム内に移行する膜の装置の全容は明らかにされていない。

　このようにペルオキシソームの酵素は小胞体を経ずに直接細胞質からペルオキシソームに入るので，既存のものから出芽して新しいペルオキシソームができるとする自己増殖説が受け入れられてきた。しかし，最近，ペルオキシソーム形成因子(Pex)が酵母や動物細胞で次々に発見された。これらの因子の遺伝子がペルオキシソーム欠損細胞株に導入されると，ペルオキシソームの形成が起こる。酵母では少なくとも 23 個の Pex 遺伝子の関与が知られている。

表 3-3 ペルオキシソーム疾患の分類

●一般的疾患
Zellweger 症候群
小児型レフサム病
新生児型 adrenoleukodystrophy
Hyperpipecolic acidaemia

●単一酵素欠陥
X-linked adrenoleukodystrophy
脂肪酸-アシル-CoA オキシダーゼ異常
二機能酵素異常
チオラーゼ異常
無カタラーゼ症
グルタリル酸-CoA オキシダーゼ異常
Primary hyperoxaluria type 1

●多数の生化学的欠陥
Rhizomelic chondrodysplasia punctata

最近の出芽酵母の研究によると，Pex3 は小胞体から出芽する小胞に現れ，その出芽には Pex19 が関わることが示された。また培養樹状細胞でも，小胞体に特殊なラメラ突起が現れ，そこからペルオキシソームが形成されることが示された。このように小胞体由来説がにわかに復活しつつある。

Side Memo　ペロキシン peroxin

ペロキシン（PEX）はペルオキシソーム形成に関与する因子（蛋白質）の総称で，現在，24 個同定されている。ペルオキシソーム蛋白質は細胞質の遊離リボソームで合成され，ペルオキシソームの膜や内部（基質）に運ばれるが，このペルオキシソーム蛋白質の移行に関わる蛋白質が PEX である。PEX には，ペルオキシソーム膜に結合しているもの，細胞質に存在するもの，ペルオキシソーム基質に存在するもの，ペルオキシソームを出入りするものがある。また，PEX のいくつかは相互作用してその機能を果たしている。ペルオキシソーム病の Zellweger syndrome は，PEX 1〜6, 10, 12, 16, 19, 26 の欠損や変異によって引き起こされる。このような多数の因子は進化の過程で，ペルオキシソームの形成と維持のために獲得されてきたと考えられるが，ペルオキシソームという区画がなく，ペルオキシソーム酵素が細胞質にあって生存し得る酵母がいることは，ペルオキシソームの膜の意味を謎にしている。

3）ペルオキシソーム疾患

1973 年に脳肝腎症候群 cerebrohepatorenal syndrome（Zellweger syndrome）の患者におけるペルオキシソームの欠損が発見されて以後，ペルオキシソームの異常による疾患の研究が急速に進んだ。今日少なくとも 14 のペルオキシソーム疾患が見つかっている。その発現率は 1 : 25,000 といわれる。

表 3-3 にその中の確証されているものをあげる。これらの疾患の中で Zellweger 症候群がもっとも重篤で生後 6 か月以内に死亡する。ペルオキシソーム病は 3 種に分類される。表 3-3 で 4 種の疾患が入る最初のグループでは，複数の酵素に異常があり，ペルオキシソームの欠損や形成異常を含む形態的な異常がみられる。7 種の疾患を含む第 2 のグループは単一の酵素や蛋白質に異常があるもので，基本的にペルオキシソームの形態や数は正常である。第 3 のグループは今のところ一つだけ見つかっているもので，複数の酵素に欠陥があるが，ペルオキシソームの形態には異常がない。酵素や蛋白質の異常には，そのプロセッシングに異常がある場合がある。ペルオキシソーム病の研究によってペルオキシソームの生理的機能の解明が飛躍的に進んだ。

4）ペルオキシソームの分解

ペルオキシソームの蛋白質はそれぞれ異なる半減期をもつ。細胞の個々の蛋白質の選択的な分解はユビキチン ubiquitin 系蛋白質分解によって遂行されると考えられている。おそらくペルオキシソームの蛋白質もその例外ではないと思われるが，その証拠はない。オルガネラ全体の分解は自食作用によるとされるが，これはペルオキシソームの蛋白質の多様な半減期から考えて，正常な状態では少ないと考えられる。

しかし，薬物によって増殖したペルオキシソームは，主に自食作用によって分解される。一方，哺乳動物の赤血球の形成過程では，すべての細胞小器官が除去されるが，このとき 15-lipoxygenase という脂質酸化酵素が小器官膜を破壊し，漏出した内容物は細胞質の蛋白分解系で分解される。この酵素がペルオキシソームの分解に関与する可能性も示されている。

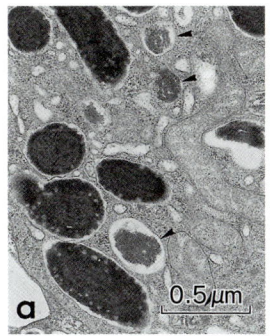

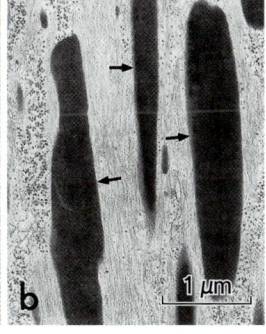

図 3-14　ヒトの毛根の黒色素胞とケラチノサイトの電子顕微鏡像

a：黒色素胞。黒い成熟したメラニン顆粒と未成熟の顆粒（矢尻）が見える（21,000倍）。b：ケラチノサイト。取り込まれたメラニンが，集合して大きな顆粒を作っている（17,000倍）。

B 色素顆粒

変温脊椎動物の色素胞（細胞）が産生する色素顆粒には，黒色素胞 melanophore のメラニン melanin 顆粒，黄色胞 xanthophore（赤色胞 erythrophore）のプテリン顆粒およびカロテノイド小胞，虹色素胞 iridophore のプリンを含む反射小板がある。前者の顆粒はホルモンや神経の作用により細胞内で拡散・凝集し，体色を変化させる。この動きには微小管が関与する。定温脊椎動物にはメラニンを産生する色素細胞しかない（図 3-14 a）。

メラニンはこの色素細胞（メラニン細胞 melanocyte）のメラニン顆粒 melanosome の中で作られ，貯蔵される。メラニン顆粒はエンドソームやリソソームの特殊なものと考えられている。紫外線などの刺激でメラニン顆粒は長く伸びた樹状突起の尖端に移動する。この移動には，Rab27a，ミオシン-Va，メラノフィリン melanophilin などが関与する。最終的に，メラニン顆粒はケラチノサイト keratinocyte に移行する（図 3-14 b）。この移行の過程にはなお不明なところ多いが，次のように考えられている。ケラチノサイトがメラニン細胞の一部と一緒にメラニン顆粒を取り込み，二次リソソームで余分な部分を消化し，メラニンだけがそこに留まる。

C その他の顆粒成分

その他の顆粒成分は大きく分泌顆粒と二次リソソームに入る顆粒に分けられる。前者は調節性分泌を行う細胞では，分泌刺激を受けるまで細胞質に蓄積する。構成的分泌を行う細胞では，分泌顆粒はあまり目立たない。

後者には顆粒白血球に見られる特殊顆粒やリポフスチン顆粒がある。リポフスチンは独特の色や蛍光をもち，酸性水解酵素を含む顆粒で，正常あるいは病的生物で特徴的な分布を示す。リポフスチンは筋，神経，ステロイド-産生細胞のような分裂のない細胞にとくに蓄積する。蓄積は多くの場合，加齢と関係するが，副腎皮質では年齢に関係なくリポフスチンの蓄積がある。老化や病理的な状態では，組織や細胞には蓄積物が作る顆粒が現れる。それらにはユビキチンが結合していることが多い。たとえば，さまざまな中枢神経疾患で蓄積する神経細線維の集塊には，ユビキチンが結合している。

●参考文献
● ペルオキシソーム
1) de Duve C, Baudhuin P : Peroxisomes (Microbodies and related particles). Physiol Rev 46 : 323-357, 1966.
2) Fagarasanu A, et al : Maintaining peroxisome populations : A story of division and inheritance. Ann Rev Cell Dev Biol 23 : 321-344, 2007.
3) Hashimoto T : Individual peroxisomal β-oxidation enzymes. Ann NY Acad Sci 386 : 5-12, 1982.
4) Hoepfner D, et al : Contribution of the endoplasmic reticulum to peroxisome formation. Cell 122 : 85-95, 2005.
5) Kikuchi M, et al : Proteomic analysis of rat liver peroxisome. Presence of peroxisome-specific isozyme of Lon protease. J Biol Chem 279 : 421-428, 2004.
6) Masters C, Crane D : The peroxisome : A vital organelle. Cambridge University Press, Cambridge, 1995.
7) Purdue PE, Lazarow PB : Peroxisome biogenesis. Ann Rev Cell Dev Biol 17 : 701-752, 2001.
8) Tolbert NE : Metabolic pathway in peroxisomes and glyoxisomes. Ann Rev Biochem 61 : 133-157, 1981.
9) Van den Bosch H, et al : Biochemistry of peroxisomes. Ann Rev Biochem 61 : 157-197, 1992.
10) Yokota S : Degradation of normal and proliferated peroxisomes in rat hepatocytes : Regulation of peroxisomes quantity in cells. Microsc Res Tech 61 : 151-

● 色素顆粒
1) Boissy RE : Melanosome transfer to and translocation in the keratinocyte. Exp Dermatol 12 (Suppl 2) : 5-12, 2003.
2) Dell'Angelica EC, et al : Lyssosome-related organelles. FASEB J 14 : 1265-1278, 2000.
3) Maniak M : Organelle transport : A park-and-ride. Dispatch system for melanosomes. Current Biol 13 : R917-R919, 2003.
4) Okazaki K, et al : Transfer mechanism of melanosomes in epidermal cell culture. J Invest Dermatol 67 : 541-547, 1976.
5) Orlow SJ : Melanosomes are specialized members of the lysosomal lineage of organelles. J Invest Dermatol 105 : 3-7, 1995.
6) Raposo G, et al : Distinct protein sorting and localization to premelanosomes, melanosomes, and lysosomes in pigmented melanocytic cells. J Cell Biol 152 : 809-823, 2001.

● その他の顆粒成分
1) Frost SK, et al : A biochemical and structural analysis of chromatophores in wild-type axolotls. J Embyol exp Morph 81 : 105-125, 1984.
2) Kopito RR : Aggresomes, inclusion bodies and protein aggregation. Trends Cell Biol 10 : 524-530, 2000.
3) Mann DMA, Yates PO : Lipoprotein pigments-their relationship to aging in the human nervous system. I. Lipofuscin content of nerve cells. Brain 97 : 481-488, 1974.
4) Rohrich ST, Rubin RW : Biochemical characterization of crystals from the dermal iridophores of a cameleon Anolis carolinensis. J Cell Biol 66 : 635-645, 1975.

第4章
細胞と外界

Ⅰ．生体膜　76
Ⅱ．細胞膜蛋白質　85
Ⅲ．細胞膜の透過性と物質輸送　90

● **本章を学ぶ意義**

　細胞を生命の基本単位として成り立たせている構造基盤は，外界と細胞内の生命活動とを境界する細胞膜である。細胞膜は構造的な隔壁境界としてだけでなく，細胞と外界との交流界面として機能し，必要な物質や情報を細胞内へ受容し，細胞の産生物や機能物質を外部へ排出する。このような細胞膜の働きにより，細胞の機能と内部環境の恒常性が保たれている。さらに同様な隔壁構造による膜区画が細胞内にも存在し，これら細胞を構成する隔膜構造を合わせて生体膜と呼んでいる。

　本章では，生体膜の基本的な構成・構造である脂質二重膜の特性を学習し，その機能活性を担う膜蛋白質や，糖鎖の存在様態と細胞活動における広範な役割について，理解を深める。

I. 生体膜

細胞の表面や内部は，生体膜 biomembrane によって仕切られている。生体膜は極性脂質分子の二重層を基本構造として，さまざまな膜蛋白質や糖鎖を含んだ膜構造である。

A 生体膜のモデル

1 脂質2分子層モデル lipid bilayer model

DanielliとDavson(1935)は，それまでに判明した生体膜を構成する脂質と蛋白質の性質から，表面張力が低くなるのは蛋白質が脂質膜に吸着しているためだと考え，脂質の2分子ミセル層構造を基本とし，その両側に球状の蛋白質が結合した細胞膜の分子模型を提唱した(図4-1)。しかしこの仮説では親水性物質の膜透過機構を説明しにくいこと，膜表面の蛋白質によって脂質の極性(親水性)基が覆われて水と接しないため，不安定で存在しにくい構造であるなどの難点があった。

2 単位膜仮説 unit membrane theory

電子顕微鏡で実際に観察してみると，細胞の表面には暗明暗の三層からなる厚さ6.5〜10 nmほどの膜が存在し，完全に切れ目なく細胞を覆っていることが明らかになった(図4-2)。これは形質膜 plasma membrane(細胞膜 cell membrane)と呼ばれ，細胞表面隔壁の構造実体と考えられた。さらに電顕観察によって，表面膜だけでなく，細胞内の微細な構造体にも基本的に同様の三層からなる膜構造に囲まれた小器官が数多く認められた。

1960年アメリカのRobertsonは，神経のミエリン膜の電子顕微鏡像とX線回折像から，リン脂質2分子ミセル層の両側にシート状に蛋白質層が付着し，さらに表層には糖類も存在するとして，脂質2分子層モデルに類似した膜構造仮説を提唱

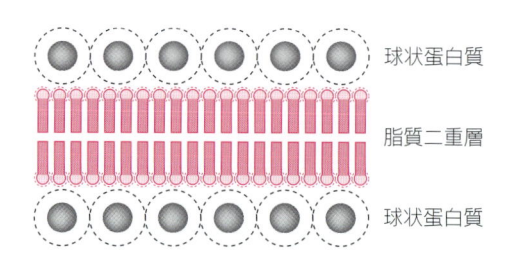

図4-1 ダニエリ-ダブソンの膜モデル

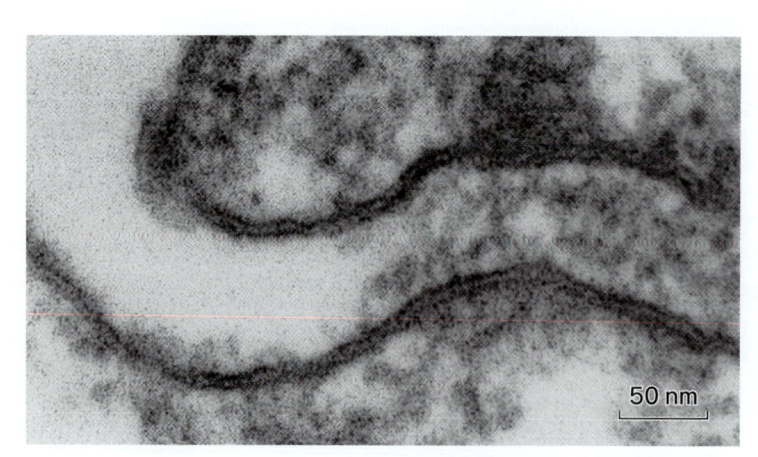

図4-2 超薄切片を作り，透過型電子顕微鏡でみた形質膜
向かい合った二つの細胞の形質膜のおのおので黒白黒の三層構造がみられる(×250,000)。

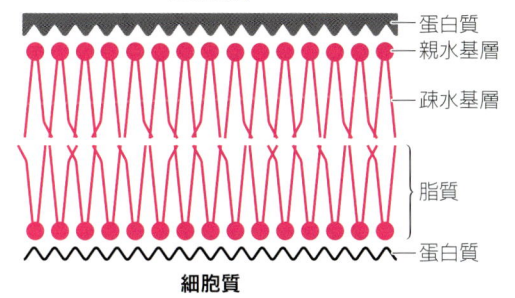

図 4-3　ロバートソンの膜モデル

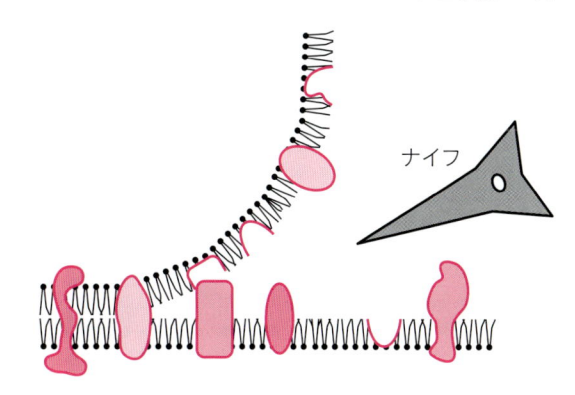

図 4-4　フリーズフラクチャー法
生体膜の割断面を観察できる。

Side Memo　生体膜の歴史

　地球上の生命体の基本単位として細胞と名づけられた外部から隔壁によって仕切られた小区画があり，さらにその中に核を初めとするいくつもの内部構造物が存在することは，17世紀頃から知られていた。それらの構造の実体である生体膜を見るには，電子顕微鏡での観察を待つ必要があった。電子顕微鏡が観察に用いられるようになった1940年代以降，生体膜の概念は急速に確立されていった。
　これ以前から外界との隔壁は想定されてはいたが，光学顕微鏡の分解能ではその構造実体は明らかにできなかった。一方で細胞の膜成分の性状を示唆する興味深い観察が重ねられていた。Overton (1895) は脂溶性分子ほど細胞内によく取り込まれることから，細胞の表面は脂溶性物質が溶け込む油状物質からなると考えた。ついで，Langmuir (1917) は，ステアリン酸など両親媒性の脂質液を水面上に落とすと，親水基を水中に疎水基を表面に向けた単分子膜となって水面に広がることを発見した。単分子膜の面積と分子数から，分子断面積が計算できる。
　Gorter と Grendel (1925) は，赤血球膜の脂質を抽出し，単分子膜にして面積を測ると，顕微鏡で測った赤血球の表面積の約2倍となることから，赤血球膜は連続した脂質単分子膜が二重になっていると考えた（その後の検証では，この実験は二つの誤差が相殺されて，面積比としては偶然正しい値を得たものであり，今の知識でみると膜蛋白質が占める面積が完全に無視されている。彼らは，赤血球の脂質を70〜80％しか抽出しておらず，また赤血球膜面積を過小に測定していた）。
　他方，細胞膜の表面張力の測定から，脂質分子だけの合成膜に比べて生体膜の測定値は常に低くなることが知られ，脂質のほかに蛋白質が生体膜の性質に大きく関与すると考えられるようになった。

した（図4-3）。さらに彼は，すべての生体膜は基本的には同じ構造をもった連続した膜系であると考えた。これを単位膜仮説 unit membrane theory と呼ぶ。このモデルでは，電子顕微鏡でみえる三層構造像の明るい中間層は脂質2分子層の炭化水素鎖による疎水性領域であり，両側の暗い黒線層は脂質の親水性基と蛋白質とに相当すると解釈した。

3　流動モザイクモデル fluid mosaic model

　1960年代後半になって，生体膜中の蛋白質は球状であり，膜を貫通するものもあることがわかった。その一つの証拠は，1966年にアメリカの Branton らがフリーズフラクチャー法によって，生体膜の内部を直接電子顕微鏡で観察した結果から得られた。
　2種類の細胞をセンダイウイルスとともに混合

技術解説

フリーズフラクチャー法 freeze-fracture

　細胞を液体窒素（−196℃）などで凍結し，外力を加えて割ると，生体膜脂質二重層の中間疎水層に沿って割れ目が入りやすい（図4-4）。この膜内部割断面に白金 (Pt) を真空蒸着し，そのレプリカ膜を電顕観察すると，生体膜脂質二重層の細胞質側の半面（P面という）と，外側の半面（E面という）の微細構造が平面像として観察できる（図4-5）。この両面には常に直径5〜10 nmの粒子が多数存在し，これが蛋白質分子またはその集合体であることが判明した。すなわち，これらの細胞膜の蛋白質は球状で，膜の中に深く入り込んでいた。このように，フリーズフラクチャー法（凍結割断法）は生体膜の微細構造研究に有力な手段となっている。凍結割断した後，さらに真空中で温度を上げて細胞内の水分を昇華除去した後，レプリカ膜を作るディープエッチング deep-etching 法によって，生体膜の真表面の構造や細胞内外の微細な線維分子や蛋白質などが立体的に電子顕微鏡観察できる。

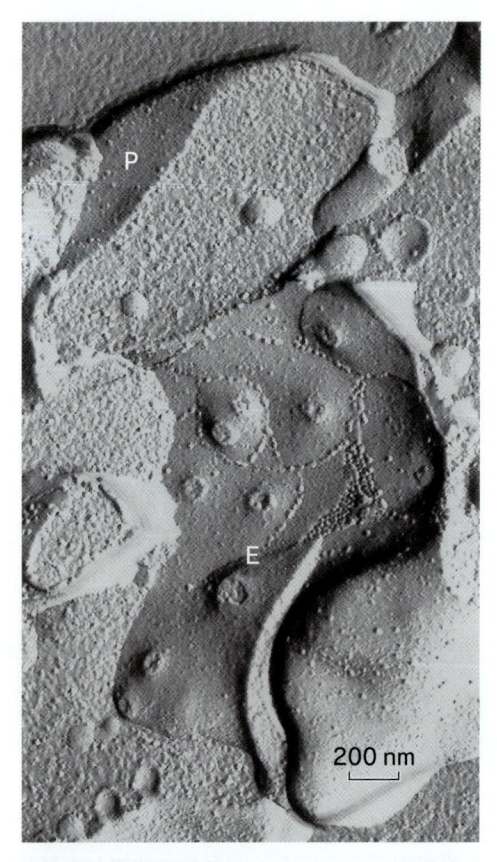

図4-5 フリーズフラクチャー法による血管内皮の膜構造
P面(P)とE面(E)に膜粒子や結合構造がある。

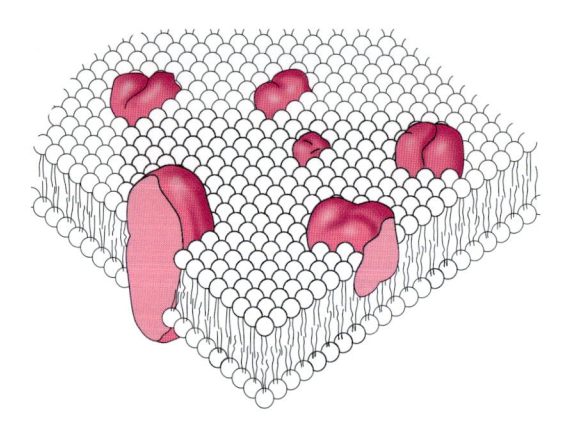

図4-6 シンガーとニコルソンの流動モザイクモデル
(Singer & Nicolson : The fluid mosaic model of the structure of cell membranes. Science 175 : 723, 1972 より)

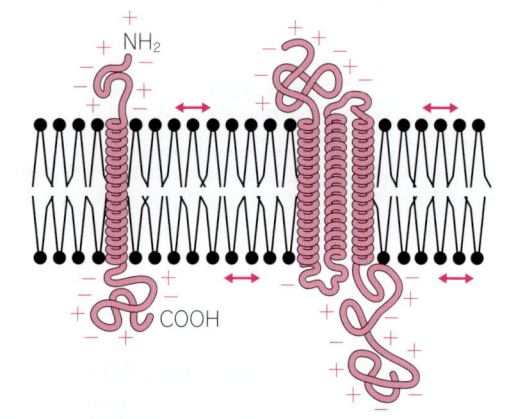

図4-7 流動モザイクモデル

すると細胞は融合して一つになる。すなわち，細胞融合が行われ2核の細胞ができる。このようなセンダイウイルスによる膜の融合現象は，1953年に大阪大の岡田善雄によって発見された。1970年にFryeとEdidinは，ヒト由来とマウス由来の細胞で，それぞれの表面にある蛋白質を別々の蛍光色素で標識した後に融合させてみた。その結果，融合直後はそれぞれの細胞表面に別々の色素が見えていたが，次第に蛍光が混ざり始め，40分後には完全に混合してしまうことを見出した。このことは，蛍光色素で標識した細胞膜表面の蛋白質が，膜内を拡散していくこと，つまり生体膜には二次元平面上での流動性があり，膜蛋白質は膜面内を動き回ることを示している。

1972年，SingerとNicolsonは，それまでに判明した細胞融合法などによる生体膜の性質と電子顕微鏡やX線回折，スピンラベルなどによる構造解析の蓄積などを総合的に考察して，流動モザイクモデルと呼ぶ生体膜の分子模型を提唱した（**図4-6**）。このモデルでは，流動状態にある脂質分子の二重層構造の膜中に，球状の膜蛋白質が割り込んで氷山のように動き回っている。蛋白質はその疎水性領域が脂質二重層内部の疎水性部分と接し，親水性領域は表面の水相と接している（**図4-7**）。このモデルによって，生体膜の動的な流動性や多様なモザイク構成など，従来の膜モデルでは説明が困難であった生体膜のさまざまな特性がきわめて明快に理解できるようになった。この流動モザイクモデルは，現在でも最も有用な生体膜の基本的構造モデルとみなされている。

オリジナルの流動モザイクモデルでは，膜蛋白質は膜面を自由に拡散して二次元的に動き回るとされた．しかし，レーザー照射によって部分的に消褪させた膜蛋白蛍光標識の回復経過の追跡や，単一膜蛋白粒子の膜上での軌跡の解析などの最近の研究結果から，細胞表面形質膜にある膜蛋白質の多くは細胞内骨格線維と結合して固定されていたり，膜裏打ち構造の柵囲い membrane-skeleton fence によって比較的狭い領域に閉じ込められた状態にあると考えられている．

一方，膜脂質も膜上に一様に分布するのではなく，一部のコレステロールや糖脂質などは小さな集合を作っているらしい．このような脂質の集合体は，膜上に微小ドメインを形成する．これらは，水上に浮かぶ筏にたとえられて**ラフト** rafts とも呼ばれる．このラフトには，さらに特定の膜蛋白質も集まってきて，細胞表面の分子集合体をなし，さまざまな膜の活動に関与していると考えられている．

B 生体膜の構成

生体膜の主要な構成分子は，極性脂質と蛋白質であり，これに少量の糖質が細胞膜表面（E 面）側に存在する．その構成比は生体膜の種類によってかなり異なる（表 4-1）．

1 極性脂質

極性脂質 polar lipid は，同一分子のうちに，水になじむ親水性の領域と水と溶け合わない疎水性の領域をもつ脂質であり，両親媒性 amphipathic の性質をもっている．この特徴は生体膜を構成するのにきわめて都合がよい．つまり細胞の 80〜90％は水からなっているので，生体膜が完全に親水性だと水に溶けてしまう．逆に疎水性の分子は水中で集まって疎水性結合を作る性質がある．隔壁としては水になじむと同時に，水に溶け合わない疎水性部分もあることが必要であろう．極性脂質はほぼ生体膜にしか見られず，これを含むということが生体膜のもっと基本的な特性であると考えられる．膜に含まれる両親媒性脂質

表 4-1　おもな生体膜の構成分子の比率（％）

	蛋白質	脂質	糖質	蛋白/脂質比
ミエリン膜	18	79	3	0.23
形質膜				
マウス肝細胞膜	45	53	2〜4	0.85
ラット肝細胞膜	54	40	5〜10	1.4
ヒト赤血球膜	49	43	8	1.1
ミトコンドリア膜				
外膜	52	48	2〜4	1.1
内膜	75	23	1〜2	3.2
筋小胞体膜	67	33	—	2.0
核膜	73	21	—	3.5

の主要なものは，リン脂質，コレステロール，糖脂質であり，これらの量比は膜の種類によって異なっている（図 4-8）．

1）リン脂質

膜のリン脂質 phospholipids は，グリセロールを基本骨格とするグリセロリン脂質のほか，スフィンゴミエリンなど長鎖アミノアルコールを骨格にもつスフィンゴリン脂質の二つに分けられる．

① グリセロリン脂質

グリセロール-3-リン酸の 1，2 位の水酸基に 2 本の長鎖脂肪酸がエステル結合してアシル化されたジアシルグリセロール diacylglycerol の形が基本となる．3 位の水酸基がリン酸化されただけのものを，ホスファチジン酸と呼ぶ．膜のリン脂質では，脂肪酸の炭化水素鎖は普通 C（炭素）が 13 から 23 個のもので，第 1 位 C には飽和脂肪酸が多く，第 2 位 C には通常シス不飽和脂肪酸があり，非極性の尾部に二重結合の小さなねじれを生じて膜の流動性に影響を与えている．この 2 本の炭化水素鎖が疎水性の尾部を形成する．3 の位置のリン酸基には，コリン，エタノールアミン，セリンなどが結合して親水性の頭部となる．それぞれ残基の種類によりホスファチジルコリン phosphatidylcholine（PC：レシチンとも呼ぶ），ホスファチジルエタノールアミン phosphatidylethanolamine（PE：ケファリンとも呼ぶ），ホスファチジルセリン phosphatidylserine（PS）などに分類できる．このほかに，ホスファチジルイノシトール phosphatidylinositol（PI）や，ミトコンド

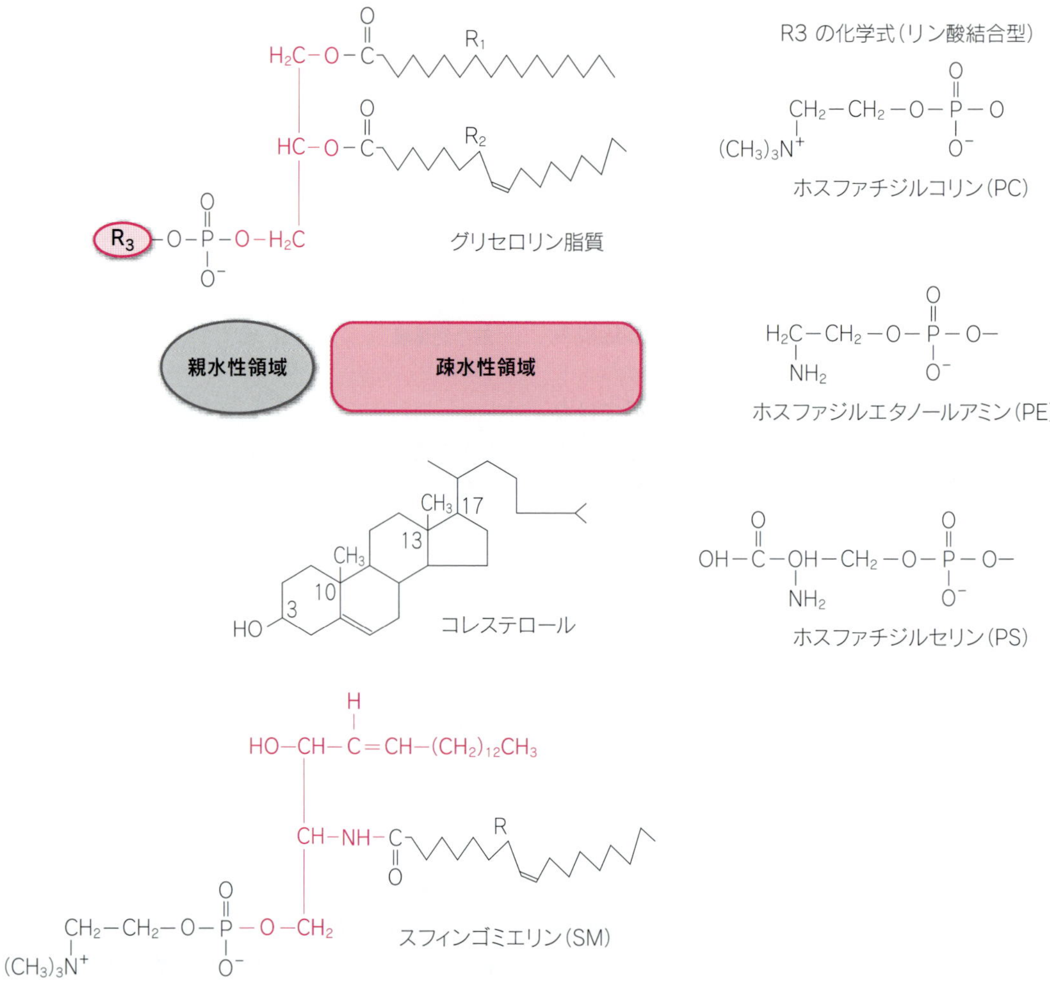

図4-8 生体膜を構成する主な極性脂質
 R3の化学式は右上図参照。赤字部分は，グリセロールとスフィンゴシンの基本骨格部分を示す。

リア内膜に多いカルジオリピン cardiolipin などがある。

② スフィンゴリン脂質

　スフィンゴシン sphingosine と呼ぶ長鎖アミノアルコールを基本骨格として，そのアミノ基に長鎖脂肪酸がアシル結合し，やはり分子中に2本の長い疎水性の尾部をもっている。これをセラミド ceramide（N-アシルスフィンゴシン）とも呼ぶ。スフィンゴミエリン sphingomyelin（SM）がその代表で，水酸基の一つがホスホリルコリン phosphorylcholine とエステル結合している。セラミドはまたシアル酸などの糖鎖と結合して脳に多いガングリオシド ganglioside などのスフィンゴ糖脂質となるものもある。

2) コレステロール

　コレステロール cholesterol は，ステロイド骨格と炭化水素鎖の疎水性領域に加えて，親水性領域としてC3位に水酸基をもった両親媒性脂質である。その含量は膜によって著しく異なり，赤血球膜や肝細胞膜には20〜30%と多く，ミトコンドリア内膜では3%以下である。膜内では，親水性の水酸基がリン脂質の極性基と，残りの大部分が長鎖脂肪酸と親和性をもった状態で，リン脂質の間に分散している。通常の液晶状態では，リン脂質分子の隙間を埋めて膜流動性を低下させ，膜

を固くする。逆に低温では密な結晶状態の配列を乱して流動性を高める。つまり膜の相状態により二様の効果を示す。

Side Memo　リポソーム

リン脂質など極性脂質の懸濁液を超音波処理すると，小体膜と同様な脂質膜の小胞を容易に作製できる。これをリポソーム liposome と呼び，人工脂質膜として生体膜の研究に用いられるほか，中に薬剤を詰め込み，表面に特定の標的細胞に飲み取り込まれるような標識処理を行って，目的とする場所だけに選択的に薬剤を輸送する方法 drug delivery system などに利用されている。

2　膜蛋白質　membrane protein

生体膜の蛋白質は，その存在様式により，膜内在性蛋白質，脂質アンカー型膜蛋白質，膜周辺蛋白質の三つに大別される（詳しくは次項）。これらの膜蛋白質は，膜輸送，シグナルの伝達などをはじめとして，多様な膜機能を担っている。

3　膜の糖質

生体膜に含まれる糖質は単独では存在せず，糖鎖として膜脂質や膜蛋白質と結合して糖脂質や糖蛋白質として存在している。糖鎖を構成する六炭糖類の多様な組合せに加えて，グリコシド結合の部位がさまざまで，分岐も頻繁に生じ，多彩な構造をとっている。糖脂質や糖蛋白質の糖鎖は，表面細胞膜の外面にのみ偏在して細胞表面に強い陰性荷電を与えている。ABO 血液型物質などは，この糖鎖部分に特異性が存在する。

糖脂質 glycolipid は，スフィンゴ脂質のセラミドに糖が結合したスフィンゴ糖脂質 glycosphingolipids：GSLs が主なもので，このうちシアル酸を含むオリゴ糖鎖が結合したガングリオシド ganglioside は脳に多く含まれる。これらは膜での含量は少ないが，結合特異性が高く膜表面の認識応答機構などに働く。たとえばコレラトキシン，ボツリヌストキシン，テタヌストキシンなどの細菌毒素は，それぞれ特異的なガングリオシドの糖配列を認識して結合し，急激な細胞機能の変動を引き起こす。

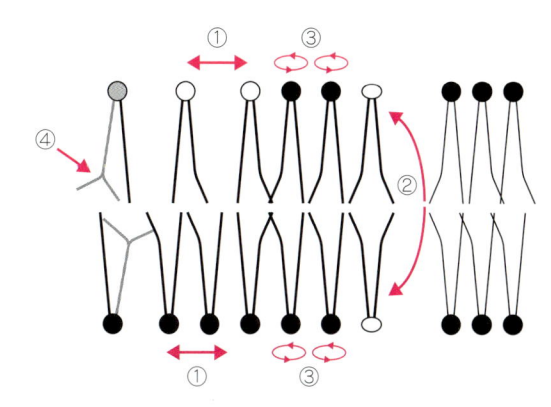

図 4-9　脂質二重膜の流動性
①：側方拡散，②：フリップフロップ，③：軸回転，
④：シストランス変換

C　生体膜の動態

脂質二重層は生体膜の基本的な構造であり，その物理化学的な性質は，膜の機能活動を理解するうえで重要である。

1　流動性

生体膜を構成する脂質や膜蛋白質は，拡散によって側面方向を二次元的に絶えず移動している（側方拡散）。また膜平面上での分子の垂直軸の回転運動（軸回転）もみられる（図 4-9）。生体膜の流動性は温度によって変動する。一般に低温ではゲル状態となって流動性が低いが，ある転移温度以上になると，急激に流動性が高くなる。転移温度は，リン脂質の脂肪酸が短く，また不飽和であるほど低くなる。リン脂質の不飽和脂肪酸にある二重結合は活発に屈曲運動（シストランス変換）を起こし，その量や飽和度によって膜脂質全体の流動性が変化し，膜の透過性や膜蛋白質の活性に影響を与える。細胞膜に多いコレステロールも流動性の調節に重要な役割を果たしている。

2　非対称性

脂質二重層の細胞質側とその反対側では，脂質の構成がかなり異なる。これは生体膜の表裏で膜脂質が反転する入れ替わり（フリップフロップ

flip-flop)が，通常ではきわめてまれなことを示している。つまり膜脂質が小胞体で合成されるときに，特定のリン脂質だけが膜転換酵素 flippase によりフリップフロップを受け，反対側に送られている。この選別の結果として膜の非対称性が生じてくる。この非対称膜配位によって，細胞質に接する膜の内層（P面）とその反対の外層（E面）とは，膜融合や分裂の前後で常に一定した配位を取り，E面は細胞内では小胞などの膜構造の内腔に面し細胞表面では外腔に面する。赤血球膜の外層には，ともにコリンを含むPCとSMが多く分布し，内層にはPE・PS・PIが局在している。とくにPS（ホスファチジルセリン）は陰性荷電をもつ膜脂質で細胞質側のみにあり，細胞膜が壊れてPSが外部に露出すると，大食細胞がこれを認識して貪食が起こる。

膜蛋白質も小胞体での合成時に内外の方向性が決められており，膜の中を反転することはない。また膜糖質で述べたように，糖脂質と糖蛋白質の糖鎖は，表面膜の外面のみにある。

3 膜融合と分裂

流動モザイクモデルの根拠の一つともなったように，二つの生体膜同士が融合して，膜脂質や膜蛋白質が相互に混合拡散することがある。この膜融合はセンダイウイルスや，ポリエチレングリコール，電気パルスなどにより，人工的に起こすこともできる。また逆に生体膜が引きちぎれて二つに分裂しても，シャボン玉のように断端がすぐ塞がれて別々の新たな膜区画を形成する。細胞内ではこの生体膜の分裂と融合によって，異なる膜小器官や小胞間での交流や輸送が行われ，小胞輸送 vesicular transport として生体膜機能の重要な特性の一つとなっている。

4 電気絶縁性

生体膜は主成分のリン脂質二重層の導電性が低いため電気絶縁性がある。また厚さ 8.5 nm ほどできわめて薄いので電気容量をもつ。さらに膜蛋白質の機能特異性によって，透過性の高いイオンとそうでないイオンとがある。このことから半透膜の性質を呈するので，Donnan の膜平衡が成り立ち，静止膜電位が生じている。有髄神経線維のミエリン（髄鞘）膜は，シュワン細胞やオリゴデンドログリア細胞の細胞膜が軸索のまわりを幾重にも巻き重なったもので絶縁性が高く，神経興奮の跳躍伝導を起こす。

D 生体膜の機能

生体膜は構成する脂質と蛋白質などの特性により，さまざまな機能を発揮する。

1 隔壁の形成

生体内は親水性の環境にあり，脂質二重層膜からなる生体膜が隔壁となって空間を仕切り，表面細胞膜はもとより細胞質内にも大小さまざまな細胞小器官が形成される。この隔壁機能により，生体膜の内外ではイオンやpH，機能活性物質の濃度が異なり，重要な生命活動機能の構造基盤となっている。

2 膜輸送

生体膜による物質輸送には，膜を透過する方法から単純拡散，促進拡散，能動輸送の三つがあり，さらに膜自体が動いて運ぶ小胞輸送がある。

1）単純拡散

脂質二重膜をほぼ無条件で通過できる単純拡散 simple diffusion を行う分子は，脂質やステロイドなど脂溶性物質のほか，低分子量の酸素 O_2・窒素 N_2・一酸化窒素 NO などに限られる。これらは膜内外の濃度差によって膜を通過移動する。

2）促進拡散

水やイオン，糖や蛋白質をはじめ大部分の生体機能分子は親水性物質であり，膜の外と生体膜に囲まれた内部との物質交換は，そのままだと濃度勾配があってもきわめて遅い。促進拡散 facilitated diffusion は特異的なチャネルやトランスポーターなど，膜輸送蛋白質によって速やかに進行する膜内外の濃度勾配に従った膜蛋白による選択的

な物質透過である。代表例としてグルーストランスポーターによるグルコースの細胞内外への輸送がある。

3）能動輸送 active transport

膜内外の濃度勾配に逆らった膜蛋白質による選択的な特定のイオンや分子の膜透過である。ATP分解などのエネルギー供給を必要とする。細胞内外のイオン勾配を生じる Na^+-K^+ ATPアーゼなどのイオンポンプがその代表例である。

4）小胞輸送 vesicular transport

上記三つの膜透過とは機構が異なり、膜が取り囲むように変形して膜小胞の区画を作り、その中に物質を含んだままで表面膜から引きちぎれて移動する。これによって表面レセプター（受容体）に結合した物質や膜表面付近の液相内の分子を小胞膜とともに細胞内に取り込む（エンドサイトーシス）。細胞質内における細胞小器官間の輸送などもこの形式による。

Side Memo
LDL（低密度リポ蛋白質）受容体（レセプター）

細胞膜受容体の中で最も詳しく研究されたものの一つにLDL受容体がある。LDL受容体は膜を貫通する蛋白質で、LDLと特異的に結合し、コーテッド・ピット、コーテッドベシクルを介して細胞内へと取り込まれる。エンドソームでLDLと分離した受容体は細胞表面へと戻る。LDLはリソソームで分解されてコレステロールが生じる。エンドサイトーシス、エキソサイトーシスによる受容体のリサイクリングは、鉄の細胞への取り込みに与るトランスフェリン受容体を初め、広くみられる。このように細胞の表面を覆う形質膜は、細胞内に取り込まれては、また細胞表面に戻ってくるということを繰り返している。これは形質膜のリサイクリングと呼ばれる。さらに新しく合成された膜の付加もあり、細胞はほぼ一定の形をしているように見えるが、実は一種の動的平衡状態にあるといえる。

3 識別標識

細胞膜表面にはさまざまな標識分子が露出していて細胞分化の標識マーカーとなり、符合する外部からのリガンドと選択的に結合し、特異的な接着や反応応答の引き金になる。特異的標識には免疫抗体などの蛋白質受容体をはじめ、血液型物質などの糖鎖分子もある。また細胞質内の細胞小器官や膜小胞の間でもそれらの膜表面にある特異標識分子によって特定の部位への輸送などが行われている。

4 情報伝達と応答

外部の刺激に応じて生体膜表面にある特異的受容体や電位感受性膜蛋白質などを介して、細胞内へのシグナル伝達や、神経・筋の膜活動電位による興奮伝導が行われている。形質膜内に含まれるリン脂質のホスファチジルイノシトール(PI)は、膜構成脂質それ自体が変化してジアシルグリセロール diacylglycerol(DAG)とイノシトール三リン酸 inositol-triphosphate(IP_3)に分かれ、それぞれが二次メッセンジャーとなってシグナル応答に働く。さらに小胞体膜など細胞質内にもさまざまな二次メッセンジャーに特異的な受容体膜蛋白質（たとえば IP_3 に対する受容体）があり、カルシウム放出などの応答を生じる。

5 代謝反応界面

細胞の代謝反応は細胞質の液中で進行するものだけでなく、生体膜表面が二次元溶媒となって酵素群を効率よく適切に集合・配置し、電子伝達系など一連の連鎖反応による代謝経路を構成している。また膜内外のイオン濃度勾配によって電気化学ポテンシャル差をもった界面となり、化学浸透共役 chemiosmotic coupling によってミトコンドリア内膜でのATPエネルギー産生反応などが進行する場を作っている。

技術解説
酵素組織細胞化学
enzyme histochemistry, enzyme cytochemistry

生体内での酵素の活性を、細胞や組織の上で直接検出し可視化する方法。酵素活性自体を検出するので、特異抗体を使い抗原抗体反応で酵素分子の局在を検索する免疫組織・細胞化学(142頁参照)と対照をなす。細胞や組織の凍結切片に、検出しようとする酵素の基質を含んだ液を加え、酵素反応を起こさせる。生じた酵素反応産物を、あらかじめ反応液中に加えておいた捕捉剤により不溶性の沈殿として酵素反応の起こった部位でとらえる。最終的に光学顕微鏡観察には色素、電子顕微鏡観察には金属を使って可視化することが多

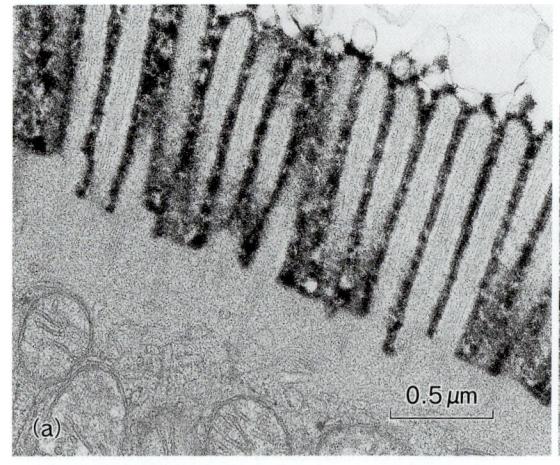

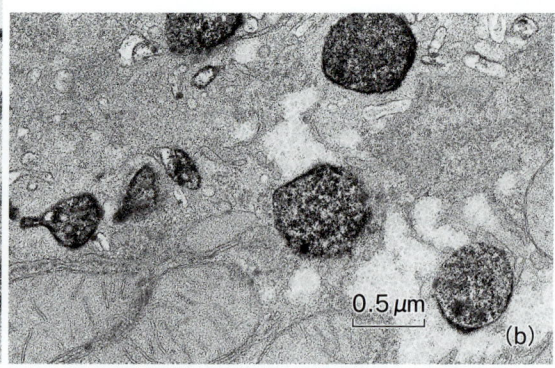

(a) 小腸上皮細胞でのアルカリ性ホスファターゼ活性の検出
微絨毛細胞膜に沿って陽性反応（黒くなっている）が見られる（×29,000）。

(b) 肝細胞での酸性ホスファターゼ活性の検出
リソソームに陽性反応が見られる（×21,000）。

図4-10　アルカリ性(a)と酸性(b)のホスファターゼ活性の検出

> い。図4-10は小腸上皮細胞でホスファターゼ活性を検出した例で，セリウム法を用いている。ホスファターゼ反応により生じた無機リン酸がセリウムイオンと反応し，電子密な沈着物が形成されている。アルカリ性ホスファターゼ活性は細胞の微絨毛形質膜に沿って陽性なのがわかる。なお同じホスファターゼでも酸性のpHで反応させると，リソソームの酸性ホスファターゼ活性が検出される（図4-10）。

E 生体膜の合成と移行

生体膜は固定したものではなく，絶えず新しくつけ加えられ，またその流動性によって常に置換変動して動的平衡を保ち続けている。細胞の膜系は基本的には既存の膜が存在し，そこに新たな材料が加わって拡張・分裂し，一方では除去・分解されていく。細胞内で生体膜の材料分子の合成部位は，ほとんどが小胞体膜の表面である。膜リン脂質も膜蛋白質と同じく小胞体の細胞質側表面に合成酵素が存在し，ここが主要な新生部位である。例外的に，カルジオリピンなど一部のものは，ミトコンドリア内膜など小胞体以外の場所で合成される。脂質や蛋白質の組成が細胞小器官により大きく相違するのは，選択的な分配輸送機構があるためだと考えられている。膜糖蛋白や糖脂質などの糖鎖の添加や修飾は小胞体やゴルジ装置で行われる。

●参考文献

1) Evans WH, Graham JM 著，野沢義則訳：膜の細胞生物学．南江堂，1990．
2) Jacobson K, et al : Revisiting the fluid mosaic model of membranes. Science 268 : 1441-1442, 1995.
3) 神原武志：生体膜とは何か．講談社ブルーバックス，1987．
4) 大西俊一：生体膜の動的構造．東京大学出版会，1980．
5) Robertson JD : The anatomy of biological interfaces. in Membrane Physiology 2nd ed (Andreoli TE, et al eds), pp.3-24, Plenum Press, New York, 1986.
6) Singer SJ : The structure and insertion of integral proteins in membranes. Annual Review of Cell Biology 6 : 247-296, 1990.
7) Singer SJ, Nicolson GL : The fluid mosaic model of the structure of cell membranes. Science 175 : 720-731, 1972.
8) Thompson TE, Huang C : Composition and dynamics of lipids in biomembranes. in Membrane Physiology 2nd ed (Andreoli TE, et al, eds) pp.25-44, Plenum Press, New York, 1986.
9) 殿村雄治，佐藤　了編：生体膜の構造と機能．講談社サイエンティフィック，1980．

II. 細胞膜蛋白質

A 細胞膜蛋白質の種類

　膜蛋白質は，生体膜の基本構造の脂質二重層とどのような関係をもつかにより，膜内在性蛋白質，脂質アンカー型膜蛋白質，膜周辺蛋白質の二つに大別される。このような膜蛋白質分子の形は，X線回折法や電子線回折法により原子レベルの解像度で解明されつつある。

1 膜内在性蛋白質
integral membrane proteins

　脂質二重層を1回〜複数回貫通する部位をもち，脂質二重層と強固な疎水性結合を形成している膜蛋白質である(図4-11)。強力な界面活性剤で処理することではじめて可溶化し，分離することができる。このような**膜貫通蛋白質** transmembrane proteins では，疎水性アミノ酸の多い領域がαヘリックスとなって脂質の疎水性部分と親和性をもち，脂質二重層を貫通する。一方，親水性の高い領域は膜の両面に露出している。膜チャネルやポンプ蛋白質，膜輸送担体，膜受容体，細胞間結合装置など，細胞内外の交流に関与する膜蛋白質の大部分は，膜の脂質二重層を貫通することによって機能を発揮する膜貫通蛋白質である。膜内在性蛋白質は粗面小胞体で合成される。

技術解説

疎水性プロット

　膜蛋白質の立体配置を推定する方法として，一次構造のアミノ酸配列を横軸にし，縦軸にアミノ酸の疎水性を指数としてプロットする疎水性プロット hydropathy plot と呼ぶ解析法がある。アミノ酸20〜30個にわたって疎水性の強い部分は膜貫通領域の可能性が高い。このような疎水性の部位の数から，その蛋白質が膜を何回通過しているかなど，膜蛋白質のプロフィールを解析できる。たとえば膜貫通領域の可能性が高い疎水性の部位が奇数個ある膜蛋白質は，その両端が膜内外に分かれて出ている可能性が大きい。

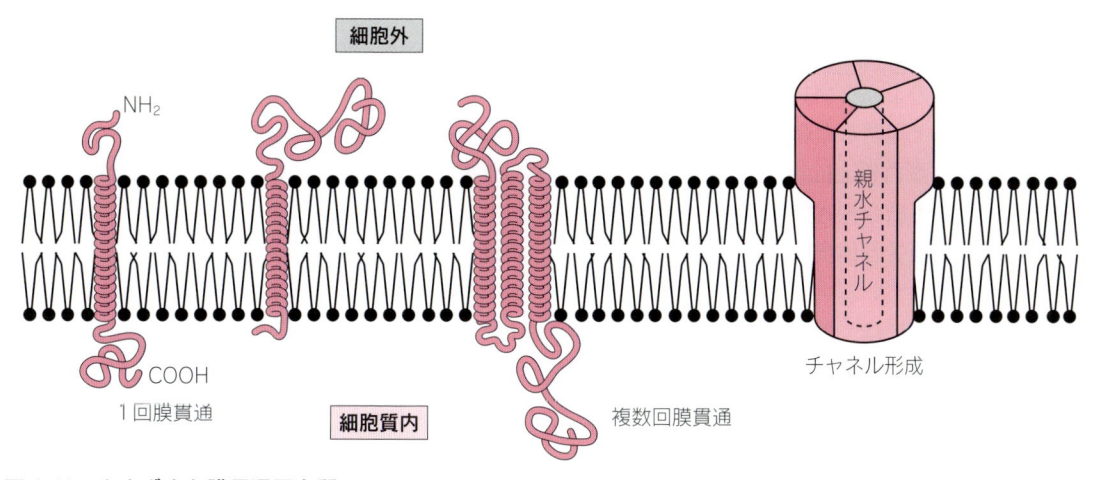

図4-11　さまざまな膜貫通蛋白質

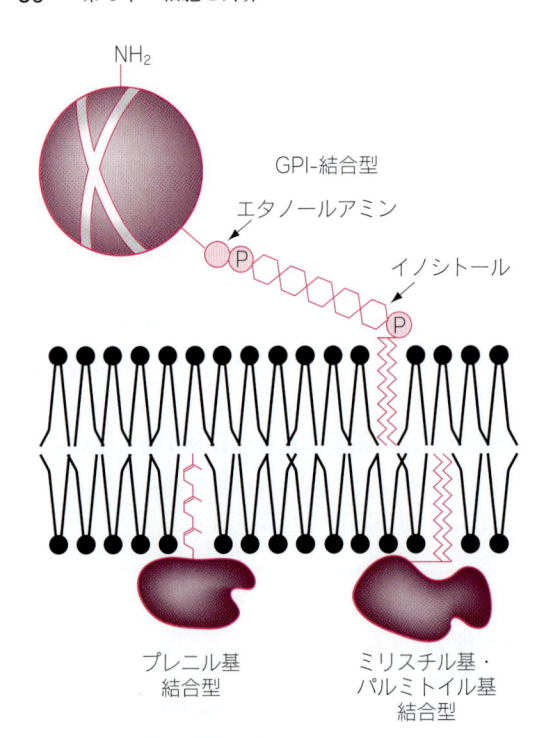

図 4-12 脂質アンカー型膜蛋白質

2 脂質アンカー型膜蛋白質
lipid-anchored proteins

　膜蛋白質の中には，膜脂質と共有結合することにより，その脂質部分が膜の脂質二重層に挿入されて蛋白質が膜につなぎ止められている脂質アンカー型膜蛋白質がある．脂質の結合様式により二つのグループがある（図 4-12）．

　飽和脂肪酸であるミリスチル酸やパルミチン酸と共有結合を形成したり，ファルネシル基やゲラニルゲラニル基のようなプレニル基が導入されることにより，膜と連結した脂質結合型の蛋白質がある．三量体 G 蛋白質 trimeric G proteins や Ras 蛋白などは，この結合様式で膜の細胞質内面付近に局在し，膜貫通受容体蛋白からの細胞内へのシグナル伝達に働いている．

　形質膜の外表面には，糖脂質によって膜に結合した一群の機能蛋白があり，糖脂質のグリコシルホスファチジルイノシトール glycosylphosphatidylinositol：GPI の"イカリ（錨）"に係留されているので，GPI 結合型蛋白質 GPI-anchored proteins と呼ばれる．これらの膜蛋白質は生合成の途中では 1 回膜貫通型の膜蛋白質としてできてくるが，膜貫通部分は切断除去され，代わりに GPI 脂質と結合したものである．マウス T リンパ球表面の Thy-1 蛋白質をはじめ，ヒト白血球表面の生体防御機構に関与する接着蛋白質（CD 14, 24, 48, 66, 67 など）や神経筋接合部の膜表面にあるアセチルコリンエステラーゼ，アルカリホスファターゼなどに見られる．赤血球膜表面の制御蛋白と結合する GPI アンカーが異常をきたすと，発作性夜間血色素尿症 paroxysmal nocturnal hematuria が起こる．

3 膜周辺蛋白質
peripheral membrane proteins

　膜蛋白質のうち，膜貫通の疎水性領域がなく，したがって膜内部の脂質二重層には入り込まずに，膜内外の表面で主としてイオン結合など非共有結合により膜に結合しているものを膜周辺蛋白質（表在性膜蛋白質）と呼ぶ．これらはイオン強度や pH など，ゆるやかな分離条件によって比較的容易に可溶化してくる．赤血球膜の細胞質内表面にあるスペクトリン spectrin など，膜裏打ち蛋白質の多くがこのタイプである．内在性膜蛋白質が粗面小胞体で作られるのに対して，これらは細胞質内の遊離リボソームで合成される．

B 膜糖蛋白質
membrane glycoproteins

　膜蛋白質には糖鎖が付加されて糖蛋白質になっているものが多い．糖鎖は，細胞表面側に付加される．糖鎖が添加されるアミノ酸残基としてアスパラギン，セリン，スレオニンの三つがある．これらは，アスパラギンのアミノ基につく N 型糖鎖修飾 N-glycosylation と，セリン，スレオニンの水酸基につく O 型糖鎖修飾 O-glycosylation とに大別される．小胞体やゴルジ装置の内腔でマンノース，ガラクトース，シアル酸などが付加されている．これらの単糖をつなぐグリコシド結合の部位はさまざまで，さらに分岐も頻繁に生じて多様で複雑な立体構造をとることができる．このよ

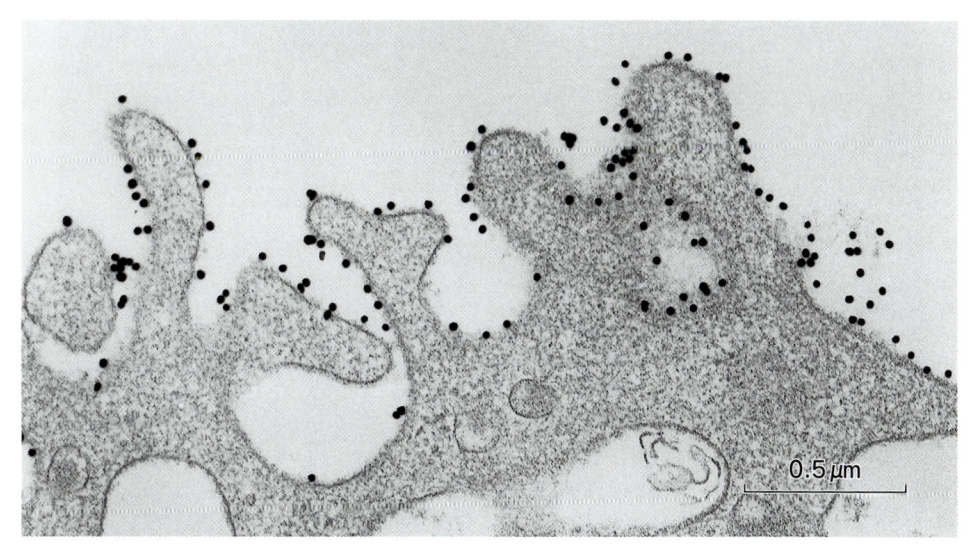

図 4-13　大食細胞表面の糖鎖
　糖鎖をコロイド金標識したレクチン（コンカナバリン A）で可視化。細胞表面に多数の結合部位があり，細胞表面にこのレクチンの認識する糖鎖があるのがわかる（×44,000）。

うな糖鎖の多様性は，細胞膜表面での特異的な標識として機能していると考えられる。シアル酸はマイナス電荷をもち，細胞表面の陰性荷電に寄与している。これらの糖蛋白質の糖鎖は，糖脂質の糖鎖とともに，細胞間でのさまざまな認識過程などに関与するとともに，細胞を保護する機能もあると考えられている。

Side Memo　レクチンとセレクチン

　細胞表面糖鎖の性状は，抗糖鎖抗体や特定の糖鎖構造を特異的に認識して結合する蛋白質であるレクチン lectins を用いて検索できる。レクチンはマメなどの植物や動物由来の蛋白質で，変化に富む糖鎖構造を特異的に認識して結合する。蛍光色素，ペルオキシダーゼ（HRP），コロイド金などで標識した各種レクチンは細胞表面の糖鎖構造の解析に有用であり（図 4-13），腫瘍の診断などにも利用される。なお細胞膜に存在するレクチンの一種であるセレクチン selectins は，細胞表面での特定の糖鎖構造を識別する糖鎖受容体として特に重要である。血液中のリンパ球が，リンパ節などのリンパ組織へ戻っていく，いわゆるホーミングの過程において，リンパ球と血管内皮細胞間の認識に重要な役割を果たしている。

C　細胞膜蛋白質の存在様式

　哺乳類細胞の細胞膜は，他の生体膜と同様にリン脂質二重層をその基本構造とする。脂質二重層の外葉にはホスファチジルコリンが多く，内葉にはホスファチジルエタノールアミン，ホスファチジルイノシトール，ホスファチジルセリンが多く，膜の非対称性を形成している。細胞膜には，リン脂質の他にコレステロールが多く含まれる。

　細胞膜蛋白質は，このような脂質二重層に配置されているが，ランダムに分布するもの，膜上の特定の部位に集合しているものなど，その配置様式はさまざまである。このような膜蛋白分子の配置は，ラフトと呼ばれるコレステロールや糖脂質などの脂質ミクロドメインへの偏在や，細胞内の裏打ち構造との結合などによって調節されている。

D　細胞膜の裏打ち構造と膜骨格

　細胞膜の裏側には膜を裏打ちして支える構造があり，膜骨格とも呼ばれる。最も単純な細胞膜である赤血球膜では，膜の細胞質側にスペクトリンやアクチンのような線維状の蛋白質が網目を形成している。スペクトリンはアンキリンによって細胞膜内在性蛋白質に結合している。一般の細胞でも基本的にはこのような裏打ち構造の膜骨格があり，膜の形を調節したり，膜蛋白質をつなぎ止めたり，膜蛋白質の膜上での動きを調節している。

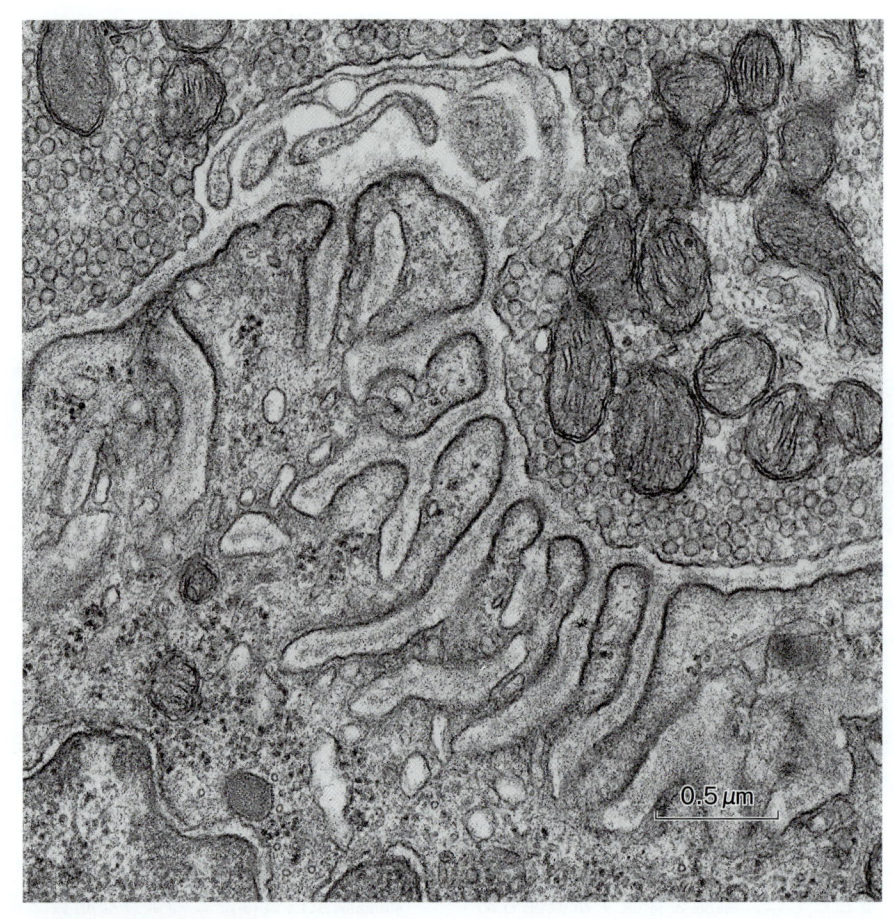

図 4-14 神経-筋接合部
神経の軸索端(上)に接する骨格筋細胞(下)の形質膜は襞をなす。この部位にはアセチルコリン受容体が局在していて，神経から筋肉への刺激の伝達に関与している(×36,000)。

Side Memo 細胞膜の特殊化

細胞表面を覆う細胞膜は一様ではなく，部位によりさまざまな分化がみられる。細胞表面の突出した構造としては，吸収上皮などで発達する微絨毛 microvilli がある。微絨毛の芯の細胞質にはアクチンフィラメントが豊富である。また，微小管を基本構造とした芯を持ったものには，細胞運動にあずかる線毛 cilia や鞭毛 flagella などがある。

細胞膜は腸の内腔のような自由表面に面する膜(頂部細胞膜)と，隣り合った細胞と接する膜(基底側壁部細胞膜)とで機能分化がみられる。細胞間の接着やコミュニケーションに特化した部位である膜の接着装置としては，タイト結合，アドヘレンス結合，ギャップ結合，デスモソームなどがあり，これらには，特有の膜蛋白質が配置されている。神経細胞同士をつなぐシナプスや神経筋接合部(図 4-14)でも，情報伝達に関与する蛋白質が集まって特殊化した構造をとっている。

細胞表面の陥凹部としては，クラスリンの被覆をもったコーテッド・ピット coated pit (被覆陥凹)や，カベオリンをもつカベオラ caveola があり，受容体分子などがあってエンドサイトーシスや情報の伝達に当たっている。骨格筋でみられるT細管や，血小板にみられる開放小管系も，細胞質内へと伸長した特殊化した細胞膜と考えられる。

さらに，このようなはっきりした形はとらなくても，細胞膜上にはさまざまな機能分子が集合してミクロドメインと呼ばれる機能複合体が形成されていると考えられる。脂質を足場にしたミクロドメインはラフトとも呼ばれる。

技術解説

走査電子顕微鏡法
scanning electron microscopy : SEM

細胞などの表面の微細な構造を観察するのに用いられる電子顕微鏡の代表的な方法である。小さく絞った電子線ビームで試料表面を「走査」し，そのときに試料から放出される電子(二次電子)を集めてモニター上に画像を形成させる(図 4-15)。昆虫の個体全体の観察のような低倍から使用可能で，きわめて鮮明な像が得

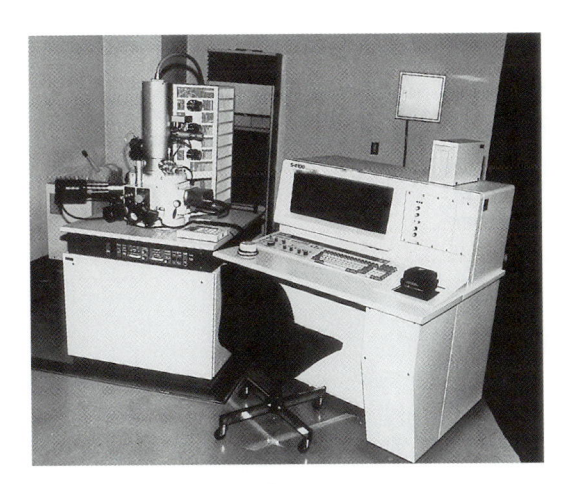

図 4-15 走査電子顕微鏡
左が鏡筒部で，画像はモニター上に表示される。

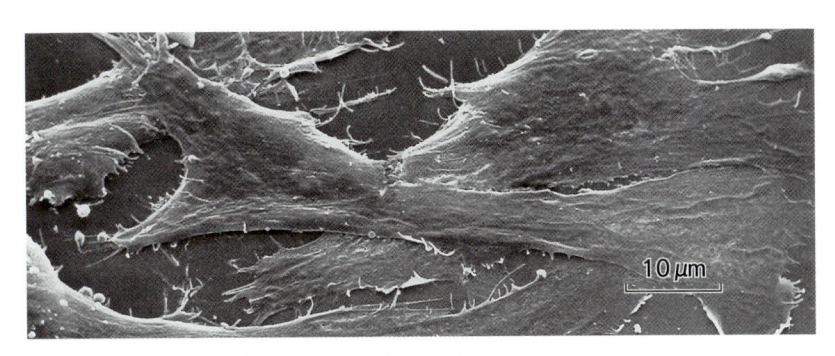

図 4-16 走査電子顕微鏡で見た培養線維芽細胞
(×1,300)

られる。特に線毛，微絨毛などの細胞表面の立体的な観察に威力を発揮する(図 4-16)。

また，細胞の自由表面のみならず，割断などの適当な前処理を施すことにより，ミトコンドリア，小胞体，ゴルジ装置などの細胞内小器官の立体構造の観察にも利用できる。さらに最近は高分解能走査電顕の進歩により，蛋白質などの高分子の形も直接観察可能になっている。なお顕微鏡の内部は真空なので，固定した試料を臨界点乾燥または凍結乾燥し，導電性をもたせるために金属でコーティングしてから観察する。近年は凍結させたまま，あるいは水分を含んだ，生に近い状態で観察可能な技術も開発されている。

● 参考文献
1) Brown MS, Goldstein JL : Receptor-mediated endocytosis : insights from the lipoprotein receptor system. Proc Natl Acad Sci USA 76 : 3330-3337, 1979.
2) 平野　寛ほか編：実験組織化学. pp1-23, 丸善, 1987.
3) 日本顕微鏡学会編：電顕入門ガイドブック. 学会出版センター, 2004.
4) Lasky LA : Selectin-carbohydrate interactions and the initiation of the inflammatory response. Annu Rev Biochem 64 : 113-139, 1995.

III. 細胞膜の透過性と物質輸送

A 膜を介した物質輸送：受動輸送と能動輸送

　細胞は命の単位である。これを成り立たせている第一の要件が細胞を外界から区別する細胞膜の存在である。細胞膜は物理的な障壁としてだけではなく，化学的障壁として働き，細胞にとって有害な物質の侵入を防ぎ，必要な物質を取り込み，細胞内に生じた有害/不必要な物質を排出する機能をもっている。その典型例が，呼吸を担う酸素の吸収と二酸化炭素の排出であり，エネルギー源であるグルコースの吸収である。このような細胞膜の働きによって細胞内物質環境のホメオスタシス，すなわち細胞の命が維持されている。神経系の電気信号はイオンチャネルを介した一過性のNa^+やCa^{2+}の取込みとK^+の排出によって実現されているが，これで生じた細胞内イオン環境の変化は，Na^+-K^+ポンプやCa^{2+}ポンプ，あるいはNa^+/Ca^{2+}交換体のような能動輸送体の働きで速やかに元の状態に復帰する。細胞膜だけではなく，小胞体やミトコンドリアのようなオルガネラの膜でもさまざまな物質輸送が行われている。このように，生体膜を介した物質輸送は生命の維持にとって根本的な機能であり，その概要を学ぶことが本項の目的である。

　生体膜の基本構造としては，流動性のある脂質二重膜に種々の膜蛋白質がモザイク状に配置した流動モザイクモデルが広く認められている。細胞内外の物質は脂質二重膜か輸送体（チャネル，トランスポーター）と呼ばれる膜貫通性の蛋白質を介して輸送される。物質輸送を特徴づけるパラメーターは膜の透過性であるが，端的に言えば物質の膜の一方からもう一方への移動速度である。脂質二重膜の表面は水溶性であるが，膜の内部を構成

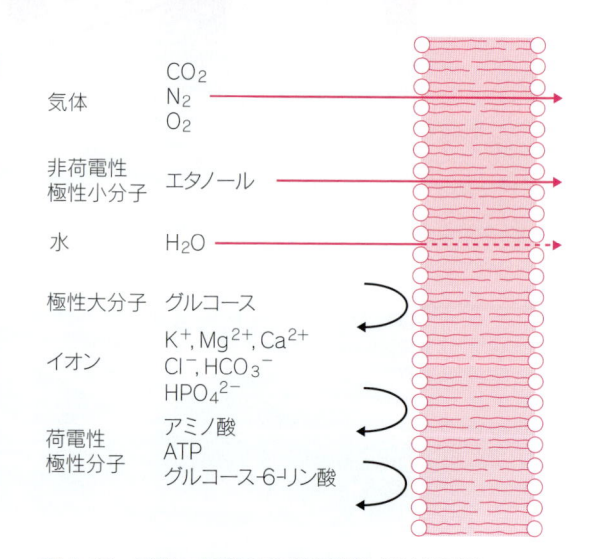

図4-17　脂質二重膜の物質透過性（単純拡散）

気体: CO_2, N_2, O_2
非荷電性極性小分子: エタノール
水: H_2O
極性大分子: グルコース
イオン: K^+, Mg^{2+}, Ca^{2+}, Cl^-, HCO_3^-, HPO_4^{2-}
荷電性極性分子: アミノ酸, ATP, グルコース-6-リン酸

する主体は疎水的な炭化水素鎖であり，油である。つまり，膜を介した物質輸送とは，物質が細胞外（内）の水相から膜の油相に侵入し，移動して，再び細胞内（外）の水相へと移動することである。したがって油に溶けにくい物質，特にイオン性物質は脂質膜をほとんど透過できない。一方で，気体のような疎水性小分子やエタノールや水（限定的）のような極性小分子は単独で脂質膜を透過する（図4-17）。このような透過は物質の濃度勾配に応じた単純な拡散過程に従い，文字通り**単純拡散**と呼ばれる。

　一方，単独では膜を透過できないイオン性物質（無機イオン，アミノ酸など）やグルコースのような極性大分子の輸送は，イオンチャネルや輸送体と呼ばれる膜貫通性の蛋白質によって実現される。これらの蛋白質は，内部にイオンや極性分子を溶け込ませる（結合する）環境を用意していて，これらの分子はあたかも水相から水相（チャネルや輸送体の内部），そしてまた水相へと移動するよう

にして透過する。このように，濃度勾配は存在しても，単独では透過できない物質が輸送体の助けを借りて透過する現象を**促進拡散**と呼ぶ。

単純拡散も促進拡散も濃度勾配(正確には電気化学ポテンシャルの勾配)に沿った受動的な物質輸送なので，合わせて**受動輸送**と呼ぶ。受動輸送を担う受動輸送体は輸送機構の違いに基づいてイオンチャネルと単輸送体(ユニポーター)に分類される。

一方，物質の濃度勾配に逆らって物質輸送を行う一群の膜蛋白質があり，これらを能動輸送体という。能動輸送体には，ATPの加水分解エネルギーを直接利用するイオンポンプと，ATPの加水分解とは直接に共役せずに，イオンポンプで作られたイオンの電気化学ポテンシャルの勾配に従った拡散のエネルギーを利用して，別の物質を濃度勾配に逆らって輸送する共役輸送体(アンチポーター，シンポーター)もある。前者を一次性能動輸送体，後者を二次性能動輸送体として区別する。

📎 Side Memo 電気化学ポテンシャル

ある荷電粒子の一定圧力，一定温度下における自由エネルギーを表し，物質の活量係数を A (強電解質では濃度 C と同等)として，物質 $1\,\mathrm{mol}$ 当たりの化学ポテンシャル ($RT \cdot \ln A$ (R：ガス定数；T：絶対温度)と電気ポテンシャル zFV (z：イオンの価数，F：ファラデー定数，V：電位)および標準状態($25℃$，1気圧)での電気化学ポテンシャルの和として表す。電気化学ポテンシャルの勾配がイオン性物質を駆動する力である(94頁のSide Memo 1〜3も参照のこと)。

B 受動輸送：単純拡散と促進拡散

1 単純拡散

単純拡散は，膜を介した輸送過程が水相あるいは油相を物質が拡散する過程と同等な最も単純な物質移動を指す。しかし詳しく考えると，その過程は，水相から油相への移行(溶解)，油相中での拡散，そして油相から水相への溶解という3段階に分けられる。溶解とは，溶媒の中に溶質が均等に分散している状態を指す。ここでは，水(細胞内外液)と油(脂質二重膜)を溶媒と考える。

自明のことであるが，物質の膜透過を論じる際にその物質はまず水相に溶解していなければならない。言い換えるとその物質の周りを水分子が取り囲んで分散している状態であり，これを**水和**と呼ぶ。脂質膜を透過するには，この水和水を外して(脱水和という)脂質に溶け込まなければいけないが，イオンのように多くの水分子を引きつけている分子は，この脱水和のエネルギーが非常に大きく(たとえば，K^+では$85\,\mathrm{kcal/mol}$)，容易には脂質膜に移行できない。一方で，酸素のように水に溶けにくい気体分子は，脱水和エネルギーも小さいので容易に移行できる。

膜(油相)への移行しやすさは分配係数(K)と呼ばれ，水相と油相の物質濃度をそれぞれ C_W，C_O とすれば，

$$K = \frac{C_\mathrm{O}}{C_\mathrm{W}}$$

と定義される。油相は水相に比べて粘性が高いので，物質の透過速度を決めるのは，水相ではなくて油相の拡散速度である。ここで膜を介する物質濃度を膜の両側でそれぞれ C_W1，C_W2 とすれば，膜内での濃度差は

$$(C_\mathrm{O1} - C_\mathrm{O2})$$

となる。さらに膜厚を a とし，物質の膜内の拡散定数を D とすれば，単位面積当たりの物質の短時間当たりの移動量，すなわち移動速度は膜内濃度勾配を線形として，

$$\frac{KD}{a}(C_\mathrm{W1} - C_\mathrm{W2})$$

となる。これがFickの法則と呼ばれる，物質輸送の基本原理である。ここで，$KD/a = P$ とおいて P をその物質の透過係数と呼ぶ。

生体膜の膜厚は $3\,\mathrm{nm}$ 前後(測定法により $2.5 \sim 9\,\mathrm{nm}$ の幅がある)であり，油相中の拡散定数 D は物質によって大きな差がないことわかっているので，結局，物質の膜透過速度は，ほぼ分配定数で決まる。巨大な口径を有して透過路が水で満たされているようなチャネルをイオンが透過する場合も水相での単純拡散に相当し，やはりFickの法則で表すことができる。

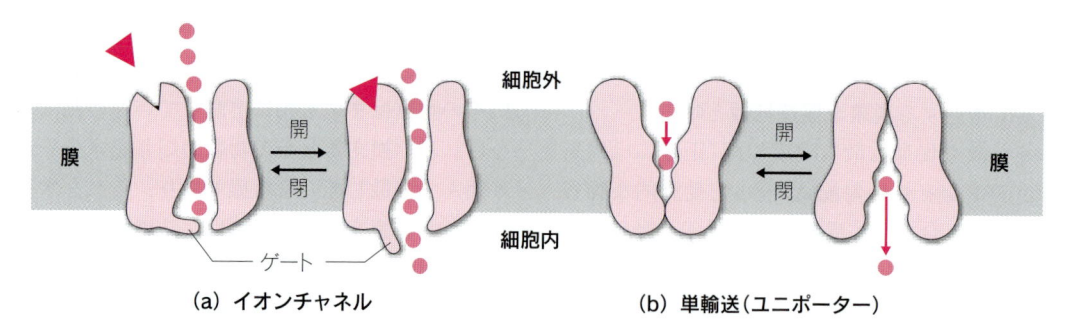

(a) イオンチャネル　　　(b) 単輸送（ユニポーター）

図4-18　促進拡散型受動輸送体
(a)：ここでは受容体作動型チャネルへのリガンドの結合によってゲートが開き，ポアを通してイオンが輸送される。
(b)：輸送物質（基質）の結合による構造変化に伴って，基質はもう一方の結合部位に移動して輸送される。

2　促進拡散

促進拡散 facilitated diffusion とは，単純拡散では透過できない物質が輸送体の助けを借りて実現する物質輸送を指し，イオンチャネルと単輸送体（ユニポーター）によるものに分類される。

イオンチャネルは膜貫通性のサブユニットが複数個，円筒状に会合して構成される。ポア（通孔）と呼ばれる固定した中央の隙間をイオンが通過するので，その透過速度は大きい（図4-18(a)）。標準的なチャネルでも 10^6〜10^8 個/秒程度の透過速度を実現している。

一方，単輸送体は，同じく膜貫通性蛋白質の会合体から構成されるが，物質透過の仕組みに違いがある。詳細は不明だが，いったん膜の一方の物質を結合したのち，構造変化を起こして，もう一方の膜側へ放出する（図4-18(b)）。このような蛋白質の構造変化を伴うので，その輸送速度はイオンチャネルに比べて著しく小さく，10^2〜10^4 個/秒程度である。いずれの透過機構においても，物質透過の駆動力は膜内外の物質の電気化学ポテンシャルの勾配であり，受動輸送に分類される。

1）イオンチャネル

疎水性の小分子は単純拡散で膜を透過するが，イオン性分子は脱水和のエネルギーが大きすぎて（たとえば Na^+ では，105 kcal/mol）脂質膜を透過できない。そこで，無機イオンの輸送にはイオンチャネル ion channel という特殊な膜貫通性の蛋白質が用意されている。イオンチャネルにはポア（通孔）と呼ばれるイオンサイズ程度の孔が膜を貫通しており，イオンはここを通過する。

図4-19(a)に最初に結晶構造が決まった放線菌由来の K チャネル KcsA の構造模式図（側面図）を示す。KscA は同一のサブユニットが四つ円筒状に会合したホモテトラマーで，中央の隙間がイオンのポアを形成する。図からわかるように，イオンサイズ程度の狭い通路が通孔全体の1/3程度を占めている。この最も狭い部分をイオン選択フィルターと呼び，ポアを構成するペプチド骨格に由来する親水的な**カルボニル酸素**（負電荷の雰囲気をもつ）で裏打ちされている。

重要なことは，これらのカルボニル酸素の空間配置が水中での K^+ の水和水の酸素の配置（8水和構造）と酷似していることである。このような酸素で囲まれたポケットがフィルターに沿って四つ並んでいる（図4-19(b)）。したがって一見するとイオンが通りにくいフィルターが，実は水中と同等なエネルギー環境を提供している。そのためにイオンは水相からチャネルに容易に移行（分配）できる。このカルボニル酸素の配置は厳密に K^+ の直径に等しいサイズなので，これよりも大きいイオンはもちろん透過できない。それだけではなく，K^+ よりも小さな Na^+ や Li^+ も透過できない。なぜならば，これらのイオンはカルボニル酸素との間に隙間が生じて十分に安定した配置（結合構造）が取れずに，それに比べてより安定なエネルギー環境を提供している水和水を外すことができ

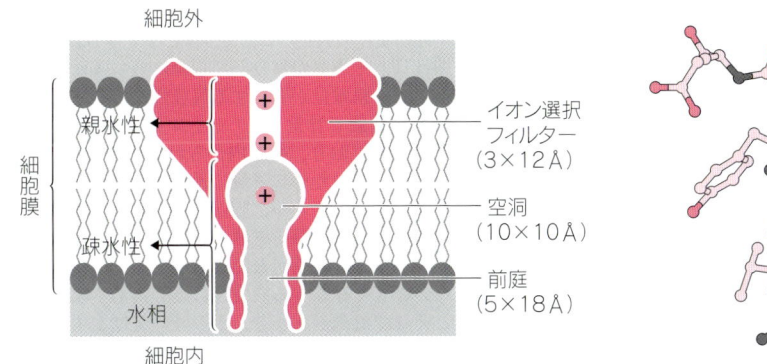

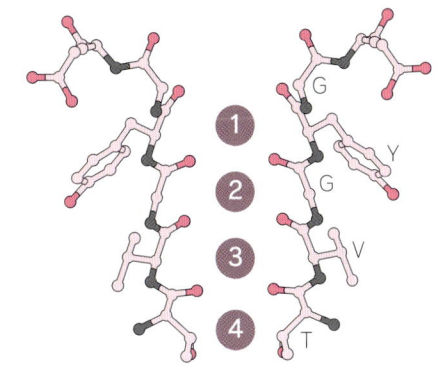

(a) 細菌 K チャネル KcsA の側面模式図

(b) イオン選択フィルターの分子構造

図 4-19：イオンチャネルの構造模型
 (a)：細菌 K チャネル KcsA の側面模式図。(b)：イオン選択フィルターの分子構造。カルボニル酸素(赤小丸)で囲まれた四つの K^+ 結合部位(ポケット)が並んでいる。K^+(四つの紫丸)は電気化学的勾配による力を受けて，これらのポケット間を(通常は細胞内から細胞外へ)順次移動する。

ないからである。フィルターに引き続くサイズの大きな孔の内側は一転して疎水的なアミノ酸で裏打ちされているが，サイズが大きいために多数(50 分子程度)の水分子が存在しており，イオンのアクセスに支障はない。それに連続する**前庭**と呼ばれる孔もサイズが大きいために，イオンが一定数の水をつけたまま入れるのでアクセスに支障はない。

このようにして，イオンチャネルはイオンの選択と高速透過という，一見相反する難しい仕事を両立する巧妙な構造を有しているのである。他のイオンチャネルについてはこれほど詳しくはわかっていないが，チャネルに応じてチャネル内部で透過イオンのエネルギーが十分安定するような構造があるものと推定されている。イオンチャネルはイオンの選択性に応じて，Na^+，K^+，Ca^{2+}，Cl^- チャネル，あるいは陽(陰)イオンのみを通す非選択的陽(陰)イオンチャネル，あるいは，ほとんどの無機イオンや小サイズの有機イオンも透過する無選択性チャネルがあり，膜電位やイオンの出入りを調節する主要な装置である。

イオンチャネルにはポアの開閉を制御する扉(ゲート)(図 4-18(a))が備わっている。**ゲート**には特有のセンサーが連結しており，そのセンサーへの刺激入力に応じてゲートの開確率が制御される。センサーとしては，膜電位センサー，機械センサー，あるいは化学センサーがあり，センサーの種類に応じて電位作動型，機械作動型，リガンド(受容体)作動型チャネルなどの分類がある。ここで注意しなければならないのは，イオンの透過経路は，ゲートが開いているときには固定した構造を維持していることである。

この点で以下に述べる(狭義の)輸送体と違う。輸送体では透過自体が蛋白質の構造変化で実現される。ゲートが開いているときのイオンの実質的移動量(電流)はきわめて大きいので($10^6 \sim 10^8$ 個/秒，$10^{-12} \sim 10^{-10}$ アンペア)，パッチクランプという手法で，個々のチャネルを流れる電流を直接測ることが可能である。ただし，イオンの透過が単にチャネルの通孔を機械的に移動する過程ではないことは上記の説明で明らかである。イオンはポア(フィルター)の結合部位を次々と結合解離を繰り返しながら移動するのであり，一種の化学反応の連続であるといえる。そのためにイオンの透過にも基質(イオン)濃度に対する飽和現象がある。特にイオン透過時にチャネル(フィルター)内部に 1 個のイオンの存在しか許さないようなチャネルでは，その移動速度はイオン濃度に対して，1 対 1 の化学反応で知られている Michaelis-Menten の飽和曲線に従う。この点でしばしば誤解がある

ので注意されたい．これに対して単純拡散では飽和現象は見られない．

イオンチャネルの役割は，刺激に応じて細胞内のイオン濃度を調節し，電気信号（膜電位の変化：Side Memo 2 参照）を生じることである．たとえば Na^+（あるいは陽イオン）チャネルが開けば濃度勾配に従って細胞内に Na^+ が流入して正電荷が蓄積され，細胞内の電位は正方向に上昇する．これを**脱分極**という．一方，K^+ チャネルが開けば，細胞内の K^+ が流出して細胞内電位は負の方向に変化し，これを**過分極**という．

多くの場合，脱分極によって電位作動型の Ca^{2+} チャネルが開いて細胞外から Ca^{2+} が流入して細胞内 Ca^{2+} が上昇したのち，Ca^{2+} 依存性の細胞内シグナル伝達系が駆動され，さまざまな細胞応答が導かれる．厳密にはイオンチャネルではないが，水を専用に通す**水チャネル**の存在が知られている．水チャネルはアクアポリンと呼ばれるチャネル蛋白質からなり，水の再吸収や浸透圧変化に対する細胞体積の調節で重要な役割を果たしている．

✏ Side Memo

1 膜電位

膜電位とは細胞外を基準（ゼロ）としたときの細胞内電位である．特別な刺激がない静止状態での膜電位は，おおよそ -80 mV から -50 mV であり，これを静止電位と呼ぶ．細胞内外からの刺激を受容してイオンチャネルが開くと，一般的に膜電位が一時的に正方向に変化し（脱分極という），受容器電位，活動電位，シナプス電位などの生体電気信号を発生する．この仕組みを理解するにはイオン濃度と膜電位の関係を知る必要がある．

ここでは簡単のために，膜電位に主要な役割を果たす Na^+ と K^+ の分布に注目する．Na^+ は細胞外濃度が約 140 mM，細胞内濃度が約 14 mM，K^+ は細胞外が 4 mM，細胞内が 150 mM 程度である（ただし，正イオンに釣り合うだけの陰イオンがあるので，細胞内外はそれぞれ電気的には中性である）．つまり Na^+ には細胞内へ，逆に K^+ には細胞外へと駆動する力が働いている．この力の源は化学ポテンシャルと呼ばれる量で，そのイオンのモル濃度を C とすれば $RT \ln C$，すなわち，濃度の対数に比例する量である．

2 イオン分布

実際にイオンに働く力は化学ポテンシャルの勾配，すなわち膜を介した化学ポテンシャルの差（$RT \ln C_o - RT \ln C_i$ $= RT \ln \left(\frac{C_o}{C_i} \right)$）を膜の厚さ a で割ったものになる．ただし，R：気体定数，T：絶対温度，C_i と C_o：注目するイオンの細胞内・外の濃度を表す．ここで，Na^+ チャネルか K^+ チャネルが開けば，イオンが移動して細胞内外の実効電荷数に変化が生じて，膜電位が発生する可能性がある．実際の細胞では，静止状態で背景 K^+ チャネルと呼ばれる K^+ チャネルが常に開いており，細胞内からわずかの K^+ が外側に漏れ出している．そのために外側に過剰の正電荷が蓄積して細胞外が正の電位になるが，膜電位の定義上，細胞内は負の電位になる．これが静止電位の起源である．とはいっても細胞内外の K^+ 濃度差がなくなるまで K^+ が漏れ出るわけではない．元々存在する濃度差に応じたある膜電位に到達するとそこで流出が止まり，その時の電位をネルンスト Nernst 電位という．ネルンスト電位 E_m は注目するイオンの内外の濃度をそれぞれ C_i, C_o とすれば

$$\frac{RT}{zF} \cdot \ln \left(\frac{C_o}{C_i} \right)$$

と表せる．ただし z：イオンの価数，F：ファラデー定数（1 価イオン 1 mol 当たりの電荷量で，電荷素量 e とアボガドロ数 N とすれば，$F = eN/\text{mol}$）である．この膜電位に達したときにはイオンの内外の流出量はつり合って，実効的にはイオンの流れはないので，ネルンスト電位のことをそのイオンの平衡電位ともいう．

これを定性的に理解するには電位と電荷（イオン）の関係がわかればよい．すなわち K^+ が流出したために細胞外が正の電位になると，流出しようとする K^+ はその電位から押し戻される力を受ける．流出したイオンが蓄積するにつれて電位が上昇し，押し戻す力が強まって，ついには濃度差による力と，電位差による力がつり合ったところで実効的流出が止まる．そのときの膜電位が平衡電位である．電位差（電圧）からイオンが受ける力は価数に電場（電圧の勾配）を掛けたものなので，モル当たりのイオンが受ける力は，そのイオンの価数を z，膜厚を a とすれば，zFE_m/a となる．

先に述べた化学ポテンシャル差による力，

$$RT \ln \left(\frac{C_o}{C_i} \right) / a$$

と等しいと置けば，上記のネルンスト電位の式になるので確かめてほしい．実際に観測される静止電位が K^+ の平衡電位（-90 mV）より浅いのは，静止膜が他のイオン（Na^+ や Cl^- など）に対してもわずかに透過性があるためである．

3 イオンチャネル

膜に異なるイオン選択性をもつ複数種のイオンチャネルが存在するときには，膜電位 E_m はより一般的な Goldman-Hodgkin-Katz(GHK) の式で表せる．今簡単のために，Na^+ と K^+ チャネルのみが関与する場合について考えると，GHK の式は，

$$E_m = \frac{RT}{F} \cdot \ln \left\{ \frac{P_{Na}[Na^+]_o + P_K[K^+]_o}{P_{Na}[Na^+]_i + P_K[K^+]_i} \right\}$$

という美しい式になる．ここで P_{Na} と P_K は膜のイオンに対する透過係数（91 頁参照）で，イオンの通りやすさを表している．チャネルのレベルで言えば，Na^+ チャネルと K^+ チャネルの開口率である．また $[Na^+]_o$ や $[K^+]_i$ はそれぞれのイオンの外側と内側の濃度を示す．

この式は，イオン濃度が大きく変化しない条件では，膜電位は P_{Na} と P_K の割合だけで決まることを主張している．例えば $P_{Na} \ll P_K$ の条件では，上式は

$$\frac{RT}{F} \cdot \ln\left\{\frac{[K^+]_o}{[K^+]_i}\right\}$$

となって，先のネルンストの式に還元され，膜電位はK^+の平衡電位(-90 mV 程度)になる。

2) 単輸送体(ユニポーター)

単輸送体は，イオンチャネルと同様に特定の物質(主として糖やアミノ酸)を受動輸送するが，輸送のメカニズムに違いがある。"単"は1種類の物質を輸送するという意味で，後述する共役型輸送体(同時に複数の物質輸送を行う能動輸送体)と区別するための接頭語である。代表的な単輸送体として**グルコース輸送体**がある。グルコース輸送体はすべての細胞に備わっており，吸収されたグルコースは速やかに分解されるので，細胞内外の濃度差が維持されて，濃度勾配に従った促進拡散で細胞に吸収される。促進拡散型のグルコース輸送体は，分子量約5万のGLUTファミリー(GLUT 1-GLUT 5の五つが同定)が知られている。輸送機構の詳細は不明であるが，おおよそ次のように考えられている。

グルコース輸送体には細胞外側と細胞内側にグルコース結合部位があり，まず細胞外側にグルコースが結合すると輸送体に構造変化が生じて，細胞外側の通路が閉じると同時に，グルコースは細胞内側の結合部位に移動する。次いで細胞内側の通路が開き，細胞内へと拡散する(図4-18(b))。言い換えるとグルコース輸送体は細胞内側と外側に合計二つのゲートがあり，グルコースの結合に応じて，順次開閉する仕組みである。一つ一つのグルコース輸送にこのような構造変化が伴うので，輸送速度がチャネルに比べて著しく遅くなると考えられている。

肝臓でみられるようなグリコーゲン分解によって大量のグルコースが産生されたときには同じ輸送体を介して逆に細胞外へグルコースが放出される。GLUTファミリーの中でもGLUT 4はインスリン非依存型の糖尿病との関連が注目されている。すなわちGLUT 4はインスリン刺激の下流で細胞膜への発現量が調節されており，正常であればインスリンに対して糖吸収が亢進する。したがってGLUT 4の膜輸送かGLUT 4自体に機能異常があれば，インスリン抵抗性が生じることになるが，その詳細は不明である。消化管や腎臓尿細管では，Na^+の流入と共役したグルコースの能動輸送がある(後述)。

もう一つの代表的単輸送体として一群のアミノ酸輸送体がある。アミノ酸にはその荷電状態に応じて塩基性(正電荷)，中性，酸性(負電荷)に分類される。このうち塩基性アミノ酸は正電荷を有するので，CATと呼ばれる促進拡散型の単輸送体によって負電位を有する細胞内へ輸送され蓄積される。これに対して中性，酸性アミノ酸の多くは，Na^+共役型の能動輸送体で輸送されるものが多い(後述)。

Side Memo　輸送体の概念について

輸送体の概念は歴史的に大きく変遷してきた。基本的には，チャネルとの対比で輸送速度が数桁低く，かつ温度依存性(Q_{10})の小さい輸送機構として区別された。そのような輸送体として初期に認知されたのは，細菌由来の抗生物質であるバリノマイシンやノナクチンと呼ばれる中性の環状ペプチドであり，輸送担体(キャリア)と呼ばれていた。これらの化合物は膜の片側においてK^+を包摂するように結合し，K^+と同じ実効電荷を有するその複合体は，電気化学的な勾配に従って脂質二重膜を横切って単純拡散し，膜の反対側で化学量論的にK^+を遊離してK^+を輸送する。

当初は生体の遅い輸送も，同様のメカニズムではないかと考えられていた。しかし，輸送体遺伝子のクローニングが進む中で，実際に生理機能に関係している輸送体は膜に埋め込まれた蛋白質であり，構造変化を伴いながら複数の結合部位に沿って物質を順次送り出すというモデルが広まってきた。なお輸送体という言葉は，広義にはイオンチャネルを含むが，一般的には，イオンチャネル以外の輸送機構(ポンプ，トランスポーター)を指し，狭義にはポンプを除いたトランスポーター(単輸送体，共役輸送体)を指す。

C 能動輸送

これまで紹介した輸送機構の物質輸送の向きは，物質の電気化学ポテンシャルの勾配に従った受動拡散であった。生体膜には，これとは逆に物質の濃度(電気化学ポテンシャル)勾配に逆らったさまざまな輸送機構が存在し，これを能動輸送 active transport と呼ぶ。能動輸送は，大別してATPの加水分解エネルギーに直接共役(カップル)した一次性能動輸送と，あらかじめ用意された別の物

(a) Na⁺-K⁺ポンプ　　(b) Ca²⁺ポンプ　　(c) 対向輸送体　　(d) 共輸送体

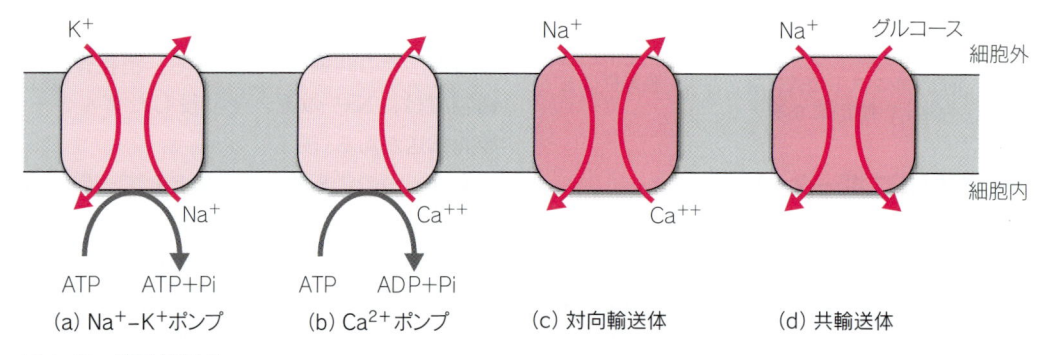

図 4-20　能動輸送体
一次性能動輸送体（a：Na⁺-K⁺ポンプ；b：Ca²⁺ポンプ）と二次性能動輸送体（c：対向輸送体（Na⁺-Ca²⁺アンチポーター）；d：共輸送体（Na⁺-グルコース・シンポーター））。

質の濃度勾配に従った拡散のエネルギーに共役した二次性能動輸送がある。

1　一次性能動輸送

一次性能動輸送を担う輸送体をポンプ pump と呼ぶ。その代表例として，Na⁺-K⁺ ポンプが知られている。しばしば Na⁺ ポンプ，あるいは ATP 加水分解活性があることから，Na⁺-K⁺ ATPase とも呼ばれている。その役割は，細胞内 Na⁺ を細胞外へ汲み出し，同時に細胞外から K⁺ を細胞内へと組み込むことである（図 4-20(a)）。哺乳類の生理環境では，細胞外は 140 mM Na⁺/4 mM K⁺，細胞内は 14 mM Na⁺/150 mM K⁺ というイオン環境が維持されており，逆にこの環境が生理機能の発現に必須である。そしてこの環境を維持している主役が Na⁺-K⁺ポンプである。

たとえば神経細胞や筋肉細胞の電気的興奮（活動電位やシナプス電位の発生）は，Na⁺ チャネルの開口による細胞内への Na⁺ 流入による細胞内正電荷の蓄積で生じる。あるいは次節で紹介する Na⁺/グルコース共輸送や Na⁺/Ca²⁺ 対向輸送においても，Na⁺ の細胞内流入が原動力になっている。このような物質輸送が生じるたびに細胞内に Na⁺ が蓄積する。Na⁺-K⁺ ポンプはこのようにして細胞内に蓄積した余分な Na⁺ を濃度勾配に逆らって細胞外へ排出し，減少した K⁺ を細胞内に回収することによって細胞のイオン環境のホメオスタシスを維持し，細胞がいつでも生理応答できるようにしている。

イオンポンプのもう一つの代表例として，バクテリアやミトコンドリア内膜の H⁺-ポンプがある。近年その分子構造の大略が解明され，一種の回転モーターのようなものであることがわかっている。すなわち，ATP の加水分解エネルギーを使って中心軸が回転するのに共役して H⁺ の能動輸送が行われて H⁺ の濃度勾配が形成される。言い換えると ATP の化学エネルギーを H⁺ の電気化学ポテンシャルに変換する装置である。興味深いことに，このモーターを外部から強制的に逆回転させると（H⁺の濃度勾配に従った拡散でも逆回転する），ATP が合成されることが最近明らかになった。つまり H⁺-ポンプは，ATP 分解酵素であると同時に ATP 合成酵素でもあることがわかった。実際にミトコンドリアでは，後者の機能が ATP 合成の主要なメカニズムである。

2　二次性能動輸送：アンチポーターとシンポーター

一次性能動輸送によって，細胞内外にイオン濃度勾配が作られ，物質ごとに固有の電気化学ポテンシャルというエネルギーとして蓄えられている。このポテンシャルの勾配に沿って物質が移動すると自由エネルギーが減少し，その減少分を使って濃度勾配に逆らった別の物質の輸送が可能になる。輸送される物質と共役する物質の輸送の向きが反対方向の輸送体を対向輸送体（アンチポーター，図 4-20(b),(c)），輸送の向きが同じ方向の輸送体を共輸送体（シンポーター，図 4-20(d)）と呼ぶ。

アンチポーターとしては，Na^+ 流入にカップル（共役）して細胞内 H^+ を汲み出す Na^+-H^+ 対向輸送体，同じく Na^+ 流入に共役して細胞内 Ca^{2+} を汲み出す Na^+-Ca^{2+} 対向輸送体などがある。シンポーターとしては，Na^+ 流入に共役してグルコースを細胞内に取り込む Na^+-グルコース共輸送体（1型ナトリウム依存性グルコース共輸送体）や Na^+-K^+-$2Cl^-$ 共輸送体などがある。神経シナプスに近接するグリア細胞（アストロサイト）には，Na^+ 流入に共役してシナプス間隙に放出された余分な伝達物質グルタミン酸を取り込むグルタミン酸輸送体（GLT-1）が知られている。これらの輸送体は一次性能動輸送体によって作られた電気化学ポテンシャルを利用した能動輸送なので，二次性能動輸送体と呼ばれる。

D 上皮輸送（極性輸送）

細胞膜の物質輸送の特別な例として，小腸上皮細胞などで見られる上皮輸送（極性輸送）が知られている。Na^+，Mg^{2+} やグルコースは，上皮細胞層の管腔側に位置する頂端面から基底面に向かって一方向的に輸送され基底面から放出される。このような極性輸送には，頭頂膜から細胞内，そして基底側壁膜を順次経由する経細胞経路と細胞同士を接着するタイト結合の隙間を通って輸送される傍細胞経路の二通りが知られている（図4-21）。

主要な輸送は経細胞経路で行われており，たとえば Na^+ の場合は，頂端膜の Na^+ チャネルを介した促進拡散で細胞内に流入した Na^+ は，基底側壁膜に発現する Na^+ ポンプなどの能動輸送で細胞外に放出される。また小腸上皮では，グルコースが Na^+/グルコース共輸送体による能動輸送で細胞に取り込まれ，基底側壁膜のグルコース単輸送体による促進拡散で血管に供給される。

一方，傍細胞経路はタイト結合の隙間を介した単純拡散によるイオン輸送が主体と考えられていたが，最近になって，遠位尿細管における Mg^{2+} の再吸収過程においてタイト結合の構成蛋白質であるクローディン claudin のリン酸化による調節があることがわかってきた。

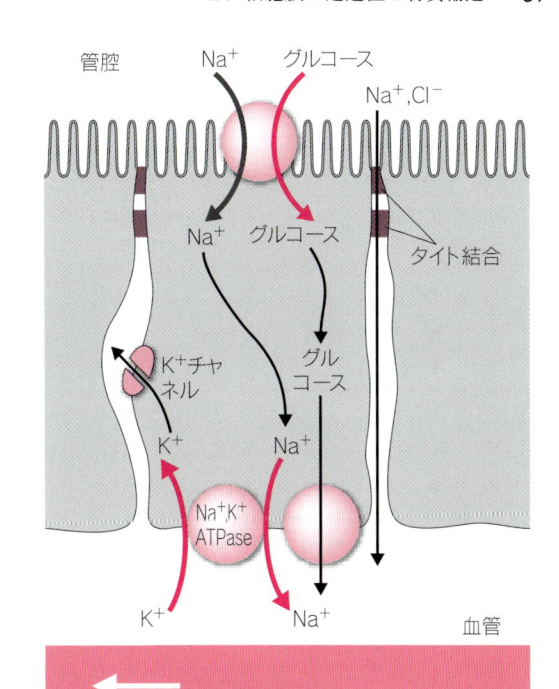

図4-21 上皮輸送（極性輸送）

経細胞輸送の一例として，小腸上皮でのグルコースと Na^+ の極性輸送を示す。管腔側の頭頂膜に発現する Na^+/グルコース共輸送体による能動輸送で大量のグルコースが細胞内に蓄積され，基底膜側からグルコース単輸送体で血管側に放出される。同時に上昇した細胞内 Na^+ は基底膜の Na^+/K^+ ポンプで血管側に排出される。Na^+/K^+ ポンプで取り込まれた K^+ は，背景 K^+ チャネルを介して受動的に細胞外に排出される。さまざまな無機イオンや水が，細胞間の間隙を拡散で移動する輸送を傍細胞輸送という。

また，特殊な例として細胞間のギャップ結合を介した細胞/細胞間側方輸送も知られている。ギャップ結合は，コネキシンと呼ばれる蛋白質の六量体からなるチャネルの一種で，隣り合う細胞膜の六量体が合体して十二量体を形成して細胞間を連結するチャネルを作る。心筋細胞は豊富なギャップ結合で連結しており，イオン流を介した電気的結合が心収縮の統合に重要な役割を果たしている。

● 参考文献
1) 曽我部正博編：イオンチャネル：電気信号をつくる分子．共立出版，1997.
2) 平田 肇，茂木立志編：ポンプとトランスポーター．共立出版，2000.

3) 八田一郎，村田昌之編：生体膜のダイナミクス．共立出版，2000．
4) 日本膜学会編：膜学実験シリーズ(第1巻) 生体膜編．共立出版，1994．
5) 本郷利憲，広重 力，豊田順一監修：標準生理学 第6版．医学書院，2005．
6) 岡田泰伸，清野 進編：チャネルとトランスポーター：その働きと病期．メジカルビュー社，1997．
7) 倉智嘉久編：イオンチャネル最前線 update 別冊「医学のあゆみ」．医歯薬出版，2005．
8) 曽我部正博：ついにわかったKチャネル：驚くべき，しかし美しき結論．蛋白質核酸酵素 47：590-599, 2002．
9) Hille B : Ion Channels of Excitable Membrances 3rd ed. Sinauer, 2001.

第5章
物質の分泌・吸収・消化

Ⅰ. ゴルジ装置　100
Ⅱ. エンドサイトーシス　117
Ⅲ. リソソームと物質消化　125

● **本章を学ぶ意義**

　小胞体で合成された蛋白質，脂質，炭水化物の多くはゴルジ装置へ運ばれ，さらにさまざまな修飾を受けたのち，細胞の各所へ運ばれ，あるいは細胞外に放出されて，それぞれの機能を発揮する。ゴルジ装置で扱われる分子には，細胞膜やエンドソーム，リソソームなどの細胞内構造を形作るもの，抗体やホルモンとして分泌されるものが含まれる。ゴルジ装置は細胞内物質輸送の一大集配拠点であり，その機能の発現はユニークな形状の構造を基盤として行われている。ゴルジ装置は，細胞全体の構造と機能を理解する上で非常に重要な位置を占めるオルガネラである。

　細胞は自らが合成した物質を分泌する一方で，細胞外の物質を取り込み，処理し，利用する。この過程もまた細胞が生存を維持する上で重要である。このことは取り込みに関わる受容体，取り込み装置などの異常や，取り込んだ物質の消化に関わるリソソーム酵素の異常が，種々のヒトの疾患を引き起こすことからも明らかである。

　小胞体からゴルジ，ゴルジ装置内，ゴルジから細胞膜やリソソームへの輸送，および細胞外からの取り込みに関わる輸送は，小胞輸送によって行われる。多くの物質は小胞の内容物として，あるいは小胞の膜成分として細胞内を運ばれる。多くの構造が密集する細胞内を通って，さまざまな小胞が目的地まで運ばれ，正しい相手と出会い，融合するための巧妙な分子機構が存在する。この機構もまた細胞の構造と機能を維持するために必須であることは容易に理解されるだろう。

I. ゴルジ装置

　1898年にCamillo Golgiは銀染色した神経細胞に網目状の構造を観察し，"内細網装置 internal reticular apparatus"として発表した。この構造はすぐにほかのさまざまな細胞にも発見され，ゴルジ装置 Golgi apparatusとして広く知られることになった。しかし，Golgiの用いた銀染色法では，常にこの装置が染まるとは限らなかったため，その後50年間，ゴルジ装置の実在性をめぐる長い論争が続いた。しかし，1950年代に入ってこの論争は終息した。電子顕微鏡によってゴルジ装置がほとんどすべて真核細胞に共通して見られる普遍的なオルガネラであることが証明されたためである。一方，生化学的な研究もゴルジ装置の代謝活性の重要性を明らかにした。ゴルジ装置は細胞の中で，粗面小胞体から細胞膜に至る分泌経路の中央に位置し，物質の輸送，選別，糖の修飾，膜の再利用など，さまざまな役割を担う重要なオルガネラとして細胞生物学の中心的な研究課題の一つとなっている。ゴルジ装置で起こっている現象を化学のことばで説明しようとする本格的な研究は1970年後半に始まり，今日，小胞輸送の基本的な部分が明らかにされている。

A ゴルジ装置の構造

　上に述べたように，光学顕微鏡では特殊な染色をしないとゴルジ装置は見えない。動物細胞ではゴルジ装置は核の周辺に存在する(図5-1)。上皮細胞のような極性の明確な細胞では，ゴルジ装置は核上部に位置する。細胞1個当たりのゴルジ装置の数は組織や細胞によって大幅に異なる。盛んに蛋白質を合成・分泌する細胞では多く，分泌や物質の取込みの少ない細胞では1個程度である。しかし，複数に見えてもそれぞれが一部で結合し

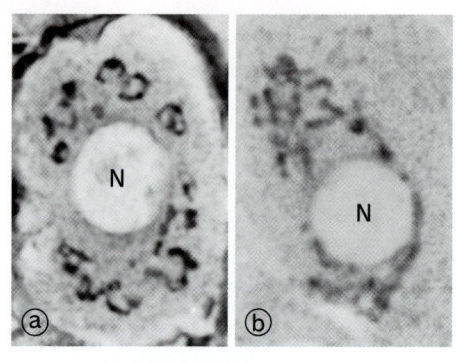

図5-1　ゴルジ装置の光顕像
ⓐ：ラット脊髄神経節のゴルジ染色。ⓑ：ラット肝細胞の初代培養。アルブミンを免疫染色してある。網目状の構造がゴルジ装置。N：核(×1,300)。

ているともいわれる。

1 ゴルジ装置の要素

　電子顕微鏡で観察すると，ゴルジ装置は複雑な構造をもつことがわかる(図5-2)。ゴルジ装置は大別して次の四つの要素からなる：**層** cisterna (小囊 saccule)，**小胞** vesicle，**小管** tubule，および**空胞** vacuoleである。

　層は空気を抜いたゴム・ボールのような形で，内腔は中心部で狭く，辺縁で膨らんでいる。層はゆるく弧を描いて，数層に重なり，ゴルジ装置を特徴づける層板 lamellae 構造を作る(図5-2,3)。層の数は通常4〜6個であるが，分泌を盛んに行っている細胞では一般に多い。層板の数を決めている要因は明らかではない。微小管 microtubuleを脱重合させるコルヒチン colchicineのような薬物はゴルジ装置の層板構造を著しく乱すので，層板構造の維持には微小管が関与していると考えられる。また，ゴルジ層を互いにつなぎとめる機能をもつゴルジマトリックス蛋白質も発見されている。

　小胞(直径約70 nm)は層板の辺縁に多数存在す

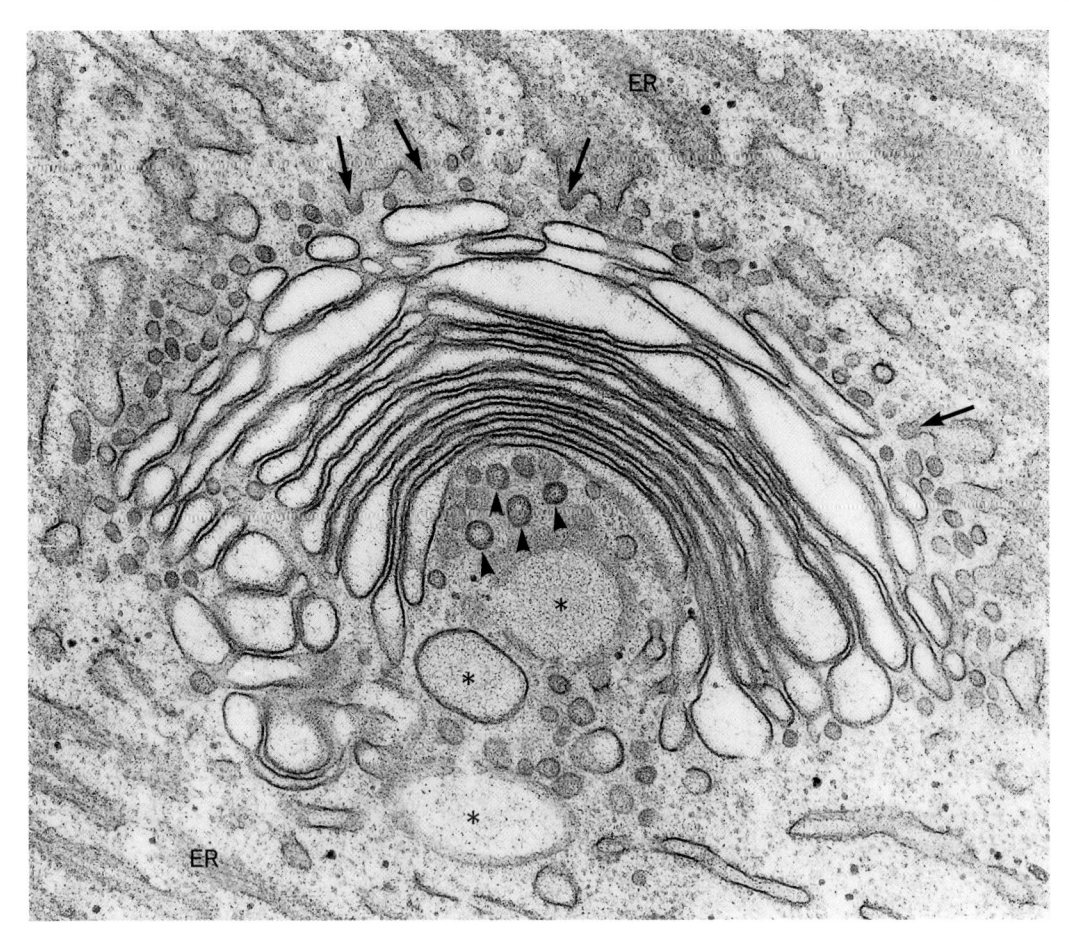

図5-2 ゴルジ装置の電顕像　アメリカザリガニの肝膵臓
シス面には小さなゴルジ小胞がある。小胞体の移行部には出芽している小胞がみえる（矢印）。トランス面には少し大きい小胞（矢尻）や空胞（＊）がある。ゴルジ層板は11個認められる。ER：小胞体（×38,000）。

るが，層の間にはない（図5-2）。これらの小胞は小胞体-ゴルジ層間，また各層間を，融合と解離によって蛋白質や脂質を輸送している（後述）。

空胞はゴルジ層板のトランス側（後述）に存在する。実際には'空'ではなく，分泌細胞では分泌物が濃縮される場であり，それ自体が分泌顆粒に変化していく。ゴルジ装置は有糸分裂の際に小胞と

図5-3 ラット腎尿細管上皮細胞のゴルジ装置をモデルに描いたゴルジ装置の三次元構造図
扁平な層が重なって層板を造る。各層の辺縁部が膨化してそこから小胞や小管が出芽する。シスとトランスの層には窓が見える。トランス・ゴルジ層から出芽した小胞や小管からゴルジ空胞ができる。

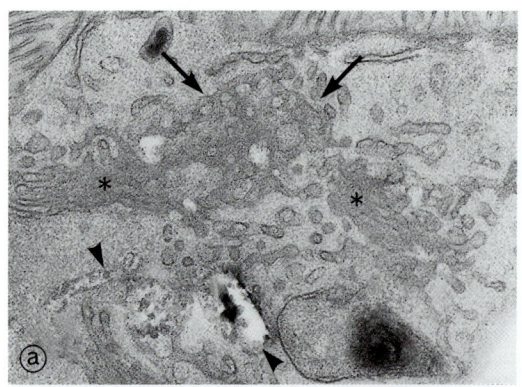

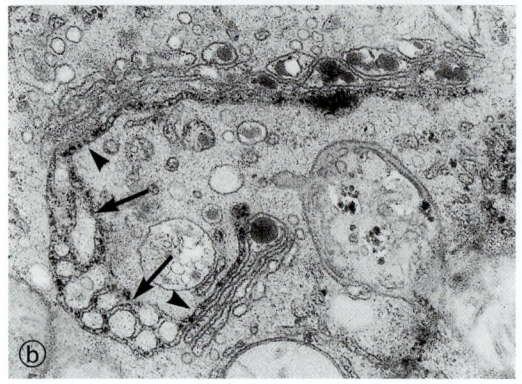

図5-4　ラット腎尿細管上皮細胞ⓐとラット肝細胞ⓑ
　ⓐ：図の下半分に免疫染色された酸性ホスファターゼを含むトランスゴルジネットワーク（矢尻）があり，ゴルジ層板（*）を挟んで上半分にシスゴルジネットワーク（矢印）がある（×32,000）。
　ⓑ：チアミン・ピロホスファターゼ活性をセリウム法で染色してある。反応産物を含むトランス・ゴルジ・ネットワークが見え（矢印），その両端はゴルジ装置の最トランス側の層板に続いている（矢尻）（×32,000）。

なって分散し，分裂が終わると再集合して，ゴルジ装置の形態を作る。

2　ゴルジ装置の区画

　一般に，ゴルジ装置はシス cis，中間 medial，トランス trans 三つの区画に分けられる。

　弓状に並ぶ層板の凸面を**シス面** cis face（近位面 proximal face）と呼ぶ。シス面は小胞体に面していて，分泌蛋白質はここからゴルジ装置に入る。シス面のゴルジ層にはたくさんの窓 fenestration があって，細管が吻合して網目状にみえる（図5-4(a)）。これとその下流の層を含めて，シスゴルジネットワーク cis Golgi network：CGN と呼ん

でいる。

　ゴルジ層板の中央の層が**中間区画** medial compartment で，ここには窓はない。層板の凹面を**トランス面** trans face（遠位面 distal face）と呼び，分泌蛋白質はここから輸送小胞に入ってゴルジ装置を出て，分泌顆粒に入る。この部分は小管と小胞からなり，トランスゴルジネットワーク trans Golgi network：TGN と呼ばれる（図5-4(b)）。また，三次元トモグラフィー再構築 3-dimensional tomographic reconstruction 法を用いたゴルジ装置の立体構造研究によると，小胞体の一部がゴルジ層板間や TGN に入り込んだり，各層の縁が小管で連絡していることが示され，それら構造の機能が注目されている。

　Novikoff は酸性ホスファターゼの細胞化学的局在とその形態学から，トランス・ゴルジの層に小胞体とリソソームを結びつけた"Golgi apparatus-endoplasmic reticulum-lysosomes：GERL"という概念を提案し，リソソーム酵素と分泌蛋白質はゴルジ装置を迂回して，小胞体から GERL に直接輸送されるとした。この概念はその後長い間否定されていたが，最近，rab6-依存性ゴルジ-小胞体リサイクリング経路の存在が明らかになり再考されつつある。

B　構造の極性

　ゴルジ装置には構造的な**極性** polarity がある。つまり，シス側（入り口）とトランス側（出口）が明確にあって，それぞれを構成する層は均一ではなく，層板に対する小胞や空胞の分布も多くの場合，非対称的である。また，層の膜の厚さも均一ではない。シス側では約 7 nm の厚さで，小胞体の膜に似ているが，トランス側に行くに従って厚くなり，約 10 nm の細胞膜の厚さに近くなる。分泌を盛んに行っている細胞のゴルジ装置では，シス側からトランス側に進むにつれて，層内の電子密度が徐々に高くなるのがみられる。

　このような極性は，酵素細胞化学的にも確認できる。たとえば，オスミウム酸の還元性とニコチンアミドアデニンジヌクレオチドホスファターゼ

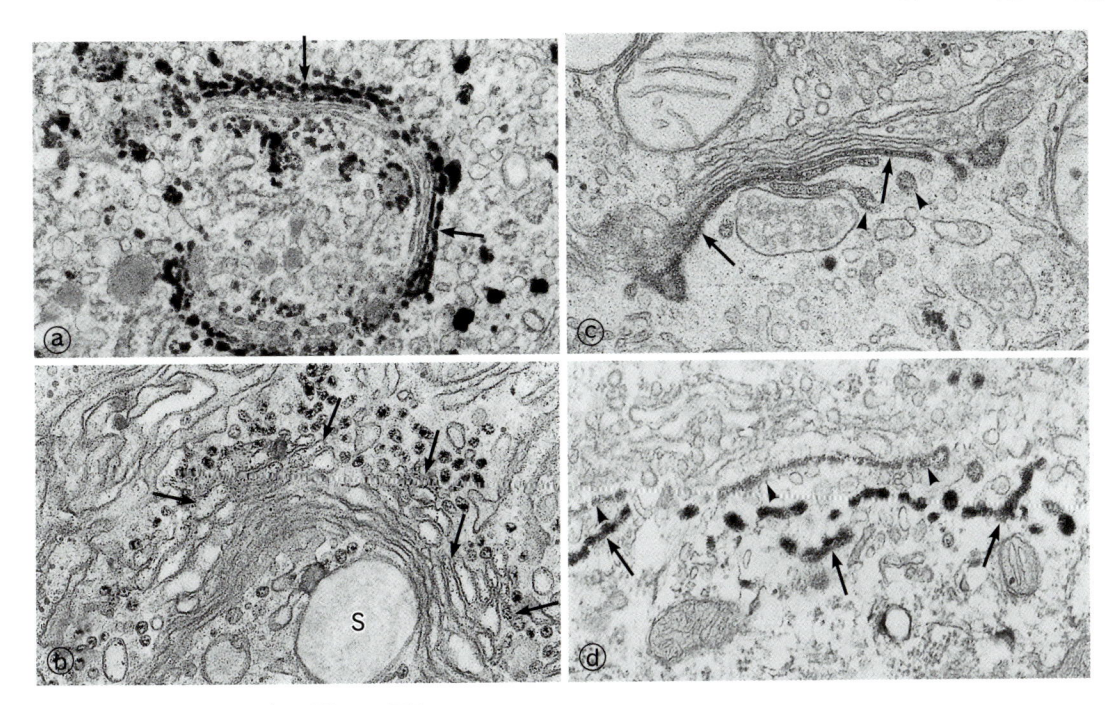

図 5-5 組織化学的なゴルジ装置の極性
ⓐ：オスミウム酸の還元反応を示す．シス面の 2 層の層が染色されている．ラットの切歯エナメル細胞（×29,000）（広島大学歯学部内田隆教授提供）．ⓑ：NADPase 活性の染色．強い反応がシス面の小胞に，弱い反応がシス面の 2〜3 層に見られる（矢印）．トランス面には分泌顆粒（S）がある．ラットの顎下腺（×34,000）．ⓒ：チアミン・ピロホスファターゼ活性の染色．反応はトランス面の 2 層にある（矢印）．トランスゴルジネットワークには，弱い反応しかない（矢尻）．ラット肝細胞（×31,000）．ⓓ：酸性ホスファターゼ活性の染色．強い反応がトランスゴルジネットワークに（矢印），弱い反応が最トランス面の層に見られる（矢尻）．ラット脊髄前角の神経細胞（×38,000）．

NADPase 活性はシス面の 1〜2 層に，チアミン・ピロホスファターゼ thiamine pyrophosphatase はトランス側の層に集中して分布し，酸性ホスファターゼはトランスゴルジネットワークに局在する（図 5-5）．また，免疫電子顕微鏡的には，ガラクトース転移酵素 galactosyl transferase もトランス側の層板に分布する．

密度勾配遠心法で三つの異なった下区画 subcompartments に分画したゴルジ装置の生化学的な酵素活性分析でも，それぞれの下区画に特定の酵素が分布することが示されている（表 5-1）．最近のプロテオーム分析によると，ゴルジ装置を構成する蛋白質は 1,000 種を超えることが報告されている．

表 5-1 ゴルジ装置内の生化学的酵素分布

区画	酵素
シス	N-アセチルグルコサミン 1-リン酸転移酵素
	蛋白質-パルミチン転移酵素
中間	N-アセチルグルコサミン転移酵素 I＋II
	マンノシダーゼ I＋II
	NADPH ホスファターゼ
トランス	ガラクトース転移酵素
	シアル酸転移酵素
	フコース転移酵素
	チアミン・ピロホスファターゼ
	（＝ヌクレオシド・ジホスファターゼ）

これらの酵素がこれらの区画に分布する機構は明らかでない．NADPH ホスファターゼの分布は組織化学の結果と異なる．

C ゴルジ装置の機能

ゴルジ装置の機能には，その局在酵素が示すような代謝的機能と分泌蛋白質の濃縮や選別輸送の

ような機械化学的な機能とがある。これらの機能は互いに結びついているものがあり，完全に分けられるものではないが，前者の機能には蛋白質の生合成に伴う修飾がある。この修飾は蛋白質に生理的に重要な性質を与えるばかりでなく，蛋白質が最終目的地に輸送されるためのシグナルにもなる。主な修飾は，蛋白質のプロセシング，プロテオグリカンの合成，オリゴ糖鎖のトリミング，糖脂質の合成などである。

1 蛋白質プロセシング

分泌蛋白質の中には，アルブミン albumin のように，小胞体に入るためのシグナルとなるプレ・ペプチド鎖 prepeptide chain のほかに，さらにプロ・ペプチド鎖 propeptide chain を含むものがある。プレ・ペプチド鎖は，小胞体に存在するシグナル・ペプチダーゼ signal peptidase によって切断される。プロ・ペプチド鎖は，トランスゴルジネットワーク(TGN)か，それ以後の未熟な分泌顆粒を含む区画で切断される。アルブミンの場合は N-末端の 6 個のアミノ酸が切られて，成熟型のアルブミンになる。プロ・ペプチド鎖の存在理由は明らかではない。このようなプロセシングを受ける蛋白質には，ウイルスの表面糖蛋白質，ホルモンの受容体蛋白質，多くのホルモン前駆体，接着蛋白質などがある。プロ・ペプチド鎖を切断する蛋白質分解酵素はコンバターゼ convertase と呼ばれ，これまで，フュリン furin，PC1(PC3)，PC2，PC4，PC5，PACE4 が同定されている。フュリンは構成的分泌 constitutive secretion を行うほとんどの細胞で普遍的に発現しており，ゴルジ層板に分布する。

一方，PC1(PC3)と PC2 は内分泌細胞や調節性分泌 regulated secretion を行う組織に発現している。PC2 はランゲルハンス島 β-細胞の分泌顆粒に局在する。これらのコンバターゼは，前駆蛋白質を塩基性アミノ酸の特定の対のところで分断する。

2 プロテオグリカンの合成

プロテオグリカン proteoglycan はコアとなる

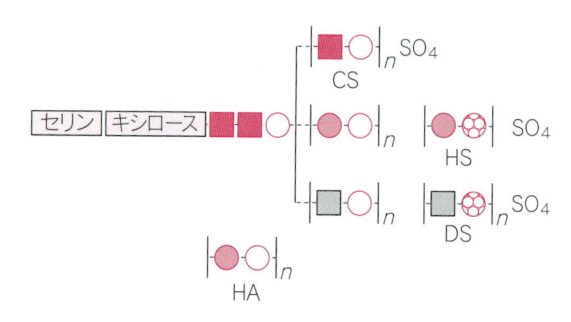

図 5-6 キシロース結合プロテオグリカンとヒアルロン酸の構造と生合成。
　CS：コンドロイチン硫酸，HS：ヘパラン硫酸，DS：デルマタン硫酸，HA：ヒアルロン酸(Tartakoff A M：Intern. Rev Cytol 85：233-252, 1983 より)。

蛋白質のセリン残基に，キシロース xylose，2 個のガラクトース galactose，それにグルクロン酸 glucuronic acid からなる四糖が結合して始まる。これは O-結合型糖鎖付加 O-linked glycosilation と呼ばれる。各プロテオグリカンはこの後に反復する二糖が連なって伸長する。この二糖の組合せはプロテオグリカンのタイプによって異なる(図 5-6)。コンドロイチン硫酸 chondroitin sulfate ではガラクトースとグルクロン酸，ヘパラン硫酸 heparan sulfate では N-アセチルグルコサミン N-acetylglucosamine とイズロン酸 iduronic acid，デルマタン硫酸 dermatan sulfate では N-アセチルガラクトサミンとイズロン酸である。キシロース転移酵素 xylosyl transferase やガラクトース転移酵素の酵素活性は肝細胞のゴルジ画分に豊富に見出される。また，オートラジオグラフィー autoradiography の実験によって，二糖の反覆付加と最後の硫酸化 sulfation がゴルジ装置で行われることが示されている。硫酸基は 3′-ホスホアデノシン 5′-ホスホ硫酸 3′-phosphoadenosine 5′-phosphosulfate から与えられる。

技術解説

1 オートラジオグラフィー（ARG）法

生物の構成物（例：蛋白質）の素材となる物質（例：アミノ酸）を放射性同位元素（RI）で標識して細胞に与えると，たとえば蛋白質の中に取り込まれたアミノ酸はその放射活性でとらえることができる。ARG法は組織や細胞の形態の上に放射活性を検出する方法である。RIを取り込ませた生物試料の切片の上に写真乳剤を密着させて，冷暗所で適当な時間放置する。放射線が乳剤に当たると，銀の潜像ができる。この潜像を写真の現像液で現像すると黒い金属銀の粒子となり，顕微鏡下で組織や細胞の上に観察することができる。この方法は電子顕微鏡にも応用できる。RI投与後の時間経過を追って試料を取れば，蛋白質の細胞内輸送経路が追跡できる。この方法で実際に蛋白質がゴルジ装置を通って分泌顆粒に入ることが示された。

2 GFP（green fluorescent protein）

GFPは，1962年に下村脩氏によってオワンクラゲ *Aequorea victoria* から分離生成された蛍光蛋白質で，青い光を当てると緑色に発光する。1992年にGFPの遺伝子がクローニングされると，この遺伝子と観察したい蛋白質をコードする遺伝子とのキメラ遺伝子を遺伝子工学の手法で調製し，発現ベクターに組み込んで，キメラ蛋白質を細胞に発現させ，その生きた細胞内での局在や動態を観察するという革命的な技術が開発された。その後，さまざまな動物から新たに蛍光蛋白質の遺伝子がクローニングされ，赤，黄，青などの蛍光を発するプローブが市販されている。

宮脇敦史らは，Ca^+によって構造変化を起こす蛋白質にGFPの変異体を融合して，Ca^+の細胞内動態を捕らえる方法を開発している。GFPを用いた技術は細胞における生体分子の動態を捕らえる方法としてますます重要になっている。

この革命的な技術の端緒となったGFPの精製とその化学的性質の解明に対して，下村脩氏に2008年度のノーベル化学賞が授与された。

下村脩氏のGFP分離精製の詳細な経緯や，その後のGFPを用いた分子細胞生物学的な発展については，"Pierbone V, Gruber DF : A glow in the dark—The revolutionary science of biofluorescence. The Belknap Press of Harvard University Press, 2005 に詳しい。

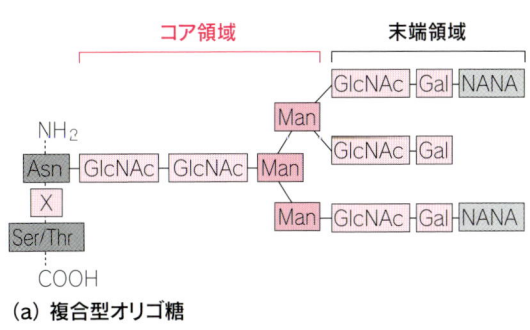

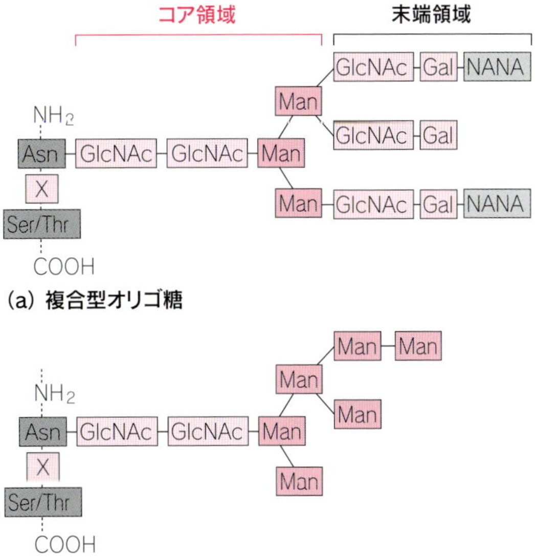

図5-7 成熟した糖蛋白質にみられる二つのN-結合型オリゴ糖の例

末端領域にGlcNAc-Galのような糖鎖がいくつかついて複合型オリゴができる。一方，高マンノース型では，末端領域にマンノース残基がいくつかつく。Ans：アスパラギン，Man：マンノース，GlcNAc：N-アセチルグルコサミン，NANA：N-アセチルノイラミン酸，Gal：ガラクトース。

Side Memo 部分分泌 merocrine

分泌細胞は細胞内で合成した分泌物を細胞外に放出する。古典的な形態学は，分泌形式を部分分泌，離出分泌，漏出分泌，全分泌などに分類してきた。その定義では，部分分泌は分泌顆粒の形成から分泌まで細胞は無傷で，その尖端から分泌物を放出するもので，唾液腺や膵臓で行われている。細胞生物学では分泌を構成的分泌と調節的分泌に分けている。前者は分泌物を貯蔵することなく一定の速度で絶えず分泌することを言い（肝細胞のアルブミン分泌など），後者は分泌物を一時分泌顆粒に貯蔵し，刺激に応答して起こる分泌を言う（多くの自律神経・ホルモン支配の腺の分泌）。部分分泌はほとんどの外分泌腺と内分泌腺で行われている分泌形式で，離出分泌，漏出分泌，全分泌は例外的と言える。

3 オリゴ糖鎖のトリミング

成熟した糖蛋白質のオリゴ糖鎖は二つのグループ，高マンノース型オリゴ糖 high-mannose oligosaccharide と複合型オリゴ糖 complex oligosaccharide に分けられる（図5-7）。これらはともにN-結合型オリゴ糖 N-linked oligosaccharide で，小胞体で付加され，そこで広範なトリミングを受け，さらにゴルジ装置で修飾される。

高マンノース型オリゴ糖鎖は内部の2個のN-アセチルグルコサミンに結合した5～8個のマンノースからなり，ゴルジ装置ではほとんど修飾されない。しかし，複合型オリゴ糖鎖はゴルジ装置で大幅に修飾される。マンノース残基は取り除かれ，N-アセチルグルコサミン，ガラクトース，

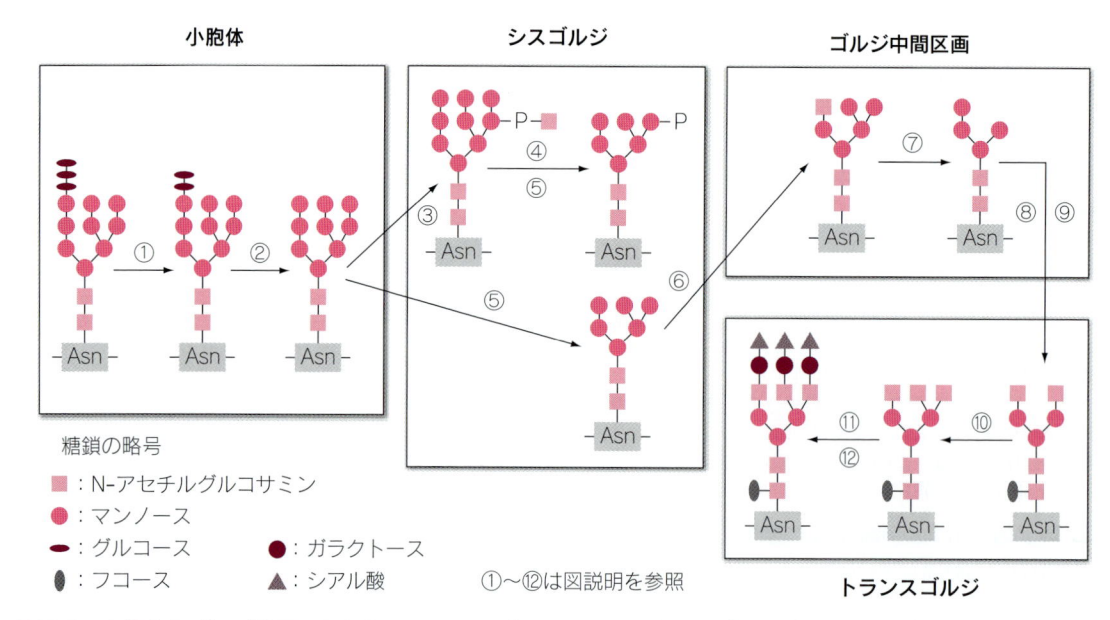

図5-8　小胞体とゴルジ装置で行われるアスパラギン(Asn)結合型オリゴ糖のプロセシング

リソソーム酵素のマンノース6リン酸の付加は分岐したステップ③〜⑤に示す。各酵素反応は順序正しく行われる。小胞体では，蛋白質に転移したオリゴ糖から3個のグルコース残基がグルコシダーゼⅠ①とⅡ②で切り取られる。ゴルジ層板では，リソソーム酵素にN-アセチルグルコサミンリン転移酵素③で糖ヌクレオチド UDP-GlcNAc の GlcNAc-P 部分をオリゴ糖のマンノースに転移し，続いてマンノシダーゼⅠ⑤の作用で，3残基のマンノース残基が切り取られる。さらに，ホスフォジエステル・グルコシダーゼ④が GlcNAc を切り取る。一方，他の糖蛋白質の糖鎖もマンノシダーゼⅠ⑤の作用を受けてマンノースが切り取られる。そこに N-アセチルグルコサミン転移酵素Ⅰ⑥の働きで，1残基の N-アセチルグルコサミンが付加される。この付加で，マンノシダーゼⅡ⑦が作用できるようになり，2残基のマンノースが切り取られる。これで，複合型オリゴ糖の3個のマンノース残基をもつコア部分が作られる。この段階で，コア部分の N-アセチルグルコサミ間の結合はエンドグリコシダーゼ(EndoH)に対して抵抗性になる。このプロセシングを経たオリゴ糖はすべて EndoH に抵抗性になるので，複合型オリゴ糖と高マンノース型オリゴ糖を区別するのに，EndoH 処理が広く使われている。この後，さらに GlcNAc(⑧，⑩，GlcNAc 転移酵素Ⅱ，Ⅳ)，フコース(⑨，フコース転移酵素)，ガラクトース(⑪，ガラクトース転移酵素)，シアル酸(⑫，シアル酸転移酵素)などの残基が(　)内の酵素でそれぞれ付加される(Goldberg & Kornfeld：J Biol Chem 258：3159-3164, 1983 より)．

シアル酸 sialic acid，時にフコース fucose で置き換えられる。この修飾を図5-8に示す。この修飾を遂行するのはグルコシダーゼ glucosidase とグルコース転移酵素 glucosyl transferase の酵素群で，きわめて高い特異性を，糖それ自体だけでなく，末端糖を作るオリゴ糖鎖の組成に対してももっている。グルコース転移酵素の基質となる糖の供与体は細胞質で合成されるヌクレオチド誘導体(ヌクレオチドとの結合で活性化した糖)である。このヌクレオチド誘導体のゴルジ膜を横切る輸送はゴルジ膜の対向輸送蛋白質 antiport protein によって，糖ヌクレオチドを，対応するヌクレオチド-1リン酸 nucleotide-1 phosphate と交換する形で行われる(図5-9)。

複合型オリゴ糖は一定の順序で規則的に進む反応によって作り出される。その反応の各段階を特異的に阻害する薬剤や抗生物質を用いて(表5-2)，糖の付加と転移の経路が詳しく検討されてきた。また，このプロセシングにかかわる酵素のゴルジ装置における厳密な分布は免疫細胞化学によって得られた。肝細胞の研究では，N-アセチルグルコサミン転移酵素Ⅰは中間区画，マンノシダーゼⅡ mannosidase Ⅱはゴルジ全体に，シアル酸転移酵素 sialic transferase は最も遠位の層とトランスゴルジネットワークにその局在が示された。ガラクトース転移酵素は，HeLa 細胞や肝がん細胞のトランスゴルジネットワークに見られる。特定の糖鎖と特異的に結合するレクチン lectin を用い

表 5-2 N-結合型糖付加反応に対する阻害剤

阻害剤	阻害される反応段階
コンパクチン	ドリコール合成
2-デオキシ-D-アラビノ-ヘキソース（2-デオキシグルコース）	Dol-P-Man, dol-P-Glc, dol-PP-GlcNAc の合成；dol-PP-(GlcNAc)₂ Mano-1 の延長
2-デオキシ-フルオロ-グルコース（フルオログルコース）	Dol-P-Man, dol-P-Glc の合成
ツニカマイシン	Dol-PP-GlcNAc の合成
スワンソニン	マンノシダーゼ II
1-デオキシノジリマイシン，ブロモコンジュリトール，N-メチル-1-デオキシノジリマイシン，カスタノスペルミン	グルコシダーゼ I，II
1-デオキシマンノジリマイシン	マンノシダーゼ I

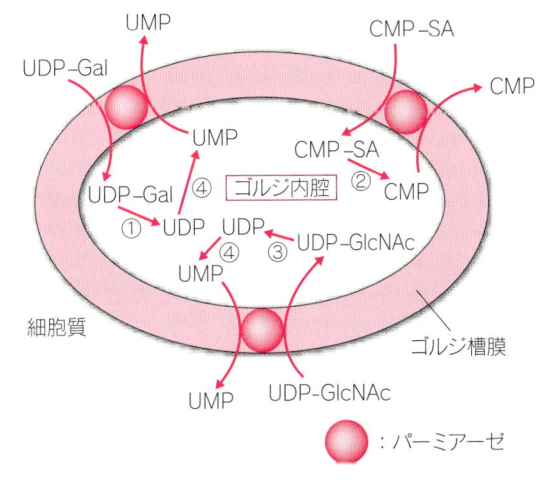

図 5-9 糖ヌクレオチドのゴルジ装置による取り込み
反応①，②，③は適合するグリコシル転移酵素によって行われる。反応④はヌクレオシド・ジホスファターゼ（チアミン・ピロホスファターゼと同じ）によって行われる。ゴルジ層膜の中に存在する特異的な対向輸送蛋白質（パーミアーゼ）によって，それぞれの糖ヌクレオチドはゴルジ内腔に輸送される。糖の略号は図 5-7, 8 に同じ。SA：シアル酸。

た細胞化学的研究によると，未成熟の N-結合型オリゴ糖は小胞体からシス・ゴルジに，また，成熟したオリゴ糖はトランスゴルジネットワークと細胞膜に存在する。

4 ゴルジ装置におけるその他の生合成反応

1) 糖脂質の合成

糖脂質の成熟はゴルジ層板で行われる。セレブロシド cerebroside，ガングリオシド ganglioside，その他の糖脂質は，はじめに脂質部分が合成されて，O-結合型糖付加に似た方法で，糖の供与体である糖ヌクレオチドから糖転移酵素によって糖が 1 個ずつ段階的に脂質部分に転移されてできる。

2) アシル化 acylation

ある種の蛋白質への脂肪酸の共有結合的付加がゴルジ装置で行われる。ウイルスのエンベロープ糖蛋白質，HLA 抗原，トランスフェリン受容体 transferrin receptor などがその例である。ウイルスの糖蛋白質に関する研究では，脂肪酸の付加は小胞体を出る直前か，シス・ゴルジの初めの層で起こるとされている。この付加に働く酵素は，基質としてアシル-CoA で活性化された脂肪酸を用いる。

3) O-結合型糖付加

O-結合型糖付加では，オリゴ糖は蛋白質のヒドロキシル基を含んだアミノ酸（セリン，トレオニン，ヒドロキシリジン）に結合する。この糖付加の過程は N-結合型糖付加とまったく違っており，オリゴ糖鎖はドリコール担体 dolichol carrier を使わずに，特異的な糖転移酵素が糖ヌクレオチドから供給される糖をオリゴ糖鎖の非還元末端に付加していく。蛋白質との結合は，セリン（またはトレオニン）に D-キシロースか，N-アセチルガラクトサミンのどちらかしかない。N-アセチルガラクトサミンの次には，通常ガラクトースがくる。このような結合単位は多くの膜蛋白質や分泌蛋白質に見られる。免疫細胞化学やレクチンの反応から，腸の杯細胞のゴルジ装置では，最初の N-アセチルガラクトサミンの付加はシス区画で，中間区画で他の糖鎖が加わり，トランス区画で外側の N-アセチルガラクトサミンの付加が起こる

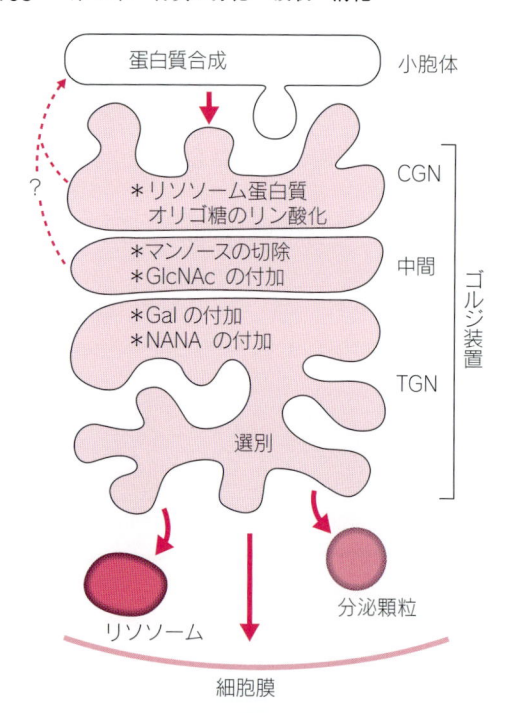

図 5-10 ゴルジ装置の区画化の模式図

蛋白質の糖鎖修飾はゴルジ層板の各区画を通過していく間に行われる。太い矢印はゴルジ装置を横切る順行性の輸送を示す。シスゴルジネットワーク（CGN）と小胞体の間には，逆行性の輸送がある（破線矢印）。C末にKDEL配列をもつ蛋白質が小管によって小胞体に回収される。KDEL配列に対する受容体は他の区画にもあるので，そこからの回収もあるかもしれない（？）。トランスゴルジネットワーク（TGN）は主に蛋白質の選別の場として働いている。

ことが示唆されている。先に述べたように，プロテオグリカンも O-結合型糖付加で作られる。

4) 硫酸化 sulfation

ある種の蛋白質のチロシン残基，ガラクトシルセラミド galactosylceramide，プロテオグリカンのヘキソースアミン残基には，それぞれに特異的な硫酸転移酵素 sulfotransferase の働きで硫酸基が付加される。硫酸基は活性化硫酸基供与体の3′-ホスホアデノシン5′-ホスホ硫酸から与えられる。硫酸化の起こる場所は，ゴルジ装置のトランス区画である。ゴルジ装置の働きを図5-10にまとめる。

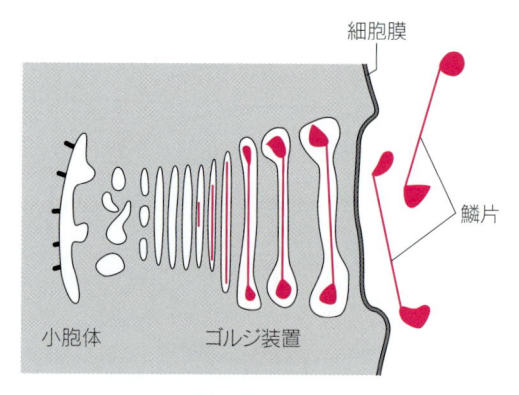

図 5-11 藻類の一種の鱗片形成

セルロースの鱗片形成はゴルジ装置のシス面からトランス面に向かって進行する。鱗片の両端には，成熟してくると，石灰化が起こる（塊部分）。ゴルジ層がシス面から加えられ，成熟してトランス面から鱗片と共に出ていくと解釈される（De Robertis & De Robertis : Cell & molecular biology より）。

D ゴルジ装置内の輸送

細胞膜の蛋白質，分泌蛋白質，リソソームの蛋白質は粗面小胞体で合成され，ゴルジ装置に入り，上に述べたような修飾を受けてそれぞれの蛋白質の目的地に送られる。極性のある上皮細胞などでは，膜蛋白質や分泌蛋白質の行き先は細胞尖端と基底側壁の二方向になる。このように，別々の行き場所をもった無数の蛋白質はゴルジ装置によって選別輸送される。ゴルジ装置は細胞内蛋白質輸送の要と言える。ゴルジ装置を経由する蛋白質の輸送については，多くのモデルが提出されてきたが，その中で，細胞生物学者の注目を集めたものは，層成熟モデル cisternal maturation model，定着層モデル stationary cistern model（小胞輸送モデル vesicular transport model）である。

1 層の成熟モデル

このモデルは Morré らによって主張された膜流動モデル membrane flow model に始まる。このモデルでは，小胞体から出芽した小胞がシス・ゴルジ層を形成し，それが中間の層に変化していく。したがって，ゴルジ層板は定着したものでは

なく，絶えずトランス方向に移動して，最終的に分泌顆粒を経て細胞膜になる。このモデルの根拠はシスからトランスに向かって層の膜の厚さが増していくこと，ミドリムシのゴルジ装置における鱗片形成 scale formation では，小さい形成途中の鱗片 scale から大きな完成した鱗片が，シスからトランスにいたる層板に順に並んでいることなどである（図5-11）。膜の厚さの変化が成熟の程度を示し，鱗片の形成では鱗片が小胞で輸送されるには大きすぎ，層ごと移動するほうが妥当にみえる。このモデルは次のような事実，つまり，細胞化学的にゴルジ層の酵素組成が異なること，分泌顆粒膜の蛋白質成分がその内容物よりゆっくりターンオーバーすること，さらに顆粒の膜は回収されてトランス・ゴルジに戻ることを説明できなかった。しかし，最近，COP I（コートマー蛋白 I）のコートする輸送小胞がゴルジ層在留酵素を逆行性に（トランスからシスに）輸送していること，またこの小胞には順行性に輸送されるべき蛋白質が少量しか含まれていないことが明らかとなり，この説は地歩を固めつつある。しかし，COP I 小胞は層板間よりも層板から小胞体への輸送に関わることを示唆する証拠もある。

2 定着層モデル

このモデルは Farquhar によって提案されたもので，個々のゴルジ層の酵素組成の相違と膜回収の機構を都合よく説明する。このモデルでは，層板を通して動くのは産物だけで，個々の層は定着している。また，層間の輸送は特異的な小胞によって行われ，小胞の動きはゴルジ層の辺縁で起こる。

この説では，新しく作られた蛋白質は次のように輸送される。粗面小胞体からシス・ゴルジに面した移行領域 transitional elements に進み，そこから，シス・ゴルジ層に入り，順に層板を横切ってトランス・ゴルジ層に行き，そこで選別されて目的部位に送られる。輸送ルートは多数の別個の区画からできており，その間の輸送は小胞によって行われる。

この説は長い間有力な説として広く受け入れられてきたが，鱗片や蛋白質の集塊を作るプロコラー ゲンの輸送が説明できないこと，COP I 小胞がゴルジ層在留酵素を逆行性に層間輸送することが示唆され，説得力が薄れつつある。

3 小胞輸送モデル（SNARE 仮説）

この仮説は Rothman によって提案された。この仮説は定着層モデルを発展させたもので，小胞はどのような機構で標的膜を選別し，正確に連結するのかを化学的に説明しようとする。この説はゴルジ装置における輸送よりも，細胞内液胞系における小胞輸送一般を説明するのに適している。

1） ゴルジ層板間の輸送

Rothman らはこの輸送をみごとな方法で示した。糖転移酵素を欠いた変異株細胞に vesicular stomatitis virus を感染させ，ゴルジ装置で糖鎖の修飾を受ける G 蛋白質を ^{14}C で標識した。この細胞よりゴルジ装置を分離し，これを"送り手"のゴルジ装置とし，N-アセチルグルコサミン転移酵素を含むゴルジ装置を"受け手"として，サイトゾルと ATP の存在下でインキュベートした。

送り手から受け手への G 蛋白質の移行は，N-アセチルグルコサミンの結合した G 蛋白質の放射活性で測定できる。糖を付加された G 蛋白質は，送り手の層板から受け手のゴルジ層板に移行しており，移行は小胞のような中間体によって行われると考えられた。

電子顕微鏡で観察すると，G 蛋白質を含む直径 70 nm の小胞が，実際にサイトゾルと ATP を加えた時だけ現れた。小胞の多くと出芽中のものは，18 nm の被覆 coat をもっていた。この被覆はサイトゾルとインキュベートした時にのみ現われ，またクラスリンと異なるものである。この輸送は加水分解されない GTP のアナログ GTP-γS とシステインをアルキル化する N-ethylmaleimide：NEM で阻止される。

電子顕微鏡的には，70 nm 小胞の蓄積が見られる。GTP-γS は被覆小胞を蓄積させ，NEM は被覆のない小胞を蓄積するが，両方の存在下では被覆小胞が現れることから，GTP-γS の阻止は NEM 阻止に先行し，被覆小胞は出芽の後で被覆

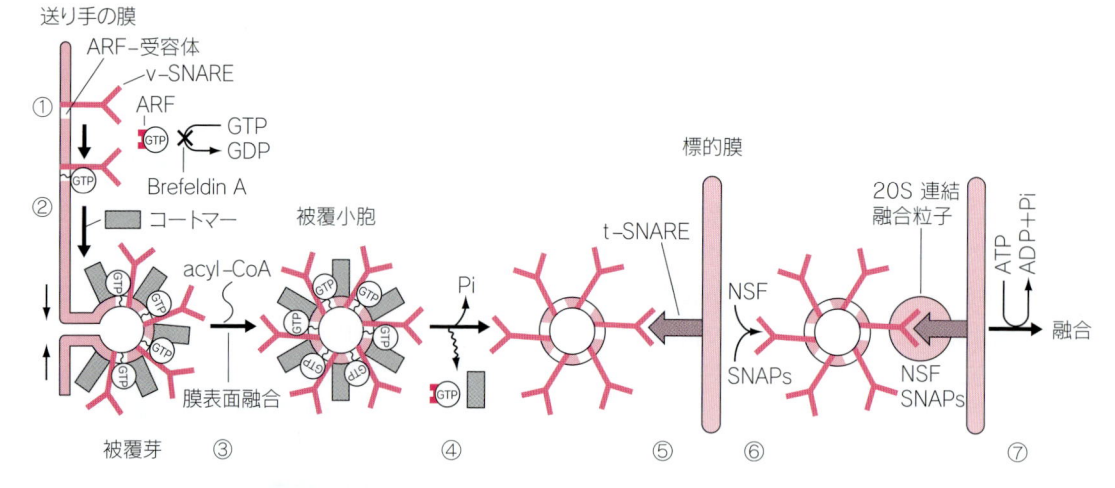

図 5-12　小胞輸送の分子機構
①：ARF のような小 GTP 結合蛋白質に GTP が結合して，送り手膜へのコートの集合が賦活される．この GTP の結合はブレフェルジン A(BFA)によって阻害される．②：GTP 結合蛋白質(ARF)は膜の受容体に結合し，コートマーを出芽中の小胞に補給する．この間に，小胞は関係する膜蛋白質で特定の標的膜に結合するように札づけされる．この住所標識が v-SNAREs である．③：芽は細胞表面融合のような過程を経て膜からちぎれる．これには Acyl-CoA が必要である．④：コートマーは GTP の加水分解が起こると小胞から解離する．⑤：v-SNAREs は対応する標的膜の t-SNAREs と結合し対を作って連結する．⑥：この足場ができると，そこに NSF，SNAPs などの蛋白質が集合して融合装置(20S 融合粒子)できる．⑦：未知の生物物理的機構により，膜の融合が起こる．この融合には NSF の ATPase 活性による ATP の加水分解が必要である(Rothman：Nature 372：55-63, 1994 より)．

が外れることがわかった．GTP-γS 処理で蓄積する被覆小胞を分離して，蛋白質組成を調べると，8個のポリペプチドが検出される．一つは ADP-リボシル化因子 ADP-ribosylation factor：ARF で，これはサイトゾルでは単量体として存在する GTP 結合蛋白質である．ほかの7個は COP と呼ばれる蛋白質で，等モルで結合しコートマー coatomer 複合体を作る．ARF とコートマーは細胞質にあって，ゴルジ膜の表面で共集合して小胞を形成する．小胞がちぎれて膜を離れると，被覆は外れる．コートマーはそのアナログが酵母にも存在する．ARF は酵母の細胞内輸送に必須であることが示されている．

2) 小胞の出芽

GDP 結合型の ARF はミリスチン酸が結合すると可溶性になるが，膜には挿入されない．しかし，GDP が GTP に交換されると膜に挿入される(図 5-12 の①)．このような GDP-GTP 交換がゴルジ膜に結合した ARF・GTP をつくり，サイトゾルからコートマーを補給して，出芽を準備する(図 5-12 の②)．コートマーは ARF には結合するが，遊離の ARF には結合しない．コートマー ARF 被覆は，現在 COP I 被覆と呼ばれている．ゴルジ層の膜は ARF が結合しても平坦であるが，コートマーが付加されると芽を形成する．この芽は基部で膜に続いているが，palmitoyl-CoA のような脂肪酸アシル-補酵素 A を加えると，ちぎれて小胞となる(図 5-12 の③)．このちぎれは periplasmic fusion(細胞質側からはじまる小胞融合反応と違って，芽の内腔側から起こる膜融合)によって起こると考えられる．これはウイルスのエンベロープの融合に似ている．ARF はクラスリン被覆の形成でも同じように働く．

3) 小胞の標的膜との融合

被覆小胞は膜からちぎれると，被覆が外れる．この被覆解除には ARF 結合 GTP の加水分解が必要である．GTP が加水分解されると，ミリスチン酸は膜から引き抜かれ，ARF は膜から解離

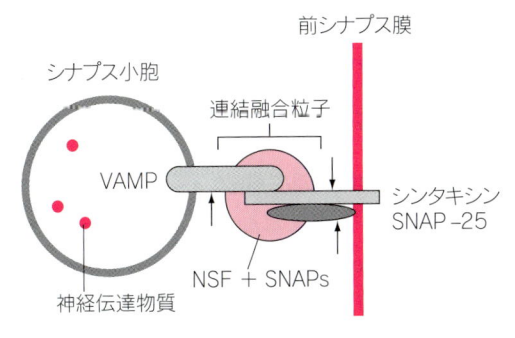

図 5-13 シナプス小胞の融合機構
　色の円盤が 20S の連結融合粒子を示す。この粒子は NSF, SNAP 蛋白質群, VAMP(＝シナプトブレビン), シンタキシン, SNAP-25 を含んでいる。ボツリヌス菌や破傷風菌の神経毒素は矢印のところで後者 3 種の蛋白質を分割し, 神経伝達物質の放出をブロックする。このことから, これらの蛋白質が 20S 連結融合粒子のサブユニットであることが示された。これら 5 種類の蛋白質群は細胞内の小胞輸送の融合系で使われている(Rothman: Nature 372: 55-63, 1994 より)。

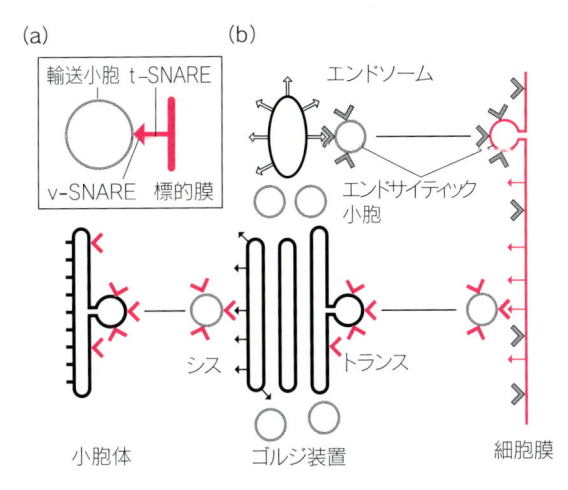

図 5-14 SNARE 仮説
　(a)：各輸送小胞は VAMP と関係のある v-SNARE をもっている。この v-SNARE はシンタキシンや SNAP-25 と関係する相補的な t-SNARE と対を作る。これで小胞は正しい標的と連結することができる。この連結を核にして他の蛋白質が集合して 20S 連結集合粒子ができる(**図 5-12 参照**)。(b)：各区画の小胞輸送に係る SNAREs の局在パターンは前もって決められている。同じ種類の v-SNARE と t-SNARE(同じ模様で描かれている)が連結することによって, 細胞内の小胞輸送が行われる(Rothman: Nature 372: 55-63, 1994 より)。

し, コートマーも外れる(図 5-12 の④)。被覆がなくなると輸送小胞は標的膜に連結することができる(図 5-12 の⑤)。連結後, 小胞は標的膜と融合するが, これには NSF : NEM sensitive fusion protein の ATPase 活性が必要である(図 5-12 の⑥, ⑦)。この蛋白質には二つの相同なドメインがあって, おのおのに ATP 結合部位がある。どちらか一方に変異が起こると, 融合か ATPase 活性が失われる。両方の変異は両方の活性がなくなる。NSF に相同の蛋白質は酵母にも存在し, これは動物の小胞融合にも十分に機能する。NSF は無細胞融合系にサイトゾルが加えられると, 初めてゴルジ膜と結合することから, 可溶性 NSF 接着蛋白質 soluble NSF attachment proteins : SNAPs がサイトゾルから精製された。

　SNAPs もまた小胞の融合に必要である(図 5-12 の⑥)。SNAPs には α-, β-, γ-の 3 種類あり, α-SNAP と β-SNAP は似ていて互いに交換可能であるが, γ-SNAP は双方と違っている。酵母の Sec17p は α-SNAP に相同で, 同じ働きをもつ。SNAP は NSF より先にゴルジ膜の SNAP 受容体 SNAP receptor : SNARE に結合する。SNAP は溶液中では NSF と反応しないが, 一度 SNARE に結合すると, NSF と飽和するまで結合するようになる。γ-SNAP は α-SNAP と共同して最適の NSF 結合を作り出す。NSF, α-SNAP, γ-SNAP および SNARE の複合体は融合粒子 fusion particle として, ゴルジ膜より界面活性剤で抽出でき, 20S に沈降する。ATP の加水分解によるエネルギーを使った脂質二重層の立体構造の変化が融合を引き起こすと考えられるが, 融合の生物物理的な機構はわかっていない。

4) 標的化の特異性

　小胞は送り手の膜を離れる時に, 正しい標的を選択していないと, 特定の受け手の膜に融合できない。この特異的な膜融合はシナプスにおける刺激の伝達でもみられる。シナプスの 20S 融合粒子は, NSF, SNAPs, VAMP : vesicle-associated membrane protein(＝シナプトブレビン synaptobrevin), シンタキシン syntaxin, SNAP-25(synaptosome-associated proteins with Mr 25 kDa)

表5-3 細胞内の区画に見出されている特異的SNAREs

	v-SNAREs (輸送粒子と 送り手区画)	t-SNAREs (受け手区画)
小胞体	BOS1, BET1, SEC22*	
シス・ゴルジ		SED5*, Syn5, GS27, GS28, GS15
トランス・ゴルジ	SNC1, SNC2*	
非神経細胞膜		SSO1, SSO2* Syn2, Syn4
エンドソーム	セルブレビン	
前シナプス膜		シンタキシン SNAP-25
シナプス小胞	VAMP(シナプトブレビン)	

v-SNAREsの構造とアミノ酸配列はVAMPのホモログであり, t-SNAREsはシンタキシンやSNAP-25のホモログである。酵母で見つかったものに*がついている。他は動物のものである。約35種のSNAREスーパーファミリーが同定されている。

からなる(図5-13)。シンタキシンとSNAP-25は前シナプス膜に, VAMPはシナプス小胞に局在する。これは, 小胞が20S融合粒子と複合体を作ると, 連結が起こることを示す。他の細胞内膜の融合過程では, VAMP, シンタキシン, SNAP-25に代わる同類の蛋白質が, SNAPsやNSFと一緒に働いていると考えられる。しかし, この融合系の特異性はNSFやSNAPsでは決まらないので, 小胞とその標的膜のSNAREsの間の対形成が特異性を決めると考えられる。各輸送小胞は, 一つかそれ以上のv-SNAREsからなる独自のアドレスをもっている。このアドレスは出芽時に母体の膜から与えられる。一方, 各標的膜は同様にt-SNAREsをもっている。標的化の特異性はv-SNAREsがそれに適合するt-SNAREsに結合することである(図5-14)。v-SNAREs(シナプトブレビンのホモログ)やt-SNAREs(シンタキシンやSNAP-25のホモログ)はいくつかの細胞内区画で見つかっている(表5-3)。小胞の連結と輸送にはRab family蛋白質も関与する。このような機構により, 蛋白質はゴルジ装置によって選別輸送されていると考えられる。リソソーム蛋白質の多くは, マンノース-6-リン酸受容体によってTGNで選別される(B項, リソソームを参照)。

4 ゴルジ装置を通る物質輸送

1) 小胞体-ゴルジ間の輸送

小胞体とゴルジ間には順行性anterogradeと逆行性retrogradeの輸送がある。順行性に輸送される蛋白質と結合したカーゴは小胞体膜の輸出ドメインに集まり, COPIIコートマーをもつ小胞でシス・ゴルジネットワークに運ばれる。COPII小胞の他には今のところわかっていない。一方, トモグラフィーによるゴルジ装置の三次元分析では, 小胞体からシスおよびトランス・ゴルジ層に伸びる小管が見つかっており, これらが脂質やセラミドの輸送に関わっていると考えられている。小胞体からゴルジへのある種の蛋白質の選別輸送にはカーゴ蛋白質へのモノユビキチン結合が関与するという事実が集積しつつある。ゴルジから小胞体への逆行性輸送はCOPI小胞によって行われ, ゴルジに輸送された小胞体残留シグナル(KDEL)受容体が小胞体に戻される。

2) ゴルジ層板間の輸送

SNARE仮説の根幹をなす小胞輸送にはコートマーが重要な役割を果たす。しかし, コートマー(COP)に変異のある酵母では, ゴルジ装置から小胞体への逆行性の輸送が止まるだけで, ゴルジ装置を通る順行性の輸送には異常がない。これは, コートマーは逆行性の輸送に必要であるが, ゴルジ層板の間の輸送には不要であることを意味する。もちろん, ゴルジ層板間の輸送は別のタイプの被覆小胞が関与するとも考えられるが, 層板間の輸送にはまだ不明な点が多い。

最近, 小胞に代わる層板間の輸送形式として小管輸送説が提案されている。分離したゴルジ装置を用いてin vitroで輸送反応を行った後, ゴルジ層板の三次元構造をみると, 各層板の辺縁部では小管が網目を造り, さらに上位や下位の層板と吻合している。この小管を通して層板間の輸送が起こると考えられる。コートマーは小管の出芽と融合に必要である。また, このような小管形成はゴ

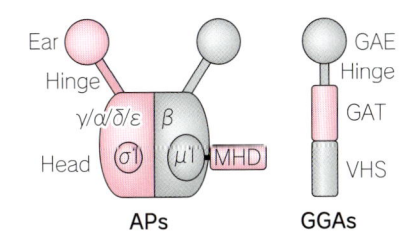

図5-15 アダプチン(AP)とGGA蛋白の模式図

APはヘテロ四量体で，大・中・小のサブユニットからなり，二つの大サブユニットはβとγ，α，δ，εのどれか，中サブユニットはμ，小サブユニットはσ。4種類の複合体(AP-1, AP-2, AP-3, AP-4)がある。2個の大サブユニットのC-末端側に曲がりやすいヒンジでearsが飛び出している。全体としてミッキーマウスのような形をしている。μサブユニットにはμ類似・ドメインが結合する。ゴルジ局在γイヤー含有ARF結合蛋白(Golgi-localized, γ ear-containing, ARF-binding protein)GGA蛋白は単量体でN-末端からVHS(Vps27/HRS/STAM類似ドメイン)，GAT(G, A, TOM1-類似ドメイン)，GAE(γ-adaptin ear類似ドメイン)からなる。

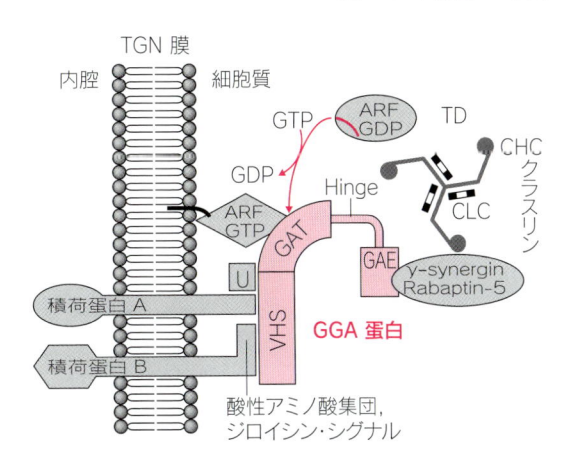

図5-16 GGA蛋白と関係蛋白との相互作用モデル

GGA蛋白の各ドメインはさまざまな蛋白と相互作用する。GTP結合ARFはGATドメインに働いてGAA蛋白をTGN膜に付着させる。VHSドメインはカーゴ蛋白の酸性アミノ酸集団やジロイシン・シグナルと結合してカーゴ蛋白を選択する。また，ユビキチンが結合した積荷蛋白はVHS/GATドメインによって選択される。GAEドメインは小胞形成や膜融合に関係する蛋白質と相互作用する。ヒンジ領域でクラスリンの重鎖(CHC)末端ドメイン(TD)と結合する。CLCはクラスリン軽鎖。

ルジ在留酵素の混合を少なくする。

3) TGNからの輸送

細胞のさまざまな場所に運ばれる蛋白質や脂質の小胞への梱包と選別は主にトランスゴルジネットワーク(TGN)で行われる。TGNからの輸送には少なくとも四つの順行性の経路が存在する。細胞膜への二経路(構成的経路および調節的経路)，リソソームへの直接経路，エンドソームを経てリソソームへ行く経路である。これらの区画間の輸送は一般に小胞輸送で行われる。上述したように，蛋白質のコートは形成中の小胞への積荷選別とピットの形成に必要である。

TGNのコート蛋白質には，クラスリンclathrinがある。クラスリンは，個別のアダプター複合体(AP)とともにTGNや細胞膜におけるいくつかのタイプの小胞形成に関わる。APは哺乳動物では4種(AP-1, AP-2, AP-3, AP-4)，酵母では3種(AP-1, AP-2, AP-3)が知られている。酵母では3種すべてを欠失させても，TGNから液胞への輸送が阻害されないので，別のアダプターが予想される。APはそれぞれ4個のサブユニットからなるヘテロ四量体である(図5-15)。

大サブユニットは二つあり，一つは$\gamma/\alpha/\delta/\varepsilon$のいずれか，もう一つは$\beta$である。大サブユニットのヒンジ領域でクラスリンと結合する。中サブユニットμはβサブユニットと結合する。小サブユニットσは$\gamma/\alpha/\delta/\varepsilon$のいずれかと結合する。AP-1とAP-2は膜貫通蛋白質(積荷蛋白質)の細胞質ドメインの酸性アミノ酸集団，ジロイシンなどの選別シグナルを認識し，$\gamma/\alpha/\delta/\varepsilon$サブユニットのearは補助蛋白と結合し，小胞のちぎれや脱コートに関与する。

新しいアダプター関連蛋白として，最近，GGA(Golgi-localized, γ-ear-containing, ARF-binding protein)が発見された。GGAは3種類(GGA1, GGA2, GGA3)が知られ，APと違って単量体で存在し，ジロイシン(選別シグナル)と結合するVHSドメイン，ARFと結合するGATドメイン，クラスリンと結合するヒンジ領域，補助蛋白と結合するγ-adaptin ear(GAE)からなる(図5-16)。

GGAは積荷膜蛋白の細胞質領域にあるジロイシン・シグナルとVHSドメインで結合し，これ

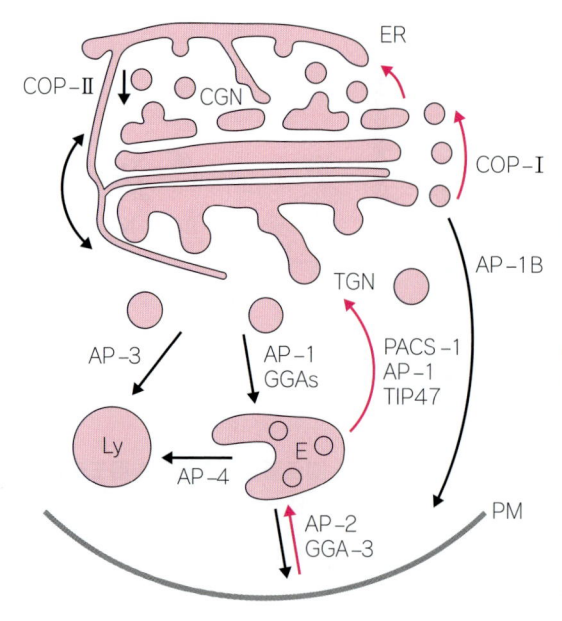

図5-17 アダプチンとGGA蛋白が関与する輸送経路
順行性輸送は➡で,逆行性輸送は➡で示す。ゴルジ層板間の順行性輸送はよくわかっていない。ER：小胞体。CGN：シスゴルジネットワーク。AP：アダプチン複合体。GGA：Golgi-localized, γear-containing, ARF-binding protein. PACS-1（phosphofurin acidic cluster sorting protein）：膜蛋白フリン（furin）の酸性アミノ酸集団シグナルを選別してトランス・ゴルジ・ネットワーク（TGN）への局在化に働く細胞質蛋白。TIP47（Tail interacting protein 47 kDa）：可溶性のものや脂肪滴に結合したものがあり,カチオン依存性マンノース-6-リン酸受容体（CI-MPR）の細胞質ドメイン（フェニルアラニン-トリプトファン・シグナル）に相互作用して,アダプター蛋白と接着させる。PM：細胞膜（plasma membrane）。

をTGNからエンドソームに輸送する。輸送される積荷蛋白としてマンノース-6-リン酸受容体（MPR），ソーチリン（sortilin），β-セクレターゼなどが知られている。また，GGAのGATドメインには二つのユビキチン結合モチーフがあり，ユビキチンの結合した積荷蛋白を認識し，これをTGNから初期エンドソームに小胞輸送する。ユビキチン結合が選別シグナルになる積荷蛋白には，上皮成長因子受容体が知られている。APとGGAsの関わる区画間の輸送を図5-17に示す。

E ゴルジ装置の構造に影響する薬剤

ゴルジ装置の構造に影響を与える薬剤はコルヒチン colchicine, タキソール taxol, モネンシン monensin, クロロキン chloroquine, ノコダゾール nocodazole, ビンブラスチン vinblastine, ブレフェルディンA brefeldin A（BFA），イリマキノン ilimaquinone, エキソール exol などが知られている。

後者三つを除く，これらの薬剤はゴルジ装置に対してほぼ共通した効果を示す。つまり，ゴルジの層板構造は崩壊し，層は断片化し，膨化する。また蛋白質の輸送は遅延する。

イリマキノンは海綿の代謝産物，エキソールは合成化学物質，BFAは抗ウイルス性抗生物質である。BFAは小胞体からゴルジ装置への蛋白質の輸送を阻止する。BFAは同時にゴルジから小胞体への逆行性の輸送を誘導する。形態的には，ゴルジ層が互いに融合して多数の吻合する小管を形成し，それらは小胞体に吸収され，ゴルジ装置の形態は失われる。

エキソールとイリマキノンも同じような現象をゴルジに引き起こす。化学的には，BFAはARF1のGDP/GTP交換を阻止するので，ARFとコートマーがゴルジ膜に結合するのをブロックする（図5-12の①）。結果として被覆小胞の出芽が抑制される。また，被覆は出芽完了前の小胞の融合を防ぐ装置なので，被覆の集合がBFAで止まると，近隣の区画が直接融合することになる。結果としてゴルジ層板は急速に小胞体に吸収され，ほとんど消滅し，小胞体以後の輸送が止まる。BFAを取り除くと，ゴルジ層板は速やかに復元する。

●参考文献
●ゴルジ装置の構造
1）Barr FA, Short B : Golgi's in the structure and

dynamics of the Golgi apparatus. Curr Opinion Cell Biol 15 : 405-413, 2003.
2) Farquhar MG : Progressing in unraveking pathways of Golgi traffic. Ann Rev Cell Biol 1 : 447-488, 1985.
3) Farquhar MG, Palade GE : The Golgi apparatus (complex) - (1954-1981) - from artifact to center stage. J Cell Biol 7 : 7s-103s, 1981.
4) Mogelsvang S, et al : Tomographic evidence for continuous turnover of Golgi cisternae in *Pichia pastoris*. Mol Biol Cell 14 : 2277-2291, 2003.
5) Novikoff AB : The endoplasmic reticulum : A cytochemist's view. Proc Natl Acad Sci USA 73 : 2781-2787, 1976
6) Rambourg A, et al : Three dimensional architecture of the Golgi apparatus in Sertoli cells of the rat. Amer J Anat 154 : 455 476, 1976.
7) Shorter J, Warren G : Golgi architecture inheritance. Ann Rev Cell Dev Biol 18 : 379-420, 2002.
8) Storrie B, Nilsson T : The Golgi apparatus : Blancing new with old. Traffic 3 : 521-529, 2002.
9) Trucco A, et al : Secretory traffic triggers the formation of tubular continuities across Golgi sub-compartments. Nature Cell Biol 6 : 1071-1081, 2004.

● 構造の極性
1) Fleischer B, et al : Isolation and characterization of Golgi membranes from bovine liver. J Cell Biol 48 : 59-79, 1969.
2) Ladinsky MS, et al : Golgi structure in three dimensions : Functional insights from the normal rat kidney cell. J Cell Biol 144 : 1135-1149, 1999.
3) Lee MC, et al : Bi-directional protein transport between the ER and Golgi, Ann Rev Cell Dev Biol 20 : 87-123, 2004.
4) Morré DJ, et al : Membrane flow and interconversions among endomembranes. Biochim Biophys Acta 559 : 71-152, 1979.
5) Nakamura N, et al : Characterization of *cis*-Golgi matrix protein, GM130. J Cell Biol 131 : 1715-1736, 1995.
6) Rambourg A, Clermont Y : "Three-dimensional structure of Golgi apparatus in mammalian cells" in the Golgi apparatus (Berger EG, Roth J eds), pp.37-61, Birkhaus, Basel, 1997.
7) Ward TH, et al : Maintenance of Golgi structure and function depends on the integrity of ER export. J Cell Biol 155 : 557-570, 2001.
8) Wu CG, et al : Proteomic analysis of two functional stages of the Golgi complex in mammary epithelial cells. Traffic 1 : 769-782, 2000.

● ゴルジ装置の機能
1) Barr PJ : Mammalian subtilisins : The long-sought dibasic processing endoproteases. Cell 66 : 1-3, 1991.
2) Hascall VC, Hascall GK : "Proteoglycans" in Cell Biology of Extracellular Matrix (Hay ED ed), pp.39-63, Plenum, New York, 1981.
3) Herz J, et al : Proteolytic processing of the 600 kd low density lipoprotein receptor-related protein (LRP) occurs in a *trans*-Golgi compartment. EMBO J 9 : 1769-1776, 1990.
4) Kornfeld R, Kornfeld S : Assembly of asparagine-linked oligosaccharides. Ann Rev Biochem 43 : 631-664, 1985.
5) Molloy SS, et al : Intracellular trafficking and activation of the furin protein convertase : localization to the TGN and recycling from the cell surface. EMBO J 13 : 18-33, 1994.
6) Oda K, et al : Multiple forms of albumin and their conversion from pro-type to serum-type in rat liver in vivo. Biochim Biophys Acta 536 : 97-105, 1978.
7) Oprea TI, et al : "Viral proteases : Structure and function" in Cellular Proteolytic Systems (Ciechanover AJ, Schwartz AL eds). pp.183-221, Wiley-Liss, New York, 1994.
8) Roth J : Protein N-glycosylation along the secretory pathway : relationship to organelle topography and function, protein quality control, and cell interactions. Chem Rev 102 : 285-303, 2002.

● ゴルジ装置内の輸送
1) Boman AL : GAA proteins : new players in the sorting game. J Cell Sci 114 : 3413-3418, 2001.
2) Gu F, et al : Trans-Golgi network sorting. CMLS Cell Mol Life Sci 58 : 1067-1084, 2001.
3) Nakayama K, Wakatsuki S : The structure and function of GGAs, the traffic controllers at the TGN sorting crossroad. Cell Struct Funct 28 : 431-442, 2003.
4) Robinson MS, Bonifacino JS : Adaptor-related proteins. Curr Opinion Cell Biol 13 : 444-453, 2001.
5) Rothman J : The Golgi apparatus : two organelles in tandem. Science 213 : 1212-1219, 1981.
6) Rothman J : Mechanism of intracellular protein transport. Nature 372 : 55-63, 1994.
7) Rothman J : Warren G : Implications of the SNARE hypothesis for intracellular membrane topology and dynamics. Curr Biol 4 : 220-233, 1994.
8) Stenmark H, Olkkonen VM : The Rab GTPase family. Genome Biol 2 : 3007. 1-3007. 7, 2001.

● ゴルジ装置の構造に影響する薬剤
1) Conrad PA : Caveolin cycles between plasma membrane caveolae and the Golgi complex by microtubule-dependent and microtubule-independent steps. J Cell Biol 131 : 1421-1433, 1995.
2) Dinter A, Berger EG : Golgi-disturbing agents. Histochem Cell Biol 109 : 571-590, 1998.
3) Fujiwara T, et al : Brefeldin A causes disassembly of the Golgi complex and accumulation of secretory proteins in the endoplasmic reticulum. J Biol Chem 263 : 18545-18552, 1989.
4) Lucocq J, et al : The pathway of Golgi cluster formation in okadaic acid-treated cells. J Struct Biol 115 : 25057-25063, 1995.
5) Palokangas H, et al : Retrograde transport from the pre-Golgi intermediate compartment and the Golgi complex is affected by the vacuolar H^+-ATPase inhibitor bafilomycin A1. Mol Biol Cell 9 : 3561-3578, 1998.

6) Sandoval IV, et al : Role of microtubules in the organization and localization of the Golgi apparatus. J Cell Biol 99 : 113s-118s, 1984.
7) Sonoda H, et al : Requirement of phospholipase D for ilimaquinone-induced Golgi membrane fragmentation. J Biol Chem 282 : 34085-34092, 2007.
8) Tzankov A : Retinoic acid-induced Golgi apparatus disruption in F2000 fibroblasts : a model for enhanced intracellular retrograde transport. J Biochem Mol Biol 36 : 256-258, 2003.
9) Wehland J, et al : Role of microtubules in the distribution of the Golgi apparatus : effect of taxol and microinjected anti-alpha-tubulin antibodies. Proc Natl Acad Sci 80 : 4286-4290, 1983.
10) Yokota S : Effect of colchicine on the intracellular transport of secretory proteins in rat liver parenchymal cells. Immunocytochemical observations. Cell Struct Funct 14 : 545-559, 1989.

II. エンドサイトーシス

　細胞は細胞外液中にあるさまざまな物質を取り込む。この過程をエンドサイトーシス endocytosis と呼ぶ。取り込まれるものの大きさにより，エンドサイトーシスはファゴサイトーシス〔食作用，貪食（どんしょく）〕phagocytosis とパイノサイトーシス（飲作用）pinocytosis に分けられる。

A ファゴサイトーシス

　ファゴサイトーシスとは微生物や壊れた細胞の断片など，光学顕微鏡で観察可能な程度の大きさをもつ物質を取り込む過程を言う。マクロファージ macrophage や好中球 neutrophil など，いわゆる食細胞に見られる。食細胞は体内に侵入した異物をファゴサイトーシスで取り込んで消化し，さらに免疫反応を開始させるなど，身体が異物を排除する上で重要な役割を果たす。また老化した赤血球の処理など，生理的な過程にも関わる。

　ファゴサイトーシスでは，食細胞の形質膜が異物を包むように伸び出し（この突起は仮足と呼ばれる），ついには先端で閉じてファゴソーム phagosome と呼ばれる小胞を形成する（図 5-18(a)）。

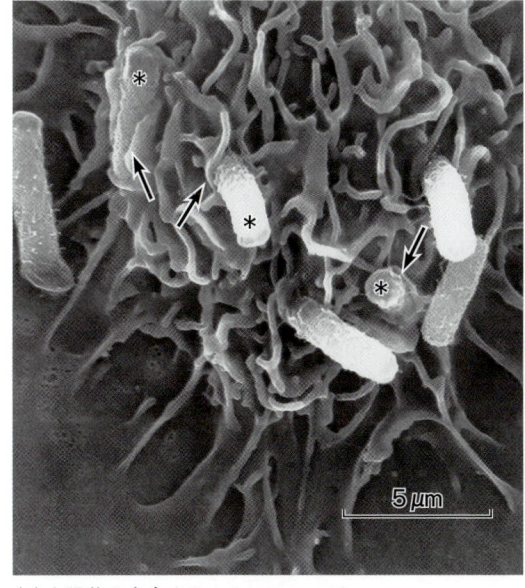

図 5-18　ファゴサイトーシス
(a)：マクロファージが薄いヒダを伸ばして，大腸菌（*）を包んでいる様子が観察される（矢印）（山口淳二博士原図）。
(b)：体内に侵入した異物に対して抗体が産生され，異物の表面に結合する。一方，貪食を行う細胞の形質膜には抗体分子のFc 部分に対する受容体がある。抗体と受容体がジッパー（ファスナー）のように結合して異物が取り込まれる。

(a) 大腸菌を貪食するマクロファージ

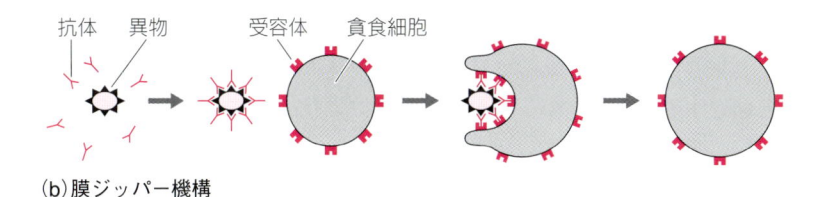

(b) 膜ジッパー機構

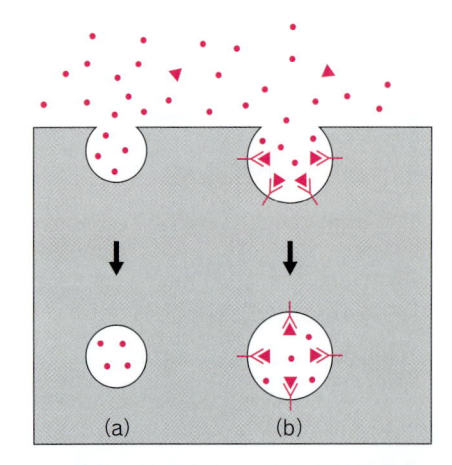

図 5-19 液相エンドサイトーシス(a)と受容体仲介エンドサイトーシス(b)
(a)：液相エンドサイトーシスでは細胞外液中の分子が非選択的に取り込まれるが、受容体仲介エンドサイトーシスでは受容体との結合によって特定の分子が濃縮され、取り込まれる。後者の場合、細胞外液中の分子も取り込まれるので、液相エンドサイトーシスも同時に行われる。(b)：受容体仲介エンドサイトーシスには、コート陥凹を介する経路のほか、カベオラやその他の経路も存在する。

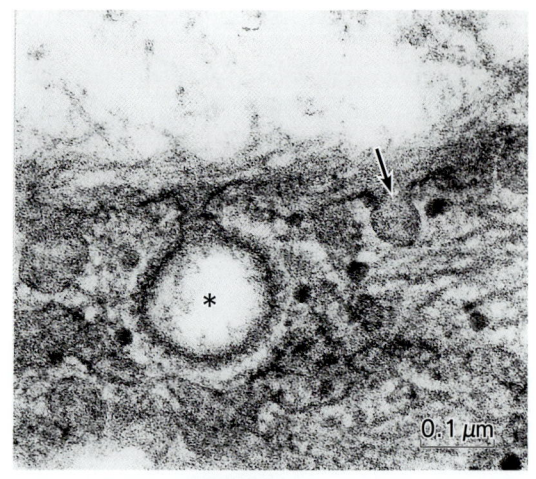

(a) コート陥凹(＊)の電顕写真

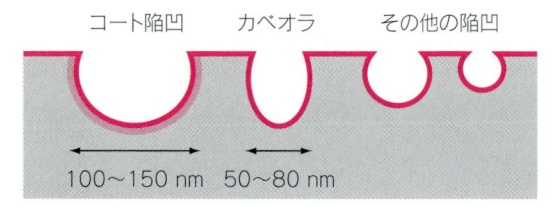

(b) 模式図

図 5-20 コート陥凹とカベオラ
(a)：形質膜の細胞質側を縁取るように電子密度の高い物質が認められる。カベオラ(矢印)には被覆はない(群馬大学医学部・萩原治夫博士原図)。(b)：コート陥凹、カベオラ以外にも取込みのための陥凹があると考えられている。

ファゴソームの大きさは取り込まれた物質の大きさによって決まり、直径が数 μm に達することもある。異物を含むファゴソームは成熟し、リソソーム酵素を受け入れてファゴリソソームとなり、取り込まれた物質はリソソームの消化酵素の作用によって分解される。酵素作用によっても消化されなかった物質はファゴリソソーム内に残り、未消化の物質を含む小胞は残余小体 residual body と呼ばれる。

ファゴサイトーシスが効率よく行われるためには、取り込まれる異物の表面に**オプソニン** opsonin と呼ばれる分子が結合していることが重要である。オプソニンには免疫グロブリン G(IgG)や補体成分である C3b などがあり、食細胞の形質膜には、これらのオプソニンに対する受容体(レセプター、receptor)が備わっている。すなわち、体内で作られた IgG や C3b などのオプソニンが、侵入してきた異物の表面に結合し、食細胞は受容体によって、それらのオプソニンと結合する。オプソニンと受容体の結合を媒介として、食細胞の形質膜が異物に密着し、異物を取り囲むように伸び出す。オプソニンと受容体の結合はあたかもジッパーのようであるため、この機構は**膜ジッパー機構** membrane-zippering mechanism と呼ばれる(図 5-18(b))。仮足の形成には、アクチン重合が必要であり、サイトカラシン D などでアクチン線維を脱重合させると突起形成が阻害され、ファゴサイトーシスも起こらなくなる。

B パイノサイトーシス

パイノサイトーシスは、おそらくすべての有核細胞で見られる取り込みの様式である。細胞表面の一部が凹むことにより、物質の取り込みが起こる。液相エンドサイトーシス fluid phase endocytosis と受容体仲介エンドサイトーシス recep-

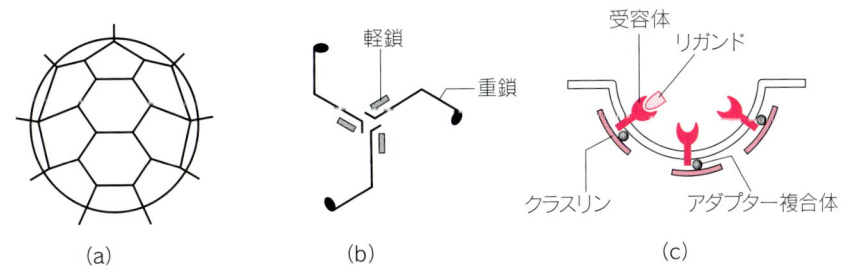

図5-21 クラスリン・コート陥凹
(a)：クラスリン・コート陥凹の籠(かご)状構造の模型図。(b)：クラスリン3分子からなるトリスケリオン。重鎖と軽鎖，各3分子ずつからなり，トリスケリオンの中心が籠状構造の一つの頂点になる。(c)：受容体，リガンド，アダプター複合体，クラスリンの関係。受容体は膜貫通型蛋白質であり，細胞膜の内側に存在するアダプター複合体を介してクラスリンと結合する。

tor-mediated endocytosis に分類される(図5-19)。液相エンドサイトーシスでは細胞外液とその中に含まれる分子が無差別に取り込まれるのに対し，受容体仲介エンドサイトーシスでは形質膜に存在する受容体に結合したリガンド ligand が選択的に取り込まれる。

1 クラスリン被覆小胞

受容体仲介エンドサイトーシスに関連する受容体の多くはコート陥凹(被覆小窩) coated pit と呼ばれる形質膜の凹みに密集し，この凹みが閉じてできる直径約100～150 nm のコート小胞(被覆小胞) coated vesicle によって細胞内に輸送される。取り込まれるリガンドは受容体に特異的に結合し，細胞外液中よりも濃縮されて細胞内に取り込まれる。受容体の多くは膜貫通型蛋白質である。受容体には，次の二つがある。

①通常は形質膜上に一様に分散して存在するが，リガンドが結合するとコート陥凹に集まるもの。
②リガンドの結合の有無にかかわらず，いつもコート陥凹に集中しているもの。

電子顕微鏡で観察すると，コート陥凹やコート小胞の限界膜の細胞質側の部分は，電子密度の高い物質で覆われて濃く見える(図5-20)。この被覆の成分の一つはクラスリン clathrin という蛋白質である。クラスリンの重鎖と軽鎖が3分子ずつ集合してトリスケリオン triskelion と呼ばれる単位構造を作り(図5-21(a))，さらにトリスケリオンの組合せにより五角形と六角形の網目をもつかご状の構造が形成される(図5-21(b))。コート陥凹からコート小胞ができる際には，かご状構造の網目が組み替えられ，形質膜の曲率が次第に大きくなる。

受容体とクラスリンの間の結合は，アダプター複合体 adaptor complex という蛋白質群によって媒介される。すなわちコート陥凹に集まる受容体は，細胞外液に面した部分ではリガンドと結合し，細胞質側の部分ではアダプター複合体を介してクラスリンと結合する(図5-21(c))。

形質膜からコート陥凹がちぎれるためには，GTP結合蛋白質であるダイナミン dynamin の作用が必要である。GTPを結合した活性型のダイナミンが，コート陥凹の頸部に作用し，深く陥凹した部分を形質膜から切り離す。ダイナミンを欠く変異細胞では，頸部が細長く伸びたコート陥凹が多数観察され，エンドサイトーシスが阻害される。

クラスリンで被覆された小胞は，形質膜から離れるとすぐにクラスリンのかご状構造を脱落させ，被覆のない小胞となる。この過程にはATPaseが関与する。脱落したクラスリンはコート陥凹を形成するために再利用される。このようにして形質膜ではコート陥凹の形成と離脱が繰り返される。一方，受容体とそれに結合したリガンドは小胞に残り，細胞内へ運ばれる。

Side Memo　コート小胞

電顕で被覆が観察される小胞の中には，クラスリン以外の分子がコートを形成するものがある。たとえばゴルジ装置にはCOP I（「コップワン」と読む）で被覆が作られ，小胞体への輸送に関わると考えられている小胞がある。コートがクラスリンで作られるものを特定する場合には，クラスリン・コート小胞 clathrin-coated vesicle：CCVと呼ぶ。

CCVは形質膜からの取込みだけでなく，トランス・ゴルジ・ネットワーク（TGN）からの蛋白質の輸送にも関与する。この場合にはTGNの膜にクラスリンで被覆された凹みができ，小胞として出芽して形質膜やリソソームに向かう。形質膜とTGNに由来するコート小胞のクラスリンは同一の分子であるが，それぞれの部位から輸送される受容体は異なる。

2　エンドソーム

クラスリンの被覆を失った小胞は，初期エンドソーム early endosome あるいは CURL：compartment that uncouples receptor and ligand と呼ばれるオルガネラに到達する（図5-22, 23）。初期エンドソームは細胞の表層近くにあり，エンドサイトーシスで取り込まれた分子は数分でここに到達する。初期エンドソームの限界膜にはATP依存性のプロトン（H^+）ポンプがあり，内部のpHは6付近に保たれている。この酸性環境が受容体とリガンドの高次構造に影響を与え，多くの場合，両者の結合は解離する。初期エンドソームは小胞部分と細い管状部分がつながった管・小胞状 tubulo-vesicular と呼ばれる形態を示す。管状部分では表面積・体積比が高く，小胞状部分では低いため，受容体から解離したリガンドは小胞状部分の内腔により多く見られ，受容体は管状部分の膜により多く集中する（図5-23）。

受容体が濃縮した管状の部分はちぎれて独立した小胞となり，多くの場合，受容体はリサイクリングエンドソーム recycling endosome を経由して，あるいは初期エンドソームから直接，細胞膜に戻り，再利用される。

一方，リガンドを含む小胞状の部分はゴルジ装置の近傍に見られる後期エンドソーム late endosome へ送られる（図5-23）。分解される運命にある一部の受容体も同じ経路を辿る。内腔に多数の小胞をもつ多胞体（multivesicular body：MVB）は後期エンドソームに送られる途中の状態の構造であると考えられる。多胞体の内部に見られる小さな膜小胞は，初期エンドソームの外周膜が内腔側に出芽することにより形成される。

後期エンドソームの内腔のpHは初期エンドソームよりもさらに低い（〜5.5）。後期エンドソーム中のリガンドや受容体は，リソソームに含まれる消化酵素の作用により分解，消化される。この過程がどのように進むかについては，次の三つの考え方がある。

①後期エンドソームとリソソームが一過性に融合する。

②後期エンドソームが次第に成熟してリソソームになる。

③後期エンドソームの内容が小胞でリソソームに輸送される。

3　クラスリン非依存性エンドサイトーシス

エンドサイトーシスはコート陥凹以外の経路でも起こる。クラスリン非依存性経路の多くは**カベオラ** caveola と呼ばれる陥凹で起こる（図5-20）。カベオラが細胞膜から離脱するためにはダイナミンの作用を必要とする。クラスリン・コート陥凹でもカベオラでもない部分の形質膜で起こるエンドサイトーシスも報告されている。

カベオラから取り込まれた分子は，初期エンドソームと異なるカベオソームという小胞に入る。ウイルスの中にはこの経路を利用して細胞内に侵入するものがあり，カベオソームから滑面小胞体に到達したのち，細胞質に入り，やがて核の中に入り込む。

臨床との接点

エンドサイトーシス経路を利用するウイルス

ウイルス感染が成立するためには，ウイルスが細胞内に侵入し，細胞の仕組みを利用して自己増殖することが必要である。多くのウイルスはエンドサイトーシスの経路を利用して，細胞内の小胞に入り込む。コート陥凹から侵入するセムリキ森林ウイルスは酸性環境下でエンドソームの膜を通過して細胞質側に出るのに対し，カベオラから侵入するSV40は滑面小胞体の内腔に入り込み，さらに膜を通過して細胞質に入る。ウイルスはやがて核内に侵入して，細

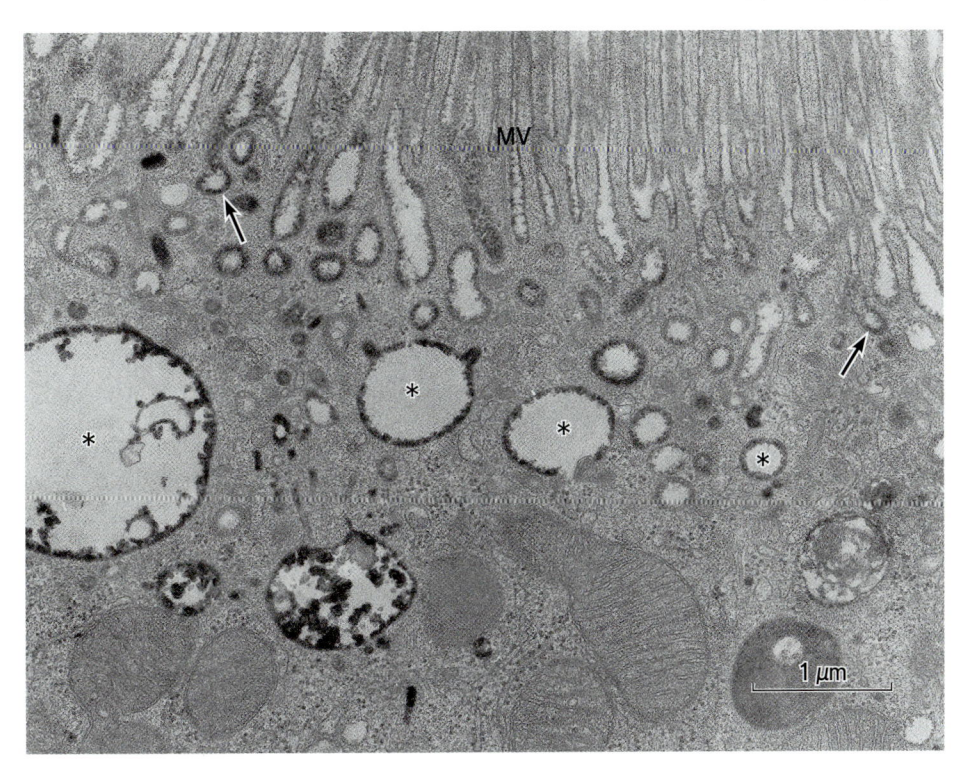

図 5-22　実験的に投与した蛋白質を取り込んだ腎近位尿細管上皮細胞のエンドソーム

微絨毛（MV）の基部にあるコート陥凹（矢印）から取り込まれた蛋白質（その局在が電顕で観察できるように組織化学的に標識してある）が，さまざまな大きさのエンドソーム（＊）の中に認められる（近畿大学医学部解剖学教室・藤岡厚子博士原図）。

胞の蛋白質合成装置をハイジャックし，自己複製を行う。エンドサイトーシスの分子メカニズムが解明されれば，その途中の経路を遮断し，ウイルス感染を防ぐ薬剤を開発できるかもしれない。

Side Memo　カベオラ

「カベオラ caveola（複数では caveolae）」は山田英智博士（東京大学名誉教授）によって命名された。白色脂肪細胞，内皮細胞，平滑筋細胞などで特に多く見られ，シグナル伝達にも関与する。毛細血管の内皮細胞では，形質膜小胞とも呼ばれる。カベオラの構造形成にはコレステロールが必要であり，カベオリンという膜蛋白質が関わることが知られている。

4　受容体とリガンドの運命

初期エンドソーム以降の運命は，それぞれの受容体とリガンドによって異なる。ここではまず，受容体仲介エンドサイトーシスの仕組みが最初に明らかにされた低比重（密度）リポ蛋白質 low-density lipoprotein : LDL の場合について述べ，ついで LDL と異なる例としてトランスフェリン

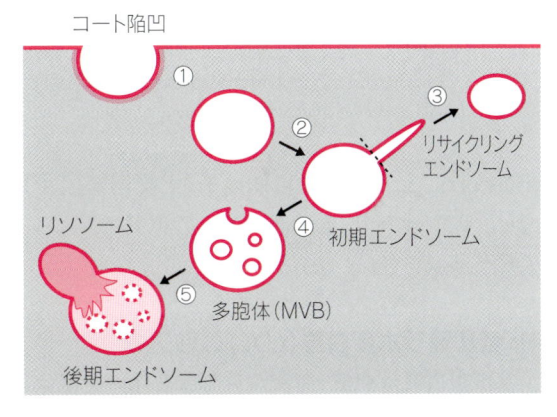

図 5-23　コート陥凹とエンドソーム

初期エンドソームは小胞部と管状部が分離し，管状部に由来する小胞は細胞膜に戻る。一方，小胞部では，外周膜が内腔に出芽して多胞体となる。この図はリソソームの融合で後期エンドソームに消化酵素が流入するように描いてあるが，後期エンドソームとリソソームの関係はよくわかっていない（本文参照）。

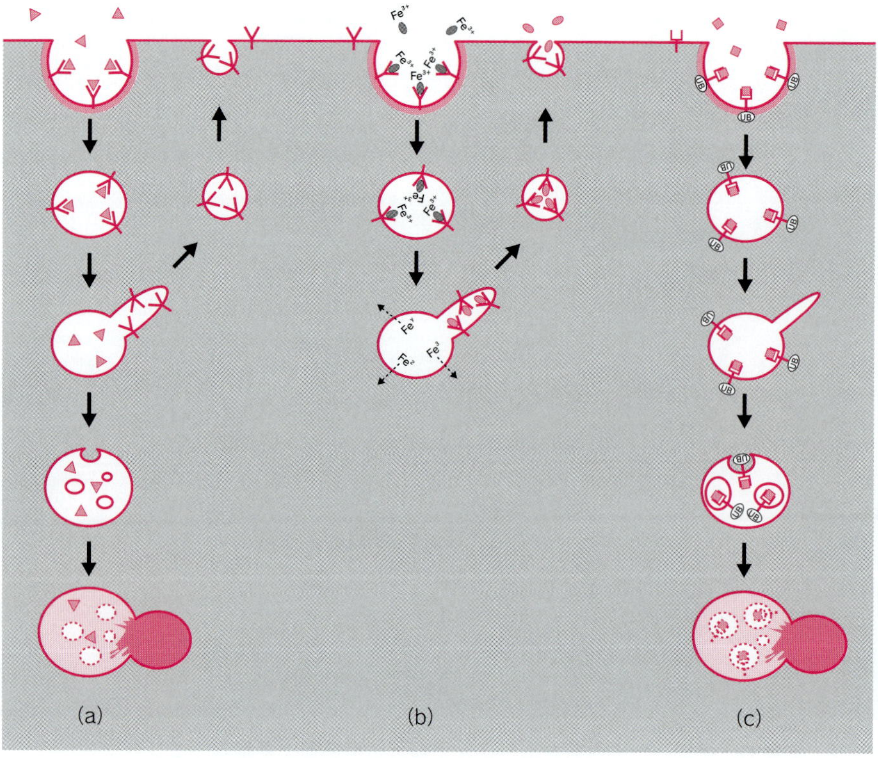

図5-24 受容体仲介エンドサイトーシスで取り込まれたリガンドと受容体の運命

初期エンドソーム中での挙動の差によりその後の経路が異なる。(a)LDL：リガンド(LDL)は後期エンドソームまで運ばれて消化される。受容体は初期エンドソームから形質膜にリサイクルする。(b)トランスフェリン：初期エンドソームで鉄イオンだけが解離して細胞質に拡散する。鉄イオンを失ったトランスフェリン(アポトランスフェリン)は受容体が結合したまま形質膜にリサイクルし，そこで受容体から解離する。(c)EGF：リガンド(EGF)と結合した受容体の細胞質側部分にはユビキチン(Ub)が結合し，それが目印となって，多胞体の内部小胞に取り込まれ，後期エンドソームで消化，分解される。

transferrin と表皮由来増殖因子(上皮増殖因子) epidermal growth factor：EGF の取込みについて述べる。

1) 低比重リポ蛋白質(LDL)の取込み

リポ蛋白質は血漿(血液から血球を除いた部分)中の粒子である。脂質を豊富に含み，臓器の間の脂質輸送に関与する。リポ蛋白質は比重によって数種類に分けられる。このうち，LDL はコレステロールを豊富に含む直径約 20 nm の粒子である。脂肪酸と結合したコレステロール(コレステロールエステル)が粒子の中心に存在し，リン脂質とアポ B apo-B 蛋白質でできた外周で被われる。

コレステロールは細胞の生存に必須である。多くの細胞はコレステロールを自ら合成するとともに，LDL を取り込んで分解し，その中に含まれるコレステロールを利用する。

LDL 受容体は細胞膜を貫通する蛋白質で，LDL 結合の有無に関わらずコート陥凹に集中して存在する。LDL 受容体に結合して取り込まれた LDL は，初期エンドソーム内の酸性 pH に曝されると LDL 受容体から離れる(図 5-24(a))。LDL 受容体はリサイクリングエンドソームを経由して形質膜に戻り，再利用される。一方，後期エンドソームへ送られた LDL は，後期エンドソームがリソソームと融合したのち，消化酵素で加水分解される。LDL 中のコレステロールは遊離し，

新しい膜の合成原料として利用される。

　LDLの取込みに障害が生じると，血液中のLDL濃度，すなわちコレステロール濃度が上昇する。LDL取込みの異常の原因にはさまざまなものがあり，受容体の欠損やLDL結合部位の変異のほか，受容体の細胞質側の部分に欠陥があり，LDLとは結合するがクラスリン・コート陥凹への集合が起こらない場合などがある。

臨床との接点

1 ニーマン-ピック病

　LDLの分解で生じたコレステロールが，リソソームと融合したあとの後期エンドソームからどのように運び出されるかについては，よくわかっていない。精神遅滞，肝臓や脾臓の腫大などの症状を示すニーマン-ピック病C型 Niemann-Pick disease type Cという遺伝病では，この運び出しの過程に異常があることが知られている。ニーマン-ピック病C型の原因遺伝子(NPC1, NPC2)は特定されたが，それらの分子の詳しい機能はまだ不明である。

2 悪玉コレステロール

　LDLはよく「悪玉コレステロール」として取り上げられる。本章で述べたLDLのエンドサイトーシスの過程に障害が生じると，その結果として血液中のLDL濃度，すなわちコレステロール濃度が上昇する。遺伝的に異常が生ずる場合を家族性高コレステロール血症 familial hypercholesterolemiaと呼ぶ。この疾患の患者では，動脈硬化の一種である粥状硬化症が起こりやすく，脳卒中や心筋梗塞の危険性が増大する。これらの疾患の予防のためには，血液中のLDL濃度を正常範囲に保つことが重要である。

Side Memo　BrownとGoldstein

　米国テキサス大学のBrownとGoldsteinはLDLの取込みの機構を解明し，さらにその過程の異常が家族性高脂血症の原因となることを明らかにした。1985年にノーベル医学生理学賞を受賞した彼らの一連の研究は，細胞生物学の研究が医学の発展に大きな貢献をなし得ることを示す代表例である。BrownとGoldsteinは緊密なパートナーとして現在も先端的な研究を続けており，多くの日本人研究者が参画している。

2) トランスフェリン，表皮由来増殖因子の取込み

　鉄イオン(Fe^{3+})を輸送する蛋白質であるトランスフェリンの取込みもコート陥凹で行われる(図5-24(b))。トランスフェリン受容体はトランスフェリンが結合しない状態では細胞膜全域に分布するが，トランスフェリンが結合するとコート陥凹に集合し，細胞内に取り込まれる。初期エンドソームの酸性環境下に入ると，トランスフェリンの高次構造が変化するため鉄イオンがトランスフェリンから解離し，初期エンドソームから出て，細胞質に拡散する。鉄イオンが解離したあとのトランスフェリン(アポトランスフェリンと呼ぶ)とトランスフェリン受容体は結合したままである。両者はリサイクリングエンドソームを経由して細胞膜に戻り，細胞外液の中性pHに曝されて初めて解離する。この一連の経過は，鉄イオンを結合したトランスフェリンとトランスフェリン受容体の親和性が中性pHで高く，酸性pHで低いこと，アポトランスフェリンとトランスフェリン受容体の親和性はその逆に酸性pHで高く，中性pHで低いことにより説明される。

　表皮由来増殖因子 epidermal growth factor : EGFも受容体に結合してコート陥凹から初期エンドソームに入る(図5-24(c))。この過程で，EGFが結合したEGF受容体の細胞質側部分には一分子のユビキチンが共有結合する。ユビキチンが一分子結合した受容体は，初期エンドソームの外周膜が出芽してできる多胞体の内部小胞に入る。多胞体は後期エンドソームに移行し，リソソームとの融合の結果，受容体は消化，処理される。この一連の過程により，EGFが作用した細胞ではEGF受容体の分子数が減少することになる。この現象は高度なEGF刺激が長時間作用することを防ぎ，細胞が過増殖しないようにするためのメカニズムとして重要である。

Advanced Studies　ユビキチン

　ユビキチンは76アミノ酸でできた小さな蛋白質である。多数のユビキチンが鎖状に結合(ポリユビキチン化)した蛋白質はプロテアソーム系で分解を受けるが，ユビキチン修飾には他の生理的機能もある。その一つが膜蛋白質へのユビキチン1分子の結合(モノユビキチン化)であり，多胞体の内部小胞への取込みを誘導する。受容体にユビキチン1分子を結合させる反応は，リガンドの結合が刺激となり，形質膜で起こる。

　以上の例から明らかなように，コート陥凹から取り込まれる受容体の運命には，次の三つの場合がある。

①形質膜にリサイクルする。
②後期エンドソームに運ばれ分解される。

このほか形質膜が頂部と側・基底部に分化した上皮細胞の場合には，

③どちらか一方の領域から取り込まれたリガンド受容体複合体が，エンドソームを経由してもう一方の領域の形質膜に輸送され，そこでリガンドを解離し，放出する経路がある。このような輸送はトランスサイトーシス transcytosis と称される。

それぞれの受容体がどの経路をたどるかを決める情報は，多くの場合，受容体蛋白質の細胞質側部分のアミノ酸配列に含まれている。エンドソームはその情報を読み取り，目的地別の仕分けを行うオルガネラであるといえる。

●参考文献

1) 石堂美和子，大橋正人：分子選別ステーションとしての後期エンドソーム．蛋白質核酸酵素 46：2127-2132, 2001.
2) Mousavi SA, Malerod L, Berg T, Kjeken R：Clathrin-dependent endocytosis. Biochem J 377：1-16, 2004.
3) Bonifacino JS, Lippincott-Schwartz J：Coat proteins：shaping membrane transport. Nat Rev Mol Cell Biol 5：409-414, 2004.
4) Conner SD, Schmid SL：Regulated portals of entry into the cell. Nature 422：37-44, 2003.
5) Gruenberg J：The endocytic pathway：a mosaic of domains. Nat Rev Mol Cell Biol 2：721-730, 2001.
6) Gruenberg J, Stenmark, H：The biogenesis of multivesicular endosomes. Nat Rev. Mol Cell Biol 5：317-323, 2004.
7) Maxfield FR, McGraw TE：Endocytic recycling. Nat Rev Mol Cell Biol 5：121-132, 2004.
8) 竹居孝二：ダイナミンとエンドサイトーシス．蛋白質核酸酵素 49：938-941, 2004.

III. リソームと物質消化

1950年初頭, de Duveらはラット肝臓から分離された軽ミトコンドリア分画に酸性ホスファターゼ acid phosphatase の高い活性を見出した。その活性は浸透圧ショックを与えた時, 凍結融解あるいは界面活性剤で処理した時にだけみられることから, 彼らはこの顆粒は外界の基質と内部の酵素が出合うのを制限している脂質膜で囲まれていると結論し, 彼らはこの顆粒をリソーム lysosome と名づけた。その酵素の組成から, リソームは細胞内消化を行っていると考えられた。

このことは, すぐに Straus によって示された。彼は腎尿細管上皮によって取り込まれた卵白や西洋ワサビ・ペルオキシダーゼ horseradish peroxidase の運命を観察した。これらの蛋白質は, はじめ酸性ホスファターゼ活性のない顆粒に取り込まれるが, やがて酸性ホスファターゼと同じ顆粒に共存するようになる。そしてペルオキシダーゼ活性はその中で消失する。これは細胞の取り込んだ蛋白質の分解にリソームが関与することを示す最初の研究であった。

このように, リソームは細胞内液胞系の主要な分解区画で, 飲食 endocytosis, 自食 autophagy, 分泌 secretory の過程で分解されるよう標識された物質の多くを分解している。物質の取込みから分解にいたるエンドサイトーシス endocytosis-リソーム系における各区画の研究は電子顕微鏡技術の発達と免疫細胞化学の発展によって, 近年飛躍的に進んだ。とくに, 各区画と特異蛋白質の経時的な移行に関する研究には, 免疫電子顕微鏡学の寄与するところが大きい。最近では, リソームの形成に関する分子細胞生物学的研究が進み, その形成過程が解明されつつある。

A リソームの性質と形態

1 リソームとは

リソームは, 膜で囲まれ, 酸性の内部環境をもち, 酸性依存性の加水分解酵素とリソーム膜蛋白(lysosome-associated membrane proteins : LAMPs)を含むが, マンノース6-リン酸受容体 mannose 6-phosphate receptors : MPRs を含まない顆粒と定義される。典型的なリソームのほかに, これらの性質をもつ顆粒がいろいろな細胞に見られる。このような細胞特異的な顆粒には, 色素細胞のメラノソーム melanosome, リンパ球の溶解顆粒 lytic granule, マクロファージの組織適合複合体クラスII区画 histocompatibility complex (MHC) class II compartments (MIICs), 血小板の高密度顆粒 dense granule, 好塩基球や好酸球の特殊顆粒 specific granule, 好中球のアズール顆粒 azurophil granule があり, リソームの特殊な仲間と考えられている。

リソームには, 50をこえる酸性加水分解酵素 acid hydrolase が含まれている。それらは酸性領域(〜pH 5.0)で高い活性を示す酵素群で, ホスファターゼ, プロテアーゼ protease, ペプチダーゼ peptidase, ヌクレアーゼ nuclease, リパーゼ lipase, グルコシダーゼ glucosidase, スルファターゼ sulfatase などがその主なものである。これらの酵素の作用によってできる最終分解産物は細胞質に出て再利用されたり, 細胞外に放出されたりする。

2 リソームによる分解

リソームによる分解は, 細胞内正常蛋白質の

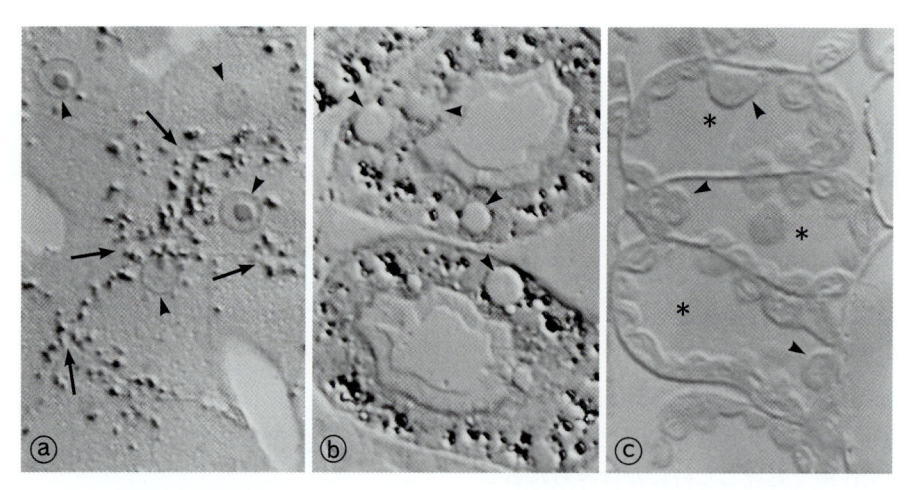

図5-25 動物と植物細胞のリソソーム
ⓐ：ラット肝。リソソームは胆細管（矢印）に沿った核（矢尻）の周囲の細胞質に見られる。ⓑ：ラット腎近位尿細管。リソソームは主に細胞の中位部に分布する。矢尻は核を示す。ⓒ：タバコの子葉。細胞の中央（*）が液胞でリソソームに当たる。液胞側に大きくふくらんでいるのは核である（矢尻）（×850）。

ターンオーバー，飲食した物質の栄養利用，病原菌の不活性化，抗原のプロセシングなどのさまざまな生理的な過程に重要である。また，細胞膜の修復，金属イオンの恒常性維持にも働いている。リソソーム膜には，分解産物を外に出すための輸送機構がある。リソソーム内の酸性 pH は膜に存在するプロトン（H^+）ポンプ proton pump で，H^+ を汲み入れることによって保たれている。このポンプは ATP の加水分解のエネルギーを使う。リソソームの酵素が分解されないで，リソソーム内に活性を保持したまま安定して存在できるのは，保護されているためである。二，三の酵素の保護蛋白質も見つかっている。また，リソソームの酵素や膜蛋白質は大量の糖鎖を含み，これがプロテアーゼによる分解から保護している。

3 リソソームの形態

リソソームはすべての真核生物の細胞に存在し，動物では，核の近傍，ゴルジ装置周辺に分布する（図5-25（a）（b））。植物では液胞 vacuole がリソソームに相当し，細胞のほぼ中央に位置する（図5-25（c））。植物細胞ではかなり大きな構造になるが，動物細胞では直径 0.05〜1.5 μm の範囲に入る。電子顕微鏡が導入されて明らかになったリソソーム

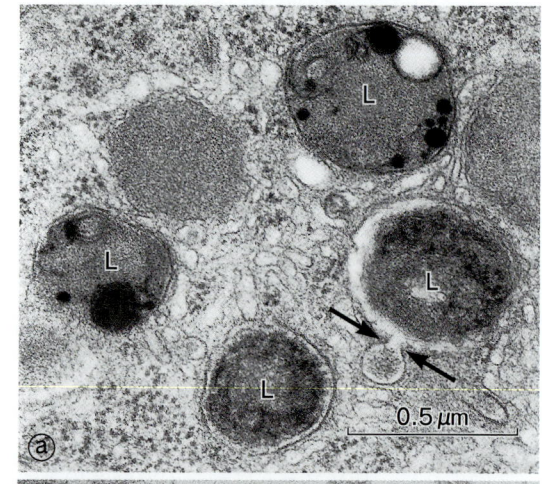

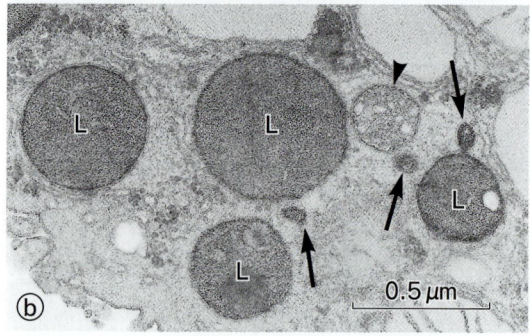

図5-26 ラット肝細胞リソソームの電顕像
ⓐ：4個のリソソーム（L）が見える。右下のものには小胞が融合している（矢印）（×47,000）。ⓑ：酸性ホスファターゼ活性の検出。リソソーム（L）と多胞体（矢尻）に活性を示す黒い沈着が見える。3個の被覆小胞にも反応が見られる（矢印）（×38,000）。

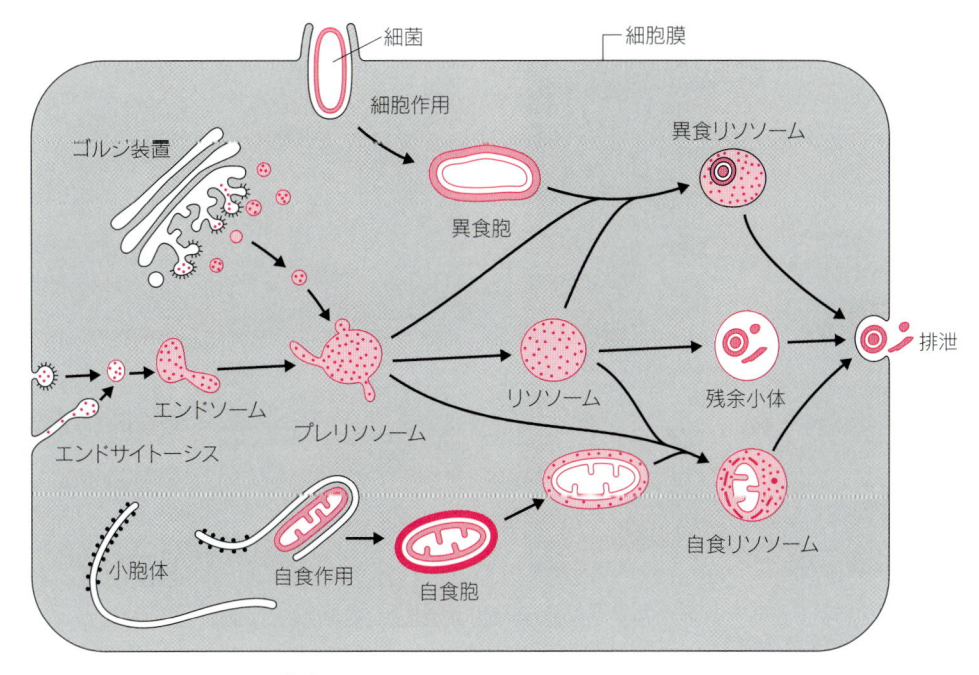

図 5-27　リソソーム系の模式図
　進行経路を矢印で示す。互いに融合し合うものは矢印が融合している。エンドサイトーシス，異食作用，自食作用の経路は細胞内でダイナミックに融合し合う。

の形態的特徴はその多様性である（図 5-26）。形や大きさ，内部の構造はその機能状態，細胞の生理的状態などで大きく変化する。形は球状のものからヒモ状のものまで多様で，基質に結晶様あるいは膜様の封入体 inclusion を含むものもある。さらに免疫電子顕微鏡による観察から，含有酵素も個々のリソソームによって異なることが示された。このようにリソソームは大きさ，形，基質の性状，酵素の含有量においてきわめて広い多様性を示す。

B リソソームの分類

　古典的な分類ではリソソームは大きく一次リソソーム primary lysosome と二次リソソーム secondary lysosome の二つに分けられる。

　一次リソソームは消化作用を行っていない状態で酵素を貯蔵しているものと定義される。このタイプのリソソームは分解が調節されている細胞（細菌を捕食する顆粒白血球など）で認められる。顆粒白血球の特殊顆粒 specific granule はリソソーム酵素を含んでおり，細菌を取り込んだ貪食胞と融合する。しかし，構成的に蛋白質を取り込み分解しているような多くの細胞には，このタイプのリソソームはほとんど見られない。このような細胞では，新しく作られたリソソーム酵素を輸送する被覆粒子 coated vesicle がゴルジ装置周辺にみられる（図 5-27）。この粒子の中で消化が行われているとは考えられないので，これを一次リソソームと呼ぶことができる。

　二次リソソームは活発に消化活動をしているもので，多くの細胞に広くみられる。二次リソソームは消化されるものの大きさ，リソソームに至る経路で次の三つに分けられる。

1 異食リソソーム heterophagolysosome

　これは細菌や細胞は破片のような巨大な構造物を取り込んで消化する過程で形成される。このリソソームは捕食を専門にしている細胞（マクロファージ macrophage や顆粒白血球など）にとくに多く見られる。細胞が標的を認識する機構には引き金モデル trigger model 説とジッパー・モデル zipper model 説がある。引き金モデルでは，

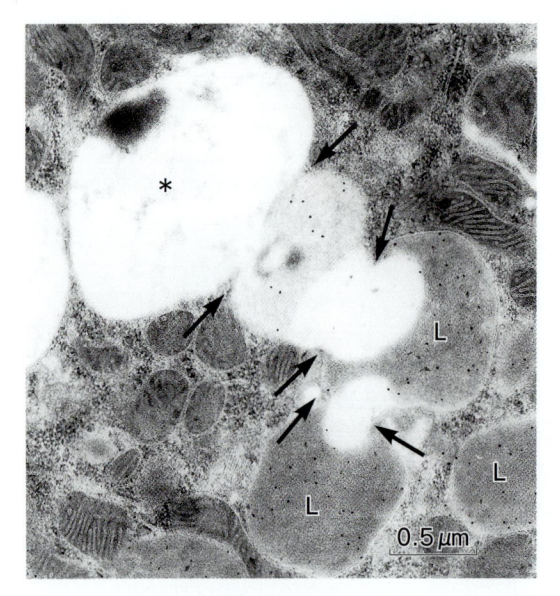

図 5-28　西洋ワサビのペルオキシダーゼを取り込んだラット腎近位尿細管上皮細胞

異食胞（＊）とリソソーム（L）が融合している（矢印）。リソソームはカテプシン H を示す金粒子で免疫標識されている（×23,000）。

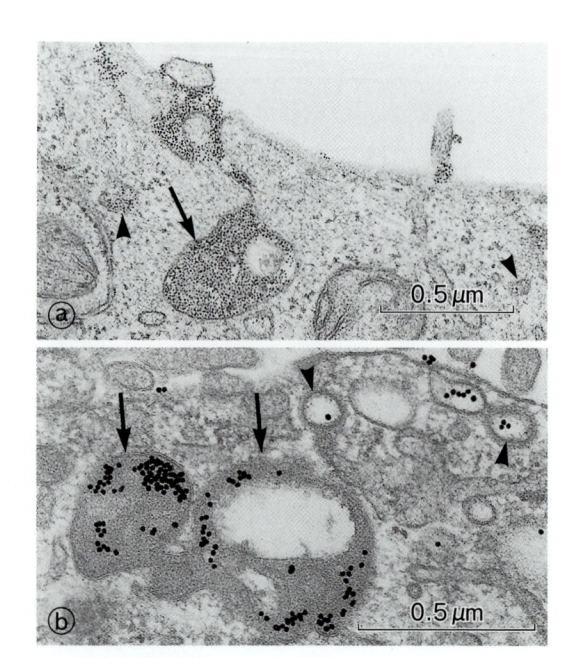

図 5-29　異食作用

ⓐ：液相型エンドサイトーシス。カチオン化フェリチンを取り込むヘパトーマ細胞。取り込み小胞（矢尻）に被覆が明瞭でない。異食胞にフェリチンが蓄積している（矢印）（×36,000）。

ⓑ：受容体仲介エンドサイトーシス。変性アルブミンを取り込むラット肝類洞内皮細胞。変性アルブミンと結合した金粒子が被覆小胞（矢尻）の中にあり、また異食胞に蓄積している（矢尻）（×48,000）。

標的の粒子を取り込むのに，初めに細胞膜との結合があれば十分であると考える。ジッパー・モデルでは，細胞膜の受容体 receptor が粒子全表面のリガンド ligand とつぎつぎにジッパーを閉じるように結合することによって初めて粒子を取り込めるとする。したがって，この説では，粒子の半分のリガンドを被覆すると貪食作用は止まってしまう。実際，マクロファージによる感作した赤血球やリンパ球の取込みは，この様式をとる。粒子を取り込んでできた貪食胞は，初めはリソソーム酵素をもたないが，やがて一次リソソームとの融合が起こってファゴリソソームとなり，消化が始まる（図 5-28）。この異食胞の成熟過程は最近分子レベルで解析が進められている。ラテックス粒子を取り込ませてできた貪食胞の蛋白質分析により，いくつかの蛋白質が同定された。それらの蛋白質はファゴリソソームの成熟過程でさまざまな消長をみせる。

2　一般的二次リソソーム

これは蛋白質のような分子を取り込んで消化しているリソソームで，普通に観察される。蛋白質の取込みには，液相型エンドサイトーシス fluid phase endocytosis と受容体を介したエンドサイトーシス receptor-mediated endocytosis がある。前者は分解産物を細胞の栄養にするために非特異的に物質を取り込んで分解する系で，後者はホルモンやその他の蛋白質を選択的に取り込んで分解する系で，栄養よりも細胞の生理的な機能に関係する。また後者は，被覆小胞（コート小胞）を取込み装置とする（図 5-29）。いずれにせよ，取り込まれた物質はゴルジ装置近傍の初期エンドソームに入り，内部の弱酸性の環境の中で受容体はリガンドから解離し細胞膜にリサイクルされる。初期エンドソームは後期エンドソームに移行し，さらに二次リソソームになると考えられているが，その過程は不明である。エンドソームと二次リソソームとの融合は頻繁に見られる。一般的に二次リソ

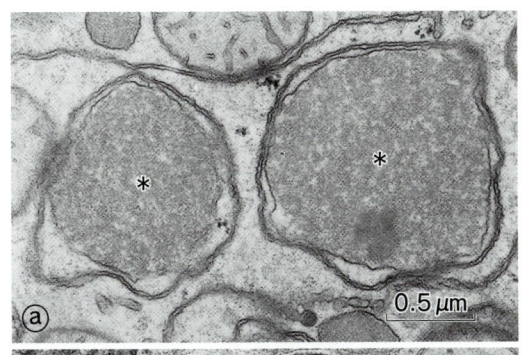

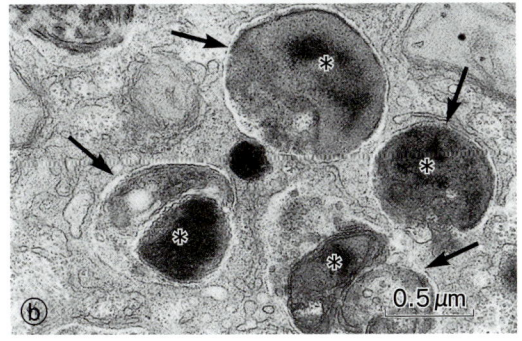

Ⅲ. リソソームと物質消化　129

図 5-30　自食作用
ⓐ：ペルオキシソームを増殖させたラットの肝細胞。蛋白分解酵素阻害剤ロイペプチン注射後 20 分。2 個のペルオキシゾーム（＊）がそれぞれ滑面小胞体によって囲まれ，初期自食胞の形成が始まっている（×25,000）。
ⓑ：同じくロイペプチン注射後 60 分。多数の自食リソソームが蓄積している（矢印）。取り込まれたペルオキシソーム（＊）は部分的に分解を受けて収縮している（×26,000）。

ソームと呼んでいるものは，この融合後のものを多く含んでいると思われる。最近，エンドソームからリソソームへの蛋白輸送にアダプチン-4（AP-4）の仲介するクラスリン・コート小胞が関与することが示されている。

3　自食リソソーム autophagolysosome

　細胞は貧栄養状態にさらされると，自らのオルガネラや細胞質を取り込み，分解して栄養とし，急場を乗り越えようとする。この現象が**自食作用** autophagy で，酵母から哺乳類の細胞まで普遍的に観察される。自食作用には，次の三つの様式が知られている。
　①小自食作用 micro-autophagy
　②大自食作用 macro-autophagy
　③シャペロン仲介性自食作用

　小自食作用では，リソソームそのものが変形して微小な細胞基質を取り込み分解する。大自食作用ではオルガネラを含む大きな部分を膜が囲い込み，他の細胞質から分離して区画を作る（図 5-30 (a)）。標的を取り囲む分離膜の起源は小胞体膜とされているが，まだ不明な点が多い。この大自食胞ははじめリソソーム酵素をもっていない。リソソームと融合して初めて分解が始まる。シャペロン仲介性自食作用では，分解されるべき蛋白の KFERQ 配列が細胞質ゾルのシャペロン（Hsp70）に認識され，直接リソソーム内腔に運ばれ，分解される。前者二つの自食作用と違って，この自食作用には選択性がある。

　正常な細胞では，オルガネラを取り込んだ自食リソソームはあまり観察されない。正常では，オルガネラの蛋白質は異なった半減期で選択的に分解されていて，オルガネラ全体を非選択的に分解する自食作用は例外的な出来事で，頻繁には起こらないためであろう。自食作用は非選択的な分解系と考えられている。しかし，薬物の投与などで著しく増殖したオルガネラは自食作用によって分解される（図 5-30 (b)）。この場合，自食作用は余分なオルガネラを特定して分解するので，選択性をもっている。この選択性を決める機構は明らかではないが，標的のオルガネラを認識する何らかの機構があると考えられる。自食作用そのものの分子機構は出芽酵母の遺伝学的解析から始まり，自食胞形成に必須な関連遺伝子（*ATGs*）が 29 個明らかにされている。それらの哺乳動物ホモログもとられ，酵母だけではなく，哺乳動物の Atg 蛋白の機能解析も進み，自食胞形成の分子機構が解明されつつある。

4　残余小体 residual body

　長期間生存して取込みと分解を繰り返す多くの細胞では，二次リソソームは再利用される。この過程で分解がそれ以上できないような物質は，リソソームから外に出ていくことができないので，リソソームの中に徐々に蓄積する。このような内容物を残しているリソソームを残余小体と呼ぶ。遺残物には球状や層板状の脂質の豊富な封入体，

また金属を含む沈着物が多く見られる。中枢神経の細胞では，残余小体は外に放出されることなく細胞内に留まり，長時間維持される。残余小体は多くのリソーム酵素を含んでおり，これが中枢神経系のような閉鎖された場所で細胞外に放出されると危険なために蓄えられると考えられる。神経細胞にみられるリポフスチン顆粒 lipofusctin granule は残余小体の一種である。これに対して，排泄ができる器官，たとえば，肝臓では胆汁に，腎臓では尿に残余小体の内容物は放出される。

C リソームの形成

リソームの形成には，これまで次の四つのモデルが提案されている（図5-31）。
- ①成熟モデル
- ②小胞輸送モデル
- ③キス-アンド-ラン・モデル
- ④融合-分離モデル

成熟モデルでは，細胞膜に由来する小胞が合体してできた初期エンドソーム early endosome が成熟して，後期エンドソーム late endosome を経てリソームになる。エンドソームには TGN からリソーム酵素が補給され，区画内で形成された物質はリサイクル小胞で，他の区画や細胞膜に送られる。

小胞輸送モデルでは，初期エンドソーム，後期エンドソーム，リソームは固定した区画として存在し，これら区画間の物質輸送は小胞で行われる。初期と後期エンドソームの間には，多胞体 multivesicular body があって，これが後期エンドソームを経て（あるいは直接）リソームに成熟する。

キス-アンド-ラン・モデルでは，後期エンドソームとリソームが部分融合と分離を繰り返し，相互作用して，成熟したリソームを維持する。

融合-分離モデルでは，後期エンドソームとリソームが融合して，混成小器官 hybrid organelle を作り，これからリソームが再形成されるとする。

今のところ，これらのモデルがどれも細胞によっ

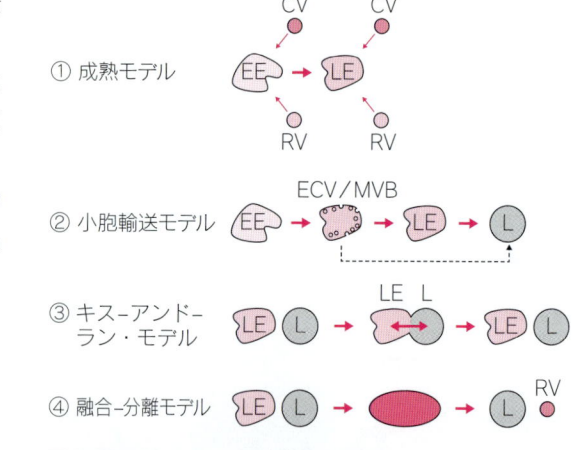

図5-31　リソーム形成のモデル

①成熟モデル：細胞膜由来の小胞が合体して初期エンドソーム（EE）が形成され，それが成熟して後期エンドソーム（LE）になり，最終的にリソーム（L）なる。この間，TGN からリソーム蛋白が積荷小胞（CV）により補給され，一方，区画内で生じた物質はリサイクル小胞（RV）で他の区画に送られる。②小胞輸送モデル：初期エンドソーム，後期エンドソームおよびリソームは，個別の固定した構造とされる。初期エンドソームに入った物質はエンドソーム運搬小胞（ECV）や多胞体（MVB）を経て後期エンドソームに小胞輸送され，後期エンドソームは成熟してリソームになる。初期エンドソームからエンドソーム運搬体・多胞体（ECV/MVB）をへて直接リソームへの輸送もある。③キス-アンド-ラン・モデル：後期エンドソームとリソームは互いに接触して，物質の交換を行い，離れる。このサイクルを繰り返して，リソームは形成・維持される。④融合-分離モデル：後期エンドソームとリソームは融合して，混成小器官（hybrid organelle：HO）を作る。混成小器官の中で内容物は消化され，濃縮される。また，生じた物質はリサイクル小胞で他の区画に送られる。結果的にリソームが形成される（Mullin and Bonifacino：BioEssays 23：333-343, 2001 より改写）。

て当てはまり，排除されるものはない。細胞はおそらく複数の方法でリソームを形成・維持していると思われる。いずれのモデルにせよ，リソーム蛋白は選別輸送されなければならない。リソームの酵素と膜蛋白質は膜結合リボソームで合成され，小胞体内腔に入り，マンノース mannose を含む糖を付加されゴルジ装置に移行する。そこで糖鎖が選択的に修飾される。

このとき多くのリソーム酵素はマンノースの C6 位がリン酸化される。ゴルジ装置の TGN には，このマンノース-6-リン酸（M6P）の受容体 mannose-6-phosphate receptors：MPRs が存在し，M6P は MPRs と結合する．この結合により，リソソーム酵素はゴルジ装置に存在する他の分泌蛋白質や細胞膜蛋白質から選別される．MPRs には 2 種類同定されている．カチオン-依存性 MPR（CD-MPR，分子量 275 kDa）とカチオン-非依存性 MPR（CI-MPR，分子量 46 kDa）である．MPRs はエンドソームには存在するが，リソソームには存在しない．リソソーム酵素の M6P と結合した MPRs は TGN に集合し，出芽してクラスリン・コート小胞を作る．MPRs の TGN からエンドソームへの選別輸送には，被覆蛋白複合体の一つアダプチン-1（AP-1）が関与する．また，リソソーム膜蛋白の選別輸送には，アダプチン-3（AP-3）が関与する．

いずれも MPRs やリソソーム膜蛋白の酸性アミノ酸集団やジロイシンを VHS ドメインが認識結合して選別し，クラスリン・コート小胞に組み込む．アダプチンとは無関係のクラスリン連結蛋白，PACS-1 や TIP47 も MPRs のエンドソームから TGN へのリサイクルに関与する．また，MPRs やリソソーム膜蛋白の選別には，AP-3 の他に新規の被覆蛋白，GGA 蛋白（Golgi-localized, γ-ear-containing, ARF-binding proteins）が関わる（ドメイン構造は"ゴルジ装置"の項を参照）．この被覆蛋白には，哺乳動物では 3 種類（GGA1，GGA2，GGA3）あり，被覆芽や被覆（コート）小胞に局在し，ADP-リボシル化因子（ARF）の仲介で TGN に補充される．GGAs は MPRs やリソソーム膜蛋白の酸性アミノ酸集団やジロイシンを VHS ドメインで認識選別して，クラスリン・コート小胞に組み込む．最近，GGA-3 が Gap1：GTPase activating protein 1；GTPase 活性化蛋白 1 に結合したユビキチンと相互作用し，TGN からエンドソームへ選別輸送することが示されている．モノユビキチン化された上皮成長因子受容体の細胞膜からエンドソーム（多胞体）への選別輸送にも GGA-3 が関与することが知られている．このように，ユビキチンが細胞内液胞系における選別輸送の標識となる証拠が蓄積している．

小胞のドッキングと融合に関与する蛋白としては Rab 蛋白がある．TGN からリソソームへの輸送には Rab7 が，後期エンドソームから TGN への MPRs のリサイクリングには Rab9 が関与することが知られている．

MPRs を組み込んだクラスリン被覆輸送小胞は TGN 膜から離れるとすぐそのクラスリン被覆を失い，後期エンドソームと融合して内容物をその中に送り込む．MPRs は pH 7 で M6P と特異的に結合するが，後期エンドソーム内の pH 6 ではこのオリゴ糖を解離する．したがって，リソソーム酵素は輸送小胞がエンドソームに融合すると，受容体から解離してエンドソーム内に拡散する．一方，受容体は膜とともに回収され，再びコート小胞によって TGN に戻る．このように，MPRs を含む輸送小胞は後期エンドソームと TGN の間を行き来して受容体と膜の回収を行っている．この受容体と膜の回収過程は受容体を介したエンドサイトーシス経路におけるエンドソームと細胞膜との間で起こっているものと似ている．そこでもリガンド-受容体複合体はコート小胞で輸送され，エンドソームの酸性環境で解離が起こり，リガンドはエンドソームに残り，受容体と膜成分は元の細胞膜に回収される．

ある種の細胞では MPRs は細胞膜にも一部存在して，細胞外に放出されたリソソーム酵素の捕捉を行っている．この場合，リソソーム酵素はコート陥凹 coated pit に集まった MPRs と結合し，コート小胞に取り込まれ，多胞体を経て後期エンドソームに入る．リガンドを放出した MPRs は，エンドソームからコート小胞によって細胞膜に回収される．この経路には，アダプター蛋白として GGA-3，AP-2，Stonin2 が関与する．

D ファゴソームの成熟と液胞融合

貪食作用 phagocytosis や飲食作用 endocytosis で取り込まれた物質は，最初に初期異食胞 early heterophagosome に蓄積する（図 5-29）．初期異食胞はリソソームの酵素や膜蛋白質を含んでいない．したがって，ファゴソーム内で分解が起こるにはリソソーム酵素が供給されなければならない．

表 5-4 主なリソーム疾患とその欠陥酵素

病名	欠陥酵素・蛋白/変異遺伝子
ムコ多糖沈着症(MPS)	
MPS Ⅰ, Ⅱ, ⅢA-D, ⅣA-B, Ⅵ, Ⅶ	α-L-イズロニダーゼ
	アリルスルファターゼ B
	N-アセチルガラクトサミン-4-スルファターゼ
Morquio B 症候群	ガラクトサミン-6-スルファターゼ
糖蛋白症	
アスパルチルグリコサミン尿症	グリコシルアスパラギナーゼ
フコース蓄積症	α-L-フコシダーゼ
α-マンノシドーシス	α-マンノシダーゼ
β-マンノシドーシス	β-マンノシダーゼ
ムコリピドーシス Ⅰ	シアリダーゼ 1
Schindler 病	α-N-アセチルガラクトサミニダーゼ
スフィンゴリピド症	
Fabry 病	α-ガラクトシダーゼ
Farber 病	セラミダーゼ, N-ラウリルスフィンゴシンデアシラーゼ
	N-アシルスフィンゴシン アミドヒドロラーゼ
Gaucher 病	β-グルコセレブロシダーゼ
GM_1 ガングリオシドーシス	β-ガラクトシダーゼ
Tay-Sachs 病	β-ヘクソサミニダーゼ A
Sandhoff 病	β-ヘクソサミニダーゼ A,B
Krabbe 病	ガラクトシルセラミド β-ガラクトシダーゼ
	ガラクトセレブロシダーゼ
異染性大脳白質萎縮症	アリルスルファターゼ A, その他
Niemann-Pick 病タイプ A, B	スフィンゴミエリンホスホエステラーゼ-1
その他のリピドーシス	
Niemann-Pick 病タイプ C	NPC1 遺伝子, NPC2 遺伝子
Wolman 病	リパーゼ A
神経セロイドリポフスチン症	パルミトイル-蛋白チオエステラーゼ
グリコーゲン蓄積症	
Pompe 病	α-グルコシダーゼ
多酵素欠損	
多スルファターゼ欠損症	スルファターゼ-修飾因子-1
ガラクトシアリドーシス	β-ガラクトシダーゼ
ムコリピドーシス Ⅱ, Ⅲ	G_1cNAc-ホスホトランスフェラーゼ, α, β-サブユニット
ムコリピドーシス Ⅳ	ムコリピン-1
リソソーム輸送欠陥	
シスチノーシス	リソソームシステイン輸送蛋白
その他リソソーム蛋白欠損症	
Danon 病	Lamp2
ヒアルロニダーゼ欠損症	HYAL1 遺伝子
リソソーム関連オルガネラ(メラノソーム, 血小板デンス顆粒)の形成不全	
Hermansky-Pudlak 症候群(HPS)	*HPS1-6*遺伝子, *AP3B1*遺伝子, *DTNBP1*遺伝子

この供給はファゴソームが既存のリソソームと融合することによって起こる。実際, 液相型エンドサイトーシスで腎尿細管上皮に大量に取り込まれた西洋ワサビ・ペルオキシダーゼは大きなファゴソームを形成して, 盛んに既存のリソソームと融合する(図 5-28)。

　自食胞の形成は標的オルガネラが膜で取り囲まれることから始まる。この膜の起源としては小胞

体が最も有力な候補であるが，まったく新しく作られるという証拠もある．増殖したオルガネラを取り囲む自食胞の膜は明らかに小胞体から由来し，初め二重構造をとる(図5-30(a))．自食胞も初めはリソソーム酵素をもたない．しかし，自食胞の膜が一重になると既存のリソソームやエンドソームと融合し，取り込んだオルガネラの分解が始まる．自食胞の場合，ゴルジ装置由来の輸送小胞の融合も見られる．この融合を調節している機構はわかっていない．細胞内液胞の融合を調節する蛋白質には小GTP-結合蛋白質 small GTP-binding protein 群，三量体GTP-結合蛋白質，SNAP soluble NSF attachment protein とその受容体(SNAREs)などがある．これらの蛋白質が，ファゴソームとリソソームの融合にどのように関わるかは，まだ明らかではない．

E リソソームと疾患

リソソーム蓄積症 lysosome accumulating disease の性質は，次のようにまとめられる．
① すべての器官をおかす一般的な障害である．
② 症状が年齢とともに重くなる進行性の障害である．
③ 二次リソソームに未分解物の蓄積が起こる．
④ この未分解物は患者に特異的なリソソーム酵素の欠損で生じる．
⑤ 加水分解酵素は多くの分子に作用することから，蓄積物は異質性である．
⑥ 障害は常染色体に乗って劣性遺伝する．

これらの性質をもつリソソーム疾患は，今日40以上もヒトや他の動物で知られている．**表5-4**に主なヒトの疾患とその欠陥酵素・蛋白質/変異遺伝子をあげる．これらの疾患の原因は酵素の欠損から部分活性異常のほかに，リソソーム酵素とその基質の相互作用を仲介する活性化蛋白質の欠損，ある加水分解酵素に結合してそれを安定化する蛋白質の欠損，分解産物の膜透過に必要な輸送蛋白質の欠陥，リソソーム・蛋白質の輸送における欠陥などがある．

これらの疾患の中で，とくにリソソームの研究に大きな発展をもたらしたのは封入体細胞病 inclusion cell disease(I-cell病)である．I-cell病患者の線維芽細胞を培養すると，培養液に多数のリソソーム加水分解酵素が現れるが，細胞のリソソームにはこれらの加水分解酵素が欠けており，未消化の基質が大きな封入体として蓄積している．一方，これらの酵素自体には障害はない．異常は，ゴルジ装置での選別に誤りがあって，加水分解酵素は分泌経路に入り細胞外に放出されて，リソソームに輸送されないために起こる．この誤りは合成初期の加水分解酵素にマンノース6-リン酸(M6P)標識をつける酵素，GlcNAcリン酸基転移酵素 N-acetyl glucosamine phosphotransferase の欠陥か欠失によって起こることがわかった．

この酵素はゴルジ装置のシス区画 cis compartment に存在し，加水分解酵素のN-結合型オリゴ糖にGlcNAcリン酸を転移する．このリン酸化は加水分解酵素のオリゴ糖がゴルジ装置を移動中に，GlcNAc N-acetyl glucosamine, ガラクトース galactose, シアル酸 sialic acid を含む複合型オリゴ糖 complex type oligosaccharide にプロセシングされることを防いでいる．M6Pで標識された加水分解酵素は，先に述べたようにTGNにあるM6P受容体と結合し，分泌蛋白質から選別される．しかし，I-Cell病でも，ある細胞では加水分解酵素がリソソームに正常に認められる．これはこのような細胞ではM6P標識以外の方法で選別輸送が行われていることを示す．しかし，その機構はまだわかっていない．

● 参考文献
● リソソームの性質と形態
1) De Duve C, Wattiaux R : Function of lysosomes. Ann Rev Physiol 2 : 435-492, 1966.
2) Dell'Angelica EC, et al : Lysosome-related organelles. FASEB J 14 : 1265-1278, 2000.
3) Fawcett DW : "Lysosomes" in The Cell 2nd ed. pp.487-514, Saunders Company, Philadelphia, 1981.
4) Holtzman E : Lysosomes, a Survey. Springer-Verlag, New York, 1976.
5) Matile P : Biochemistry and function of vacuoles. Ann Rev Plant Physiol 29 : 193-213, 1978.
6) Marty F : Plant vacuoles. Plant Cell 11 : 587-599, 1999.
7) Novikoff AB : "Lysosomes A personal account" in Lysosome and Storage Diseases(HG Hers, F Van

Hoof, eds), pp.2-41, Academic Press, New York, 1973.
8) Orlow SJ : Melanosomes are specialized members of the lysosomal lineage of organelles. J Invest Dermatol 105 : 3-7, 1995.
9) Taiz L : The plant vacuole. J Exp Biol 172 : 113-122, 1992.

● リソソームの分類
1) Bainton D : The discovery of lysosomes. J Cell Biol 91 : 66s-76s, 1981.
2) Dice JF : "Selective degradation of cytosolic proteins by lysosomes." In Cellular proteolytic systems (Ciechanover AJ, Schwartz AL, eds), pp.55-64, Wiley-Liss, Inc. New York, 1994.
3) Kim J, Klionsky DJ : Autophagy, cytoplasm-to-vacuole targeting pathway, and pexophagy in yeast and mammalian cells. Ann Rev Biochem 69 : 303-342, 2000.
4) Mizushima N, et al : In vivo analysis of autophagy in response to nutrient starvation using transgenic mice expressing a fluorescent autophagosome marker. Mol Biol Cell 15 : 1101-1111. 2004.
5) Mortimore GE, Kadowaki M : "Autophagy : Its mechanism and regulation." In Cellular proteolytic systems (Ciechanover AJ, Schwartz AL, eds), pp.65-87, Wiley-Liss, Inc. New York, 1994.
6) Ohsumi Y : Molecular dissection of autophagy : Two ubiquitin-like systems. Nature Rev Mol Cell Biol 2 : 211-216, 2001.
7) 大隅良典 : オートファジーの分子機構. 細胞工学 24 : 562-566, 2005.
8) Sakai M, et al : Lysosomal movements during heterophagy : With special reference to nemato-lysosome and wrapping lysosomes. J Electron Microsc Tech 12 : 101-131, 1989.
9) Swanson JA and Baer SC : Phagocytosis by zippers and triggers. Trends Cell Biol 5 : 89-93, 1995.
10) Yokota S, et al : Degradation of excess peroxisomes by cellular autophagy : Immunocytochemical and biochemical analysis. Acta Histochem Cytochem 27 : 573-579, 1994.

● リソソームの形成
1) Dell'Angelica EC and Payne GS : Intracellular cycling of lysosomal enzymes receptors. Cytoplasmic tails' tale. Cell 106 : 395-389, 2001.
2) Desjardins M : Biogenesis of phagolysosomes : the "kiss and raun" hypothesis. Trends Cell Biol 5 : 183-186, 1995.
3) Eskelinen E-L, et al : At the acidic edge : emerging functions for lysosomal membrane proteins. Trends Cell Biol 13 : 137-145, 2003.
4) Jordens I, et al : Rab proteins, connecting transport and vesicle fusion. Traffic 6 : 1-8, 2005.
5) Kornfeld S : Structure and function of the mannose 6-phosphate/insulin like growth factor II receptors. Ann Rev Biochem 61 : 307-330, 1992.
6) Kornfeld S, Mellman I : The biogenesis of lysosomes. Ann Rev Cell Biol 5 : 483-525, 1989.
7) Luzio JP, et al : Lysosome-endosome fusion and lysosome biogenesis. J Cell Sci 113 : 1515-1524, 2000.
8) Mullins C, Bonifacino JS : The molecular machinery for lysosome biogenesis. BioEssays 23 : 333-343, 2001.
9) Murphy RF : Maturation models for endosome and lysosome biogenesis. Trends Cell Biol 1 : 77-82, 1991.
10) Storrie B : The biogenesis of lysosomes : is it akiss and run, continuous fusion and fission process? BioEssays 18 : 859-903, 1996.

● ファゴソームの成熟と液胞融合
1) Babst M, et al : ESCRT-III : An endosome-associated heterooligomeric protein complex required for MVB sorting. Dev Cell 3 : 271-282, 2002.
2) Boehm M, Bonifacino JS : Adaptins The final recount. Mol Biol Cell 12 : 2907-2920, 2001.
3) Bonifacino JS, Glick BS : The mechanisms of vesicle budding and fusion. Cell 116 : 153-166, 2004.
4) Boman AL : GGA proteins : new players in the sorting game. J Cell : Sci 114 : 3413-3418, 2001.
5) Dunn WA : Autophagy and related mechanisms of lysosome-mediated protein degradation. Trends Cell Biol 4 : 139-143, 1994.
6) Futras I, Desjardins M : Phagocytosis : At the crossroads of innate and adaptive immunity. Ann Rev Cell Dev Biol 21 : 511-527, 2005.
7) Karnovsky ML, Bollis L (eds) : Phagocytosis. Past and Future. Academic Press, New York, 1980.
8) Yokota S, et al : Formation of autophagosomes during degradation of excess peroxisomes induced by di (2-ethylhexyl) phthalate treatment. III. Fusion of early autophagosomes with lysosomal compartments. Eur J Cell Biol 66 : 15-24, 1996.

● リソソームと疾患
1) Dell'Angelica EC : The building BLOC(k)s of lysosomes and related organelles. Current Opinion Cell Biol 16 : 458-464, 2004.
2) Di Pietro SM, et al : The cell biology of Hermansky-Pudlak syndrome : Recent advances. Traffic 6 : 525-533, 2005.
3) Neufeld EF : Lysosomal storage diseases. Ann Rev Biochem 60 : 257-280, 1991.
4) Vellodi A : Lysosomal storage disorders. Brit J Haematol 128 : 413-431, 2004.
5) Winchester B, et al : The molecular basis of lysosomal storage diseases and their treatment. Biochem Soc Trans 28 : 150-154, 2000.

第6章
細胞の接着と極性

Ⅰ. 細胞接着分子　136
Ⅱ. 細胞間結合　138
Ⅲ. 細胞-基質間の接着　143
Ⅳ. 細胞間質　146
Ⅴ. 細胞の極性　153

● **本章を学ぶ意義**

　細胞は組織の中で統制のとれた集団として周囲と協調しながら活動している。たとえば，種類の異なる細胞をばらばらにして互いに混ぜ合わせても，やがて同種の細胞同士が集まってきて塊を形成する。このように細胞間には同じタイプの細胞を選別して集まりあい，接着する親和性がある。この細胞同士あるいは細胞と基質間の認識・識別機構は，個体発生時の臓器形成や，成体の組織細胞における機能協調や免疫，その変調である細胞のがん化や転移の抑制にきわめて重要な役割を果たしている。

　細胞間の相互作用は，認識・選別・接着・結合の各段階で進行する。

　①細胞の認識は細胞表面にある受容体が，特定の分子構造に対してカギとカギ穴のように適合するかどうかによる。

　②選別は，認識された表面分子の適合によって細胞膜をこえてシグナルが誘発され，細胞内で一連の反応過程が進行するか否かで決まる。

　③接着 adhesion は細胞間で膜表面の特異的な蛋白や糖蛋白との間に継続的な連結を生じる親和性があるかどうかによる。この段階ではまだ接着は弱く，やがて離れることもある。

　④最終的に持続する堅固な結合が細胞結合装置として形成されると，組織細胞集団での位置関係が固定する。このような相互作用により，特定の細胞群では一定の配置と方向性，すなわち細胞極性 cell polarity を示し，この極性がその細胞組織内での機能分化にとって重要な意義をもつことになる。

I. 細胞接着分子

主な細胞接着分子としてカドヘリン類・免疫グロブリンスーパーファミリー・セレクチン類・インテグリン類の4種類があり、このほかにCD 44をはじめ、細胞表面にあって接着に関与する多種多様な分子群が存在する（図6-1）。いずれも一回膜貫通蛋白質であり、接着様式によって同じ分子同士の間で接着する同種結合型 homophilic type と、異なる分子間での接着が起こる異種結合型 heterophilic type とに分けられる。また、カドヘリンなど接着にカルシウムイオン（Ca^{2+}）が必要なものと、必要ないものとがある。

A カドヘリン

京都大学の竹市雅俊らにより単クローン抗体を使って分離された分子量約12万の蛋白質であり、カルシウムの存在下で細胞接着を起こすことからカドヘリン cadherin と名づけられた。その後類似の接着分子が次々と発見されて、カドヘリンファミリーと呼ぶ相同性の高い分子構造をもった115～135 kD の一連の一回膜貫通蛋白群が明らかにされた。これらは同種細胞の同じ分子間で結合を形成する同種結合型の接着分子である。多数の同族分子があり、上皮細胞に発現する E-cadherin、神経、筋、水晶体の N-cadherin、胎盤と表皮にある P-cadherin などの組織特異性がある。

B 免疫グロブリンスーパーファミリー

結合形成にカルシウムを必要としない接着分子グループは、その分子構造に免疫グロブリンに類似した領域をもち、免疫グロブリン（Ig）スーパーファミリー immunoglobulin superfamily と呼ばれる。神経細胞などにみられる同種結合型の N-CAM（neural cell adhesion molecule）がこの代表例である。またこのグループには異種結合型の I-CAM（intercellular adhesion molecules）などもある。血管内皮細胞の I-CAM は白血球表面のインテグリン分子（後述）と結合し、炎症部位で白血球が血管と接着し、炎症組織内に遊走する際に働く。

C セレクチン

相手の細胞膜上にある糖蛋白や糖脂質の糖鎖を認識してこれと接着するセレクチン selectin と呼ぶ蛋白分子群がある。特定の糖鎖配列に高い特異性で結合するレクチン lectin 蛋白群と同じ機能をもつ領域が、セレクチン分子の細胞外末端にある。血管内皮細胞の E-セレクチンは特に炎症時に増加して好中球表面の糖鎖と接着し、血流中の白血球を引き留める。このほかに白血球表面に L-セレクチン、血小板に P-セレクチンがあり、それ

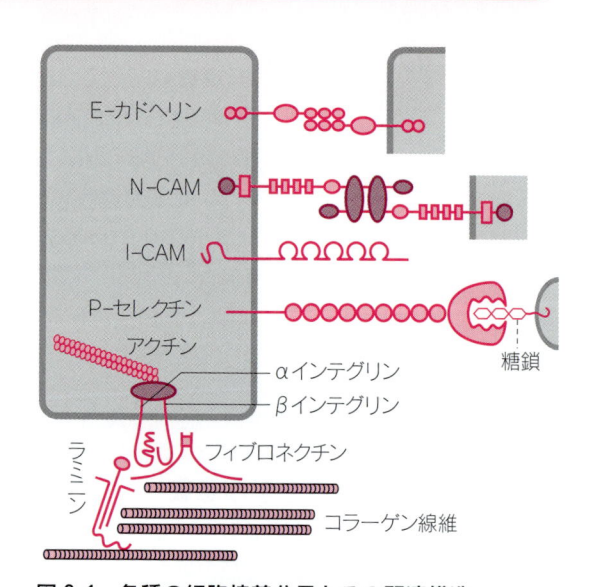

図6-1 各種の細胞接着分子とその関連構造

ぞれリンパ球の遊走や血小板凝固の際の接着凝集に働く（45頁 Side Memo 参照）。個々のセレクチンの接着力は，カドヘリンや I-CAM などに比べて弱く，多数の結合が同時に起こらなければやがて外れてしまう，いわば衣類や靴などのマジックテープのようなものである。しかしこの弱い結合こそが最初の接着のきっかけを作り，必要であれば次にさらに強力な結合を導くために必須なものである。

D インテグリン

主に細胞外基質と細胞質内線維を細胞膜を介して"結合 integrate"するインテグリン integrin と呼ぶ一群の膜蛋白群がある。α と β の二本鎖サブユニットからなり，結合にはカルシウムを必要とする。一つ一つの接着力は弱いが，多数が集合すると強い細胞-基質間結合を形成するものがある。

Side Memo 研究の歴史

細胞活動にとって結合があまり強すぎるのもかえって不利なことがある。細胞の移動や遊走には，弱い結合で一時的な接触を繰り返すほうが機動性に富んでいて有利であろう。インテグリンの結合親和性は大変に幅広い。細胞外基質のフィブロネクチンやラミニンにある3個のアミノ酸配列 RGD（アルギニン・グリシン・アスパラギン酸）を認識する β_1 グループの結合は比較的強い。白血球表面にあるリンパ球の LFA-1・マクロファージの Mac-1 などの β_2 インテグリン群は，血管内皮細胞表面の Ig スーパーファミリー I-CAM と一時的に結合して E-セレクチンとの初期接着にひきつづき，血管外への白血球遊走に働く。また血小板にある β_3 インテグリンは，血液凝固の際にフィブリノーゲンなどと接着する。

●参考文献

1) Geiger B, Ayalon O : Cadherins. Annual Review of Cell Biology 8 : 307-332, 1992.
2) Kreis T, Vales R(eds) : Guidebook to the Extracellular Matrix and Adhesion Proteins. Oxford Univ Press, 1995.
3) 宮坂昌之監修：接着分子ハンドブック．細胞工学別冊，秀潤社，1994.
4) Takeichi M : Cadherin cell adhesion receptors as a morphogenetic regulator. Science 251 : 1451-1455, 1991.

II. 細胞間結合

電子顕微鏡により，細胞間にはいろいろな種類の固定した結合装置が存在することが観察され，**結合複合体** junctional complex と呼ばれる。これらを機能面から閉鎖結合，連結結合，交流結合の3種類に分類する(図6-2)。

A 閉鎖結合（タイト結合）
occluding junction

細胞膜同士が完全に密着し，細胞間を隙間なく塞いだ結合構造であり，タイト結合 tight junction または密着帯（閉鎖帯）zonula occludens と呼ばれる。特に上皮細胞の管腔側細胞接合部に帯状に発達し，外部間腔と組織間隙の間を遮断している。電顕切片の断面像では2枚の単位膜の外葉が完全に重なっている。凍結割断像ではP面に連続した数本のヒモ状の隆起，E面には対応するすじ状の溝が帯状に存在する。このタイト結合によって，組織外からの細胞間隙を通る物質移動が阻止され，上皮組織は外部間腔と組織間質とが別々の環境に隔離されている（バリア機能）。さらに細胞周囲をタイト結合の膜粒子が切れ目なく取り巻いているので，形質膜面上ではこの結合帯を横切って膜蛋白が行き来することはない。

すなわち，タイト結合の帯によって上皮細胞の形質膜は頂部表面と側底面の二領域に区分される（フェンス機能）。クローディン claudin やオクルディン occludin と呼ぶ膜蛋白質と，ZO-1やシングリンなど2〜3の関連する裏打ち蛋白が見出されている（図6-3）。

クローディンは，1998年に月田，古瀬らによりタイト結合の膜蛋白として同定され，クローディンを線維芽細胞で発現するとタイト結合の線条を

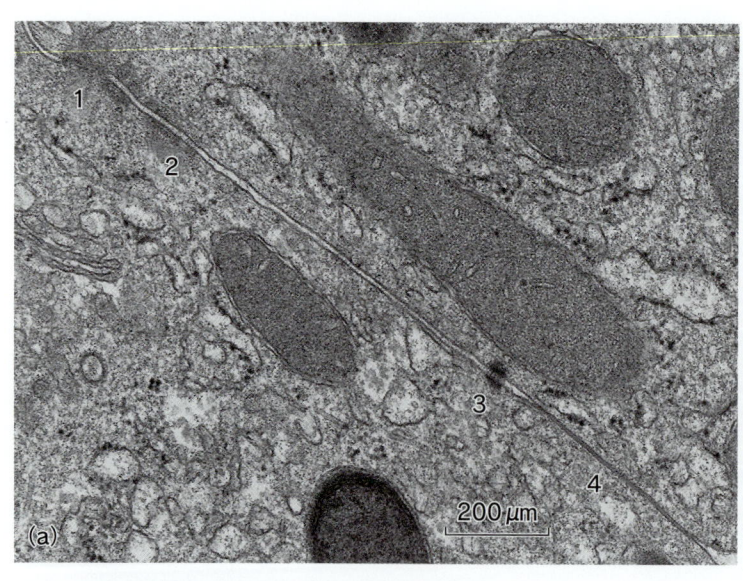

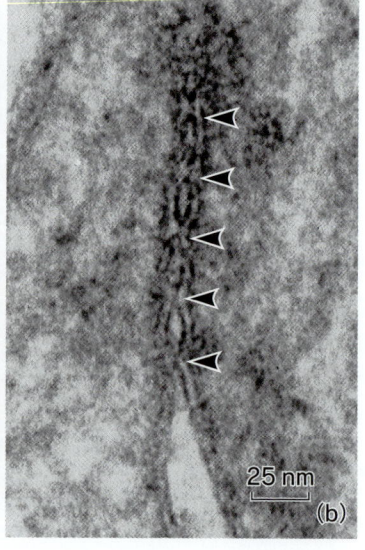

図6-2 結合複合体（肝細胞）(a)とタイト結合(b)
(a) 1：タイト結合，2：アドヘレンス結合，3：デスモソーム，4：ギャップ結合。
(b) 二重膜の外葉が完全に癒合している（矢尻）。

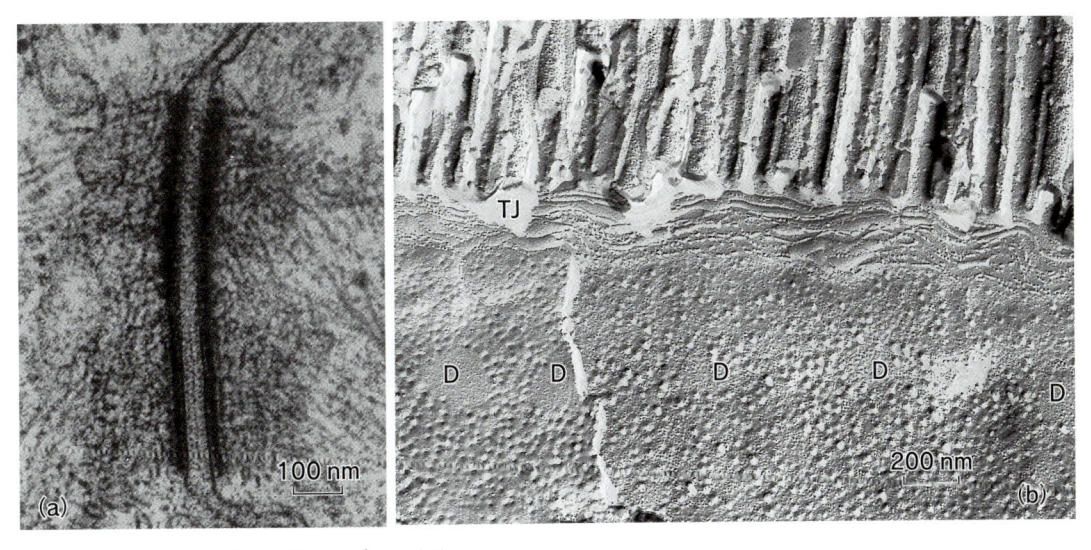

図6-3 タイト結合(TJ)とデスモゾーム(D)
(a) デスモソーム(電顕写真)。(b) フィリピンでコレステロールを凝集させた凍結割断レプリカ像。

形成する。マウスでは少なくとも24種類からなるファミリーをなし，アミノ末端を細胞質側に向け，細胞膜を4回貫通し，二つの細胞外ループと一つの細胞内ループをもつ四回膜貫通蛋白質である。タイト結合は細胞間隙を完全にシールするのではなく，小分子やイオンをサイズ(8〜9Å)および荷電選択性に通過させる孔をもつと言われている。

Side Memo　クローディン研究の歴史

クローディンの第1細胞外ループは，クローディン分子により異なる荷電アミノ酸を有し，この荷電の総和がイオン選択性を決定していると考えられている。たとえば，クローディン-2では，陰性に荷電しており，Cl^-よりもNa^+をよく通す。クローディン分子がどのように会合してタイト結合ストランドを形成するかの詳細は不明だが，クローディン分子は，ホモフィリックあるいはヘテロフィリックに重合して一方の細胞のタイト結合ストランドを構成し，相対する細胞のストランドとホモフィリックあるいはヘテロフィリック(ただし，ある組合せを除く)に結合してタイト結合を形成する。

タイト結合の細胞間透過性は細胞特異性があり，たとえば脳血管は末梢血管に比べて細胞間透過性が低い。クローディンは，組織および細胞特異的分布パターンを示し，タイト結合を構成するクローディン分子種の組成および比率が細胞間透過性を決定していると考えられる。

B 連結結合 anchoring junctions

細胞間の機械的な接合連結を形成する結合構造で，上皮組織や筋組織・神経組織によく発達している。アドヘレンス結合とデスモソームの2種類があり，微細形態上はかなり異なるが，いずれもカドヘリン族の分子が細胞間接着に働き，細胞質内ではそれぞれ細胞骨格線維のアクチンと中間径フィラメント(線維)とに連結している。

1 アドヘレンス結合 adherens junction

電子顕微鏡では，細胞膜が20 nmに近接して併走し，両側の細胞質には細かいアクチンフィラメントが密集している。上皮細胞ではタイト結合のすぐ下位で細胞を帯状に取り巻き，接着帯 zonula adherens とかベルトデスモソーム belt desmosome とも呼ばれる。細胞間の結合分子はカルシウム依存性のE-カドヘリン E-cadherin で同種型結合をし，細胞質内ではカテニン catenin を介してアクチンフィラメントと連絡する。

2 デスモソーム desmosome

隣接する細胞が 25～30 nm と広い間隙で接し，細胞間隙の中央にある膜に平行な板状構造をはさみ，両側の細胞質内側にも平行に走る板状構造 desmosomal plaque があって，ここに中間径フィラメントが密に挿入している（図 6-3）。通常円盤形の小斑状で，接着斑 macula adherens や spot desmosome とも呼ぶ。細胞間の結合分子はカドヘリン属のデスモグレイン desmoglein とデスモコリン desmocollin であり，細胞質内でデスモプラキン desmoplakin が接着し，ビンキュリン vinculin 類似のプラコグロビン plakoglobin が中間径フィラメントのケラチン（上皮）ないしデスミン（筋肉）と連結している。

C 交流結合 communication junction

細胞同士で直接に物質交換や情報伝達などの交流を行い，いわば機能的な連結を制御する結合構造である。

1 ギャップ結合 gap junction

単位膜が 2 nm の細隙で近接し，その間を膜蛋白分子の小トンネルが無数開口し連絡している（図 6-4）。単位トンネルの内径は約 2 nm であり，分子量 1,000 以下の分子が細胞間を交流できる（図 6-5）。

トンネルはコネキシン connexin という分子量 2 万 6 千から 5 万くらいのチャネル形成蛋白群が 6 個ほど取り囲んでできたものである。出入口には開閉する制御領域があり，Ca^{2+} 上昇や pH の変動など，細胞障害性の条件下では閉じて，悪影響が周囲の健常な細胞に広がらないような仕組みになっている。融合した多核細胞である骨格筋を例外として，ほぼすべての組織細胞間に出現し，細胞の協調性活動を調節している。特に心筋や平滑筋では，自律性収縮の興奮伝達経路として重要な機能を果たす。

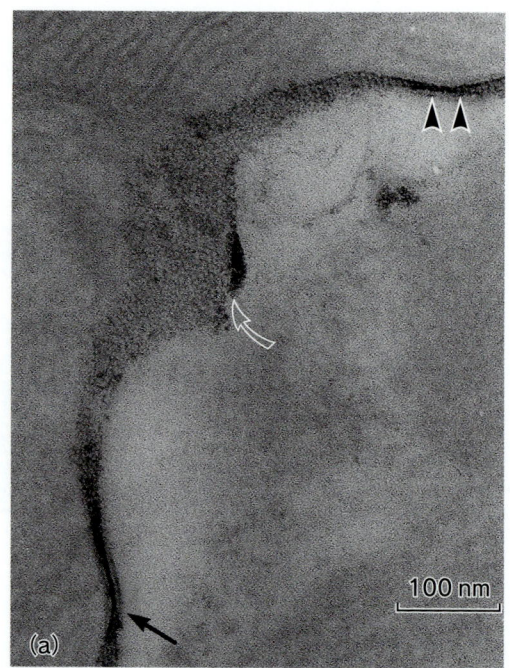

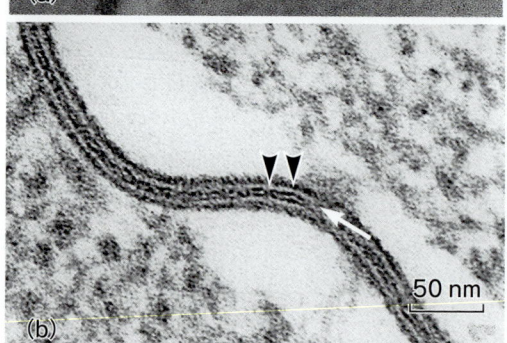

図 6-4 ギャップ結合
細胞外トレーサー(a)による六角格子配列（矢印）と細胞間隙（矢尻），切片像(b)による架橋構造（矢尻）。

Advanced Studies

ギャップ結合チャネルを構成するコネキシン蛋白（Cx）には，分布組織に特異性がある。肝細胞や胃粘液細胞など，主として上皮系には分子量 32 kD の Cx 32 や 26 kD の Cx 26 など β 型コネキシンが分布する（図 6-6 参照）のに対し，心筋や平滑筋など収縮刺激の興奮伝達を行う組織では，分子量 43 kD の α 型コネキシンが存在する。さらに心臓刺激伝導系の特殊心筋細胞には，同じ α 型でも伝達特性の異なる Cx 40 や Cx 45 が発現し，おのおのの細胞活動に対応した機能を果たしている。また血管がなく，眼房水からの栄養をギャップ結合を通じて拡散で内部へ伝える眼の水晶体には，Cx 46 や Cx 50 など別種のものがある。

II．細胞間結合　141

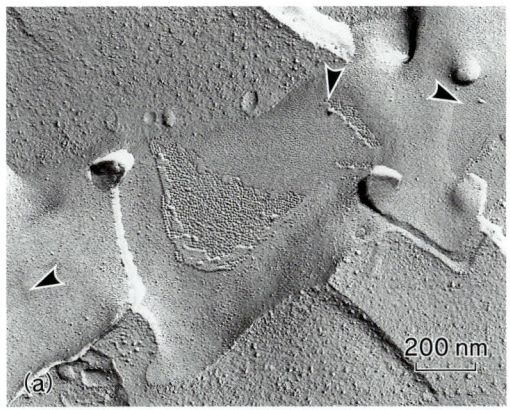

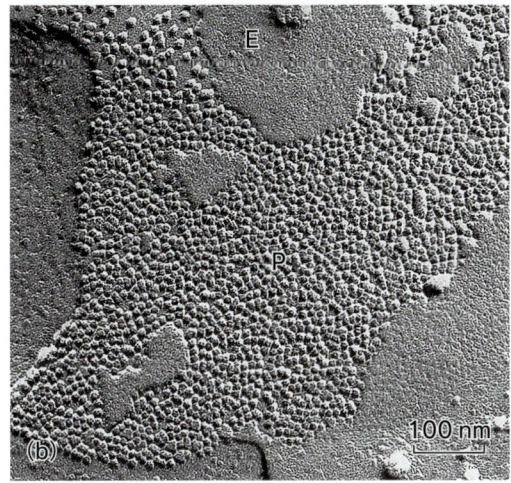

図 6-5　ギャップ結合の凍結割断像
大小の結合斑を心筋細胞間に認める。P 面に中心陥凹をもつ粒子，E 面に陥凹（矢尻）が配列する。

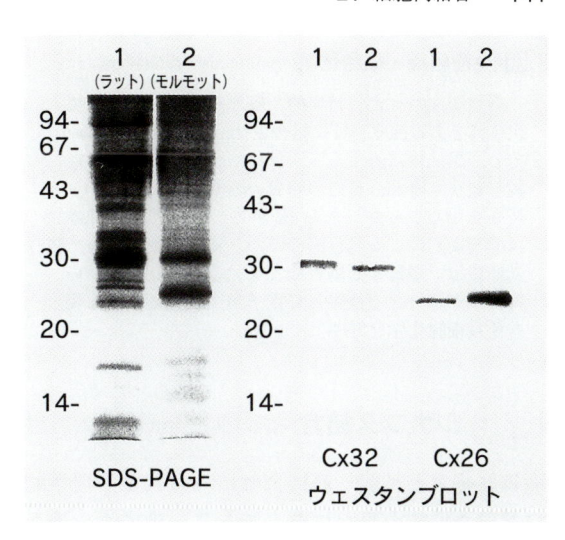

図 6-6　ギャップ結合構成蛋白コネキシンの肝臓での分布
ラット肝(1)では Cx 32 が多く，モルモット肝(2)では Cx 26 が多いことがわかる（九州大学医学部解剖学・倉岡晃夫博士原図）。

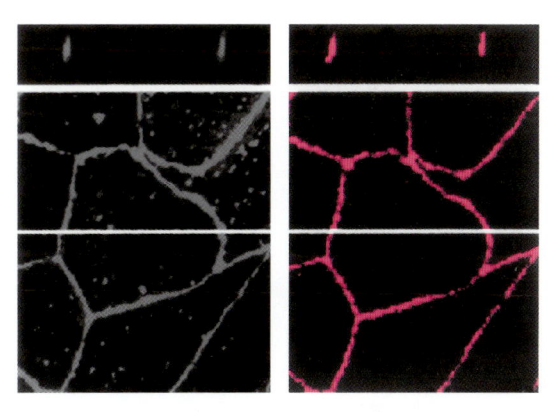

図 6-7　タイト結合のクローディン-1(左図)と ZO-1(右図)を蛍光二重標識したもの（培養細胞）
クローディンは添付した GFP により灰色（実際は緑色），ZO-1 は免疫標識で赤色に蛍光標識されている。
上部は，下図の白線部分を縦方向で示したもの（九州大学医学研究院・稲井哲一朗博士原図）。

技術解説

1 ウェスタンブロット western blot 法

抽出した蛋白質を界面活性剤の SDS に溶かして，ポリアクリルアミドの寒天状ゲルで電気泳動する sodium dodecyl sulphate-polycrylamide gel electrophoresis(SDS-PAGE)は，分子量にほぼ反比例した泳動スピードで多数のバンドパターンに分れるため，膜蛋白質の分析精製によく用いられる。この中から目的とする蛋白質を検出するために，さらにゲルからニトロセルロース膜にブロット（しみ込ませる）して蛋白質泳動パターンをそのまま転写し，この膜上で特異的な一次抗体による抗原抗体反応を行い，よく洗浄した後に結合した一次抗体を検出する標識抗体（二次抗体）で発色させると，1 本ないし数本の特異的なバンドが現れてきて，標準分子量マーカーと比較したその蛋白質のおよその分子量および発現量を知ることができる（図 6-6）。

同様の方法で特定 DNA 鎖を検出するサザンブロット法にならって，RNA 鎖を検出する方法をノーザンブロット法と呼ぶように，この特異的な蛋白質を検出する免疫ブロット法 immunoblot はウェスタンブロット法とも呼ばれ，蛋白質の分離同定に不可欠な半定量測定法として広く用いられている。Cx 32 などの表記は，ある蛋白ファミリーの中で 32 kD，つまり分子量が 3 万 2 千の蛋白種を指すような場合に使われる。

2 免疫組織・細胞化学 immunohistocytochemistry

　細胞切片のうえで特異的な抗原抗体反応を行って一次抗体をある抗原物質に結合させ，ついでよく洗浄後，その一次抗体に対する二次抗体によって標識して顕微鏡で観察すると，目的の物質の組織や細胞内での分布局在を知ることができる（図6-7）。二次抗体の標識には酵素反応による発色法のほか，蛍光色素を使って蛍光顕微鏡で観察する場合などを免疫組織化学といい，コロイド金などで標識して電子顕微鏡で観察する場合を免疫細胞化学と呼ぶ。

2　シナプス結合 synapse junction

　神経終末と神経-筋接合部にみられる生理学的に重要な機能を果たす結合である。構成する構造要素としては，通常の連結結合とシナプス小胞およびシナプス後膜の受容体蛋白などの膜分化構造の組み合わせであり，特異的な膜裏打ち蛋白質などが特有の構造として存在する。

● Side Memo

　昆虫など無脊椎動物には，セプテイトデスモソーム（有隔接着斑）septate desmosome が見られる。12～20 nm の細胞間隙をはさんで，5 nm ほどの中隔壁の繰り返しがあり，両細胞膜を機械的に結合している。

　また植物には，細胞壁を貫いて隣接細胞をつなぐ直径約 40 nm の管状通路構造があり，原形質連絡 plasmodesmata と呼ばれる。これはギャップ結合とは異なり，一種の細胞膜で囲まれており，細胞質の連続ともみなせる。

●参考文献

1) Ciba Foundation Symposium 125 : Junctional complexes of epithelial cells. Wiley & Son, New York, 1987.
2) Tsukita S, et al : Multifunctional strands in tight junctions. Nature Rev Mol Cell Biol 2 : 285-293, 2001.

III. 細胞-基質間の接着

細胞周囲の基質(間質)は細胞の機械的な支持のために働くだけではなく，細胞の機能維持に重要な役目を果たしている．細胞は基質を通して，栄養素の取込み，生成物の分泌，代謝産物の排出などを行うとともに，基質との接着によってシグナルを細胞内に伝え，細胞活動の調節を行っている．上皮細胞，筋，神経線維などの基底膜は，基質との特に強い接着機能を必要とする細胞に形成されたものとみなすことができる．

細胞と基質との接着に関与する細胞膜側の分子は，インテグリン integrin である．インテグリンは一般に細胞間質の受容体として働く．細胞と細胞間質との接着が構造的にはっきり見えるものに，ヘミデスモソームと斑状接着がある．これらは単に機械的結合だけではなく，インテグリンを介して，外からの情報による細胞機能の調節(outside-in signal)，逆に細胞内からの接着状態の調節(inside-out signal)により，細胞の増殖，分化，移動などが制御されている．

A ヘミデスモソーム hemidesmosome

上皮細胞と基底膜との接着装置で，上皮細胞が基底膜と強固に接着するための装置とみなされる．細胞膜は肥厚し，肥厚部の細胞側には電子密度の高い板状構造のプラークがある．基底膜の lamina densa も肥厚する(図6-8)．外見はデスモソーム desmosome に似ているが，デスモソームとは構成分子が全く違う．接着の相手が細胞ではなく細胞外物質であるために，細胞の結合蛋白はインテグリンである．細胞内のプラークには，中間径フィラメントであるケラチンフィラメント(表皮の場合)やデスミン(筋線維の場合)などにより終止する．プラークは desmoplakin 様の分子から

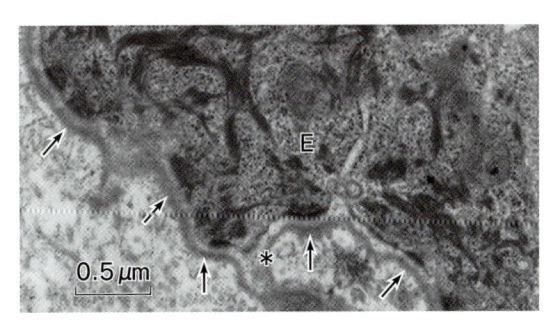

図6-8 基底膜とヘミデスモソーム
表皮の下に形成される基底膜(＊)に対して，表皮細胞(E)が多くの箇所でヘミデスモソーム(矢印)を形成している．

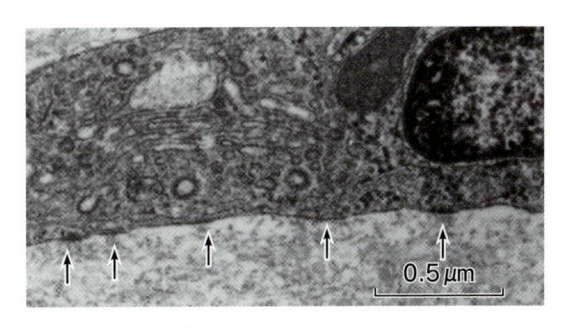

図6-9 斑状接着
細胞間質に対して，線維芽細胞が斑状の小さな接着構造(矢印)をとる．

なる．

B 斑状接着

一般に細胞と基質との接触には約50 nmの間隙があるが，局所的に10〜15 nmの狭い間隙をもって細胞が基質に接着する部位がある．これを斑状接着 focal contact, adhesion plaque と呼ぶ(図6-9)．

細胞間に形成されるアドヘレンス結合に似るが，結合蛋白はカドヘリンではなく，インテグリンで

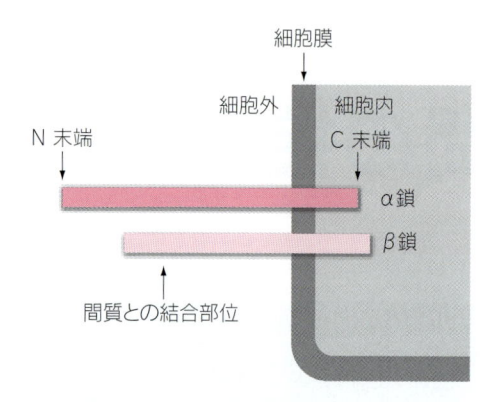

図6-10 インテグリン分子

表6-1 主なインテグリンの分子構成と結合分子

βサブユニット	αサブユニット	別名	結合分子
β_1	α_1	VAL-1	コラーゲン，ラミニン
	α_2	VAL-2	コラーゲン，ラミニン
	α_3	VAL-3	フィブロネクチン，コラーゲン，ラミニン
	α_4	VAL-4	フィブロネクチン，コラーゲン，ラミニン
	α_5	VAL-5	フィブロネクチン，コラーゲン，ラミニン
	α_6	VAL-6	ラミニン
β_2	α_L	LFA-1	ICAM-1, 2
	α_M	Mac-1	フィブリノーゲン，凝固第X因子，ICAM-1
β_3	α_{11b}	GPⅡb/Ⅲa	フィブイリノーゲン，フィブロネクチン，ヴィトロネクチン
	α_V		フィブイリノーゲン，フィブロネクチン，ヴィトロネクチン

ある．細胞内ではアクチンフィラメント actin filament の束が集合する．インテグリンとアクチンフィラメントをつなぐ分子として，ターリン talin，ビンキュリン vinculin，α-アクチニン α-actinin がある．細胞の移動に際して，移動先端部に新たな斑状接着が形成され，それより後側の古いものは吸収されるというサイクルを辿っている．また，細胞の増殖にも関与する．

C インテグリン

インテグリンは細胞外物質と結合する細胞膜貫通分子である．α鎖とβ鎖の二つのサブユニットからなる二量体である (図6-10)．α鎖は14種類 ($\alpha_{1\sim9}$, α_V, α_L, α_M, α_X, α_{11b})，β鎖は8種類 ($\beta_{1\sim8}$) があり，その組合せで，20種余のインテグリンが知られている．それらはβ鎖の種類によって三つの大きなグループに分けられる．すなわち，β_1-インテグリンは線維芽細胞などの表面受容体で細胞外物質と結合する．β_2-インテグリンは白血球の表面受容体である．また，β_3-インテグリンは血小板表面の受容体である (表6-1)．

同一のインテグリンがいくつかの細胞間質と結合する．たとえば $\alpha_3\beta_1$, $\alpha_4\beta_1$, $\alpha_5\beta_1$, $\alpha_V\beta_1$ はフィブロネクチンと結合する．中でも $\alpha_5\beta_1$ は一番強い結合を示す．また，ラミニンと結合するのは，$\alpha_1\beta_1$, $\alpha_2\beta_1$, $\alpha_6\beta_1$, $\alpha_7\beta_1$ で，中でも $\alpha_6\beta_1$ が最も特異的である．なお $\alpha_{1\sim6}\beta_1$ のインテグリンはそれぞれ VAL-1～VAL-6 とも呼ばれる．また，$\alpha_L\beta_2$, $\alpha_M\beta_2$ はそれぞれ LAF-1, Mac-1 とも呼ばれ，白血球が内皮細胞と結合する場合の受容体である．$\alpha_{11b}\beta_3$ は血小板がフィブリノーゲンと結合する場合の受容体である．この β_3 の欠乏症が Glanzmann's disease で，出血が止まらない．

一方，インテグリンは細胞内では，ターリン，α-アクチニンなどを介してアクチンフィラメントと結合する．インテグリンが細胞間質と結合することで，細胞内骨格に大きな影響を及ぼす．細胞が細胞間質に接着すると，アクチンを始めとする細胞骨格系の作用で細胞は平坦に広がる．細胞外物質はインテグリンと結合することで，細胞の極性，移動，代謝，発生，分化にも影響を及ぼしている．

D その他の接着

インテグリン以外に膜貫通のプロテオグリカンであるシンデカンや CD44 と呼ばれる蛋白分子がある．CD44 はヒアルロン酸やコラーゲンと結合して，細胞内では ERM ファミリーと呼ばれるエズリン，ラディキシン，モエシンを介してアク

チンフィラメントに連結している。この系も細胞膜を介して細胞機能の制御を行っている。

●参考文献
1) Brigitte M, et al : The molecular architecture of focal adhesions. Annual Review of Cell Biology 11 : 379-416, 1995.
2) Clark EA, Brugge JS : Integrins and signal transduction pathways. Science 268 : 233-239, 1995.
3) Tsukita SA, et al : ERM family members as molecular linkere between the cell surface glycoprotein CD 44 and actin-based cytoskeletons. J Cell Biol 126 : 391-401, 1994.

IV. 細胞間質

　生体を構成する細胞は個々バラバラに存在するのではなく，それぞれが一定の機能を果たすために「組織」や「臓器」を作る。このように細胞が統合的な機能を果たすためには，細胞の足場としての細胞間質 extracellular matrix が必要である。細胞間質は細胞間基質，細胞外物質ともいう。

　たとえば，皮膚では上皮細胞層（表皮と呼ばれる）が表面にあり，その下に基底膜を介して結合組織（真皮と皮下組織）が続く。結合組織は細胞間質が特に多いことが特徴である。骨や軟骨では，広い細胞間質に骨質や軟骨質が沈着して強い支持組織としての機能を発揮している。逆に間質の少ない組織としては，上皮組織，脳，脊髄などをあげることができる。これらの組織では，細胞がびっしり並び，細胞間にわずかな基質が存在するのみで，線維成分は全くない。

　細胞間質は，線維成分，ゲル状基質，および接着分子からなる。線維成分はコラーゲン線維と弾性線維である。コラーゲン線維は細胞間質に強い牽引力を与え，弾性線維は弾力性を与える。コラーゲン線維が特に多い組織として腱 tendon や靭帯 ligament がある。腱や靭帯は無数のコラーゲン線維が太いロープ状に束ねられたもので，強い牽引力に耐える。

　ゲル状基質成分はプロテオグリカンで，陰性に荷電しているために大量の水を含むことができる。これにより組織に張りを与える。同時に物質移動，細胞増殖・分化の場を提供する。

　接着分子はフィブロネクチンとラミニンが主なもので，前者は細胞と細胞間質全般との接着に，後者は細胞と基底膜との接着にそれぞれ関与する。

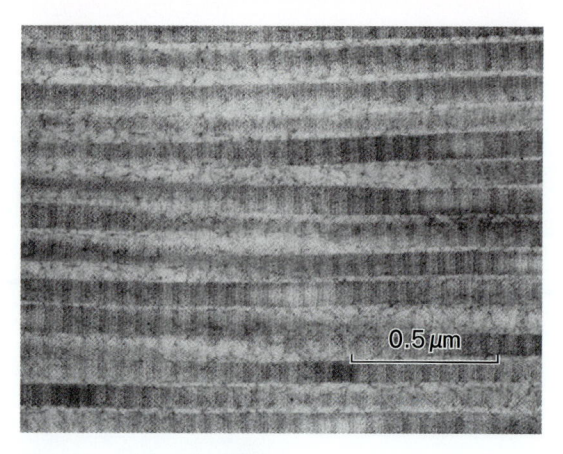

図 6-11　コラーゲン線維
コラーゲン線維を構成するコラーゲン細線維。67 nm 周期の横縞が明らかである。

A　コラーゲン線維

1　構　造

　コラーゲン線維 collagen fiber は，直径 10〜300 nm のコラーゲン細線維 collagen fibril が束状に集合したものである。コラーゲン細線維は縞模様（周期が 67 nm）をもつことが特徴である（図6-11）。コラーゲンは生体で最も多い蛋白である。コラーゲン分子は三つの α ポリペプチド鎖が互いにらせん状に巻き，ロープ状の三重らせん構造をなす。ポリペプチドの構成アミノ酸がプロリンとグリシンに富むことが特徴である。特にグリシンは，二つのアミノ酸を挟んで並ぶ（G-X-Y の繰り返しである。ここで，G はグリシンを，X と Y はそれ以外のアミノ酸を指す）。グリシンが小さなアミノ酸のため，α ポリペプチドの三重らせん構造が可能となる。

　これまで，25 種類の α ポリペプチド鎖が同定

表 6-2 主なコラーゲンの分子構成と分布

コラーゲン型	分子構成	組織分布	特徴
Ⅰ型	$[α_1(Ⅰ)]_2[α_2(Ⅰ)]$	結合組織 真皮・腱・骨など	太い 67 nm 縞
Ⅱ型	$[α_1(Ⅱ)]_3$	軟骨基質・硝子体	細い 67 nm 縞
Ⅲ型	$[α_1(Ⅲ)]_3$	真皮・筋周膜など	細網線維
Ⅳ型	$[α_1(Ⅳ)]_2[α_2(Ⅳ)]$	基底膜	シート状
Ⅴ型	$[α_1(Ⅴ)][α_2(Ⅴ)][α_3(Ⅴ)]$	組織間質	

されている．これらの組合せから，膨大な種類のコラーゲン分子が作られるはずであるが，実際には 15 分子のみが存在している．

コラーゲン分子はⅠ，Ⅱ，Ⅲ，Ⅳ型というようにローマ数字で表される（表 6-2）．Ⅰ型は最も一般的で，結合組織や骨を作る．Ⅱ型は軟骨の線維成分で，Ⅲ型はリンパ系組織（細網組織）をなす細いコラーゲン線維である．これは従来細網線維と呼ばれていた．Ⅳ型は基底膜を作る．線維状にならず網目をなすことが特徴である．Ⅶ型は基底膜と結合組織とをつなぐ細い線維で，係留線維（anchoring fibril）と呼ばれる．

Ⅴ，Ⅵ，Ⅸ，Ⅻ型は短く，プロペプチドがついているため，お互いに重合せず，他のコラーゲン細線維に一定の間隔をおいて結合する性質がある．Ⅴ，Ⅵ，Ⅻ型は，Ⅰ型コラーゲン細線維に，Ⅸ型はⅡ型コラーゲン細線維に結合する．

コラーゲン線維が一定方向に並ぶのは，これらの短い細線維付随コラーゲン分子 fibril-associated collagen の作用による．線維芽細胞がコラーゲン線維の並ぶ方向を制御しているものと考えられる．

2 生 成

コラーゲン線維は**プロコラーゲン** procollagen の段階まで細胞内で形成され，細胞外に分泌される．プロコラーゲンは細胞外で重合して，コラーゲン細線維を形成する．まず，リボソームでプロα鎖 pro-α chain が合成され，α鎖は小胞体内に伸長する．小胞体内でリジンとプロリンの水酸化がなされる．このプロα鎖の両端には，らせんを作らない**プロペプチド** propeptide がついている．プロα鎖はゴルジ体に運ばれ，リジンに糖が結合する（グリコシル化）．この水酸化とグリコシル化を経て，3 本のプロα鎖がらせん状に巻いて，プロコラーゲン分子を作る．プロα鎖の両端であるN 末端とC 末端には，らせん構造をとらないプロペプチドがついていることに注意すべきである．このプロペプチドは，プロコラーゲンが細胞内でお互い重合しないために必要な構造と考えられる．

この三重らせんのプロコラーゲンは，プロペプチドをつけたまま分泌小胞から細胞外に分泌される．分泌されたプロコラーゲンは，細胞表面が深くくびれ込んだ陥凹内に留まる．そこでプロペプチドがプロコラーゲンペプチダーゼ procollagen peptidase によって分解されて，プロコラーゲンは長さほぼ 320 nm の**コラーゲン分子** collagen molecule となる．

このコラーゲン分子が重合して直径 10〜300 nm の**コラーゲン細線維** collagen fibril を形成する．重合はコラーゲン分子の両端近くにあるリジン残基間の共有結合による．コラーゲン分子は重合の際に規則正しく一定の間隙を置いてずれて並ぶ特徴がある．そのためにコラーゲン細線維には一定周期（67 nm）の縞模様が現れる．

前述のように，コラーゲン細線維が集まって太い線維束となったものが，**コラーゲン線維** collagen fiber である．

プロα鎖のプロリンの水酸化酵素には補助因子として，ビタミンＣが必要である．水酸化の不十分なプロα鎖は三重らせん形成が不完全で，細胞からの分泌が障害される．ビタミンＣの欠乏症である壊血病では，分泌されるコラーゲン分子が少ないために，組織間質がもろくなり，そのため血管壁が形成不全となり，出血などが起こりやすくなる．

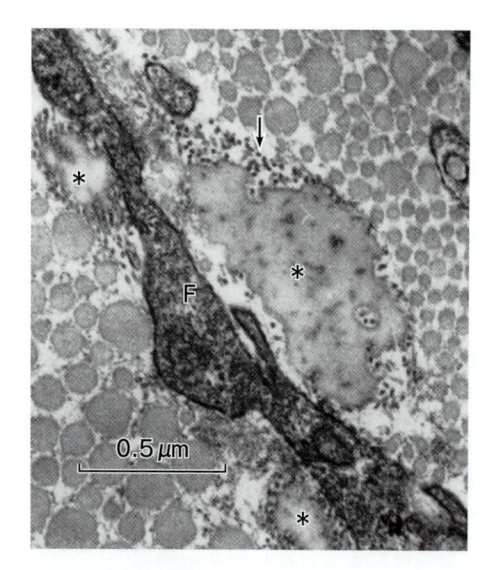

図 6-12　弾性線維
線維芽細胞（F）の脇に弾性線維の横断像が見える。エラスチン（*）の周囲をマイクロフィブリル（矢印）が取り巻く。

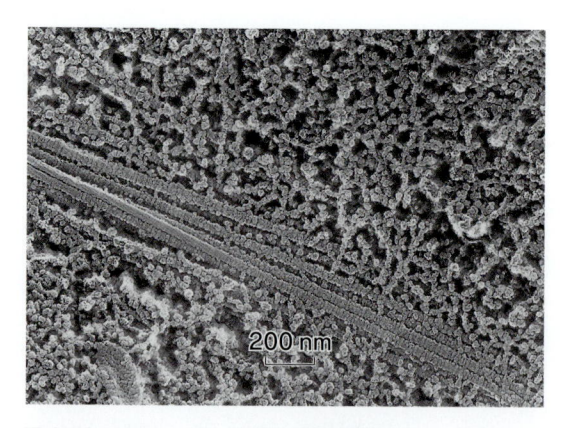

図 6-13　コラーゲン線維と細胞間マトリックス
急速凍結ディープエッチレプリカ像（九州大学医学部 柴田洋三郎原図）

B 弾性線維

　弾性を必要とする皮膚や肺，血管壁などの弾性のある組織には弾性線維 elastic fiber が多い。頭を支える首の靱帯（項靱帯）もその例である。弾性線維は**エラスチン** elastin と**マイクロフィブリル** microfibril からなる（図 6-12）。エラスチンは弾性線維の主成分である。エラスチンは 750 のアミノ酸からなり，疎水性の成分が主体である。両端にアラニンとリジンに富む α-ヘリックス構造をとる部位がある。エラスチン分子は，コラーゲンの場合と同様に細胞外に分泌されてから両端のリジン分子でお互いに連結する。この連結によってエラスチンは不規則にコイルして，引っ張れば伸びる性質をもつ。エラスチンの特性である弾性はこのためである。

　エラスチンには細い線維状のマイクロフィブリルが付属している。マイクロフィブリルは，発生においてエラスチンよりも早期に現れ，エラスチン沈着の足場となり，エラスチンが沈着するに従って次第に周囲に圧排されて，結局エラスチンの周囲を固めるような形をとる。エラスチンは弾性靱帯，肺，真皮などでは線維状，大動脈や弾性血管ではシート状，耳介軟骨などの弾性軟骨では三次元の配列をなす。

C プロテオグリカン

　プロテオグリカン proteoglycan は細胞間質のゲル状成分をなすもので，陰性に荷電して大量の水を含むことが特徴である。そのために，組織に張りを与え，栄養物質や代謝産物のスムースな移動を可能にしている。プロテオグリカンは無数のグリコサミノグリカン glycosaminoglycan 分子が 1 本のコア蛋白 core protein に結合したもので，巨大分子を形成する。組織内ではコラーゲン線維と結合することによって複雑な網目を形成する。プロテオグリカンは，組織標本を作る際に固定剤などの化学薬品で大きく変化し，また水に溶けて脱落するために，網目構造を見るのは通常は困難である（図 6-13）。

1 グリコサミノグリカン

　グリコサミノグリカン glycosaminoglycan：GAG は従来ムコ多糖と呼ばれていたもので，ヒアルロン酸，コンドロイチン硫酸，デルマタン酸，ヘパラン硫酸，ケラタン硫酸などがある（表 6-3）。これら GAG は，二糖単位が繰返し結合した長い分子である。二糖の一つは，ヘキソサミン

表 6-3 グリコサミノグリカンの名称と繰返し糖単位

名称	糖単位
コンドロイチン硫酸	D-glucuronic acid, N-acetyl galactosamine
デルマタン硫酸	D-glucuronic acid, L-iduronic acid, N-acetyl galactosamine
ヘパラン硫酸	D-glucuronic acid, N-acetyl(または N-sulfo)glucosamine
ケラタン硫酸	D-galactose, N-acetylglucosamine
ヘパリン	L-iduronic acid, N-acetyl(または N-sulfo)glucosamine
ヒアルロン酸	D-glucuronate, N-acetylglucosamine

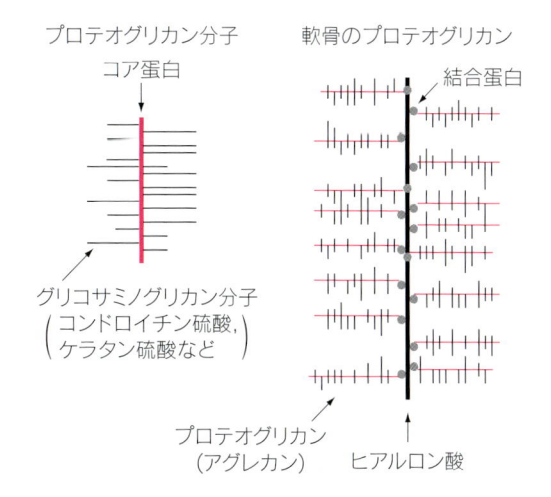

図 6-14 プロテオグリカンの構造

プロテオグリカンはグリコサミノグリカンがコア蛋白に結合したものである。また、軟骨には、プロテオグリカンが結合蛋白を介してヒアルロン酸分子に結合した巨大なプロテオグリカン分子がある。

hexosamine で、具体的には N-アセチルグルコサミン N-acetylglucosamine または N-アセチルガラクトサミン N-acetylgalactosamine である。もう一つの糖はヘキスロン酸 hexulonate(六単糖のウロン酸 uronic acid)で、具体的にはグルクロン酸 glucuronic acid である。ときにイズロン酸 iduronic acid のことがある。これらの GAG は硫酸基を結合しており、強い陰性荷電を帯びている。

コンドロイチン硫酸は D-グルクロン酸と N-アセチルガラクトサミンの二糖単位が、約 60 回繰り返した構造をとる。デルマタン硫酸は D-グルクロン酸の代わりに多くの L-イズロン酸が混在している。ヘパラン硫酸は D-グルクロン酸(または L-イズロン酸)と N-アセチルグルコサミンの二糖単位が 10〜20 回繰り返している。高度に硫酸化が進んだものがヘパリンで、抗凝固作用を持つ。ケラタン硫酸は N-アセチルグルコサミンとウロン酸の代わりに D-ガラクトースからなる。

GAG の一つである**ヒアルロン酸**(hyaluronic acid, hyaluronan, hyaluronate)は N-アセチルグルコサミンと D-グルクロン酸の二糖単位の繰り返しである。ヒアルロン酸が最も長い二糖単位の繰り返し(約 2,500 回、分子量 8×10^6)をもつ。ヒアルロン酸は胎生期の主な細胞間基質である。成体では、軟骨基質の基本骨格をなし、また関節液の主成分として潤滑作用をもつ。また、細胞の移動のための基質としても重要で、創傷治癒に働く。ヒアルロン酸は他と違って硫酸基をもたないが、グルクロン酸のカルボキシル基のために陰性に荷電している。一般に陰性荷電は Na^+, Ca^{2+} などの陽イオンと結合するために組織の浸透圧が高くなり、大量に水を吸着することになる。その結果、組織に張りが生じ、加圧に対する強い抵抗力をもつ。

2 プロテオグリカンの構造と機能

GAG はポリペプチドと結合してプロテオグリカン proteoglycan を形成する。このポリペプチドを**コア蛋白** core protein という(図 6-14)。GAG の中でもヒアルロン酸は例外で、コア蛋白と結合しない。GAG はコア蛋白のセリン残基に結合する。GAG の結合部はキシロース、ガラクトース、ガラクトース、グルクロン酸の四つの糖が並んでいる(図 6-15)。

プロテオグリカンには、アグレカン aggrecan(軟骨基質)、ベータグリカン betaglycan(細胞膜、基質)、デコリン decorin(結合組織)、パーレカン perlecan(基底膜)、シンデカン syndecan(細胞膜)など多くの種類がある。それぞれコア蛋白に結合する GAG の種類と数が異なる。また存在する組織も異なる。

組織内ではプロテオグリカンと並んで、GAG

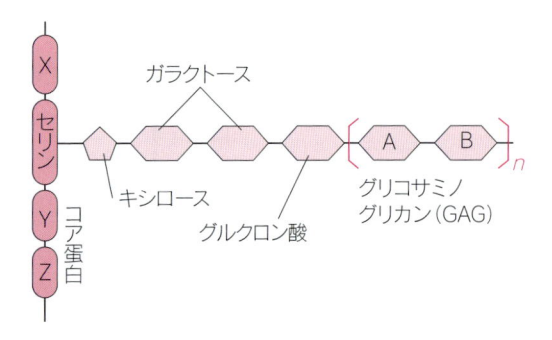

図6-15 コア蛋白とグリコサミノグリカンとの結合部位

コア蛋白のセリン残基に，キシロース，ガラクトース，ガラクトース，グルクロン酸の分子鎖を介してグリコサミノグリカンが結合する。

も単独で存在する。いずれにしても大きな分子である。アグレカン(軟骨のプロテオグリカン)は最も大きな分子で，約 3×10^6 ダルトン(Da)にもなる。アグレカンは，軟骨ではさらにヒアルロン酸と結合するため(1分子のヒアルロン酸に100分子ものアグレカン分子が結合する)，巨大なアグレカンの集合体を作る(図6-14)。

プロテオグリカンは，細胞間質における水分の保持に重要である。プロテオグリカンは代謝産物の移動の場である。また栄養因子など特定の分子と結合することによって，因子の機能を局所的に限定する機能をもつ。また，結合した分子を徐々に放出させる徐放機能，蛋白分解酵素からの保護，逆に結合することによって機能を阻害するなどの働きがある。分子の篩(ふるい)としても重要な働きをしている。その良い例がパーレカンである。パーレカンは腎臓の糸球体にある基底膜にあり，血液から原尿を生成する篩として機能する(図6-17, 151頁)。他に細胞表面膜に組み込まれて，細胞と細胞間質との接着あるいは栄養分子などの共役受容体として機能するものもある。たとえばシンデカンは，細胞とコラーゲン(あるいはフィブロネクチン)との接着に関与する。また，線維芽細胞増殖因子 fibroblast growth factor：FGFと結合することによって，FGFを細胞のFGF受容体に提示する「共役受容体」co-receptorの役目をも果たしている。同様にベータグリカンはTGF-βの共役受容体として働く。

D 接着分子

1 フィブロネクチン

フィブロネクチン fibronectin は細胞間質内の代表的な接着分子で，細胞間物質と細胞との接着を仲介する。つまり，分子内にコラーゲンやヘパラン硫酸プロテオグリカン，フィブリンなどの細胞間質と結合する部位と細胞と結合する部位の両方を兼ね備えている。細胞との接着は細胞表面のインテグリンを介する。細胞と接着することによって，細胞移動，増殖，形態形成など，細胞膜を通した細胞機能調節(trans-membrane control)を行っている。

フィブロネクチンは二つのサブユニット鎖がC-末端近くでジスルフィド結合した二量体である。それぞれのサブユニット鎖で，フィブロネクチンⅢ型リピート fibronectin type Ⅲ repeat と呼ばれる繰返し構造がある。このⅢ型リピートは約90のアミノ酸からなり，それぞれのサブユニット鎖に少なくとも15回の繰り返しがある。注目されるのは，Ⅲ型リピート内に，細胞との接着部位として特定のアミノ酸配列構造があり，RGD配列 RGD sequence と呼ばれる。これはアルギニン(R)，グリシン(G)，アスパラギン酸(D)の三つのアミノ酸の配列で，細胞接着のための一般的な配列である。

細胞との強固な接着には，RGDのほかに特異部位が必要である。フィブロネクチンは選択的スプライシング alternative splicing によって多様な種類が生み出される。それによって細胞は，細胞間物質との接着のためのそれぞれ最適なフィブロネクチンをもつようになる。

フィブロネクチンは接着のみではなく，細胞移動のガイダンズにも関与する。細胞移動のルートにはフィブロネクチンが多く局在する。細胞移動には，足場となる細胞間質との細胞接着の微妙な調整が必要である。

IV. 細胞間質   151

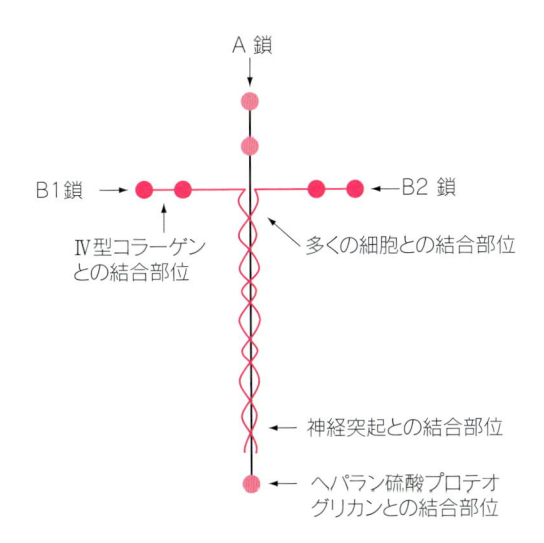

図6-16 ラミニン分子の構造

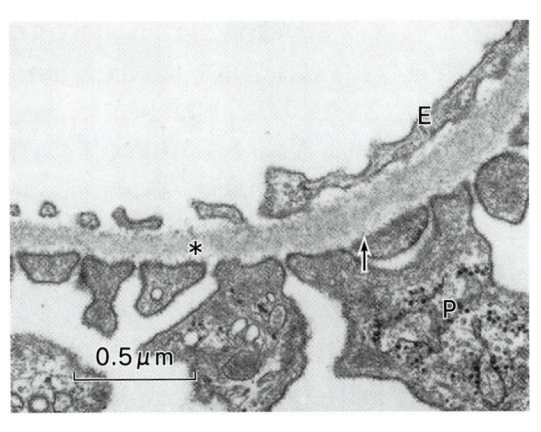

図6-17 腎臓糸球体の基底膜
この基底膜(*)は糸球体毛細血管の内皮細胞(E)とタコ足細胞(P)との間に形成される厚い基底膜である。原尿の濾過に働く。

2 ラミニン

ラミニン laminin は，基底膜に存在する代表的な接着分子である。ラミニン分子内には，基底膜のIV型コラーゲンと細胞表面受容体の両方に結合するドメインがあり，両者を結合する役目を果たしている。ラミニン分子は分子量85万Daで，A鎖（α鎖），B1鎖（β鎖），B2鎖（γ鎖）の三つの長いサブユニットから構成されている。ラミニン分子は，A鎖を心棒にして，B1鎖とB₂鎖のC末端側が互いにらせん状に絡まったαヘリックスをなしている（図6-16）。金属蒸着法で分子を見ると，あたかも両手を広げてスキーをしている人のように見える。3本の鎖の会合する部分に細胞接着のドメインがある。またこれとは別にRGDドメインもある。IV型コラーゲンと結合するドメインはB1鎖のN末端側にある。A鎖末端でスキーヤーの足に当たる部分は，基底膜のプロテオグリカンであるヘパラン硫酸プロテオグリカン（パーレカン）との結合ドメインである。

また，ラミニンは神経突起伸長促進作用をもつが，その機能はB1，B2鎖のC末端領域にある。基底膜にある接着分子であるエンタクチン entactin（ニドゲン nidogen）は短い分子で，ラミニンとIV型コラーゲンとの結合に補助的な役目を果たしている。

E 基底膜

基底膜 basal lamina, basement membrane は，一般に上皮細胞と結合組織との境界部に形成される細胞外物質の薄い膜である（図6-8, 143頁）。上皮細胞以外に，筋細胞，シュワン細胞，脂肪細胞にもある。基底膜は，これらの細胞を周囲の結合組織に接着させる役目をもっている。また，上皮細胞では細胞の極性を決めている。特殊な基底膜として，腎臓糸球体の基底膜は血液から原尿を濾過する機能をもっている。基底膜はIV型コラーゲンの骨格からなる。この骨格に，ヘパラン硫酸プロテオグリカン，ラミニン，およびエンタクチンが結合している。

基底膜は電子顕微鏡では，三つの部分（lamina lucida, lamina densa, lamina fibroreticularis）に分けられる。Lamina densa は，IV型コラーゲンからなる主要な部分で，比較的電子密度の高い，厚さ40～120 nmの無構造な層として見える。この層より細胞側にある明るい領域が lamina lucida (lamina rara) で，細胞表面との間に細い線維状成分が張っている。Lamina densa より結合組織側が，lamina fibroreticularis で，重層上皮の基底膜で特にはっきり見える。ここにはVII型のコラーゲン線維（anchoring fibril と呼ばれる）が結合組

織に伸びている。光学顕微鏡ではこれらの三つの部分は区別されずに，全体を basement membrane と呼んできた。しかし電顕記載では，lamina lucida と lamina densa とをまとめて言う場合は，光顕記載と区別する意味で，basal lamina を使うのが適当と思われる。日本語では，いずれも基底膜(基底層といわれることもある)という。

Ⅳ型コラーゲンはⅠ型と違って，線維構造をなさずにシート状の網目構造を作る。Ⅳ型コラーゲン分子は分泌された後，N-末端のプロペプチドが分解されずに残るため，縦方向に重合することができない。分子は C-末端の球状部で互いに接着し，シート状の網目構造をとる。このシート状の網目が多数重なって，全体として層構造をとったものが lamina densa である。

基底膜は前述のように，細胞の接着が主な機能である。また基底膜は細胞の再生の枠組みとして重要である。再生上皮細胞や筋細胞の移動，および末梢神経の再生軸索伸長のための足場を提供する。また，骨格筋の基底膜の神経筋接合部位は再生に特殊な機能を有する。腎臓糸球体基底膜はフィルタの役目を果たしている(図6-17)。

基底膜は線維芽細胞などの侵入を防いでいる。しかしリンパ球やマクロファージは酵素によって容易に基底膜を分解して侵入することができる。分解はコラーゲン分解酵素(collagenase など)やプラスミンによって行われる。一方，分解酵素阻害因子が，分解を局所的に抑制し，細胞自体を保護している。神経成長端は周りの細胞間質を溶解しながら伸長するが，自分自身は阻害因子で保護され分解されない。

●参考文献

1) Gumbiner BM : Cell adhesion ; The molecular basis of tissue architecture and morphogenesis. Cell 84 : 347-357, 1996.
2) 大西正健：生命にとって糖とは何か．講談社ブルーバックス，1992.
3) Edgar D, Timpl R, Thoenen H : The heparin-binding domain of laminin is responsible for its effects on neurite outgrowth an neuronal survival. EMBO J 3 : 1463-1468, 1984.
4) Yamada KM, Hahn LH, Olden K : Structure and function of the fibronectins. Prog Clin Biol Res 41 : 797-819, 1980.
5) Kefalides NA : Structure and biosynthesis of basement membranes. Int Rev Connect Tissue Res 6 : 63-104, 1973.
6) Hay ED(ed) : Cell Biology of Extracellular Matrix. Plenum Press. New York, 1981.

V. 細胞の極性

組織中の細胞は周囲の細胞や間質との間に特定の配置関係を構成している。このような細胞では表面領域が部位によって分化し，細胞質も方向性をもつ領域に分極して細胞極性 cell polarity を示すものが多い。この細胞極性は組織や細胞の営む機能と密接に関連している。典型的な細胞極性は上皮細胞と神経細胞にみられる。

A 上皮細胞の極性

上皮組織は体表や管腔内面を覆い，体内組織と外界との境界にあたるため，外界と接する頂部表面領域 apical surface domain（管腔表面領域 luminal surface）と体内組織に向かう側底面領域 basolateral domain とでは表面膜や細胞質内の性状が大きく異なる。この二つの領域に境界線を作り，膜蛋白質や糖脂質の種類によってその分布をそれぞれ頂部領域と側底面領域に区分するのがタイト結合のフェンス機能である。さらにそのバリア機能によって外界や体内管腔と組織間腔との環境を隔離し，上皮組織の吸収や分泌などの機能が維持

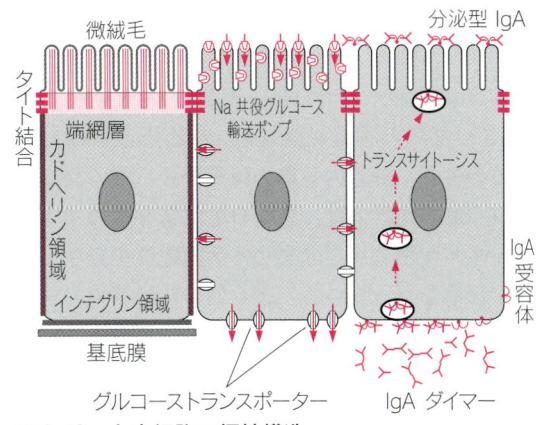

図 6-18 上皮細胞の極性構造
グルコースの腸管からの吸収や IgA の腸管分泌は極性構造を基盤としている。

されている（図6-18）。頂部表面膜には細胞機能に関連したさまざまな分化構造が発達している（本章 II.B. 細胞表面の特殊化，46頁を参照）。

側底面膜はさらに，カドヘリンが分布して細胞間結合が形成される側面膜領域 lateral domain と，底部の基底層に接しインテグリンによってヘミデスモソームや斑状接着が形成される底面膜領域

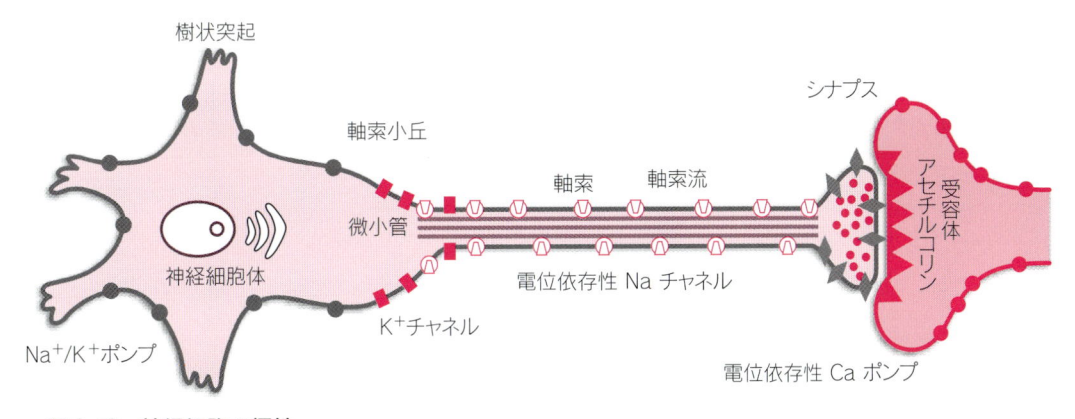

図 6-19 神経細胞の極性
軸索小丘を境として，構造と機能が明確に相違している。

basal domain に分かれる。

　細胞質内では微小管 microtubules が核近傍の中心子 centriole から放射状に伸び，そのプラス端を周辺部に伸ばしている。膜蛋白質は小胞体で合成された後，マーカーによって頂部膜と側底面膜に区別して輸送される。

B 神経細胞の極性

　神経細胞は，胞体 soma および樹状突起 dendrite の部分と神経軸索 axon の部分とでは，細胞膜の性質や細胞内骨格の構成がまったく異なる（図6-19）。軸索では，各種の電位依存性のイオンチャネルが膜に局在分布して活動電位を発生し，興奮伝導を行っている。また軸索にはリボソームが乏しく，蛋白質合成は核周囲の胞体や樹状突起で行われる。したがって，すべての蛋白質と小器官をはじめ，多くの物質が胞体から軸索末端まで輸送されなければならない。このため軸索内では微小管がプラス端を末梢シナプス端に向けた一定方向に走り，この分子レールの上を順行性と逆行性の二方向の軸索流 axonal flow による物質輸送が行われている。神経細胞では，上皮細胞のタイト結合のようなはっきりとした細胞極性を生じる分子機構は明らかではない。

●参考文献
1) Rodriguez-Boulan E, Powell SK : Polarity of epithelial and neuronal cells. Annual Review of Cell Biology 8 : 395-427, 1992.
2) Eaton S, Simons K : Apical, basal, and lateral cues for epithelial polarization. Cell 82 : 5-8, 1995.
3) Handler JS : Overview of epithelial polarity. Ann Rev Physiol 51 : 729-740, 1989.

第7章
細胞の情報伝達

Ⅰ．細胞間情報伝達機構　156
Ⅱ．細胞内情報伝達機構　162

● **本章を学ぶ意義**

　細胞の情報伝達は，大きく二つの系統からなる。一つの系統は細胞相互間の情報の伝達であり，「細胞間情報伝達機構」である。神経系と内分泌系がその代表である。情報を伝達する物質は細胞表面に達する。それまでの過程が情報伝達機構である。

　細胞表面に達した伝達物質は細胞表面の特異的受容体に達し，細胞内部で多様な変化や反応を引き起こす。これが二つ目の系統である。この過程は「細胞内情報伝達機構」として総括される。これは単なる情報伝達というより，伝達物質が受容体に付き，次いでトランスジューサーを経て細胞の実に多様な反応となり，複雑な細胞内情報変換過程を経る。つまり，情報は次々に変換され，シグナルはトランスダクションされている。

　細胞の情報伝達のこの異なる系統を区分して，それぞれの内容を理解するのが本章を学ぶ意義である。

I. 細胞間情報伝達機構

多細胞生物では，関連する細胞同士が互いに情報を授受しながら各細胞の振る舞いを統合して，結果として体全体にとって好都合の方向への反応が起こるようにならなければならない。そのために種々の細胞間情報伝達機構が存在し，その機構の基本は情報発信細胞からの情報伝達（シグナル signal）分子と情報標的細胞がもつその受容体で構成される。シグナル分子は，蛋白質や小型ペプチド，アミノ酸やその誘導体，ヌクレオチド，ステロイド，レチノイド，脂肪酸誘導体，さらには一酸化窒素などの気体と化学構造的に多種多様である。

そのうち蛋白質と小型ペプチドは，開口放出によって情報発信細胞から分泌放出される。そのほか後者のいくつかは細胞膜を透過・拡散して分泌放出される。また，情報発信細胞の膜に組み込まれたまま，その細胞外露出部分が隣接する標的細胞に作用するものもある。

受容体は標的細胞の膜貫通蛋白である場合がしばしばで，その表面露出した部分で親水性のシグナル分子と結合するが，シグナル分子が脂溶性の場合は，その受容体の多くは標的細胞の内部（核を含む）に局在する。受容体で受け取ったシグナルは標的細胞内の適切な場所に速やかに伝達されるよう，連鎖増幅的に細胞内情報伝達機構（本章Ⅱ節参照）が働いている。

標的細胞の受容体に受け取られるシグナル分子（細胞外）はファースト（第一次）メッセンジャー first messenger とも呼ばれ，受容体からさらなる伝達を開始するシグナル分子（細胞内）をセカンド（第二次）メッセンジャー second messenger と呼ぶ。

細胞間情報伝達は，細胞接着を介する伝達と拡散性シグナル分子を介した伝達の二つに分けられる（図7-1）。

A 細胞接着に依存した伝達

最短距離間で起こり，かつ，最小領域限定での細胞間シグナル伝達は，情報発信細胞と標的細胞との細胞間接着の場を介するものである。発生途上の胚で特に重要な機能を担っていることが知られており，細胞増殖速度の調節機序として知られる接触抑制 contact inhibition は，分子機構が未詳であるが，この型の伝達によると考えられる。

この接着仲介伝達の一つは，**ギャップ結合** gap junction（第6章Ⅰ節参照）によるものである。ギャップ結合では，水が通過し得るチャネルを通してCaイオンや環状AMPなどの小分子が隣接細胞同士を行き来できるので，一方の細胞から隣接する他方へ容易に情報が伝わり，その結果，両細胞が外来性のシグナルに同調的に反応できることになる。

もう一つは，シグナル分子と受容体いずれもがおのおのの発信細胞と標的細胞の対向膜に係留した蛋白である場合であり，**隣出伝達** juxtacrine signaling とも呼ばれることがある。この型のシグナル分子は膜に係留されたままで対向する膜の受容体と結合することが基本であるが，蛋白分解によりそのシグナル分子の一部が膜係留から解かれ，可溶性となって細胞外に放出されて受容体と結合する場合もある。ただし後者の場合は，パラクライン（傍分泌）ないしオートクライン（自己分泌）伝達（後述）に属し，前者と異なる受容体-細胞内カスケードを辿ると考えられる。

上皮増殖因子 epidermal growth factor：EGFや腫瘍壊死因子 tumor necrosis factor：TNFは隣出伝達として作動することも知られており，昆

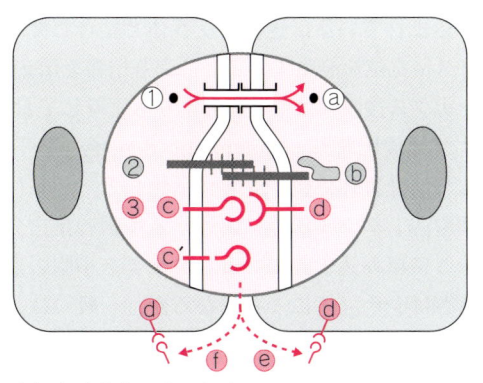

(a) 細胞接着による伝達
(b) シナプス伝達
(c) パラクライン伝達
(d) 内分泌伝達

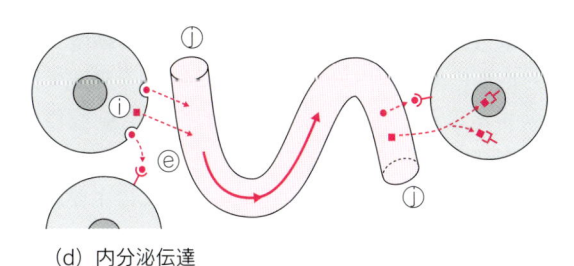

図 7-1 細胞間情報伝達

①：ギャップ結合伝達
②：細胞接着分子(CAMs)による伝達
③：隣出伝達
ⓐ：イオンと小分子
ⓑ：シグナル変換因子
ⓒ：リガンド
ⓒ'：リガンドの分解
ⓓ：受容体
ⓔ：パラクライン伝達
ⓕ：オートクライン伝達
ⓖ：逆行性伝達
ⓗ：NO, 脂質メディエーター
ⓘ：脂溶性シグナル分子
ⓙ：血管

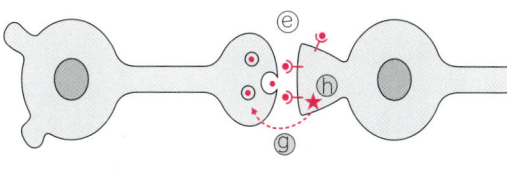

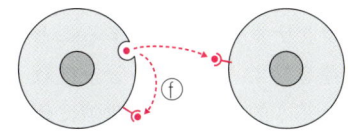

虫におけるこの型のシグナルとしては，Boss-Sevenless や Delta-Notch というシグナル分子-受容体の組合せがあげられる．さらに，分子構造中の細胞内ドメインに既知のシグナル変換要素をもたない細胞接着分子 cell adhesion molecules : CAMs でも，細胞接着によりシグナル伝達を起こしうることが，特に神経突起伸展過程で，かなりの状況証拠により強く推測されている．

その直接的な機構を解明するのは未だむずかしいが，標的細胞内で CAMs と随伴してシグナル現象を仲介しうるいくつかの細胞質内蛋白が見出されている．たとえば，MAGUK ファミリー蛋白に包含されるショウジョウバエの Discs-large (Dlg) 成長抑制蛋白やセンチュウ(線虫)の LIN-2A 蛋白，脊椎動物のタイト結合随伴蛋白 ZO-1/ZO-2 や，シナプス後膜肥厚部蛋白 PSD-95，そして arm-repeat ファミリーに包括される脊椎動物のカドヘリン随伴 β-カテニンや，そのショウジョウバエ相同分子の Armadillo およびデスモソーム蛋白の plakoglobin があげられる．

また，CAMs が元来の細胞接着を担うことによって隣出伝達を調節するのに重要な役割を演じているとみなしうる例もある．たとえば，前述の Notch, Delta, Sevenless, EGF 受容体などの隣出伝達分子は細胞接合部に豊富であることや，EGF 受容体がアドヘレンス接合蛋白である β-カテニンと直接随伴することなどがあげられる．さらに，ギャップ結合蛋白である connexin を発現する細胞が，カドヘリンをも発現するときだけ集合してギャップ結合を形成することも知られている．

B 拡散性シグナル分子に依存した伝達

1 順行性伝達

情報発信細胞から細胞外腔に放出されたシグナル分子が，その受容体のある標的細胞まで拡散する細胞外腔の距離要因によって，次の三つに分類される．

①シナプス伝達 synaptic signaling
②パラクライン(傍分泌)伝達 paracrine signaling

③内分泌（エンドクライン）伝達 endocrine signaling

1) シナプス伝達

　二つのニューロン間あるいはニューロンと効果器細胞との間の細胞外腔を介して，神経伝達物質と総称される拡散性シグナル分子が作動することによってなされる伝達を指す。シグナル分子拡散の場である細胞外腔は基本的に上皮細胞間隙に相当するので，この伝達での拡散距離要因は三つの伝達のうちで最小である。ニューロン間には，哺乳類中枢神経系にはまれながら，ギャップ結合によるシグナル伝達も存在し，それを電気シナプスと呼ぶことがある。本項でのシナプスはそれと区別して化学シナプスと総称されることがある。

　神経伝達物質は大別して，アセチルコリン，アミノ酸（グルタミン酸，γ-アミノ酪酸，グリシン），モノアミン（ドーパミン，ノルアドレナリン，アドレナリン，セロトニン，ヒスタミン），プリン誘導体（アデノシン，ATP），ペプチド（サブスタンス P，エンケファリンを含むオピオイドペプチドなど）に分けられる。ペプチドには，伝達物質としての基準に厳密には合致しないものが多く，それらを区別して神経調節物質 neuromodulator と呼ぶことがある。

　シナプスでは 15〜20 nm 幅のシナプス間隙を隔てて，ほとんどの場合，ニューロンの軸索末端がシナプス前要素として一方に位置し，その標的である別のニューロン（多くの場合は樹状突起，特にその棘，時に細胞体）がシナプス後要素として互いの細胞膜をほぼ平行に対向させて位置している。シナプス前要素にはシグナル分子である神経伝達物質を貯蔵したシナプス小胞が多数存在し，ニューロンの興奮が到達してシナプス前要素内の Ca イオン濃度上昇に伴って，シナプス前膜部の活性化部位 active zone で，シナプス小胞から開口放出 exocytosis により伝達物質がシナプス間隙に放出される。

　よって，活性化部位には多くの開口放出関連分子が組み込まれている。放出された伝達物質はシナプス間隙を横切って，対向するシナプス後膜に組み込まれている伝達物質受容体と結合して，シナプス後電位を発生することにより情報を伝える。

　シナプス後膜部は他の膜部よりも肥厚しており，シナプス後肥厚部 postsynaptic density：PSD と呼ばれ，受容体係留や受容体活性化と，それに続く細胞内シグナル伝達に関連する多種の蛋白分子がそこに組み込まれている。シナプス小胞の形や大きさはシナプスにより異なるが，一般には，電子顕微鏡的にその内部が電子密度の低い明小胞と，高い電子密度の芯をもつ有芯小胞に分けられる。神経活性ペプチドは有芯小胞に含まれる。

　最近は，免疫系の T 細胞と抗原提示細胞との対向面の細胞膜内に種々の分子が特別な様式で配列することが判明した。すなわち，T 細胞側の対向部の中心に T 細胞受容体 TCR が集積し，これに対応するように抗原提示細胞側には主要組織適合抗原 MHC が集積し，さらに，それらの外周には，接着因子のインテグリンのある種の分子（LFA-1：lymphocyte function associated antigen-1）が同心円状に配列する。これは神経系のシナプスになぞらえて，免疫シナプスと名づけられている。これは本項の分類によれば，隣出伝達とみなしうる。

2) パラクライン（傍分泌）伝達

　情報発信細胞から放出されたシグナル分子が，上皮細胞間隙に比べればはるかに大きいが同一組織の範囲内での細胞外腔を拡散して，近隣の情報標的細胞にある受容体を介してそれらの細胞にシグナル伝達が行われるものを指す。この伝達がある特定範囲内の標的細胞に限定されるには，シグナル分子が標的細胞に迅速に取り込まれたり，細胞外酵素で容易に分解されたり，細胞外マトリックスに固定されたりする機構が必須である。

　この好例として，肥満細胞から放出されるヒスタミンが近隣の種々の組織細胞に局所的に作用して，多くのアレルギー症状を引き起こすことがあげられる。

　この伝達の特殊型とみなされるものに，シグナル分子が一旦細胞外に放出されてから発信細胞自身の受容体に結合する場合があり，オートクライ

ン（自己分泌）伝達 autocrine signaling と名づけられる．この伝達を一群の同種細胞が同調して行うと，単独の場合よりも当該細胞の近隣でのシグナル分子の濃度が高くなるので，発生初期にみられる分化誘導シグナルの共同体効果（単独細胞では応答できないが，集団では応答可能になること）の仕組みの一つと考えられる．正常細胞が生存できない環境でも，その細胞から起こった癌細胞が増殖をするのは，この伝達によって何らかのシグナル分子の効果が増強されて，癌細胞自身の生存と増殖を促進させるからと考えられる．

免疫系細胞の分化・増殖因子あるいは白血球走化活性化因子として見出されたサイトカイン・ケモカインは，最近は脳内でも細胞間伝達因子として作用していることが判明してきているが，これらの分子の作動機構の基本はパラクライン伝達である．

3）内分泌伝達

これは，シグナル分子が情報発信細胞から細胞外に放出後に血液中に入り，血流にのって体内の至る所の標的細胞に運ばれて，そこでの受容体と結合して情報伝達を行うものであり，そのシグナル分子をホルモン hormone と名づける．ホルモンはその化学的性状から大きく，次の3種に分けられる．

　①アミノ酸誘導体（アドレナリン，メラトニン，甲状腺ホルモン）
　②ステロイド（副腎皮質ホルモン，性ホルモン）
　③ペプチド（成長ホルモン，抗利尿ホルモンなどの下垂体ホルモンやインスリンなどの膵臓ランゲルハンス島ホルモン，その他）

4）上記3種の伝達の比較

情報発信細胞と標的細胞との間に介在する細胞外腔の距離要因では，内分泌伝達は最短のシナプス伝達に対峙して最長であり，パラクライン伝達はこれら3種のうちで中間に位置するとみなすことができる．したがって，内分泌伝達でのホルモンは，血液や細胞間質で分解されずに，かつ，著しく希釈された低濃度で受容体に作動しなければならない．

これと対照的に，シナプス伝達での神経伝達物質は，狭いシナプス間隙で放出から受容体との結合までの行程を著しく短時間で完了するし，その間にそれほど希釈されずに高濃度で作用しうる特性をもっている．また，神経伝達物質は軸索末端から放出後に，特定の加水分解酵素による分解や特異的膜輸送蛋白分子による軸索末端や近接のアストロサイトへの回収によってシナプス間隙から急速に除去される．したがって，シナプス伝達は内分泌伝達に比べて空間的にも時間的にも相当厳格と言える．

ニューロンは，もっぱらシナプス伝達のみを遂行しているわけではない．脳視床下部の特定核に核周部をおくニューロンは，その軸索終末が間脳漏斗および下垂体後葉において毛細血管に近接してペプチド性のシグナル分子を分泌放出して内分泌伝達を遂行しており，これらのニューロンは神経内分泌細胞と呼ばれている．神経内分泌細胞が発見された当初は，これらのニューロンが例外的なニューロンとみなされていた．しかし近年，多種のペプチドが脳神経系に広く分布局在することが明らかにされるにつれ，ニューロンのかなりのものがシナプス伝達と内分泌伝達の中間とみなしうるパラクライン伝達をする可能性が推測されるようになった．

実際に，ペプチド性の神経伝達物質ないし神経調節物質のあるものの受容体がシナプス後膜以外のニューロン膜に局在することや，あるペプチド含有ニューロンと直接シナプスを形成しない近隣のニューロンからそのペプチド起因シナプス電位が検出されることから，パラクライン伝達がニューロンでも起こりうるとみなされる．また，シグナル分子のあるもの，たとえばアドレナリンやノルアドレナリンは，ニューロンではシナプス伝達のシグナル分子として作動するが，副腎髄質のクロム親和細胞からは内分泌伝達のシグナル分子として作動している．

一方，内分泌伝達を行う主な器官の一つである下垂体前葉は，多種のホルモン（成長ホルモンや性腺，甲状腺，副腎皮質，乳腺の刺激ホルモン）

を分泌することが周知されている。近年，それぞれのホルモン分泌細胞が異種複数のペプチド（activin, inhibin, galanin, follistatin など）をパラクライン伝達分子として分泌して，おのおののホルモンの分泌を調節していることが明らかになった。また，副腎髄質のクロム親和細胞からはアドレナリンやノルアドレナリンのホルモンだけでなく，エンケファリンをはじめとするいくつかのペプチドがそれらのホルモンと同じ小胞に貯蔵されて開口放出により分泌されることが明らかになった。それらのペプチドはパラクラインおよび内分泌両方の伝達に関与していると考えられる。

2 逆行性伝達

順行性伝達，特にニューロンのシナプス伝達では，情報伝達方向が発信細胞（シナプス前要素）から標的細胞（シナプス後要素）へと明確であるとして考察してきた。しかし近年，この方向に逆行性の情報伝達を可能にする機構の存在と，そのシグナル分子として一酸化窒素 NO や一酸化炭素 CO の気体，および，ある種の脂肪酸誘導体が作動することを示唆する所見が積み重なってきた。そして，この機構によってシナプス伝達強化が可能となりうるので，この逆行性伝達が記憶の機構理解の契機になると考えられて注目を集めている。

逆行性の意味は，順行性伝達の神経伝達物質によるシナプス後受容体の活性化に引き続いて，これらのシグナル分子がシナプス後ニューロンにおいてセカンドメッセンジャーとして産生されるが，そのシナプス後ニューロン細胞内での伝播に資するのでなく，細胞外に出てシナプス前ニューロンに情報を伝達させるということである。ただし，これらのシグナル分子の物性上，その標的はシナプス前ニューロンだけでなく，周りのグリア細胞にパラクライン伝達やシナプス後ニューロンそれ自身にオートクライン伝達をも遂行し得るし，それらを示唆する所見も得られている。

なお，これらのシグナル分子の作動する情報伝達はニューロン間に限らず，順行性に非神経系の細胞でも機能している。

1）気体性シグナル分子（NO と CO）

一酸化窒素 NO の機能として，マクロファージが自身の活性化により一酸化窒素合成酵素 NOS を誘導してアルギニンから NO を産生・放出し，侵入微生物殺傷の助けをすることがあげられる。さらに，NO は，近隣の腫瘍細胞のクレブス回路と電子伝達系や DNA 合成を阻害することにより，その細胞を破壊することが知られている。

神経伝達に関しては，血管壁を支配する副交感神経の軸索終末がアセチルコリン Ach を放出すると，まず内皮細胞にある Ach 受容体との結合が契機となってその細胞で NO が産生されて放出・拡散し，近傍の平滑筋細胞に作動して弛緩させる。また，狭心症の治療薬のニトログリセリンは体内で NO に変換されて，心臓冠動脈平滑筋に作動してその血管を弛緩させる。

したがって，NO は前項のパラクライン伝達によって作動するともみなされるが，水に溶ける気体で細胞膜を容易に透過するので，産生・情報発信細胞から近隣の標的細胞内に容易に入り込むという特徴をもっている。

NO の受容体は標的細胞内にあるグアニル酸環状化酵素 guanylyl cyclase の活性部位の鉄原子であり，この酵素の活性化によって細胞内情報伝達分子である環状 GMP（cyclic GMP, cGMP）が産生される。NO は細胞外では酸素や水によって硝酸塩や亜硝酸塩に変換され，よって半減期が短いので，この伝達は局所に限られる。受容体である cGMP は代謝速度が速いので，NO の効果持続が短時間となることから，局所シグナル分子としてきわめて有利である。

ニューロンが NO をシグナル分子として産生・放出する例として，ペニス（陰茎）の血管平滑筋を支配する自律神経ニューロンがあげられる。このニューロンは NOS を含有しているので，その軸索末端から放出された NO が局所的に血管を拡張させて勃起を起こす。バイアグラは cGMP の分解を司る cGMP ホスホジエステラーゼの働きを阻害することにより，ペニスでの cGMP の高濃度を維持する薬剤である。

逆行性伝達の例として，まず，NOS を含有す

るニューロンが順行性にシナプス前終末からグルタミン酸の強力な刺激を受ける場合を考えてみよう．

シナプス後ニューロンではNOSの活性化によってNOがセカンドメッセンジャーとして大量に産生されて細胞外に放出され，上記マクロファージの例と同様の機構でシナプス前ニューロンを含めた近隣ニューロンが死滅しうる．

一方，電気生理学的にNOがニューロン間での逆行性シグナル分子としてシナプス後要素から細胞外に放出され，シナプス前要素に作動して，シナプスの**長期増強** long-term potentiation：LTPに関与するという所見が増大している．

ヘムオキシゲナーゼ heme oxygenase：HOにより産生される一酸化炭素COも，NOと同様にグアニル酸環状化酵素を刺激する．したがって，COもシナプスにおいて逆行性シグナル伝達分子となり得て，電気生理学的にLTPに関与することが知られている．

2) 膜脂質誘導体性シグナル分子

膜のリン脂質から切り出された血小板活性化因子 platelet-activating factor：PAFやアラキドン酸 arachidonic acidと，その代謝産物であるプロスタグランジン（PGs）および内因性カンナビノイド endogenous cannabinoids, endocannabinoids：eCBs）などは，多彩な生理活性をもち，それらの産生細胞を刺激するとこれらの膜脂質誘導体の産生・放出量が増すことが知られている．これらの膜脂質誘導体は脂質メッセンジャーあるいはメディエータとも総称される．そして，PAF，PGsやeCBsの受容体は膜蛋白分子として同定されている．

ニューロン間では，PAFやいくつかのPGs，そしてeCBsがシナプス後ニューロンからセカンドメッセンジャーとして産生されて細胞外に放出され，シナプス前の軸索終末に逆行性に作動することによってLTPの誘導に関与することを示唆する電気生理学的知見が最近蓄積されつつある．

●参考文献

1) Chen C, Bazan NG：Prostagl. Lipid Med 77：65-76, 2005.
2) Davis DM, Dustin ML：What is the importance of the immunological synapse？ Trends Immunol 25：323-327, 2004.
3) Fagotto F, Gumbiner BM：Cell contact-dependent signaling. Dev Biol 180：445-454, 1996.
4) Schwartz J, Cherny R：Intercellular communication within the anterior pituitary influencing the secretion of hypophysial hormones. Endocrine Rev 13：453-475, 1992.
5) Singh AB, Harris RC：Autocrine, paracrine and juxtacrine signaling by EGFR ligands. Cell Signal 17：1183-1193, 2005.

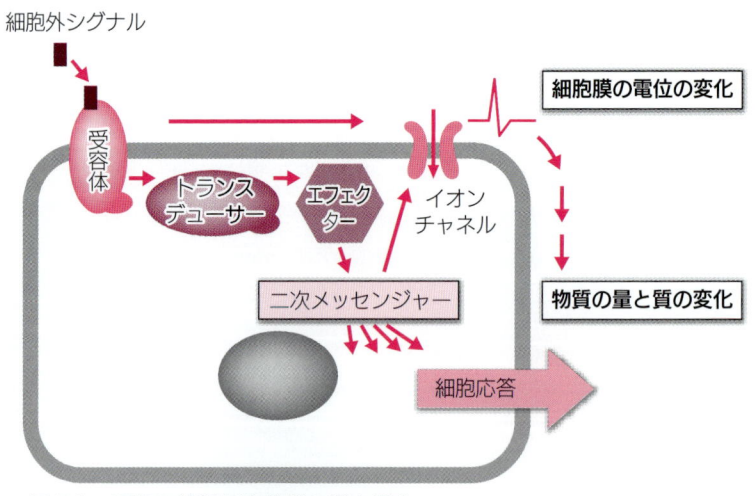

Ⅱ. 細胞内情報伝達機構

A 細胞内情報伝達機構の基本概念

多くの生物は一生の中では，誕生，成長，生殖，老化，死という機能相をもっており，短時間の中でも（1日とか），呼吸，循環，摂食，運動，排泄，睡眠などの機能相をもっている．本節の中心課題は，生物が今，どの相にあって，何をすべきかを系統的に制御する情報伝達機構である．

生物の情報伝達機構において，第1に大切な要素は正確さである．正確さとは，ある種類の情報だけをどれほど選択的に検出できるかの特異性，変化をどれほど微妙に検出できるかの感度，変化をどれだけ短時間で検出できるかの時間分解能のすべてにおける正確さを意味する．第2に大切な要素は，情報収集項目の多様さと複雑な情報の統合力の大きさである．

このような要素に対して発達してきた細胞内情報伝達機構は，以下の五つの構成要素から成り立っている（図7-2）．

① 細胞外シグナルを感知する受容体（レセプター）．
② 受容体が感知したシグナルを増幅しながら伝達するトランスデューサー．
③ トランスデューサーの制御によって二次メッセンジャーを生産するエフェクター（効果器）．
④ 受容体で感知した細胞外シグナルを細胞の隅々にまで拡散して伝える二次メッセンジャー．
⑤ 二次メッセンジャーの濃度依存性に機能を変化させる細胞応答である．

B 細胞内情報伝達の基本機構

1 五つの基本系

ホルモンや神経伝達物質などのリガンド ligand が，受容体と結合し，その情報を標的細胞に伝達する様式として，図7-3のような五つの基本機構が知られている．ペプチドホルモンのような水溶性のリガンドが，細胞膜に存在する受容体蛋白質に結合すると，受容体蛋白質に構造変化が生じ，

図7-2 細胞内情報伝達機構の基本概念

図 7-3　細胞内情報伝達の五つの基本機構の概略

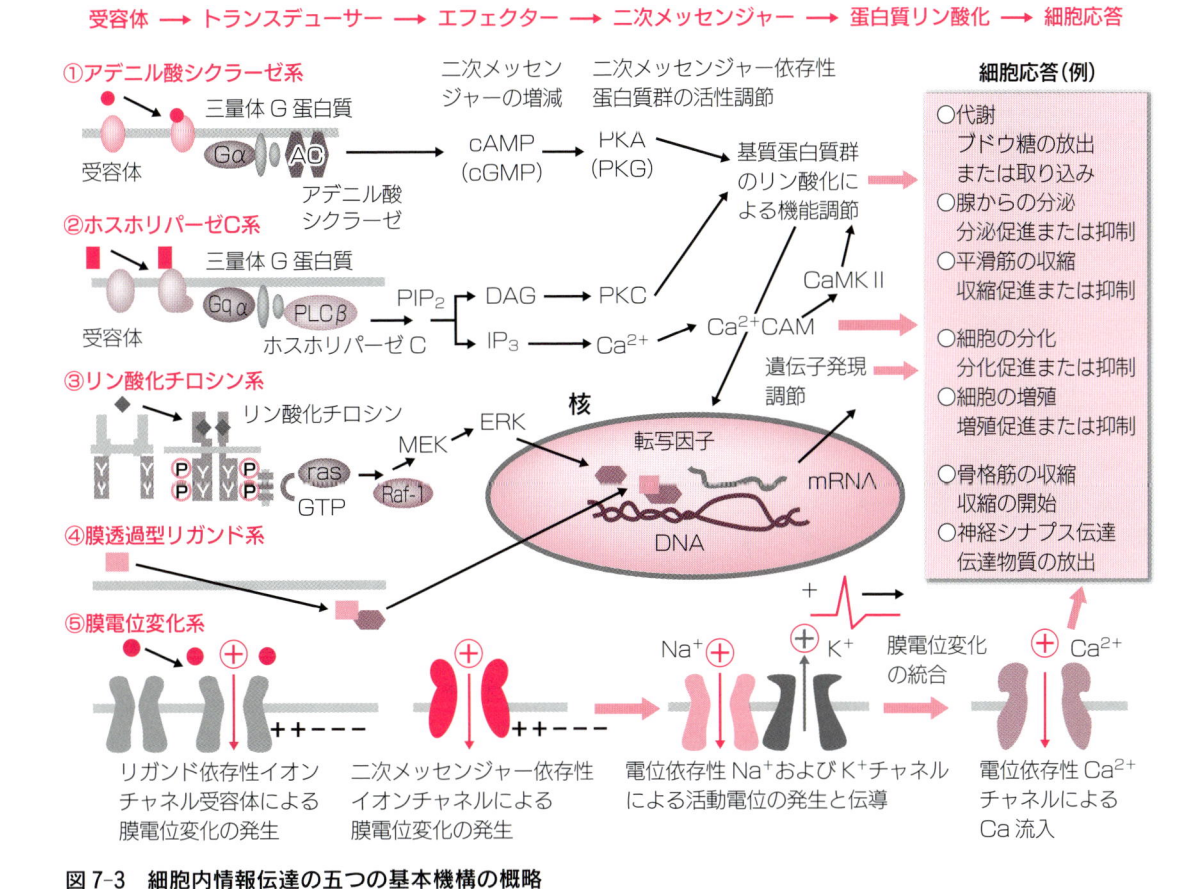

これが三量体 GTP 結合蛋白質（G 蛋白質）に伝達される。

①三量体 G 蛋白質に伝えられたシグナルは，細胞膜結合酵素であるアデニル酸シクラーゼの活性を制御し，その結果，二次メッセンジャーと呼ばれる cyclic AMP（cAMP）の産生が調節される。細胞質の cAMP の濃度変化は，cAMP 依存性プロテインキナーゼ（PKA）の活性を調節し，基質蛋白質のリン酸化による調節で細胞応答を引き起こす。

②受容体によって活性化された三量体 G 蛋白質が，細胞膜結合酵素であるホスホリパーゼ C（PLC）を活性化し，PLC が 2 種類の二次メッセンジャー，イノシトール三リン酸（IP_3）とジアシルグリセロール（DAG）を生産する。IP_3 は小胞体から Ca^{2+} を動員し，DAG はプロテインキナーゼ C（PKC）を活性化して細胞応答を引き起こす。

③リガンドと結合した細胞膜受容体が，チロシンキナーゼ活性をもち，受容体を自己リン酸化することで Sos, Grb2 というアダプター蛋白質を集合させ，これが低分子量 G 蛋白質 ras を活性化し，さらに MEK, ERK というキナーゼのリン酸化連鎖によってシグナルを伝達する系である。

④ステロイドホルモンのような脂溶性のリガンドは，細胞膜を通過して細胞内に直接到達して，細胞内の受容体と結合し，その複合体が核内に移行して遺伝子の転写調節を行う。

⑤細胞膜受容体自身が，イオンチャネル機能をもち，リガンドと結合するとイオンチャネルを開き，リガンドの濃度変化が膜電位変化に受容体だけで直接変換される。

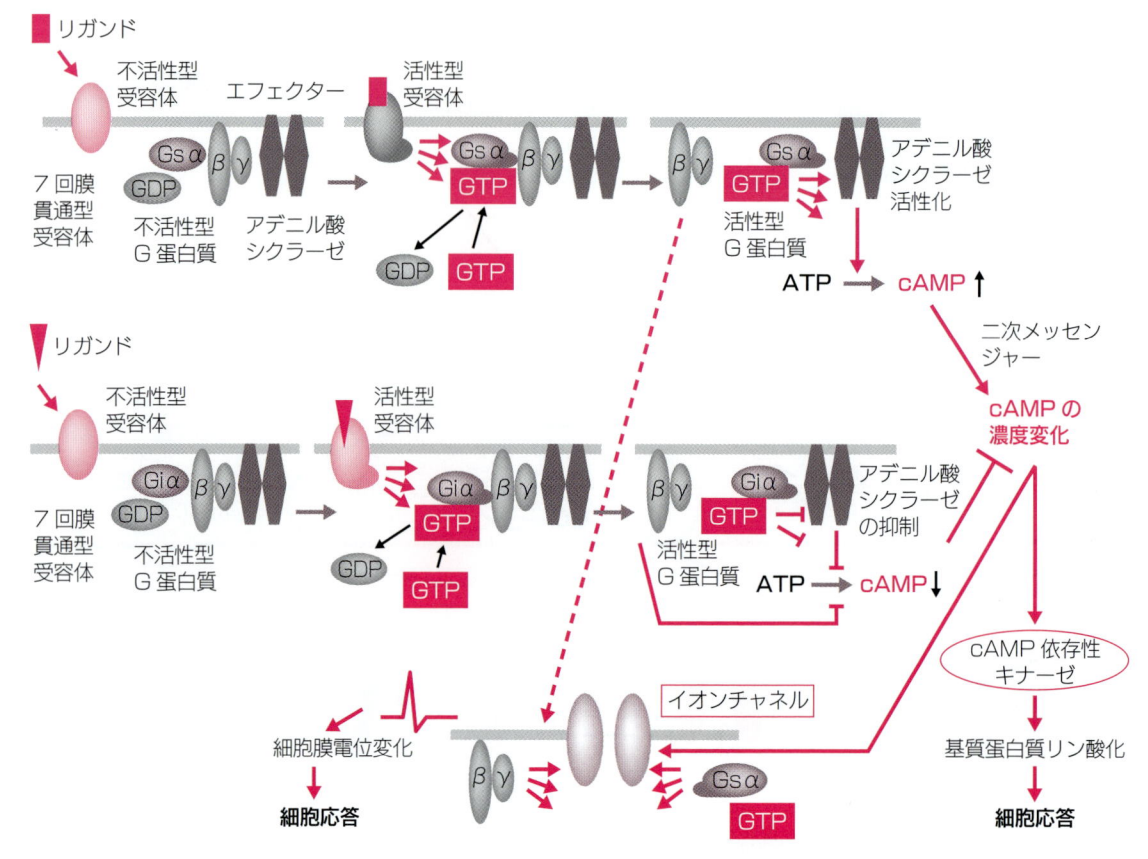

図 7-4　7回膜貫通型受容体・三量体 GTP 結合蛋白質・cAMP 系シグナル伝達

2　7回膜貫通型受容体・G 蛋白質

1) サイクリックヌクレオチド系伝達機構の概要

リガンドが細胞膜表面の七回膜貫通型受容体の細胞外領域に結合すると，その情報が受容体の立体構造を変化させ，受容体の細胞内領域が，次の情報伝達の担い手であるトランスデューサー（三量体G蛋白質）にシグナルを与える形になる。このような活性型受容体は，それぞれの受容体特有の三量体G蛋白質（Gs, Gi, Go など）を，GDP 結合不活性型から，GTP 結合活性型に変換することによって活性化する。細胞膜に存在している三量体G蛋白質は，GTP 結合活性型 α-サブユニット（Gsα, Giα, Goα など）と $\beta\gamma$-サブユニットからなる。たとえば β-アドレナリン受容体は，Gsα を活性化し，GTP 結合活性型 Gsα は，エフェクターである酵素アデニル酸シクラーゼ活性を促進し，ATP から cyclic AMP (cAMP) の生産を亢進させる。一方，α_2-アドレナリン受容体やムスカリン性アセチルコリン受容体 $M_{2,4}$ は，Giα を活性化し，GTP 結合活性型 Giα は，アデニル酸シクラーゼ活性を抑制し，ATP から cAMP の生産を抑制する。また，この場合は，活性化 $\beta\gamma$-サブユニットもアデニル酸シクラーゼ活性を抑制し，cAMP の生産を抑制する（図 7-4）。

このようにして調節された二次メッセンジャーの cAMP は，細胞質に放出され，拡散し，細胞内の隅々にまで，濃度変化を伝達する。cAMP の濃度変化は，cAMP 依存性プロテインキナーゼ (PKA) によって基質蛋白質へのリン酸化シグナルへと変換され，細胞応答を引き起こす。また，cAMP の濃度変化は，サイクリックヌクレオチド依存性イオンチャネルによって細胞膜電位変化

Ⅱ. 細胞内情報伝達機構

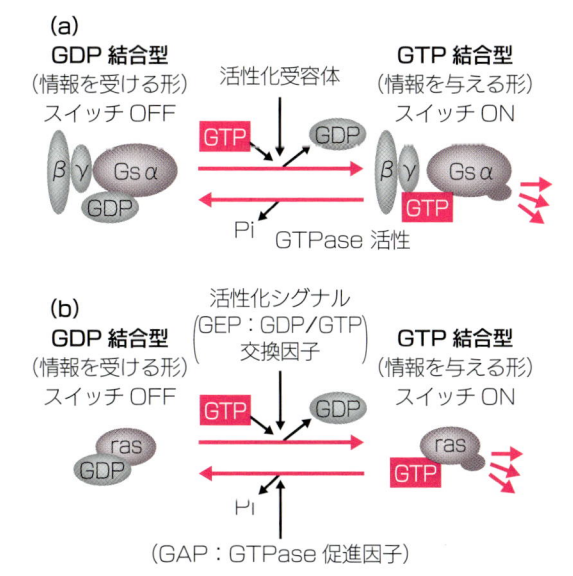

図7-5 分子スイッチとしてのGTP結合蛋白質

三量体GTP結合蛋白質Gs(a)と低分子量GTP結合蛋白質ras(b)の作用機構を示した。

ホルモンの作用機構において、三量体G蛋白質が、活性型受容体のシグナルをエフェクターに伝達している事実の発見により、ロッドベル博士にノーベル医学生理学賞が贈られている。

GTP結合蛋白質の作用機構において、GDP結合型がシグナルを受ける不活性型であり、GTP結合型がシグナルを与える活性型であるという法則は、上代淑人博士によって、G蛋白質である伸長因子と開始因子の研究から発見された。

へと変換され、細胞応答を引き起こすこともできる。さらに、活性型Gsαや活性型βγ-サブユニットがcAMPを介さずに直接イオンチャネルを活性化し、膜電位変化を惹起し、細胞応答を引き起こす経路も知られている。

2) 活性化受容体から三量体G蛋白質への情報伝達

活性型受容体のシグナルを増幅しつつエフェクターに伝達するトランスデューサーが、三量体G蛋白質である。三量体G蛋白質は、分子量約5万のα-サブユニットとβγ-サブユニット（分子量は約5万と1万）が複合体を形成したものである（図7-5）。α-サブユニットは、GTP結合活性とGTPを加水分解してGDPとPiにするGTPase活性をもっている。βγ-サブユニットは、α-サブユニットへのGDP結合を促進し、不活性型を安定化させる。三量体G蛋白質のα-サブユニットは、アデニル酸シクラーゼ活性を促進するGsとGolf、それを抑制するGiやGo、ホスホリパーゼCβ活性を促進するGqなど、16種類が知られている。

三量体G蛋白質は、以下のような機能サイクルで働く。

①最初、GDP結合不活性型α-サブユニットがβγ-サブユニットと結合して、さらにエフェクター酵素とも複合体を作った形で、受容体からのシグナルを受ける。

②活性型受容体が上記複合体に作用すると、α-サブユニットに結合していたGDPが解離し、細胞質に豊富に存在するGTPがα-サブユニットに結合する（細胞質GTP濃度は約100 μMで、GDP濃度の10倍高い）。すなわち活性型受容体は、α-サブユニットに対してGDP/GTP交換活性をもっている。

③GTP結合活性型α-サブユニットは、エフェクター酵素を活性化し、また、活性化受容体とは解離する。この解離によって自由になった活性化受容体は、細胞膜上を移動し、別のGDP結合不活性型G蛋白質に出会うと、それを活性化する。

④GTP結合活性型α-サブユニットは、自らのもつGTPase活性によって結合しているGTPをGDPに分解し、GDP結合不活性型となり、エフェクターへの活性化作用が停止する。このようなGTP結合蛋白質のサイクリックな作用様式は、三量体G蛋白質だけでなく、増殖シグナルを伝達する低分子量G蛋白質rasや、蛋白質合成時に働くG蛋白質である伸長因子と開始因子でも共通である。

3) 二次メッセンジャーcAMPの生産・分解

cAMPは、活性化されたアデニル酸シクラーゼによって、ATPから生産される（図7-6(a)）。また、cAMPは、ホスホジエステラーゼによって5'-AMPに分解され、情報シグナルが消去される。

アデニル酸シクラーゼは、細胞質領域に触媒領

(a) cAMPの生産と分解

アデニル酸シクラーゼ
cAMPの生産

ホスホジエステラーゼ
cAMPの分解

ATP　　　cAMP　　　5′-AMP

(b) アデニル酸シクラーゼ

(c) cAMP依存性プロテインキナーゼ(PKA)

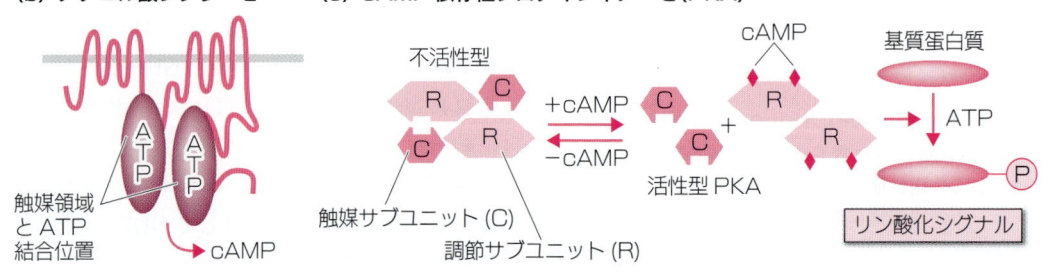

不活性型　　＋cAMP　　活性型PKA　　基質蛋白質
　　　　　　−cAMP
触媒サブユニット (C)
調節サブユニット (R)
リン酸化シグナル

図7-6　cAMPの生産・分解とcAMP依存性プロテインキナーゼ(PKA)の作用機構
cAMP：サイクリックアデノシン3′,5′-一リン酸

域をもち，6回膜貫通領域を二つもつ細胞膜結合蛋白質で，N末端，C末端ともに細胞質側に位置する(図7-6(b))。これまでに9種類のアイソフォーム(Ⅰ型～Ⅸ型)が同定されている。アデニル酸シクラーゼの中で，脳や肺に高発現しているⅡ型や全身で発現しているⅣ型およびⅦ型は，G蛋白質のGsα-サブユニットと$\beta\gamma$-サブユニットの両者によって活性化される。神経に高発現しているⅠ型，Ⅲ型およびⅧ型は，Gsα-サブユニットとCaによって活性化される。心臓および脳に高発現しているⅤ型とⅥ型は，GiαとCaによって活性を抑制される。

4) PKAの作用機構

PKAは，cAMP非存在下では，触媒サブユニット(C)を調節サブユニット(R)がマスクし，不活性型ヘテロ四量体(R_2C_2)になっている(図7-6(c))。cAMP濃度が上昇すると，各調節サブユニットに2個ずつcAMPが結合し，ヘテロ四量体が解離し，自由になった触媒サブユニットが，ATPのリン酸基を基質蛋白質のセリン残基またはスレオニン残基の水酸基に転移させる。

一方，調節サブユニットに2個ずつ結合したcAMPは，ヘテロ四量体が解離すると調節サブユニットとの結合が弱まり，調節サブユニットから外れて，ホスホジエステラーゼによって分解される。

PKAは，後述のホスホリラーゼキナーゼのような多くの酵素をリン酸化してその機能を調節するだけでなく，転写調節因子CREB：cAMP response element-binding proteinを活性化し，特定の遺伝子の発現をも調節している。

5) ホルモンによる受容体活性化から二次メッセンジャーcAMPを介する細胞応答までの全体像

それでは，ホルモンによる受容体の活性化からcAMPを介する細胞応答が起こるまでの全体像

II. 細胞内情報伝達機構　167

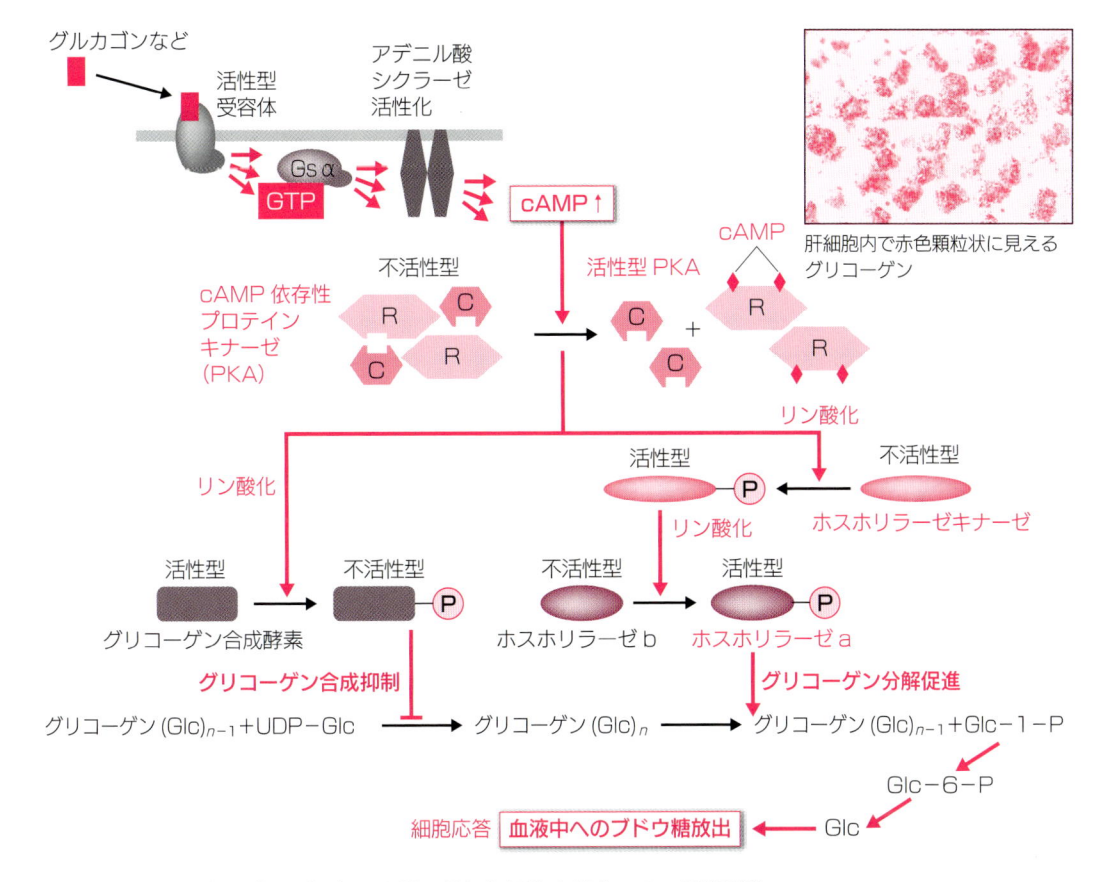

図7-7　cAMP系シグナル伝達のリガンドから細胞応答までの一例（肝臓）
　ホルモンの情報伝達機構における可逆的リン酸化の役割を解明した功績により、クレブス博士とフィッシャー博士に1992年、ノーベル医学生理学賞が授与されている。

を、肝細胞にアドレナリンが作用して、幹細胞内に蓄えられているグリコーゲンが分解され血液中にブドウ糖が放出される系で見てみよう（図7-7）。まずアドレナリンがβ-アドレナリン受容体を活性化し、これがGsαを活性化する。Gsαが細胞膜上のアデニル酸シクラーゼを活性化し、cAMPが生産される。細胞膜直下で生産されたcAMPは拡散によって細胞質内の隅々にまで伝播してゆく。cAMP濃度が上昇すると、PKAが活性化され、以下のように、グリコーゲンの分解を促進するとともに、グリコーゲンの合成を抑制して、ブドウ糖を放出するという細胞応答を引き起こす。

　グリコーゲンの分解に関しては、PKAは、ホスホリラーゼキナーゼという酵素をリン酸化する。この酵素は最初に発見されたキナーゼで、PKAによってリン酸化を受けると活性型になる。次に

このリン酸化活性型ホスホリラーゼキナーゼが、不活性型ホスホリラーゼ（ホスホリラーゼb）をリン酸化し、これを活性型（ホスホリラーゼa）にする。リン酸化活性型ホスホリラーゼaは、グリコーゲンを分解して、Glc-1-P（グルコース1-―リン酸）を生成し、ブドウ糖が肝細胞から血液中に放出される〔このグリコーゲン分解シグナルは、リン酸化活性型ホスホリラーゼaをプロテインホスファターゼ1（PP1）が脱リン酸化することでOFFにできる〕。

　グリコーゲンの合成に関しては、PKAは、グリコーゲン合成酵素をリン酸化し、不活性型にする。これによって、UDP-グルコースをグリコーゲンに付加する反応が抑制される。このように、cAMP/PKA情報伝達系は、リン酸化を通してグリコーゲンの分解促進と合成抑制を同時に行い、

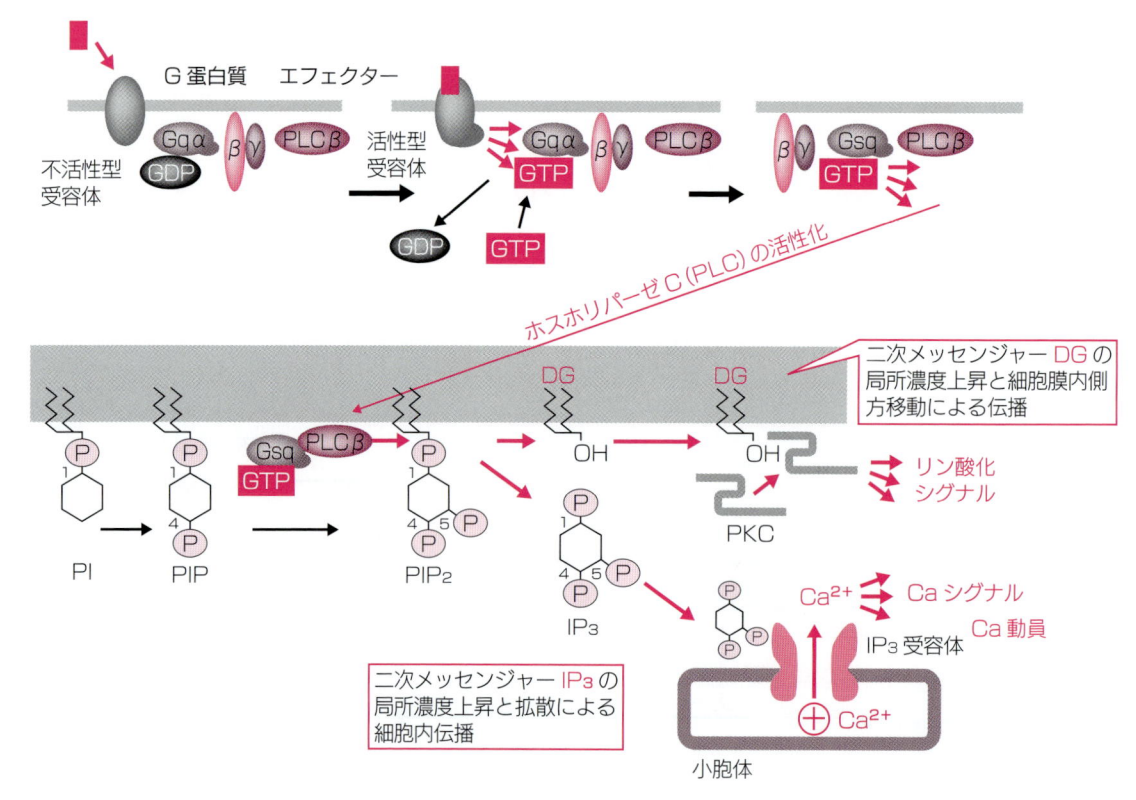

図7-8 リン脂質代謝回転(DG/PKC・IP$_3$/Ca^{2+}動員)系シグナル伝達
PI：ホスファチジルイノシトール，PIP：ホスファチジルイノシトール-4-一リン酸，PIP$_2$：ホスファチジルイノシトール-4,5-二リン酸，IP$_3$：イノシトール-1,4,5-三リン酸，PKC：プロテインキナーゼ．

ブドウ糖を放出している．

3 リン脂質代謝回転系

1) Gq蛋白質-DG-プロテインキナーゼC/IP$_3$-Ca

　カテコールアミン$α_1$受容体，アセチルコリンのムスカリン1,3,5受容体や代謝型グルタミン酸mGluR1,5受容体は，リガンドの活性化を受けると，トランスデューサーとしてGTP結合蛋白質Gqαにシグナルを伝える（図7-8）．活性型Gqαは，エフェクターとしてホスホリパーゼCβ（PLCβ）を活性化する．活性化PLCβは，細胞膜内葉に存在するリン脂質であるホスファチジルイノシトール4,5-二リン酸（PIP$_2$）を加水分解し，細胞膜内にDGを，細胞質内にイノシトール1,4,5-三リン酸（IP$_3$）を生成する．

　DGとIP$_3$は両者とも二次メッセンジャーとして働く．細胞膜内のDGは，細胞質に存在するプロテインキナーゼC（PKC）を活性化し，細胞膜に結合して（リクルートされて）活性化されたPKCが，細胞膜付近に分布する基質蛋白質のセリン/スレオニン残基をリン酸化する．このPKCのリン酸化シグナルによって細胞応答が起こる．一方，IP$_3$は，細胞質を拡散して広がり，小胞体の細胞質表面に存在するIP$_3$受容体に結合する．IP$_3$受容体は，リガンド依存性イオンチャネルと似た構造をもち，IP$_3$がリガンドとして受容体に結合すると，Caイオンを小胞体内から細胞質へ放出する．この小胞体内のCaが細胞質内へ放出されることを，Ca動員という．Caは，そのシグナルを多くのCa結合蛋白質を介して細胞応答を引き起こす．また，PKCのリン酸化シグナルとCaシグナルは，多くの場合，協同的に作用を高めあって細胞応答を起こす．

　リン脂質のPIP$_2$は，ホスファチジルイノシトール（PI）から，PI4キナーゼによって4位がリン酸化を受け，次にPI4-5キナーゼによって5位にリ

II. 細胞内情報伝達機構

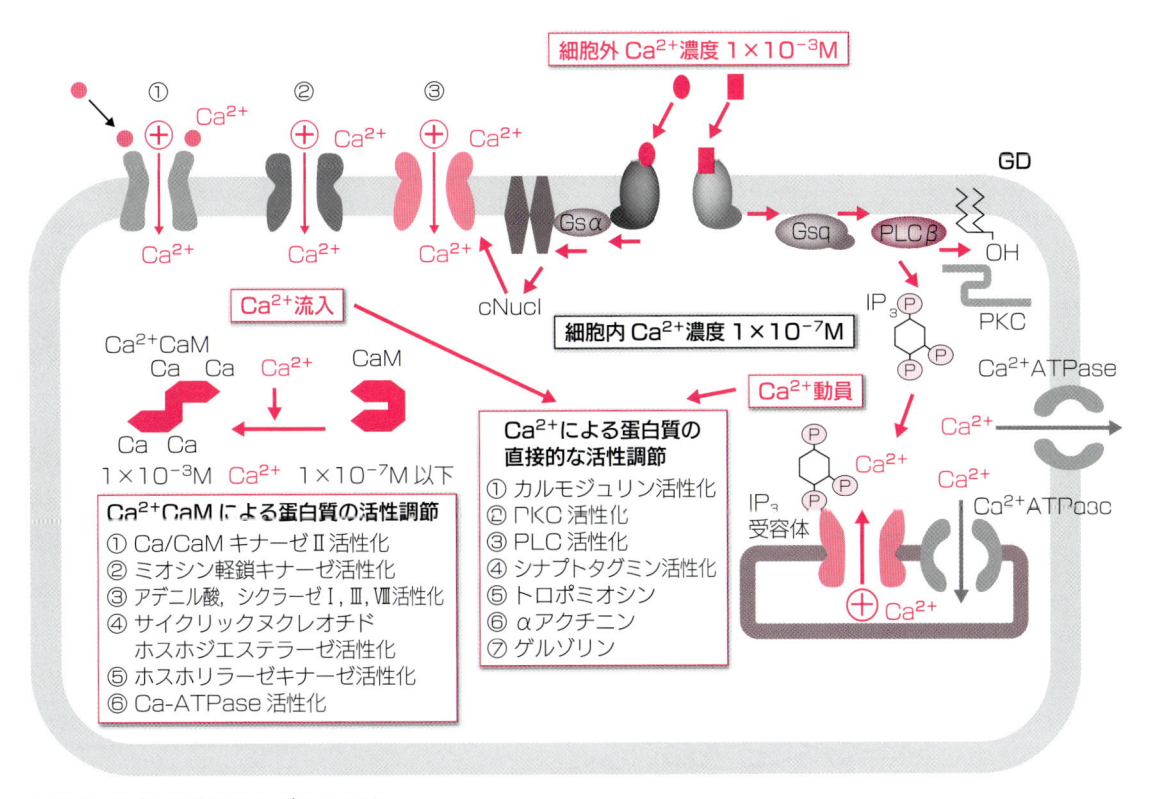

図7-9 Ca^{2+}を介するシグナル伝達
①：リガンド依存性イオンチャネル受容体による膜電位変化の発生（NMDA-R）。②：電位依存性 Ca チャネルによる細胞外 Ca 流入。③二次メッセンジャー依存性イオンチャネルによる膜電位変化の発生。
Ca^{2+} CaM：Ca^{2+} カルモジュリン，CaM：カルモジュリン。Ca^{2+}の最も普遍的な結合蛋白質である CaM は，1970年に垣内史郎博士によって発見された。cNucl：サイクリックヌクレオチド。

ン酸化を受けて合成される。PIP_2が$PLC\beta$によって加水分解を受けると，生成した DG は PKC を活性化した後，リン酸化を受けてホスファチジン酸となり，イノシトールの付加を受けてホスファチジルイノシトールに戻る。

2) Ca^{2+}によるシグナル伝達，速くて強いシグナル発生機序

細胞内シグナルの媒体としてCa^{2+}は，cAMP に対して，速さや強さにおいて大きなアドバンテージをもっている。Ca^{2+}シグナルの速さと強さの源は，静止時の細胞内Ca^{2+}濃度が10^{-7} M に対して細胞外Ca^{2+}濃度と小胞体内Ca^{2+}濃度が10^{-3} M と 10,000 倍も高いことである。すなわち cAMP 系のように段階的に酵素反応でシグナルを増幅しなくても，細胞膜上や小胞体膜上のCa^{2+}イオンチャネルを開くだけで，Ca^{2+}堰を切ったように勢いよく細胞質内に流入し，しかも枯渇する心配はないほど十分供給できる。

実際に，細胞質にCa^{2+}を導入する供給源には二つあり，一つは細胞外Ca^{2+}で，細胞膜の電位依存性Ca^{2+}チャネル，サイクリックヌクレオチド依存性Ca^{2+}チャネルまたはリガンド依存性Ca^{2+}チャネル（脳シナプスのNMDA型グルタミン酸受容体）を通して細胞質に流入する。他方は，前述の小胞体内のCa^{2+}で，IP_3依存性にIP_3受容体を通して細胞質内へ動員される。逆に，細胞質内の遊離Ca^{2+}は，Ca^{2+}ATPase（Ca^{2+}ポンプ）によって，細胞外や小胞体内へ迅速に汲み出される。細胞質内の遊離Ca^{2+}は，多くの蛋白質と結合して機能を発揮する（図7-9）。

Ca^{2+}が直接結合して機能調節する蛋白質の例

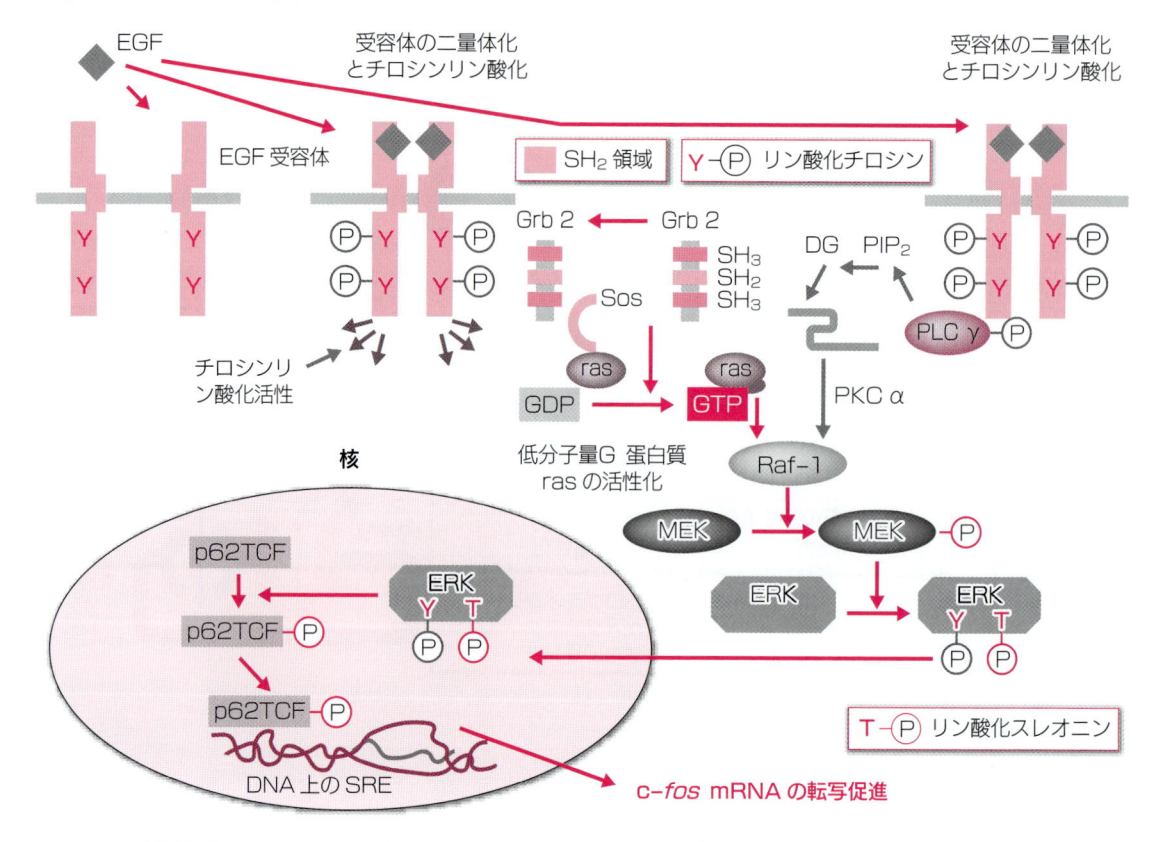

図7-10 受容体型チロシンキナーゼ・低分子量G蛋白質ras系シグナル伝達
EGFを発見したS. Cohen博士とNGFを発見したR. LeviMontalcini博士に，1986年ノーベル医学生理学賞が贈られている。

は，次の七つである。
①カルモジュリン活性化(最も豊富で普遍的な結合蛋白質で，Ca^{2+}を結合するEFハンド構造を4個もつ)
②PKC(Ca^{2+}を結合するC2構造をもつ)
③PLC(EFハンド構造とC2構造をもつ)
④シナプトタグミン(C2構造をもつ)
⑤トロポミオシン
⑥α-アクチニン
⑦ゲルゾリン

上記⑤，⑥，⑦の三者は，細胞骨格の蛋白質で，Ca^{2+}濃度の高低で，動と静の状態変化を起こす。

Ca^{2+}カルモジュリン(Ca^{2+} CaM)は，この形で，次の多くの酵素に結合し，それらの活性を調節する。

①Ca^{2+}/CaMキナーゼⅡ
②ミオシン軽鎖キナーゼ
③アデニル酸シクラーゼⅠ，Ⅲ，Ⅷ
④サイクリックヌクレオチドホスホジエステラーゼ
⑤ホスホリラーゼキナーゼ
⑥Ca^{2+}-ATPase

4 受容体型チロシンキナーゼ

1) 低分子量G蛋白質ras/PLC γ-MEK・ERK系

受容体型チロシンキナーゼによるシグナル伝達系では，主に細胞の増殖・生存に関わる情報が伝えられる。代表的リガンドとしては，上皮増殖因子(EGF)，血小板由来増殖因子(PDGF)，神経成長因子(NGF)，インスリンなどが知られている。EGFを例に伝達機構を説明する。

EGF受容体は，1回膜貫通蛋白質で，細胞外領域のEGF結合部位を，細胞内にチロシンキナー

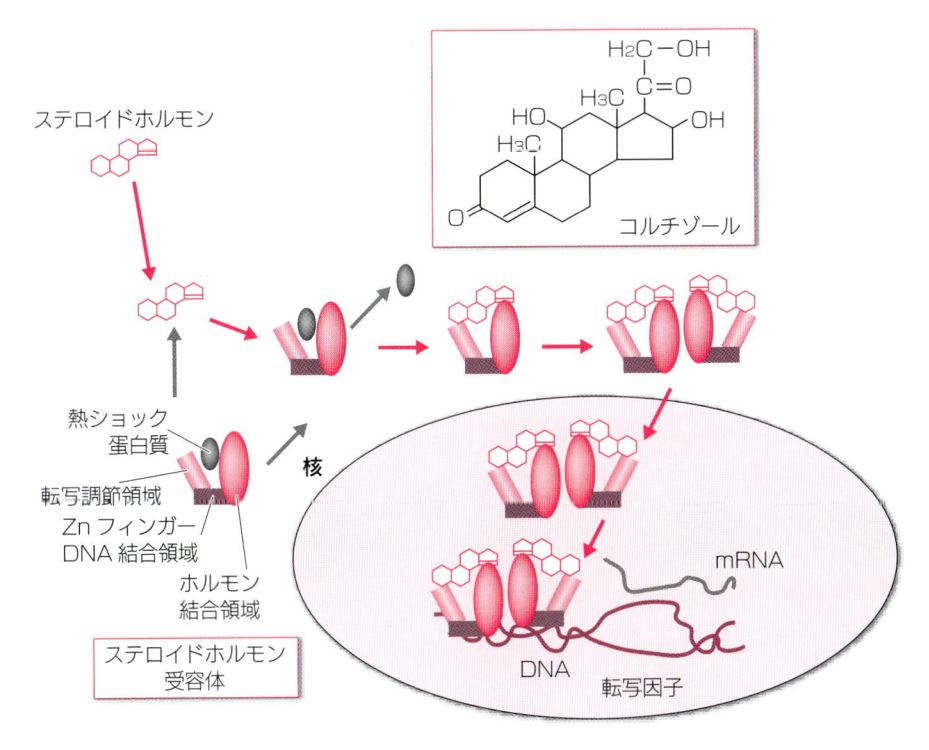

図7-11 細胞膜透過性リガンドのステロイドホルモンの核内受容体シグナル伝達
前立腺がんの増殖は，ステロイドホルモンである男性ホルモンによって促進され，女性ホルモンによって抑制される。前立腺がんに対する性ホルモン治療法を開発した外科医，Huggins博士に，1973年ノーベル医学生理学賞が贈られている。

ゼ領域をもっている（図7-10）。受容体にEGFが結合すると，2分子の受容体が集合し，二量体となり，互いに相手の細胞内領域のチロシンをリン酸化する。この受容体のリン酸化チロシンがシグナルとなり，SH2領域をもつアダプター蛋白質のGrb2が，これに結合する。Grb2は，低分子量G蛋白質rasのGDP/GTP交換促進活性をもつSosを細胞膜につなぎとめ，受容体シグナル伝達複合体が形成される。

これによってrasがGTP結合型に活性化され，活性型rasは，蛋白リン酸化酵素（キナーゼ）活性をもつRaf-1：Rat fibrosarcomaを活性化する。活性化Raf-は，MEK：MAP-kinase-ERK-kinaseを活性化する。MEKは，唯一の基質蛋白質であるERK：extracellular signal-regulated kinaseのチロシン（Y）とスレオニン（T）の両方をリン酸化するユニークな酵素である。チロシンとスレオニンが二重リン酸化されたERKは，核内に移行し，転写因子のp62 TCF：ternary complex factorをリン酸化し，リン酸化p62 TCFがDNA上のc-fosプロモータの血清応答配列（SRE）に結合し，c-fosの転写を促進する。一方，活性化EGF受容体のリン酸化チロシンは，PLCγのSH2領域とも結合し，受容体がPLCγをチロシンリン酸化して活性化し，DGとIP$_3$を生成する。DGはPKCを活性化する。活性化されたPKCαはRaf-1をリン酸化して活性化し，MEK以下のカスケードを活性化する（図7-10右上）。

このように，受容体のリン酸化チロシンは，ras系とPLCγ系の両方から，MEK，ERKを活性化できる。

5 細胞膜透過性のリガンドの情報伝達系

1）ステロイドホルモン核内受容体系

細胞膜透過性のリガンドとしては，脂溶性のス

テロイド骨格をもつ各種のステロイドホルモンが重要な機能を担っている。ステロイドホルモンは，細胞膜を自由に透過し，細胞質や核内に存在する転写因子であるステロイドホルモン受容体と結合して機能を果たす。ステロイドホルモンが伝える情報は広範囲にわたっており，全身の細胞の代謝調節や炎症反応の調節（コルチゾールなどの糖質コルチコイド，図 7-11 の上部中央の構造式参照），水分電解質量の調節（アルドステロンなどの鉱質コルチコイド）および性・生殖機能の調節（女性ではエストロゲンとプロゲステロン，男性ではテストステロン），発生分化調節（レチノイド），Ca 代謝調節（ビタミン D）などである。

ステロイドホルモン受容体は転写調節因子で，N 末端に転写調節領域，中央部に DNA と結合する Zn（ジンク）フィンガー領域，C 末端にステロイドホルモンとの結合部位をもっている（図 7-11）。ステロイドホルモン受容体は，ホルモンが結合していないときは，熱ショック蛋白質（heat shock protein：HSP）と結合して複合体を形成しており，不活性型になっている。ステロイドホルモン受容体にホルモンが結合すると熱ショック蛋白質が外れて活性化され，二量体化する。この二量体化した活性化受容体は核内に移行し，さまざまな遺伝子の転写調節領域に結合し，それらの遺伝子の発現を促進したり，抑制することによってその作用を発揮する。

●参考文献
1) Gompert BD, Tatham PER, Kramer IM 著，上代淑人監訳：シグナル伝達，生命システムの情報ネットワーク．メディカル・サイエンス・インターナショナル，2002.

第 8 章
細胞骨格と細胞運動

Ⅰ. 細胞骨格とは　174
Ⅱ. 筋収縮　183
Ⅲ. アクチンフィラメント　190
Ⅳ. 微小管　203
Ⅴ. 中間径フィラメント系　219

● **本章を学ぶ意義**

　真核細胞はそれぞれに特徴的な外形を有し，また，その外形も変化する。細胞内部を見ても，核や種々の細胞小器官が秩序ある分布や配列を示し，また，細胞内で方向をもって移動し，物質も輸送されている。

　何が細胞のこのような形を支え，動きを作り出しているのであろうか。細胞質内には，蛋白質から作られた線維構造が網工なして存在し，細胞骨格をなしている。細胞骨格の主な構成要素は，微小管，アクチンフィラメント，中間径フィラメントの3種類の線維構造で，それぞれ異なる蛋白質からなる。細胞はそれらを使い分けて，細胞の機械的支持から各種細胞運動まで，実に多様な役割を果たす。細胞骨格はきわめて動的な構造で，細胞の活動に合わせて絶えず変化する。

　本章では，細胞骨格とは何か，さらに細胞骨格の3種の構成要素について，それぞれがどのような分子構築をなし，さらに高次構造を作るか，そして細胞活動に果たす役割は何かについて学ぶ。細胞骨格が細胞質の構造的基盤をなし，その上で各種細胞小器官が整然とした生命活動を演じていることを理解してほしい。また，細胞骨格要素からなる運動装置において，運動の分子的機構に共通する機能原理を学びとってほしい。

I. 細胞骨格とは

A 細胞骨格の定義

　真核細胞はそれぞれ特徴的な外形を有する。細胞の外形は種類によって異なり，球形，楕円形，紡錘形，円盤形，円柱形，星形など実にさまざまである。また，動物細胞では，細胞の外形は変化し，細胞全体としてもいろいろな動きを示す。細胞内部でも，核やミトコンドリア，小胞体，ゴルジ装置などの膜オルガネラがある一定の分布や配列を示す。細胞の外形や膜オルガネラの配置から，その細胞種を同定できるくらいである。さらに，細胞内で膜オルガネラや顆粒は方向をもって移動し，物質も輸送されている。どのような仕組みでこのような細胞形態が支えられ，細胞の動きがつくり出されているのであろうか。その主な担い手は細胞質内部にあるはずである。こうして，注目されたのが細胞質内に存在する線維構造であり（図8-1），その総称として細胞骨格 cytoskeleton という概念が提唱され発展してきた。

　細胞骨格は細胞を内部から構造的に支える仕組みをなしている。細胞骨格を構成する線維構造は真核細胞にのみ存在し，細胞の内部骨格といえる。細胞骨格の考え自体は新しいことではない。しか

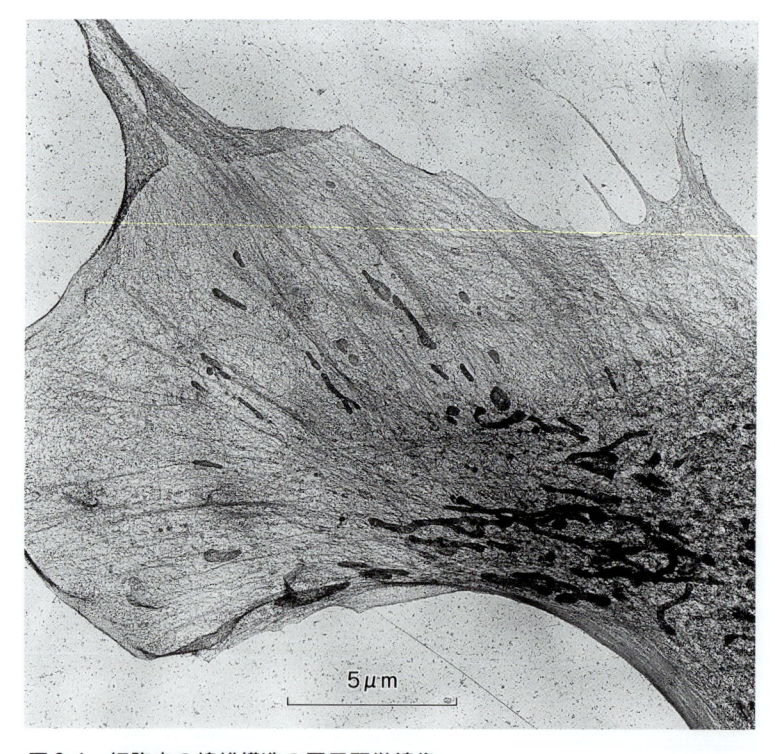

図 8-1 細胞内の線維構造の電子顕微鏡像
培養した細胞を全載標本にして観察すると，扁平な細胞部分に無数の線維成分が分布しているのが見える。黒く染まった構造は主としてミトコンドリアである。

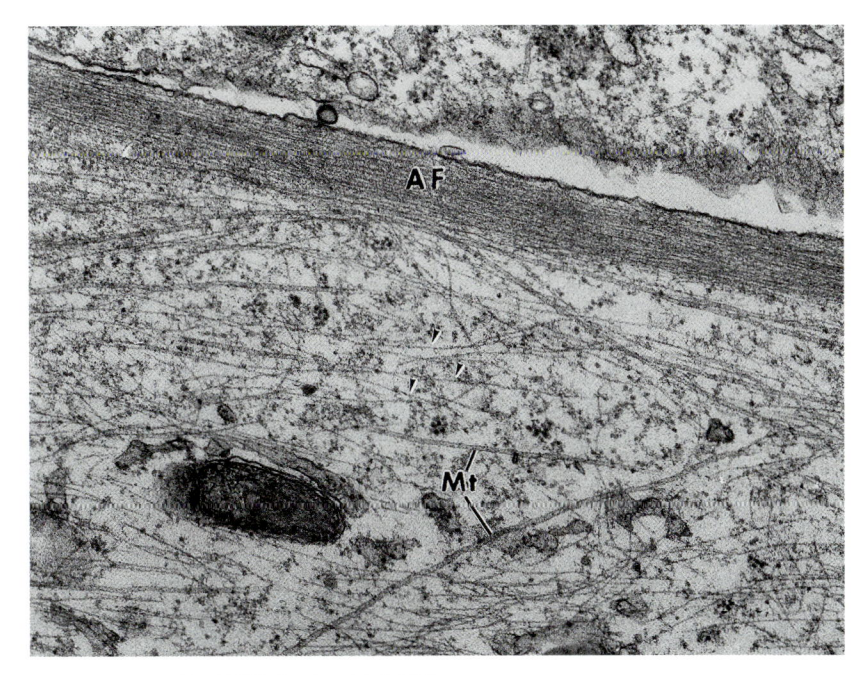

図8-2 細胞骨格線維構造の電子顕微鏡像
細胞表面の形質膜直下にアクチンフィラメントの密な集合束（AF）が走っている．細胞のより深層には，微小管（Mt）および中間径フィラメント（矢尻）が散在性に分布している．これら3種の線維構造が細胞骨格の主要構成要素である．培養細胞．

し，近年の研究技術の進歩によって，その実体が明らかになるとともに，その生理機能の重要性が認識されるに至り，細胞質を構成する主役としてとらえられるようになった．

細胞骨格の主な構成要素は微小管 microtubule, アクチンフィラメント actin filament（マイクロフィラメント microfilament），および中間径フィラメント intermediate filament の3種の大きさの異なる線維構造である（図8-2）．これらの線維構造はほとんどすべての真核細胞に存在し，細胞質の基本的構成要素といえる．3種類の線維構造はそれぞれ特異的な蛋白質から作られている．加えて，いろいろな蛋白質が関係していて，それらが結合することによって線維構造は互いに集合したり，網目を作ったりして，より高次の構造を作っている．細胞内に張りめぐらされた線維構造は細胞を支える骨組みをなし，とくに細胞壁を有しない動物細胞では重要な意義をもつ．細胞骨格は細胞内で安定した構造を作っている場合もあるが，一般には，一定不変のものではなく，細胞活動に応じて変化する．また，線維構造の形成や破壊も容易に起こりうる．その上，同じ線維構造が主体となって細胞の動きを引き起こす装置が作られ，いろいろな動きの原動力を発生する．このように，細胞骨格は機械的支持から運動まで多岐にわたる役割を果たしている．細胞骨格は決して細胞の静的な骨組みとして存在するのでなく，きわめて動的なものであるといえる．

B 細胞骨格を構成する線維構造

細胞骨格を構成する線維構造は細胞内で，大別して，チュブリン-微小管系，アクチン-マイクロフィラメント系，および中間径フィラメント系の3系として存在する．

微小管は直径約24 nmの細管状の構造で，分子量約5.5万のチュブリン tubulin という球状の蛋白質分子がブロックとして円筒状に積み重なって管壁を作っている．こうして作られた微小管は枝分かれのない，直線的またはゆるやかな彎曲を

表 8-1　細胞骨格の構成要素

線維構造	形状	径 (nm)	分子種	分子量 (kDa)	分子形 (kDa)	重合
微小管 microtubule	細管状	24	チュブリン α, β	55	球状	管壁構築
アクチンフィラメント actin filament（マイクロフィラメント）(microfilament)	細糸状	7	アクチン α, β, γ	42	卵円状	二重らせん配列
中間径フィラメント intermediate filament	細糸状	10	多種	40〜200	桿状	平行配列

示し，比較的硬い弾力性のある線維構造である。微小管は通常，容易に形成と破壊を繰り返し，動的な状態にある。コルヒチンなどの薬物（分裂毒）は微小管を選択的に破壊し，また微小管の形成を抑える。低温でも微小管は破壊されやすい。

マイクロフィラメントは直径 6〜7 nm の糸状の線維構造で，アクチン actin を主成分とし，通常アクチンフィラメントと呼ばれる。アクチンフィラメントは分子量約 4.2 万の楕円形のアクチン分子が二重らせん状に連なってできている。したがって，筋細胞の収縮装置である筋原線維の中の細いフィラメント thin filament と同種のものである。アクチンフィラメントも微小管同様，比較的容易に形成されたり破壊されたりする。アクチンフィラメントにミオシン分子 myosin の一部である H-メロミオシン heavy meromyosin : HMM と結合させると，フィラメントに沿って一定間隔の特異的な矢尻構造が作られる。この性質を利用して，細胞内のアクチンフィラメントを同定できる。調べられた限り，同じ大きさのマイクロフィラメントは例外なくアクチンフィラメントであった。

中間径フィラメントは直径 9〜11 nm の糸状の線維構造である。微小管とアクチンフィラメントの中間の大きさを有することから，この名がある。その構成蛋白質は細胞の種類によって異なり，多くは分子量 4〜7 万の細長い桿状の分子で，30 種以上がこれまで知られている。しかし，その基本的な分子構造は共通していて，化学的特性も同じであり，共通の分子起源であることは明らかである。いずれも，活性に乏しく，難溶性で，容易に形成・破壊を繰り返すことはない。

C 細胞骨格線維を構成する蛋白質

3 種の細胞骨格線維はそれぞれ異なる蛋白質分子から形成される（表 8-1）。この蛋白分子は線維の形ではじめて機能する。各線維の長さは，長いもの短いもの全くまちまちである。1 μm にも達しないものから数十 μm，あるいはそれ以上になるものもある。これらは細胞内で伸長したり，短縮したり，消失したりする動的な構造である。このような性質や変化は線維が小さな蛋白質分子が連なってできているから可能となる。直線的に連なる分子の数で線維の長さが自由に決まる。必要に応じて分子をつなげて線維を作り，必要がなくなればまたバラバラにすればよい。単位となる分子はモノマー（単体）monomer またはサブユニット subunit と呼ばれ，モノマーが次々に連なっていくことを**重合** polymerization という。重合してできた線維はポリマー（重合体）polymer である。ポリマーが壊れていくことは重合とは逆の方向で，**脱重合** depolymerization と呼ばれる（図 8-3）。この原理は，蛋白質分子がその表面に適切な方向を向いて対をなす相補的な結合部位を有することによる。さらに，個々の分子がもつ活性や結合性が重合体全長に密に存在するという有利さもある。

1 微小管

微小管はチュブリンという球状の蛋白質分子が円筒状に積み重なり，管壁をなし，細管を作る。

チュブリン分子には互いに似たα型，β型の2型があり，それぞれα-チュブリン，β-チュブリンと呼ばれる。機能的にはα型，β型のチュブリンが1個ずつ結合したひょうたん形のヘテロダイマー（二量体）が最小単位で，これが重合に際してのサブユニットとなる。チュブリンは動植物のほとんどすべての真核細胞に存在し，アミノ酸配列ないし遺伝子塩基配列がほとんど同じであり，分子の進化の上からもきわめて古く，保守的な蛋白質で，細胞にとって重要かつ不可欠な蛋白質であることがわかる。α-チュブリン，β-チュブリンにはそれぞれ数種類のタイプがあり，細胞の種類や場所による発現の違いが見られるが，互いに分子としての違いはきわめて少ない。重合したチュブリンは細管の壁を作るが，詳細には，ヘテロダイマーがαβ-αβ-αβのように縦方向に連なってできるプロトフィラメント protofilament が13本平行に配列し，側面で結合し管壁を作っている。微小管の横断像でみると，13本のプロトフィラメントの断面を示す。また，隣接するプロトフィラメントのヘテロダイマーは位相が少しずれ，管壁を回ってヘテロダイマーを横方向にたどると，ゆるいらせん配列になっている。ヘテロダイマーが縦方向に配列することから，微小管の一方の端はα-チュブリンが，他端にはβ-チュブリンが最先端に位置する。これらの分子配列から，微小管には方向性，すなわち極性 polarity があることがわかる。この極性は微小管に重合の起こりやすいプラス端 plus end と起こりにくいマイナス端 minus end があることを説明する。マイナス端ではサブユニットを失う，すなわち脱重合が起こりやすい（図8-3）。細胞内においても，微小管のこの極性が機能と密接な関係にあることは当然である。

2 アクチンフィラメント

アクチンフィラメントは楕円形のアクチン分子が二重らせん状に重合したものである。アクチン分子 G-actin が鎖状に縦に連なり，その2本の鎖が縄のように巻きあい，1本のフィラメント F-actin となる。アクチンはすべての真核細胞にあり，生物種による違いが少なく，分子進化の上で

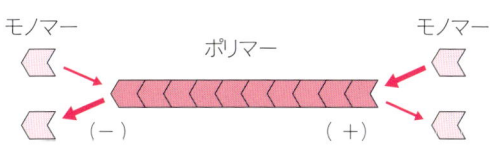

図8-3 試験管内における線維蛋白質の重合と脱重合
ポリマーには極性があり，プラス端（＋）とマイナス端（−）が区別される。これはモノマー自体に極性があるためである。ポリマー両端におけるモノマーの付加や解離は遊離モノマーの濃度に依存する。遊離モノマーの濃度が十分高い時は両端でモノマー付加が起こる（矢印上段）。プラス端におけるモノマー付加はマイナス端におけるより早い。濃度が下がると，まずマイナス端での解離が進み，次いでプラス端でも解離するようになる（矢印下段）。

きわめて古く，保守的な蛋白質であることがわかる。アクチンにはいくつかのタイプがあり，哺乳類では少なくとも6種が知られている。しかし，重合してできる線維には構造の違いはなく，二重らせんは約36 nm の繰り返しのピッチ（周期）を示す。アクチン分子自体も方向性を有し，重合の際，その方向性を揃えてフィラメントを作る。これらのことから，フィラメントは極性を有することになる。HMM をアクチンフィラメントと結合させると，フィラメントは特異的な矢尻構造を示す。矢尻はフィラメントに沿って一方向に向き，フィラメントの極性を知ることができる。この矢尻もらせんのピッチと同じ約36 nm の周期を示す。フィラメントの両端は矢尻の方向が尖った側は P 端 pointed end，その反対側が B 端 barbed end と呼ばれる。極性はフィラメントが伸長したり短縮したりするときも重要で，アクチン分子は B 端につきやすく，フィラメントは伸長しやすいが，P 端ではつきにくく，伸長しにくい。アクチンフィラメントが短縮する場合は，逆に P 端で分子が外れやすく，短縮に大きく関わる（図8-3）。このように，アクチンフィラメントや微小管では重合の進みやすい端（プラス端）と，進みにくい端（マイナス端）があり，アクチンフィラメントでは B 端がプラス端であり，P 端がマイナス端となる。細胞内においてもアクチンフィラメントの極性は機能を考える上で重要である。

3 中間径フィラメント

　中間径フィラメントは形態学的には直径9〜10 nmのロープ状の線維構造である。構成する蛋白質は細胞種によって異なり分子量も多様である。これらの蛋白質の分子形態はすべて細長い桿状で、中央にロッドと呼ばれる領域があり、両端は頭部と尾部と呼ばれる領域からなる。ロッド領域にはすべての蛋白質で高い相似性があるが、頭部や尾部はそれぞれのタイプで異なるアミノ酸配列を示し、共通性が乏しい。分子量の違いも主として頭部と尾部の長さの違いによる。分子自体には極性があるが、フィラメントには極性がない。中間径フィラメントの重合については、次のように説明されている。

　2個の同じ方向に並んだ蛋白質分子がロッド領域で互いに捻れあって二重らせんの構造を作り、二量体（ダイマー）を作る。次に、二つの二量体が互いに逆方向になるように結合して四量体となり、これがサブユニットとなって平行配列して、極性のないフィラメントを作る。中間径フィラメントはきわめて安定した構造であり、重合・脱重合は容易には起こらない。蛋白質の多様性が高いことから、進化の上でも比較的新しい蛋白質と考えられる。また、その構成蛋白質は細胞の種類によって異なることから、細胞種を同定する指標にもなっている。

D 細胞骨格に結合する蛋白質

　細胞骨格を構成する線維はそれぞれ枝分かれのない単一の直線的な構造を示すにもかかわらず、それらの存在の仕方や機能は多様である。言い換えれば、同じ線維が細胞の異なった部位で異なった働きをする。また、細胞により、場所により、働きにより、その線維の長さはまちまちであり、長くなったり、短くなったりする。線維は互いに集合して、束をつくったり、網目をつくったりして、高次の構造をつくる。このような差異や変化をコントロールする要因は何であろうか。構成する蛋白質分子の濃度やその場のイオン環境などによって説明できる場合もあるが、それだけでは説明できないことが多い。そこで注目されたのが細胞骨格線維に関係する蛋白質群の存在であった。今ではそれぞれの線維や構成蛋白質に特異的に結合する蛋白質が多数知られている。これらは細胞骨格結合蛋白質として総称され、さらに、微小管結合（関連）蛋白質、アクチン結合蛋白質、および中間径フィラメント結合蛋白質に大別される。

　細胞骨格結合蛋白質は線維との関わり方により、次の五つに分類される。
　①モーター蛋白質
　②架橋蛋白質
　③線維末端結合蛋白質
　④重合制御蛋白質
　⑤モノマー結合蛋白質

　これらは線維それぞれについて、より具体的な呼び方もなされている。真核細胞はその進化の早い時期に線維構造を作り出し、それを多方面に利用しようとしてきたに違いない。その過程で多数の結合蛋白質が作り出され、線維構造を中心にした新しい機能が次々と可能になったと考えられる。

①モーター蛋白質

　ATPを分解する酵素（ATPアーゼ）でもあり、線維と結合して、ATPを分解して得られるエネルギーを用いてさまざまな細胞運動の原動力を発生する。多数のモーター蛋白質が同定されている。それらは結合する線維の種類により、線維に沿って動く方向により、運ぶ対象により異なる。アクチンフィラメントではミオシンmyosinがモーター蛋白質として働き、アクチン・ミオシン系運動装置をつくる。筋細胞の筋原線維がその典型的な例である。微小管では、ダイニンdynein系とキネシンkinesin系の二つのモーター系がある。一般に、ダイニンは微小管のマイナス端に向かって、キネシンはプラス端に向かって動く。ダイニン系の代表的な例は繊毛・鞭毛の運動に関わるダイニンであり、キネシンは膜オルガネラの輸送を主に担う。

②架橋蛋白質

　隣接する線維の間を橋渡しし、二次元や三次元の高次の構造をつくるのに重要である。集合束や

網工をつくることによって，線維は個々に遊離して存在するよりはるかに強固な構造となる。異なる種類の線維間を架橋することもある。モーター蛋白質も架橋に働くことがある。

③線維末端結合蛋白質

　線維の一端に特異的に結合し，線維の伸長を阻害したり，短縮を抑制したり，安定化したりする。

④重合制御蛋白質

　細胞骨格線維に結合して，重合を促進したり抑制したりする。

⑤モノマー結合蛋白質

　線維蛋白質分子と1対1に結合して重合を阻害してモノマーのままに留めるか，ポリマーを脱重合させたり，切断したりする。

　このように，線維末端結合蛋白質，重合制御蛋白質，モノマー結合蛋白質は線維の重合・脱重合や長さなどの調節に関与し，線維がモノマーとポリマーの濃度だけで制御されているのではないことを示している。細胞骨格結合蛋白質の存在によって線維が細胞のどこで，いつ形成されるかが決まるともいえる。

E 分布と機能

　細胞内における細胞骨格線維の分布・配列の様式を調べて，その機能的意義を推し量ることができる。線維構造の直接的な観察は電子顕微鏡によらざるをえないが，その集合束は光学顕微鏡でも捉えることができる。とくに，構成蛋白質に対する抗体を用いた免疫組織化学的方法（蛍光抗体法）により，細胞・組織内の細胞骨格の全体的な分布様式が分析できる。これらの分布様式の詳細な観察結果とその部位の細胞の形や動きとを対比させることによって機能的意義を明らかにできる。

　細胞骨格線維の機能は，それらに選択的に作用する薬物（細胞骨格毒）で細胞を処理することによっても分析できる。たとえば，微小管に対してコルヒチン colchicine，アクチンフィラメントに対してサイトカラシン cytochalasin は破壊的に働く。タクソール taxol は微小管，ファロイジン falloidin はアクチンフィラメントに結合し，それらを過度に安定化し，細胞機能に影響を与える。これらの薬物で細胞を処理することによって，細胞がどのような影響を受けるか，細胞の正常な形態や活動がどのように障害されるかを調べることができる。

1 微小管

　微小管は多くの細胞型でその特徴的な外形を支えているような配列を示す。コルヒチン処理によって微小管を破壊すると，細胞外形が変化し，球形化する。細胞内の膜オルガネラなどの分布も変化する。これらの変化は可逆的で，コルヒチンを洗い去ると，元の外形に戻る。微小管が細胞外形を維持するのに役立っていることは明らかである。微小管は発生過程における細胞形態の形成でも重要な役割を果たす。細胞が特徴的な外形を作る際，微小管が一過性に多数出現し，しかも特定の方向に整然と配列する。形態形成は細胞分化の表現の一つであり，チュブリンの生合成および微小管への組み立てや配列も遺伝的にプログラムされ，時間的・場所的に精巧にコントロールされているといえる。

　多くの細胞型で，多数の微小管が中心体から放射状に細胞周辺に向かって伸び出しているように見える。中心体は微小管のための形成中心として働くと考えられる。その中心体は一般に細胞中心部に位置し，核やゴルジ装置とも密接な位置関係にある。微小管は中心体側がマイナス端で，プラス端を細胞周辺に向けて伸び出している。細胞内の膜オルガネラや顆粒の分布や移動の方向は微小管の配列と関係している。円柱上皮細胞では微小管が細胞長軸にほぼ平行に配列している。

　細胞内における膜オルガネラや顆粒の移動や物質の輸送にも，微小管が関与している。神経軸索内の速い物質輸送は，膜オルガネラの移動として説明できる。膜オルガネラが微小管に沿って移動する像が改良された光学顕微鏡で直接観察できるようになり，移動の仕組みを明らかにする引き金になった。膜オルガネラと微小管は，キネシンやダイニンというATPアーゼ活性をもつモーター蛋白質を介して相互作用し，移動の原動力が発生

し，移動の方向も決まる。その場合，微小管は構造上の支持としてのみでなく，膜オルガネラの移動や物質輸送の軌道として働くことになる。類似の仕組みは，広く多くの細胞に見られる方向性をもった速い膜オルガネラや顆粒の移動に適用されている。

微小管が活発な運動装置として働く例は，繊毛 cilia や鞭毛 flagella に見られる。微小管の束は芯としての支持体でありながら，同時に活発な運動装置を作る。ここでは，**ダイニン** dynein というモーター蛋白質を橋渡しにして，微小管相互が滑り合うことにより彎曲を生じ，繊毛・鞭毛運動を引き起こす。筋収縮などにおけるアクチン・ミオシン系に似たチュブリン-ダイニン系運動装置をなす。

微小管は細胞分裂時に**紡錘体** spindle を形成し，染色体の移動に関与する。紡錘体はその両極から数千本にも及ぶ微小管が紡錘状に配列し，一部は染色体につく。染色体の移動は紡錘体という微小管の骨組みの変化によって起こる現象である。紡錘体全体の変形とともに染色体についた微小管の短縮が生じ，染色体が一極に向かって移動する。微小管なしでは真核細胞の分裂，したがって増殖は不可能である。コルヒチン処理すると，紡錘体は消失し，染色体の移動も阻害される。つまり，分裂中期で停止の状態になる。細胞周期における微小管の挙動も興味深い。分裂期に入ると，細胞質に分布していた微小管はすべて消失し，新たに紡錘体の構成要素として再形成される。分裂が終了すると，紡錘体は消失し，再び細胞質の微小管が出現する。この場合，細胞質の微小管の破壊と細胞の球形化とは相関している。そのほか，細胞膜に密接に関係し，その機能調節に働くことも知られている。

以上，微小管それ自体は支持的役割を果たしながら，ダイニンやキネシンのようなモーター蛋白質の共存があれば運動装置を構成する。加えて，微小管の形成や破壊も細胞骨格系に変化を起こし，現象的に細胞の動きとしてとらえられる。このように，細胞は微小管による支持と運動の二重の機能をうまく活用しているといえる。

2 アクチンフィラメント

アクチンフィラメントは動きの活発な細胞や細胞部分に，また，機械的支持が要求される部位に豊富に分布し，特定の配列を示す。筋細胞の収縮活動をはじめ，筋細胞以外でも，アメーバ様運動，細胞質流動，卵割や細胞質分裂，血小板の血餅形成，食機能や分泌機能などさまざまな細胞の動きに関係して存在する。細胞の動きは，微小管の関与が明白な場合を除き，残りはアクチン関与の動きといえる。また，微絨毛など細胞突起では芯をなし，突起を作り，維持する。また，細胞間の接着を補強する。微小管同様，アクチンフィラメントも細胞運動と機械的支持の二重の機能を有する。

アクチンフィラメントは単独のフィラメントとしてではなく，集合束または網目をなして存在する傾向をもつ。集合束と網目構造は相互に変わりうる。アクチンフィラメントは形質膜直下においていろいろな結合蛋白質によって連結され，網目となり，**細胞皮質** cell cortex と呼ばれる細胞表層を作る。アクチンフィラメントの立体的網目形成が細胞表層をゲル状態にする。ゲルは細胞表層に硬さや強さを与え，骨格の役割を果たす。ゲルは細胞の機能状態に応じてアクチンフィラメントが破壊され，細胞表層は流動的なゾルに変わる。このように，細胞表層のゲル・ゾル変換は動物細胞で細胞の形や運動をコントロールする。

集合束にはフィラメント配列の異なる2型が区別できる。束内のすべてのフィラメントがその極性を一方向に向ける型と，束内でフィラメント極性が相反する二方向性の型がある。一方向型の集合束の典型的な例は，微絨毛などの細い細胞突起の芯をなすアクチン束である。フィラメントはアクチン結合蛋白質の介在によって密に平行配列し，堅固で，弾力性のある支持体となる。アクチンの重合は細胞突起の形成や細胞外形の変化などの一種の動きも引き起こす。ある種の植物細胞では，この型の集合束がそれに沿った細胞質の活発な一方向性の流動を引き起こす。動物細胞でもこの種の運動はあり得る現象である。

二方向性の集合束は収縮機能を有するものが多

く，筋細胞の筋原線維が典型的な例である。非筋細胞では，培養細胞や血管内皮細胞のストレス線維 stress fiber，上皮細胞の接着帯直下の輪状束 circumferential bundle，細胞質分裂時の収縮環 contractile ring などがある。これらは比較的粗なフィラメント配列をとり，モーター蛋白質であるミオシンと共存し，収縮装置としての構成をなす。収縮環は明らかに収縮を起こし細胞を二分し，輪状束も形態形成の段階では収縮を起こすことが知られている。しかし，通常，ストレス線維や輪状束は見るべき収縮活動は示さない。扁平な培養細胞でストレス線維は直線的に，かつ互いに平行に走り，収縮活動を通じて骨格的役割を果たしていると考えられる。最近の分析から，ストレス線維は細胞表面に加えられたずり応力（剪断力）に対抗して，細胞全体の形態を保持し，底板への接着を補強する機能を有することが強調されている。輪状束についても，同様に，上皮細胞相互間の接着を補強し，単層上皮の細胞配列を維持すると考えられる。収縮装置として機能を果たしながら，骨格的に働くことは興味深い。

アクチンフィラメントは一端が形質膜に連なることが多い。この場合，例外なく HMM の矢じりを膜から遠ざける方向をとる。膜との結合はいろいろな蛋白質を介して膜蛋白質と連結する。さらに膜内蛋白質を介して細胞外要素とも連なることができる。赤血球では，形質膜を裏打ちして，アクチンがスペクトリン spectrin と共同して網目を作っている。アクチンは短いフィラメントの形をとり，スペクトリン網のつなぎ目をなす。このアクチン-スペクトリン網は形質膜の膜蛋白質と連結し，形質膜を構造的に支持するとともに，膜蛋白質の分布を規制している。類似の形質膜の裏打ち構造は，ほかのいろいろな細胞にも見出され，そのほとんどにアクチンが関与している。また，アクチンはモノマーとして酵素などと結合して，代謝の調節にも関与している。

3 中間径フィラメント

中間径フィラメントは細胞内を遊離して走ったり，平行配列や集合束をなし，全体として網工や突起の芯を形成している。このような分布や配列，膜との結合，化学的不活性などから，もっぱら機械的支持として働くことが考えられる。

上皮細胞の多くはサイトケラチン cytokeratin（またはケラチン keratin）と呼ばれる蛋白質からなる中間径フィラメントを有する。細胞内で大小の集合束をなし，縦横に走り，全体として網工を作る。細胞周辺ではデスモソーム desmosome につく。隣接する細胞相互は**デスモソーム**で接着しているが，中間径フィラメントはデスモソーム内面につき，この接着装置を補強する。上皮細胞相互は中間径フィラメントが付着したデスモソームを介して力学的に連続することになり，上皮組織全体が機械的に補強される。他方，中間径フィラメントは細胞深部で核を囲む籠（かご）状の網目を作り，核膜にも連なる。こうして，核を中心に位置づけ，他のオルガネラの空間的配置にも一役買っていると考えられる。また，皮膚表皮では角化現象の基礎構造ともなる。

線維芽細胞などの間葉系の細胞の多くは，ビメンチン vimentin という蛋白質からなる中間径フィラメントを，筋細胞はデスミン desmin からなる中間径フィラメントを有する。横紋筋では，デスミンフィラメントが筋原線維の間を Z 帯のレベルで横走する。Z 帯相互を結びつけることによって，横紋の位相を揃える役割が提唱されている。デスミンフィラメントは心筋細胞では上皮細胞同様デスモソームにつく。

神経細胞の中間径フィラメントはニューロフィラメントであり，哺乳動物では 3 種の蛋白質分子が組み合わさってできている。神経膠細胞ではグリアフィラメントで，GFP 蛋白質から構成されている。ニューロフィラメントはとくに有髄神経軸索内で，比較的一定の間隔の平行配列をなし，長い軸索を支持し，グリアフィラメントは密な集合束をなし，星状膠細胞の長い突起の芯を作っている。中間径フィラメント蛋白質は，核膜を内部から支える構造を作っている。核膜の内側には核膜を裏打ちするような形で核ラミナが存在するが，この構造を作るラミンは中間径フィラメント蛋白質の一種で，重合して線維を形成することがわかっ

た．細胞分裂時には核ラミナが崩壊し，核膜が消失して有糸分裂に入る．

以上，中間径フィラメントは細胞質内を縦横に走り，また空間を埋め，細胞間接着を補強し，結果として細胞を機械的に支持するが，細胞運動へ直接の関与は示されていない．

〔Advanced Studies〕形質膜の裏打ち構造

形質膜を構造的に支持する仕組みのうち，細胞質側から支持する構造は一般に形質膜の裏打ち構造と定義される．膜骨格とみなされ，細胞骨格の一つに含めることができる．裏打ちを構成する蛋白質は裏打ち蛋白質と総称される．電子顕微鏡下で典型的な形質膜裏打ちは，膜が肥厚したように見える．詳細には，膜直下に電子密度の高い層構成を示す．いろいろな細胞に見られ，その微細構造は多様であるため，実際どのような構造までを裏打ちとみなすか明確な定義はない．裏打ちには多くの場合，細胞骨格線維が連なるか，または組み込まれている．裏打ち蛋白質は層をなして，一部は膜内蛋白質と結合することによって機能を果たす．形質膜の裏打ちの機能には，三つの意義が考えられる．第一に，本来流動性を示す膜に硬さや強さを与える．第二に，膜内蛋白質の分布を規制したり，側方移動を制限し，膜に機能的ドメインを作る．第三に，細胞骨格線維の形質膜への付着部位となる．これら三つの機能は互いに密に関連している．

以上述べたように，細胞骨格は真核細胞において3種の細胞骨格線維が混在し，さらに多くの結合蛋白質が関与するきわめて複雑な系である．3種の線維はまた互いに連結し，その機能は協調的である．細胞骨格線維は基本的には骨格的要素といえるが，モーター蛋白質と共同して運動装置を作る．線維の形成や破壊も精巧にコントロールされ，細胞形態に変化を与える．こうして，細胞質は細胞骨格によってはるかに高度に組織されている．細胞骨格は細胞質構成の主役として多岐にわたる整然とした細胞活動を支える基盤をなしている．本節では，細胞骨格とは何か，細胞骨格を構成する線維構造とその構成蛋白質，結合蛋白質，細胞骨格の分布と機能について概観した．これに続く各論の導入としたい．

●参考文献

1) Alberts B, Gray D, Lewis J, et al：Cytoskeleton. in Molecular Biology of the Cell 3rd ed. pp.787-861, Garland Publ Inc, New York and London, 1994. 日本語版：細胞の分子生物学(中村桂子他監訳)，教育社，1997.
2) 石川春律編：図説細胞骨格．講談社サイエンティフィク，1985.
3) 石川春律：細胞骨格．細胞機能と代謝マップ(日本生化学会編)，pp.12-20，東京化学同人，1998.
4) Ishikawa H, Bischoff R, Holtzer H：Mitosis and intermediate-sized filaments in developing skeletal muscle. J Cell Biol 38：538-555, 1968.
5) Ishikawa H, Bischoff R, Holtzer H：Formation of arrowhead complexes with heavy meromyosin in a variety of cell types. J Cell Biol 43：312-328, 1969.
6) Ishikawa H：The cytoskeleton supporting the plasmalemma. Arch Histol Cytol 51：127-145, 1986.
7) 神谷　律・丸山工作：細胞運動，培風館，1992.
8) Kreis T, Vale R：Guidebook to the Cytoskeletal and Motor Proteins. Oxford University Press, Oxford, New York and Tokyo, 1993.
9) 酒井彦一編：細胞骨格の機能-新たな研究の展開．蛋白質核酸酵素 34：1417-1756, 1989.
10) Schliwa H：The Cytoskeleton. Springer-Verlag, Wien and New York, 1986.
11) 月田承一郎・米村重信・椎名伸之：細胞骨格と細胞運動．(石川春律・高井義美・月田承一郎編：現代医学の基礎2，分子・細胞の生物学―細胞)，pp.119-134，岩波書店，2000.

II. 筋収縮

生体内で細胞骨格が細胞運動に寄与していることを最も端的に示す例の一つに，筋収縮 muscle contraction がある．筋収縮においては，アクチンのフィラメントとミオシンのフィラメントが ATP のエネルギーを使って力を発生しながら互いに滑ることで，肉眼的にも観察可能な動きを生じる．

A 筋細胞の種類

筋細胞は形態的，機能的相違から 3 種類のもの，すなわち骨格筋・平滑筋・心筋に区別される．骨格筋 skeletal muscle は主として骨と骨の間をつなぎ，関節運動による随意運動を可能にしている．胃や腸のような消化管の壁や血管壁などに分布する平滑筋 smooth muscle，および心臓の壁を作り血液を全身に送り出すポンプの働きを担っている心筋は，自分の意志では動かすことのできない不随意筋である．また，骨格筋と心筋は顕微鏡で観察すると横縞が見えるので，まとめて横紋筋と呼ばれる．一方，平滑筋には縞模様は観察されないので"平滑"筋と名称がつけられている．ここでは主として，細胞骨格と収縮の関係が最もわかりやすい骨格筋を中心に解説する．

B 骨格筋

1 骨格筋の筋原線維と収縮機構

骨格筋は細胞融合により形成された多核の巨細胞（このような細胞を一般に合胞体 syncytium と呼ぶ）で，長さ 1～100 mm，直径 10～100 μm の長い紡錘形をしている．骨格筋の細胞は長さが長いことから，慣習的に筋線維 muscle fiber と呼

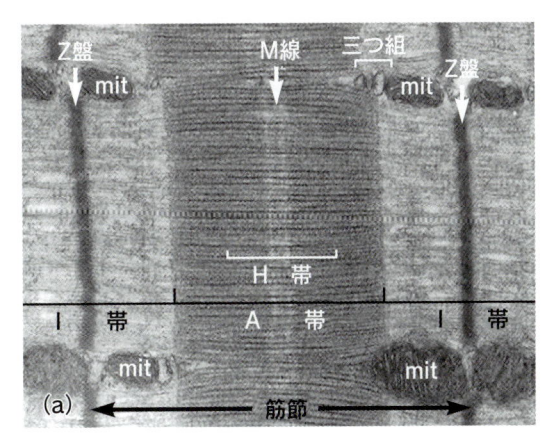

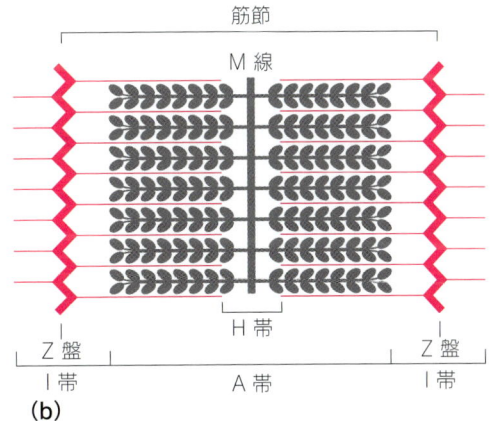

図 8-4 骨格筋の筋節と横紋の関係を示す電子顕微鏡写真(a)と模式図(b)

ばれている．細胞内は収縮のための径約 1 μm の筋原線維 myofibril と呼ばれる円筒状の構造が充満しており，核は線維周辺部の細胞膜直下に圧平されたような形で散在している．

筋原線維は筋節という基本単位が縦方向に多数連なったものからなり，筋節は両端の Z 盤（Z はドイツ語の Zwischenscheibe（間の隔壁の意味）の頭文字）から生え出たアクチン actin を主成分とする細いフィラメント thin filament の束に，中

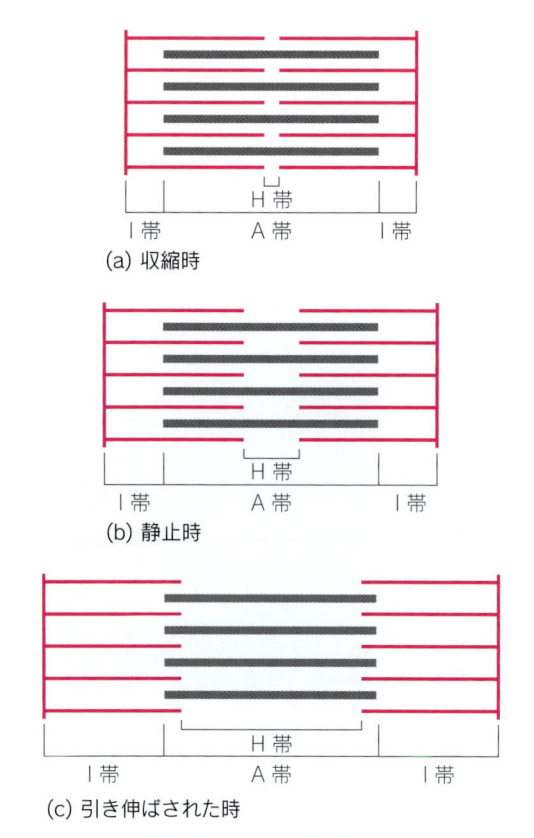

図 8-5 種々の状態にある骨格筋横紋の各部分の幅の変化

A 帯の幅は太いフィラメントの長さに一致し変化しないが，I 帯，H 帯は収縮・弛緩の状態に応じた変化をする。

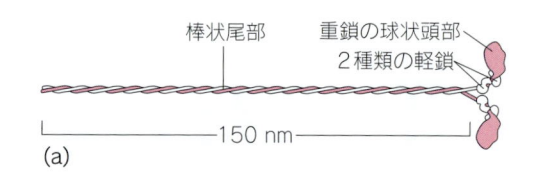

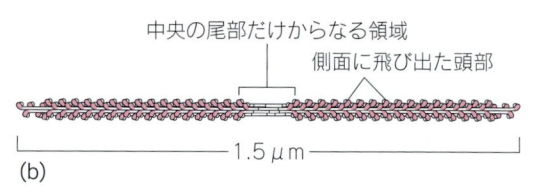

図 8-6 ミオシン分子 (a) と太いフィラメント (b) の模式図

(a)：ミオシン分子は 1 個の重鎖，2 種類の軽鎖からなる単位が 2 個，重鎖の棒状尾部で互いに結合し形成される。(b)：骨格筋の太いフィラメントは，多数のミオシン分子が棒状尾部で重合した，左右対称のフィラメントとして形成される (Alberts B, et al : Molecular Biology of the Cell 4th ed. p.950, Fig 16-51, -52, Garland Science, 2002 より改変)。

央の M 線 (Mittelmembran (中央の膜の意味) の頭文字) でまとめられたミオシン myosin からなる太いフィラメント thick filament の束が，互いに一部重なりながらでき上がっている (図 8-4)。細いフィラメントは径約 7 nm，長さ約 1 μm，太いフィラメントは径約 15 nm，長さ約 1.5 μm で，静止時の筋節は 2.2〜2.5 μm の長さである。光学顕微鏡で観察される横紋は，太いフィラメントの部分が A 帯 (A は偏光顕微鏡で観察した時，複屈折性 anisotropic を示すので，その頭文字から命名)，A 帯以外の部分，すなわち細いフィラメントのみからなる部分を I 帯 (I は偏光顕微鏡で単屈折性 isotropic を示すため)，A 帯のうち太いフィラメントのみからなる部分が H 帯 (H は発見者 Hensen の頭文字) と呼ばれている。Z 盤は隣接の筋節のものも含めた I 帯の，M 線は A 帯および H 帯の中央に位置している。

ところで筋収縮は太いフィラメントのミオシンが，ATP の加水分解に伴うエネルギーを利用して両側の細いフィラメントを M 線の方向にたぐりよせることによって起きる。すなわち太いフィラメントと細いフィラメント間にすべりが起きるわけで，これを**筋収縮のすべり説** sliding theory という。すべり説によれば，収縮時に筋節の長さが短縮し，I 帯と H 帯の幅が狭くなるのに対し，A 帯の幅は変わらない (図 8-5)。電子顕微鏡による観察結果はこの説が正しいことを支持している。

この太いフィラメントと細いフィラメントの間のすべりを分子レベルで見ると，以下のようになる。まず，太いフィラメントはミオシン II と呼ばれるミオシンファミリーに属する分子が重合して形成されるが，ミオシン II は球状の頭部と長い棒状の尾部からなり，これが尾部で会合する際，双方向性のフィラメント，すなわち左右対称のフィラメントを形成する (図 8-6)。頭部はフィラメントの側面に飛び出て，ここにあるアクチン結合部位が細いフィラメントのアクチンと相互作用することになる。その他に，ミオシンの頭部には

ATPアーゼ活性すなわちATPを結合するとともに，それをADPとリン酸に分解する酵素活性をもつ部位が存在する。

一方，細いフィラメントのF-アクチンは，α-アクチニンα-actininを含んだZ盤から生え出し，すべてのフィラメントがZ盤側を＋端に，M線よりの先端側を－端にした配向をとっている。また細いフィラメントには後述の収縮の調節にはたらくトロポミオシンtropomyosin，トロポニンtroponinという2種類の蛋白が存在する（図8-7）。

トロポミオシンは分子量64,000の線維状蛋白で二つのらせん状に絡み合うサブユニットからなり，F-アクチンの二重らせんの溝に沿って配列している。トロポミオシン1分子はG-アクチン7個分の長さがある。

トロポニンは三つのサブユニットの複合体からなる蛋白で，トロポミオシン1分子あたりに1個の複合体が結合している。三つのサブユニットはそれぞれトロポニン-T（分子量18,000），-C（分子量30,000），-I（分子量30,000）と呼ばれる。-Tはトロポニンをトロポミオシンに結合させる働きをもつ（'T'はトロポミオシンtropomyosinの頭文字に由来）。トロポニン-Cはカルシウムを結合する（'C'はカルシウムcalciumのC）。トロポニン-Iの'I'は'inhibitory（抑制性）'の頭文字で，アクチンとミオシンの相互作用を阻害するのでこの名称がつけられた。

ところで収縮の際，ミオシンは以下の四つの状態を繰り返す。

①アクチンと強固に結合した状態。この時，ミオシンのATP結合部位は空になっている。

②①の状態のミオシンのATP結合部位にATPが結合すると，ミオシンはアクチンから離れる。

③②で結合したATPがADPとリン酸に分解されると，ミオシンの頭部は前方へと傾き，Z盤の方向へ約5nm移動する。

④ミオシンは新しいアクチンの結合部位と弱く結合する。これに伴い，分解後もまだ残存していたリン酸がミオシンから外れる。このリン酸の遊離に伴い，アクチン・ミオシン間の結合力が増す

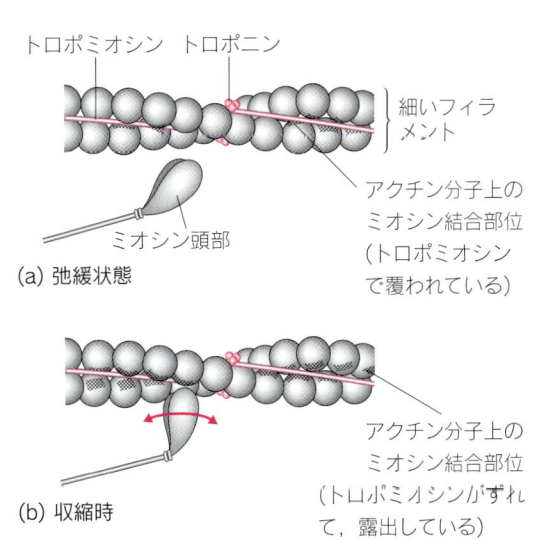

図8-7 骨格筋の細いフィラメントの分子構築およびそれとミオシンとの相互作用を示す模式図
細いフィラメントはアクチン，トロポミオシン，トロポニンからなる。(a)：弛緩状態ではアクチン分子上のミオシン結合部位がトロポミオシンにより覆われているため，アクチンとミオシンは結合することができない。(b)：収縮時はトロポニンにCa^{2+}が結合して，トロポミオシン分子の位置がずれるため，アクチンとミオシンの結合が可能となる(Ham AW, Cormack DH : Histology 8th ed. p.556, Fig 18-19, J B Lippincott Co, 1979 より改変)。

とともに，ミオシン頭部はADPを放出しつつ，元の立体構造に戻ろうとする。この時，ミオシンはアクチンと結合したまま形態変化を起こすので，結果としてアクチンの細いフィラメントをM線側へと引きずりつつ動く。この一連の分子形態の変化が収縮の原動力である。元の立体構造をとったミオシンは，①に戻る。

以上の①〜④を繰り返すことで，フィラメント間のすべりが起きる。

2 骨格筋の内膜系と収縮の調節

骨格筋には特殊に発達した膜系が細胞内に存在し，収縮の調節と密接にかかわっている。

まず第一は，細胞膜が細い管となって陥入し，筋原線維のA帯とI帯の境界部を取り巻いているもので，筋線維の長軸に対し直角方向に走るので，**横細管** transverse tubule または**T管**（Tはtransverseの頭文字）と呼ばれている（図8-8）。

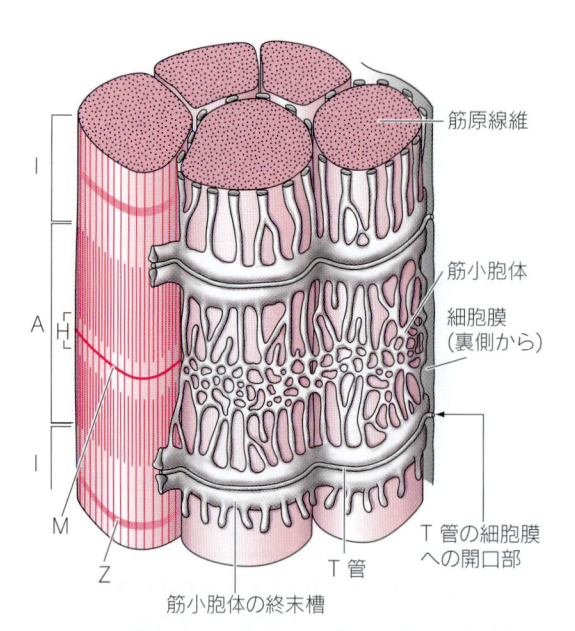

図 8-8　横細管，筋小胞体および筋原線維の相互関係を示す模式図
(Ham AW, Cormack DH : Histology 8th ed. p.554, Fig 18-17, JB Lippincott Co, 1979 より改変)

この横細管は骨格筋表面の細胞膜に発生した活動電位を細胞の深部へと伝える役目をもっている。

第二の骨格筋を特徴づける膜系は，非常に発達した筋小胞体 sarcoplasmic reticulum：SR である。これは筋原線維の周囲に位置し筋原線維を網目状に包んでいるが，横細管に接する部分（終末槽 terminal cistern と呼ぶ）では扁平に広がり，両側から横細管を挟み込んでいる。この部位ではほとんどの場合，1本の横細管と両側の筋小胞体が，ひとまとまりとして観察できるので，これらをまとめて**三つ組** triad と呼ぶ。

この三つ組の，横細管の膜と筋小胞体終末槽の膜が接する部分には間に電子顕微鏡で濃く見える点状の橋渡しがみえる。この構造は，横細管の活動電位を筋小胞体に伝える蛋白と，それに反応して内腔のカルシウムを細胞質に放出する筋小胞体膜のカルシウム(Ca)チャネル（電位依存性Caチャネル）からなり，前者はジヒドロピリジン受容体(DHP受容体)，後者はリアノジン受容体と言う名称で呼ばれている。

この三つ組の部分は，T-SR 接合部(T-SR junction)と呼ばれることもある。

ここで，運動神経の活動電位が筋収縮を起こすまでの一連の事象を順を追って解説する。運動神経の活動電位が神経終末（神経筋接合部）に到達すると，その電位変化は神経終末に存在する電位依存性Caチャネルを開き，Ca^{2+}が細胞内に流入する。この流入が神経伝達物質の一つであるアセチルコリンを内部に含んだシナプス小胞の開口分泌を引き起こす。細胞外に放出されたアセチルコリンは，拡散によって神経筋接合部の筋肉側の細胞膜に存在するアセチルコリン受容体に到達し，それに結合する。アセチルコリンがアセチルコリン受容体に結合すると，受容体内部を貫通するイオンチャネルが開き，細胞外のNa^+が電位勾配により細胞内に流入する。

このNa^+の流入により骨格筋の細胞膜に終板電位という電位変化が起き，この電位変化が一定限度を超えると近傍に存在する電位依存性ナトリウム(Na)チャネルが開いて，活動電位が発生する。この活動電位が隣接部位の電位依存性Naチャネルを刺激し，そこでまた活動電位が発生するという自己再生産的過程により，活動電位は筋肉の細胞表面を広がってゆく。

この筋細胞膜を広がっていった活動電位は，それぞれの部位で細胞膜の落ち込みである横細管を通じて細胞の内部へと伝わる。横細管を伝播する電位変化は各所のT-SR接合部でDHP受容体を活性化し，その変化がリアノジン受容体に伝えられて筋小胞体内腔に貯えられたCa^{2+}がリアノジン受容体のチャネルを通って細胞質へと放出される。細胞質へ出たCa^{2+}は細いフィラメント上のトロポニンのC-サブユニットに結合する。この結合によりトロポニン-Iに分子構造の変化が起き，その変化がトロポミオシンに伝えられて，トロポミオシンのF-アクチン上の位置がずれる。

この位置変化が，いままでトロポミオシンで覆われていたアクチン分子表面のミオシン結合部位を開放することになる(図8-7)。これにより，太いフィラメントのミオシンと細いフィラメントのアクチンの結合が可能になり，前述の①→④の収縮サイクルが引き起こされて，フィラメント間の

すべり，すなわち筋収縮が起きることになる。

筋収縮の終了は，以下の順で起きる。

①運動神経からの刺激がなくなると，終板電位および引き続いての筋細胞膜の活動電位が消失し，その結果，DHP受容体，リアノジン受容体が静止状態の分子構造に戻って，筋小胞体からのCa^{2+}の放出がなくなる。

②一方，筋小胞体の三つ組部分以外の膜には，Ca^{2+}-ATPアーゼと呼ばれるATPのエネルギーを使って，Ca^{2+}を小胞体内腔に組み込むポンプ蛋白が存在する。この蛋白の働きにより，細胞質のCa^{2+}は小胞体の内腔に移され，細胞質のCa^{2+}濃度が低下する。

③これがトロポニンからのCa^{2+}の遊離を引き起こし，トロポミオシンが元の位置に戻って，アクチンとミオシンの結合が抑制され，筋収縮のサイクルは停止する。

④なお小胞体の内腔には，カルセクエストリンと呼ばれるカルシウム結合蛋白が存在し，遊離Ca^{2+}の濃度増加を抑えて，小胞体のカルシウム貯蔵能を高めている。

3 骨格筋の中間径フィラメントおよびその他の細胞骨格蛋白

骨格筋には分子量53,000のデスミンを主成分とする中間径フィラメントが存在する。この中間径フィラメントは筋原線維のZ盤周囲を走り，プレクチンと呼ばれる蛋白を介してZ盤と連絡するとともに，細胞膜裏打ちにもプレクチンを介して結合している。デスミンやプレクチンの変異により，骨格筋の変性が起きることから，このプレクチンも含めた中間径フィラメント系の役割は筋原線維間を連絡し，それらを細胞膜につなぎ止めることで，調和ある収縮を可能にしていると考えられている。

次に骨格筋に知られている，その他の主な細胞骨格蛋白について説明する。

1) タイチン

まず，太いフィラメントに関係するものとしてタイチンtitin（コネクチンconnectin）がある。分子量約250万の巨大な蛋白で，Z盤からM線まで延びており，太いフィラメントの配置を決定するとともに，I帯の部分にはバネ状の性質を示す部分をもち，ある長さ以上に筋節が引き伸ばされた時，張力が除かれれば筋節を元に戻す働きを担っている。以前，想定されていた骨格筋の弾性要素の実体である。

2) ミオメシン

M線に局在し，太いフィラメントをM線につなぎ止める役割が想定されている。

3) C-蛋白

M線の両脇に位置し，ミオメシンと同様の役割が考えられている。

4) ネブリン

細いフィラメント関連のものとしては，ネブリンがある。細いフィラメントに沿って走る分子量約60万の細長い蛋白で，細いフィラメントの長さをそろえることに関与すると考えられている。

5) α-アクチニン

培養細胞などのストレス線維にみられるこの蛋白は，すでに述べたように骨格筋にも存在し，Z盤の主成分となって，アクチンの束化に役立っている。

6) トロポモジュリン

アクチンの－端，すなわち自由端にキャップ蛋白として結合している。

7) Cap Z

Z盤の構成成分の一つとしてアクチンの＋端をキャップし，Z盤につなぎ止めている。

8) その他

以上の筋原線維に関係するもの以外に，細胞膜の裏打ちを形成し細胞膜の強度を上げているものに，ジストロフィン，スペクトリンなどが知られている。ジストロフィンについては，189頁の

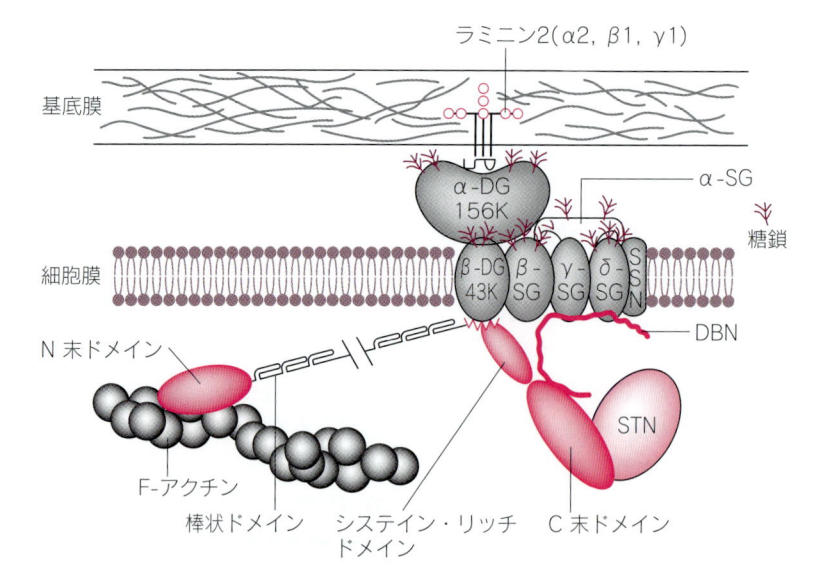

図8-9 ジストロフィンとその結合蛋白の分子構築を示す模式図

ジストロフィンはN末ドメイン，棒状ドメイン，システイン・リッチドメイン，C末ドメインからなる長い棒状の細胞膜裏打ち蛋白である．DG：ジストログリカン，SG：サルコグリカン，DBN：ジストロブレビン，STN：シントロフィン（依藤宏，仁科裕史：骨格筋と運動．跡見，大野，伏木（編）．p.79，図1，杏林書院，2001より改変）．

「臨床との接点」で詳述する．

C 心筋

　心筋の収縮機構の分子メカニズムは，アクチン，トロポミオシン，トロポニンからなる細いフィラメントと，ミオシンからなる太いフィラメントとの間のすべりによっており，それがCa^{2+}によって調節される点も骨格筋と共通である．しかし骨格筋と異なる点もいくつか存在する．詳しくは組織学，生理学の教科書を参照願いたい．以下に要点のみ記す．

　①細胞の外形は短い円筒状で，1～2個の核が細胞の中央部に位置し，介在板と呼ばれる構造で隣接する細胞と結合している．介在板はアドヘレンス結合，デスモゾームおよびギャップ結合からなり，ギャップ結合でイオンなどの小分子が交通することから，個々の細胞は独立していても電気的興奮は介在板を介して伝わり，心筋は全体として機能的合胞体を形成していることになる．

　②横細管の直径は骨格筋に比べて太く，Z盤の周囲を走るが，筋小胞体の発達は悪く，終末槽の横細管との接合部も骨格筋のように両側からはさんで三つ組を作ることはまれで，通常片側のみに見られ，二つ組diadと呼ばれる．

　③休みなく収縮・弛緩を繰り返し，エネルギー要求性が高いのに対応して，ミトコンドリアが豊富である．

　④収縮は神経刺激によるのではなく，自発的に特殊な活動電位を発生して収縮を起こすが，通常は心房に存在する洞房結節と呼ばれる部位に発生した活動電位が，刺激伝導系と呼ばれる経路と心筋間のギャップ結合を介して心臓全体の心筋に伝えられる．

D 平滑筋

　平滑筋の収縮もミオシンの太いフィラメントとアクチンの細いフィラメント間のすべりで起きる．その配列は横紋筋のように整然とは並んでおらず，また細いフィラメントにはトロポニンを欠いており，収縮の調節はミオシンのリン酸化により行わ

れる。その特徴は，次のようにまとめることができる。

①長さ 20〜200 μm，中心部の幅 5〜8 μm の紡錘形の細胞で，中央部に核が存在する。

②骨格筋の Z 盤にあたる構造として細胞内に暗調小体，細胞膜に暗調斑があり，ここからアクチンのフィラメントは延び出している。暗調小体はデスミンからなる中間径フィラメントで細胞内に固定されている。

③横細管を欠き，細胞膜には多数のカベオラの存在する領域がある。筋小胞体も存在するが，発達は悪く，規則的な配置もとらない。

④収縮は，神経やホルモン刺激による細胞外液 Ca^{2+} の流入→Ca^{2+} とカルモジュリンの結合→Ca^{2+}-カルモジュリン複合体によるミオシン軽鎖キナーゼ（MLCK）の活性化→MLCK によるミオシンの調節性軽鎖のリン酸化→筋収縮という一連の過程で起き，アクチン側のトロポニンで収縮の調節が行われる骨格筋は対照的である。

臨床との接点

筋ジストロフィー

進行性の筋力低下，筋萎縮を特徴とする遺伝性の疾患の総称で，近年の分子遺伝学の進歩から数多くの原因遺伝子，責任蛋白が明らかになりつつあるが，まだ根本的に有効な治療法の開発されていない難病の一つである。細胞骨格蛋白およびそれと相互作用をもつ蛋白の変異，欠損が原因となっているものも数多く存在する。その一つに筋ジストロフィーの中で最も頻度の高いデュシェンヌ型がある。細胞膜裏打ち蛋白の一つのジストロフィンの変異・欠損で発症し，X 染色体に遺伝子座があるので，通常男子にみられる。

発生頻度は 3,500 人の男子の出生に 1 人の割合である。典型的には 5 歳以下で発症し，12 歳頃までに歩行不能となり，20 歳頃には人工呼吸器が必要になる。

ジストロフィンは分子量 42 万 7 千の大きな蛋白で，N 末端側でアクチンと，C 末端側のやや中央寄りでジストログリカンと呼ばれる膜内蛋白を含む糖蛋白複合体と結合し，C 末端側でシントロフィン，ジストロブレビンなどと呼ばれる蛋白と相互作用をもつ（図8-9）。ジストロフィンおよびそれと直接あるいは間接的に結合しているジストログリカン，サルコグリカンなどの蛋白の異常から種々のタイプの筋ジストロフィーが起きることが知られており，それらの蛋白の骨格筋の機能維持における重要度が理解できる。ジストロフィンの複合体は，アクチンのほか，間接的にデスミンの中間径フィラメントも細胞膜につなぎとめており，機能的には筋の収縮によりかかるストレスから細胞膜を保護する役目を果たしていると推測されている。現在，筋ジストロフィーに対しては，遺伝子治療や幹細胞治療などの試みが実験的に行われている。

●参考文献

1) Alberts B, et al : Molecular Biology of the Cell 4th ed. pp.961-965, Garland Science, 2002.
2) ベッカーほか：細胞の世界. pp.729-741, 西村書店, 2005.
3) Chainberlain JS, Rando TA (eds): Duchenne Muscular Dystrophy（Advance in Therapeutics）. pp.21-53, Taylor & Francis, 2006.
4) Engel AG, Franzini-Armstrong C(eds): Myology 3rd ed. pp. 129-455, McGraw-Hill, 2004.
5) Fawcett, DW : A Textbook of Histology 12th ed. pp. 260-308, Chapman & Hall, 1994.
6) Franzini-Armstrong C : The sarcoplasmic reticulum and the control of muscle contraction. FASEB J 13 (Suppl): S266-S270, 1999.
7) Franzini-Armstrong C, Peachey LD : Striated Muscle-Contractile and Control Mechanisms. J Cell Biol 91 : 166s-186s, 1981.
8) 藤田尚男，藤田恒夫：標準組織学 総論 第 4 版. pp.235-273, 医学書院, 2002.
9) 本郷利憲，廣重 力監修：標準生理学 第 5 版. pp.91-111, 医学書院, 2000.
10) Reedy, MC: Visualizing myosin's power stroke in muscle contraction. J Cell Sci 113 : 3551-3562, 2000.
11) Squire JM, Morris EP: A new look at thin filament regulation in vertebrate skeletal muscle. FASEB J 12 : 761-771, 1998.
12) 杉田秀夫ほか編：新筋肉病学. pp.30-260, 南江堂, 1995.

III. アクチンフィラメント

　アクチンフィラメント actin filament はアクチン分子が重合したもので，真核細胞にみられる細胞骨格構造の一つである。電子顕微鏡で観察すると，直径が 6～8 nm の線維で，そのサイズから微小管や中間径フィラメントと区別できる。一般にアクチンフィラメントは，束あるいは網目の高次構造を作って存在し，単独に孤立して存在することはまれである。また，細胞膜に近接して分布していることも，このフィラメントの特徴である（図 8-10）。

　アクチンフィラメントは動きの活発な細胞や細胞部分，機械的支持が必要と思われる細胞部位などに豊富に分布している。ミオシンと共同して運動装置を形成し，いろいろな細胞運動に関わっている。筋原線維はアクトミオシン系運動装置の最も進化したものといえよう。平滑筋細胞の収縮装置，細胞分裂時に形成される収縮環，ストレス線維などは，筋原線維に類似した構造をもつ収縮装

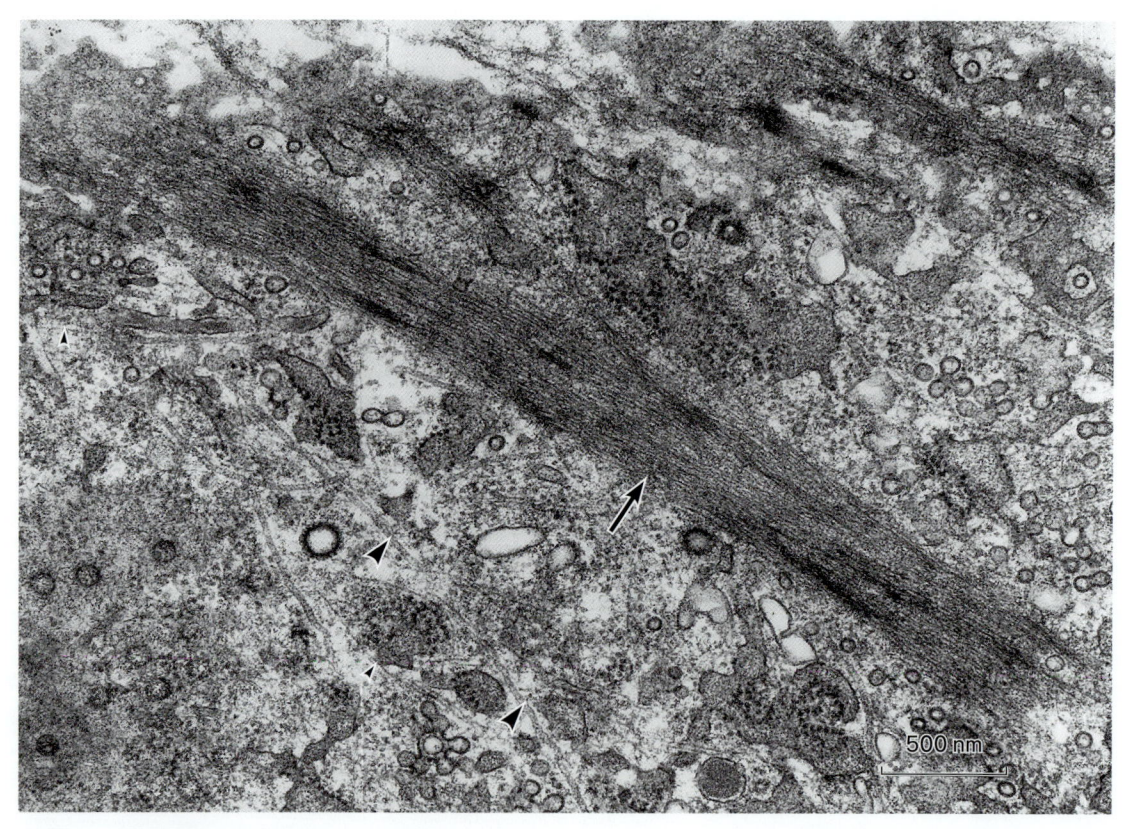

図 8-10　培養細胞に見られるアクチンフィラメント
　ウシ血管内皮細胞の基底部分の電子顕微鏡写真で，中央から右上部分にかけて斜めに走るアクチンフィラメントの束であるストレス線維（矢印）がある。微小管（大きい矢尻）と中間径フィラメント（小さな矢尻）も見られ，これらの細胞骨格は必ずしも束にならない（群馬県立医療短期大学　神宮寺洋一博士提供）。

置である．また，アクチンフィラメントは細胞質の突起など細胞形態を支持する役割も果たしている．こうしたアクチンフィラメントの異なった機能は，さまざまなアクチン結合蛋白質 actin binding protein の働きによる．すなわち，アクチンフィラメントがどの結合蛋白質と相互作用するのかにより，その機能が決定する．

A アクチン

アクチンは最初に筋組織から単離されたことから，ミオシン myosin とともに筋細胞に特異的な蛋白質と考えられていた時期があったが，1960年代の秦野節司らの研究を契機に，広く動植物の真核細胞に存在することが確立された．多くの細胞で含有量が最も高い蛋白質で，筋細胞では総蛋白質量の20％，非筋細胞でも5〜10％に達する．アクチン分子は375個のアミノ酸残基からなる，ハート型あるいは二枚貝と形容される形の蛋白質である．中央のくぼんだ部分にはATP（あるいはADP）結合サイトがあり，アクチンは細胞内では，ATPまたはADPを結合した状態で存在する．

後で述べるが，どちらのヌクレオチドが結合しているかにより，アクチンの重合・脱重合のダイナミクスが大きく変わることが知られている．このような分子形態や特徴は，ヘキソキナーゼ hexokinase や Hsp 70（heat shock protein 70）にもみられ，アクチンを含むこれらの蛋白質はATPアーゼ（ATPase）スーパーファミリーを形成する．アクチンや他の細胞骨格蛋白質は，ごく最近まで真核細胞特有の，すなわち原核細胞にはない，蛋白質であるとされていたが，最近の研究からバクテリアが細胞骨格蛋白質ホモログをもつことが明らかになった．バクテリアのアクチンホモログとしては，ParM, MreB, FtsAがあり，バクテリアの形態維持などに関わっている．

高等動植物から酵母までいろいろな生物のアクチンのアミノ酸あるいは塩基配列を比較してみると，この蛋白質が進化の過程でほとんど変化していないことがわかる．このことはアクチンが生物の存続にとっていかに重要かつ不可欠であるかを示しているといえよう．哺乳類では等電点の違いにより，α，β，γと呼ばれる3種類のアクチンアイソフォームが同定されている．α-アクチンは最も酸性の等電点をもち，筋細胞に特異的に発現し，骨格筋型α，心筋型α，平滑筋型αの3種類がある．β-アクチンは非筋細胞にのみ発現し，γ-アクチンは非筋細胞型のものと平滑筋型がある．これら6種の**アイソフォーム**はそれぞれ別々の遺伝子によりエンコードされている．アイソフォームは細胞の同定などの実験に利用されるが，アイソフォームの生物学的な存在意義はまだ明らかにされていない．異なったアイソフォームを混合し試験管内で重合させると，アイソフォームを無視したアクチンの共重合が起こるが，細胞内ではアイソフォーム特有の分布を示すことが知られている．たとえば培養細胞ではγ-アクチンはストレス線維のアクチンフィラメントとして重合するが，β-アクチンは同じ細胞のラメリポディア lamellipodia 部分に局在する．また筋細胞では，α型が筋収縮装置に組み込まれ，γ型はミトコンドリアの周辺に局在する．このようなアイソフォーム依存性のアクチン分布がどのような機構で起こるのかはまだ解明されていない．

B アクチンフィラメントの極性

アクチンフィラメントの両端は異なった性質をもつこと，すなわちアクチンフィラメントには極性があることが知られている．これは重合の際，アクチン分子がその極性を揃えてポリマーを形成するからである（図8-11）．アクチンフィラメントの極性は，ミオシンを蛋白質分解酵素で切断し，アクチンフィラメントとの結合部分で頭部と呼ばれる領域を含むHMM：heavy meromyosin あるいはS-1：subfragment-1 と呼ばれるミオシン断片をアクチンフィラメントに加え，その結合によってできる構造で示すことができる．図8-12 に見られるように，ミオシン断片の結合により，アクチンフィラメントは矢尻が数珠つなぎになったような構造となり，一方の端が矢尻の先端 pointed end（P端），もう一方が矢尻の後端 barbed end（B

図8-11 アクチンフィラメントの分子模式図

アクチン単体が，らせん状に巻いた構造で，隣り合った単体は同じ方向に並ぶので，右と左の端は単体の異なった部分が露出し，その結果フィラメントに極性が生まれる。

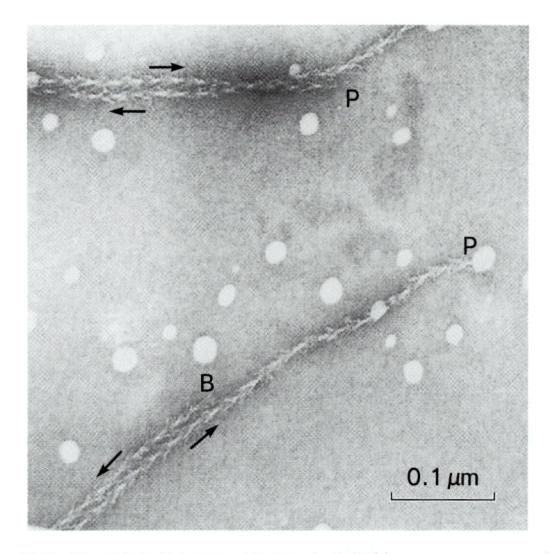

図8-12 アクチンフィラメントの極性

精製したアクチンを試験管内で重合し，HMMを加えると，矢尻構造が見える。矢印はそれぞれのフィラメントの矢尻の方向を示す。PとBはそれぞれP端とB端を示す（国立循環器病センター研究所前形態部室長 尾西裕文博士提供）。

端）と呼ばれる。アクチンフィラメントの極性はさまざまな意味において重要な性質である。たとえばアクチンフィラメントがミオシンによって引く力を受けるとき，矢尻の方向（すなわちP端方向）に力が働く。また，アクチンフィラメントは細胞膜に接していることが多く，その場合B端が膜に接している。さらにまたアクチンフィラメントの極性は，以下に述べるようにフィラメントの重合反応に大きな影響を及ぼす。

C アクチン重合

アクチン重合は主にウサギやニワトリの骨格筋から精製したアクチンを用い，*in vitro* での実験を基に研究が進められた。アクチンの重合は精製したアクチン単体を KCl, $MgCl_2$ を含む塩溶液に溶かし，それに ATP を加えることにより誘導できる。重合反応のごく初期の段階では，重合する条件が整っているにもかかわらず，重合が進まない遅延期 lag phase がある。遅延期はアクチンの重合に必要な核となるアクチン分子の三量体が形成される時間である。アクチン分子の二量体は，それが形成されても不安定であるため，核として機能できず，比較的安定な三量体が核となる。

1) 三量体の形成

三量体の形成には，3個のアクチン分子がほぼ同時に接触し合うことが必要で，そうした状況の起こる確率の低さが遅延期として見えているのである。いったん核ができると，それを基に1個ずつ単体が加わってアクチンフィラメントの伸長がすみやかに起こる。アクチンの重合が起こるかどうかは，アクチンの濃度に依存する。十分量のアクチン単体濃度から重合反応を開始すると，時間とともにフィラメント濃度が上昇し，逆に単体濃度は減少するが，次第にフィラメント量の増加速度が遅くなり，最終的に平衡の状態になる。このときのアクチン単体濃度は**臨界濃度** critical concentration と呼ばれ，重合と脱重合が同じ速さで起こっている。臨界濃度を超えるアクチン単体はすべてフィラメントに組み込まれ，逆に単体濃度が臨界濃度以下の場合は，臨界濃度に達するまでフィラメントの脱重合が起こる。この現象は分子の結晶化の際に見られ，アクチンやチューブリンの重合反応は結晶化に似た凝集反応である。

2) 重合・脱重合反応

アクチンフィラメントが極性をもつことはすでに述べたが，この極性のため，フィラメント両端で重合・脱重合反応速度が異なっていることが知られている。アクチン単体（厳密には ATP-アクチン）はB端に高いアフィニティ affinity を，P端にはそれより低いアフィニティをもつことから，B端では重合速度が速くP端では遅い。この結果，アクチンフィラメントは，B端側に偏って伸長する。こうした性質は，両端がそれぞれ異なっ

た臨界濃度で支配されていることでもあり、B端の臨界濃度(C_B)はP端の臨界濃度(C_P)より低い。上述のアクチン重合の実験の場合のアクチン単体濃度(C)は、CがC_B, C_Pより高いときには、両端で重合が起こり、CがC_B, C_Pより低い時には両端で脱重合が起こる。重合系が平衡になっている場合には、CはC_BとC_Pの間の値($C_B<C<C_P$)となり、B端では重合が、P端では脱重合が起こり、B端での重合速度とP端での脱重合速度がつりあって平衡が保たれている。

このときB端でアクチンフィラメントに組み込まれた1個のアクチン分子に注目してみると、時間が経つにつれ、その分子は長さが一定に保たれたフィラメントの中をP端方向に動いているように見えるはずである。個々の分子は線維の中でまったく動いていないが、外から見るとP端方向へ動いているように見えるこの現象は、無限軌道の動きに似ていることから、分子の**トレッドミル現象** treadmillingと呼ばれる。こうした現象は実際の細胞の中にあるアクチンフィラメントでも起こっていることが実験的に示されている。また重合の起こりやすいB端はプラス端 plus end、重合が遅く脱重合が起こりやすいP端はマイナス端 minus endとも呼ばれる。微小管でも重合の進みやすい端と進みにくい端があり、それぞれプラス端マイナス端と呼ぶ。

ATP結合アクチン単体がフィラメントに組み込まれると、ATPはすばやく加水分解されADP・Piとなる。最終的にはフィラメント中のアクチンはADP結合アクチンとなるが、ADP・PiからADPへの変換はゆっくりとした速度で起こる。その結果、B端ではATPあるいはADP・Pi結合アクチンが多く、P端ではADPアクチンが圧倒的に多い。ADP結合アクチンはATPアクチンに比べ脱重合しやすいことから、P端での脱重合は促進される。

3) アクチン重合

精製したATP結合アクチンを用いた *in vitro* 重合実験から得られた系全体の臨界濃度(C_T)は0.1 μM程度である。細胞内でフィラメントになっていないアクチン分子の濃度は細胞の種類にもよるが、典型的な非筋細胞（たとえば培養細胞）で50〜100 μMで、これは実にC_Tの500〜1,000倍の濃度である。細胞内でこのような高い単体濃度が保たれているのは、さまざまなアクチン結合蛋白質の作用によるものである。たとえばキャッピング蛋白質でアクチンフィラメントの両端を塞いでしまうと、単体濃度に関係なく重合・脱重合が止まり、高い単体濃度を維持することができる。さらにまた細胞にはいろいろなアクチン単体結合蛋白質があり、アクチン単体に結合すると、そのアクチン分子は重合・脱重合反応系から隔離されてしまい、高いアクチン単体濃度が維持できる。細胞がある刺激により活性化され、アクチン重合を必要とする場合には、キャッピング蛋白質が外れたり、アクチン結合蛋白質からの解離が起こり、急速なアクチン重合が起きると考えられている。

D アクチン結合蛋白質

アクチンと相互作用ができる蛋白質は、アクチン結合蛋白質 actin binding proteinと総称される。これまでに60種類以上が報告されている。これらの蛋白質は細胞内において、アクチンの重合・脱重合から細胞運動やアクチン細胞骨格の調節などに携わっている。すべての結合蛋白質についてコメントすることはできないので、ここではいくつかの代表的な分子について簡単に述べる。まず、アクチン結合蛋白質は、その機能ないし作用からいくつかの群に分類できるが、一つの蛋白質が複数の機能を有する場合もある。

①アクチン分子と結合するもの（monomer binding protein）。
②アクチンフィラメントを切断するもの（severing protein）。
③アクチンフィラメントの端に結合するもの（capping protein）。
④フィラメント間を架橋するもの（crosslinking protein）。
⑤フィラメントの側方に結合するもの（side-binding protein）。

⑥モーター蛋白質（motor protein）。

1 アクチン単体分子結合蛋白質

アクチン分子の単体に結合する蛋白質は主として，重合・脱重合のコントロールに関わっている。たとえばプロフィリン profilin は ATP-アクチンに結合し，P 端での重合は阻害するが，B 端での重合は阻害しない。その結果，プロフィリンはフィラメント B 端の伸長を促す。コフィリン cofilin は ADP-アクチンに強く結合し，フィラメントの P 端からの脱重合を促進する。またコフィリンは ADP-アクチンフィラメントに結合し，フィラメントを切断する働きも備えている。こうしたコフィリンの作用はそのリン酸化により調節されている。一方，チモシン thymosin は ATP-アクチンに結合し，アクチン単体を重合反応から隔離してしまう。フィラメント重合が必要になった場合にはこの結合が解け，アクチン分子は重合反応に加わることができる。アクチン単体濃度の高い細胞では，チモシン濃度も高いことが知られている。

2 フィラメント切断蛋白質

フィラメントを切断する働きをもつものには，コフィリンに加え，ゲルゾリン gelsolin とフラグミン fragmin をあげることができる。両者ともカルシウム依存性にアクチンフィラメントを切断する。これらの蛋白質は短いフィラメントを多量に作ることができ，その結果，単体濃度が高ければ重合，低ければ脱重合を促進する。またアクチンフィラメントの切断は，細胞の（局所的）物性をゲル状からゾル状に変換させる。

3 フィラメント端結合蛋白質

キャッピング蛋白質はアクチンフィラメントの B 端または P 端に結合し，単体の付加あるいは脱重合を抑える働きがある。キャッピング蛋白質の結合していない端では，通常の重合あるいは脱重合が起こる。前出のゲルゾリンはアクチンフィラメントに結合し，それを切断した後，新しく露出した B 端をキャッピングする。この切断で露出した P 端はプロテクトされていないので，脱

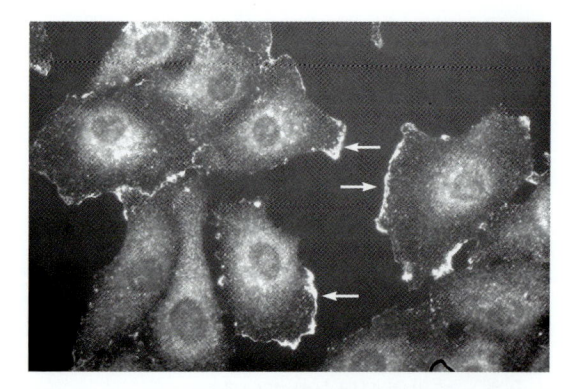

図 8-13 ラメリポディアに見られる Arp3 の局在
ウシ血管内皮細胞を抗 Arp3 で染色した。これらの細胞は盛んに動き回っており，多くの細胞が Arp 複合体の局在するラメリポディア（矢印）を発達させている（ロチェスター大学医学部循環器研究所 Tamlyn Thomas 博士提供）。

重合の起こることが考えられ，フィラメントの減少と単体濃度の上昇が起こる。このようにしてできた単体は別の場所で重合に使われたり，チモシンと結合して隔離される。

最近注目されているキャッピング蛋白質に，Arp2/3 複合体（actin-related protein 2/3 complex）がある。この複合体は P 端キャッピング蛋白質で，7 種類の蛋白質からなる複合体である。Arp2 と Arp3 が隣接してできる構造は，アクチンフィラメントの B 端に類似していて，アクチン重合の核となることができる。この部分の反対側には，既存するフィラメントの側面に 70 度の角度で結合する領域があり，こうした二つの性質から，Arp2/3 複合体は枝分かれしたフィラメント構造を作ることができる。この複合体を介したフィラメントの重合は B 端側でのみ効率よく進み，また枝分かれした構造は機械的な支持を生み出し，細胞のラメリポディアの進展の原動力になっていると考えられている（図 8-13）。

4 フィラメント架橋蛋白質

架橋蛋白質はアクチンフィラメントを束ねたり網目構造をつくるなど，フィラメントの高次構造形成に関わっている。架橋分子として機能するためには，2 個のフィラメント結合ドメインをもつことが必要で，1 分子に 1 個の結合ドメインしか

持たない分子は二量体を形成する。また架橋分子の長さや2個の結合部位の相対的位置により、束になったフィラメントの密度や形成された高次構造に違いが生まれる。フィンブリン fimbrin やビリン villin は1個の分子に2個の結合サイトのある架橋分子で、細胞突起や微絨毛などに見られる一方向性の密なフィラメントの平行束を形成する。α-アクチニン α-actinin は二量体を作り、ストレス線維、収縮環、輪状束 circumferential bundle などに見られる二方向性の疎なフィラメント束の形成に働く。ゲル化因子のフィラミン filamin は細胞表層に豊富に存在し、二量体としてアクチンフィラメントを架橋して、三次元の疎な網目を形成する。スペクトリン spectrin は赤血球膜の裏打ちを形成する巨大分子で、短いアクチンフィラメントを架橋して膜を機械的に支持している。スペクトリンにはα、βのサブユニットがあり、βサブユニットにアクチン結合部位があり、架橋分子としては四量体を作る。プレクチン plectin は長いロッドドメインと両端に球形の構造のある巨大分子で、アクチンフィラメントとの結合能のほか、微小管、中間径フィラメント、細胞膜にも結合できる架橋蛋白質で、細胞骨格全体を架橋することができる。

5　フィラメント側方結合蛋白質

フィラメントに沿ってその側方に結合する蛋白質は、フィラメントを安定化し、ほかのアクチン結合蛋白質との相互作用を調節する働きがある。トロポミオシン tropomyosin はその典型で、フィラメントの剛性を増加し、トロポニンとともに横紋筋の収縮弛緩の調節に関わっている。トロポミオシンはまた、フィラミンの結合を抑え、ミオシンとの結合を促進する。ネブリン nebulin は骨格筋のアクチンフィラメントの長さの決定に関与する。

6　モーター蛋白質

アクチンフィラメントに働くモーター蛋白質はミオシン myosin で、すべてのミオシンが重鎖 heavy chain と軽鎖 light chain の複合体である。

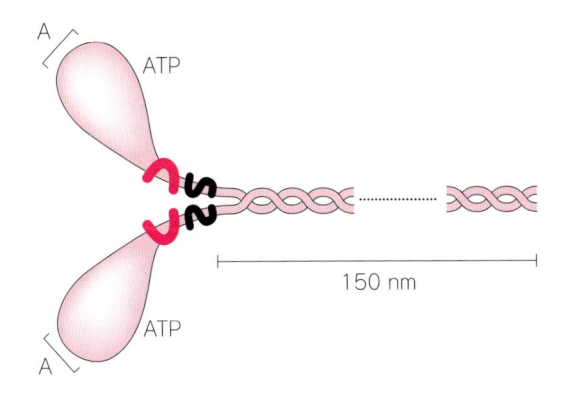

図8-14　従来型ミオシン(myosin II)の模式図
ミオシン重鎖のN端は、洋梨形の頭部を、C端はα-ヘリックスが互いに巻きついてコイルドコイル coiled-coil と呼ばれる長いロッドを形成する。頭部にはアクチン結合部位(A)とATP結合部位(ATP)があり、ロッドに近い領域には、C端側には必須軽鎖(赤)と調節軽鎖(黒)の2本の軽鎖が結合している。

ミオシン(重鎖)は大きなスーパーファミリーを形成し、2001年現在で18のクラスが報告されている。ヒトのゲノム中には、40種類にのぼるミオシン遺伝子が存在するといわれている。典型的なミオシン分子はII型ミオシン myosin-II あるいは従来型ミオシン conventional myosin と呼ばれ、2個の頭部 head と長いロッド rod あるいは尾部 tail と呼ばれる部分のある巨大分子である(図8-14)。2本の重鎖と調節軽鎖 regulatory light chain、必須軽鎖 essential light chain と呼ばれる軽鎖がそれぞれ2本ずつ、合計6種類のサブユニットからなる。

平滑筋や非筋細胞では、調節軽鎖のリン酸化が収縮弛緩の調節を支配するが、骨格筋ではこの軽鎖機能が失われていて、収縮弛緩調節はトロポミオシン-トロポニンが行っている。ミオシンは一種のアクチン架橋蛋白質で、ATPのない状態ではアクチンフィラメントに結合し、不可逆的に架橋してしまう。しかしATPの存在下では、アクチンフィラメントに沿ってB端の方向に移動できるモーター蛋白質である。ミオシンVIは例外で、P端に向かって移動する。

ミオシンはATP分解酵素で、単独でもこの活性を示すが、アクチンフィラメントの存在下で著

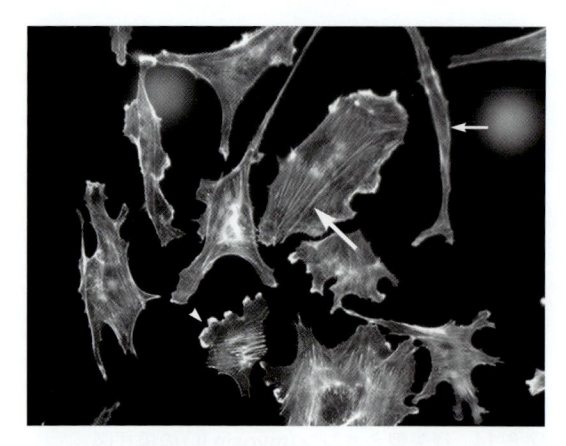

図 8-15　培養細胞に見られるアクチンフィラメントの分布

ウシ血管内皮細胞を蛍光ラベルされたファロイジンで染色した。ストレス線維（大きな矢印），細胞表層（小さな矢印），ラメリポディア（矢尻）の染色が見られる（ロチェスター大学医学部循環器研究所 Tamlyn Thomas 博士提供）。

しく促進されるのが特徴である。頭部がミオシンのモーター機能を担うドメインで，アクチン結合サイト，ATP 分解酵素領域，軽鎖が位置する。ロッドは双極性のミオシンフィラメント形成に必要な部分である。ミオシンフィラメントは前述（190頁）のアクトミオシン系収縮装置を構成し，ATP 存在下でアクチンフィラメントとの間にいわゆる「すべり運動」を引き起こし，その結果，細胞収縮が起こる。横紋筋の筋節 sarcomere の A 帯 A band の部分にミオシンフィラメントが局在する。筋節様の構造はアクトミオシン収縮装置に共通したものと考えられており，平滑筋収縮装置，非筋細胞の収縮装置にも存在することが知られている。

ミオシンには，I 型ミオシン myosin-I と呼ばれる頭部が1個しかないものも知られている。同じ細胞内に II 型ミオシンに加えて，複数の種類の I 型ミオシンが発現している場合がある。頭部に ATP アーゼ活性とアクチン結合部位があることは同じであるが，フィラメントは作らず，尾部は膜結合機能や第2のアクチン結合領域をもつ。このため I 型ミオシンはアクチンフィラメントに沿った膜小胞の移動，アクチンフィラメントと細胞膜との連結，アクチンフィラメントのすべり合いな

どの機能をもつ。

E 細胞内分布と配列

アクチンフィラメントの分布は蛍光標識されたファロイジン phalloidin（アクチンフィラメントに結合するきのこ毒）によるラベリングやアクチンに対する抗体を用いた蛍光抗体染色により手軽に観察できる（図 8-15）。ファロイジンはフィラメントのみに結合するが，抗体は必ずしもそうではなく，アクチン単体にも結合可能なので，抗体による染色像の解釈には注意を要する。アクチンフィラメントは筋細胞の収縮装置をはじめ，アメーバ運動，原形質流動，細胞分裂溝などの動きの活発な細胞や細胞部分に豊富に存在し，同じ部分にミオシンの局在も示されている。このことからアクトミオシン系が筋収縮のみならず，いろいろな非筋細胞の運動に関与していることが推察できる。またアクチンフィラメントは細胞の突出した構造の維持，細胞の接着機構の補強など，細胞の骨格としての機能も果たしている。ある細胞機能とアクチンフィラメントの関わりは，その機能がアクチン線維毒であるサイトカラシン cytochalasin あるいはラトランクリン latrunculin によって阻害されるかどうかが一つの判断として用いられる。

F 細胞の骨格的機能

1 ストレス線維

培養皿に培養した細胞を蛍光ファロイジンで染色すると，細胞質に直線的に走るストレス線維 stress fiber がみられる。ストレス線維は逆平行に配列したアクチンフィラメントを主体とし，これにミオシン，α-アクチニン，フィラミン，トロポミオシンなどのアクチン結合蛋白質が組み込まれて，横紋筋の筋節に似た構造をもつと考えられている。ストレス線維の両端は，細胞基質間接着装置 focal contact または focal adhesion になっていることが多く，そこにはビンキュリン vinculin，テイリン talin，パキシリン paxillin，FAK：

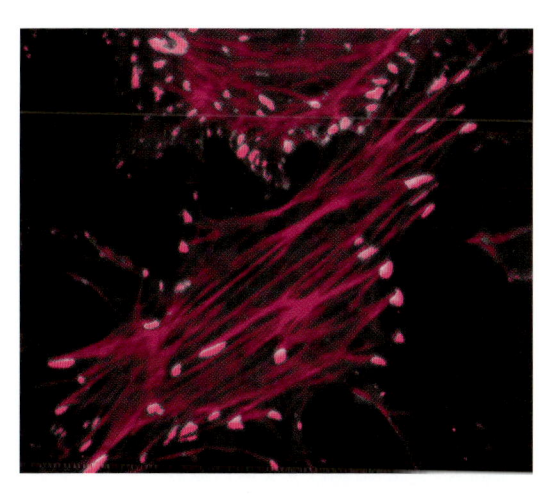

図 8-16 ストレス線維末端と細胞基質間接着部の位置関係

ローダミンファロイジン染色によるストレス線維（赤）が抗ビンキュリン染色で同定した細胞基質間接着部（ピンク）に終結している（ロチェスター大学医学部循環器研究所 Tamlyn Thomas 博士提供）。

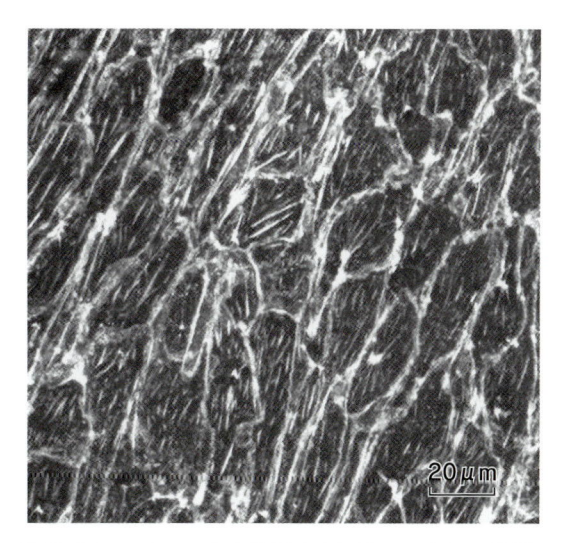

図 8-17 モルモット大動脈内皮細胞のストレス線維

血管を切り開きローダミン標識ファロイジンで染色し，共焦点顕微鏡で内皮細胞の底辺部の光学切片を作製した。内皮細胞のストレス線維が流れと平行な方向に並んでいる（自治医科大学 加藤一夫博士提供）。

focal adhesion kinase や，そのほかのキナーゼなどの細胞質蛋白質，細胞基質間接着分子インテグリン integrin，そして細胞外基質であるラミニン laminin やフィブロネクチン fibronectin などの局在がみられる。

すなわち細胞はインテグリンを介し，細胞外基質とアクチンフィラメント細胞骨格を連結し，細胞基質間接着を形成している（図 8-16）。ストレス線維には通常見るべき収縮活動は観察されないが，単離したものに ATP を加えたり，顕微操作でその一部を切断するなどの操作を加えると，収縮を観察することができる。したがってストレス線維は細胞内で等長収縮によりその直線的形態を維持し，細胞のガラス面への接着を補強していると考えられる。また，ストレス線維は血管内皮細胞をはじめ，他の組織細胞にも存在し，細胞の接着やシグナリングの機能に関わっていると考えられている（図 8-17）。

2 アクチンフィラメントと接着

アクチンフィラメントは細胞間接着部分にも分布していて，その典型的なものが上皮細胞の接着帯である。細胞全周にわたる帯状の接着結合で，その細胞膜直下には輪状束 circumferential bundle と呼ばれるアクチン束がある。このアクチン構造はカテニン catenin を介し，接着帯の接着蛋白質であるカドヘリン cadherin に結合している。輪状束にはミオシンも局在しており，収縮装置としての構成を示すが，機能的にはむしろ接着を補強する役割を果たすと考えられている。

細胞表層は細胞膜直下にあるゲル状の領域で，細胞の種類により発達の程度が異なるが，その主体はアクチンフィラメントで，α-アクチニンやフィラミンなどの架橋分子がフィラメントのメッシュを作り，細胞辺縁を機械的にサポートしている。一般にこの領域には細胞小器官 organelle などは入り込まない。また赤血球膜では，短いアクチンフィラメントとスペクトリンからできている網目が膜蛋白質に結合し，細胞膜の裏打ち機能を果たしている。

3 細胞表面の特殊構造

細胞表面の特殊構造として，フィロポディアやラメリポディアが知られているが，これらの構造はアクチンフィラメントを中心とした構造である。フィロポディアや微絨毛は長い指状の突起で，

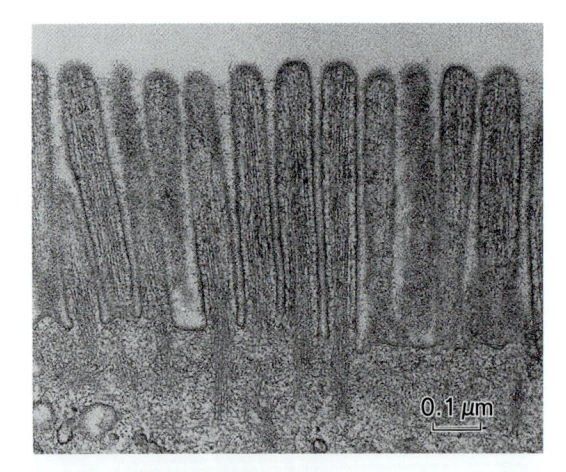

図8-18 小腸上皮細胞の微絨毛
微絨毛の縦断像で，アクチンフィラメントの束が芯をなしている（群馬大学名誉教授 石川春律博士提供）．

その芯は20～30本のアクチンフィラメントが一方向性に密に平行配列したものである（図8-18）．ビリン，フィンブリン，I型ミオシンなどの働きで，タイトなフィラメント束を作り，細胞の突起を支持している．

ラメリポディアは細胞の移動方向にできるエプロンを広げたような構造で，上下の細胞膜の間にアクチンフィラメントの網目構造が見られる．細胞の移動とともに前方にどんどん進展していくが，この推進力はArp2/3を介したアクチンフィラメントの重合によると考えられている．ラメリポディアやフィロポディアは細胞移動に関わるもので，ストレス線維は反対に細胞の移動を抑制する構造である．これらのアクチンフィラメント高次構造の形成には，低分子量G蛋白質のサブファミリーであるRho蛋白質ファミリー Rho protein familyの関与が重要である．たとえば培養細胞にRho, Rac, Cdc42蛋白質のいずれかを強制発現すると，それぞれストレス線維，ラメリポディア，フィロポディアの増加形成がみられる．

このように，アクチンフィラメントは機械的支持から運動まで実に多様な機能を果たしている．アクチンは細胞内で重合・脱重合によって自由に長さ，量，分布が調節できる．さらにアクチンには多くの結合蛋白質があり，その働きでアクチンフィラメントダイナミックスの制御ができる．

G アクチン系細胞運動

1 細胞移動

原生生物であるアメーバから白血球や培養細胞など多くの細胞に見られる現象で，個体発生やがん転移などにも中心的な役割を果たしている．細胞移動の研究には，細胞が透明な基質上を移動する系を用いて解析が行われる．アメーバはその進行方向に仮足（偽足）pseudopodiaを形成しながら動き回る．この運動は**アメーバ運動**とも呼ばれる．前端部に仮足が形成され，そこに細胞質が流入し，その結果，細胞全体が前方に移動する．細胞質の流動が起こる機構は大きく二つの説がある．細胞の後端部の表層がアクトミオシンによる収縮を起こし，内部の細胞質を前方に押し出すとする説と，前端部の内部が収縮して後方の細胞質を引き寄せるとする説がある．

培養細胞の移動を観察していると，その行動は次の三つの過程に分けることができる．まず進行方向への細胞質の突出が起こり，次にそれが基質に接着し，最後に細胞後部を引き寄せる．細胞質の突起にはラメリポディアとフィロポディアがあり，アクチンがフィラメントとして豊富に存在する．ちなみにラメリポディアでのアクチン濃度は12 mg/ml，フィロポディアでは40 mg/mlと推定されている．これらの細胞質突起は基質に対し点状の接着を作り，それを足場に細胞体が牽引される．ラメリポディアやフィロポディアの進展はアクチンフィラメントの重合がその原動力であると考えられている．細胞体の前方への移動は，アクトミオシンによる細胞表層あるいはストレス線維などの収縮により，細胞の後部にある接着部から細胞を引き離すことにより起こると考えられている．

2 細胞質分裂

動物細胞では染色体が両極に分配される核分裂karyokinesisに続いて，細胞質がくびれて二分される細胞質分裂cytokinesisが起こる．細胞質分

裂はアクチン-ミオシン系運動で，くびれる部分の細胞膜直下に一過性に逆平行に配列したアクチンフィラメントの束が形成される．通常はこの束は環状で，収縮環 contractile ring と呼ばれ，核分裂期の後期にその形成が始まる．アクチンフィラメントは一端が細胞膜につき，極性の異なるフィラメントの間にミオシンフィラメントが介在し，筋原線維の筋節に似た構造が作られ，アクトミオシンのすべり合いが起こると，細胞が分割される．収縮環の収縮には，Rho キナーゼなど低分子量 GTP アーゼの働きが必要である．また収縮環にはアクトミオシン以外の蛋白質（たとえばプロフィリン，ラディキシン radixin など）の局在がわかっているが，その機能については十分に理解されていない．

3 細胞質（原形質）流動

植物細胞にはいろいろな細胞質流動（原形質流動 protoplasmic streaming）が観察され，細胞内の養分や代謝産物，細胞小器官などの輸送に重要な役割を果たしている．シャジクモ（車軸藻）に見られる毎秒数十 μm という速い細胞質の流動はその典型的な例である．流動の原動力が細胞表層のゲルと流動する細胞質（ゾル）の界面で発生することは早くから唱えられ，ゾル-ゲル間のすべり合いによると推論されていた．その後，ゲル部に流動方向に並ぶアクチンフィラメント束が見出され，ゾルの細胞質にはミオシンが含まれていることがわかった．シャジクモの細胞から細胞質を取り出し，顕微鏡下で観察すると，リング状のアクチンフィラメントの束が細胞質の中で活発に回転し，ATP が存在する限りこの運動は続いた．こうした実験から原形質流動がアクチン-ミオシン系運動の一つであることが確立された．アクチンフィラメントは一方向性に配列していて，流動は常に一方向のループ流となっている．

粘菌変形体には，一定のリズムで方向を逆転する細胞質流動が見られる．この流動もアクチン-ミオシン系によるもので，収縮・弛緩の周期で，ゲル部分にあるアクチンフィラメントの配列が大きく変わる．収縮期にはフィラメントは束になって配列し，ミオシンとのすべり作用により束の長軸方向に流動が起こると考えられる．

アクチンフィラメントはさまざまな結合蛋白質との相互作用により，細胞の動きから細胞の骨格機能に至るまで，幅広い機能を可能にしている．細胞運動の基本は筋収縮に準じたアクチンフィラメントとミオシンフィラメントのすべりによる．また，アクチンの重合そのものが細胞の突出部を作り出すこともできる．精製したアクチンは，結晶化に似た重合反応でフィラメントを作るが，細胞内ではさまざまな結合蛋白質の働きにより，その重合・脱重合は精密に制御されている．非筋細胞では，アクチンフィラメントは重合・脱重合を繰り返すダイナミックな存在で，結合蛋白質がいろいろな機構で，このダイナミック性を細胞全体あるいは局所的に制御している．

✎ Side Memo　ストレス線維 Stress Fiber

ストレス線維は 1920 年代に培養細胞にできる直線的な構造として観察され，1970 年代に蛍光抗体染色により，この構造がアクチンフィラメントからできていることが示された．それに続きストレス線維には，ミオシン，α-アクチニン，トロポミオシン，フィラミンなどのアクチン結合蛋白質，それにカルモジュリン，Rho，Rho キナーゼ，ミオシン軽鎖キナーゼなどの蛋白質が局在することが示された．ストレス線維はその蛋白質構成から収縮機能をもつ可能性が指摘されていたが，実際にその収縮を示すのは容易でなく，顕微操作やレーザーによる切断実験から収縮性が示唆されたが，最も直接的には，単離したストレス線維の ATP による収縮実験で示された．電子顕微鏡や蛍光抗体染色のデータから，ストレス線維は平滑筋の収縮装置に近い，ルーズな筋節様フィラメント構造をもち，収縮はアクチンフィラメントとミオシンフィラメントのすべり運動で起こると考えられている．収縮には，ミオシン軽鎖のリン酸化が必要である．ストレス線維の両端は細胞基質間接着に固定されていることが多く，等長的な収縮を保つことにより，緊張したアクトミオシンのフィラメントとなり，細胞底面を基質に押しつけるような格好で，細胞の接着に寄与していると思われる．

ストレス線維は長い間，培養細胞にできる特殊な構造であると考えられてきたが，体内の細胞での存在が確認されている．血管内皮細胞や上皮細胞を初め，細胞基質間接着の強化が必要と思われるような細胞でよく発達している．特に血管内皮細胞では，ストレス線維は血流方向と平行に形成されるとともに，血流によるずり応力の高い場所にある細胞に特に多いことが知られている（図 8-17）．

ストレス線維は細胞の基底部にのみあるのではなく，細胞の上部にもその存在が確認されている（図 8-21）．このようなストレス線維は細胞の上部の膜に固定されているが，

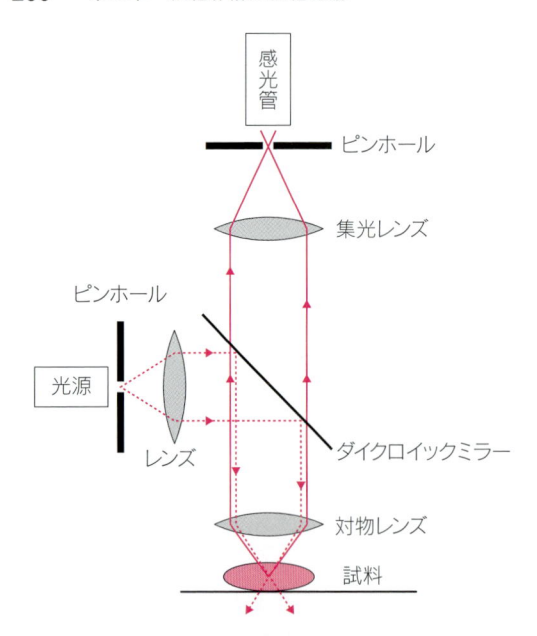

図8-19 共焦点顕微鏡の原理

試料を小さなスポットで照射し(破線),その領域中のインフォーカス部分のシグナルのみを感光管に導き入れるために(実線),インフォーカス像から来る光が一点に集まる,集光レンズの焦点にピンホールを置く。対物レンズの焦点外から出たシグナルはピンホールの位置で集光しないので,この穴を効率よく通過できず,排除される。その結果,感光管を介しインフォーカス像のみをコンピュータに記録できる。

その固定点は細胞基質間接着装置とほとんど同じ分子組成をもつ斑点である。このことはストレス線維の機能が必ずしも細胞接着だけとは限らないことを示唆している。細胞上部のストレス線維は,その一端が上部の細胞膜に他端が細胞基質間接着装置または細胞間接着部位にあり,細胞の上と下あるいは上と側面を結んでいる。このような分布は生体内の血管内皮細胞でも認められており,ストレス線維が細胞のいろいろな場所に加わった機械的な力を他の場所に伝えたり,機械刺激応答反応に関わったりしている可能性が指摘されている。

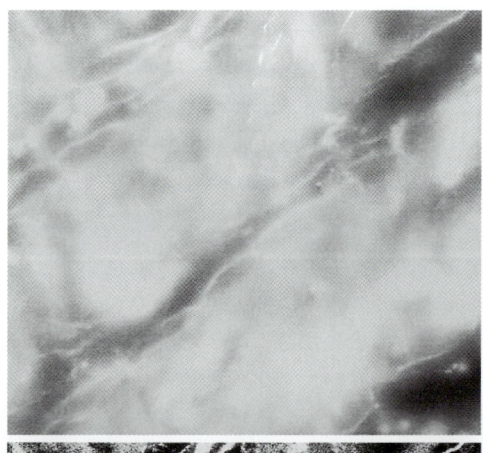

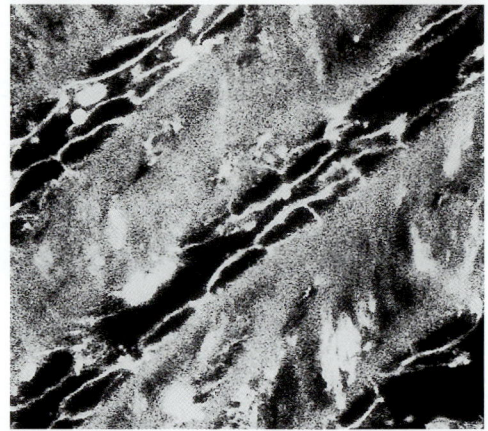

図8-20 ローダミン標識ファロイジンで染色した血管

アクチンフィラメントが染まっている。上の写真は通常の落射蛍光顕微鏡モードで記録した像で,フォーカスの合っていない部分から出た光も混じっているので,コントラストが悪く,解像能も落ちる。下の写真は同じ場所を共焦点モードで記録したもので,フォーカス外のシグナルが除かれ,鮮明なインフォーカス像が得られる。血管壁が波打っており,フォーカス(光学的切片域)が,ある部分では内皮細胞の輪郭に,別の部分では平滑筋の収縮装置に合っている(自治医科大学 加藤一夫博士提供)。

技術解説

共焦点顕微鏡

光学顕微鏡で試料を観察すると,フォーカス(焦点)の合っている像に加えて「ピンぼけ」の像が含まれているが,それはレンズの焦点領域から少しずれた部分の像である。そして焦点領域からさらにずれている部分から来た光は,もはや像にはならず,焦点面ではバックグラウンドの光となり,焦点が合った像のコントラストを弱めている。分解能が命である顕微鏡では,焦点の合った像以外はすべてがノイズである。蛍光顕微鏡ではバックグラウンドの光をできるだけ暗くすることが重要で,焦点領域外から来る光はバックグラウンドを明るくし,像のコントラストを落とし,解像能を低下させ,弱いシグナルを失う要因である。したがって,焦点領域外から来る光を除いてやれば,コントラストの高い鮮明な像が得られるはずである。この考えに基づいて作られたのが,共焦点顕微鏡 confocal microscope である。共焦点効果を得るための装置にはいろいろなデザインがあるが,現在最も一般的に使われているものは,落射蛍光顕微鏡にレーザー光のスポット走査装置を組み合わせたものである。

落射蛍光顕微鏡では対物レンズがそのまま照射光の

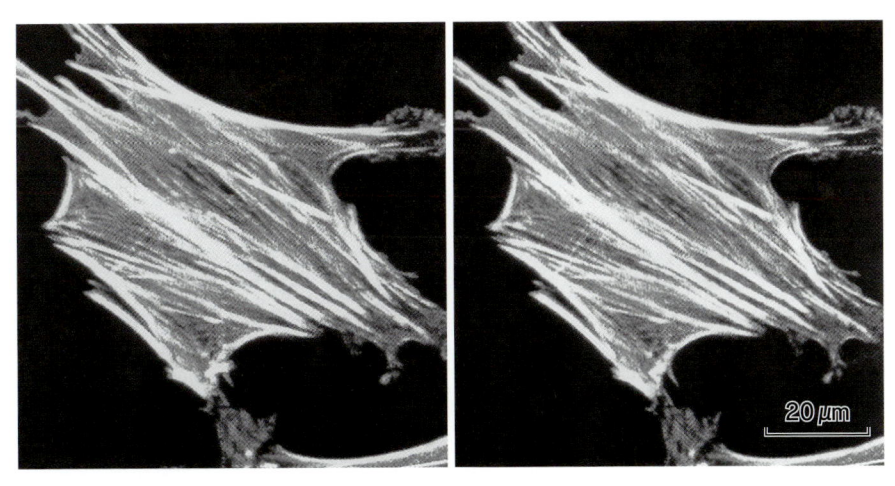

図8-21 共焦点顕微鏡による連続的光学切片をもとに，コンピュータにより構築した培養細胞の立体像

　ローダミン標識ファロイジンでアクチンフィラメントを染色し，その三次元的分布を示した。ストレス線維が細胞の上部にも存在することがわかる。この立体像観察は，(そのコツを知っている人なら)裸眼でもできるが，一般にはステレオペア観察用の装置を用いる(自治医科大学　加藤一夫博士提供)．

コンデンサとなっており，蛍光色素を励起するために光源からの光を収束するのと同時に，試料からの蛍光を集光し結像する．この二つの機能を効率よく行うためには，開口数(N.A.)の大きい(目安的には1.0以上)対物レンズを用いるとよい．さらにまた落射蛍光顕微鏡にはダイクロイックミラーが必要で，このミラーはそれぞれの蛍光色素の励起波長と蛍光波長の特性に合ったもの，すなわち用いる蛍光色素の励起光(点線)は反射するが，それより長い波長である蛍光(実線)は透過させるという性質をもっている(図8-19)．

　共焦点顕微鏡は，光源の光を試料上に点(または線)として集光し，焦点面から出てきた光のみをシグナルとしてとらえるというタイプの顕微鏡で，図8-19にその原理を示す．まず点照射は照射光をできるだけ小さな点に絞ることが必要で，光源の前にピンホールを置き，その像を試料上に作ることで達成する．通常の光源ではピンホールを通る光の量は少なく，効率よく蛍光色素を励起できないので，励起波長を発するレーザー光を光源に用いる．レーザー光はダイクロイックミラーで反射され，対物レンズに入り，試料上にスポットを結ぶ．そのスポット内にある蛍光色素は励起されるが，それに加えスポットの前後(すなわち照射光路中)にある色素も同時に励起され，蛍光を発する．蛍光はそれが試料のどこで発したのかには関係なく，対物レンズで集められ，ダイクロイックミラーを通過して，結像レンズに入る．結像面では顕微鏡の焦点が合っている部分からきた蛍光は集光されて点となるが，焦点面外から来た蛍光は点にならず，ある広がりをもった円となっている．

　共焦点顕微鏡では，この結像面にもう一つのピンホールを置き，インフォーカス像の蛍光はそのままピンホールを通り，フォトマルチプライヤーに入れるが，アウトフォーカスの部分からの光はその大部分がブロックされてしまう．その結果，ピンぼけ像やバックグラウンドとなる光を排除することができる．

　これだけの仕組みでは，試料の中の一点からの情報を得るだけで，それはある輝度をもった光の点でしかない．試料を像としてとらえるには，試料を走査し，いくつもの点の輝度を並べて像にすることが必要である．像の走査には試料そのものを動かすのがもっとも直接的で，実際最初の共焦点顕微鏡はこの方式で操作を行った．しかしこの方法は，走査の精度や試料の振動など，さまざまな問題があり，広く用いられるようにはならなかった．現在用いられている走査法は，照射スポットを動かす方式で，それぞれ縦と横方向に振れる2枚の鏡を利用してスポットを走査させる．それぞれのスポットからの蛍光輝度を，スポットの試料上の位置に対応させてコンピュータに記録し，共焦点像を得る．このようにしてできた像では，ピンぼけの像はきれいに取り除かれ，分解能の高い像を得ることができる(図8-20)．このような像は光学的切片 optical section と呼ばれ，一つの試料から焦点をある一定の間隔で連続的に変えて作ることができる．このようにして作製した光学切片をコンピュータの中で重ねていくと，試料の立体像を作ることができる．それを立体視できるように表示したのが図8-21で，共焦点顕微鏡は試料の立体像を構築するのに広く利用されている．

　共焦点顕微鏡では，すべての画像情報がコンピュータに入っているので，さまざまな画像処理や計測のソフトウエアを使い，データの解析や表示が可能である．コンピュータに入っている画像データは，劣化することがなく，ソフトウエア次第でさまざまな解析ができるという大きな利点がある．

●参考文献

1) 竹縄忠臣編：細胞骨格と細胞運動―その制御のメカニズム．シュプリンガー・フェアラーク東京，2002．
2) 三木裕明編：細胞骨格・運動がわかる―その制御機構とシグナル伝達ネットワーク．羊土社，2004．
3) 神谷　律，丸山工作：細胞の運動．培風館，1992．
4) 矢原一郎編：細胞骨格(特集号)．Mebio 10(1)，1993．
5) 藤田哲也監，石川春津，高松哲朗編：新しい光学顕微鏡(第2巻)共焦点レーザ顕微鏡の医学・生物学への応用．学際企画，1995．
6) Bray D : Cell Movements: From Molecules to Motility. 2nd ed. Garland Publishing Co Inc. New York, 2001.
7) Ridley A, Peckham M, Clark P : Cell Motility : From Molecules to Organisms. John Wiley and Sons Ltd, West Sussex, 2004.
8) Pollard TD, Blanchoin L, Mullins RD : Molecular mechanisms controlling actin filament dynamics in nonmuscle cells. Ann Rev Biophys Biomol Struct 29 : 545-576, 2000.
9) Higgs HN, Pollard TD : Regulation of actin filament network formation through ARP2/3 complex : Activation by a diverse array of proteins. Ann Rev Biochem 70 : 649-676, 2001.
10) Michie KA, Jowe J : Dynamic filaments of the bacterial cytoskeleton. Ann Rev Biochem 75 : 467-492, 2006.
11) Katoh K, Kano Y, Amano M, Onishi H, Kaibuchi K, Fujiwara K : Rho-kinase-mediated contraction of isolated stress fibers. J Cell Biol 153 : 569-583, 2001.
12) Kano Y, Katoh K, Masuda M, Fujiwara K : Macromolecular composition of stress fiber-plasma membrane attachment sites in endothelial cells *in situ*. Circ Res 79 : 1000-1006, 1996.

IV. 微小管

　各種の細胞骨格線維の中で微小管 microtubules は最も曲がりにくく，細胞の形態を決定する上で重要である．また，細胞内物質輸送や染色体の分配など，すべての細胞にとって必須の細胞内運動の足場としての機能をもつ．

　微小管構造は，1950年代，電子顕微鏡が医学・生物学分野で用いられ始めてまもなく，Fawcett と Porter によって鞭毛・線毛(繊毛)内部の特殊な構造の一部として初めて観察された．細胞一般に存在する構造体であることが認められたのは，それから約10年後，電子顕微鏡の試料作製に新たな固定剤としてグルタルアルデヒド glutaraldehyde が導入されてからである．発見が遅れたのは，細胞内の微小管は不安定で，それ以前の固定法では管状構造が保存されなかったからだと考えられる．細胞分裂時に現れる紡錘体 mitotic spindle も微小管でできており，微小管は真核細胞にとって普遍的に重要な構造であると認識された．

　また，古くから植物アルカロイドのコルヒチンが細胞分裂を阻害することが知られていたが，1960年代，米国シカゴ大学の Taylor のグループは，この物質が微小管構成蛋白質に結合し，紡錘体の形成を抑える作用をもつことを示した．さらに，このコルヒチン結合蛋白質と同じものが，鞭毛・線毛に主要構造蛋白質として含まれることが判明した．同じころ，毛利はこの蛋白質がアクチンとは異なることを示し，チュブリン tubulin と命名した．チュブリンは動物組織では神経組織で最も含量が多く，1970年代以降，ウシやブタの脳から得た試料を使って多くの研究が行われている．

A チュブリンと微小管

1 チュブリン

　微小管を構成するチュブリン tubulin には α と β と呼ばれる2種がある．両者はよく似ており，ともに分子量約5万の球状蛋白質で，1分子の GTP を結合している．α と β は安定な二量体を形成し，この二量体の単位が重合して微小管となる．

　ほとんどすべての真核生物において α，β ごとに複数の遺伝子が存在し，細胞の分化や環境変化に応じてそれぞれ発現が調節されている．同一組織のチュブリンにも分子量や等電点の異なる多数の分子種(アイソフォーム)が見られることが多いが，これは異なる遺伝子によってコードされるチュブリンが共存することに加え，チュブリン自体が生体内でさまざまな化学修飾を受けることによる．化学修飾の代表的なものにチロシン化，脱チロシン化，鞭毛チュブリンのアセチル化，ポリグリシン化，ポリグルタミル化などがある．これらの修飾の生理的意味はよくわかっていない．しかし，多様なチュブリンの存在により，安定性などの性質が微妙に異なる微小管が生じるものと考えられている．

　チュブリンは可逆的に重合して微小管を形成する．試験管内でチュブリンを重合させる条件は1972年，Weisenberg によって明らかにされた．ブタの脳から得たチュブリン試料に GTP とカルシウムイオンのキレート剤 EGTA を加え，37℃に保温することによって微小管が生じる．逆に，カルシウムイオンを加えたり，温度を下げると脱重合が起こる．この発見によりチュブリンの精製が容易になり，性質の詳しい研究が可能になった．

Side Memo　チュブリンと結合する薬物

　チュブリンαβ二量体に結合して重合を妨げる物質として，コルヒチンのほか，コルセミド colcemid，ビンブラスチン vinblastin，ノコダゾール nocodazole，グリセオフルビン griseofulvin など，逆に重合した微小管の脱重合を妨げるものとしてタキソール taxol がある。これらの物質は微小管の機能や細胞周期の研究に欠かせない。これらのうち，グリセオフルビンは抗真菌剤として，ビンブラスチンやタキソールは抗がん剤としても用いられている。

2　微小管 microtubules

　微小管中でチュブリンのαβ二量体は長軸にほぼ平行に並んでいる（図8-22）。この縦の列を素線維と呼ぶ。通常の電子顕微鏡試料固定法では微小管の横断面は単なるリング状にしか見えないが，水平が開発したタンニン酸固定法によれば，リングの中に微細構造をはっきり認めることができる。この方法によって，生体内の微小管はほとんどの場合13本の素線維からなることが示された。同時に，試験管内でチュブリンを重合させて得られる微小管では，素線維の数にある程度の幅があり，14〜15本のものが多いことも明らかになった。生体内で素線維の数がほぼ一定であるのは，生体内では微小管は特定の重合核からの伸長によって生じることによると考えられる（後述）。

　図8-22から明らかなように，微小管中でチュブリン二量体は一方向を向いて並んでいるので，微小管にはα-チュブリンが露出している端とβ-チュブリンが露出している端とがある。すなわち，微小管には構造的に極性がある。このことは，微小管の細胞内の配列や機能を考える上で重要である。構造的極性のために，両端におけるチュブリンの結合速度は異なる。速く重合する端をプラス端，遅い方をマイナス端と呼ぶ。プラス端はβ-チュブリンが露出している端に対応する。

3　微小管結合蛋白質（MAPs）

　脳の抽出液から重合・脱重合と遠心操作を繰り返して精製したチュブリン標品には，チュブリン以外に数種類の蛋白質が混在する。これらの蛋白質は微小管結合蛋白質 microtubule-associated proteins：MAPs と呼ばれるもので，生体内では微小管の安定性や形状を制御する役割を果たしているものと考えられる。脳由来のものでは分子量20万前後の高分子量 MAPs（MAP1, MAP2）と，3〜5万のタウ蛋白質 tau protein と呼ばれるものが代表的である。タウ蛋白質は軸索，MAP2は樹状突起に特異的に存在する。MAP1のうち1Cと呼ばれるものは，細胞質性のダイニン dynein（後出）である。なお，タウ蛋白質はアルツハイマー病の患者の脳細胞に生じる難溶性線維にも含まれ，病因との関連で注目されている。

　チュブリン標品をイオン交換クロマトグラフィーにかけて純化すると，試験管内で重合が起きるために必要な最低の濃度（重合の臨界濃度）が粗標品に比べて高くなる。これは，ある種の微小管結合蛋白質に微小管を安定化し，重合の臨界濃度を下げる働きがあるからである。また，MAP2やタウ蛋白質を培養細胞中で強制発現させると微小管の太い束が生じるので，それらの蛋白質は微小管同士を架橋してその配向を制御する機能をもつと考えられる。細胞内では，それらのリン酸化によって微小管の存在状態が調節されていると推測される。

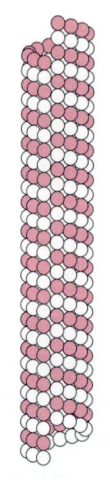

図8-22　微小管の模式図
　α-チュブリン（色丸）とβ-チュブリン（白丸）の二量体からなる素線維13本から構成される。各チュブリンの直径は約4 nm，管の直径は約25 nm である。二量体を1ユニットとすると，微小管の微細構造は完全ならせん対称性を実現しておらず，1〜2か所に継目が存在する（この図では中央からやや左にある）。

4 チュブリンの重合・脱重合

チュブリン二量体中のα-サブユニットとβ-サブユニットにはそれぞれ1分子のGTPが結合しているが，重合に際して，β-チュブリンに結合した1個は加水分解されてGDPになる。微小管が脱重合して生じた二量体では，そのGDPは外液のGTPと速やかに交換し，また重合可能な状態になる。これらの性質は重合に伴って結合ATPがADPに加水分解されるアクチンの場合とよく似ており，基本的性質は1963年に大沢が定式化した蛋白質重合理論によって説明できる。すなわち，重合反応は塩が飽和溶液中で結晶化するのに似た凝集反応とみなすことができ，一定の飽和濃度(臨界濃度)を超えた蛋白質はすべて重合体に組み込まれると考えられる。実際，試験管内のチュブリンの溶液全体の状態を調べると，理論どおりの現象が観察される。

しかし，微小管1本ずつのふるまいをビデオ顕微鏡法(後出)で観察すると，古典的理論では説明できない興味深い現象が見られる。最も重要なものは**動的不安定性** dynamic instability と呼ばれる現象である。図8-23は顕微鏡下でチュブリンを重合させて，定常状態になった試料中の1本の微小管の変化を記録したものである。この微小管は，両端いずれにおいても，伸長をしばらく続けた後，突然短縮をはじめ，しばらくするとまた伸長を再開する，という挙動を示す。言い換えると，微小管は重合を続ける状態と，脱重合を続ける状態の二つの状態間を転移する。この転移の原因は，微小管の端に結合したチュブリンの状態変化によると考えられる。現在最も有力な仮説は，微小管の端にあるチュブリンに結合しているヌクレオチドが，GTPであるかGDPであるかという違いによって重合相になるか脱重合相になるかが決まる，というものである(図8-24)。これをGTPキャップ説 GTP cap hypothesis という。生化学的解析によれば，重合に伴うチュブリン結合GTPの加水分解反応は，チュブリンが微小管に付加してからある程度遅れて起こる。したがって，チュブリンの重合が速く起こっているうちは微小管の端にはGTP結合チュブリンが存在する確率が高いが，重合が遅くなると，端のGTPは次のチュブリンが付加するまでに加水分解されてGDPになっている確率が高くなる。GTPキャップ説では，微小管の端のチュブリンがGTPを結合している場合は重合相にとどまるが，GDPを結合している場合は速やかに脱重合相に入ると考える。このGTPキャップ説に有利な実験事実が多数得られている。GDPを結合したチュブリンの素線維はそれぞれが微小管の外側方向に弯曲する性質があり，そのためにGDP結合端ではバナナの皮を剥くように外側に向かってほぐれる。それが微小管

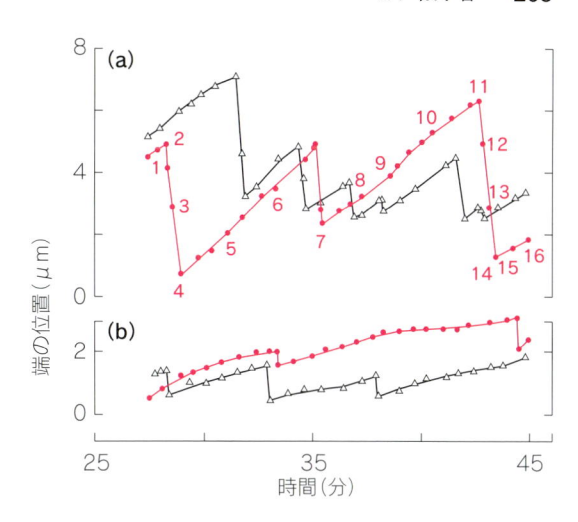

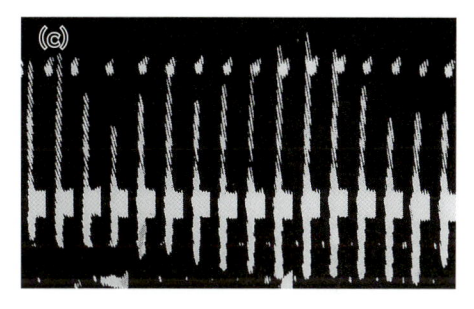

図8-23 微小管の動的不安定性
精製したチュブリンを保温して定常状態に保つと，微小管が両端で成長，短縮を繰り返す。(c)：暗視野顕微鏡によるビデオ記録。(a)，(b)：そのような微小管のプラス端(a)とマイナス端(b)の位置をプロットしたもの。図中の番号は各ビデオ像に対応する(Horio T and Hotani H : Visualization of the dynamic instability of individual microtubules by dark-field microscopy. Nature 321: 606, 1986 より)。

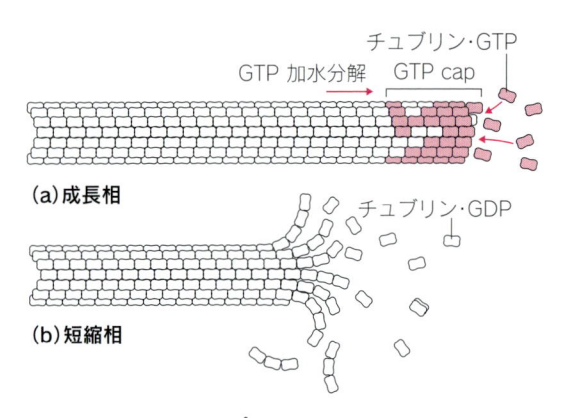

図 8-24 GTP キャップ説
(a)：成長中の微小管の先端部には，GTP を結合したチュブリン（色）が存在し，脱重合が起こらない状態にある。これは，微小管中の GTP の加水分解速度がチュブリンの付加速度に追いつかないからである。この GTP 結合チュブリンの部分を GTP キャップという。(b)：しかし，周囲のチュブリンモノマー濃度が下がって重合が遅くなると，GTP の加水分解が先端にまで進行して GTP 結合チュブリンが存在しなくなる。そのような微小管では素線維が外側にカールする傾向があり，速やかな脱重合が起こる。

脱重合の引金になるという説が有力である。

上記のような微小管の動的なふるまいは生体内でも観察されている。微小管の細胞内体制は細胞周期ごとに大規模に再編成される必要があるが，動的不安定性はその機構の基礎として重要である。分裂期において紡錘体の両極から伸長した微小管は，特に顕著な動的不安定性を示し，高頻度で伸長と短縮を繰り返す。この挙動は，紡錘体中の微小管が染色体上の動原体を探して結合する過程の効率を高めていると考えられる（後述）。そのような動的不安定性の制御は，細胞周期に依存したMAPs のリン酸化を介して行われていることを示唆する結果が報告されている。

B 細胞内分布と機能

1 細胞内分布

微小管の溶液中の形状のゆらぎの解析によれば，微小管はアクチンに比べて約 300 倍も固い。したがって，微小管は細胞の骨格として細胞の形態を維持する上で重要である。分裂間期にある動物培養細胞をチュブリン抗体による蛍光抗体法によって観察すると，微小管は主に核近傍の一点から外周に向けて放射状に走行することがわかる。この中心部を**微小管形成中心** microtubule organizing center：MTOC と呼ぶ。

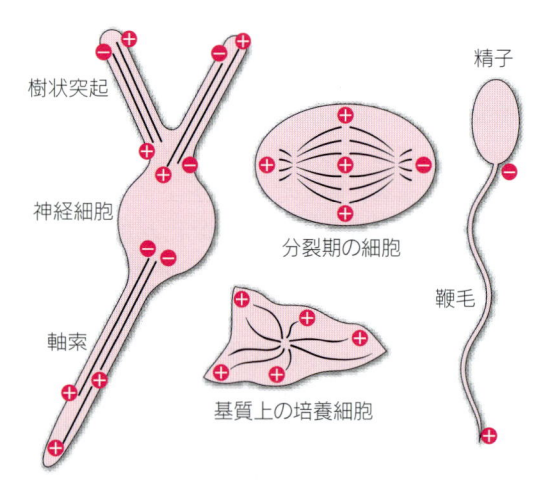

図 8-25 細胞内微小管の極性（模式図）

微小管が放射状に走行するのは，すべての微小管が MTOC を起点として，プラス端を先端として伸長するためである。したがって，細胞内の微小管は一般に MTOC 側の端がマイナス端，細胞の周辺部にある端がプラス端になる（図 8-25）。精子や神経などの極端に細長い細胞でも同様に先端側がプラス端である。ただし，神経軸索では，微小管は軸索全長にわたって存在するが，マイナス端は細胞体の MTOC に結合しているのではなく，軸索細胞質内のさまざまな位置に存在する。MTOC で形成された微小管が，一定程度伸長した後 MTOC から切り離され，方向を保ったまま輸送されることによって，そのような配置になると考えられる。また，樹状突起では微小管の方向性は揃っていないことが観察されている。そのような配向が生じる機構は，まだよくわかっていない。

多くの細胞では，微小管のプラス端と特異的に相互作用する蛋白質の存在が知られている。それらの蛋白質は，微小管の安定性を調節したり，プラス端と細胞膜やアクチンフィラメントとの間に介在して，それらへの結合を可能にする機能をも

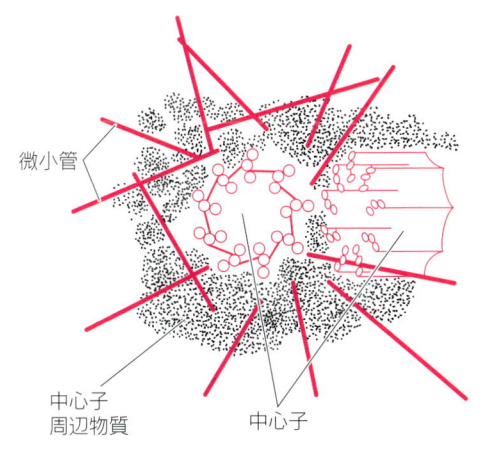

図8-26 中心体の模式図

つ。細胞全体の伸長や形状決定に重要な役割をもつと考えられる。

MTOCは，動物細胞においては中心体 centrosome と同義であり，中心子 centriole とそれを取り巻く中心子周辺物質 pericentriolar material からなる。微小管の重合核となる活性は中心子周辺物質にあり，中心子そのものからは重合は起こらない。中心子周辺物質中には，α，β-チュブリンに類似したγ-チュブリンと呼ばれる蛋白質が存在し，他の約6種の蛋白質とリング状の複合体を形成している。このγ-チュブリンリング複合体が微小管形成の重合核となる構造である。生細胞内における微小管の素線維の数はほとんどが13本であるが，それは，このリング複合体中で13個のγ-チュブリンがリング状に配列していることに由来すると考えられる。

中心子は鞭毛・線毛の基部に存在する基底小体 basal body と同型の細胞器官で，短い三連の微小管が9本リング状に並んだ構造をもつ(図8-26)。中心体中では一般に二つの中心子が互いに直交して，対になって存在する。それぞれの中心子は細胞周期に応じて複製される。複製は中心子の側面から新たな中心子が成長(発芽)することによって起こる。中心子と中心体が複製する仕組みは，細胞生物学の大きな謎である。

中心体は細胞分裂時には二つに分かれて核の両側に移動し，紡錘体 spindle の極 pole となる。

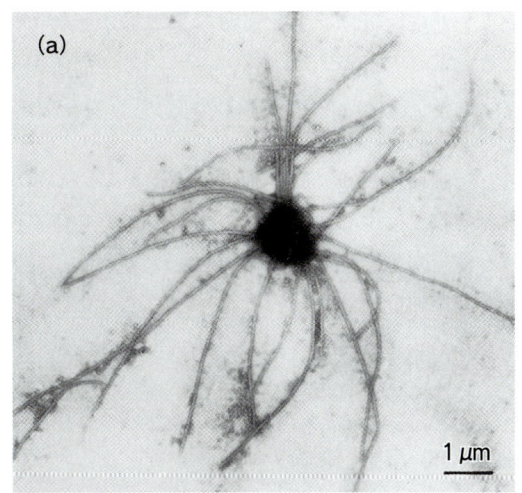

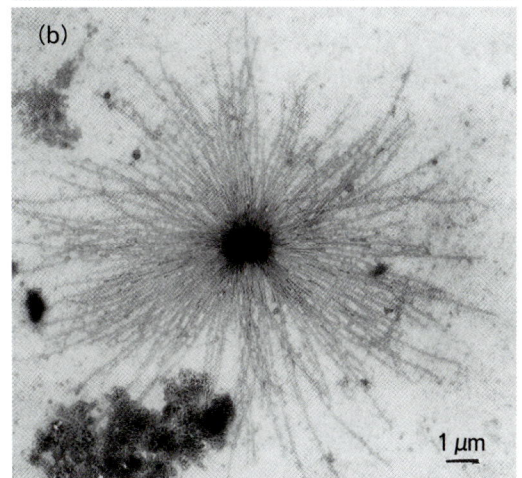

図8-27 単離中心体からの微小管の成長

単離した中心体にチュブリンを加えて保温したもの。電子顕微鏡の負染色写真。細胞分裂間期(a)と分裂期(b)から得た中心体には重合の核となる活性に大きな差が見られる(Kuriyama and Borisy : Microtubule-nucleating activity of centrosomes in Chinese hamster ovary cells is independent of the centriole cycle but coupled to the mitotic cycle. J Cell Biol 91 : 824, 1981 より改変)。

それに伴なって，微小管の体制が激変する。その変化の原因の一つは，中心体のチュブリン重合核としての活性の変化である。細胞周期を同調させた細胞から中心体を単離し，試験管内でチュブリン重合核となる活性を調べると，分裂期の細胞から単離したものは，間期から単離したものに比べて多数の微小管を形成することが観察される(図8-27)。このような活性の変化には，細胞周期に

依存した蛋白質リン酸化が関与していると考えられる。しかし，γ-チュブリンリング複合体が重合核となる活性がどのように調節されているかは，まだよくわかっていない。

なお，植物細胞，原生動物や酵母などの下等生物の細胞には中心体は存在しないが，中心体に代わる構造がMTOCとなり，細胞周期に応じて微小管の体制を制御している。

2 細胞内輸送

微小管には，細胞の形態維持のための骨格となる以外に，細胞内の物質輸送の軌道となるという重要な機能がある。鞭毛・線毛においては，1970年代初頭から，微小管が運動性蛋白質ダイニン dynein と相互作用してすべり運動を発生することが知られていた。しかし，細胞内の微小管が同様にすべり運動の場となることは1980年代になってはじめて明らかになった。

鞭毛・線毛以外の微小管系細胞運動の詳しい研究は，神経軸索内の物質輸送の研究から始まった。神経末端のシナプスでは神経伝達物質の放出によって情報の伝達が行われるが，シナプスの活動に必要な物質の多くは，細胞体で合成されてから軸索内を輸送されて供給される。哺乳類の神経軸索には長さが1m以上のものもあるので，その輸送は単なる拡散によるものではあり得ない。実際，細胞体に放射性アミノ酸を注入して，合成された蛋白質の分布の時間的変化を調べると，軸索内には蛋白質などを能動的に輸送する仕組みが備わっていることがわかる。この輸送系を**軸索流** axonal flow という。

軸索流には1日に数100mm移動する速いものから数mmの遅いものまで数種あり，さらに，中央部から末端に向かう順行性 anterograde のもののほかに，逆に末端から中央に向かう逆行性 retrograde のものがある。逆行性の流れは，物資の再利用，あるいは神経情報の上流へのフィードバックなどの機構として役立っていると想像される。また，電子顕微鏡観察により，軸索流で運ばれる物体の多くは膜小胞の形態をとっていることが明らかになった。

これらの輸送系には微小管の関与が示唆されたが，その機構の手がかりは1980年代まで全く得られなかった。そこに研究の発展に画期的な方法が登場する。ビデオ顕微鏡法 video microscopy である。

この方法により，顕微鏡分解能の限界よりはるかに小さな構造の観察が可能になった。とりわけ，微小管1本ずつの像を捉えることができるようになったことが重要である。この方法で，イカの巨大軸索から絞り出した細胞質を観察していたAllenは，1980年に微小管1本の上を小顆粒（膜小胞）が両方向に滑走することを発見した。この観察は顆粒表面上に微小管と相互作用して運動を生じる蛋白質が存在することを示唆する。

1984年にValeらは，そのような蛋白質の精製を開始し，すぐにその同定に成功した。速やかな成功の秘訣は，神経細胞質の観察の際，微小管自体がスライドガラスの上を滑走する現象に気がついたことである（図8-28）。これは，細胞質中の運動性蛋白質がガラスに吸着し，その上を微小管が滑走する現象であった。その後，蛋白質試料をガラスにコートして，そこに微小管を添加し，ATP存在下での運動性を検定するという，試験管内運動検定 *in vitro* motility assay が一般的に行われるようになった。また，運動を発生する蛋白質を**モーター蛋白質** motor proteins と呼ぶようになった。

技術解説

ビデオ顕微鏡法

顕微鏡像をビデオカメラで撮像したものは写真より画質が悪いが，いったん電気信号に変換されるために光学的方法だけでは不可能なさまざまな画像処理を行うことができる。また，超高感度カメラを使えば，肉眼では見えない微弱な像を検出でき，さらに，画像の平均化処理によってノイズの少ない像を得ることが可能になる。これらの技術は，1980年以降，顕微鏡用ビデオカメラとコンピュータ画像メモリーの普及とともに一般的技術として広まった。微小管の研究で特に重要であったのは，微弱なコントラストのイメージから背景やノイズを差し引いて画像のコントラストを大幅に増強する技術である。微小管は光学顕微鏡の分解能の限界（約0.2μm）の1/10程度の太さしかなく，光学顕微鏡で直接観察することは，暗視野顕微鏡法を除

Ⅳ. 微小管

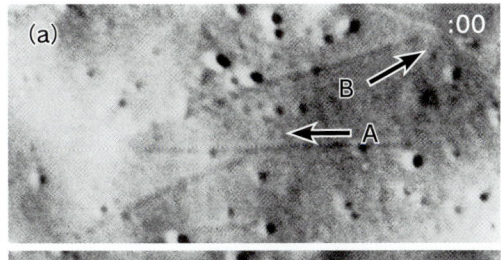

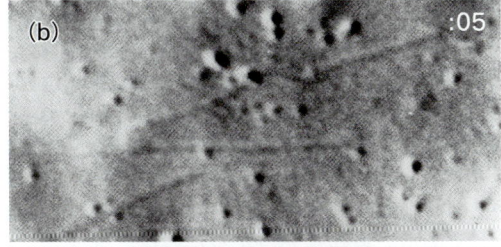

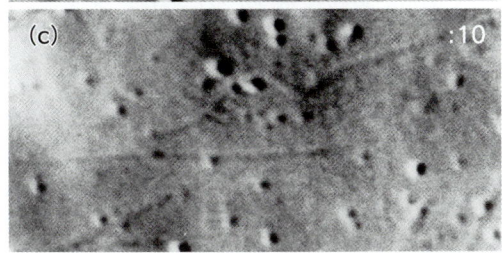

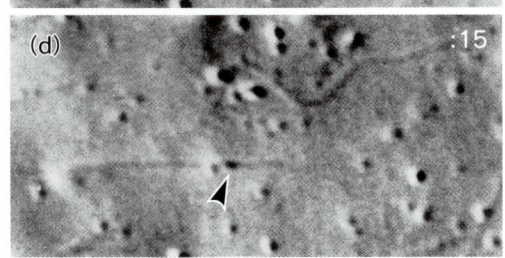

図 8-28　スライドグラス上を滑走する微小管

イカの巨大軸索から細胞質を絞り出しATP存在下で観察したもの。微分干渉顕微鏡像を画像処理によりコントラスト増強した（Allen et al : Gliding movement of and bidirectional transport along single native microtubules from squid axoplasm : evidence for an active role of microtubules in cytoplasmic transport. J Cell Biol 100 : 1745, 1985 より改変）。

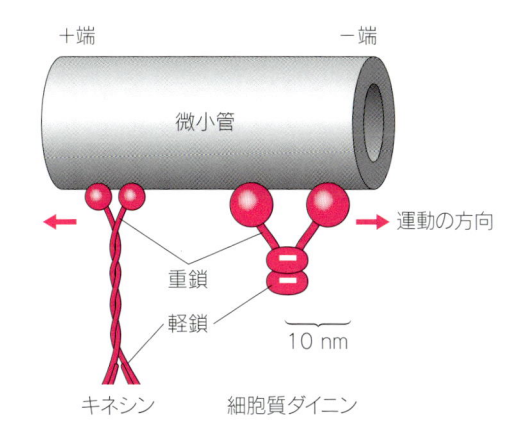

図 8-29　キネシン（左）と細胞質性ダイニン（右）の模式図

キネシンは微小管のプラス端方向へ、ダイニンはマイナス端方向に運動する。キネシンの重鎖（分子量約12万）の2本はC末側でαヘリックスのコイルドコイルによって二量体を形成する。分子のN末端側の頭部にATP分解活性と微小管結合サイトがあり、C末端には分子量5万の軽鎖が結合する。この部分で膜小胞と結合すると考えられる。細胞質性ダイニンも二量体であるが、重鎖の分子量は約50万で、頭部は分子のC末端側にある（**図 8-30 参照**）。尾部（N末端部分）には分子量7万、4～5万、2万以下の蛋白質が数種結合している。これらは膜小胞との結合に関与する（Alberts et al : Molecular Biology of the Cell 3rd ed. p.814, Garland, 1994. から改変）。

> 光顕微鏡法や蛍光顕微鏡法においても、微弱なコントラストを強調する方法としてビデオ画像処理は欠かせない手段になっている。

3　モーター蛋白質：キネシンとダイニン

Valeらが単離した微小管依存性モーター蛋白質は、それまで知られていた運動性蛋白質ダイニン（後述）とはまったく別物であった（**図 8-29**）。分子量、組成が異なり、ダイニンの特異的阻害剤バナジン酸で阻害されなかった。そこで、「運動」の意味からキネシン kinesin と命名された。キネシンは重鎖2本と軽鎖2本からなり、運動活性は重鎖の頭部にある。軽鎖は尾部に結合し、運搬される膜小胞との結合に関わっていると考えられる。試験管内の運動性検定から、キネシンの運動はATPからADPへの加水分解を伴い、毎秒0.5～1μmの速度で微小管上をすべることが明らかに

けば、ほとんど不可能である（暗視野法は試料中に大きな光散乱物体が含まれていない場合にのみ使用可能）。しかし、1本の微小管の像を得ることの困難は実際には分解能の問題ではなく、像のコントラストが低すぎることによる。したがって、コントラストを適当に増強できれば回避できる。事実、微分干渉顕微鏡法（物体の屈折率の空間的変化を検出する顕微鏡法）にビデオ顕微鏡法を組み合わせると、微小管1本ずつの像を得ることが可能である（**図 8-28**：ただし、微小管の幅は実際の直径の10倍ぐらいに太く見える）。また、偏

なった。重要なことであるが，この運動は微小管のプラス端に向かう方向にだけ起こる。前述のように神経軸索の中では微小管はプラス端を軸索の先端方向に向けて並んでいるので，この方向性から，キネシンは順行性の軸索流を担うモーター蛋白質であることが強く示唆される。

その後の研究により，キネシンはすべての真核細胞に存在するだけでなく，同一の細胞にも多種の類似蛋白質が存在することが明らかになっている。言い換えると，キネシンはスーパーファミリーを形成する。広川らは軸索内だけで 10 種以上のキネシン類似蛋白質を発見し，運搬される小胞の種類によって使い分けられていることを示した。さらに，ゲノムプロジェクトの結果から，キネシンファミリーの遺伝子は全部で 45 種存在することを明らかにしている。

一方，逆行性の軸索流は鞭毛・繊毛ダイニンに類似した蛋白質，**細胞質性ダイニン** cytoplasmic dynein によって担われていることが確実になった。ダイニンは微小管上をマイナス端方向にすべる性質をもっている。すなわち，順行性，逆行性軸索流は同一の微小管上を逆方向に動く 2 種のモーター蛋白質によって担われていることになる。輸送される膜小胞の輸送方向がどのようにして調節されているのかは興味深い問題であるが，まだ十分明らかになっていない。

現在得られている知見では，順方向に動く小胞にはキネシンとダイニンがともに備わっているが，何らかの機構によってダイニンの活性は抑制されている。小胞が軸索末端に到達すると，その部位でキネシンが選択的に壊され，逆にダイニンが活性化される，という可能性が大きい。運動活性の調節には，キネシン，ダイニンとそれらに結合する蛋白質のリン酸化が関与していると考えられる。また，細胞質性ダイニンと膜小胞の結合は，ダイナクチン複合体と呼ばれる巨大な蛋白質複合体との相互作用によって調節されていることが示されている。

軸索輸送は微小管が関与する細胞内輸送現象の代表的な例であるが，キネシン類似蛋白質による小規模な輸送機構はすべての細胞に存在し，ゴルジ体からの蛋白質の輸送機構として機能している。ゴルジ体は一般に MTOC の近傍に位置するので，ゴルジ体から放出された小胞は，放射状に伸びる微小管上の輸送によって細胞の周辺にまで効率よく運ばれることができるのである。

思いがけないことに，キネシン様蛋白質は細胞内輸送だけでなく，線毛形成や，細胞分裂などの重要な現象にも深く関わっていることが明らかになってきた（次節）。この点に関して，特に意外な発見は，キネシンのスーパーファミリーに属する蛋白質の中に，普通のキネシンとは逆の方向（微小管のマイナス端方向）に動くものが見つかったことである。最初に見つかったのは，ショウジョウバエの有性生殖に関わる遺伝子 *ncd*（*claret* とも呼ばれる）の産物である。この蛋白質はキネシンの運動機能部位（モータードメイン）である頭部と相同の部位をもつが，キネシンがそれを N 末端部分にもつのに対して，ncd 蛋白質は C 末端にもつという違いがある。ただし，モータードメインの位置と運動の方向性は無関係で，方向性の違いはモータードメインに隣接する部位の微妙な構造の違いによると考えられている。類似した蛋白質が全く逆方向に運動できるという事実は，モーター蛋白質が運動を発生する分子的機構を考える上で重要である。

> **Advanced Studies** ダイニンの構造

ダイニンには鞭毛・線毛中で働く軸糸ダイニン（後述）と細胞質性のダイニンがある。それぞれ分子量 50 万以上の巨大蛋白質（重鎖）1〜3 本と，分子量 7 万以下の蛋白質数種との複合体である。いずれの場合も，重鎖に ATP を分解する酵素活性と微小管を滑走させる運動活性がある。細胞質ダイニンには重鎖が 2 本含まれる。ダイニン重鎖の著しい特徴は，C 末側の分子の 2/3 程度の領域に 6 回の繰返し配列があることである（図 8-30）。そのうち N 末に近い四つの配列には一つずつ ATP または ADP を結合する部位がある。繰返し単位の一つずつは，AAA（トリプル A）ATPase と呼ばれる，細胞内によく見られる一群の ATP 分解酵素と相同の配列をもつ。一般に AAA 蛋白質は六つの分子が集合してリング状の複合体を形成して機能することが知られているが，ダイニンの場合は 1 分子内に並んだその六つのドメインがリングを形成していると考えられる。また，4 番目と 5 番目の AAA ドメインの間に，ペプチド鎖がコイルド・コイルを形成してヘアピン状に突出していると考えられる部位があり，その先端が微小管との相互作用部位であることが示唆されている。それらの構

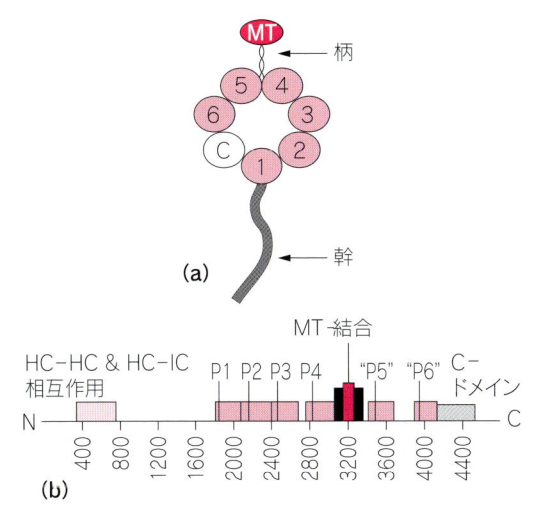

図 8-30 ダイニン重鎖の構造

(a)：重鎖の高次構造の模式図．電子顕微鏡像との対応から考えられた構造である．六つの AAA ドメインと C 末端の一部がリングを形成し，そこからコイルド・コイルが形成する柄(stalk)と，N 末端部分に対応する幹(stem)部分(尾部)が突出している．柄は微小管(B 小管)と ATP 依存的に相互作用してすべり運動を発生する部位，幹は周辺微小管の A 小管と ATP 非依存的に結合する部位である．

(b)：ダイニン重鎖一次構造の模式図．数字はアミノ酸残基番号．中央色部分は6つの AAA ドメイン，黒く塗りつぶした部分は互いに反並行に結合してコイルド・コイル構造の突起を作ると考えられる部分，それに挟まれた MT-結合部分は微小管結合部位を表す．また，N 末端付近にサブユニット間相互作用に関与する部分が存在する．P1～P6 はヌクレオチド結合のコンセンサス配列である P ループモチーフ．ただし，P5, P6 のループは配列が不完全で，ヌクレオチドを結合できない．

造的特徴は電子顕微鏡によって確かめられている．また電子顕微鏡像の解析から，ATP 加水分解サイクルに応じて，リング状構造が変化し，この細いヘアピン突起が引っ張られることにより，微小管のすべり運動が起こるというモデルが提出されている．この運動モデルはさらに検証が必要であるが，いずれにしてもダイニンの運動機構がミオシンやキネシンとは大きく異なることは確実である．

C 細胞分裂

微小管の関与する生命現象のうち，最も神秘的と考えられ，古くから多くの研究が行われてきたのは，第 9 章IV節で扱われる細胞分裂(有糸分裂 mitosis)である．その中で，微小管は娘染色体を

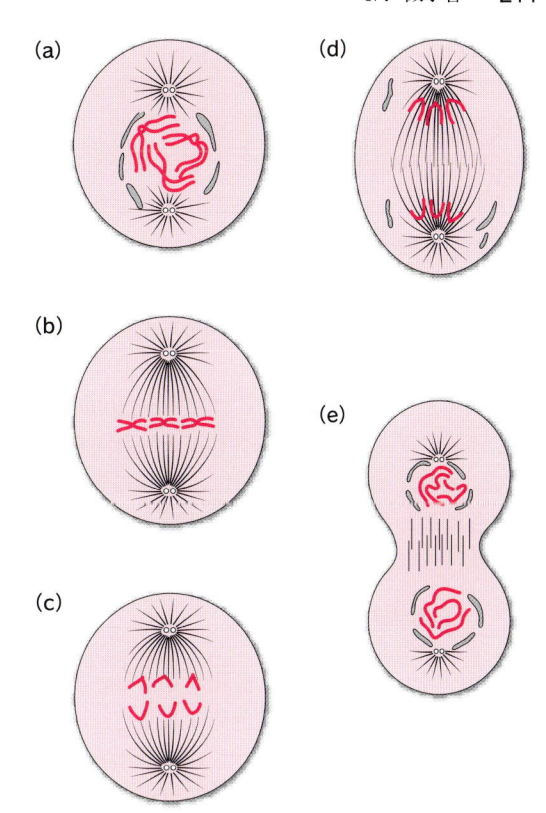

図 8-31 動物細胞の分裂模式図
(a)：前中期，(b)：中期，(c)：後期，(d)：終期，
(e)：細胞質分裂

二つの娘細胞に分配する過程において，本質的な役割を演じる．

図 8-31 は動物細胞の分裂過程を模式的に示したものである．分裂が進行する数十分から数時間の間に染色体の凝縮，核膜の消失，紡錘体の形成，染色体の移動，細胞質の分裂などの一連の現象が連続して起こるめざましい現象である．分裂の進行程度は便宜上 5 段階程度にわけて記述されることが多い．すなわち，分裂前期 prophase，前中期 prometaphase，中期 metaphase，後期 A anaphase A，後期 B anaphase B，終期 telophase である．これらの過程の後，アクチン系運動装置が主役を演じる**細胞質分裂** cytokinesis が起こり，細胞は二つに分裂する．

1 分裂前期

分裂間期(細胞周期の G1-S-G2 期)において，

MTOCとして微小管の重合中心になっていた中心体が二つに分離し，核の両側に移動する．中心子は間期ですでに倍加しており，前期に入る頃には全部で4個の中心子が存在する状態にある．中心子が倍加する機構と，それぞれの対が核の両側に移動する機構はわかっていない．この時期の微小管は，間期に比べて短いものが多数中心体から生えており，顕微鏡下で星状に見えるため，**星状体** aster と呼ばれる．また，二つの中心体の間の微小管の双極配列を紡錘体 mitotic spindle と言う．間期に存在した長い微小管が失われる機構として，MTOCやMAPsの変化によって脱重合が促進されるとともに，微小管を切断する因子が活性化される可能性が考えられる．

2 前中期

核膜の消失という大きな変化が起こる．また，前期から前中期にかけて染色体は凝集し，太く，短くなっている．核膜がなくなると微小管が染色体と接触できるようになり，やがて染色体上の特殊な構造の動原体 kinetochore と結合した動原体微小管 kinetochore fiber が生じる．そのような微小管は，中心体から伸びる多数の微小管が，偶然動原体と接触することによって生じると考えられ，このことを**微小管捕捉** microtubule capture と呼ぶ．この時期の微小管は動的不安定性が増大しており，激しく成長，短縮を繰り返すが，そのような性質は効率のよい捕捉に重要なのであろう．動的不安定性は特定のMAPsのリン酸化によって調節されていると推定される．

イモリの巨大な細胞を材料にした研究では，この捕捉過程が実際に観察されている．それによると，まず動原体の側面に微小管が接触し，その後，動原体が移動して動原体が微小管の先端に直角に結合するように変化する．そのようなふるまいのためには動原体にモーター蛋白質が存在することが必要であるが，その存在は実際に確認されている．しかも，プラス端側に動くモーター蛋白質（キネシン様蛋白質）とマイナス端側方向に運動するモーター蛋白質（ダイニン，ncd 様蛋白質の両者）が存在するらしい．

最近の研究では，動原体だけではなく，染色体の全長と中心体にもモーター蛋白質が存在するという．染色体上のキネシンの役割として，微小管を紡錘体に組織する機能が提唱されている．ある種の細胞では中心体がないにもかかわらず，紡錘体が形成されることが知られているが，その形成には，染色体キネシンと微小管の相互作用が関与していると考えられている．また，中心体に存在するキネシン様蛋白質は，微小管のマイナス端からの脱重合を加速する機能をもつ．この蛋白質は中期紡錘体におけるチュブリンフラックス（後述）の発現機構として，重要であると考えられる．

3 中 期

やがて二価染色体は両側の極からの微小管と結合するようになり，分裂中期では，紡錘体の中央部，赤道面に並ぶ．この染色体が並んだ状態をmetaphase plate と呼ぶ．染色体が赤道面に並ぶのは，染色体の腕が両極から斥力 polar ejection force を受け，その力が極からの距離に応じて減少するからであるとする仮説が有力である．染色体の腕上にはキネシン様モーター蛋白質が多数存在結合しており，極から放射する微小管と相互作用して，腕を微小管のプラス方向（極から遠ざかる方向）に滑走させる力を発生する．微小管の密度は極において最も高いから，染色体と相互作用する微小管の数（したがって染色体を押す力）は極付近で最大で，極から遠ざかるほど小さくなる．二つの極からそのような力を受けると，染色体は両極のちょうど中央に並ぶことになる．

この時期の紡錘体の一部に蛍光色素で標識したチュブリンを導入してその挙動を調べると，チュブリンが動原体から極の方向に一定の速度で移動していることが観察される．この現象は，紡錘体の微小管が定常状態できわめて動的な状態にあり，チュブリンが動原体で重合して極で脱重合しているために起こると考えられる．このダイナミックな現象には，動原体と中心体に局在するモーター蛋白質やMAPsが重要な働きをしていると推測される．

4 後期A

染色体が分離する後期は，染色体が極に向かって動く相（後期A）と，二極間の距離が増大する相（後期B）の二相に分けて考えられることが多い．多くの細胞では，ABの動きは時間的に重複しているが，互いに独立の現象と考えられている．

後期Aでは染色体と極との間隔が短くなるのであるから，動原体微小管の短縮が起こっているはずである．MitchisonとKirschnerらは，試験管内の実験から，動原体に結合した微小管が，その結合を維持したまま，重合・脱重合を行い得ることを示した（図8-32）．また，この実験結果は，微小管の脱重合だけで染色体の移動が可能であることを意味している．動原体上にはプラス端方向，マイナス端方向への運動を駆動する複数のモーター蛋白質が存在するので，実際の染色体の運動は，脱重合とモーター蛋白質の両者によって駆動されているものと想像される．また，生体内の紡錘体の後期Aの過程では，チュブリンの脱重合は主に極において起こっていることが観察されている．したがって，極においても微小管はその結合を保持したまま脱重合していることになる．その機構についてはまだ不明な点が多い．

✐ Side Memo 微小管の解体と染色体運動

古く1950年代，井上信也は自ら開発した高感度偏光顕微鏡を使った研究から，紡錘体は周囲のサブユニットと平衡状態にあり，染色体の移動はその脱重合による，とする説を唱えた．現在の知見からするとその説のすべてが完全に正しいわけではないが，分裂装置紡錘体の本質をよく見抜いた考えであるといえる．微小管に関する知識が乏しい時代にこのような鋭い洞察がなされたのは，驚くべきことである．

5 後期B

後期Aと同時，あるいは少し遅れて，二極間の距離が増大する．極間の距離が増大する主な機構は，二つの極から対向して伸長している微小管（紡錘体微小管 spindle fiber）が重なり合っている部分で互いにすべりあって，極を反対方向に押し合うことであると考えられる．その力を発生して

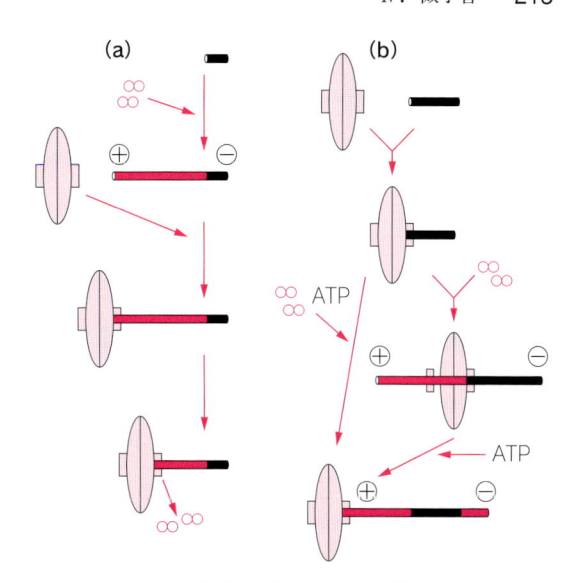

図8-32 微小管と動原体の動的相互作用を示すミチソンらの実験

単離した染色体（おわん型の構造）と微小管（棒），チュブリン（∞）を試験管内で相互作用させた．微小管の極性を明らかにするために，あらかじめ強く蛍光標識した微小管断片（黒棒）を重合核としてチュブリンを重合させた（成長した部分は色棒で表してある）．

(a)：捕捉と脱重合の実験．微小管と染色体とを混ぜると，プラス端が動原体によって捕捉された．希釈によって脱重合条件にすると，動原体側から脱重合が起こったが，微小管は動原体から離脱しなかった．このことは，微小管の脱重合だけで，中心体と微小管の距離が短くなる運動が可能であることを示す．(b)：成長と運動の実験．動原体に捕捉された微小管にチュブリンを加えると，チュブリンは両端から重合した．プラス端側からは，微小管が動原体を貫通して成長するのが認められた．ここでATPを加えると，染色体の端の位置まで微小管が運動した．これは，動原体上にプラス端に運動を起こすモーター蛋白質が存在するためであると解釈される．なお，これとは別の実験でHymanとMitchisonは，ATPと同時にATP類似物質（ATPγS）を加えると，微小管の運動の向きが逆転することを示し，動原体上にはプラス端，マイナス端の両方向に運動できるモーター蛋白質が存在することを明らかにした．両方向の運動が同一の蛋白質か異なる蛋白質によって行われるのかはまだわかっていない（升田：有糸分裂における染色体分離運動のメカニズム．生物物理 31：88, 1991 より改変）．

いると考えられるキネシンの一種が見つかっている．また，そのような紡錘体微小管のすべり合いだけでなく，極の外側に向けて放射している微小管も伸長のための力の発生に関与している．

酵母や珪藻などの下等生物では，後期Bの極

間距離は後期Aにおける距離の数倍に伸長するが，そのような場合には微小管同士のすべり合いと同時に，チュブリンの重合が起こっている。高等生物の紡錘体でも基本的には同様であると考えられる。すなわち，後期においては，動原体微小管の脱重合と，極間微小管の重合という，相反する現象が同時に進行する。

6 終 期

染色体が完全に両極の近傍に分離し，動原体微小管が消失する。凝縮していた染色体が再度膨潤し始め，周囲に核膜が形成される。その後細胞質分裂が起こって，二つの娘細胞に分かれる。それに伴い，中心体は間期のMTOCとして，それぞれの細胞の中心から長い微小管を放射状に伸長するようになる。

染色体が正しく二つの娘細胞に分配されるためには，以上の一連の過程が時間的空間的に厳密に制御されていなければならない。最近の研究によれば，それらの調節機構には多数の蛋白質リン酸化反応が関与していると考えられる。特に重要なものとして，細胞周期に応じてリン酸化活性が変動するmitosis promoting factor：MPFと呼ばれるものがある（第9章参照）。またMPFによってリン酸化を受けて活性が調節されるリン酸化酵素も複数存在する。それらのリン酸化酵素のいくつかは特定の微小管結合蛋白質，中心体構成蛋白質，染色体結合蛋白質をリン酸化して，その存在状態を変えるものと考えられる。

Side Memo 中期チェックポイント

中期以降に起こる二価染色体の分離は，metaphase plateにすべての染色体が並ぶまで始まらない。細胞はすべての染色体が正しく中央に並んだかどうかをモニターし，それが完遂されるまでは，次のステップに進まないようにする仕組みを備えているからである。このような細胞のモニター下にある細胞周期の要所をチェックポイントと言う。中期チェックポイントをモニターする仕組みは大きな謎であったが，Nicklausらの実験により，染色体の動原体にかかる張力が重要であることが示された。張力のかかっていない動原体は何らかの抑制シグナルを出し，分裂後期の開始を阻害していると考えられている。

図8-33 鞭毛・線毛断面の模式図
一般に9本の周辺微小管と2本の中心対微小管からなる「9+2」構造をもつが，例外として，ある種の精子鞭毛や哺乳類の初期胚ノードの線毛など，中心対微小管を欠失したものも存在する。それらの鞭毛・線毛は三次元的な波動運動を行うことが多い。また，運動性のない一次線毛にはダイニン腕や中心対微小管，スポークなどは存在しない。

D 線毛・鞭毛運動

線毛ciliaと鞭毛flagellaは高等植物を除く真核生物に広く存在する細胞運動器官である。線毛は長さ5〜10 μm，鞭毛は10〜100 μmの細長い構造をもち，屈曲運動によって細胞の遊泳や細胞表面の液体の輸送にたずさわる。哺乳類では，鞭毛が精子に，線毛が気管，輸卵管，脳室などに存在する。また初期発生において，胚のノードと呼ばれる部位に線毛が生えるが，この線毛は胚表面における成長因子の濃度に勾配を作る働きがあり，それによって成体の体の左右性が決定されることが示されている。

1 構 造

線毛と鞭毛は基本的には同一の器官で，ともに膜に囲まれ，内部の軸糸 axonemeと呼ばれる部分は9本の周辺微小管（二連微小管 doublet-microtubulesという特殊な微小管）が2本の中心対微小管 central-pair microtubulesを取り囲んだ構造をもつ（図8-33）。この「9+2」構造は，ほとんどの生物の線毛・鞭毛を通じて共通している。ただし，例外として，中心小管がないものや，ごくまれに周辺微小管の数が3本，6本，12本，14

本であるものが報告されている。

「9+2」構造には，チュブリン以外に約250種の蛋白質が存在し，複雑な構造を形成している．電子顕微鏡像で確認される構造として，周辺と中心の微小管，周辺微小管上の二つの突起として存在するダイニン腕，周辺微小管から中心部に向かうスポーク，周辺微小管同士を結合しているネキシンリンク nexin link などがある．これらの構造は軸糸の縦方向には96 nmの一定の長さを単位として繰り返して並んでおり，軸糸全体として，きわめて整然とした，精密機械のような構造をもつ．このうち，とくに重要なものは，微小管と相互作用して運動の原動力を発生するダイニン内腕と外腕である．中心の2本の微小管とスポークは運動調節機構として重要らしい．

ダイニンの内腕と外腕は軸糸横断面の形状は似ているが，分子組成と微小管上の配列は大きく異なっている．外腕はATPase活性のあるダイニン重鎖(分子量約50万)を2種(原生動物の場合3種)，7万から10万の中間鎖2〜3種，それに分子量3万以下の軽鎖数種(数は生物によって異なる)を含む単一の分子複合体である．その複合体が24 nm間隔で並んでいる．一方，内腕は，クラミドモナスの突然変異株による解析から，おのおの1本または2本の重鎖を含む7種程度の複合体が存在し，96 nmの繰返し周期の中に一つずつ複雑に配置していると考えられている(図8-34)．したがって，鞭毛中には合計10種以上のダイニン重鎖が存在することになる．そのほとんどすべてはモーター蛋白質として力発生に関与していると考えられる．しかし，各重鎖の機能の違いや，中間鎖と軽鎖の役割は，まだ十分明らかになっていない．

臨床との接点

線毛の異常による疾患

線毛異常による疾患は古くから知られている．運動性の欠損によるものは，不動線毛症候群 immotile-cilia syndrome またはカルタゲナー症候群 Kartagener's syndrome と呼ばれる．気管の線毛の運動性欠陥により気管支拡張症や慢性副鼻腔炎の症状を呈するほか，内臓逆位や，精子の運動性欠如に起因する男性不妊になる場合も多い．

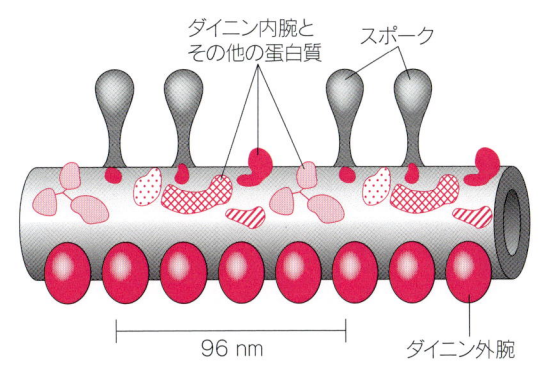

図8-34 鞭毛ダイニンの配列

クラミドモナス鞭毛の周辺微小管上のダイニン内腕と外腕の配列．二連微小管のうち，ダイニンが付着しているA小管側を隣接する微小管の方向から見た図．ダイニン外腕(3種の重鎖と中間鎖，軽鎖)を含む巨大蛋白質複合体)は1種類だけ存在し，24 nm周期で並んでいるのに対し，内腕は多種存在し，複雑に並んでいる．色の斜線などで塗った部分の多くは，内腕分子の存在箇所と考えられるが，一部はダイニンの活性を調節する分子群の存在部位で，ダイニンそのものではないと考えられている(Mastronarde, et al : Arrangement of inner dynein arms in wild-type and mutant flagella of *chlamydomonas*. J Cell Biol 118 : 1159, 1992 より改変)．

内臓の逆位は初期胚ノード部位における線毛運動異常により，胚表面上の成長因子の分布が異常になることが原因である．線毛運動異常を引き起こす突然変異にはさまざまな種類があるが，最も多く見つかっているのはダイニンの異常である．

また，一次線毛を含む線毛の形成不全は，網膜色素変性症，腎障害，呼吸障害，神経発達障害，肥満など，多種の疾患を引き起こすことが明らかにされている．

線毛の形成には，線毛内の蛋白質輸送系(intraflagellar transport : IFTと呼ばれる)が重要な働きをしており，この輸送系の異常によって生じる線毛異常疾患もある．意外なことに，IFTの異常が原因となって，多発性嚢胞腎 polycystic kidney disease になる場合が見つかっている．これまで十分認識されていなかったことであるが，多くの上皮細胞の表面には一次線毛と呼ばれる非運動性の線毛が生えており，その線毛が細胞の機械・化学受容器として重要な役割を果たしているらしい．多発性嚢胞腎は，その受容器としての一次線毛の欠如または機能不全によって生じる可能性が大きい．

鞭毛・線毛の構造と機能の研究では，突然変異

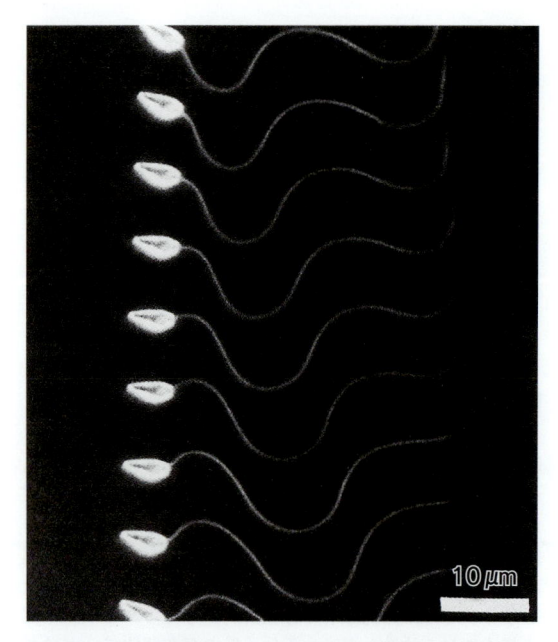

216   第8章　細胞骨格と細胞運動

図8-35　鞭毛運動によって泳ぐウニ精子の連続写真
毎秒500コマのストロボ撮影。上から下へ約16 msec間の記録（Brokaw : The Sea Urchin Spermatozoon. Bio Essays 12：449, 1990より改変）。

株が得やすく遺伝解析が比較的容易に行える単細胞緑藻，クラミドモナスが威力を発揮している。変異株の運動性から各種ダイニンの機能や，IFTの働きについて重要な知見が得られてきた。ヒトの疾患の原因遺伝子がクラミドモナス変異株の解析から明らかにされた例も多い。

2　運動機構

線毛・鞭毛は毎秒数十回程度の頻度で屈曲を根本から先端部に向けて伝播するという特徴的な運動を行う（図8-35）。精子やゾウリムシの細胞全体，あるいは単離した鞭毛・線毛を界面活性剤で処理して細胞膜を除去し，ATPを加えると，生細胞とほぼ同様の運動を行うので，鞭毛・線毛の波打ち運動の発生機構には膜は不要であることが明らかである。

▶ **Side Memo　細胞モデル**
細胞を界面活性剤などで除膜し，ATPなどの添加によって運動性を発生できるようにしたものを細胞モデルと呼ぶ。特にTritonX-100で除膜したものをトリトンモデルと呼ぶ。歴史的には，細胞のモデルが作られたのは筋肉のグリセリン抽出モデル（Szent-Gyorgyi, 1949）が最初である。非筋肉細胞では，Hoffmann-Berlingがグリセリン抽出をさまざまな細胞に適用して精子の鞭毛運動など，多くの運動がATPをエネルギー源として用いていることを示した。細胞モデルはこのように細胞運動のATP依存性を解析することのほか，カルシウムや蛋白質リン酸化などによる調節機構を明らかにする上で重要な実験技術である。

Gibbons（1963）はテトラヒメナの線毛から力発生にあずかると考えられるATP分解酵素を単離し，力の単位dynに因んでダイニン dyneinと命名した。同時にその蛋白質が周辺微小管上の突起（ダイニン内腕，外腕）として存在することを示唆した。一方，電子顕微鏡観察から，線毛微小管の長さが屈曲中も変化しないことが見出され，運動中の鞭毛・線毛内では，微小管間にすべりが生じていることが明らかになった。さらに，1971年，SummersとGibbonsは除膜した鞭毛を蛋白質分解酵素トリプシンで軽く処理してからATPを加えると，微小管同士がすべり出すことを発見した（図8-36）。トリプシンによって，本来微小管同士をつなぎ止めているネキシンリンクが切断され，微小管間のすべり距離が異常に増大した結果であると解釈される。これらのことから，鞭毛・線毛運動の基礎は，ダイニンによって駆動される周辺

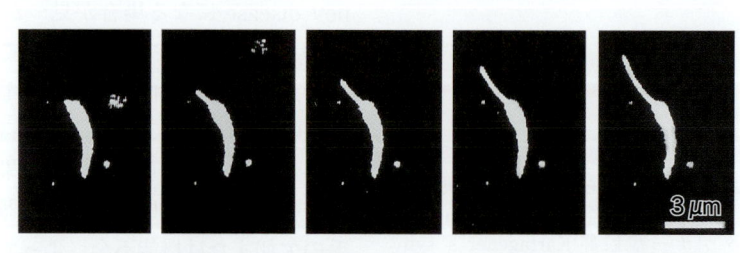

図8-36　軸糸微小管のすべり運動
クラミドモナス鞭毛軸糸を超音波処理によって短くして，蛋白質分解酵素とATPを加えた。暗視野顕微鏡によるビデオ記録。0.3秒ごとの連続写真。

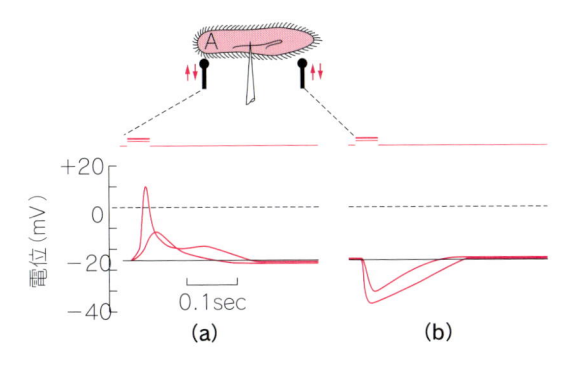

図 8-37　機械刺激に対するゾウリムシの応答
ゾウリムシの前部（左側）に機械刺激を与えると，膜電位が脱分極し，一定以上の刺激ではインパルスを発生する(a)。その結果，線毛膜にカルシウムイオンが流入して，線毛打が逆転する（したがって，自由遊泳状態では，細胞は後ろ向きに泳ぐ）。一方細胞の後部（右側）に刺激を与えると，膜が過分極する(b)。その結果，線毛打頻度の上昇が起こる（内藤，1990）。

微小管同士のすべり運動であるという考えが提唱されるに至った。

その後の多くの実験により，このすべり説は確定したといってよいが，すべり運動から周期的な屈曲運動が発生する機構はまだ十分明らかになっていない。ダイニンは同一の方向（隣接する微小管をプラス方向に押し出す方向）にしか力を出せないので，9本の微小管が一斉にすべってしまっては軸糸は屈曲できない。規則正しい波が発生するためには，9本の微小管のうち適当なものだけが適当な部位で能動的にすべり，他の部分は解離状態か強固な結合状態にあるように調節されているはずである。鞭毛・線毛運動には膜は不要なので，この制御機構は軸糸の内部に備わった自動的なものと考えられる。現在最も有力な仮説は，軸糸の曲がり（曲率）などの機械的状態からのフィードバックを通して，ダイニンの力発生の調節が行われているという考えである。事実，ダイニンの力発生が外力に敏感であることは，実験的に示されている。

3　運動調節

線毛・鞭毛の運動はさまざまな調節を受ける。原生動物や精子などの単細胞では，細胞外環境の変化に応じて線毛・鞭毛が運動状態を変え，多細胞生物の線毛では，神経支配によって線毛打を変化させる現象が一般的に見られる。運動変化の内容は生物種によって異なるが，波形と頻度のいずれかの変化が必ず見られる。また，運動するかしないかというオン-オフ制御が存在する場合も多い。

軸糸の運動調節に関わる重要な因子は，カルシウムイオン(Ca^{2+})と蛋白質のリン酸化反応である。古くからよく研究されている例として，ゾウリムシの線毛がある。原生動物ゾウリムシは多数の線毛で水中を泳ぐが，障害物に衝突すると忌避反応を起こし，短時間（数秒間）線毛打が逆転して後向きに泳ぐ。また，前進遊泳中に細胞の後部を機械的に刺激すると，遊泳速度を速めて，その刺激源から逃げるような反応を示す(図8-37)。これらの反応の機構は内藤によって詳しく調べられた。それによると，初めの忌避反応は細胞前部の機械刺激によって膜が脱分極し，Ca^{2+}が流入することによって生じる。軸糸内のCa^{2+}濃度が上昇すると，繊毛の波形が大きく変化し，水流を生じる方向が逆転すると考えられる。また後者の加速反応は，細胞後部の機械刺激受容による膜の過分極を介して起こる。その後の過程はよく分かっていないが，過分極に続いて何らかの軸糸蛋白質のリン酸化が起こり，その結果，繊毛打頻度が上昇するらしい。

ゾウリムシで見られたようなCa^{2+}による波形の制御は，多くの線毛・鞭毛で見出されている。また，精子の運動制御に関して，蛋白質リン酸化によって非運動性の状態から運動性のある状態に変換する例が知られている。たとえば，サケ精子の運動開始反応では，精子がcyclic AMP依存性キナーゼによる制御を受けていることが見出されている。リン酸化を受けるのは，ダイニンのサブユニットや，鞭毛基部に存在する蛋白質など，複数の標的が存在するらしい。哺乳類の精子は，精巣で作られてから輸精管に運ばれるまでに運動能が徐々に増大し，雌の体内に射出されてからさらに運動性が変化して効率よい受精が可能になる。そのような運動変化の随所でも蛋白質リン酸化反応が関与していると考えられる。

● 参考文献

1) Bray D : Cell Movements 2nd ed. Garland, 2001.
2) Downing KH : Structural basis for the interaction of tubulin with proteins and drugs that affect microtubule dynamics. Annu Rev Cell Dev Biol 16 : 89-111, 2000.
3) Gibbons IR : Cilia and flagella of eukaryotes. J Cell Biol 91 : 107s-124s, 1981.
4) Hayden, JH, Allen RD : Detction of single microtubules in living cells : particle transport can occur in both directions along the same microtubule. J Cell Biol 99 : 1785-1793, 1984.
5) Hirokawa N, Takemura R : Kinesin superfamily proteins and their various functions and dynamics. Exp Cell Res 301 : 50-59, 2004.
6) Horio T, Hotani H : Visualization of the dynamic instability of individual microtubules by dark-field microscopy. Nature 321 : 605-607, 1986.
7) 宝谷紘一, 神谷 律編：細胞のかたちと運動. シリーズ・ニューバイオフィジックスⅡ-5. pp.105-151, 共立出版, 2000.
8) Howard J, Hyman AA : Dynamics and mechanics of the microtubule plus end. Nature 422 : 753-758, 2003.
9) Inoue S, Spring KR : Video Microscopy : The Fundamentals 2nd ed. Plenum US, 1997.（寺川　進, 市江更治, 渡辺　昭訳：ビデオ顕微鏡-その基礎と活用法. 共立出版, 2001.
10) King SM : AAA domains and organization of the dynein motor unit. J Cell Sci 113 : 2521-2526, 2000.
11) Li X, Nicklas RB : Mitotic forces control a cell-cycle checkpoint. Nature 373 : 630-632, 1995.
12) Luck DJ : Genetic and biochemical dissection of the eukaryotic flagellum. J Cell Biol 98 : 789-794, 1984.
13) 升田裕久：有糸分裂における染色体分離運動のメカニズム-in vitro 系による解析. 生物物理 31 : 85-90, 1991.
14) Mitchison T, Kirschner M : Dynamic instability of microtubule growth. Nature 312 : 237-242, 1984.
15) 内藤　豊：単細胞生物の行動. pp.53-107, 東京大学出版会, 1990.
16) Summers KE, Gibbons IR : ATP-induced sliding of tubules in trypsin-treated flagella of sea urchin sperm. Proc Natl Acad Sci USA 68 : 3092-3096, 1971.
17) Vale RD, et al : Identification of a novel force-generating protein, kinesin, involved in microtubule-based motility. Cell 42 : 39-50, 1985.
18) Zheng Y, et al : γ tubulin is present in *Drosophila melanogaster* and *Homo sapience* and is associated with the centrosome. Cell 65 : 815-823, 1991.
19) Afzelius BA : Cilia-related diseases. J Pathol 204 : 470-477, 2004.

V. 中間径フィラメント系

A 中間径フィラメントとは

　中間径フィラメント intermediate filament は直径 9〜11 nm の線維構造の総称で，微小管およびアクチンフィラメントとともに細胞骨格の主な構成要素である。もともと，筋細胞で大・小 2 種の筋フィラメントの中間の大きさの線維が存在すること，同じ大きさのフィラメントは他の細胞型にも存在することから，中間径フィラメント intermediate-sized filament として記載された。また，微小管とアクチン・マイクロフィラメントの中間の大きさでもあることから，その名が定着した。中間径フィラメントは広く各種の真核細胞に見出され，とくに動物細胞に発達している（図 8-38, 39）。その構成蛋白質は細胞の種類によって，また発生・分化の過程でも異なる。しかし，分子量が異なるこれらの蛋白質も化学的には共通した特性を有し，中間径フィラメントという概念は形態学的のみならず生化学的にも確立した。

　中間径フィラメントは，それが集合して束をなす場合，光学顕微鏡でも観察される。実際，集合

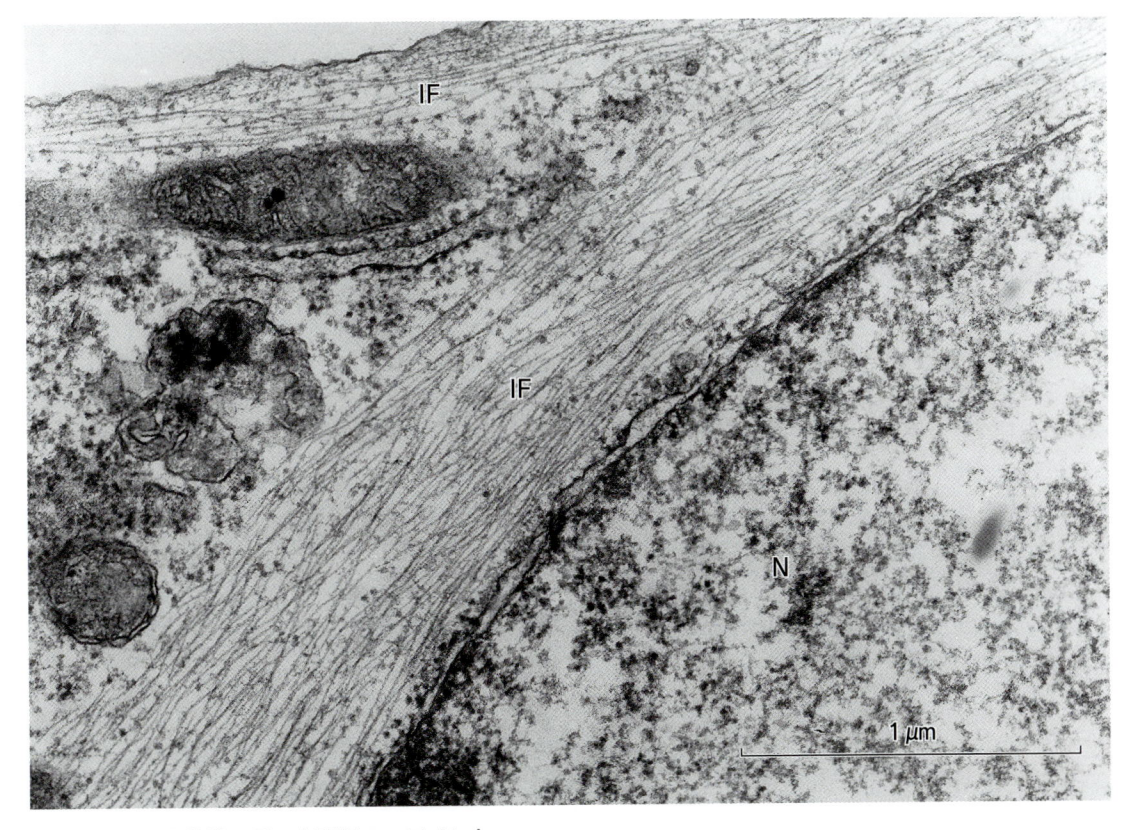

図 8-38　電子顕微鏡で見る中間径フィラメント
　中間径フィラメント（IF）は細胞質内で単独ないし束をなして走り，核（N）近傍にとくに発達している。培養細胞。

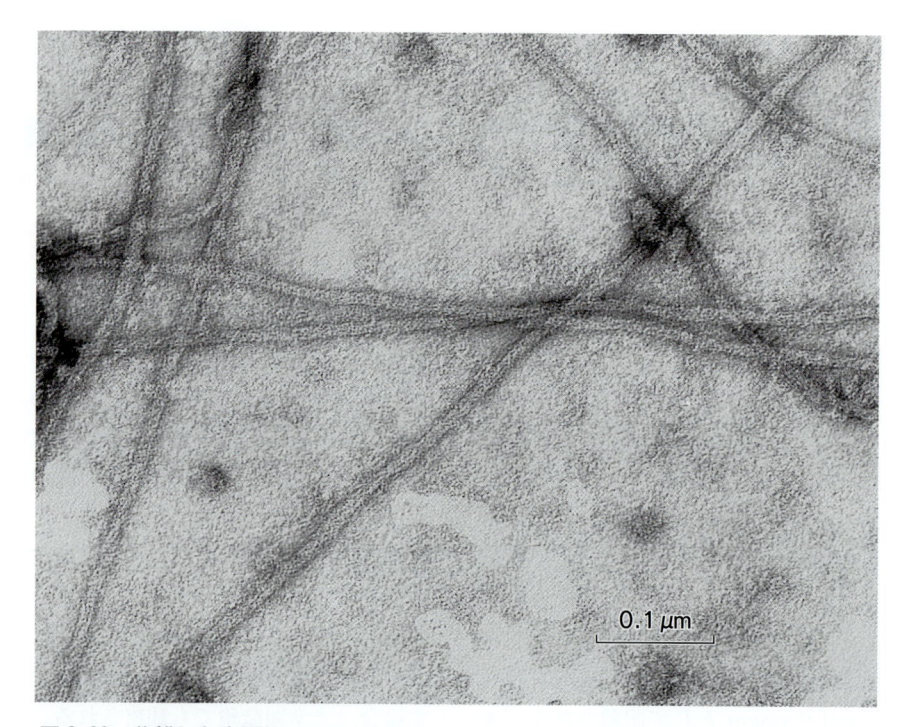

図 8-39 分離した中間径フィラメント
細胞を破砕して分離した中間径フィラメントをネガティブ染色法で見ると，フィラメント内に縦に並ぶ糸状の内部構造が観察される。

束は各種細胞でそれぞれに特異的な線維として異なる名称で呼ばれてきた。上皮細胞の張原線維 tonofibril や神経細胞の神経原線維 neurofibril がその例である。

その後，電子顕微鏡観察によって，それらの原線維（細線維）fibril が細いフィラメントの集合束であることが明らかになった。ちなみに，張原線維はトノフィラメント tonofilament，神経原線維はニューロフィラメント neurofilament の束である。最近は，構成蛋白質を付した呼び方もなされている。たとえば，トノフィラメントはケラチン蛋白質からなることから，ケラチンフィラメント keratin filament と呼ばれる。このように細胞によってフィラメントの名称は異なるが，すべて中間径フィラメントとしてまとめられる。

B 中間径フィラメントの構成蛋白質

中間径フィラメントは細胞の種類によって分子量の異なる蛋白質から構成されている。ヒトでも，45 を超す異なる遺伝子が知られている。中間径フィラメント蛋白質はアミノ酸配列，重合の相互適合性，免疫反応性の差などから 6 型に分類される（表 8-2）。それぞれの型に亜型があり，またアイソフォームもある。この分類は古典的な組織や細胞の分類にほぼ一致しているので，中間径フィラメントを指標にした細胞の型分類も可能である。

1 細胞の種類と構成蛋白質

外胚葉および内胚葉由来の大部分の上皮細胞に存在する中間径フィラメントはトノフィラメント（またはケラチンフィラメントなど）と呼ばれ，その構成蛋白質は 30 種以上にもなるが，通常サイトケラチン cytokeratin（プレケラチン prekeratin）と総称される。サイトケラチンは大きくⅠ型（酸性）とⅡ型（中性・塩基性）に分かれ，それぞれに多くのアイソフォームがある。上皮細胞の種類によって蛋白質分子の発現は異なるが，同一細胞中に通常数種のサイトケラチンが存在する。1 本のフィラメントは必ずⅠ型とⅡ型の組合せで構成さ

表8-2 中間径フィラメント蛋白質

型	蛋白質	分子量(kDa)	フィラメント	分布
I	酸性サイトケラチン acidic cytokeratin	40〜64	ケラチンフィラメント(トノフィラメント)	上皮細胞(外胚葉・内胚葉由来)
II	中性-塩基性サイトケラチン neutral-basic cytokeratin	52〜68		
III	ビメンチン vimentin	〜55	ビメンチンフィラメント	間葉系細胞(内皮・中皮を含む)
	デスミン desmin	〜53	デスミンフィラメント	筋細胞
	GFAP : glial fibrillary acidic protein	50〜52	グリアフィラメント	神経膠細胞(星状膠細胞, シュワン細胞)
	ペリフェリン peripherin	〜54		神経細胞(末梢神経系)
IV	ニューロフィラメント蛋白質 トリプレット neurofilament protein triplet		ニューロフィラメント	神経細胞
	NF-L	〜68		
	NF-M	100〜110		
	NF-H	110〜130		
	α-インターネクシン α-internexin	〜66		神経細胞(胎生期)
	β-インターネクシン β-internexin	〜70		
V	ラミン lamin	62〜72	核ラミナ	真核細胞核
VI	ネスチン nestin	〜240		神経上皮幹細胞

れている。これに対し、間葉系の線維芽細胞、内皮細胞、リンパ球などの細胞に存在する中間径フィラメントはビメンチン vimentin 1種から構成される。同じ間葉系細胞でありながら、筋細胞の中間径フィラメントではデスミン desmin が構成蛋白質である。神経細胞の中間径フィラメントはニューロフィラメントと呼ばれ、多くの脊椎動物で、分子量の異なる3種の蛋白質(トリプレット triplet)から構成される。脳や脊髄の星状膠細胞や類縁の支持細胞が有する中間径フィラメントはグリアフィラメントと呼ばれ、グリア線維酸性蛋白質 glial fibrillary acidic (GFA) protein からなる。

2 中間径フィラメントの分子構築

1) 構成蛋白質の分子形態

中間径フィラメントの構成蛋白質は分子量が40 kDa から130 kDa まで多様である(表8-2)。それにもかかわらず、ほぼ同じ直径のフィラメント構造を示す理由は、その分子形態に求められる。どの蛋白質も共通して細長い糸状の分子で、中央の桿(ロッド)領域 central rod domain と、その両端のN末端領域(頭部 head domain)およびC末端領域(尾部 tail domain)の三部に分けられる(図8-40)。桿領域はほぼ同じ長さ(45〜50 nm)のα-ヘリックス領域で、互いに相同性が高いアミノ酸配列になっている。これに対して、末端領域は球状ないし索状を呈し、変異が大きい領域で、分子量の差も主としてこの領域のアミノ酸数の違いによる。フィラメントへの組み立ては中央桿領域でなされ、末端領域の大部分はフィラメント本体から側方に突出する。

2) フィラメントの分子構築

中間径フィラメントは糸状をなす蛋白質分子が重合により平行配列したものである(図8-40(a))。α-ヘリックスをなす中央桿領域が重合に関与する部分であり、まず、2分子がこの部分で二重コイル coiled coil を作って二量体(ダイマー)となる(図8-40(b))。次に、このダイマーが対(逆)平行に並び、四量体(テトラマー)を作る。これが縦に連なるとプロトフィラメントになる。細胞内にもこのテトラマーがごく少量ながら見出されることから、これが重合の機能的単位と考えられる。短いプロトフィラメントはさらに8本平行配列し、

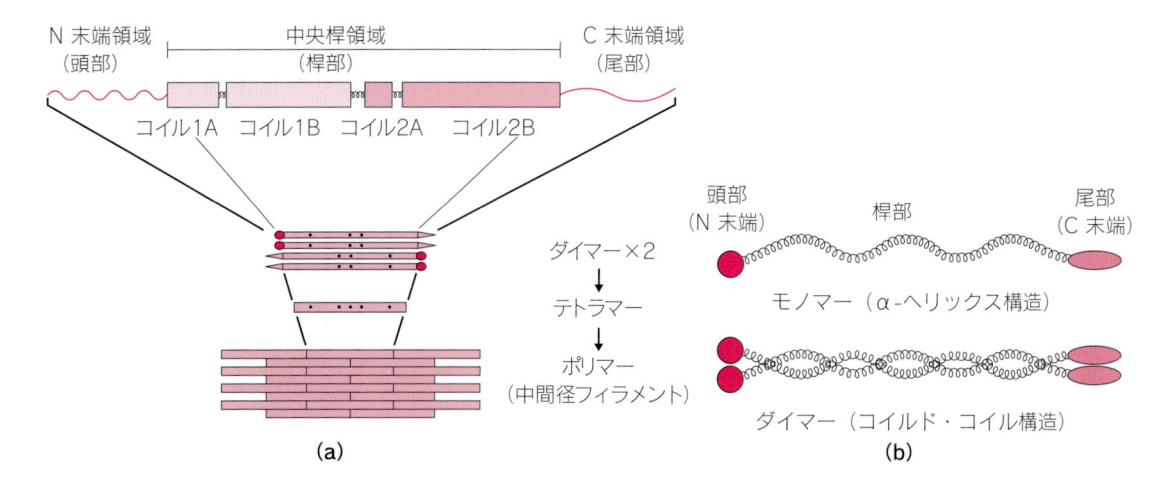

図 8-40　中間径フィラメント蛋白質の分子構造と重合
　(a)：蛋白質分子は中央桿領域(桿部)，N 末端領域(頭部)，C 末端領域(尾部)の三領域(ドメイン)に分けられる。桿領域は α-ヘリックス領域であるが，3 か所で非 α-ヘリックス域が介在するため，α-ヘリックス領域はさらに 4 部に分かれる(矩形で示す)。桿領域は 309〜355 アミノ酸からなり，長さも 45〜50 nm で，蛋白質間で変異が少ない。これに対し，頭部および尾部は変異が大きく，頭部で 33〜180 アミノ酸，尾部で 9〜607 アミノ酸の差がある。
　重合に際し，まず桿領域で二重コイル(coiled coil)のダイマーとなり，このダイマーが 2 個対平行に並びテトラマーを作る。これをユニットとして横に 8 列，縦に端端結合して，ポリマーすなわち中間径フィラメントができる。
　(b)：中間径フィラメント蛋白質分子(モノマー)は二重コイルを作ってダイマーとなる。

縦方向にも端端結合で連なって，約 10 nm 径の長いフィラメントを作ると考えられる。このような配列のためフィラメントには極性がない。通常は同種の蛋白質が重合してフィラメント(ホモポリマー)を作るが，ケラチンフィラメントはサイトケラチンの I 型と II 型の異なる組合せで，脊椎動物のニューロフィラメントは，3 種類の蛋白質(トリプレット)が一定の割合で組み合わさって 1 本のフィラメント(ヘテロポリマー)を作る。

Side Memo　中間径フィラメント蛋白質の分子構築

中央桿領域は 309〜355 アミノ酸からなり，そのアミノ酸配列はよく保存されていて，かなり離れた型の蛋白質でも似ている。核ラミンやある種の無脊椎動物の細胞質フィラメントの蛋白質は桿領域の一部(コイル 1B)に 42 のアミノ酸が加わり，その分だけ長くなっている。おそらく進化の上で，古い型と考えられる。C 末端(尾)領域の長さは大いに変異があり，ほとんど欠如するものから，607 アミノ酸をもつニューロフィラメント NF-H のようにきわめて長いものまで多様である。この部分はフィラメント本体から側方に突出する部分であり，隣接のフィラメントや他の細胞質要素との相互作用に関与すると考えられる。N 末端(頭)領域はリン酸化される部位で，フィラメントの重合に必須の部分であり，重合・脱重合の調節に関与する。

すべての中間径フィラメント蛋白質が約 10 nm のフィラメントを形成するわけではない。核ラミナを構成するラミンは微細なフィラメントとして二次元の網目を作る。また，細胞分裂期には，中間径フィラメントの脱重合が起こり，球形の密な集塊を作ることがある。魚類や両生類では，同様な集塊が分裂間期にも見られ，また，ある種の病態でも形成される。試験管内では，径 20〜30 nm という異常に大径のフィラメントへの重合も見られる。

3) 重合・脱重合の調節

中間径フィラメントの構成蛋白質は分子量や荷電性などにおいて多様であるが，化学的特性は共通している。いずれも一般的な活性に乏しく，難溶性である。高濃度の塩溶液や界面活性剤による処理にも耐え，不溶性構造として残る。一度作られたフィラメントは比較的安定しており，アクチンやチュブリンのように重合・脱重合を動的に繰り返すことはない。しかし，細胞分裂期には細胞骨格の分布・配列は大きく変化し，微小管やアクチンフィラメントとともに，中間径フィラメントも大部分が消失する。分裂が終了すると直ちに中間径フィラメントが再構成される。重合・脱重合の可逆的な変化が起こっていると考えられ，その

調節が注目されてきたが，これにはリン酸化が重要な役割を果たしていることが明らかになった。

📎 Side Memo　中間径フィラメントの重合・脱重合

　試験管内で，デスミンやビメンチンがリン酸化を受けると，フィラメント構造の破壊，つまり脱重合が起こる。脱リン酸化酵素によって蛋白質分子を脱リン酸化すると，再び重合し，フィラメントが形成される。このようなリン酸化による可逆的な重合・脱重合の調節はGFA蛋白質や，ニューロフィラメント・トリプレットやサイトケラチンについても証明された。リン酸化の部位はほとんど頭部（N末端領域）に集中している。頭部は塩基性が強いが，リン酸化による塩基性の低下が脱重合を引き起こすと考えられている。細胞内においても，重合・脱重合の動的変換が各種リン酸化酵素によるリン酸化を介して調節されると考えられる。細胞分裂時には，リン酸化による中間径フィラメントの破壊が起こるが，核ラミナの破壊と再構成も同様にリン酸化によって調節されると考えられている。

　可逆的な重合・脱重合ではないが，中間径フィラメントは蛋白質分解酵素（プロテアーゼ）によって容易に破壊される。中間径フィラメント蛋白質はプロテアーゼに高い感受性を有し，通常カルシウム依存性に容易に分解される。また，ビメンチンやデスミンに特異的なプロテアーゼの存在も報告されている。

3 　中間径フィラメント蛋白質の発現様式

　中間径フィラメントの同定と分布は，それぞれの蛋白質に対する抗体を用いた免疫組織化学法によって調べられる。中間径フィラメントの構成蛋白質は，組織学的および発生学的細胞分類によく一致して発現されている。したがって，細胞同定・分類の指標となるが，例外的な発現もある。また，同一細胞内に2種の異なる蛋白質が重複して発現される場合も少なくない。星状膠細胞の中には，GFA蛋白質とビメンチンが共存したものがあり，筋細胞でもデスミンとビメンチンが共存することがある。上皮由来の培養細胞株のHeLa細胞では，サイトケラチンとビメンチンが同時に発現している。生体組織の細胞を培養系に移すと，しばしば新たにビメンチンを産生するようになる。また，発生過程における中間径フィラメント蛋白質発現の転換は興味深い。多くの細胞型で，ビメンチンがまず産生され，細胞分化・発達が進むにつれ，それぞれの細胞型に特異的な蛋白質が産生されるようになる。最終的にビメンチン産生が完全に停止するか，存続するかは，細胞の種類や周囲環境によって異なるように見える。

C 中間径フィラメント結合蛋白質

　中間径フィラメントの機能を考えるとき，集合束の形成，細胞膜や核をはじめ他のいろいろな構造との連結が重要であり，これにはいろいろな蛋白質が関与しているはずである。中間径フィラメントに結合し，このような存在様式を維持または調節している蛋白質は中間径フィラメント結合蛋白質 intermediate filament-associated protein と総称される。

　これまで，多数の中間径フィラメント結合蛋白質が同定されている。デスモソームの細胞質側の構成蛋白質である**デスモプラキン** desmoplakin は中間径フィラメント結合蛋白質の例の一つである。デスモプラキンは鉄亜鈴状の分子で，その球形のC末端にはグリシンに富む繰返し構造があり，試験管内で中間径フィラメントと結合する。したがって，デスモプラキンは中間径フィラメントをデスモソームのプラークに付着させている分子と考えられている。ヘミデスモソームの構成蛋白質はデスモソームとは異なり，中間径フィラメントが連結する蛋白質として BPAG1e が同定されている。

　プレクチン plectin も典型的な中間径フィラメント結合蛋白質である。プレクチンは分子量50万の大きな蛋白質で，分子のN末端にアクチン結合部が，C末端に中間径フィラメント結合部を有する。テトラマーを作ることによって，その両端で中間径フィラメントと結合できる。プレクチンは広く各種細胞に発現していて，中間径フィラメント同士の架橋や，微小管や細胞膜裏打ち構造などとの連結に関与する蛋白質としてとくに注目されている。中間径フィラメント蛋白質のリン酸化はプレクチンとの結合を阻害する。

　その他，エンボプラキン envoplakin，フィラ

グリン filaggrin，シネミン synemin，パラメニン paramenin，エピネミン epinemin，フィレンシン filensin，アンキリン ankyrin，スペクトリン spectrin なども結合蛋白質として知られている。フィラグリンは皮膚の表皮細胞において，ケラチンからなる中間径フィラメントを架橋し束ねる。

D 中間径フィラメントの細胞内分布と機能

それぞれの細胞型における中間径フィラメントの分布・配列，そして他の細胞構造との相互関係から多様な機能が推論されている。中間径フィラメントは個々が遊離して走ったり，平行配列や集合束を作り，突起の芯をなしたりする。細胞内を縦横に走り，全体として疎な網目を形成するが，このような分布や走行は微小管やアクチンフィラメントを破壊することによって障害される。中間径フィラメントは他の細胞骨格要素と密接な相互関係を有するのであろう。

中間径フィラメントの機能として，その分布様式や他の構造との関係から機械的支持の役割が強調されてきたが，それ以上の役割も明らかになりつつある。細胞によっては，核と細胞膜を結ぶ網目形成が注目され，核の位置づけなどの構造的役割に加えて，細胞膜から核への情報伝達の可能性も唱えられている。運動に直接的に関与する例は知られていないが，最近，物質輸送に関与する可能性が示唆されている。中間径フィラメント蛋白質，とくにサイトケラチンの遺伝子を標的にした発現阻害の実験が盛んに行われ，その結果からも中間径フィラメントがいろいろと重要な機能を演じていることが示されつつある。

1 上皮細胞とサイトケラチン

体表や臓器の内表面の上皮細胞に存在する中間径フィラメントは分子量 40〜68 kDa のサイトケラチン cytokeratin（単にケラチン keratin，またはプレケラチン prekeratin）と総称される蛋白質から構成される。以前より，皮膚の表皮細胞や腸管など内胚葉由来の臓器の上皮細胞では張原線維 tonofibril の存在が知られていたが，電子顕微鏡観察によって，それらが約 10 nm 径のケラチンフィラメントの集合束であることが明らかになった。

サイトケラチンにはⅠ型（酸性）とⅡ型（中性-塩基性）が区別され，それぞれに分子量も異なる多くのアイソフォームが存在する。両型それぞれに属する蛋白質種が 1：1 で組み合わさってフィラメントが形成される。上皮細胞の種類や発生・分化過程によってⅠ型，Ⅱ型それぞれの蛋白質種の組合せが異なり，その組合せに一致して遺伝子発現もなされる。

ケラチンフィラメントは，大小の集合束をなし，縦横に走り，全体として網目を作り，細胞を支える骨組みとなっているように見える。フィラメント束は特異的にデスモソーム desmosome（接着斑）につき細胞相互間の接着を（図 8-41），ヘミデスモ

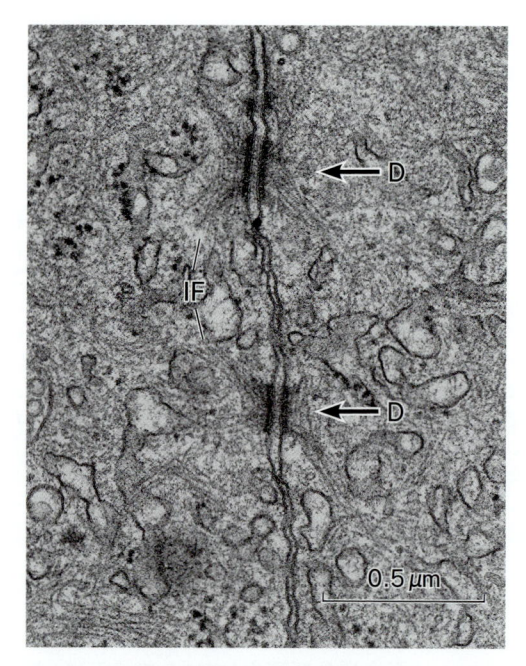

図 8-41 小腸上皮細胞における中間径フィラメントとデスモソーム

上皮細胞を側壁面で斑点状に連結するデスモソーム（D）には，細胞質のサイトケラチン中間径フィラメント束（IF）がループをなして付着する。このフィラメントはデスモソーム結合を補強するとともに，細胞質中を縦横に走り，核をはじめ各種オルガネラの空間的配置に関与すると考えられる。マウス小腸。

図 8-42　中間径フィラメントとヘミデスモソーム

重層扁平上皮の基底細胞内にはサイトケラチンの中間径フィラメント束(IF)が縦横に走る．細胞外基質(ECM)に接する細胞膜には多数のヘミデスモソーム(矢印)が形成され，ここに中間径フィラメントが付着する．N：核，BM：基底膜，舌粘膜上皮．

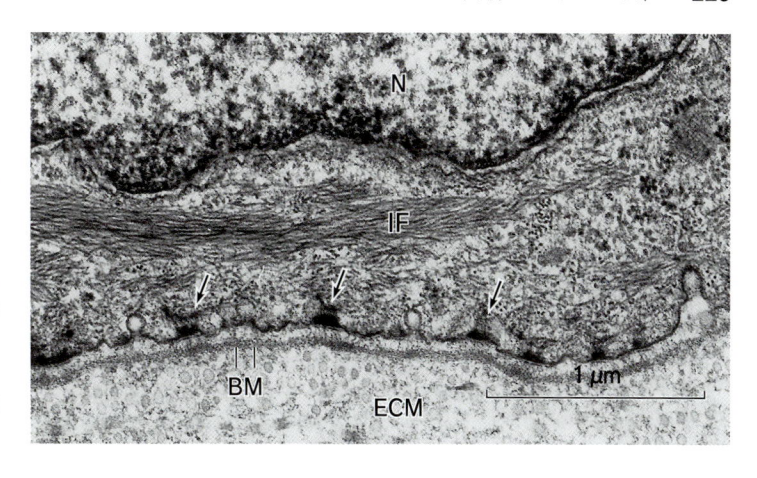

ソーム hemidesmosome につき細胞・基質間接着を(図 8-42)，それぞれ補強している．デスモソームを介して隣接細胞同士は力学的に連続し，上皮全体が機械的に補強されることになる．とくに，表皮などの重層扁平上皮では，細胞間に発達したデスモソームや基底細胞のヘミデスモソーム，それに，これらにつくケラチンフィラメント束によって体表面を機械的外力から保護する．また，表皮細胞では，ケラチンフィラメントが基礎となり，角化を起こし，機械的外力および化学薬品に対する抵抗性を一層強化する．上皮細胞では，しばしばケラチンフィラメント束が核を囲んで篭状の網目を作り，核膜とも連結している．核を細胞の中心に位置づける役割も考えられる．

2　間葉系細胞とビメンチン

間葉由来の結合組織性細胞(線維芽細胞など)，血液細胞，血管内皮細胞などは分子量約 53〜55 kDa のビメンチン vimentin からなる中間径フィラメントを有する．血液細胞などでは，核周辺に強い局在を示し，核の位置や形を規定するような配列を示す．また，コルヒチン処理で微小管を破壊すると，中間径フィラメントが核周囲に集合する傾向も観察される．ビメンチンフィラメントは脂質滴と密接な位置関係を有する．また，ステロイド合成細胞では，コレステロールの細胞内輸送に関与することが示唆されている．元来ビメンチンを発現しない他の細胞型も，培養系に移されるとこの蛋白質も発現する傾向がある．

また，細胞分化の過程で，未分化の細胞ではビメンチンを発現しているが，分化が進むと，その細胞に特異的な中間径フィラメント蛋白質を発現するようになる．

3　筋細胞とデスミン

横紋筋，平滑筋ともに，筋細胞は分子量約 53 kDa のデスミン desmin からなる中間径フィラメントを有する．横紋筋細胞では，デスミンが Z 板のレベルに分布することが蛍光抗体法で示されるが，これに一致して，電子顕微鏡でも中間径フィラメントが Z 板のレベルを横走している．中間径フィラメントは Z 板との結合を通じて，隣接する筋原線維を連結し，横紋の位相を揃えるのに役立つと考えられる．心筋細胞ではデスモソームとも連結し(図 8-43)，上皮細胞同様に細胞間接着を補強している．平滑筋細胞では，横紋筋の Z 板に相当する暗小体 dense body と結合している．いずれの細胞でも，中間径フィラメントは細胞膜とも裏打ち構造を介して連結している．

筋分化において，デスミンは筋特異のミオシンやアクチンより早期に発現する．他の細胞型同様，中間径フィラメント蛋白質の発現は細胞分化と密接に関係しているようである．培養筋細胞に変異遺伝子を導入・発現させると，正常なデスミンフィラメント形成も障害され，球状集塊が出現するが，筋原線維形成はほとんど正常に行われる(図 8-44)．

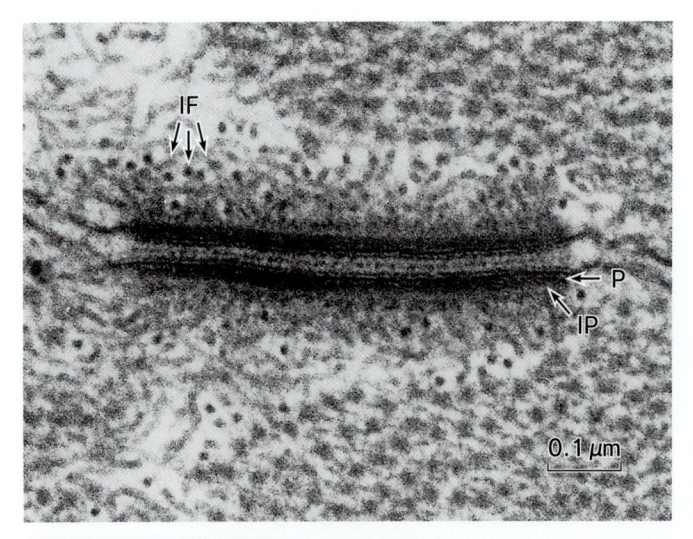

図8-43　心筋細胞間のデスモソーム
デスモソームには特徴的な層構成が認められる。約30 nmの間隔で相対する細胞膜は電子密度の高い厚いプラーク(P)によって裏打ちされ，これにインナープラーク(IP)を介して中間径フィラメント(IF)が付着する。

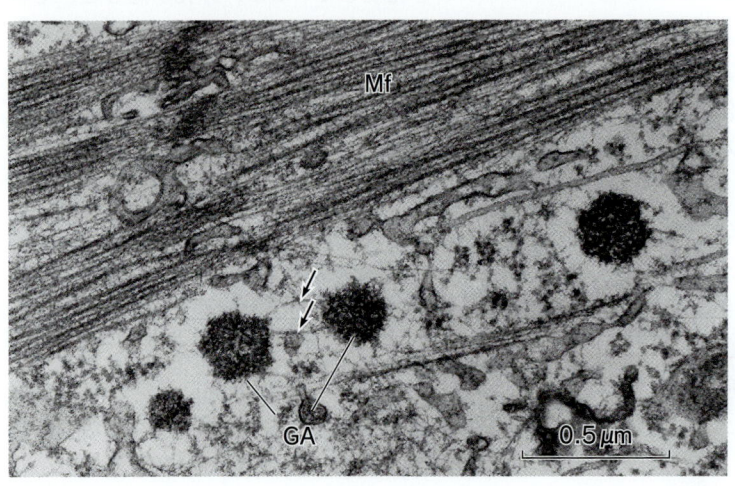

図8-44　変異デスミン発現による中間径フィラメント蛋白質の集塊
培養筋細胞にデスミン中央桿部の変異遺伝子を導入すると，正常なデスミンフィラメント形成も障害され，変異遺伝子産物とともに球状集塊(GA)を形成する。集塊から正常に見える中間径フィラメントが少数ながら伸び出すのが見られる(矢印)。筋原線維(Mf)などの形成にはとくに障害は認められない。

4　神経細胞とニューロフィラメント

　以前から神経細胞(ニューロン)が神経原線維 neurofibril を含有することはよく知られていた。神経原線維はニューロフィラメントの束であり，これも中間径フィラメントの一種である。哺乳動物では，ニューロフィラメントは3種の分子量の異なる蛋白質(トリプレット)から構成されている。トリプレットは，分子量の低い順から，NF-L(68 kDa)，NF-M(100～110 kDa)，およびNF-H(110～120 kDa)と呼ばれ，この3種が一定の割合で組み合わさって1本のフィラメントを作る。ニューロフィラメントは平行な束をなし，細胞体を縦横に走り，軸索突起ではしばしば芯構造の主体をなすが(図8-45)，樹状突起にはほとんど見られない。有髄の軸索内では，フィラメントは一定間隔で平行配列し，相互間に架橋構造が認められる(図8-46)。この架橋はニューロフィラメントを構成するトリプレットのうち，フィラメント本体から長く突出するNF-HおよびNF-MのC末端領域に相当する。こうして，ニューロフィラメントは相互に架橋され，格子構築を作り，細胞質にゲル様の堅さを与え，機械的に支持していると考えられる。

　神経細胞の分化の過程における蛋白質の発現の転換は興味深い。神経発生初期の神経上皮幹細胞にはネスチン nestin(約200 kDa)というⅥ型に属する蛋白質が発現し，分化が進むにつれ，ネスチ

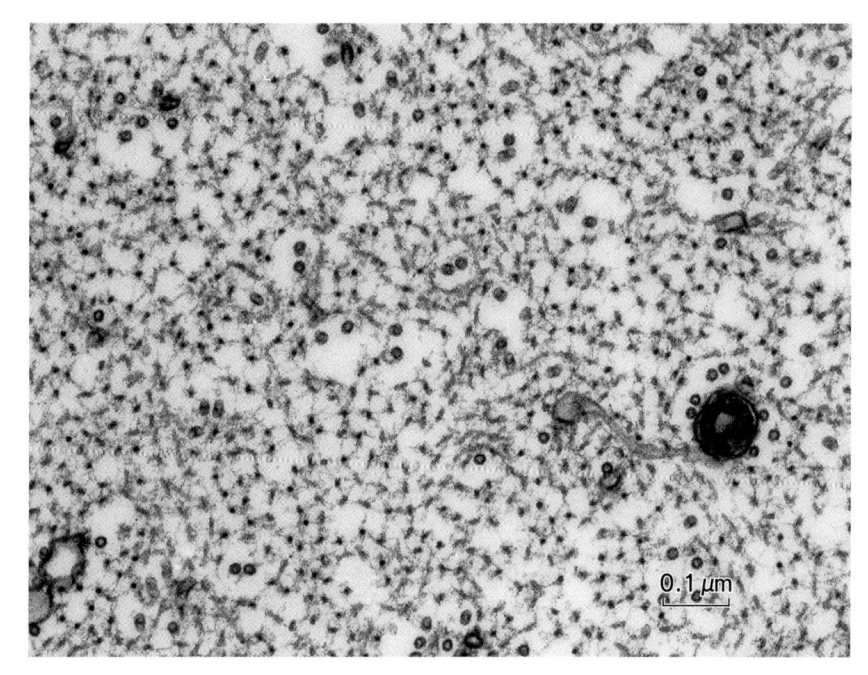

図8-45 神経軸索内のニューロフィラメント
　軸索の横断像で見るニューロフィラメントは横切りされ，長軸方向に平行配列していることがわかる。フィラメントは相互に一定間隔離れて位置していて，フィラメント間を紐状の架橋構造が結んでいるのが観察される。微小管は膜構造と関連して小さなグループをなしている。

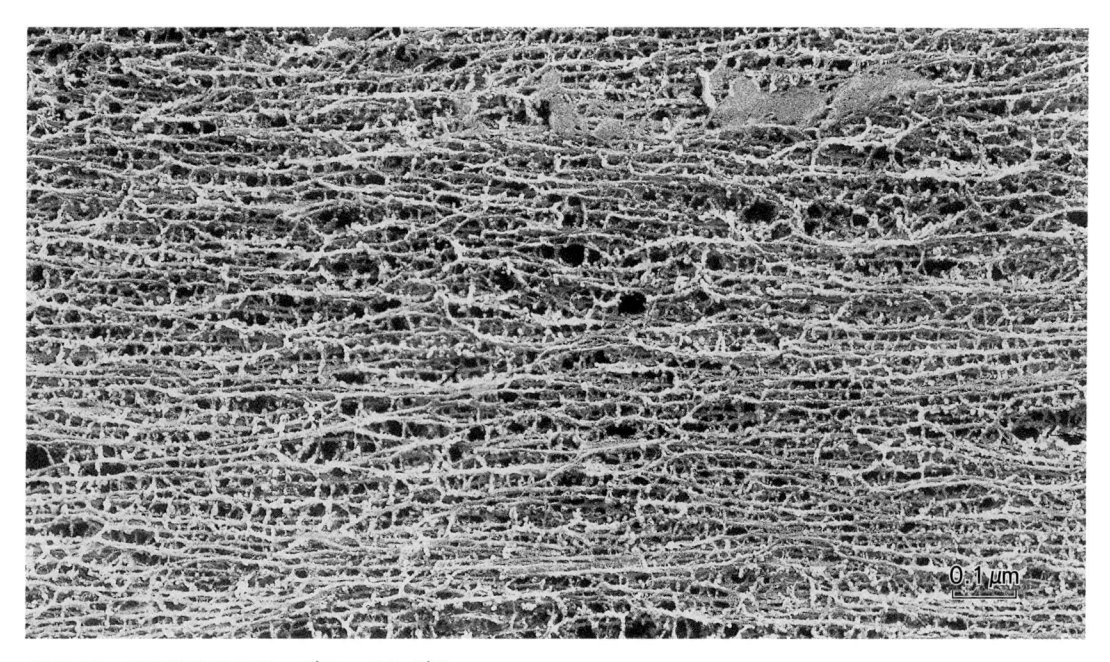

図8-46 神経軸索のフリーズエッチング像
　急速凍結した無固定神経を縦に割断し，ディープエッチングののち，レプリカを作ってみると，神経軸索内の構造，とくに線維構造が明瞭に立体的に観察できる。長軸方向に走る無数のニューロフィラメント間には架橋構造が作られていることがわかる。ラット三叉神経。

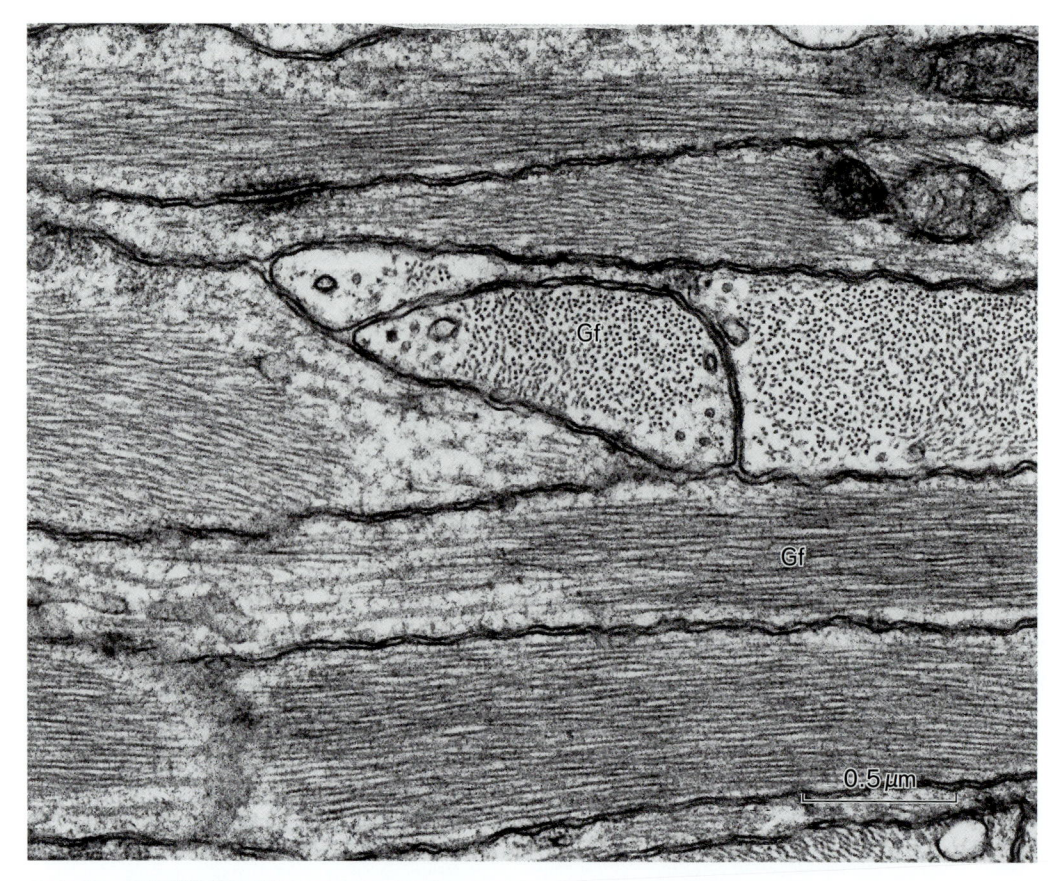

図 8-47 星状膠細胞のグリアフィラメント
グリアフィラメント(Gf)は比較的密な平行束をなして，細胞突起内を長軸方向に走り，その芯構造をなす。

ンが減少し，Ⅳ型のα-インターネクシン α-internexin(約 66 kDa)が発現するようになり，最終的にニューロフィラメント・トリプレットがとって替わる。また，末梢神経ではペリフェリン peripherin の発現も認められる。

5　神経膠細胞とグリアフィラメント

中枢神経系の神経膠細胞のうち，グリアフィラメントを豊富に有するのは星状膠細胞である。また，末梢神経系のシュワン細胞にも見られる。光学顕微鏡的に，銀染色によりグリア線維 neuroglial fiber を染め出し，細胞の突起の形態が調べられてきた。グリアフィラメントは分子量 50〜52 kDa の GFA 蛋白質 glial fibrillary acidic protein からなる。細胞体および突起内に平行束を作って分布し，細胞体や突起を機械的に支持している

(図 8-47)。中枢神経系の部位によっては，ビメンチンを同時発現することもある。

6　核膜とラミン

ほとんどの真核細胞の核膜には，内膜を裏打ちする核ラミナ nuclear lamina と呼ばれる線維層が観察される。この層は 10〜20 nm の厚さで，核孔部を除いて全面に形成されている。その構成成分としてラミン lamin が同定されたが，のちに，アミノ酸配列が中間径フィラメント構成蛋白質とほとんど同じであることがわかり，通常，約 10 nm 径のフィラメントの形はとらないが，同じファミリーに加えられた。ラミンにはタイプ A(62〜72 kDa)，タイプ B(65〜68 kDa)の 2 種が知られている。ラミン C も同定されているが，ラミン A と同じ遺伝子の産物である。ラミン B はすべ

ての細胞に発現しているが，ラミンAとCは発生が進むにつれて発現してくる。これらが組み合わさって，核ラミナの線維性網目を構築し，核膜を支持する裏打ちの役割を果たすとともに，クロマチンとの結合部位として働くと考えられる。ラミン分子は中央桿領域がいくらか長い。無脊椎動物の細胞の中間径フィラメント蛋白質も同様に長く，分子構造は脊椎動物のそれよりラミンに近い。おそらくラミンは進化の上で中間径フィラメント蛋白質の原始型であろうと考えられている。

臨床との接点

中間径フィラメントと疾病

中間径フィラメント蛋白質の発現は複雑である。しかしながら，細胞特異的な蛋白質の発現能はよく保たれている。このことは腫瘍細胞についてもいえ，腫瘍細胞が由来したもとの細胞型の中間径フィラメント蛋白質を産生し続けることからも明らかである。しかも，一般に腫瘍細胞は新たに別の型の中間径フィラメント蛋白質を発現しない。したがって，この特性を利用した細胞型分類 cell typing は腫瘍細胞の同定や，転移した腫瘍細胞の原発巣の決定に実用化され，臨床的意義は大きい。上皮性の悪性腫瘍は，狭義の「がん」carcinoma であり，間葉系のそれは，「肉腫」sarcoma と呼ばれるが，がん細胞ではサイトケラチンが発現し，肉腫細胞ではビメンチンが陽性で，筋肉腫はデスミンが陽性である。このような腫瘍診断の他にも，羊水中の細胞分析による発生異常の診断や，マロリー小体 Mallory body の出現による肝疾患の診断などもある。

ヒトの遺伝病である単純性先天性表皮水疱症 epidermolysis bullosa simplex：EBS では，ケラチンフィラメント網の形成障害から，わずかな外力でも細胞間が解離したり，基底細胞が分断され，水疱が形成されると考えられる。これはケラチン遺伝子のみならず，プレクチン遺伝子の変異によっても引き起こされる。プレクチンの例のように，各種の中間径フィラメント結合蛋白質の発現異常などによっても中間径フィラメント関連の病態が生じる。また，核ラミナを構成するラミンA/C遺伝子変異は，ラミノパチーと総称される各種疾患の原因である。

以上，中間径フィラメントは細胞骨格の一要素として，細胞形態を支える重要な役割を果たしている。その強い線維構造と分布状況から機械的支持機能が第一義的に考えられる。中間径フィラメント蛋白質の多様性の意義は，その特徴的な分子形態からフィラメント相互および他の細胞要素との連結に求めることができる。また，それには結合蛋白質も含めて考える必要がある。加えて，中間径フィラメントの構成蛋白質は細胞特異性が高く，細胞分化，分類，起源などの分析に重要な指標となる。この指標は腫瘍の分類や細胞同定，発生異常の推定など，臨床医学への応用に導く。

技術解説

フリーズエッチング

凍結した試料を割断し，その断面に金属粒子を真空蒸着し，レプリカ膜を作るとき，フリーズフラクチャー法といい，断面から氷を昇華させ，氷中に埋まっていた構造を露出させてから，レプリカ膜を作る方法をフリーズエッチング法という。

フリーズエッチング法では，氷を昇華させる必要から凍結保護剤が使用できないこと，および組織細胞を氷晶形成のないガラス質状に凍結させる必要から，急速凍結が施される。したがって，無固定試料を急速凍結し，深くエッチングする。これをとくに急速凍結・ディープエッチング法という。ときに，化学固定ののち，エタノールで凍結保護を施し，急速凍結・エッチングし，レプリカを作ることもある。エッチングにより，氷に埋まった細胞構造，とくに細胞骨格系の線維構造が露出されるので，その立体的観察に有用である（図8-46参照）。この試料作製法は細胞骨格の研究の大きな発展をもたらした。

● **参考文献**

1) Ishikawa H, Bischoff R and Holtzer H : Mitosis and intermediate-sized filaments in developing skeletal muscle. J Cell Biol 38 : 538-555, 1968.
2) Lazarides E : Intermediate filaments as mechanical integrators of cellular space. Nature (London) 283 : 249-256, 1980.
3) Osborn M, Weber K : Biology of disease. Tumor diagnosis by intermediate filament typing; a novel tool for surgical pathology. Lab Invest 48 : 372-394, 1983.
4) Weber K, Osborn M : The molecules of the cell matrix. Scient Amer 253 : 92-102, 1985.
5) 石川春律編著：図説細胞骨格．講談社サイエンティフィク，1985．
6) Schliwa M : The Cytoskeleton. Springer-Verlag, Wien and New York, 1986.
7) Shay JW (ed) : Cell and Molecular Biology of the Cytoskeleton. Plenum Press, New York and London, 1986.
8) Inagaki M, Nishi Y, Nishizawa K, Matsuyama M, Sato C : Site-specific phosphorylation induces disassembly of vimentin filaments in vitro. Nature 328 : 650-652, 1987.
9) Hisanaga S, Hirokawa N : Structure of the peripheral domains of neurofilaments revealed by low angle rotary shadowing. J Mol Biol 202 : 297-305, 1988.

10) Foisner R, Wiche G : Intermediate filament-associated proteins. Curr Opin Cell Biol 3 : 75-81, 1991.
11) Eriksson JE, Opal P, Goldman RD : Intermediate filament dynamics. Curr Opin Cell Biol 4 : 99-104, 1992.
12) Alberts K, Fuchs E : The molecular biology of intermediate filament proteins. Int Rev Cytol 134 : 243-279, 1992.
13) Nakamura N, Tsuru A, Hirayoshi K, Nagata K : Purification and characterization of a vimentin-specific protease in mouse myeloid leukemia cells. Eur J Cell Biol 205, : 947-954, 1992.
14) Okabe S, Miyasaka H, Hirokawa N : Dynamics of the neuronal intermediate filaments. J Cell Biol 121 : 375-386, 1993.
15) Stewart M : Intermediate filament structure and assembly. Curr Opin Cell Biol 5 : 17-29, 1993.
16) Kreis T, Vale R(ed) : Guidebook of the Cytoskeletal and Motor Proteins. Oxford University Press, Oxford, New York and Tokyo, 1993.
17) Garod DR : Desmosomes and hemidesmosomes. Curr Opin Cell Biol 5 : 30-40, 1993.
18) Heins S, Aebi U : Making heads and tails of intermediate filament assembly, dynamics and networks. Curr Opin Cell Biol 6 : 25-33, 1994.
19) 石川春律：細胞骨格．細胞機能と代謝マップ（日本生化学会編），pp.12-20，東京化学同人，1998．

第9章
核と細胞分裂・増殖

Ⅰ. 核-細胞質間物質輸送　232
Ⅱ. クロマチンと染色体　240
Ⅲ. 細胞周期とその調節　248
Ⅳ. 細胞分裂と増殖　253
Ⅴ. 生殖細胞と減数分裂　259
Ⅵ. 細胞のがん化　266

● **本章を学ぶ意義**

　生命体の基本単位である細胞が構成する，組織・臓器・器官系・個体の階層性を形成維持するためには，細胞分裂による数の増加と細胞系列の多様な分化が前提となる．本章では，まず細胞の同一性・恒常性を保ちつつ，多様な細胞機能活動の特性を発揮するために必要な，核内の遺伝子情報に基づいて細胞内の代謝活性活動の連携調節を担っている核-細胞質間輸送の分子機構を学習する．ついで核内の分子構成，とくに遺伝情報分子であるDNAの核内での存在様態としてクロマチンと染色体の構造特性を理解する．

　また細胞の数的増加プロセスの基本となる，細胞増殖機構を構成する細胞周期サイクルの各ステップの特徴と調節チェック機構を学び，細胞分裂・増殖の各段階でのさまざまな様相について分子レベルでの理解を深める．さらに，個体の多様な分化によって，環境変動などへの対応に備え，生物系統種の継続的な維持存続をはかるために，生殖過程により遺伝子をシャフルすることで絶えず多様な変動可能性を確保しておくことが必須であり，そのもととなる雌雄個体から生殖細胞を生み出す減数分裂の過程を学習する．合わせて本章では，個体発生のもとである受精・初期胚およびES細胞などの特性を理解することが求められる．

　最後に，これら細胞増殖にとって必須の細胞周期サイクルの変調が，細胞のがん化となって発現する発がんへの過程を，がん細胞の特性と合わせて遺伝子発現調節の分子レベルで理解しておくことが必要である．

I. 核-細胞質間物質輸送

　細胞は**真核細胞** eukaryotic cells と**原核細胞** prokaryotic cells の大きく二つに分けて考えることができるが、その分類の基本となる構造体が核（あるいは細胞核と呼ぶ）である。核の発見は19世紀の前半にまでさかのぼることができるが、その後その核内には遺伝情報である DNA が含まれることが明らかとなり、細胞にとって重要な小器官（オルガネラ organelle）であることがわかってきた。

　核は酵母から哺乳動物細胞に至る通常の動植物細胞の細胞内に存在しており、DNA 複製やその RNA への転写といった細胞にとって重要な機能を営んでいる。

　核は酵母などの一部の真核細胞を除き、細胞周期の分裂期において一旦崩壊し、細胞分裂に伴って再構築されるというダイナミックな変化をする。

　核の数は通常細胞当たり1個であるが、成熟分化した細胞の中には、たとえば肝細胞や軟骨細胞のように2個の核をもつ場合もあり、また骨格筋細胞などでは多数の核をもっている。

　核の形（図9-1）や大きさは、細胞の種類によって、また発生段階によって異なる。さらには正常細胞とがん細胞を病理組織学的に区別する場合も核の異形性や大きさが判断基準となるが、なぜがん細胞の核が異型性を示すのかといったことに関してはまだまったくわかっていない。

　細胞が外界の刺激に適切に呼応し、細胞内のさまざまな変化に対応してホメオスタシスを保つためには、核と細胞質は相互に情報交換を正確かつ迅速に行う必要がある。このように核と細胞質の間の物質（情報）の交換は、細胞にとってきわめて重要なシステムであり、核膜孔を介して行われると考えられる。つまり核内に存在する DNA から転写された mRNA が、核膜孔を取って細胞質に

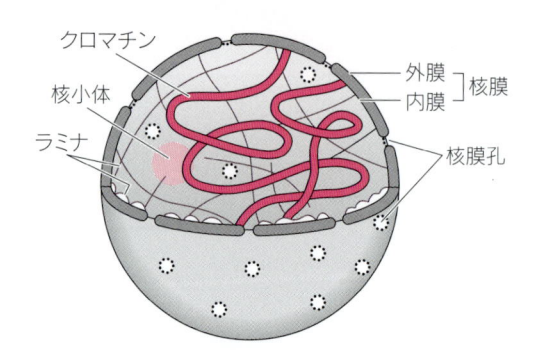

図9-1　細胞核の立体的模式図

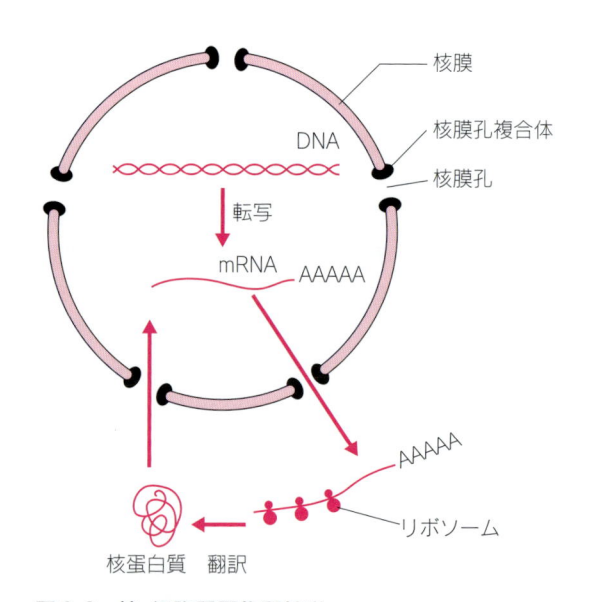

図9-2　核-細胞質間物質輸送
　核内に存在する DNA から転写された mRNA は、核膜孔を通って細胞質に出てくる。細胞質のリボソーム上で、mRNA から蛋白質に翻訳され、核内で働く蛋白質（核蛋白質）は、mRNA とは逆向きに核膜孔を通過して核内に入る。

移行してその mRNA にコードされた遺伝情報に従い細胞質で蛋白質が合成される。合成された蛋白質のうち、核の中で働く分子（核蛋白質と呼ぶ）は核膜孔を通過して核内に入り、また細胞質に一

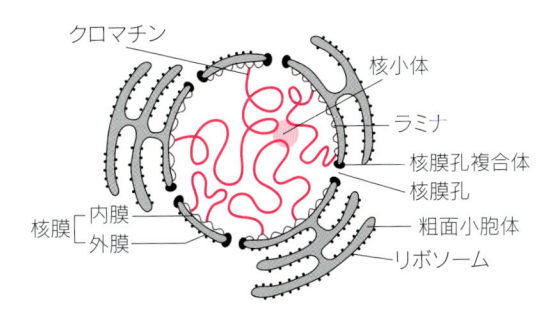

図 9-3 細胞核の平面的模式図
核外膜は，粗面小胞体膜に連続していると考えられている。

時留まる分子でも細胞外刺激により核内に移行して情報を核に伝える(図 9-2)。

臨床との接点

核膜病

核膜蛋白質の異常によって起こる病気が知られるようになり，核膜病と総称される。核内膜や核ラミナを構成する蛋白質の欠失や変異が，Emery-Dreifuss 型筋ジストロフィー症や家族性リポジストロフィー，早老症など，多数の疾患の原因になることがわかってきた。核膜の蛋白質の変異がどのように疾患を誘発するのかについての詳細なメカニズムは不明であるが，核膜を構成する因子とクロマチンとの関連が次第に明らかになりつつあり，今後，病態が解明されていくであろう。

A 蛋白質の核-細胞質間輸送機構

1 核 膜

核は核膜 nuclear envelope, nuclear membrane と呼ばれる脂質二重膜によって囲まれ，細胞質と隔てられている(図 9-3)。つまり真核細胞においては，遺伝情報である DNA を複製したり，転写して RNA を作る場(核)と，その RNA から蛋白質を作る場(細胞質)とが，核膜と呼ばれる膜構造によって画然と分離されている。このことが原核細胞と異なる大きな特徴である。

電子顕微鏡による観察などから，核膜は内外二層の膜から構成されていることがわかってきた。細胞質側を核外膜，核の内部に面するほうを核内膜と呼ぶ。核外膜と核内膜の間には幅 20～50 nm の空間があり，核膜腔と呼ばれている。核外膜は粗面小胞体膜に連続していると考えられており，リボソームが付着している。したがって核膜腔と小胞体腔もまた連続した空間を構成すると考えられる。また核外膜と核内膜が互いに融合する部分があり，核膜孔と呼ばれる小孔が開口している。核膜の裏打ち構造としてラミナと呼ばれる線維性の構造体が存在して，核の構造の保持に働いており，主としてラミン lamin と呼ばれる中間径フィラメント様蛋白質で構成されている。

Advanced Studies ラミン

ヒトなどの哺乳動物細胞は，ラミン A, B, C と呼ばれる 3 種類のラミンをもつ。核膜の構築やその維持に重要な役割を果たすと考えられているが，ラミンは核を構成する蛋白質の中ではかなり豊富に存在する蛋白質であるので，それ以外の機能も推測されているがよくわかっていない。またラミン分子は，核膜に存在するラミン受容体 lamin receptor 分子を介して核膜に結合している。ラミン A と C は細胞分裂期において核膜の崩壊に伴って核膜から遊離するが，ラミン B は細胞周期を通して常に核膜と結合していると考えられている。核膜の崩壊・再構築の過程では，ラミン分子のリン酸化・脱リン酸化を介する反応が重要であることが明らかとなってきた。

2 核膜孔

核膜孔 nuclear pore では，核の外膜と内膜が融合し，その内周を蛋白質が複雑に集合した構造体(核膜孔複合体 NPC: nuclear pore complex)が取り囲んでいる(図 9-4, 5)。この核膜孔をイオンや代謝産物のような低分子量の物質が，細胞質と核の中との濃度勾配に従って移動し，最終的には細胞質と核質との濃度が平衡化する(受動拡散，単純輸送)。

拡散できる分子の大きさは，蛋白質であれば分子質量 40～60 kDa までが限界である。この限界を超える分子量の蛋白質は受動拡散では通過できないことから，物質が拡散するための核膜孔の直径はおよそ 10 nm 程度と見積もられている。

一方，核内で働くほとんどの蛋白質は，拡散では運べない分子量であるため，エネルギーを必要とする輸送(能動輸送)によって行われる。近年，これら核-細胞質間輸送に関与する分子群が明ら

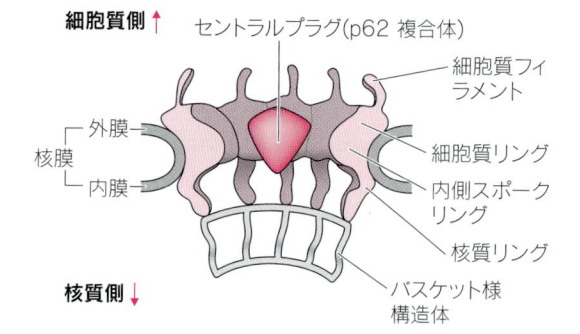

図9-4 核膜孔の構造
核膜孔の中心に栓のような構造(central plug)があり，その周りに八角対称のスポーク構造と水平方向に複数のリング構造が規則正しく配置されている（文献1）より改変）。

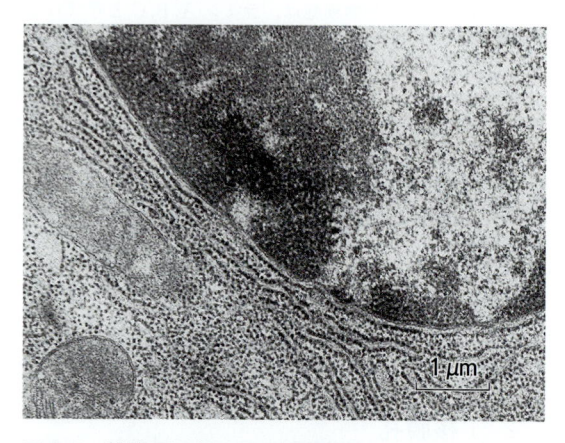

図9-5 核膜周辺部の電子顕微鏡像
核膜と呼ばれる二層の脂質二重膜によって核と細胞質は隔てられている。核外膜は粗面小胞体膜に連続している。ヘテロクロマチンからユウクロマチンに変化している部分に接する核膜の部分に核膜孔と呼ばれる特別な構造体が存在していることが観察される（大阪大学大学院医学系研究科解剖学講座・伴　忠延博士原図）。

かになってきた。

Side Memo
以前は電子顕微鏡による核膜の観察から，核膜孔には隔膜 diaphragma と呼ばれる脂質二重膜が張っているという考え方があったが，近年の詳細な研究からこの概念は否定されている。

核膜孔を取り囲むように核膜の内外に正八角形状に蛋白質の複合体が存在し，**核膜孔複合体** nuclear pore complex と呼ぶ。核膜孔複合体は巨大な蛋白質複合体であり，1個の核膜孔複合体全体の推定分子質量は 125 MDa（メガダルトン），構成する蛋白質は約 30 種類，合計約 1,000 個にも及ぶといわれている。

近年の電子顕微鏡による詳細な解析から，核膜孔複合体の細胞質側には線維状構造体 cytoplasmic fibril が細胞質に向かって突き出ており，核質側にはバスケット様構造体 basket-like structure と呼ばれる特徴的な構造体が付着していることが明らかにされている。またこのバスケット様構造体は，後述する核マトリックス(240頁)につながっていると考えられている。

Advanced Studies　核膜孔複合体構成蛋白質
核膜孔複合体は生化学的な扱いが難しく，構成する蛋白質に関する研究は遅れがちであったが，近年，酵母の遺伝学的な解析やプロテオミクス解析を中心にして進展が見られ，ほぼすべての構成因子が同定されている。N-アセチルグルコサミン(GlcNAc)と呼ばれる糖鎖のついた糖蛋白質が多く存在することや，遺伝子レベルの解析から，さまざまな特徴的な繰り返し配列が見つかってきている。

核膜孔の数は細胞の種類や機能状態によってかなり大きな差があり，また動物種によってもかなり異なることが知られている。一般に代謝活動の活発な細胞ほど多いと考えられているが，培養細胞を用いた実験から，対数増殖期の細胞と静止期の細胞では核膜孔の数に大きな差はないという研究成果もあり，結論は今後の研究に委ねられている。通常，細胞分裂に備えて核膜孔の数は，DNA と同様に DNA 合成期に 2 倍に増加すると考えられている。

3　核局在化シグナル

ほとんどの核蛋白質は，選択的に細胞質から核内に輸送されるための"核への信号"という意味で，核局在化シグナル(NLS : nuclear localization signal)と呼ばれる配列を有している。このシグナルは蛋白質の一次構造上のいずれかの部分に存在し，**表9-1** に示されたような配列などが知られている。

これらの配列の特徴として，リジンやアルギニンといった塩基性のアミノ酸に富んでいるものを

表 9-1 代表的な核局在化および核外移行シグナル

	蛋白質	シグナルのアミノ酸配列
核局在化シグナル		
塩基性		
単極型	SV40T 抗原	PKKKRKV
	ポリオーマウイルス large T 抗原	VSRKRPRPA
	ヒト c-myc 蛋白	PAAKRVKLD
双極型	ヌクレオプラスミン	KR PAATKKAGQA KKK
核外移行シグナル		
富ロイシン型	PKI	LALKLAGLDL
	HIV-1 Rev	LPPLERLTL

塩基性 basic または古典的 classical：NLS といい，SV40T 抗原のような単極型 single type とヌクレオプラスミンのように二つの塩基性アミノ酸のクラスターが 10 個程度のアミノ酸のスペーサーで隔てられている双極型 bipartite type がある。他に非塩基性の核局在化シグナルも見つかっている。

Side Memo

1 核への信号の存在

ヌクレオプラスミンと呼ばれる，アフリカツメガエルの卵母細胞が豊富にもつ核蛋白質の一つを利用して，核内移行に必要なシグナルの存在が証明された。ヌクレオプラスミンは，分子質量 30 kDa のサブユニットからなるホモ五量体で，蛋白質分解酵素による部分的分解でテイルという部分とコアという部分に分けることができる。この処理でできるさまざまな大きさの分解産物をアフリカツメガエルの卵母細胞の細胞質に微小ガラス管を用いて導入（マイクロインジェクション）し，核内に移行するか調べたところ，テイルと呼ばれる部分が一つでも残っていれば，その分子はすみやかに核内に移行した（図 9-6）。一方，分子量としては処理前の本来のヌクレオプラスミンそのものより小さくなっているにもかかわらず，コアの部分のみの分子はまったく核内に移行できなかった。このことから，テイルの部分に核内に入るための"信号"の存在することが予想され，ヌクレオプラスミンのような核蛋白質の核内移行は分子の大きさとは無関係であることが明らかとなった。

2 核局在化シグナル配列の発見

核局在化シグナルは，最初 SV40 と呼ばれるサルのウイルスの変異株を用いて明らかにされた。このウイルスは感染細胞の核内で増殖する DNA 型のウイルスであるが，その増殖に関わる蛋白質の一つで，核内で働く T 抗原と呼ばれる蛋白質をもつ。その変異株は T 抗原が核内に移行できず，ウイルスのゲノムを詳細に解析したところ，1 か所の点突然変異が見つかった。その変異によって置き換わったアミノ酸を中心に解析が続けられ，T 抗原が核内に移行するために必要な 7 個のアミノ酸からなるシグナル配列

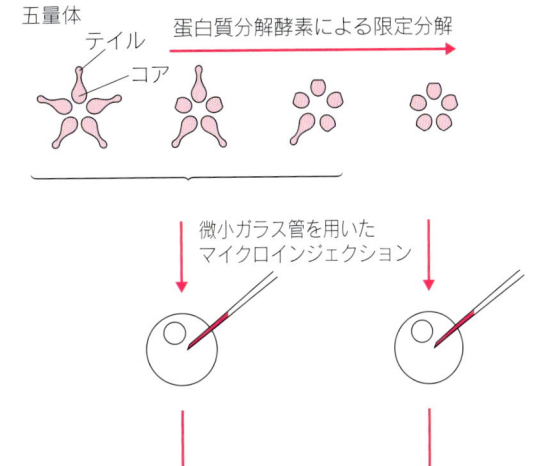

図 9-6 ヌクレオプラスミンには核へ移行するための"信号"がある

ヌクレオプラスミン五量体あるいはその蛋白質分解酵素による部分分解産物をアフリカツメガエル卵母細胞の細胞質にマイクロインジェクションする。一定時間経過後，その細胞内局在を観察すると，"テイル"と呼ばれる部分が一つでも残っていれば，その分子はすみやかに核内に移行した。つまり"テイル"と呼ばれる部分に核へ移行するための"信号"が存在すると考えられる。

が同定された。さらに驚くべきことに，その部分の配列を核蛋白質ではない任意の蛋白質に遺伝子工学的に融合させると，本来は核内に移行しない蛋白質が核内に入ることができるようになることがわかった。

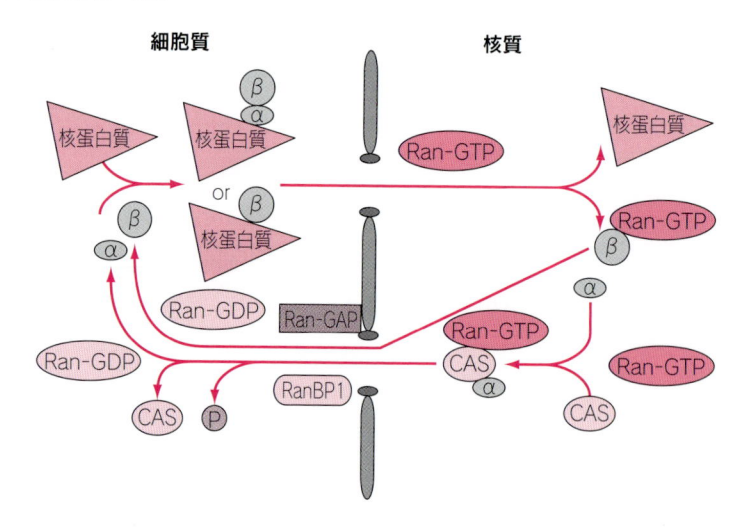

図9-7 蛋白質の核内移行サイクル

NLSを有する核蛋白質は，細胞質でimportin βあるいはimportin α／importin βとの複合体を形成して核内に移行し，Ran-GTPの作用で複合体が解離する。importin αはCASとRan-GTPとの複合体を形成して，再び細胞質に輸送される。CAS：exportin 2，α：importin α，β：importin β，Ran-GTP：GTP結合型Ran，Ran-GDP：GDP結合型Ran，Ran-BP1：Ran binding protein 1

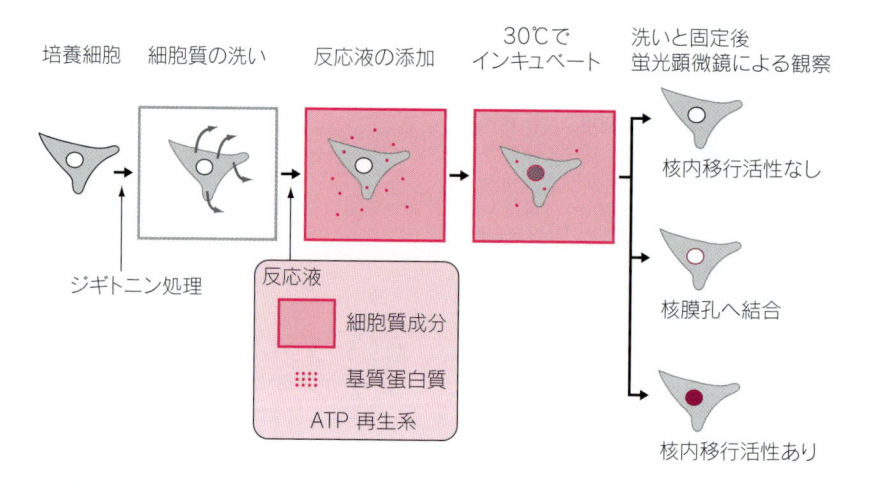

図9-8 in vitro 核移行アッセイ系

4 核蛋白質輸送に関与する分子群
（図9-7）

核蛋白質が細胞質から核内へ運搬される過程，すなわち細胞質で核蛋白質のもつ核局在化シグナルが認識されて核膜孔を通過し核内に移行する過程で複数の重要な因子が in vitro 核移行アッセイ系により明らかにされてきた。

最初にimportin αとimportin βが同定された。前者は核局在化シグナルの受容体（レセプター）として，後者はimportin αと結合し，核蛋白質／importin α／importin βという三者複合体を形成して核膜孔に到達し，通過する。通過後，核内でGTP型Ran（Ran-GTP）がimportin βに結合することで三者複合体は解離し，importin αはCAS（cellular apoptosis susceptibility protein；exportin 2）によって，importin βはRan-GTPに結合した状態で細胞質へ輸送されリサイクルされる。

技術解説

in vitro 核移行アッセイ系による核内移行活性の評価

培養細胞をジギトニンという界面活性剤で処理すると，コレステロール含量の高い細胞膜には穴が開くが，低い核膜は無傷に保たれた細胞ができる(図9-8)。この細胞の細胞質部分を洗い流し，別に調整した細胞質分画(または組換え蛋白質)と核移行の基質およびATP再生系を細胞に加えて保温すると，加えた細胞質分画(または組換え蛋白質)の活性により，基質が核内へ移行したり，核膜孔に留まったりする現象を観察できる。1990年にLarry Geraceらのグループにより開発され，その後のさまざまな輸送因子の発見につながった。

Advanced Studies

1 importin α ファミリー

塩基性アミノ酸クラスターに特徴づけられる古典的NLSの受容体として同定されており，アミノ酸配列の相同性から大きく三つのサブファミリーに分類できる。それぞれのサブファミリーに属する分子は組織によって発現パターンが異なり，輸送する核蛋白質が異なるなど機能的にも相違があると考えられている。

2 importin β ファミリー

現在まで20個以上の相同体が同定されており，その共通する特徴としては，次の三つである。
① 核・細胞質間をシャトルする。
② Ran-GTPと結合する。
③ 核膜孔複合体の構成因子と相互作用する。

核蛋白質の中にはimportin α／importin β と複合体を形成して核内移行するものや，importin α との結合は不要でimportin β と直接結合して核内移行するものもある。一方，importin β は単独で核内移行可能で，しかもRanも必要でないことが明らかになってきた。また，核外輸送因子であるexportinも構造的特徴からimportin β ファミリーに属していることが知られている。酵母からほ乳類に至る幅広い生物種で普遍的に存在するimportin β ファミリーは核・細胞質間輸送の基本分子であると考えられている。

B 蛋白質の核から細胞質への遊出

1 核-細胞質間分子"シャトル"

蛋白質の中には，核と細胞質の間を出たり入ったりして働くものがある。たとえば蛋白質合成装置であるリボソームは，核小体でそのサブユニットが形成されるが，リボソームを構成する個々の蛋白質は細胞質で合成されてから核膜を通って一

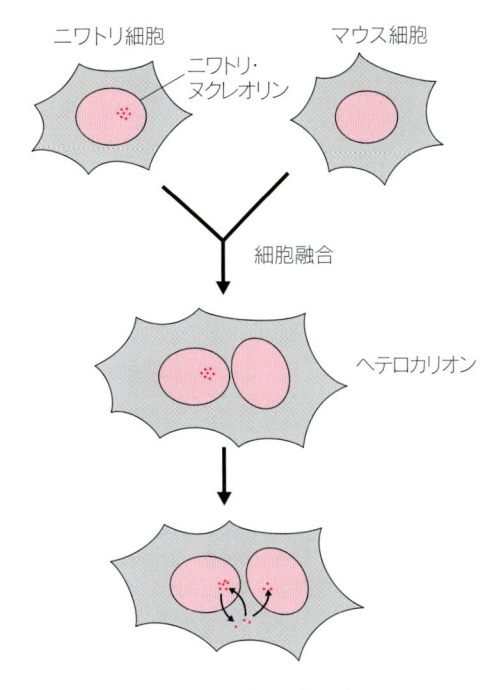

図9-9 核-細胞質間分子"シャトル"

核小体に主として存在するヌクレオリンと呼ばれる蛋白質は，核と細胞質の間を出たり入ったりする蛋白質であることが，ニワトリ細胞とマウス細胞とのヘテロカリオンを用いて明らかにされた。

旦核小体にまで運ばれ，サブユニット構造を構成して再び細胞質に戻ってくる。また，核小体に主として存在するヌクレオリンと呼ばれる蛋白質などは，核と細胞質の間を行き来する分子の代表として古くから知られている。

Side Memo

細胞融合法による核・細胞質間分子シャトルの証明

実際に蛋白質が核から出て，再び核に入ることを実験的に明確に証明したのは，ヘテロカリオン(融合細胞)を利用したものが最初といえる。ニワトリの細胞とマウスの細胞を融合させてヘテロカリオンを作成し，ニワトリのヌクレオリンに特異的に反応する抗体を用いて調べたところ，新しく蛋白質が合成されないような条件でヘテロカリオンを培養しているにもかかわらず，マウス細胞由来の核の中にもニワトリのヌクレオリンが集積するようになった(図9-9)。新しい蛋白質は合成されていないわけであるから，もともとニワトリ細胞由来の核小体に局在していたヌクレオリンが，一旦細胞質に出て，再び核内に移行し，そのとき，マウス細胞由来の核にもある一定の比率で入っていったと考えられる。

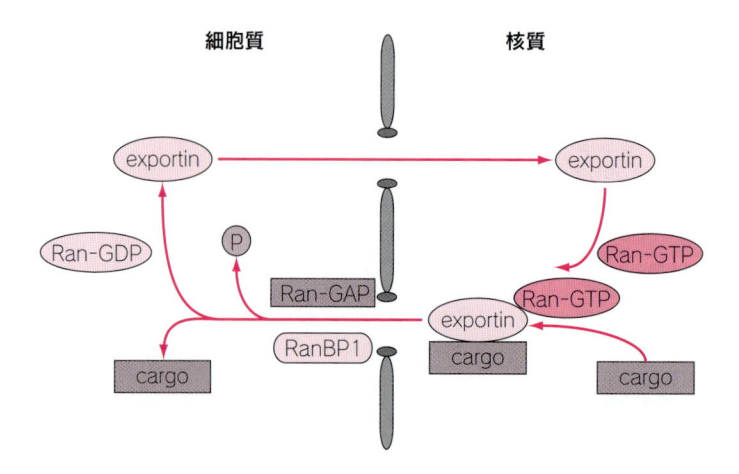

図9-10 exportin による核外移行サイクル
Cargo（運ばれるもの）として NES を有する蛋白質や tRNA, rRNA, UsnRNA は, Ran-GTP 存在下で exportin と複合体を形成し細胞質に輸送され, RanGAP などによる GTP の加水分解作用により Ran が GDP 結合型に変換すると解離する. Ran-GAP：Ran-GTPase activating protein

2 核外移行シグナル

蛋白質が核から細胞質に出るために必要なアミノ酸配列が複数の蛋白質で同定された. これを核外移行シグナル（NES: nuclear export signal）と呼ぶ. 核外移行シグナルは, ロイシンなどの疎水性アミノ酸がある一定の間隔で並び, αヘリックス構造をとることがわかってきた（表9-1）. 核外移行シグナルは核内で輸送因子のひとつである exportin 1 に認識され, 核膜孔を通過した後に細胞質で解離する（図9-10）. Exportin 1 は, 構造上の特徴から importin β ファミリーに属している.

3 RNA の核外への移行

核外に輸送される RNA は tRNA, UsnRNA, rRNA, mRNA などがあるが, 単一の輸送因子によって輸送されるのではなく, いくつかの異なる輸送因子が用いられる. tRNA, UsnRNA, rRNA と一部の mRNA は exportin-t などの importin β ファミリーの核外輸送因子で, Ran-GTP に依存して輸送される（図9-10）が, 多くの mRNA は別の経路で輸送される. 一方, RNA の核外輸送と転写, 翻訳機構と関連については興味のあるところだが, まだ不明な点が多い.

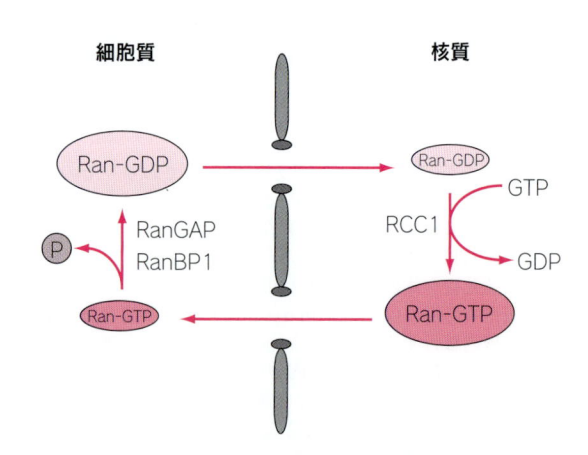

図9-11 低分子量 GTPase Ran の役割
細胞質では RanGAP の作用で Ran の GTPase 活性が促進され, Ran は GTP 結合型から GDP 結合型に変換される. NTF2 が GDP 結合型の Ran を核内へ輸送する. 核内では RCC1 が GTP 結合型 Ran を生成する. このように細胞質では RanGDP, 核内では RanGTP が優位に保たれている.
NTF2：nuclear transport factor 2, RCC1：regulator of chromosome condensation 1

Advanced Studies

tRNA の核外輸送では, Xpo-t（exportin-t）が成熟型 tRNA の核外への選別的輸送を担い, UsnRNA, rRNA と HIV の mRNA の核外輸送では CRM1（exportin-1）が関与しており, いずれも importin β ファミリーに属し, Ran と複合体を形成して核外へ移行する. CTE（constitutive transport element)配列を有するウイルスRNAと細胞性mRNAの核外輸送にはimportinβファミリーではないTAP(TIP associated protein)が共通の因子として必要であり，Ranは関与しないと考えられている。

C 低分子量GTPase Ranの役割
（図9-11）

NLSをもつ蛋白質は，細胞質でimportinα／importinβあるいはimportinβファミリー分子の一つと複合体を形成して核内に移行した後，核内に存在するRan-GTPがimportinβファミリー分子に結合することにより複合体が解離する。importinαはCAS(exportin-2)とRan-GTPと複合体を形成して再び細胞質に運ばれる。

NESをもつ蛋白質は，Ran-GTPの存在下でCRM1(exportin-1)と複合体を形成し，細胞質へ輸送される。Ran-GTPとの複合体は，RanGAP(GTPase activating protein)などの作用によりRanが細胞質でGDP結合型に変換されると解離する。

このように，Ranは核-細胞質間輸送において核内，核外輸送の方向性を保証する因子としての役割を担っている。

臨床との接点

コレステロール量の調節

SREBP：sterol regulatory element binding proteinは，小胞体膜に存在し，細胞内コレステロール量が低下すると，細胞質領域が切断されて膜から遊離し二量体となりimportinβと直接複合体を形成し核内へ移行する。核ではコレステロール代謝に必要な遺伝子の転写因子として働き，細胞内コレステロール量が上がる。このSREBPの核内移行を調節できるような方法（薬剤など）が開発されれば，高コレステロール血症の治療に応用できるかもしれない。

●参考文献

1) Beck M, et al : Nuclear pore complex structure and dynamics revealed by cryoelectron tomography. Science 306 : 1387-1390, 2004.
2) 遠藤斗志也, 吉久 徹：細胞における蛋白質の一生. pp.877-888, 共立出版, 2004.
3) 関元敏博, 米田悦啓：細胞内輸送がわかる. pp.22-30, 羊土社, 2002.
4) Mosammaparast N, Pemberton LF : Karyopherins : from nuclear-transport mediators to nuclear-function regulators. Trends Cell Biol 14 : 547-555, 2004.
5) Goldfarb DS, et al : Importin a : a multipurpose nuclear-transport receptor. Trends Cell Biol 14 : 505-514, 2004.

II. クロマチンと染色体

A クロマチン

　核膜で包まれた核内部の成分を細胞質と対比して**核質**と呼ぶ。

　核質の大部分は，クロマチン（chromatin，染色質）と呼ばれるDNAと蛋白質とからなる複雑な構造体が占める。クロマチンは後述する核マトリックス nuclear matrix と呼ばれる核の骨格を形成する構造体に付着して高次構造を形成して存在していると考えられている。

　塩基性色素に対する染色性から，染色性の弱いユウクロマチン euchromatin と強く染まるヘテロクロマチン heterochromatin に分けられる。電子顕微鏡による観察ではユウクロマチン部分は電子密度が低く，逆にヘテロクロマチン部分は電子密度が高い（図9-12）。ヘテロクロマチン部分はDNAが高度に折り畳まれ，RNAへの転写が抑えられている部分と考えられる。したがってユウクロマチンとヘテロクロマチンの部分は，細胞の活動度に応じて常に変化していると考えられる。つまり一般に活発に活動している細胞は，ユウクロマチンの占める割合が多い。

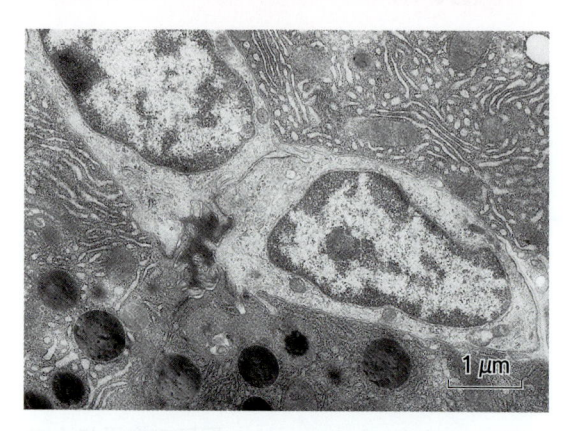

図9-12　膵臓の腺房中心細胞の電子顕微鏡像
　腺房細胞に囲まれた，明るい腺房中心細胞が2個存在している。核を見ると，電子密度の低いユウクロマチンの部分と，電子密度の高いヘテロクロマチンの部分がはっきりと区別できる（大阪大学大学院医学系研究科解剖学講座・伴　忠延博士原図）。

[Advanced Studies]
　DNAの高次構造はDNAからRNAへの転写などのさまざまな機能の調節に関与する重要な要因であることがわかってきているが，実際にどのような蛋白質がどのようにDNAと相互作用してクロマチンの高次構造を形成しているかについては，未解明の部分が多い。

　女性の場合，X染色体が2本あるが，一方は通常凝縮し，不活化されていて転写活性をもたない。この不活化されたX染色体が性クロマチン sex chromatin として1個の大きな構造体として核質に存在する。性クロマチンは，胎児の性判定などに用いられる。

1 DNA

　ヒトの一つの細胞には，約 $6×10^9$ ヌクレオチド対のDNA（deoxyribonucleic acid：デオキシリボ核酸）が含まれている。実際には，このDNAが46本の染色体に分かれて存在するわけだが，

[Advanced Studies] **核マトリックス nuclear matrix**
　細胞質に細胞骨格と呼ばれるいくつかの線維状構造があって，細胞のさまざまな機能に関与しているのと同様に，核質にも核の機能の基盤となるようなマトリックス様の構造があり，核マトリックスと呼ばれている。生化学的な扱いが難しいため，構成する蛋白質に関する情報は少ないが，DNA側にはMAR：matrix attachment region と呼ばれる領域があって，その部分で核マトリックスに付着していると考えられている。核マトリックスを構成する蛋白質のうち，MARに結合する蛋白質の一つと考えられているのがトポイソメラーゼIIと呼ばれる分子で，DNAのねじれに変化を与えてDNAの高次構造を変化させていると考えられている。

仮にすべてをつなげたとすると，約1.8 m もの長さとなる。DNA の直径は約2 nm であるが，実感をもてるように2 mm に拡大したとすると，その長さは1,800 km にもなる。このことからも想像できるように，この膨大な量のDNA が裸のまま延び切った状態で存在するとしたならば，いたるところでちょっとした衝撃で切断されてしまい，とても遺伝情報を次世代に伝えることなどできない。細胞はこの問題を解決するために，ヒストンと呼ばれる蛋白質と DNA とを結合させ，ヌクレオソーム nucleosome という構造を作り，さらにヌクレオソームを折り畳んで，最終的には直径10 μm 程度の核（先ほどのたとえでは1,800 km のDNA が直径10 m の容器に詰め込まれていることになる）に全DNA を保持している。

2 ヒストン

ヒストン histone は核内で最も多い蛋白質であり，核内の DNA 結合蛋白質 DNA binding proteins はヒストンとそれ以外の蛋白質，非ヒストン蛋白質 nonhistone proteins に大別される。ヒストンは塩基性の電荷をもつアミノ酸に富んでおり，これらが酸性の DNA との結合に役立っていると考えられる。ほかの DNA 結合蛋白質が配列特異的に DNA に結合するのに対し，ヒストンは配列にかかわらず DNA と結合するという特徴をもつ。したがって基本的には核内 DNA は端から端までヒストンと結合していることになる。

ヒストンには五つのタイプがあり，ヌクレオソームヒストン nucleosomal histone（コアヒストン core histone とも呼ばれる）と H1 ヒストン（リンカーヒストン linker histone とも呼ばれる）に分けられる。ヌクレオソームヒストンには H2A，H2B，H3，H4 の4種類があり，いずれも分子質量1万数千Da の小さな蛋白質である。H3，H4 は進化上アミノ酸配列の変化が最も少ない蛋白質で，人工的にその配列を改変するとほとんどの場合，細胞に死を与えることになる。H1 ヒストンは分子質量2万数千Da の蛋白質で，ほかのヒストンに比べ進化過程におけるアミノ酸配列の変化が大きい。ニワトリなどの有核赤血球では，H1

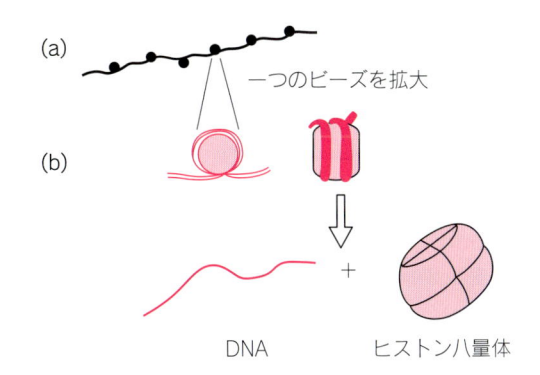

図9-13 ヌクレオソームの模式図
(a)：電子顕微鏡で観察される，ビーズを糸で連ねた像。
(b)：一つのビーズの拡大図。ヒストン八量体の周囲をDNA が約2周巻いている。

ヒストンに似た H5 ヒストンが存在する。

Side Memo　ヒストンの発見

1869年に Miescher はヌクレイン（DNA に相当する）の発見を報告した。その後，さまざまな研究者によりヌクレインが研究されていったが，その過程で1885年 Kossel は，アヒル赤血球の核（鳥類の赤血球は哺乳類のそれと異なり，核を有する）からヒストンを分離した。彼は初めヒストンを組織成分 (histo-) の分解物 (-one) と考え，この名をつけた。

Advanced Studies　ヒストン合成と DNA 合成

DNA は細胞周期の DNA 合成期（S 期）に合成される。合成された DNA は傷ついたり切れたりしないためにも，すみやかにヌクレオソームに取り込まれるべきだが，これを可能にするために DNA 合成とヒストン合成が同調して行われることが予想される。実際の細胞内ではまさにこの同調が行われており，ヒストン合成は S 期に行われ，しかもある種の薬剤で DNA 合成を停止させるとヒストン合成もすみやかに停止するという厳密な制御がなされている。

3 ヌクレオソーム

ヒストン H2A，H2B，H3，H4 が2分子ずつ集まって形成される八量体構造の周囲をDNA が約2周分巻いたものをヌクレオソーム nucleosome という（図9-13）。ヌクレオソーム構造が Olins 夫妻により発見されたのは，1974年のことであった。ニワトリ赤血球を低張処理し，溶出されたクロマチン線維を電子顕微鏡で観察すると，ビーズを糸で連ねたような構造が見つかった。同

時期に細胞から単離してきた核をマイクロコッカス菌のヌクレアーゼで処理すると，同様の構造体が遊離してくることがわかった。

これはヌクレアーゼで「糸」にあたるDNAが切断され，「ビーズ」にあたるヌクレオソーム単量体ができることによる。消化時間を変化させることでヌクレオソームの二量体，三量体などが得られる。また，ヌクレオソームヒストンに巻きついている部分のDNAの長さは146塩基対であることも判明した。

一方でこの頃，ヒストンH3とH4，H2AとH2Bが会合体として存在していることが明らかとなり，さらにこれらが集まってH2A，H2B，H3，H4各2分子ずつよりなる八量体が形成されることが明らかとなった。このようにしてOlins夫妻が観察した構造体の正体が明らかになったのである。

核を，ヌクレオソームが糸でつながれたビーズのような形態で観察できる条件よりもさらに穏やかに処理して電子顕微鏡で観察すると，ほとんどのクロマチンは直径約30 nmの構造 30 nm fiberとして観察される。これはH1ヒストンを介してヌクレオソーム同士が集合した結果と考えられている。30 nm fiber構造の状態はDNAが伸び切った状態と比べて約40倍畳み込まれたことになるが，間期核内に収まるためには，さらに100倍以上 分裂期染色体となるには，それ以上詰め込まれた構造をとる必要がある。

このような構造を，**クロマチンの高次構造** higher order structureと呼んでいる。高次構造に関しては不明なところが多く，その理解のためには今後の研究を待たなければならない。現在のところ，間期核内では30 nm fiber蛋白質などよりなる核マトリックスを足場にループを形成しており（ループと核マトリックスとの結合には，MAR（240頁）が関与しているといわれている），このマトリックスが折り畳まれることで，ループもさらに詰め込まれた形となって，高度に凝縮した分裂期染色体の構造ができあがるのではないかと考えられている（図9-14）。

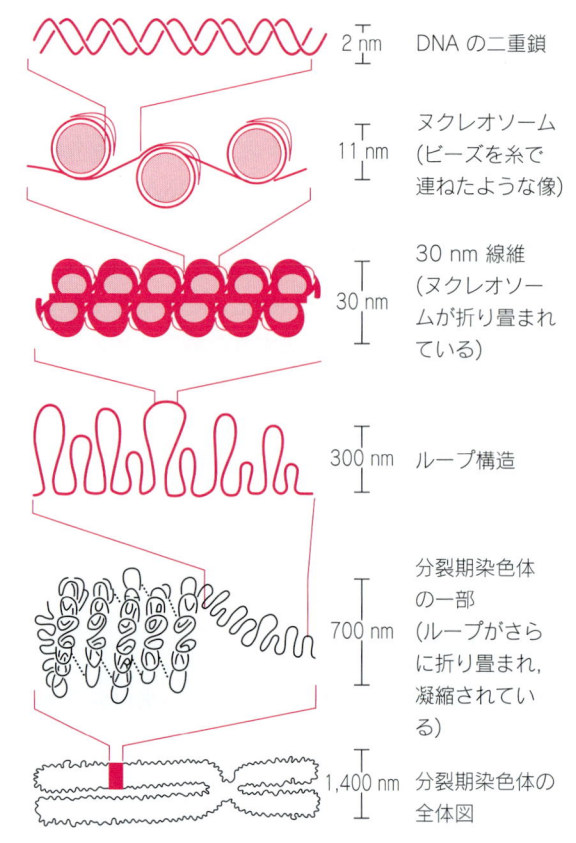

図9-14　DNAのパッケージングのモデル図
DNAはヌクレオソーム構造をとった後，さらに折り畳まれて高次構造をとっていき，コンパクトな分裂期染色体が形成される（Alberts B, et al：Molecular Biology of the Cell, 3rd ed. p354, Garland, 1994 より改変）。

| Advanced Studies | **ランプブラシ染色体**（図9-15）

分裂間期の染色体は分裂期のものと異なり非常に細いうえに核内で複雑に分布しているため，その形態を捉え，RNAの転写を初めとする核の諸機能と対応させるということは非常に困難である。しかし幸運にもある種の染色体は分裂間期でも分裂期染色体のように観察でき，核機能の発現を目で見ることができる。

このような染色体として，前述したハエなどの昆虫の多糸染色体のほかに，両生類の卵形成時に現れるランプブラシ染色体がある。この染色体は減数分裂期に対応した染色体であり，強く凝縮したDNAよりなるクロモメア部と，そこからループ状に突出したループ部からなる。この形態は一般の細胞での間期核内染色体構造を考えるヒントになっている。またループ部では活発にRNA合成がなされているが，クロモメア部ではRNA合成はなく，染色体構造と転写とを考えるモデルにもなっている。

Ⅱ．クロマチンと染色体

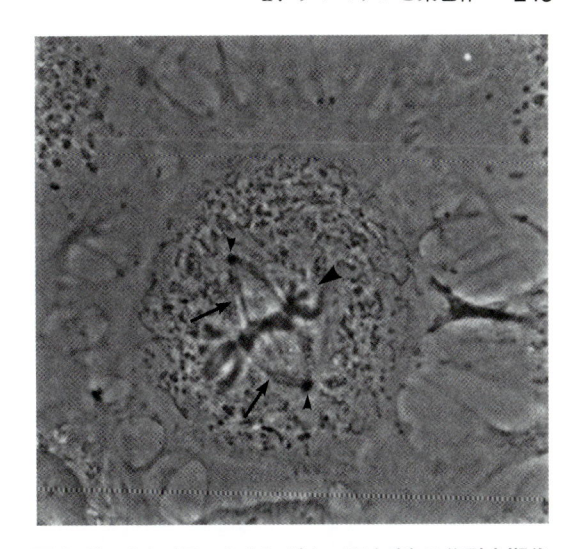

図9-16 Ptk₂(ラットカンガルー腎由来)の分裂中期像
細胞の中央に染色体(大矢尻)が並んでいる。矢尻(小)が中心体を，矢印が紡錘体を示している。

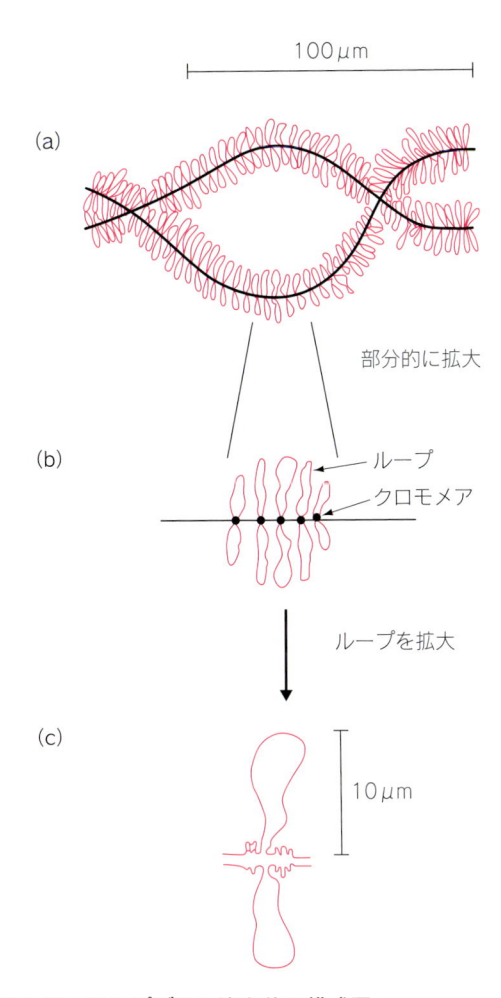

図9-15 ランプブラシ染色体の模式図
(a)：弱拡大像。相同染色体間の数か所(図では2か所)で交叉が見られる。(b)：一部を拡大した図。クロモメア部からループが伸びている。(c)：ループの拡大図。このループ上で RNA 合成が起きている(Watson JD : Molecular Biology of the Gene, 3rd ed. p516, WA Benjamin Inc, 1976 より改変)。

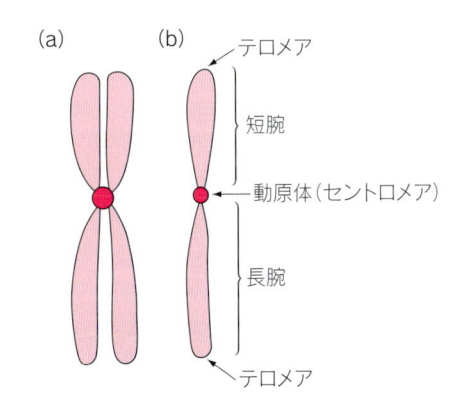

図9-17 分裂期染色体の概略図
(a)：分裂期には染色体の複製が完了しているため，一組の姉妹染色分体がセントロメアで結合した像となる。(b)：姉妹染色分体の一方のみを示したもの。

Advanced Studies

染色体は非常に大きな構造体であり，また壊れやすいため，細胞から無傷の染色体を単離することは大変難しい。しかも単離した染色体は細胞中で染色体の周囲に合った染色体以外の成分を巻き込んでいたり，染色体同士が互いに結合してしまったりして，純粋な染色体を得るのもきわめて難しい。このような理由で，セントロメアやテロメアといった染色体のごく一部の領域以外は，その物質的成立ちは不明の点が多い。このような状況の中，「染色体を細胞から取り出す」という従来の発想ではなく，「細胞外で染色体を作らせる」という発想から新たなアプローチがとられている。

カエル卵1個の抽出液中には，体細胞数千個分の染色体の材料が含まれることが知られている。ここに DNA を加えると，それを中心に染色体が形成される。こうして形成された染色体について，その物質的成立ちを探るわけである。この試みは成功し，いくつかの染色体構成蛋白質が発見されており，今後の研究が期待されている。

B 染色体

増殖の盛んな細胞群を注意深く観察すると，ある頻度で核がなく棒状の構造体をもつ細胞が見つ

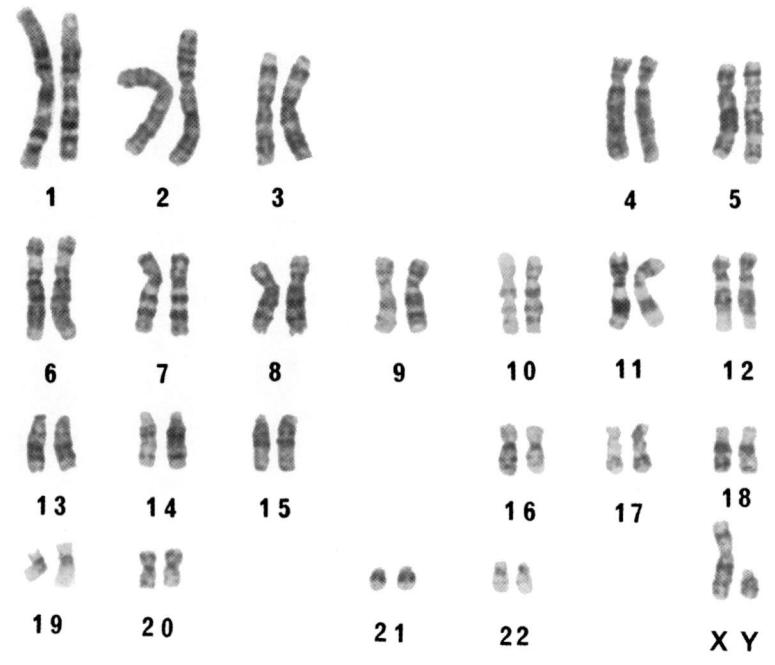

図9-18　正常ヒト男性(46, XY)の核型
染色体をギムザ染色することで，A-T塩基対の多い領域に対応するGバンドが検出できる。図は，このバンドのパターンを基に正常ヒト男性の各染色体を同定し，1番から順に並べたものである(北海道大学理学部・吉田廸弘教授原図)。

かる(図9-16)。この構造体は塩基性の色素で濃染するので，染色体chromosomeと名づけられた。

染色体は遺伝子の本体であるDNAと蛋白質，RNAなどからなる高次の構造体であり，分裂間期に複製され分裂期に娘細胞に分配されることで遺伝情報を子孫に伝える役割を果たす。もともとは分裂間期のDNAの凝縮した状態をクロマチンと呼んで，分裂中期に見られるさらに凝縮した構造体である染色体と区別していたが，現在では細胞周期を通してDNAが高次構造をとったものを染色体と呼ぶことが多くなってきた。本節では誤解を避けるため，必要に応じて分裂間期の染色体を間期染色体，分裂期の染色体を分裂期染色体と呼ぶことにする。

分裂期染色体は一般的には図9-17のように強く狭窄した動原体(セントロメアまたはキネトコア)という部分をもち，その両側を腕arm(長いほうを長腕long arm，短いほうを短腕short armという)，両腕の末端部分をテロメアtelomereと呼ぶ。

1) 核　型

細胞分裂中期における染色体の形態的特徴を，全染色体について図示したものを核型karyotype (図9-18)という。分類するための形態的特徴としては，セントロメアの位置(すなわち，長腕と短腕の長さの比)や染色体の長さのほかにDNA配列を反映した染色法による染色パターン(染色体が帯状に染まるのでバンドと呼ぶ)がある。

A-T塩基対が多い領域に対応するGバンドや，G-C塩基対が多い領域に対応するRバンドなどが代表例で，これらのバンドパターンは特定の染色体に固有なものなので，個々の染色体の同定に威力を発揮する。

2) セントロメア

セントロメア(動原体)centromereは分裂期染色体の強く狭窄した部分に相当し，セントロメア

II. クロマチンと染色体　245

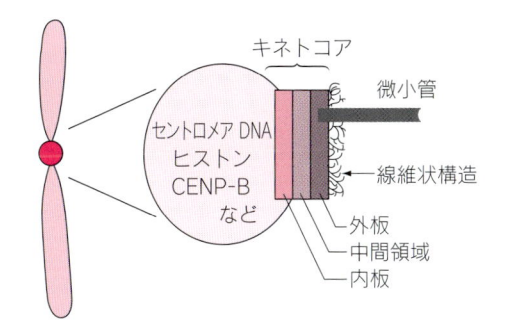

図9-19　分裂期セントロメア領域の模式図
セントロメアDNAにヒストンのほか，CENP-Bを初めとするセントロメア特異的蛋白質が結合し，セントロメアが形成される．分裂期にはその表面に染色体と微小管との結合に寄与するキネトコアが形成される．キネトコアは外板，中間領域，内板の三層よりなる．キネトコア特異的蛋白質としてCENP-C（内板に存在），CENP-E（外板および線維状構造に存在）などが知られている．

DNAと呼ばれるDNA配列と蛋白質などからなる複合体である（高等真核生物ではセントロメアDNAは何度も同じ配列が繰り返される部分を有するという特徴をもつ）．

細胞分裂期にはこのセントロメア領域に紡錘体の微小管と染色体とをつなぐ構造体である**キネトコア** kinetochore が形成される（図9-19）．セントロメアもキネトコアも日本語では「動原体」と呼ばれるが，「キネトコア」が分裂期の特殊な構造を指すのに対し「セントロメア」は分裂期でも分裂間期でも用いられ，単に構造の名称にとどまらない，概念的なものも含んだ広い意味をもっている．

セントロメアの分裂間期における機能ははっきりしていないが，分裂期には以下の機能を果たしていることが明らかとなっている．

①キネトコア形成を介して染色体の移動を制御する．
②姉妹染色分体 sister chromatids が最後まで結合している場所で，姉妹染色分体分離 sister chromatid separation を開始させるシグナルを受容する場でもある．
③分裂期細胞ではすべての染色体が細胞の中央に並ばないと分裂中期から後期への移行は起きない．セントロメアは各染色体が細胞の中央に並んだかどうかを監視する機能ももっている．

以上のような機能を果たすことで，セントロメアは分裂期染色体の分配が正しく行われるメカニズムの一翼を担っている．

Advanced Studies　セントロメアと自己免疫疾患
自己免疫疾患の患者血清中には，セントロメアを認識する抗体が含まれていることがある．CENP-Bと呼ばれる蛋白質をはじめとするセントロメアに局在するいくつかの蛋白質がこのような抗体によって同定され，それらをコードする遺伝子のクローニングも可能となり，セントロメア構築の基本的理解が進んだ．また患者血清を細胞の中に注入することで分裂期染色体の分配に異常が生じることからセントロメアに局在する蛋白質が染色体分配に実際に寄与していることも示された．

3）テロメア telomere

真核生物は線形のDNAを有しているが，その複製機構が明らかになるにつれ，一つの疑問が生じてきた．DNA合成はDNAの5′→3′方向にしか進まないことが知られている．DNA二重鎖のうち，一方の鎖の複製はRNAをプライマーとして行われた後，このRNAプライマーが除かれ再び5′→3′の方向でDNAに置き換えられる．大部分のDNAはこの機構で複製されるが，DNAのまさに一番先端では，RNAが除かれた後，DNAで置き換えることができない部分ができてしまう（図9-20）．（大腸菌のように環状のDNAを有する生物には，この問題はあてはまらない）．

この問題を解決するために線形の染色体を有している生物は，染色体末端にテロメアと呼ぶ特殊なDNA配列を含む構造をもっている．テロメアはテロメラーゼ telomerase と呼ばれる逆転写酵素により，テロメラーゼ自身がもつRNAを鋳型として本来の染色体配列に付加する形で合成される．これにより，付加された配列に対してRNAプライマーが作られ，これを基にDNA合成が行われるため，本来の染色体配列の全長は二重鎖DNAとして複製されることになり（ただし，付加されたテロメア配列の末端にはギャップが残る），染色体の全長が二重鎖DNAとして複製されることになる．

テロメアの存在意義としては，上記のほかに次の三つがあげられる．

```
5'―――――――――――――3'
3'◁□◁―□◁―□ 5'
        ↓ ①
5'―――――――――――――3'
3'――――――――――◌ 5'
        ↓ ②
5'―――――――――――――3'
3'――――――――◌―□ 5'
        ↓ ③
5'―――――――――――――3'
3'―――――――――◁□ 5'
        ↓ ④
5'―――――――――――――3'
3'―――――――――□◌ 5'
```

―― 染色体 DNA
▭ RNA プライマー
▭ テロメレースで合成されたテロメア DNA
▭ DNA 合成酵素で合成されたテロメア DNA
◌ ギャップ

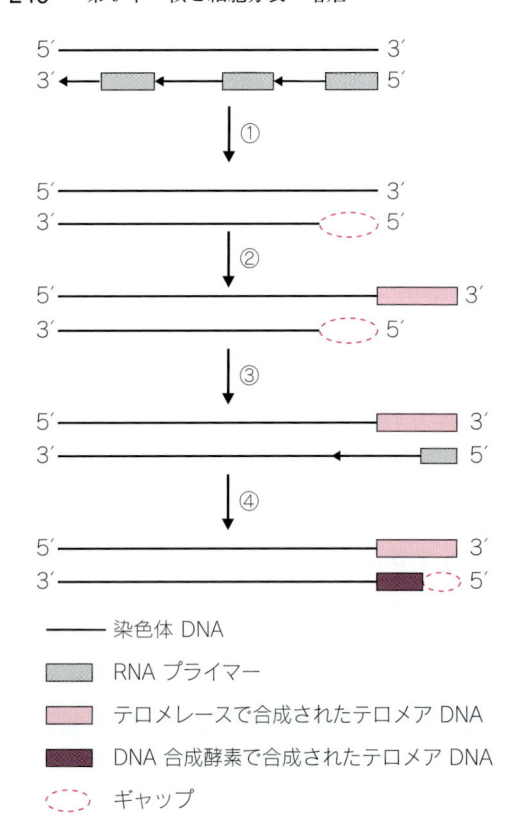

図 9-20　染色体末端部の複製機構
①：RNA プライマーが除かれ DNA に置き換えられるが，末端にギャップが残る。
②：鋳型 DNA の 3′末端からテロメラーゼによりテロメア DNA が合成される。
③：テロメア DNA を鋳型とし，RNA プライマーを介して DNA が合成され本来の染色体のギャップは消える。
④：RNA プライマーが除かれ，先端にギャップが生じる。

①細胞が自身の染色体が，ちぎれているかどうかを判断するのに役立つ。
②染色体が，末端から分解されるのを防ぐ。
③染色体同士が互いに末端で融合することを防ぐ。

[Advanced Studies] **テロメア研究と線毛虫**
テロメアの研究には，テトラヒメナを初めとする線毛虫類がよく用いられる。線毛虫では減数分裂後，染色体は断片化した後に複製され，大核(栄養核)を形成する。大核はその結果 1 個当たり数百万個のテロメアをもつことになり，テロメアの DNA，蛋白質などを得る絶好の材料となっている。ヒトの細胞を使ってテロメアを大量に集めることには無理があるが(正常なヒト細胞 1 個には多くても 184 個のテロメアしかない)，線毛虫のテロメア研究で得られた知見はヒトでも共通することが多く，線毛虫の研究を介してヒトに関する研究も進んでいる。このように普遍性が維持される範囲で適切な材料を用いることにより研究が進展していく例は多い。

臨床との接点
テロメラーゼ
テロメラーゼは，生殖細胞や活発に増殖する細胞にその活性が検出されるが，分化した細胞にはほとんど存在しない。したがって，テロメアの長さは細胞分裂ごとに短くなっていき，テロメアの長さは細胞が何回分裂したかの指標になり得る。つまり，テロメア長と老化の関係が注目されている。一方，がん細胞では，通常，高いテロメラーゼ活性が検出され，数多くの細胞分裂を保証していると考えられるため，テロメラーゼが抗がん治療の標的となり得るのではないかと考えられている。

4）染色体地図
染色体地図 chromosome map には，遺伝子地図と細胞学的地図の 2 種類がある。

❶遺伝子地図
雌雄が存在する生物では配偶子形成の際に減数分裂を行うが，このとき相同染色体間で相同組換えが起こるため，遺伝子座間で交差が起こる。交差の頻度は二つの遺伝子間の距離に比例するので，交差頻度を基に各遺伝子の染色体上の位置を決定することが可能となる。このようにして作成されたものを遺伝子地図という(図 9-21 (a))。

❷細胞学的地図
染色体の欠失，逆位，転座などの変異を利用し，先に述べた核型を基にして作製されたものである。染色体の変異はがんに結びつく場合が多く，多くのがん遺伝子が染色体上にマッピングされている(図 9-21 (b))。染色体の逆位，転座により，がん遺伝子が転写の盛んな領域に入り込んだり，がん抑制遺伝子が染色体の欠失によりなくなったりすることが，がん化につながるというわけである。

[Advanced Studies]

ハエの多糸染色体(図 9-22) polytene chromosome
ハエの幼虫には染色体の複製を繰り返すが，細胞質分裂は起きない細胞が存在し，結果としてこの細胞は正常細胞

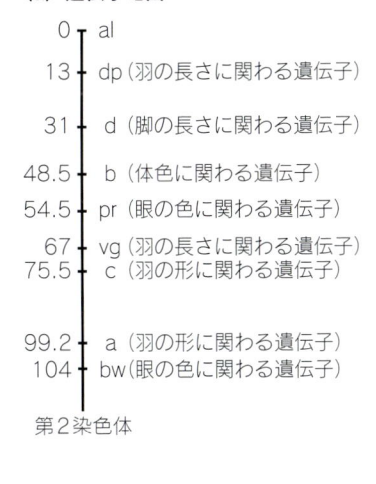

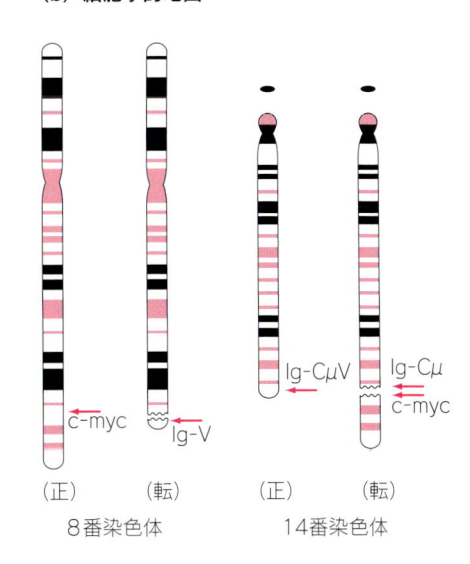

図 9-21　染色体地図
　(a) **遺伝子地図**：ショウジョウバエの第 2 染色体の一部。組換え率から各遺伝子間の距離を決めている。(b) **細胞学的地図**：バーキットリンパ腫で見られる転座の例。8 番染色体と 14 番染色体との間で転座が起き，c-myc（がん遺伝子）が免疫グロブリンの Ig-CμV 座に挿入されたことでがん化すると考えられている（Watson JD：Molecular Biology of the Gene 3rd ed. p155, WA Benjamin Inc, 1976, 4th ed. p1081, The Benjamin/Cummings Publishing Company, Inc, 1987 より改変）。

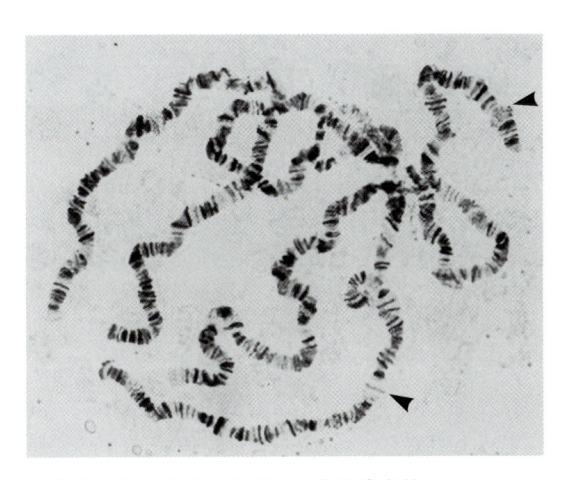

図 9-22　ショウジョウバエの多糸染色体
　各染色体特有の明暗バンドパターンがある。このパターンを目印として特定の遺伝子の位置を知ることも可能である。矢頭はパフの例で，ここでは RNA が盛んに合成されている。

の 1,000 倍程度の DNA 量をもつことになる。しかも染色体複製が旧染色体の真横に新染色体が並ぶ形で行われるため，1,000 本分の染色体が束のようになり，機械的刺激にも強く，光学顕微鏡で容易に観察できる巨大な染色体が出現する。染色体を構成する明暗バンドのパターンから各染色体および遺伝子座を同定することが可能であり，一種の染色体地図ともいえる。また，RNA 合成の盛んな遺伝子は「パフ puff」と呼ばれる形態をとるので，容易に判別でき，遺伝子の位置とその転写状況を目で観察できる得難い材料となっている。

●参考文献
1) 永田和宏，中野明彦，米田悦啓編：細胞生物学．pp.25-37, 東京化学同人, 2006.
2) Lewin B, Cassimeris L, Lingappa VR, Plopper G (eds)：Cells. pp.253-315, Jones & Bartlett Publishers, 2007.
3) 水野重樹編：細胞核の分子生物学．朝倉書店, 2005.

III. 細胞周期とその調節

A 細胞周期とは

　体を構成する細胞は成長過程で分裂・増殖し，古い細胞は新しい細胞に置き換えられる。増殖中の細胞は見かけ上の変化が見られない時期と細胞が分裂する時期とを交互に繰り返しており，染色体複製，染色体の分配，細胞質の分裂を経て二つの娘細胞となるサイクルを細胞周期という。細胞の増殖のメカニズムは，このサイクルを解析することで解明が進められてきた。50年あまり前にHowardとPelcによって提唱された細胞周期の概念は，細胞が分裂するまでの一連の過程がいくつかの時期に分類できる。

1　四つの細胞周期

　現在では細胞周期をG1期，S期，G2期，M期の四つの時期に分けている(図9-23)。

① **G1(gap 1)期**：細胞の外部環境および内部状況を判断して，細胞分裂を行うためにS期に移行するか，分裂を行わずにG0期(静止期)に入るか，あるいは分化を行うかの判断を行う。

② **S(synthesis)期**：DNA合成を行い，染色体が複製される。

③ **G2(gap 2)期**：細胞分裂の準備を行う。

④ **M(mitosis)期**：染色体の分配が行われ，細胞が分裂する。

　ダイナミックに細胞の分裂が行われるM期は，有糸分裂と細胞質分裂の二つの過程があり，有糸分裂はさらに5段階に細分化されるが，その詳細は次項に詳しい。

　また，G1, S, G2期はまとめて**分裂間期** interphaseと呼ばれる。この分裂間期には，DNAだけでなく細胞を構成する各種蛋白質や小胞体・ミ

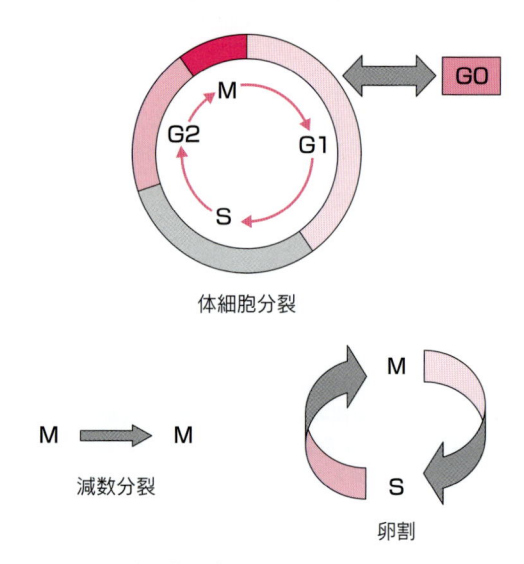

図9-23　細胞周期の概略
体細胞分裂における細胞周期。減数分裂，卵割では特定の時期がキャンセルされる。

トコンドリアなどの細胞内小器官が合成・形成される。

　通常の体細胞においては，これら四つの時期を順番に経て細胞が分裂するが，ある種の細胞の細胞周期はいくつかの時期を飛ばして行われることが知られている。生殖細胞の減数分裂ではM期の次にまたM期が到来し，胚発生における卵割ではS期とM期を繰り返す(図9-23)。

　しかしながら，われわれの体内の細胞すべてが常に増殖をしているわけではなく，多くの細胞はいわゆる休止状態にある。骨髄の造血幹細胞や皮膚の細胞のように，活発に分裂増殖を続けているタイプの細胞の他に，肝細胞などのように通常は増殖を休止しているものの，組織の再生に応じて増殖する細胞が知られている。さらに，神経細胞のように分化により分裂・増殖能力を失うものもある。後二者のような一時的に増殖を休止したり，

分化によって分裂能を失った細胞はG0期と呼ばれる状態にあり，通常の細胞周期のサイクルからは外れた状態にある。

2 細胞周期の時期の判別

細胞周期を研究するにあたり，細胞が細胞周期のどの時期にあるのかを判別する必要がある。これは細胞のDNA合成活性やDNA量を調べることで可能になる。

S期にある細胞は，DNA合成の前駆体であるトリチウムラベルしたチミジンやブロモデオキシウリジン（BrdU：チミジンのアナログ）を取り込むので，これをオートラジオグラフィーや蛍光抗体法により検出することで，細胞がS期にあるかどうかを知ることができる。また，細胞のDNA量は，S期を経たG2期ではG1期の2倍となることから，DNAに定量的に結合する蛍光色素（Hoechst 33342など）で染色することにより，フローサイトメトリーを用いて，ある細胞集団の細胞周期上の分布を知ることができる（図9-24）。

さらに，物理的な方法や薬剤処理によって細胞周期のある特定の時期に細胞を同調する方法が考案され，細胞周期の各期の進行過程やその調節機構を解析するのに用いられた（Side Memo 1）。中でも細胞周期に異常のある突然変異株（温度感受性株）が多数分離された酵母において，細胞周期研究が進展し，動物細胞など高等真核細胞の細胞周期メカニズムの理解に貢献している（Side Memo 2）。

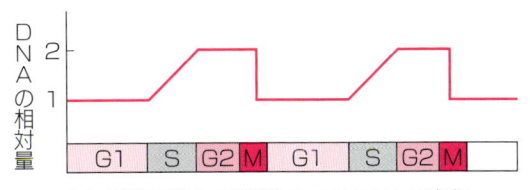

(a) 細胞周期中の細胞あたりのDNA量変化

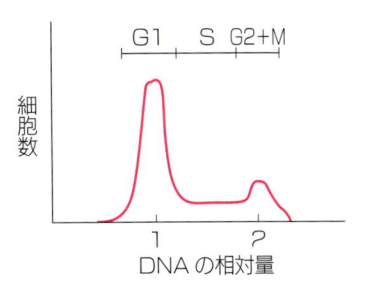

(b) フローサイトメトリーによる細胞のDNA量を指標とした検出

図9-24 細胞周期におけるDNA量

すべて温度感受性の変異体である。出芽酵母と分裂酵母は，進化的にはかなり隔たりがあると考えられている。しかし両者とも次のような細胞周期の解析のために，優れた性質をもっている。
① 一倍体として存在する時期があるために，変異体が単離しやすい。
② 増殖が早い。
③ ゲノムサイズが小さいので，遺伝子のクローニングが容易である。
④ 特定の遺伝子を破壊したり，細胞内で大量発現させて，機能を調べることが可能である。

また細胞周期の制御に関わる基本的な因子は，酵母からヒトに至るまで保存されていることも多く，現在ではヒトで単離された細胞周期の制御因子の機能を酵母の中で調べることもよく行われている。

Side Memo

1 細胞同調に用いられる薬剤

細胞を細胞周期上のある特定の時期にそろえる（同調する）ことは，各期の進行過程やその調節機構を解析するために有用である。薬剤を用いる方法は簡便であり，さまざまなものが用いられている。
　チミジン二重処理（DNA合成阻害）G1/S期
　ヒドロキシウレア（DNA合成阻害）S期
　ノコダゾール（微小管脱重合の促進）G2/M期

2 酵母を用いた細胞周期の解析

出芽酵母と分裂酵母では，細胞分裂周期突然変異株が多数分離されている。これらの細胞分裂周期突然変異株は，

B 細胞周期を進行させる役者たち：Cdkとサイクリン

細胞周期を適切に進めるために必要な因子は，まず酵母の変異体の解析から見つかってきた。cdc2/cdc28（cell-division-cycle）と呼ばれるプロテインキナーゼで，サイクリンB：cyclin Bと複合体を形成して機能を発揮するものであった。さらに，1987年Nurseらが，cdc2温度感受性株にヒトの遺伝子ライブラリーを導入することで正常に生育できる株を検索し，酵母のcdc2の働きを

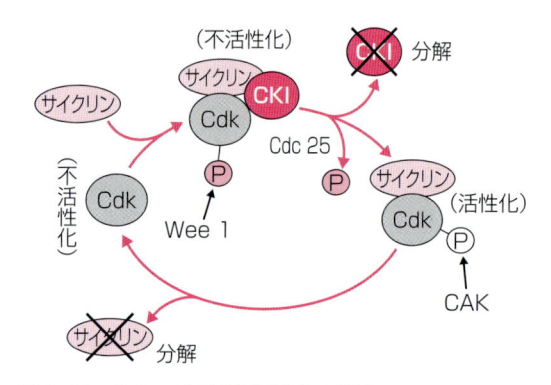

図 9-25　Cdk の活性制御機構の概略
Cdk はサイクリンと複合体を形成するが，CKI が結合している間は不活性である．CKI が分解され，CAK によりリン酸化されると活性型になる．その後，サイクリンは分解される．

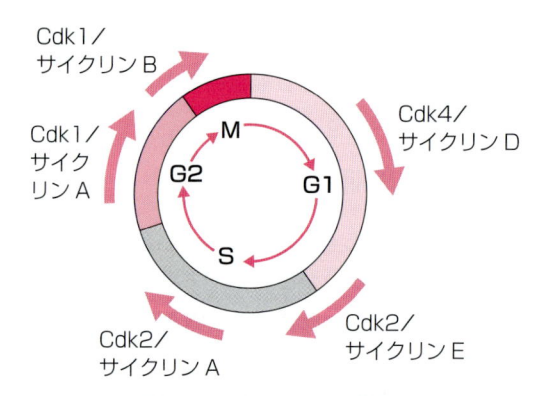

図 9-26　動物細胞における細胞周期制御
細胞周期の各時期および移行期に機能する Cdk/サイクリン複合体をあげた．

相補することのできるヒトの相同遺伝子 Cdk1：cyclin-dependent kinase 1 を同定した．この cdc2/Cdk1 は酵母からヒトまでの真核生物によく保存されており，細胞周期，特に M 期への進行に等しく重要であることが明らかとなっている．

cdc/Cdk 遺伝子産物はセリン・トレオニンキナーゼで，ヒストン H1 や核膜の構成成分であるラミンなどをリン酸化することにより，染色体の凝集や核膜の崩壊を引き起こし，M 期への移行をもたらすと考えられている．cdc/Cdk はそれ単独では活性をもたず，サイクリンと呼ばれる調節サブユニットと結合することが活性化に必要である．その後の研究から，cdc2 と相同性のある蛋白質である Cdk のファミリーが動物細胞から次々と見つかった．また，Cdk のパートナー分子であるサイクリンも複数種単離されている．

G1 期は細胞周期を進行させるかどうかの判断をする時期であるが，G1 期後期の臨界点(R ポイント：restriction point)を過ぎると細胞周期が始動する．R ポイントまでは E2F という転写因子が，がん抑制遺伝子産物 Rb：retinoblastoma protein によって不活性化されているが，Rb が Cdk によりリン酸化されると E2F との親和性が低下して解離し，E2F は G1/S 期および S 期を進行させる遺伝子群の転写を行う．発現誘導される因子群の中にはサイクリンなども含まれており，活性化した Cdk/サイクリン複合体の作用により細胞周期が G1 期から S 期へと移行し，以降の時期を順番に進めていくことになる．

高等真核生物の細胞周期の進行はこれら複数の Cdk が支配しており，Cdk の活性はそれ自身のリン酸化状態とサイクリンとの複合体形成に依存していることが明らかになった(図 9-25)．しかし現在のところ，個々の Cdk の標的蛋白質などは必ずしも明らかになっていない．興味深いことに，出芽酵母では Cdk は一種(cdc28 のみ)しか存在せず，細胞周期の各時期でそれぞれ異なるサイクリン(9 種)と複合体を形成して機能を発揮している．これに対して，高等真核細胞では Cdk とサイクリンがそれぞれ複数種類存在しており，その組合せによって細胞周期進行は，より複雑に制御されているものと考えられている．たとえば，Cdk2 とサイクリン E の組合せで G1 期から S 期への移行を，Cdk1 とサイクリン B の組合せで G2 期から M 期への移行を担う，といった具合である(図 9-26)．

C 巧妙な活性制御機構

細胞周期の調節因子としてよく知られているのが，がん抑制遺伝子産物 p53 である．p53 は放射線などによる DNA 損傷の際に活性化する転写調節因子であり，p21 という CKI：Cdk inhibitor の転写を活性化する．発現誘導された p21 は Cdk/

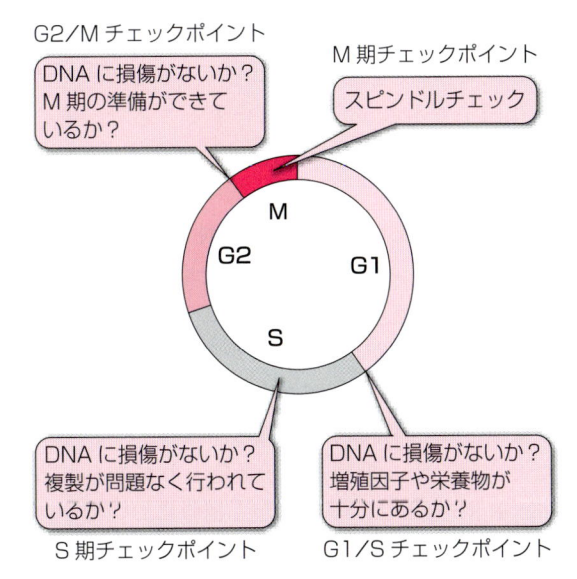

図 9-27 細胞周期のチェックポイント

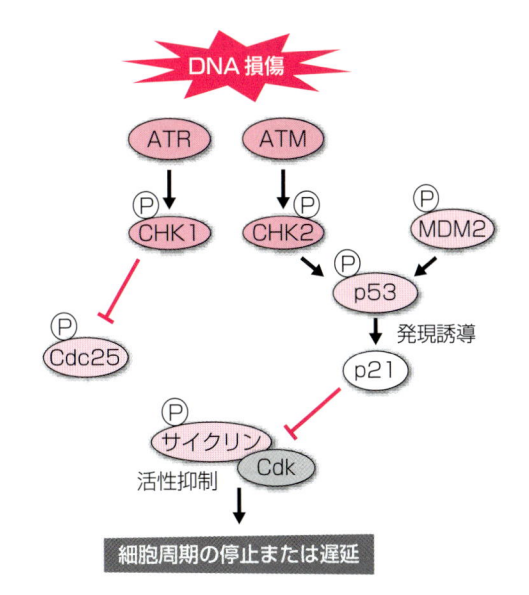

図 9-28 チェックポイント制御機構の概略
DNA に損傷が起きた場合のチェックポイントシグナル伝達経路。

サイクリン複合体の活性を阻害することで細胞周期進行を調節することが明らかになっている。

この p21 を初めとする CKI は Cdk/サイクリン複合体の活性を負に制御する因子群である。CKI は大きく二つのグループに分けられ，p15，p16，p18，p19 のグループは Cdk4 や Cdk6 と直接結合し，サイクリンとの複合体形成を阻害する。もう一つのグループは，p21，p27，p57 で Cdk/サイクリン複合体に結合することにより，そのキナーゼ活性を阻害する。これら CKI は細胞周期を停止する必要がある場合には，発現が誘導されるとともに，キナーゼ活性が必要とされる時期には速やかに分解される。この分解機構は主にユビキチン-プロテアソーム系によるもので，CKI が減少すれば Cdk のキナーゼ活性が上昇する一方，サイクリンが分解されれば活性が抑制される。

さらに，Cdk の活性制御には他のキナーゼが関与していることも明らかにされている。CAK：Cdk-activating kinase によってリン酸化されると Cdk/サイクリンは活性化する。また Wee 1 によりリン酸化されると，Cdk はサイクリンと複合体を形成していてもキナーゼ活性を示さず，活性化にはこのリン酸基を脱リン酸化酵素である Cdc25 によって取り除かれる必要がある。

このように細胞周期進行は Cdk の制御サブユニットであるサイクリンだけでなく，多くの正と負の制御因子によって調節されている（図 9-25）。

D チェックポイント機構

細胞周期は漫然とサイクルが進められているのではなく，各ステップが正常に進んでいるかどうかのチェックを常に行っている。これは 1989 年に Hartwell らによって提唱された細胞周期のチェックポイントという概念で，異常や不具合などがあってそのまま細胞周期を進行させると重大な不都合が起きるような場合，その障害を修復あるいは改善するまでの間，細胞周期の進行を停止もしくは減速させる制御機構である。

細胞周期中には，複数のチェックポイントの存在が明らかにされており（図 9-27），これらチェックポイントで重要な役割を担うのが **ATM**：ataxia telangiectasia mutated，**ATR**：AMT-and Rad3-related，そして **Chk**：check point kinase といったキナーゼ群である。これらの因子は，たとえば DNA 損傷などが起こった場合，損傷部位の修復に必要な時間，Cdk の活性を負に制御すること

で細胞周期の進行を止めたり遅らせたりする（図9-28）。

細胞周期中には，次のような四つの大きなチェックポイントが存在する。

1）G1/S チェックポイント

G1期はその後の細胞運命を決定する時期でもある。十分な増殖因子や栄養物があるかなどの環境が整っていることを判断してS期に細胞周期を進める。この際，Rbやp53といった調節蛋白質が関わることが知られている。DNA損傷などが起こると，p21などのCKIの発現が誘導され，サイクリン/Cdkの活性を抑制して，細胞をG1期にとどめる。

2）S期チェックポイント

S期中はDNAに損傷がないか，複製が問題なく行われているかのチェックがされる。異常があればATMとChkの働きにより，DNA合成をブロックする。G1/SやG2/Mの移行とは異なり，S期のチェックポイントではS期の進行を遅らすことができても，S期で止めておくことができないと考えられている。

3）G2/M チェックポイント

G2期からM期に移行する際に機能するチェックポイントである。ここでもDNAに損傷などがないか監視されており，問題があればChkが活性化され，Cdk1/cdc2を不活化することでM期への進行をストップさせる。

4）M期チェックポイント

M期中は複製された染色体の分離が正しく行われているかのチェックがされる。これはスピンドルチェックとも言われ，紡錘糸が接続しないキネトコアがある場合に姉妹染色分体の分離を遅らせる機構である。Mad2がユビキチンリガーゼ活性化因子であるcdc20に結合することで，その活性を抑制し，染色体の分離が妨げられる。

細胞周期調節因子の欠損や過剰発現，あるいはチェックポイント機構が破綻した場合，細胞は異常な状態で細胞周期を繰り返すことになる。このような異常は，がん化につながることが明らかにされてきており，多くのがんでここまで述べたような細胞周期調節因子群の異常が報告されている。たとえば，がん抑制遺伝子産物として知られるp53やRbなどは，多くのがん細胞において不活性化されていることが明らかにされており，正常な細胞周期進行には協調した関連因子の作用が重要であることを示している。

Advanced Studies 適　合

近年，適合adaptationという概念が提唱され，がん化との関連が示唆されている。これは，チェックポイントによる制御で細胞周期の停止が行われるものの，時間経過とともに細胞周期進行を再開してしまう現象のことである。このとき，細胞内では細胞周期停止シグナルが出たまま（何らかの障害や異常を抱えたまま）であるにもかかわらず，細胞は分裂を始めてしまう。細胞がもつチェックポイント制御機構を乗り越えるこのような現象は，無制限な増殖というがん細胞の特徴に通じるものであることから注目を集めている。

●参考文献

1) Kastan MB, Bartek J : Cell-cycle checkpoints and cancer. Nature 432 : 316-323, 2004.
2) Weinert T, Hartwell L : Control of G2 delay by the rad9 gene of Saccharomyces cerevisiae. J Cell Sci Suppl 12 : 145-148, 1989.
3) Lee MG, Nurse P : Complementation used to clone a human homologue of the fission yeast cell cycle control gene cdc2. Nature 327 : 31-35, 1987.
4) Alberts B, et al(eds) : Molecular Biology of the Cell. Garland Science, 2002.

IV. 細胞分裂と増殖

A 細胞分裂と増殖

　複製した染色体DNAや細胞内小器官などの構成成分を分配し，一つの母細胞から二つの娘細胞を作り出す過程を細胞分裂 cell division という。たとえば，細菌や酵母といった単細胞生物では，1回の細胞分裂により，一つの母細胞から同一種の娘細胞二つが作り出され，増殖する。一方，ヒトを含めた多細胞生物でも，受精後，個体形成の過程で，多くの細胞分裂を繰り返し，細胞が増殖（かつ，神経，筋肉，皮膚，血球といった種々の系譜の細胞に分化）する。

　ヒト成人の体を構成する約60兆個あるといわれる細胞のうち，骨格筋や神経系の細胞は，成長後増殖することはない。一方，皮膚や消化管粘膜を構成する上皮細胞，血球系の細胞などは，新陳代謝などで失われた細胞を補うために常に増殖し続ける。結果として，毎秒数百万にのぼる膨大な数の細胞が，健常な成人でもその個体の維持のために，生涯作り続けられることになるのである。また，肝細胞や血管内皮細胞など，成長後は細胞周期から逸脱し静止状態にある細胞種でも，組織の傷害などによりその一部が失われると，再び分裂増殖を開始し組織を修復・再生する。

　したがって，成長後の多細胞生物においても，細胞増殖は個体の生存に非常に重要であり，何らかの原因で細胞増殖が阻害されれば，種々の疾病の原因となったり，さらには個体の死に至る。たとえば，放射線の被曝で免疫力の低下や出血を伴う障害が出現するのは，造血系の幹細胞の細胞分裂能が失われ，白血球や血小板が減少することに起因する。また，細胞分裂に伴う染色体の正常な分配は，細胞が増殖し続けるために非常に重要であり，この異常を感知する機構は，細胞周期制御の一つのステップである紡錘体チェックポイントとして知られている。染色体の不等分配や染色体数の異常など，多くのがん細胞で認められる染色体の不安定性は，紡錘体チェックポイントの異常との関連が示唆されている。

　前項ですでに説明されているとおり，細胞周期中の分裂間期には，染色体や中心体，ミトコンドリア，小胞体といったさまざまな細胞内小器官の複製が行われ，M期において一つの母細胞から，それらが分配されて二つの娘細胞になる。動物細胞でも多くの場合，複製された細胞成分は均等に分配され，一つの母細胞から同一の娘細胞が二つ形成される。しかしながら，センチュウ（線虫）やショウジョウバエの発生過程における体軸形成機構の研究などから明らかにされているように，複製された細胞成分を不均一に分配することにより，一つの母細胞から性質の異なる二つの娘細胞が作り出されることもある。

　本項では，細胞周期のM期の進行に伴って認められる動物細胞の細胞分裂について概説する。

B 動物細胞の細胞分裂の諸段階

　M期は，細胞周期中で最も短かく，多くの場合1時間ほどで完了する。しかしながら，この時期には細胞の形態が，細胞周期中で最も劇的に変化する。M期は，核が分裂する**有糸分裂** mitosis と細胞質が分裂する**細胞質分裂** cytokinesis の二段階からなる。さらに，有糸分裂期は，前期，前中期，中期，後期，終期に細分されるので，細胞分裂の過程は，全部で六つの基本的な段階に分割される。染色体の形態や分裂装置との位置関係の違いから，それぞれの時期を区別することができ

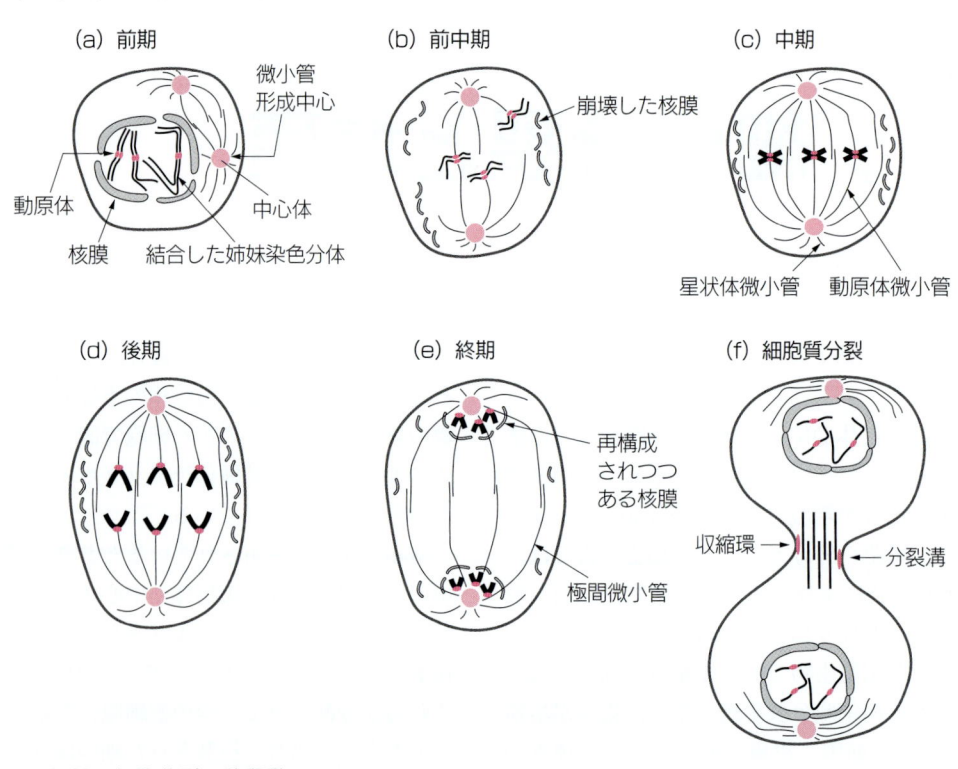

図9-29 細胞分裂の諸段階
（Albert B, et al : Molecular Biology of the Cell 3rd ed. chapter 18, pp.916-917, Garland Publ Inc, 1994）

る。図9-29に，動物細胞におけるM期進行の様子の概略を示す。前期には，染色体が凝集をはじめ，中心体 centrosome は分裂して，核をはさんで相対する位置に移動する。続く前中期には核膜が消失し，紡錘体 spindle が形成されるとともに，一対の姉妹染色分体 sister chromatid は細胞の中央に移動を始める。中期には染色分体が紡錘体の赤道面に並び，後期には染色分体が紡錘体極 spindle pole に向かって移動するとともに，収縮環 contractile ring が出現して細胞がくびれ始める。終期には各染色分体周辺に核膜が再形成されるとともに，収縮環がさらにくびれて，ついには細胞質分裂が起こる。

1 前期 prophase

分裂間期に核内に散在していた染色体は，徐々に凝集を開始する。この時期の各染色体は，細胞周期のS期において複製を終了したそれぞれ一対の姉妹染色分体からなり（図9-30），コヒーシン

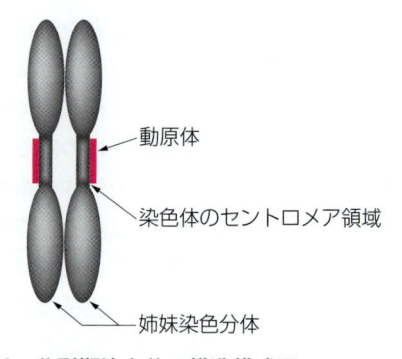

図9-30 分裂期染色体の構造模式図
（Albert B, et al : Molecular Biology of the Cell 3rd ed. chapter 18, p.922, Garland Publ Inc, 1994 を改変）

複合体 cohesin complex と呼ばれる蛋白質複合体により緩やかに連結されている（図9-31）。また，分裂間期に見られる細胞質微小管は崩壊し，中心体の周囲に集まる。紡錘体極の部分に微小管形成中心（MTOC : microtubule organizing center）と呼ばれる構造が形成され，そこから微小管が重合して伸長し，紡錘体の形成が始まるとともに，中

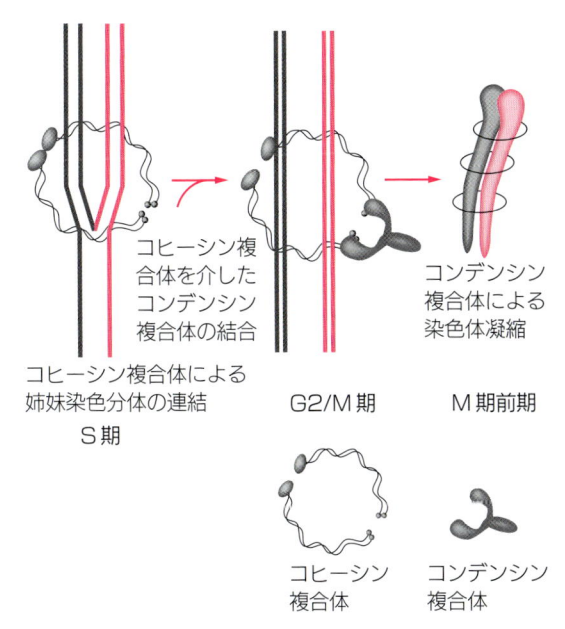

図 9-31　コヒーシン複合体による染色分体の連結とコンデンシン複合体による染色体凝集

S 期において DNA 複製が起こると，姉妹染色分体同士はばらばらにならないように，コヒーシン複合体により束ねられる．G2 期と M 期の境界期になると，コヒーシン複合体を足場としてコンデンシン複合体が染色体上に集合し，DNA を連結することにより染色体凝集が起こる．
(米田悦啓，他編：細胞生物学　第 10 章　細胞周期と細胞分裂．p.125，図 10.11　東京化学同人，2006 を改変)

心体は付随するモーター蛋白質の働きにより，細胞の両極に移動する．また，この時期の中心体は，S 期開始直前に複製が完了しているため，それぞれ 2 個の娘中心体からなる．

2　前中期 prometaphase

細胞周期分裂間期において染色体を収める核と細胞質を隔てていた核膜は，前中期において消失し，膜小胞状の形態を呈するようになる．分裂間期の核においては，ラミン lamin と呼ばれる中間径フィラメント蛋白質が，核膜の核質側で重合し，核膜の裏打ちをなすメッシュワーク様の構造(核ラミナ，nuclear lamina)を形成している．核ラミナは，核膜の形態維持に重要な役割を果たしていると考えられている．前中期におけるラミンのリン酸化は，ラミンの脱重合を引き起こし，これによって核ラミナが崩壊することが，核膜消失の引き金になると考えられている(図 9-32)．微小管形成中心から伸長した微小管は，核膜の消失に伴い，物理的に妨げられていた染色体との相互作用が可能になる．微小管形成中心から伸びた微小管である紡錘体糸の一部は，染色体のセントロメア部分に種々の蛋白質が会合して形成される動原体 kinetochore，図 9-30 に付着し，動原体微小管 kinetochore microtubules となる．動原体微小管は，微小管を構成するチューブリン蛋白質の重合に伴いさらに伸長し，付着した染色体は，細胞の中心部に押しやられる．

一方，微小管形成中心同士を結ぶ微小管を極間微小管 polar microtubules，極間微小管や動原体微小管とは反対方向に伸びる微小管を星状体微小管 astral microtubules と呼ぶ．この時期の染色体は，コンデンシン複合体 condensin complex と呼ばれるコヒーシン複合体に似た働きをする蛋白質複合体の働きで凝縮し，著しく太くなる．コンデンシンは ATP の加水分解により得られるエネルギーを使って，染色体 DNA に超らせん構造を導入し，染色体凝集 chromosome condensation を促進する活性がある(図 9-31)．

3　中期 metaphase

動原体微小管に押された染色体は，細胞の赤道面に整列し中期板 metaphase plate を形成する．正常状態では，対を作っている姉妹染色分体から伸びる動原体微小管は，それぞれの側に存在する紡錘体極に付着する．

4　後期 anaphase

分離した染色体は，それぞれが動原体微小管によって結合した紡錘体極側に向かって引かれていく．このとき，動原体微小管は短くなり，紡錘体極も互いに離れる方向に動くため，染色体の分離が起こる．

中期に認められる染色体の整列は，細胞周期の正常な進行をモニターするチェックポイントとして機能する．染色体の整列が正常に起これば，セパレース separase と呼ばれる蛋白質分解酵素が活性化され，姉妹染色分体をつなぎとめていたコ

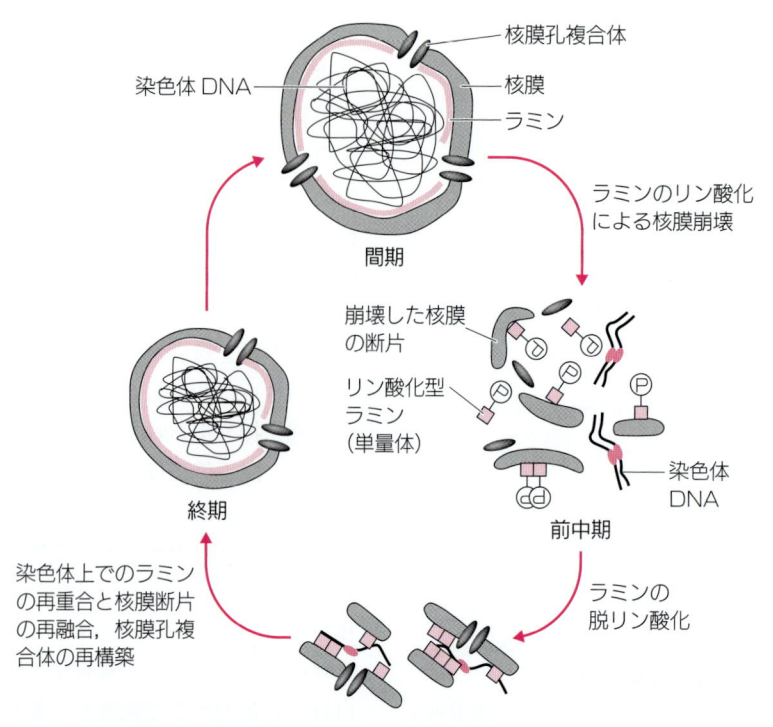

図9-32 細胞分裂時の核膜の崩壊と再構築
前中期特異的なリン酸化によりラミンの脱重合が起こり，核膜は崩壊し膜小胞状の構造物が形成される．終期に入り，再び脱リン酸化されるとラミンは再重合し，膜小胞状になっていた核膜の断片の再融合が起こり，核膜が再構築される．
(Albert B, et al : Molecular Biology of the Cell 3rd ed. chapter 12, p.567, Fig.12-18, Garland Publ Inc, 1994 を改変)

ヒーシンを切断することで，染色体の分離が起こる．動原体と紡錘体糸との接着様式に異常が生じ，染色体の整列に異常が起これば，セパレースの活性化が起こらず，細胞周期は停止する．これを紡錘体チェックポイント spindle check point と呼ぶ．

後期における染色体の分離は，動原体微小管の短縮と微小管に沿って動くキネシンファミリー蛋白質の働きによるものと考えられており，**図9-33**に示したモデルで説明されている．

5 終期 telophase

各娘染色体は，それぞれの紡錘体極側に到達する．同時に各娘染色体セットの周囲には核膜が再構成され，2個の核ができ上がり，有糸分裂は終了する．細胞質では収縮環の形成が始まり，細胞質分裂が開始する．

前中期にリン酸化され脱重合していたラミンは，終期においては脱リン酸化され，染色体表面で再重合し，核ラミナのメッシュワーク状構造を形成する．さらに，ここに膜小胞状になっていた核膜が結合し，結合した膜同士が互いに融合することによって核膜が再構成される．核膜の再構成と同時に核膜孔も再構築され，細胞質中に拡散している核蛋白質が，核膜孔を介して選択的に核内へ輸送され，核容量が大きくなる(**図9-32**)．

C 細胞質分裂 cytokinesis

二つの娘細胞核を隔て，細胞の中心部に位置する部位の細胞膜は，紡錘体の長軸に直交する方向に落ち込み，分裂溝 cleavage furrow を形成する．その後，分裂溝はさらに深く落ち込み，細胞表面にくびれを形成していき，ついには紡錘体の名残を含んだミッドボディ midbody あるいは，(細胞間)橋という構造を一時的にとる．ついには，ミッ

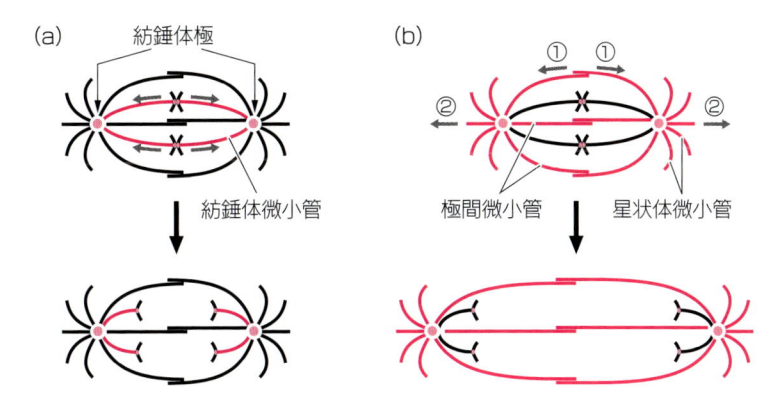

図9-33 後期における姉妹染色分体の分離
(a)：染色分体の紡錘体極への移動は，紡錘体微小管(色で示す)の短縮による張力により引き起こされる。
(b)：それぞれの紡錘体極から伸び，赤道面付近で隣接する極間微小管同士(色で示す)が，キネシンファミリー蛋白質の働きで反対方向(矢印①)にすべり合うとともに，星状体微小管と相互作用する別のモーター蛋白質の働きにより，矢印②の方向にも張力が発生し，紡錘体極が互いに遠ざかり，細胞が伸展する。
(Albert B, et al : Molecular Biology of the Cell 3rd ed. chapter 18, p.930, Fig.18-27, Garland Publ Inc, 1994 を改変)

ドボディの部分で細胞膜が切断され，母細胞は二つの娘細胞に分裂する。

分裂溝の細胞質側には，ちょうど細胞膜を裏打ちするように，アクチンフィラメントとミオシンフィラメントが相互に重なり合って配列する**収縮環**と呼ばれる構造が認められる。収縮環は，後期に形成され始め，細胞膜蛋白質の細胞質側に付着している。細胞質分裂時に起こる分裂溝の形成とその後のミッドボディの形成は，収縮環に集積したアクチンフィラメントとミオシンフィラメントの滑り込みによって生じた収縮力によってもたらされる。ミッドボディの形成に伴い，収縮環は消失していき，細胞膜が切断されて，ついには一つの母細胞から二つの娘細胞が生じる。

多くの動物細胞では，細胞質分裂の進行に従い，収縮環の形成を含めて，細胞表層部におけるアクチンフィラメントとミオシンフィラメントの再構成が起こる。また，インテグリンと呼ばれる細胞膜に存在する接着蛋白質を介した細胞外基質に対する接着力がM期に一時的に低下するため，細胞全体が球状の形態を呈するようになる。細胞質分裂を終了した細胞では，インテグリンによる接着力が回復し，再び間期の細胞に認められる扁平な形態に戻る。

D 増殖因子

多細胞生物の生体内においては，細胞は多様に分化し，また，それぞれの細胞が相互に制御しあいながら調和を保っている。したがって，多細胞生物個体そのものを用いて，個体を構成する個々の細胞の性状を解析するのは，多くの困難を伴うことになる。これまでに述べてきた，動物細胞の増殖・分裂過程や細胞周期の解析も，他の細胞の生理学的な研究と同様に，*in vitro* で増殖する能力を獲得した培養細胞株の樹立と樹立された細胞株を用いた研究に負うところが大きい。

細菌では，1900年代初めごろまでに，肉汁や酵母エキスなどを含んだ人工の培地での培養法が確立されていた。その後1960年代になって，糖，アミノ酸，ビタミン類など化学組成が明らかな人工培地を用いた動物細胞の培養法がようやく確立された。その過程で，動物由来の血清を培地に加えないと，動物細胞は増殖を停止してしまう(前項，細胞周期のG0期と呼ばれる時期で停止する)ということが知られてきた。その後の研究から，血清中にごく低濃度含まれる低分子量の蛋白質因子が，動物細胞の増殖を促進する活性を示すことが明らかにされた。その後，同様の活性を示す因

表 9-2 種々の増殖因子とその作用

増殖因子	性状
血小板由来増殖因子 (PDGF：platelet-derived growth factor)	血小板顆粒中に含まれる分子量約 13,000 から 16,000 の塩基性蛋白質。生体内では，創傷部位での組織修復に関与。結合組織を構成する細胞や，ある種のグリア細胞の増殖を促進する。
上皮増殖因子 (EGF：epidermal growth factor)	マウス顎下腺から，眼瞼の開裂や歯の発育を促進する物質として分離された，分子量約 6,000 のポリペプチド。上皮のみならず，線維芽細胞など多くの細胞種に対して増殖促進効果を示す。
線維芽細胞増殖因子 (FGF：fibroblast growth factor)	大脳および脳下垂体抽出液中に見出された分子量約 13,000 の塩基性蛋白質。線維芽細胞や血管内皮細胞に対して増殖促進作用を示す。

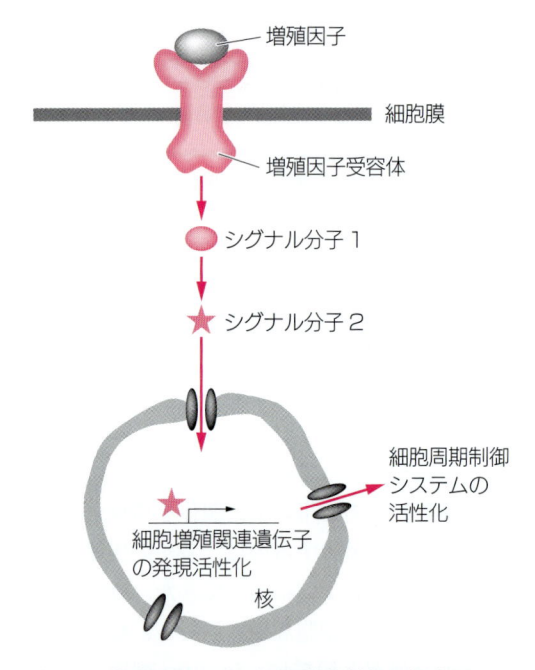

図 9-34 増殖因子による細胞増殖制御の概念図

Side Memo　サイトカイン cytokine

増殖因子はもともとは細胞の増殖を促す物質として同定されてきたものである。しかしトランスフォーミング増殖因子 β transforming growth factor-β：TGF-β のように，多くの細胞に対して増殖を抑制したり，分化の誘導活性をもつなど，その生理活性が増殖因子の名称と合わないものも出てきた。また作用する細胞により多様な生理活性を示す増殖因子も多い。最近では，増殖因子を細胞間の相互作用を仲介する物質として捉え，インターロイキン interleukin：IL，インターフェロン interferon：IFN なども含めて，生理活性をもつペプチドを総称してサイトカインと呼ぶこともある。

技術解説

細胞株樹立

マウスなどの齧歯類の細胞は，比較的自然に株化する確率が高く，細胞株の樹立は容易である。これらの細胞は，何代も継代を繰り返すと細胞が大型になり，増殖が衰えてくる。その後に，小型の細胞がコロニー状に増殖してくるので，これを単離する。一方，ヒトの細胞では株化の確率が低いので，細胞に SV40 ウイルスや EB ウイルスなどのがんウイルスを感染させ，増殖してきた細胞をクローン化する。

子群が，種々の組織・臓器から分離され，増殖因子と総称されるようになった（表 9-2）。

　増殖因子は，細胞表面に存在するそれぞれに対応する受容体蛋白質と結合する。増殖因子が結合した受容体蛋白質は，その下流に存在するシグナル分子群の活性化を引き起こし，それが引き金となって細胞の増殖に関連する種々の遺伝子の発現が活性化され，細胞周期の進行，すなわち細胞の増殖が促進される（図 9-34）。

● 参考文献

1) Alberts B, et al(eds)：Chapter 12, Intracellular Compartments and Protein Sorting. Chapter 17, The Cell-Division Cycle. Chapter 18, The Mechanism of Cell Division. Molecular Biology of the Cell. Garland Publ Inc, 1994.
2) 永田和宏，中野明彦，米田悦啓編：細胞生物学　第 10 章　細胞周期と細胞分裂．pp.117-131，東京化学同人，2006.

V. 生殖細胞と減数分裂

A 生殖細胞の起源

生殖細胞 germ cell は始原(原始)生殖細胞 primordial germ cell：PGC に由来する。PGC は初期胚において胚外卵黄嚢壁に出現し，原始生殖腺に移動して定住する。

B 配偶子(生殖子)形成

生殖系列の祖細胞(精祖細胞や卵祖細胞)が，生殖子(精子や卵子)へ分化する過程を配偶子(生殖子)形成 gametogenesis という。祖細胞は二倍体($2n2c$)であり，ヒトでは 46 本の染色体(常染色体 22 対と性染色体 1 対の相同染色体)をもつ。相

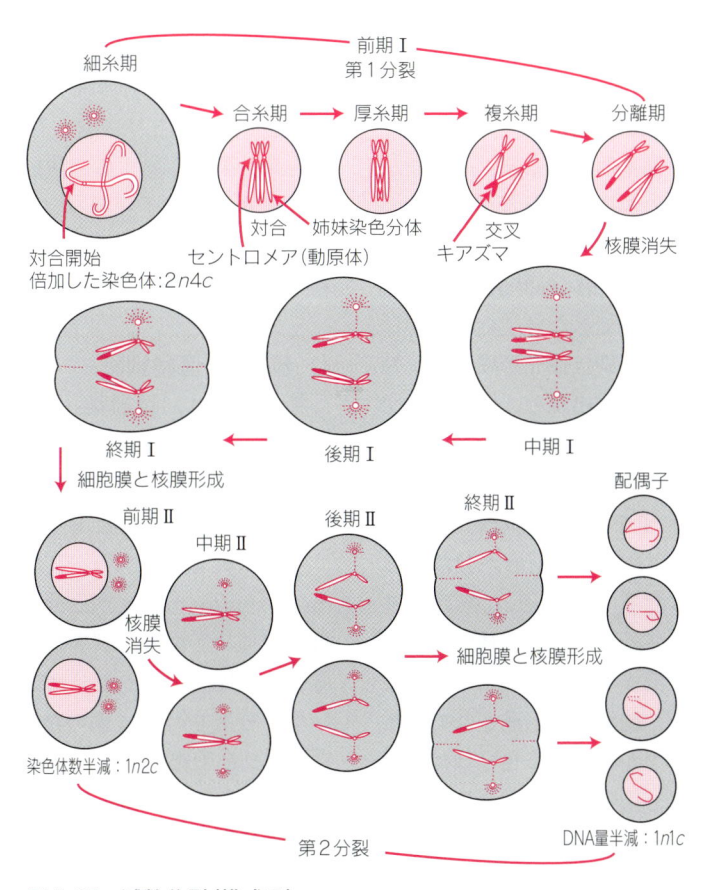

図 9-35 減数分裂(模式図)
　一対の相同染色体の動きのみを示した。色ベタの部分または点線は，交叉した部を示す。

同染色体は父と母に由来する染色分体(娘染色体)からなる。染色体の総数とDNA量は$2n2c$と表わされる(nは種固有の染色体数，cはDNA複製が起こる前の染色分体1本[n]中のDNA量)。配偶子形成過程では減数分裂meiosisが起こり，染色体数とDNA量が減少する。細胞質の変化は男性と女性で異なる。精子形成では，染色体数・DNA量・細胞質が等分されて均等な4個の精子を生じる(等分裂)。卵子形成では，染色体数とDNA量は等分されるが，細胞質は等分されず，大きな1個の卵子と小さな3個の極細胞(極体)を生じる(不等分裂)。

1 減数分裂

減数分裂meiosisは成熟分裂maturation division(還元分裂reduction division)ともいい，第1分裂と第2分裂からなる。

1) 第1分裂

第1分裂first meiotic divisionは一次母細胞で起こる。前期は長く，細糸期，合糸期，厚糸期，複糸期，移動(分離)期の5期からなる(図9-35)。

細糸期までにDNAが複製される($2n2c→2n4c$)。複製された染色体は，染色分体(姉妹染色体)からなる二重構造であるが区別できない。合糸期では相同染色体が対合して2価染色体を形成する。対合部にはシナプトネマ構造が出現し，厚糸期で交叉(乗換え)が生じる。交叉は，親由来の形態的に相等しい2本の染色分体間の一部で無作為に起こる遺伝子の部分交換，すなわち相同な組換えrecombinationである。複糸期では対合が分離するが，交叉部は結合したままであり，**キアズマ**chiasmaと呼ばれる。移動期では染色体の凝集が進み，核小体と核膜が消失する。中期では相同染色体が赤道板上に並び，紡錘体が形成されて分離する。後期ではキアズマが離れ，染色分体は対極に移動する。終期では，染色分体が動原体で結合したまま細胞質分裂が起こる。

2) 第2分裂

第2分裂second meiotic divisionは同型分裂ともいう。DNAを複製せず，二次母細胞($1n2c$)となる。前期Ⅱ，中期Ⅱ，後期Ⅱそして終期Ⅱを経て，一倍体($1n1c$)の配偶子となる。

Advanced Studies 不分離 nondisjunction

相同組替えを終えた染色分体は通常，完全に分離するが，分離しない場合を不分離という。不分離は第1分裂および第2分裂のいずれの過程でも起こり，また常染色体および性染色体のいずれでも起こる。第21常染色体の不分離による三染色体性あるいはトリソミー trisomy(47, XX or XY, +21)はダウン症候群，性染色体不分離によるトリソミー(47, XXY)はクラインフェルター症候群である。

2 精子発生(広義の精子形成)

PGCは前精祖細胞で増殖を停止するため，生体では精子形成は思春期まで起こらない。思春期になり，下垂体前葉から分泌される間細胞刺激ホルモン interstitial cell stimulating hormone：ICSH＝LHと卵胞刺激ホルモン follicle-stimulating hormone：FSHがそれぞれ間細胞(ライディヒ細胞)とセルトリ細胞を刺激すると，精祖細胞が有糸分裂を開始する。精祖細胞から精子が完成されるまでを精子発生(広義の精子形成)spermatogenesisといい，精子細胞で起こる変態過程を精子形成(精子完成)spermiogenesisという。

1) 精細胞(造精細胞)

精子形成は，精細胞 male germ cell(造精細胞 spermatogenic cell)と，これを支持し栄養するセルトリ細胞の相互作用で進行する。精祖細胞は分裂能力を有し，A型とB型に大別される。

A型は幹細胞であり，B型は一次精母細胞 primary spermatocyteへと分化する。1個の一次精母細胞は第1減数分裂を経て，2個の二次精母細胞 secondary spermatocyteとなる。その後，短い第2分裂を経て4個の精子細胞ができる(図9-36(a))。精子細胞では，細胞内小器官が精子特有の構造へと変化する。核は伸長して体積が減少する。染色質は凝集して不活性化する。ゴルジ装置からは，先体 acrosomeが形成される。中心子からは，鞭毛 flagellum(尾 tail)ができる。精細胞は，細胞間橋 intercellular bridgeで連結され，同調

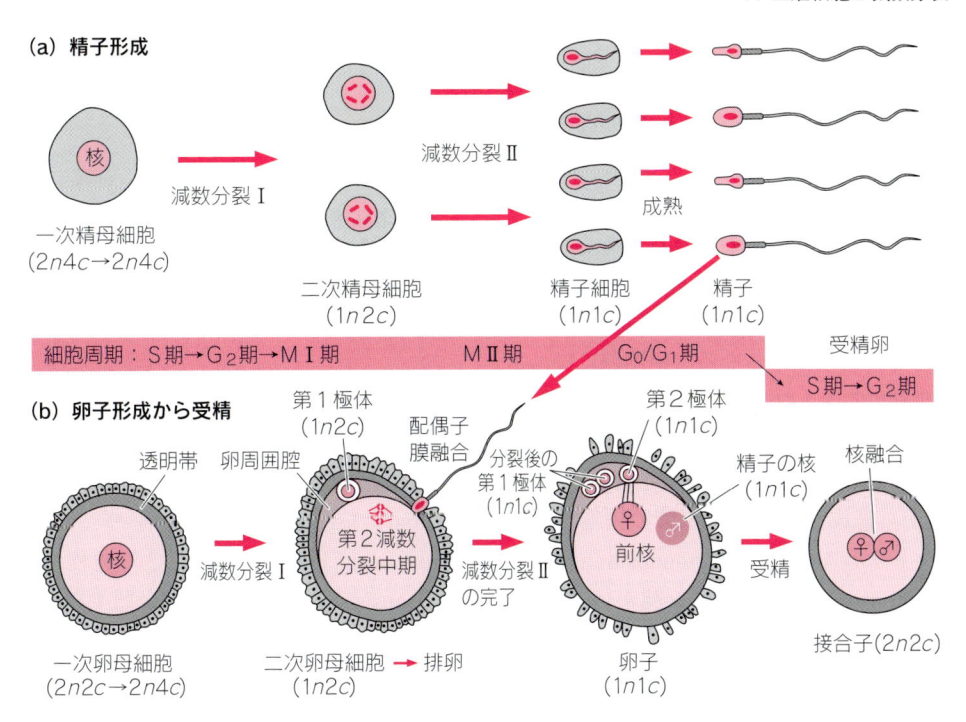

図9-36 配偶子形成((a)精子形成と(b)卵子形成)の過程
2回の減数分裂,細胞分化(細胞周期の流れは中央),受精そして初期受精卵(接合子)形成への流れを示す(模式図)。

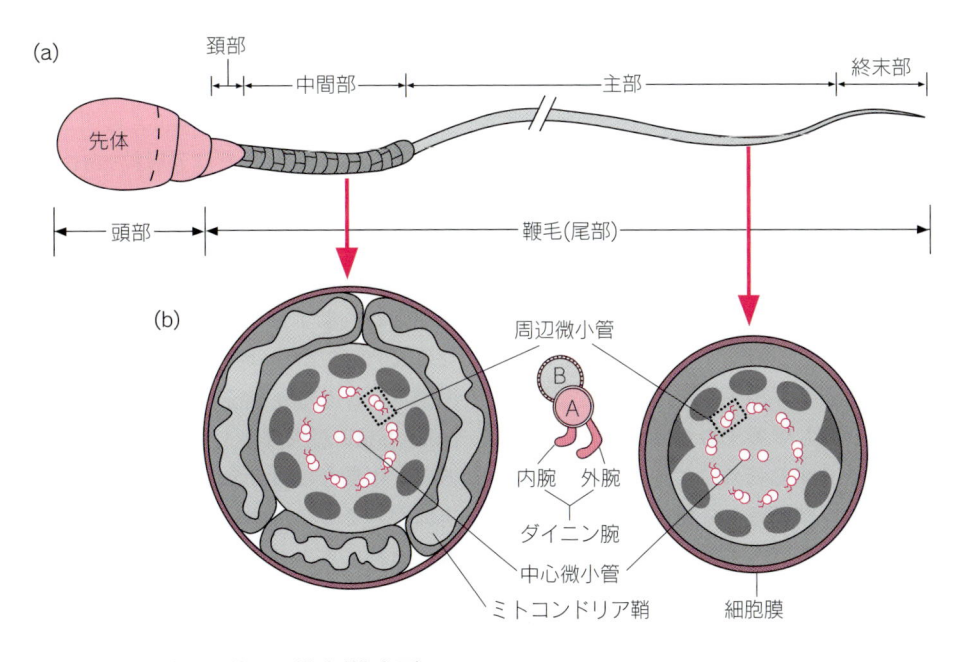

図9-37 完成した精子の構造(模式図)
(a):精子の各部位の名称。(b):鞭毛の横断像と周辺微細管。

しながら分化する。

変態を完了した精子細胞は，セルトリ細胞から離脱して精子 spermatozoon(-a)となる(図9-37)。ヒトの精子(長さ約60μm)はオタマジャクシ様の細胞であり，頭部と尾部(鞭毛)からなる。頭部には，核，先体そしてわずかの細胞質がある。先体内容物は加水分解酵素を多く含み，先体反応過程で放出される(受精の項参照)。鞭毛は頚部，中間部，主部そして終末部からなる。中間部にはエネルギーを供給するミトコンドリア(鞘)が存在する。鞭毛の中心にある軸糸構造は，線毛のそれと同じである(第8章Ⅳ節参照)。周辺微小管はA小管とB小管から構成される。A小管の先端には，アデノシントリホスファターゼ adenosine triphosphatase(ATPase)であるダイニン腕が付着する。鞭毛運動はチューブリンとダイニンの相互作用により起こる。

Advanced Studies 精細胞の分化

精祖細胞から精母細胞への分化は，c-kit 分子と sl 因子の情報伝達に依存している。c-kit 分子は受容体型チロシンキナーゼ群の一つであり，幹細胞因子 scf : stem cell factor あるいは sl 因子(steel factor)のレセプター(受容体)である。c-kit 分子は，ヒトでは第4染色体長腕に位置するがん遺伝子産物である。A型精祖細胞の細胞膜表面には c-kit 分子が受容体として発現し，セルトリ細胞表面にはそのリガンドである sl 因子が発現する。sl 因子が c-kit 分子(チロシンキナーゼ)を介して，増殖シグナルとしてA型精祖細胞に伝達され，これをB型精母細胞へと分化させる。c-kit 分子あるいは sl 因子のいずれの欠損でも精子形成障害が起こり，男性不妊となる。

2) セルトリ細胞

セルトリ細胞 Sertoli cell は，100μm以上にもなる大きな細胞である。出生後，増殖することはない。精細胞を支持し栄養するだけでなく，アンドロゲン受容体を介する刺激により，ホルモンや増殖因子を分泌し，精細胞の分化を制御する。

3) ライディヒ細胞

ライディヒ細胞 Leydig cell は，男性ホルモン(アンドロゲンあるいはテストステロン)を産生する。アンドロゲンはコレステロールを原材料にして合成され，セルトリ細胞に作用して精細胞の分化を促進し，男性の第2次性徴を惹起する。

臨床との接点
精巣性女性化症候群(アンドロゲン非感受性症候群)

性染色体が46，XY であり，精巣が存在するにもかかわらず，表現型が女性となる疾患がある。血中テストステロンレベルは健常男性と同じであるため，無月経や鼠径ヘルニアが起こる。アンドロゲン受容体の欠損や構造異常が原因である。

3 卵子形成(卵子発生)

卵祖細胞 oogonium から一次/二次卵母細胞 primary/secondary oocyte を経て，成熟卵子 ovum(egg)に変化するまでの過程を卵子形成 oogenesis という。卵子形成は胎生期から始まり，思春期以後に完了する。

1) 卵母細胞と極細胞(極体)

卵祖細胞が増殖し卵母細胞 oocyte へ分化すると，減数分裂が始まる。複糸期(網状期)に入ると，第1分裂で停止する。思春期に入ると，FSH と黄体形成ホルモン luteinizing hormone : LH の影響下で二次卵母細胞へと成長し，排卵 ovulation へと移行する。

一次卵母細胞の成長過程で，透明帯 zona pellucida ができ，細胞質では表層粒 cortical granules が産生される(受精の項参照)。卵母細胞とそれを取り巻く細胞群を果粒層細胞 granulosa cell(卵丘細胞 cumulus cell)という。排卵前に減数分裂が再開され，第1分裂が完了すると二次卵母細胞となる(図9-36(b))。卵細胞と透明帯の間の腔(卵周囲腔 perivitelline space)には，第1極体 first polar body が形成される。すぐに第2分裂に入るが，中期Ⅱで再び分裂を停止する。この状態で排卵が起こる。排卵は，卵母細胞が卵丘細胞とともに腹腔に放出される現象である。

臨床との接点
排卵と異所性妊娠

卵管の先端(卵管采)は，排卵時には排卵部位を覆うため，

腹腔に放出された卵子は通常，容易に卵管腔へ入る。しかし，まれに，卵子が腹腔内に留まって受精し腹膜に着床する場合や，受精卵が卵管内に留まって着床し，そのまま発生が進行する場合もある（異所性妊娠：腹膜妊娠や卵管妊娠）。

C 受 精

精子が受精能を獲得した後，二次卵母細胞（卵子）に進入し，核融合を経て，接合子（二倍体細胞 $2n2c$）に戻るまでの過程が受精 fertilization である（図 9-36(b)）。ヒトを含む哺乳類では，精子は腟内に射精される。受精は卵管膨大部で起こる。排卵された卵子は，分散した卵丘細胞，基質物質そして卵胞液に囲まれる。染色体は減数分裂中期 II で停止し，赤道板上に並ぶ。射精された精子は，順にキャパシテーション（精子活性化）と先体反応を行った後，透明帯に進入する。

1 キャパシテーション（精子活性化）と先体反応

精子が，生化学的・生理学的な変化やそれに伴う代謝系の変化を起こし，運動能を上昇させる過程をキャパシテーション capacitation という。キャパシテーション後の精子は，鞭打ち運動を示す。

その後，透明帯に進入する前に，先体反応 acrosome reaction が起こる。この過程では，カルシウム刺激により，先体部を覆う細胞膜とその直下の先体膜の間で膜融合が起こる。膜融合の結果生じた小胞の間から，加水分解酵素を含む先体内容物が外界に出ていき，精子は透明帯に進入しやすくなる。

2 精子-卵子融合と卵子活性化

精子は透明帯を通過すると，やがて卵細胞膜と融合する。これを精子-卵子融合 sperm-egg fusion と呼ぶ。膜融合が起こると，卵子（卵母細胞）は活性化を起こし，減数分裂を再開する（卵子活性化 oocyte activation）。完了すると，第2極体は卵周囲腔に放出される。受精しない場合，卵子は退化する。

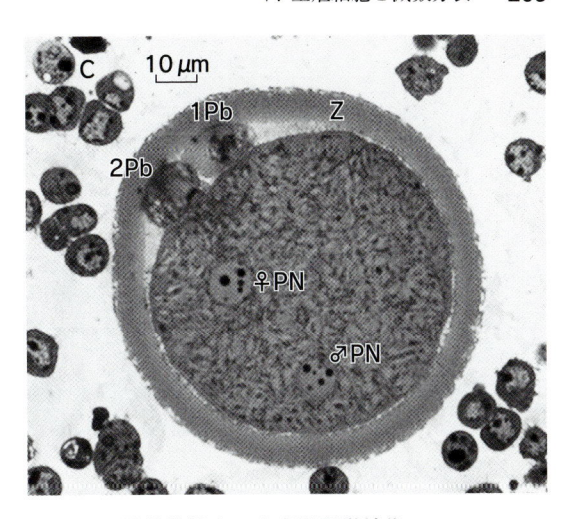

図 9-38 雌雄前核を示す光学顕微鏡像
第2極体放出直後の雌雄前核を示す光顕像。雌雄前核を区別できる。ハムスター。

3 前核形成と核融合

精子進入後，卵子の染色体は第2分裂直後に凝集して，女性前核 female pronucleus を形成する。精子核は脱凝集して男性前核 male pronucleus を形成する（図 9-38）。これを前核形成 pronuclear formation という。やがて両前核は融合し，遺伝情報が混じり合い，真の意味での受精が成立する。受精卵は，核融合 karyogamy を起こすまでの間に DNA を複製する（M 期から S 期への移行）。胚子 embryo は新個体として無限の細胞分裂を始める（図 9-39）。

Advanced Studies　配偶子膜融合と卵子活性化

膜融合には精子細胞膜上の IZUMO 蛋白質や卵子細胞膜上の CD9 蛋白質が関係する。卵子活性化は精子が惹起する。卵子内では phospholipase C(PLC) zeta が関与し，遊離カルシウム濃度が周期的に変動することが知られている。同時に，卵細胞質内の表層粒は一斉に開口分泌されて，透明帯が硬化し（透明帯反応 zona reaction），余剰精子の進入を防ぐ（多精子進入防御）。この領域における日本人研究者の貢献も大きい。

技術解説

体外受精

配偶子を体外に取り出し，人為的に授精させて得た種々の発生段階の初期胚子を，母親の子宮内に胚移植

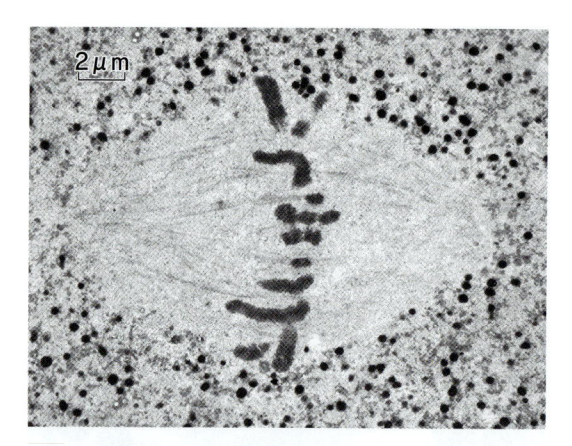

図 9-39　核融合後の接合子/胚子
接合子(原胚子)の第 1 分裂中期を示す透過型電子顕微鏡像。ハムスター。

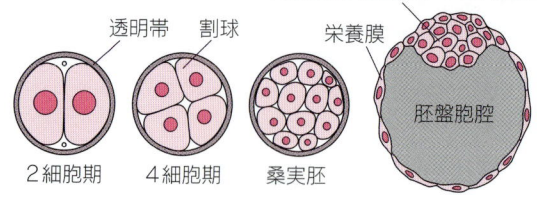

図 9-40　卵割と胚盤胞の形成(模式図)
桑実胚までは胚全体が透明帯に包まれているため,割球は卵割のたびに小さくなっていく。胚盤胞では内細胞塊と栄養膜の分化が明瞭となる。

embryo transfer する方法を体外受精 in vitro fertilization：IVF という。近年,不妊症治療法として臨床的に広く応用されてきている。1978 年,イギリスの Edwards と Steptoe により世界最初の IVF 児が誕生した。採卵(卵胞の誘発と採取),卵子の体外での成熟培養,精子の体外での成熟培養(受精能獲得),授精(顕微授精法や精巣内の精細胞の利用),受精卵や初期胚の培養と胚移植といった,配偶子形成から初期発生に至るまでの一連の知見と方法を集約した高度な診療技術である。これまで世界中で 400 万人以上のベビーが誕生している。これらの功績により,Edwards は 2010 年ノーベル医学生理学賞を与えられた。最近では,精子あるいは精子細胞を卵子の細胞質内に直接注入して授精させる,細胞質内精子注入法 intracytoplasmic sperm injection：ICSI が臨床応用されている。しかし,妊娠率を上昇させるために複数の受精卵を胚移植するため,多胎妊娠の危険性もあり,倫理上の問題が残る。

D　卵割,初期胚および ES 細胞

1　卵　割

受精卵初期の分裂は,細胞表面にくびれが入ることが特徴であり,卵割 cleavage と呼ばれる。生じた娘細胞を割球 blastomere という(図 9-40)。哺乳類の卵割は透明帯に包まれた受精卵内で起こり,卵割が進むにつれて割球は小さくなる。16〜32 細胞期の胚は桑の実に似ており,桑実胚 morula と呼ばれる。この時期までの各割球は,全能性 totipotent または多能性 pluripotent であり,生殖細胞を含むほとんどあらゆる組織に分化することができる。

2　初期胚　early embryo

16 細胞期頃になると,桑実胚の細胞は密に詰まり(コンパクション compaction),外部の細胞同士が密着し,胚内部は外部と分離される。この 2 種類への分化が,胚として最初の分化である。外部の上皮様の栄養膜 trophoblast の細胞群(のちに胎盤の一部となる)と,胚内部で一方の極に集まった細胞群,すなわち内細胞塊 inner cell mass(胚結節 embryoblast)が明瞭になると,胚盤胞 blastocyst と呼ばれる。内部の胚盤胞腔 blastocele には液体が貯留し,胚全体は 0.25 mm 程度になる。やがて,胚は透明帯から脱け出し(ハッチング hatching),着床に至る。

3　ES 細胞

内細胞塊の細胞を分離して適切な条件下で培養すると,全能性の性質をもった細胞が分化せずに無限に増殖を続けるような状態になる。このようにして樹立された細胞株は,胚性幹細胞あるいは ES 細胞 embryonic stem cell と呼ばれる。

技術解説

1　(遺伝子)ノックアウトマウス(遺伝子破壊マウス)

ES 細胞を正常な胚盤胞内に注入すると,ES 細胞由来の細胞が胚の一部として取り込まれてキメラマウスができる。キメラマウス同士をかけあわせると,純粋に元の ES 細胞のみに由来する個体を得られる。このような性質を利用して,ある特定遺伝子の突然変異

を相同組換えによって誘発すると，その特定遺伝子を欠失した動物が産生される。これを（遺伝子）ノックアウトマウスという。

2 トランスジェニックマウス（形質転換あるいは遺伝子導入マウス）

受精卵の雄性前核内にDNA溶液（遺伝子）を直接注入し，その受精卵を偽妊娠マウスの卵管または子宮に移植すると，形質転換したマウスを作製できる。この場合，生殖細胞を含めたすべての細胞に外来遺伝子が挿入されるため，安定して子孫に受け継がれる。この方法は，個体レベルでの生物現象解析に有用であり，疾患モデルマウスの作製などにも応用されている。標的タンパク質（X）の遺伝子に，緑色蛍光タンパク質GFP（Green Fluorescence Protein；オワンクラゲの蛍光タンパク質イクオリン）をコードするレポーター遺伝子をつないだ融合遺伝子を導入して作成するトランスジェニックマウス（X-GFP transgenic mouse）は，その代表例である。

3 クローン胚作製

受精卵クローン法と体細胞クローン法がある。ドナー（提供側）の細胞として，前者では桑実胚や胚盤胞の割球を使い，後者では培養された体細胞を使う。細胞から取り出した核を，あらかじめ除核した卵細胞（レシピエント）内へ移植して培養し（クローン胚作製），目的の生物（たとえばマウスやヒツジ）の偽妊娠の卵管または子宮に移植して個体を得る。作製された個体は核移植（無性生殖）により均一の遺伝子型をもつ。1997年，イギリスのロスリン研究所のグループは，体細胞から取り出した核をあらかじめ脱核した未受精卵に移植し，クローンヒツジを誕生させた。現在，畜産領域では広く応用されているが，医学においても臓器移植など臨床への応用が可能である。日本人研究者の貢献も大きい。

●参考文献
1) 鈴木秋悦，他：卵子と精子．鈴木秋悦，他編，Modern Reproductive Medicine 第1巻．pp.1-86, メジカルビュー社, 1998.
2) 年森清隆，川内博人：VI. 生殖器．坂井建雄，河原克雄編，カラー図解　人体の正常構造と機能．pp.1-76, 日本医事新報社, 2003.
3) 年森清隆：第5章　受精の形態学．日本哺乳動物卵子学会編，生命の誕生に向けて―生殖補助医療（ART）胚培養の理論と実際．pp.113-127, 近代出版, 2005.
4) 毛利秀雄，他：精子の生物学．東京大学出版会, 1992.
5) 宮崎俊一：卵子の活性化―特にCaとの関連．卵子と精子―不妊の病態をさぐる―鈴木秋悦，他編，Modern Reproductive Medicine. pp.140-149, メジカルビュー社, 1998.

Ⅵ. 細胞のがん化

　人間の体は約60兆個のさまざまな細胞からなり，一定の調和と恒常性を保っている。この調和と恒常性は常に動的である。つまり，体を構成する細胞は次々と新しく生まれ変わる。数か月もすると，細胞の多くが，新しく生まれた細胞と入れ替わってしまう臓器もある。

　ところがヒトの体において，ある細胞の増殖スピードが増したり，逆に細胞がなかなか死ななくなったら，どのようなことが起こるであろうか。体の中で，調和や恒常性とはかけ離れた"瘤"のような細胞の集団が生まれることになるであろう。まさにこのような細胞集団(腫瘍)が，がんを含む新生物 neoplasm である。がん細胞 cancer cells は細胞の増殖と死，さらに分化の異常と密接な関連を有しているのである。

A がん細胞の特徴

　ヒトの体は200種類以上のさまざまに分化した細胞から構成されている。がん細胞もこのような正常細胞と同じ由来であるが，細胞にとって最も根元的な増殖や分化機構などに異常が生じている。ここでは，まず正常細胞とがん細胞の形態学的な違いを認識し，さらにがん細胞の生物学的特徴について理解する。

1 正常細胞とがん細胞の形態学的違い

　がん細胞と正常細胞は形態学的に異なり，がん細胞の多くは胎児期の正常細胞に類似している。がん細胞と正常細胞の形態学的な隔たりを医学的には**異型** atypia と呼んでいる。異型は細胞異型と構造異型に大別される。細胞異型は細胞の形や大きさ，核の大きさ，核クロマチン量，核小体の数や大きさ，さらに核/細胞質比などから総合的に判断される。構造異型は正常組織との細胞配列構造の違いであり，異型はこの二つを総合して判断する(図9-41)。

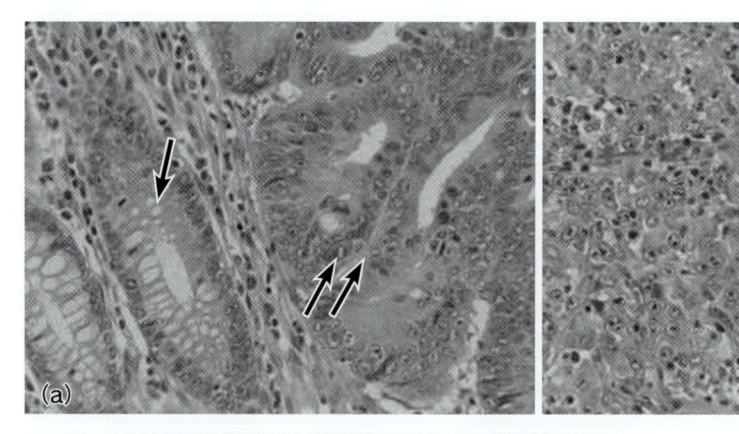

図9-41　正常大腸粘膜上皮と大腸がんにおける形態学的差異
　(a)：正常大腸粘膜(↓)と隣接して大腸がんが(↑↑)みられる。正常とがんでは腺管の構造の違いとともに，細胞核の形や大きさの違い，核小体の明瞭化などがみられ，がん細胞では異型が目立つ。
　(b)：大腸がんはより低分化になると，腺管形成はなく，構造異型がより強くなり，細胞異型もより強い。

2 がん細胞の生物学的特徴

生物学的に細胞ががんの形質を獲得することを**形質転換** transformation と呼ぶ。形質転換は細胞形態や細胞増殖の異常として捉えられ，不死化，接触阻止現象の喪失や足場非依存性増殖などがその特徴となる。さらに，がん細胞の特徴として，医学的に重要な正常細胞との類似性ならびに浸潤・転移がある。

1) 単クローン性増殖

がん細胞はたった1個の異常細胞から生じる。すなわち単一細胞由来である。1974年，Fialkowはさまざまながん細胞が単一の細胞に由来することを，X染色体に存在するグルコース-6-リン酸脱水素酵素(G6PD)のアイソザイムの違いから証明した[1]。X染色体を2本もつ女性症例で，しかもG6PDのアイソザイムがヘテロ接合体である限られた症例を用いて，解析したがんの少なくとも95%が単一細胞由来であることを証明した。

がん細胞の単クローン性増殖 monoclonal proliferation はリンパ系由来の腫瘍をみると簡単に理解できる。骨髄に発生する多発性骨髄腫はBリンパ球由来の形質細胞が腫瘍化したもので，形質細胞の本来の機能である免疫グロブリンを産生する。1個の形質細胞は1種類の免疫グロブリンしか産生しないので，もし，この腫瘍が1個の細胞に由来するなら，1種類の免疫グロブリンのみを産生することになる。事実，形質細胞腫は1種類の免疫グロブリンを大量に産生することが知られている。

2) 不死化

1961年，Hayflickはヒトの正常胎児細胞を培養すると，細胞分裂を約50回程度繰り返して，約10か月で死んでしまうことを明らかにした[2]。つまり，正常細胞には寿命があることを示したのである。ところが，がん細胞は永久に細胞分裂を繰り返して生き続けることができ，これを不死化 immortalization と呼ぶ。たとえば，有名なHeLa細胞は1951年にアメリカのHenrietta Lacksという31歳の黒人女性の子宮がんより得られた細胞であり，50年以上も経過した現在でも世界中の研究室で培養され続けている。

これまでに細胞の寿命は染色体の両端にあるテロメア telomere に秘密が隠されていることが明らかとなった。細胞分裂を繰り返す度に，テロメアの長さが短くなり，ある一定の長さになると細胞分裂が停止する。しかし，がん細胞ではテロメラーゼ telomerase という酵素(リボザイム)が活性化しており，この作用により細胞分裂を繰り返してもテロメアの長さが短くならず，不死化という性質を獲得していると考えられている。

3) 接触阻止現象の喪失と足場非依存性増殖

正常細胞の培養では細胞同士がお互いに接触するようになると細胞分裂が止まる。これを接触阻止現象 loss of contact inhibition という。しかし，がん細胞はこの性質を失っており，お互い接触しても細胞分裂が止まらない。これを接触阻止現象の喪失と呼ぶ(図9-42)。

さらに，血液細胞などを除いた正常細胞の多くは基底膜などの間質や隣の細胞などと常に接触して，足場を築いてないとアポトーシスに陥ってしまう。この足場を築くことができない0.33%の軟寒天培地の中では，正常細胞は増殖することができず，死んでしまう。しかし，がん細胞は軟寒天培地の中でもコロニーを作って増殖することがで

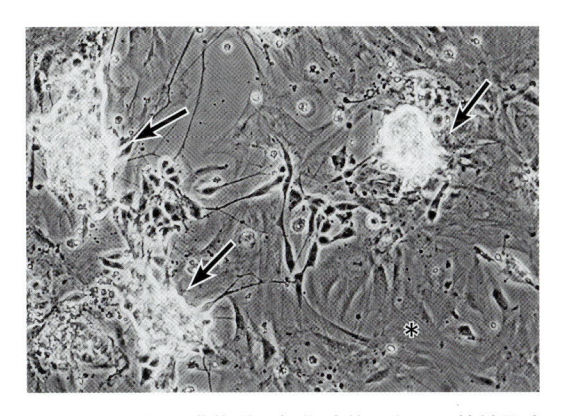

図9-42 ヒト網膜芽腫の初代培養における接触阻止現象の消失
網膜芽腫細胞(↓)は重なり合って増殖しているが，周囲の線維芽細胞(*)は単層に配列し，接触阻止現象を示す。

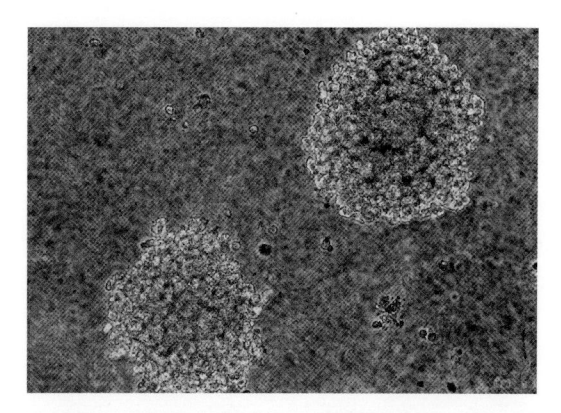

図 9-43　ヒト肺小細胞がんの軟寒天培養における足場非依存性増殖
腫瘍細胞のみが球状に増殖し，足場非依存性増殖を示す。線維芽細胞などの正常細胞はこの培養条件では増殖できない(国立がんセンター病理部・寺崎武雄博士原図)。

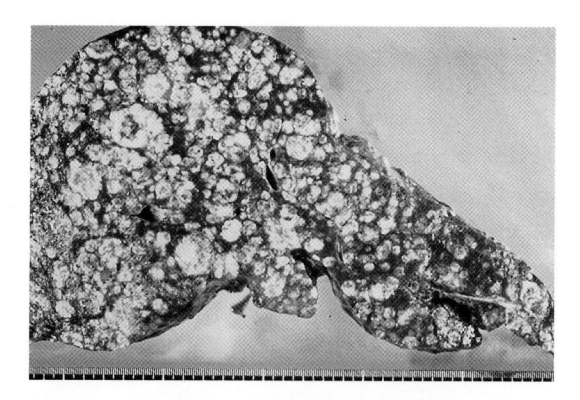

図 9-44　ヒト肺がん(小細胞がん)の肝移転
無数の大小さまざまな結節性転移巣が肝実質内に認められる。

きる。これを足場非依存性増殖 anchorage independent growth という(図 9-43)。この二つの現象は細胞生物学では非常に重要であるが，その機構についてはまだ十分に解明されていない。細胞間シグナル伝達に関与するサイトカインやその受容体(レセプター)，細胞接着因子，さらに細胞と基質の接着に関連するインテグリンなどが，この現象の鍵を握っているものと考えられる。

4) 正常細胞との類似性

がん細胞は，その発生臓器の正常細胞に類似している。形態学的にみると，これは先に述べた異型とは逆の捉え方で，異型の強いがん細胞は類似性 fidelity に乏しく，つまり，それが由来した正常細胞とは似ていないことを意味する。臨床では，この fidelity を基に，がんの病理診断が行われている。

また，がん細胞は形態学的のみならず生物学的・生化学的にも発生臓器・細胞との類似性が見られる。たとえば，正常肝細胞は血清蛋白であるアルブミンを作るが，肝臓に発生する肝細胞がんは α-fetoprotein : AFP というアルブミン類似の蛋白を産生することが知られている。胎児期の肝細胞はアルブミンではなく，AFP を産生しており，肝がん細胞は胎児期の肝細胞の性質を保持していることになる。このようにがんと胎児期の細胞に共通して発現するものに大腸がんなどの腫瘍マーカーである "がん胎児性抗原(carcinoembryonic antigen : CEA)" があり，AFP とともに広くがんの診断に用いられている。現在，臨床で腫瘍マーカーとして用いられているものの多くは組織や細胞特異抗原であり，これも fidelity を利用していることになる。

5) 浸潤と転移

浸潤 invasion と転移 metastasis は悪性腫瘍の特徴であり，特に，転移能の獲得は腫瘍進展の最終段階と見なすことができる。浸潤とは，がん細胞が周囲正常組織に連続的に侵入することであり，転移は腫瘍が発生した場所から浸潤し，リンパ管や血管を経て，非連続的に他の臓器に新しい増殖巣を形成することである(図 9-44)。ヒトがんでは，がんが特定の臓器に転移しやすい傾向があり，1889 年 Paget は「土と種論 soil and seed theory」の考え方を提唱した。すなわち，適した土壌に蒔かれた種のみが発育成長するように，がん転移の成立にはそのがん細胞の増殖に適した臓器が存在するというものである。しかし，血行性のがん転移の多くは肺と肝臓に見られ，フィルターとしての血行動態により説明できるが，「土と種論」の考え方も依然としてして残っており，その生化学的解明が待たれる。

このような浸潤や転移は，がん細胞の運動能のみならず，細胞と細胞，細胞と間質の結合に関係

する接着因子やインテグリン，さらに蛋白分解酵素ならびにその酵素阻害物質の産生などが，さまざまなステップに深く関与していることが明らかになりつつある。

正常な白血球やリンパ球は，自由に各臓器を移動できる。想像するに，このような正常細胞の移動機構の解明が，がん細胞の浸潤・転移を解く鍵になるのではないだろうか。

B がん細胞の遺伝子異常

がん細胞における遺伝子異常で最も重要なものは，がん遺伝子とがん抑制遺伝子の異常であろう。この両方の遺伝子は，細胞増殖に関連する遺伝子であることが明らかとなった。車に例えると，細胞増殖を促進するアクセル役ががん遺伝子で，細胞増殖を停止するブレーキ役ががん抑制遺伝子といえる。ここでは，がん細胞におけるがん遺伝子ならびにがん抑制遺伝子の異常を理解する。

1 がん遺伝子

がん遺伝子 oncogene は歴史的にみると，RNA腫瘍ウイルス研究の過程で1971年に発見され，1976年にはそれが宿主の正常細胞由来であることが明らかになった[3]。1983年にはヒト膀胱がんから初めて活性化H-ras遺伝子が分離され，現在までに約100種類が見出されている[4]。このがん遺伝子は，正常では**がん原遺伝子** proto-oncogene とも呼ばれ，コードされる蛋白は細胞膜，細胞質，核内とさまざまな部位に分布し，増殖因子，増殖因子受容体，細胞内シグナル伝達，転写因子などの機能を営み，細胞増殖と密接に関連することが明らかとなっている。このがん遺伝子，すなわちがん原遺伝子に異常が起こると，がん化へのステップを歩むことになる。がん遺伝子の異常をまとめると，次の四つに大別できる。

①1個のDNA塩基配列が変化する点突然変異 point mutation
②遺伝子の数が増加する遺伝子増幅 gene amplification
③染色体の組替えに伴う遺伝子再配列 rearangement
④遺伝子の転写活性亢進 overexpression

技術解説

トランスフェクション法

遺伝子を含むDNAやRNA断片を細胞内に導入する方法である。培養細胞を用いた最初のトランスフェクション法はリン酸カルシウム-DNA共沈殿法であり，この方法は抽出したDNAを制限酵素で断片化し，リン酸カルシウムと混ぜて培養細胞に直接加える。すると，培養細胞はこのDNA断片を細胞内に取り込み，その一部が核内に移行し，DNAに組み込まれることになる。そして導入された遺伝子の発現が起こり，培養細胞の形態や機能変化が起こる。そのほか，トランスフェクション法にはDEAEデキストラン法や電気穿孔法などがある。

2 がん抑制遺伝子

がん抑制遺伝子 tumor supressor gene はがん遺伝子よりも遅れて発見され，その発見のきっかけとなったのは，劣性遺伝形式をとる小児の網膜芽腫 retinoblastoma であった。網膜芽腫は5歳までに発生する目の悪性腫瘍であり，約4割が遺伝性である。

1971年，Knudsonは網膜芽腫を臨床統計学的に検討したところ，この遺伝性腫瘍は胚細胞と体細胞における二段階の突然変異によって引き起こされるという仮説(two hit mutation theory)を提唱した[5]。その後，この腫瘍には13番染色体短腕(13q14)に欠失を伴うことが知られ，この染色体欠失が網膜芽細胞腫発生に密接に関連していることが推測された。つまり，この染色体13q14に存在する遺伝子の機能が失われると，がんが発生すると考えられたのである。そこで，この部位に存在する遺伝子の発見に焦点が当てられ，1986年，この部位に存在する最初のがん抑制遺伝子であるRb遺伝子が同定された[6]。

Knudsonの仮説は，2本の染色体に存在する相同遺伝子の機能が失われる過程を示していたと解釈できる。2段階目の変異は，正常なRb遺伝子が存在するアレルが染色体欠失や重複，さらに組換えなどで失われてしまい，変異Rbのみになっ

図 9-45　がん抑制遺伝子(Rb 遺伝子)と発がん

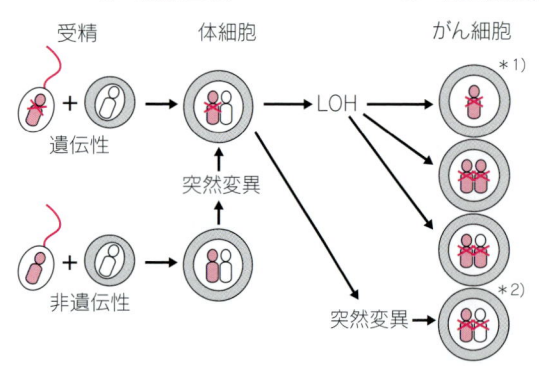

×染色体13番における変異 Rb 遺伝子を意味する。

[注] *1) 正常な Rb 遺伝子が存在するアレルが染色体欠失や重複さらに組み換えなどで失われてしまい，変異 Rb 遺伝子のみになってしまう。

*2) 第2段の突然変異が対立遺伝子上に起こり，変異 Rb 遺伝子のみになってしまう。

表 9-3　ヒトがんの原因

発がん因子	全がんに対する割合(%)	
	最良見積値	見積幅
タバコ	30	25〜40
アルコール	3	2〜4
食物・栄養	35	10〜70
食品添加物	<1	−5〜2
生殖および性習慣	7	1〜13
職業	4	2〜8
環境汚染	2	<1〜5
工業生産物	<1	<1〜2
医薬品・医療	1	0.5〜3
日光・放射線	3	2〜4
感染	10?	1〜?
不明	?	?

(Doll & Peto：JNCL 66：1256, 1981 より)

てしまうこと，また新たな突然変異が正常 Rb に生じることなどが考えられる(図 9-45)。さらに最近では DNA メチル化による発現異常による機能不活化なども知られるようになってきた。Rb 遺伝子発見に続いて，1989 年には，p53 遺伝子ががん抑制機能をもつことが明らかとなり，この遺伝子異常はヒトがんの約半数に見られることが示された[7]。

さらにヒトのさまざまな劣性遺伝性腫瘍から RFLP(restriction fragment length polymorphism；制限酵素断片長多型性)解析などを用いて，がん抑制遺伝子が相次いで発見されるようになり，現在では 20 種類を超えるまでになった。さらに，がん抑制遺伝子の機能は細胞周期制御や DNA 修復，さらにアポトーシスなどに関連していることが明らかとなった。がん抑制遺伝子の多くは，細胞増殖を止める，すなわち細胞周期を負に制御する機能をもつ。Rb と p53 遺伝子は G1 check point を制御する重要な遺伝子であり，細胞増殖機能と密接に関連し，これらの遺伝子機能が失われることによって，細胞増殖促進に働くことになる。

技術解説

RFLP 解析

RFLP 解析は DNA 遺伝子多型を利用した方法である。両親から受け取ったある遺伝子の DNA の制限酵素切断部位が異なる，つまり制限酵素で切断すると DNA 断片の長さが異なる場合，この部分の相補的 DNA を用いた Southern blot 法で解析すると，2 本のバンドを示すことを利用している。両親から受け取った DNA に遺伝子多型がある場合，これをヘテロ接合体 heterozygosity という。多型がない場合は，1 本のバンドとなり，ホモ接合体 homozygosity と呼ぶ。がん細胞では染色体欠失が起こりやすく，正常細胞でヘテロ接合体を示す遺伝子を調べると，片方のアレルが失われ，1 本のバンドしか検出できないことがある。これを loss of heterozygosity：LOH と呼んでいる。このように染色体の片方のアレルに欠失がある場合，この部位に存在する遺伝子に異常があれば完全にその機能が失われることになり，がん抑制遺伝子が存在する可能性が高いことになる。事実，肺小細胞がんでは染色体 3p, 13q, 17p にほぼ 100% の LOH があり，13q と 17p にはがん抑制遺伝子である Rb と p53 遺伝子が存在することが明らかとなっている。しかし，3p に存在すると予想されるがん抑制遺伝子はまだ同定されていない。

C　ヒトがんの発生

がん細胞の特徴とその原因となる遺伝子異常を学んできたが，これらを総合的に理解するためにヒトがんの発生について考えてみよう。ヒトがんの最大の原因は食事と喫煙であることがすでに知

1 化学発がん chemical carcinogenesis

ヒトのがんが大量の強力な発がん物質によって引き起こされることはきわめてまれで、現在では、ごく微量の発がん物質の摂取が原因と考えられている。この発がん過程は、1947年、Berenblum & Shubik が提唱した Initiation and promotion theory がモデルとされる[8]。この考えはマウスの皮膚の発がん実験より生まれたもので、マウスの皮膚にがんを起こさない少量の発がん物質を塗布した後、クロトン油を塗り続けると皮膚がんが発生する。しかし、この操作を逆にしたり、クロトン油塗布のみでは発がんしない。よって、このようなマウス皮膚発がん過程ではイニシエーションとプロモーションと呼ぶ質的に異なる作用が必要とされ、発がん物質をイニシエーター、クロトン油のような発がんを促進する物質をプロモーターと呼んだ。1970年代にはこのクロトン油からTPA（12-O-tetradecanoyl-phorbol-13-acetate）と呼ぶ強力なプロモーターが精製され、これを用いた実験からプロモーションの概念が確立した。

ヒトは毎日少量の発がん物質、すなわちイニシエーターに曝露されている。発がん物質は体外に由来するだけでなく、ニトロソアミンのように体内でも食物より作られる。発がん物質は変異原物質であり、DNAに突然変異を引き起こす。このような突然変異が、がん遺伝子やがん抑制遺伝子に起こることが発がんに結びつくと考えられる。さらに、現在ではヒト発がんにおけるプロモーターも知られるようになり、肺癌におけるタバコ（イニシエーターでもある）や胃がんにおける食塩、さらに大腸がんでは胆汁酸や脂肪酸などが同定されている。

られている。つまり、さまざまな環境要因ががんの原因であり、合計すると90％以上を占める（表9-3）。しかし最近では、このような外的因子のほかに、遺伝要素などの内的因子の関与なども知られるようになり、注目が集まっている。ここでは、ヒトがんの発生について理解するために、化学発がん機構とヒトの多段階発癌について学ぶ。

技術解説

化学発がん物質

1775年、英国の内科医である Pott は、煙突掃除夫が高い確率で陰嚢がんになることに気づき、煙突の煤が原因ではないかと考えた。この Pott の研究は日本の山極・市川に受け継がれ、1915年、ウサギの耳にコールタールを塗布することによる世界初の発がん実験成功に結びついた。このコールタールから世界初の発がん物質となったジベンツアントラセン、さらにベンツピレンなどが分離され、その後、さまざまな化学発がん物質が同定されるようになった。

化学発がん物質はアスベストなどの例外を除いて、大部分が変異原物質 mutagen である。この突然変異を起こす機序は、まず発がん物質が体内で代謝活性化され、DNAに付加体を形成する。たとえば、タバコに含まれるベンツピレンは活性化されて、グアニンの2位のアミノ基と結合する。ニトロソアミンなどはグアニンの6位をアルキル化する。一般に化学発がん物質はこのようにグアニンに付加体を形成することが多く、このようなDNAの異常を修復する過程でこの塩基に突然変異が起こりやすいことが知られている。ヒトではこのようなDNAの異常を修復する修復酵素に異常をもつ遺伝性疾患があり、がんが好発することが知られている。

---

2 多段階発がん multi-step carcinogenesis

ヒトがん発生は、一般に数年から数十年といった、長い期間をかけて多段階的に発生することが知られている。この期間にイニシエーションとプロモーション作用が働いているとしても、1個の遺伝子異常でがんが発生するとは考えにくい。ヒトにおけるがんの発生状況から、がんになるためには4〜6個の遺伝子異常の蓄積が起こり、多段階的に起こると考えられている。1990年に Vogelstein らは大腸発がんにおける遺伝子異常とその形態学的変化を明らかにし、がん遺伝子ならびにがん抑制遺伝子を中心とした遺伝子変化によって、正常細胞から過形成病変、さらに腺腫形成、そしてがん細胞へ変化することを初めて証明した[9]。ヒトがんでは、このような多段階発がんは大腸のほかに、胃、肺、子宮、皮膚などのさまざまな臓器で認められる。

このような多段階発がんは、臨床では前がん病変の存在によってすでに認識されていた。前がん病変とは、正常組織からがんに至るまでに存在す

ると考えられる中間段階の病変で，臨床的には高頻度でがんを発生する病変をいう。前がん病変にはさまざまな遺伝子異常の蓄積がすでにみられ，病理学的には，化生，過形成，異形成，腺腫などのさまざまな病変を含む。現在では，大腸や胃などで腺腫からがんが発生することが明らかとなり，一般に adenoma-carcinoma sequence と呼ばれている。

● 参考文献
1) Fialkow PJ : The origin and development of human tumors studied with cell markers. New Engl J Med 291 : 26-36, 1974.
2) Heyflik L, Moorhead PS : The special cultivation of human diploid cell strains. Exp Cell Res 25 : 585-621, 1961.
3) Bishop JM : Oncogenes. Scientifc American 24 : 68-78, 1982.
4) Sager R, Tanaka K, Lau CC, et al : Registance of human cells to tumorigenesis induced by cloned transforming genes. Proc Natl Acad Sci 80 : 7601-7605, 1983.
5) Knudson AG Jr : Mutation and cancer : Statistical study of retinoblastoma. Proc Natl Acad Sci 68 : 820-823, 1971.
6) Friend S, Bernards R, Rogelj S, et al : A human DNA segment with properties of the gene that predispose to retinoblastoma and osteosarcoma. Nature 323 : 643-646, 1986.
7) Hollstein M, Sidransky D, Vogelstein B, et al : p53 mutations in human cancers. Science 253 : 49-53, 1991.
8) Berenburm I, Shubik P : A new quantitative approach to the study of the stage of chemical carcinogenesis in the mouse's skin. Brit J Cancer 1 : 383-391, 1947.
9) Fearon ER, Vogelstein B : A genetic model of colorectal tumorigenesis. Cell 61 : 759-767, 1990.

第 10 章
遺伝の仕組み

Ⅰ．遺伝の法則　274
Ⅱ．非メンデル遺伝　281
Ⅲ．遺伝子・染色体異常　284

● **本章を学ぶ意義**

　遺伝の研究は現代生物学の基礎を形作っている。遺伝学は 19 世紀半ばにメンデルによって発見された遺伝法則に始まる。メンデルの研究の重要性は，20 世紀初頭になってようやく正しく理解され，その後ショウジョウバエなどを用いた遺伝子変異の研究などによってさらに大きく発展した。その結果，明らかになってきた染色体分配，遺伝子地図，遺伝子の連鎖と組換えなど，基礎的な遺伝学の法則についての理解は，医学生物学を学び，ヒトの遺伝病の研究を進めるために必須のものである。

　一方，メンデルの法則に従わない遺伝も重要である。特に遺伝子自体には変化がないにもかかわらず，次世代に表現型が伝えられるエピジェネティック遺伝は，最近の大きなトピックの一つとなっている。広い意味ではプリオンによる形質の伝播も，この範疇に含めることができる。さらに，ゲノム上の位置を転移することができる塩基配列(転移因子)に関する知識も，さまざまな現象を理解する上で重要である。これらの研究はまだ緒についたばかりであり，未解明の点が多く残されているが，今後さまざまな表現型に関する重要性が明らかにされていくに違いない。

I. 遺伝の法則

A メンデルの法則

　遺伝という現象は古くから人々の注目を集め，特に農業や園芸ではたくさんの変種を見つけ出し，互いに交配し，品種改良が行われてきた。さまざまな変種をかけあわせて，これまでにない特徴をもった個体を作り出すことは有用であったが，その背後にある科学的な法則を明らかにするまでには至らなかった。

　メンデル（Mendel G）はエンドウマメの栽培から，遺伝形質（遺伝する性質）が非常に簡単な法則によって伝わっていくことを示した。メンデルはエンドウマメの形質で，わかりやすい対をなすもの，たとえば花の色（紫と白），豆の色（緑と黄），茎の長さ（2 m と 30 cm）など，また交配を繰り返しても中間的な性質や混ざった性質が出てこない7種類を選び，それぞれの形質について純系（自家交配をしても同一の形質しか出てこないもの）を作り上げた。

　この純系同士を交配した第1世代（F_1）には，必ず一方の形質のみが現われた。たとえば茎の長さが 2 m と 30 cm の親を交配すると，F_1 はすべて 2 m 長の茎ばかりとなった。ところが茎の長い第1世代同士を自家交配し，第2世代（F_2）を調べると，茎の長いもの 300 に対しておよそ 100 の割合で茎の短いものが出現した。そこで目に見える性質（表現型）としては，F_1 で消失したように見えた茎の短い性質は，隠されていたにすぎないと考えた（表 10-1）。

　それを決めている因子として当時確立してきた原子論的考えを取り入れ，これ以上分割できない，消失することのない単位（遺伝子型）があると考えた。茎の長いほうを優性（ドミナント），短いほうを劣性（リセッシブ）とし，それぞれを A, a と表すと，F_1 は Aa という雑種であると考えた。（優劣という訳語はきわめて不適切で，それぞれの性質に優劣という価値があると思ってはならない。

表 10-1　メンデルの選んだ七つの表現型とその分類比

親		F_1	F_2		F_1/F_2 比
丸い豆	皺の寄った豆	丸い豆	丸い豆 皺の寄った豆	5,474 1,850	2.96 : 1
黄色い豆	緑色の豆	黄色い豆	黄色い豆 緑色の豆	6,022 2,001	3.01 : 1
色つきの殻	白色の殻	色つきの殻	色つきの殻 白色の殻	705 224	3.15 : 1
ふくらんだ莢	皺の寄った莢	ふくらんだ莢	ふくらんだ莢 皺の寄った莢	882 299	2.95 : 1
緑色の莢	黄色の莢	緑色の莢	緑色の莢 黄色の莢	428 152	2.82 : 1
脇につく花	頂上につく花	脇につく花	脇につく花 頂上につく花	651 207	3.14 : 1
丈の高い	丈の短かい	丈の高い	丈の高い 丈の短かい	787 277	2.84 : 1

表10-2 2種類の表現型の組合せ

親	丸い黄色い豆(RY) × 皺の寄った緑色の豆(ry)		
↓			
F₁(第1世代)	丸い黄色い豆(RrYy)		
↓			比
F₂(第2世代)	丸い黄色い豆(RY)	315	9
	丸い緑色の豆(Ry)	108	3
	皺の寄った黄色い豆(rY)	101	3
	皺の寄った緑色の豆(ry)	32	1

これらの豆をさらに栽培すると(第2世代の遺伝子型)
(RY)315個のうち 38はRRYY 65はRRYy
60はRrYY 138はRyYy
(Ry)108個のうち 35はRRyy 67はRryy
(rY)101個のうち 28はrrYY 68はrrYy

これらの豆の比を較べると
(RR+2Rr+rr)(YY+2Yy+yy)
のすべての組合せが出てくることが推測された。

多くのがん遺伝子に生じた変異は優性であり，がん抑制遺伝子に生じた変異は劣性である）。またF₁と劣性となった親を交配（戻し交配，テスト交配）するとAとaの比が1：1になることから，それぞれの遺伝子は対になっていると考えた。

さらにメンデルは二つの独立な形質A, Bを取り上げ，F₁ではそれぞれ優性の性質ABが現われ，F₂ではそれぞれの形質AB, Ab, aB, abの分離が9：3：3：1になることを示した（**表10-2**）。それぞれの遺伝子の優性をA, B, 劣性をa, bと標記することにより，遺伝現象をきわめて単純に説明できたにもかかわらず，1865年に発表された論文はほとんど顧みられず，1900年に再発見されることになった。

1903年にはド・フリース（de Vries H）により突然変異が発見され，aは野生型Aの変異型とする考えが確立した。このようなAとaを互いに**対立遺伝子**（アレル）と呼ぶ。中には複数の対立遺伝子をもつ場合（複対立遺伝子），それぞれが必ずしも優性，劣性とは限らず，同時に表現型を示したりすることがある。たとえば赤い色の花と白い色の花の交配でF₁は桃色となる（共優性）とい

う場合もある（血液型のAB型も1例であろう）。同年サットン（Sutton W）はバッタの生殖細胞の観察から次のことを示し，遺伝子は染色体上にあることを予測した。

①それぞれの細胞には，識別できる2組の染色体がある。

②通常の分裂（体細胞分裂）では，2組の染色体が娘細胞に渡される。

③精子や卵細胞を作る際は，1組の染色体しか渡されない（減数分裂）。

染色体を2組もつ細胞を**二倍体**（ディプロイド）と呼び，減数分裂により1組しかもたない生殖細胞，すなわち精子と卵細胞は**一倍体**（ハプロイド：基本となる組しかもたないものという意味であるが，誤まって半数体とも呼ばれている）と言う。精子と卵細胞が接合すると二倍体の接合体（受精卵）となるが，このとき，それぞれの染色体が同一である場合には同型接合体（ホモ接合体），異なる場合には異型接合体（ヘテロ接合体）と呼ぶ。実際には染色体すべての遺伝子について言うことはまれで，ふつうはある特定の注目している遺伝子について使っている。

B 変異体

遺伝子が存在することがわかるのは，その遺伝子に変異が見つかり，野生型と明らかに異なった表現型を示した場合である。遺伝子に自然突然変異が見つかるのはふつう10^6～10^7に一つくらいの頻度できわめてまれである。その上，多くの真核生物は二倍体なので，劣性の突然変異が表現型として検出されるのは，10^{12}～10^{14}個に一つにすぎない。もちろん，この頻度は放射線など突然変異源を作用させると格段に上昇するが，それでもたくさんの個体数を扱えるアカパンカビやショウジョウバエにしか有効でなかった。

実際にBeadle GとTatum Eは1937年にアカパンカビを使い，変異体とその酵素活性を測定して遺伝子（の変異）は一つの酵素に対応することを示した。一方，原核生物（細菌）と真核生物のごく一部（酵母やかび）では，個体が一倍体であるため

に遺伝子の研究には大いに役立った。

1902年にGarrod Aは，ヒトのフェニルアラニンの代謝異常で，ホモゲンチジン酸を蓄積し尿中に排出されるアルカプトン尿症が劣性の形質として遺伝することを発見した（図10-1）。ヒトの場合は，個体の観察と家系がある程度把握されているために，数々の変異が記録されるようになった。その中でも特に顕著になったのは，男性に特有に表われる変異で，これは**伴性遺伝**と呼ばれている。男性はX染色体が1本しかなく（対をなすY染色体には，対応する遺伝子がない），見かけ上は一倍体となることから変異が出現しやすい。女性ではX染色体が1対となっているために，ほとんどの劣性の表現型は観察されないが，正常な男性との間の子供のうち，50％の男児に変異が見られることになる。こうした理由でX染色体上にはたくさんの遺伝子が記載されている。よく知られた例として，先天赤緑色覚異常と血友病をあげることができる（図10-2）。

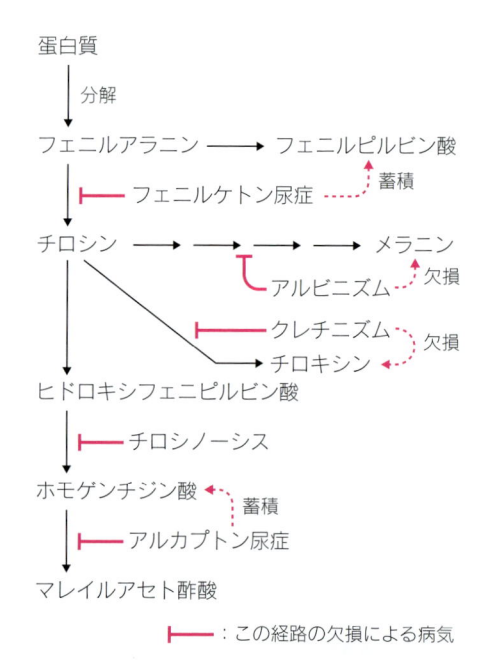

図 10-1　フェニルアラニン代謝系の遺伝病

C 連鎖と組換え

メンデルが取り上げた七つの形質はすべて独立に遺伝するために，統計学的にも非常に明解な結果が得られたが，任意の遺伝子を選び出すと，F_2での分離比は3：1にならない場合が多く見られる。たとえば，血友病に関する二つの遺伝子A，BはどちらもX染色体にあり，また色覚異常の遺伝子もX染色体にある。血友病Aと色覚異常

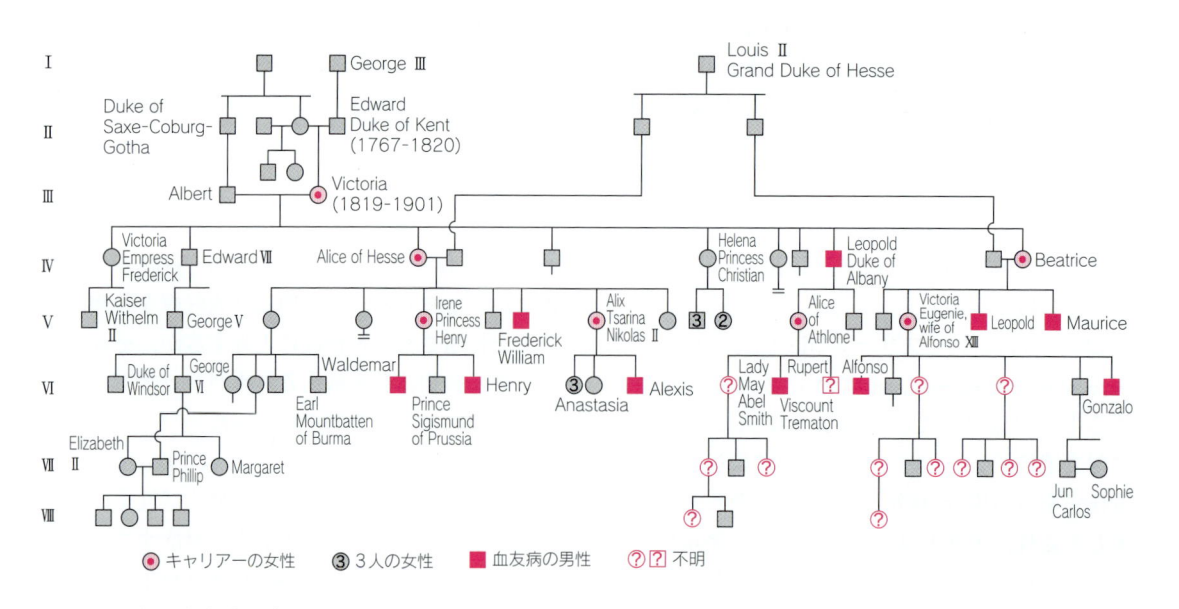

図 10-2　ある血友病の家系

をもつ男性と正常の女性の間の男児は，ほとんどすべて血友病 A と色覚異常を遺伝する。一方，血友病 B と色覚異常をもつ男性と正常の女性との間の男児では，血友病 B と色覚異常の両方をもった者，血友病 B のみをもっている者，色覚異常だけの者，どちらも正常な者，などとさまざまに出現する。

前者の場合のように，二つの遺伝子が挙動を一緒にする場合，これを連鎖 linkage しているという。

後者の場合は，遺伝子がどちらも X 染色体にあっても連鎖がみられないことになる。後者のように血友病 B のみをもった者，色覚異常だけをもった者は，母親のもっている正常な X 染色体との間で組換えが起こったものと考えることができる。つまり，遺伝子は染色体上に一列に並んでおり，相同な染色体同士で組換えを起こし，両親とは違った遺伝子構成となった組換え体が生じるのである。

減数分裂中の染色体をみると，キアズマ（交叉）として二つの染色体が交わっている点がみられる。減数分裂時にこの組換えが頻繁に起こっている。F_1 世代というのは両親の染色体が単に混ざっただけにすぎないが，減数分裂により精子と卵細胞ができた時点ではじめて両親由来の 1 対の遺伝子のどちらか一方をもった新しい染色体の組合せが形成されるのである。

この組換えがどのくらいの頻度で起こるかを測定すると，染色体上に一列に並んだ遺伝子間の相対的な距離を算定できる。直感的に考えても二つの遺伝子が離れていればいるほど組換えが起こりやすく，距離が近いほど連鎖していることになる。先の例で，色覚異常と血友病 A は連鎖しているが，血友病 B の遺伝子はどちらからも離れていることになる。

メンデルの実験では，連鎖や組換えは起こらなかったのだろうか。エンドウマメの遺伝子地図をみるとメンデルが選び出した形質のうち，五つは異なる染色体にあり，二つは同一染色体の左端と右端にあるために，連鎖は見られなかった。メンデルは種子屋から 22 品種を取り寄せているので，

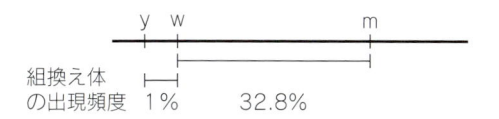

図 10-3　組換え頻度による遺伝子間の距離

その中から連鎖のないものを注意深く選び出したに違いない。

D 遺伝子地図

組換えを利用して，遺伝子がどういう順序で染色体上に並んでいるかを調べることができる（図 10-3）。二つの遺伝子が離れていればいるほど組換えの頻度が高く，近ければ近いほど連鎖しているという原理である。実際の例を見てみよう

ショウジョウバエの体色は茶色（y^+）に対して，劣性の変異は黄色（y）である。同じく眼の色は赤（w^+）と劣性の白（w）がみられ，いずれも X 染色体上にある。$wy^+/--$ の雄（Y 染色体には対応する遺伝子がないので-- となる）と w^+y/wy^+ の雌をかけあわせ，出てきた雄のみを数えると 9,026 匹のうち $w^+y/--$ が 4,413，$wy^+/--$ が 4,484，$w^+y^+/--$ が 76，$wy/--$ が 53 であった。w^+y^+，wy はどちらも親の遺伝子型にはなかったものなので組換えによって生じたものである。wy^+ と w^+y は全体の 99%，$4,413+4,484/9,026=0.99$，w^+y^+ と wy は全体の 1%，$76+53/9,026=0.01$ ということである。

次に普通の羽（m^+）と小さな羽（m）を調べてみると，w^+m^+/wm の雌に対して，$w^+m^+/--$ の雄をかけ合せてできたのは，1,192 匹中，$w^+m^+/--$ が 412，$wm/--$ が 389，$w^+m/--$ が 206，$wm^+/--$ が 185 であった。親と同じものは $412+389/1,192=0.672$，組換え型は $206+185/1,192=0.328$，すなわち 67.2% と 32.8% であった。

これらの結果から，染色体上にこれらの遺伝子は yw 間が 1 に対して wm 間は 32.8 の距離にあると言える。組換え体が 1% 出てくる距離をセンチモルガン（cM）という単位で表わす。

上記の実験では y, w に対して m がどちら側に

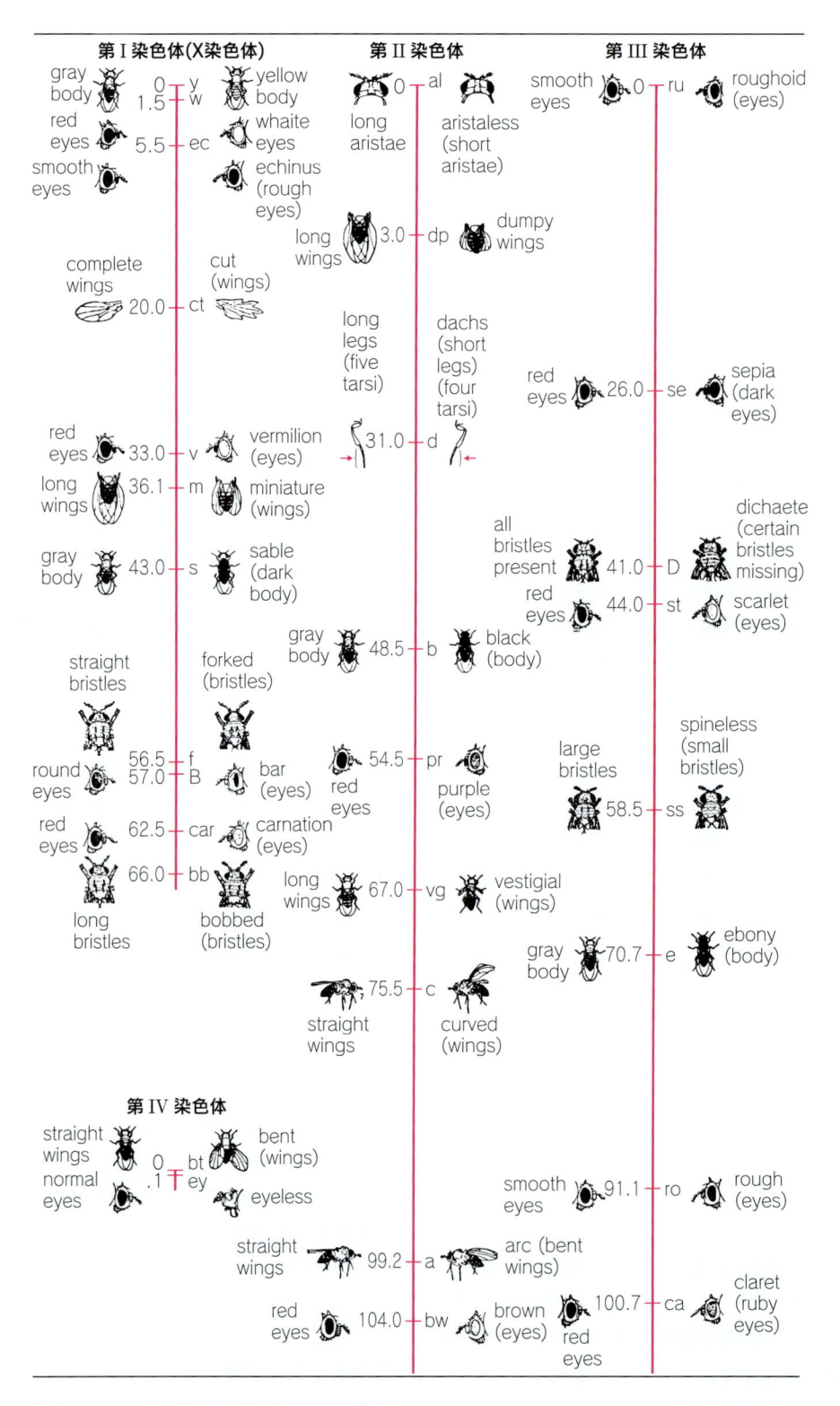

図 10-4 ショウジョウバエの遺伝子地図
ふつう 3〜4 文字で表記された遺伝子記号には，それぞれ実際目で見てわかるような表現型がある。

あるのかわからないが，その場合は三つの変異を使ってかけ合せをする。遺伝解析をするときは変異を目印（マーカー）とするが，現在は制限酵素の切断部位をマーカーとすることも可能である。なお，1cM は DNA の長さにすると約 3 kb（キロベース，1,000 塩基対）に相当する。

1911 年に Morgan, T. H. はショウジョウバエの遺伝子地図を発表したが（図 10-4），のちに遺伝子地図とショウジョウバエの唾液腺染色体に見られる多糸染色体の縞模様（バンドパターン）に密接な関係があることが指摘され，遺伝解析の結果と細胞生物学的な観察が対応することがわかる。

E シストロン

遺伝解析を行うには，野生型とは異なる表現型をもった変異体が必要である。そのため，世代時間が短く，一倍体が成体であるカビ，酵母，細菌，さらにはバクテリオファージが材料として好まれることになる。

Benzer, S. は世代時間が短く子孫が大量に得られる T_4 ファージ（大腸菌に感染するバクテリオファージ）を使い，遺伝解析を行った。その結果，染色体には遺伝子が順番に並んでいるばかりでなく，それぞれの遺伝子の変異が1列に並んでいることを示した。そして一つの蛋白質のアミノ酸に対して，2〜3 個の異なる変異体が得られ，その組換えから一つのアミノ酸はコード三文字で作られていることも予測した。さらに，遺伝子間の相補性 complementation を解析し，同一遺伝子内の二つの変異は互いに相補できないが，異なる遺伝子産物を作る二つの遺伝子の変異は相補するというシス-トランス試験を考案し，遺伝子は拡散性の物質，おそらく蛋白質をコードしていることを示した。また，シス-トランス試験を行える遺伝子の単位を，シストロンと呼ぶことを提案した。

Benzer, S. の研究により，変異にどんな種類のものがあるか整理され，変異が1か所のみにある点変異と，一並びの点変異と組換え体を作れない欠失変異が明確になった。昨今よく使われる遺伝子ノックアウトというのは，人為的に遺伝子の全体，または一部を別の遺伝子（選択マーカー）と置換した変異株の話である。点変異の中には，一つのコドンが単に別のアミノ酸に変わったミスセンス変異と，たまたま蛋白質合成の終止コドンができたため，対応するアミノ酸の存在しないナンセンス変異（終止コドンが三通りあるようにアンバー変異，オーカー変異，オパール変異と三つある）が含まれている。また点変異ではあるが，一つ塩基が欠失したり，一つ余分に入ったためにコードの読み枠が狂ってしまい，その地点以降は，正しいアミノ酸を作れないフレームシフト変異も存在する。

F 染色体の分配

それぞれの遺伝子は数本から数十本の染色体に存在している。染色体をまちがいなく複製し，複製した染色体をおのおの娘細胞に過不足なく分配する機構がかなり詳細にわかってきている。

複製が完了した染色体は，コンデンシンなどの蛋白質により高度に凝縮された分裂期の染色体となり，それぞれの姉妹染色体はコヒーシンなどの蛋白質により，染色体が分離する直前までしっかりと対を作っている。

一方，細胞質にある中心体は，細胞分裂に先立って複製し，2 コピーとなり，それぞれの中心体から細胞質に向かって伸びていた細胞質微小管は，分裂期には紡錘糸に再構成され，中心体（紡錘糸極体）とそれぞれの染色体にある動原体（キネトコア・セントロメア）とを結合し，各染色体を赤道面に集合（コングレス）させる。引き続き，コヒーシンの分解とともに対を作っていた染色体は異なる中心体へと引き寄せられ2組に分離し，二つの娘核が形成される。

減数分裂も同様な機構であるが，異なる点は両親由来のそれぞれの染色体が対合し，二価染色体となり，その間で高頻度の組換えが起こり，キアズマ（交叉）が観察されることである。1回目の減数分裂は，ほぼ体細胞分裂と同様な経過をたどるが，引き続く2回目の分裂では姉妹染色体が分離し，計4個の一倍体の生殖細胞（精子または卵細

胞)となる。

G 遺伝解析の重要性

現在，さまざまな生物のゲノム全部の DNA 塩基配列がわかってしまい，遺伝子のノックアウト（欠失変異体）も比較的簡単に手に入るようになったため，遺伝解析はあまりやらなくなっている。しかし遺伝子が何をしているのかを知るには，変異体と比較した生化学的な解析も重要である。一つの遺伝子をノックアウトできても，しかるべき表現型が現れなければ，その遺伝子が何をしているのか見当もつかない。またノックアウトが作れなければ，その遺伝子が生育に必須だったことはわかったとしても，どうして必須だったのか知るすべもない。

実際に，私たちが研究のために必要なのは変異体であり，とくに必須遺伝子の中の条件致死変異体である。最もよく使われるのは温度感受性変異体で，常温では生存可能であるが，高温では遺伝子産物（蛋白質）が変性失活して機能を発揮できないために死んでしまうというものである。

ヒトやマウスの培養細胞ではこのような温度感受性変異株の作製が試みられ，山田正篤博士のグループでは，DNA ポリメラーゼα，ユビキチン化酵素などの変異体が単離され，西本毅治博士のグループではRCC1(RAN-GEF)を初めとする数々の変異体が解析された。

特に，このような温度感受性変異体(temperature-sensitive mutant ; ts 変異)に対しては，その変異を抑圧(サプレス)するような別の遺伝子が単離できることもある。特にコピー数を増やしたときに，その作用が明らかになるため，マルチコピーサプレッサーと呼び，それら二つの遺伝子間の機能を推測するのに重要な鍵となることもある。前述のナンセンス変異体に対しては，終止コドンを別のアミノ酸に置き換えてしまうようなサプレッサー変異が見つかり，それぞれアンバーサプレッサー，オーカーサプレッサーと呼ばれている。いずれも tRNA に変異があることがわかっている。点変異やフレームシフト変異に対しても，ミスセンスサプレッサー，フレームシフトサプレッサーなど，tRNA のアンチコドンが変異を起こした変異体が見つかっているが，そういう変異は正常なコドンの解読にも悪影響が出るために生育には不利になる場合が多い。

●参考文献

1) 田中一朗：よくわかる遺伝学—染色体と遺伝子．サイエンス社，2007．
2) 沢村京一：遺伝学．サイエンス社，2005．
3) Griffiths A, Miller J, Suzuki D, Lewontin L, Gelbart W : An Introduction to Genetic Analysis 5th ed. pp 1-303, Freeman, 2005.
4) Hartwell L, Hood L, Goldberg M, Raynolds A, Silver L, Veres R : Genetics, from genes to genomes. part I (pp.8-141), part II (pp.388-500), McGraw Hill, 1999.
5) Watson J : DNA, the secret of life. Knopf, 2004.

Ⅱ. 非メンデル遺伝

A 細胞質因子

　1900年にメンデルの法則が再発見されると，1909年には，その法則に従わない例がコレンス(Correns C)により報告された。オシロイバナでは，斑入り(ふいり)といって緑色の葉や茎に白い部分が混じる表現型がみつかった。斑入り葉のオシロイバナの胚珠(卵細胞に相当)と緑色の葉のオシロイバナの花粉(精子に相当)を交配すると，F_1はすべて斑入りとなった。しかしその逆の交配，すなわち緑色の葉の胚珠と斑入りの花粉ではすべてが緑色の葉の表現型となり，斑入りの現象は母系でのみ遺伝することが示された。

　もちろん緑色ということで，葉緑素や葉緑体にかかわる遺伝子の変異であるとすれば，通常のメンデルの遺伝の法則と同様に，父系と母系の遺伝子は全く同等のはずであった。ふつう精子には核とわずかな細胞質しか存在しないが，受精後の細胞の分裂と増殖を担う卵細胞には大量の細胞質と，その中に葉緑体やミトコンドリアなどの細胞小器官が含まれていることはわかっていた。斑入りの表現型は，まさに葉緑体にかかわるものであったが，それを支配する遺伝子は見つからず，非メンデル遺伝，核外遺伝，細胞質遺伝などの名前で呼ばれていた。

　1949年にはパン酵母で同様な現象が報告された。グルコースを炭素源とした酵母のコロニーには2種類あり，一方は通常の大きさ(grande)だが，もう一方は小型(petite)であった。大型のコロニーからは常に5％程度petiteが生ずるが，petiteから大型酵母は出現しなかった。ところが大型とpetiteをかけ合わせると，二倍体は必ず大型となり，その子供もすべて大型が現れた。

petiteの表現型は消失してしまったのである。petiteの二倍体は栄養条件が十分でなく，胞子を作れなかった。

　これら二つの現象はともに細胞小器官にかかわるもので，前者は葉緑体が欠けたことにより葉が白くなること，後者はミトコンドリアが欠けて呼吸ができなくなり，解糖系にのみ依存する酵母ではエネルギーが不足し，小さいコロニーにしかなれないためであることが判明した。

　ミトコンドリアや葉緑体にDNAが存在することがわかったのは，1960年代になってからである。塩化セシウムの密度勾配平衡遠心法により，さまざまな生物のDNAを分析すると，それぞれの生物のDNAのGC含量に従って特有の密度を示すことが知られていたが，全DNA量の数％が，本体のDNAとは異なる独自の密度を示す場合が見つかった。このDNAは，のちにミトコンドリアや葉緑体の精製技術やDNAの抽出法が改良されるに従い，いずれも細胞小器官に由来するDNAであることが判明した。

　また，細菌では，プラスミドDNAやバクテリオファージなどの研究が進み，これらのDNAが細菌の染色体とは独立した複製と分配を行う**遺伝因子(エピソーム)**であることが明らかになった。

　葉緑体もミトコンドリアも，それ自身の遺伝子(DNA)をもつ。細胞質に存在するために，核の染色体のようにきちんとした分配が起こるのではなく，拡散により娘細胞に伝達される。通常のメンデル型の遺伝の法則によれば，雌雄それぞれの染色体に1対の遺伝子型A,aが存在すれば，交配の結果生ずる配偶子は4通りの遺伝子型の組合せをもつ。たとえばAaとAaの交配では4通りの配偶子AA, Aa, Aa, aaが得られ，その表現型の分離比は3：1，Aaとaaの交配では2Aa, 2aaで

2：2，Aa と AA の交配では 2AA，2Aa で 4：0 になる。細胞質遺伝の場合は，核の染色体の分離比にかかわらず，すべて母方の遺伝子のみを受け継ぎ，表現型は 4：0 になってしまう。

実際，酵母の場合は，核が分裂する以前にミトコンドリアが娘細胞に移行していることが知られている。

卵細胞と精子により受精が行われる動植物では，精子に比べて卵細胞は数十倍の容積をもち，ミトコンドリアの数も圧倒的に多いので母系遺伝となる。また種によっては卵細胞が，精子由来のミトコンドリアを積極的に排除する例も知られている。ヒトやマウスの遺伝病の中にはミトコンドリアの遺伝子の変異によるものがある。

一つの細胞には，ふつう数十のミトコンドリアがあり，それぞれ DNA をもっているので，劣性の変異はなかなか表現型としては出てこないと思われる。しかし，DNA の塩基配列をみると，比較的均一で，多数のランダムな変異が蓄積しているようには見えない。多数のコピーをもつ遺伝子間で，どのようにして同一の塩基配列の DNA が保持されるかについては，未だわかっていない。

染色体外にプラスミドやウイルスのような因子をもっている場合も，葉緑体やミトコンドリアの遺伝とほとんど同様に考えられ，すべての娘細胞に受け継がれることが多い。

ミトコンドリアや葉緑体のほかにも，トリパノソーマのような原虫類にはキネトプラストと呼ばれる細胞小器官をもち，大量の DNA が含まれているが，その機能は明らかにされていない。ゲノムの DNA 解析の結果，ミトコンドリアも葉緑体も，かつて，細菌が細胞内に寄生したものに由来したと考えられている。

B エピジェネティックな遺伝現象

遺伝解析は通常，ある遺伝子に変異が起こり，その変異による表現型がどのように伝わっていくかを調べることによっている。しかし，遺伝子自体には全く変異がないまま，次の世代に伝わっていく表現型がみられることがあり，そのような現象をエピジェネティック（遺伝の影響下にない）遺伝 epigenetic inheritance と呼ぶ。

その典型的な例が，**刷込み** imprinting と呼ばれる現象に見られる。ヒトやマウスの特定の遺伝子（全部で 30 個ぐらい）では，DNA のメチル化による形質は減数分裂によりいったん解消され，その後，精子形成あるいは卵形成のどちらか一方でのみメチル化が起こる。そのため接合子（胚）のそれぞれの対立遺伝子間でメチル化の状態が異なり，一方の配偶子に由来した遺伝子だけが発現する現象が見られる。

また受精卵が分裂を繰り返して個体ができあがるにつれて，それぞれの細胞は他とは異なる性質を作り出し，分化していく。分化した細胞の遺伝的な構成は未分化のものと同一であるが，表現型は維持されなければならない。これは普通，DNA のメチル化，ヒストンのアセチル化などによるクロマチンの構造を通して行われている。この最も典型的な例が，ヘテロクロマチンと呼ばれる凝縮度の高い構造であり，この構造は遺伝子の発現にとっては不活性な状態と考えられている。

こういう構造も DNA が複製される際には，御破算になり，複製後に再度ヘテロクロマチン化が起こり，遺伝子が不活性化されることになる。また，ヘテロクロマチン化が隣接した遺伝子領域の構造に変化を及ぼし，遺伝子の発現に影響する場合が多数知られている。

X 染色体は雄には 1 本，雌には 2 本あり，量的に異なるため，遺伝子産物が雌雄で不均衡となることが考えられる。これに対処するため，雌では 2 本のうち 1 本に X 染色体の不活性化といわれる現象が起こり，不活性化された X 染色体はヘテロクロマチンのように高度に凝縮した構造をとっている。

C プリオン

1978 年にプルシナー（Prusiner S）は，ヒトのクールー（kuru），クロイツフェルト-ヤコブ（Creutzfeldt-Jacob）病，あるいはヒツジのスクレイピー（scrapie）病などの，脳が海綿状になる

病気の感染性病原体として，核酸をもたず，蛋白質だけからなるプリオン prion を提唱した。当初，蛋白質が増殖し，遺伝するとして注目されたが，後に，プリオンに対応する遺伝子が宿主の染色体中に発見され，遺伝情報をもたずに蛋白質が増える可能性は否定された。病原性をもった立体構造の異なる蛋白質が感染すると，内在していた正常な形のプリオンも異常な形に構造変換され，病原性をもった蛋白質が増えるということが示された。しかし，蛋白質自体が感染性をもち，病原性を伝播するためのエピジェネティックな遺伝現象として捉えられることがある。

プリオンの遺伝的な背景は，酵母のプリオン様な働きをもつ蛋白質の解析により研究が進んでいる。酵母では古くから細胞質因子として〔ψ〕が同定されていたが，その実体は明らかではなかった。1995 年にウィックナー Wickner, R. は〔ψ$^+$〕が Sup 35 遺伝子の表現型の一つでプリオン様の遺伝様式を示すことをつきとめた。Sup 35 蛋白のプリオン型の変異では，遺伝子配列中に変異はないが，蛋白質の高次構造が異常になりやすい領域の変性により，本来の蛋白質の活性(蛋白質合成の終止因子)が失われることを示した。

この変異型となった sup 35〔ψ$^+$〕は，細胞質因子と同様に遺伝するため，野生型の sup 35〔ψ$^-$〕と交配すると，形成された四つの分生子を解析すると 4：0 の比率の接合子が形成される。変異型の Sup 35 蛋白は，野生型の Sup 35 蛋白をすべて変異型の高次構造に変えてしまうのである。

プリオン自体は細胞質にある蛋白質であり，変異型となったプリオンは細胞質因子(ミトコンドリアの場合)と同様に 4：0 の分離比で遺伝する。しかし，遺伝子は正常型のプリオンを合成できたとしても，変異型が混ざれば正常型のプリオンを変異型に変換してしまうため，すべてのプリオンは変異型になる。動物のように精子と卵細胞を通して子孫を作る場合，生殖細胞に変異型プリオンが侵入する機会はかなり難しいと思われるので，これも体細胞の分裂の際に遺伝するエピジェネティックな遺伝現象とほとんど同じと考えられる。

●参考文献
1) 黒岩常祥：ミトコンドリアはどこからきたか 生命 40 億年を遡る．NHK books, NHK 出版, 2000.
2) Griffiths A, et al : An Introduction to Genetic Analysis 5 th ed. pp.605-635, Freeman, 2005.
3) Hartwell L, et al : Genetics, from genes to genomes. part Ⅳ (pp.501-526), McGraw Hill, 1999.
4) Lewin B 著，菊池韶彦，他訳：エッセンシャル遺伝子．pp.495-507, 東京化学同人, 2007.

III. 遺伝子・染色体異常

A 染色体異常

メンデルが想定したように，遺伝子というものは，本来不変であるととらえられていたものの，遺伝子を収容している染色体には，必ずしも安定とは考えられない例が見られた。

分裂中期(metaphase)の凝縮した染色体をギムザ法で染色すると，それぞれの染色体に特有な縞模様が見られ，それによって各染色体や染色体内の領域を識別できた。その結果，まれなことではあるが，特定の染色体が1本余分になった**トリソミー** trisomy あるいは一つの染色体の一部が大きく欠失したり，別の染色体に**転座** translocation したりする例が見つかった。いずれも，重篤な遺伝病と関連があるために，注目されてきている(表10-3)。

たとえば，ヒト第21染色体のトリソミーは，ダウン症候群と関連している。通常は1対(XX)ある女性のX染色体が一つしかなかったり，あるいは1対あるX染色体のもう1方に欠失があったりすると，ターナー症候群と呼ばれる性徴の発育不全がみられる。またX染色体を余分にもったXXYでは，過剰な雄性(クラインフェルター症候群)を示すと言われている。いずれも必ずしも逆が正しいわけではないので注意を要する。このような染色体像の異常が生ずる機構や，その結果に起こる表現型についての詳細は，完全にわかっているわけではない。

培養細胞レベルでは，染色体のほんの一部の遺伝子だけに増幅 gene amplification が起こることがわかっている。たとえば，メトトレキセートというジヒドロ葉酸還元酵素 dihydrofolate reductase: DHFR の拮抗的阻害剤を，CHO細胞株に投与すると，DHFR 遺伝子の領域が急激に増幅し，薬剤に耐性となる。増幅の結果，同一の染色体内でタンデムに長い繰返しの部分ができたり，あるいは染色体から独立したミニ染色体になったりする。薬剤を除くと，これら増幅したDNAは徐々に消失していく。同様な例は PALA N-phosphor acetyl-L-aspartate の添加でも見られ，この場合は CAD 遺伝子(カルバミルリン酸合成酵素-アスパラギン酸トランスカルバミラーゼ-ジハイドロオロチン酸合成酵素の三つの酵素をコードする遺伝子)が増幅することが知られている。また脳腫瘍と関連し N-myc 遺伝子の増幅が見られることも多い。

B ファージDNAの組込みと切出し

DNA中に外来のDNAが挿入したり切り出されたりする例は，大腸菌で詳細に研究されてきた。λファージはもともと大腸菌K12株に内在したバクテリオファージの一種で，紫外線を照射すると，ファージの誘発 induction が起こり，ファージ粒子が作り出される。このファージは，λファージを内在していない別の大腸菌に感染させると，ファージの増殖に向かう溶菌サイクルに入るが，場合によっては，大腸菌の染色体DNA中にファージDNAが組み込まれ(溶原化)，宿主の増殖・分裂に従って存続することになる。

このλファージDNAの大腸菌DNAへの組込みとその逆反応による切出しは，**部位特異的組換え** site-specific recombination と呼ばれ，他のファージやウイルスのDNAが宿主細胞の染色体のDNAに組み込まれたり，切り出されたりするモデルとなる。λファージDNAの場合は，ファージDNA中のattPと呼ばれる部位が，大腸菌染

表 10-3 染色体異常に関連した遺伝病

	名称	異常を示す染色体		頻度[*1)]	病態[2)]
異数体	Down 症(候群)	21	トリソミー	1/800	発達遅延
	Edwards 症	18	トリソミー	1/6,000～8,000	発育障害
	Patau 症	13	トリソミー	1/12,000～2,5000	〃
	Warkany 症	8	トリソミー		CML
	Cat Eye 症	22	トリソミー(部分的)		
	Turner 症	X	モノソミー	1/2,500～5,000	性徴不全
	Klinefelter's 症	XXY		1/500～1,000	超雄性(?)
欠失・重複	De Lange 症	3q	重複		発育障害
	Wolf-Hirschhorn 症	4p	欠失		〃
	Cri-du-Chat 症	5p	欠失		〃
	Williams 症	7q11,23	欠失		〃
	WAGR 症	11 p13	欠失		Wilms 腫瘍
	Jacobson 11 q 欠失症	11 q	欠失		発育障害
	Angelman 症	15 q11-13	欠失		〃
	Prader-Willi 症	15 q11-13	欠失	1/10,000～25,000	〃
	Rubinstein-Taybi 症	16 p13,3	欠失		発育障害
	Smith-Magenis 症	17 p11,2	欠失	1/25,000	〃
	Miller-Dieker 症	17 p 欠失 あるいは 転座(17q:17p, または 12q:17p)			〃
	DiGeorge 症	22q 11.2	欠失		〃
転座[3)]	Philadelphia 転座	t(9;22)(q 34;q 11) 9 q 34 に c-abl がある			CML, ALL
	Burkit lymphoma	t(8;14)(q 24;q 32) t(2;8)(p 12;q 24) t(8;22)(q 24;q 11) 8 q 24 に c-myc がある			
	Robertson 転座	t(13;14) t(14;21)		1/1,300	

〔注〕1) 資料により大きな差がある。ここでは欧米の数値をあげた。　2) 個体により大きな差がある。
3) 転座に関連した腫瘍など

  t(1;11)(q 42;1:q 14,3) schizophrenia   t(12;15)(p 13;q 25) acute myeloid leukemia
  t(1;12)(q 21;p 13) acute myelogenous leukemia t(14;18)(q 32;q 21) follicular lymphoma
  t(2;)(p 23;q 35) anaplastic large cell lymphoma t(15;17) acute promyelocytic leukemia
  t(9;12)(p 24;p 13) CML, ALL   t(17;22) dermatofibrosarcoma proturberans
  t(11;14) Mantle cell lymphoma   t(X;18)(p 11,2;q 11,2) synovial sarcoma
  t(11;22)(q 24;q 11, 2-12) Ewing's sarcoma

色体中に1か所ある同じ塩基配列をもった att B と組換えを起こす反応である(図 10-5)。この att B は大腸菌で，1か所しかない。しかし島田和典博士らは，この att B 領域を欠失した大腸菌では，比較的類似した DNA 配列のところ 10 数か所に組込みが起こることを発見している。

λファージの組込み，切出しにはファージがコードしている蛋白質(インテグレース)のほかに，宿主大腸菌がコードする二つの宿主因子(IHF：integration host factor)が必要である。一方，P1ファージの組込み，切出しには宿主の蛋白質は必要なく，ファージがコードする蛋白 Cre(インテグレースに相当)と組込み部位 lox(att に相当)のみがあれば十分である。そのため，この Cre-lox システムを真核生物にも使うことができ，とくに遺伝子操作で作ったトランスジェニックな細胞か

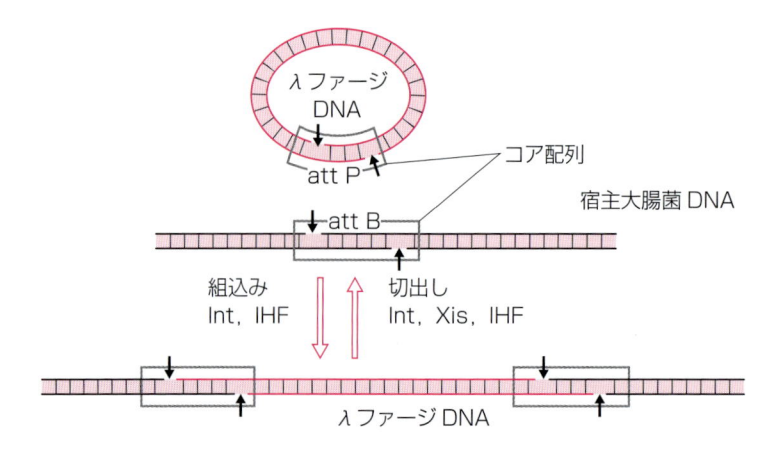

図10-5 λファージの組込みと切出し
att P, att Bにある共通の配列中（☐で囲った）に矢印で示すようにニックが入り，そこで部位特異的な組換えが起こる。

ら当該の遺伝子を切出すのに使われている。

大腸菌に感染するMuファージは大腸菌染色体の不特定な部位に組み込まれ，その結果，組込みが起こった部位の遺伝子が機能を失う変異や発現が異常になることが知られている。これは後述するトランスポゾンの一種であるが，独立に増殖できる染色体と，それを収容するファージ粒子を形成する。また，ファージDNAの切出しでは，λファージのように正確な切出しが起こることはまれで，周辺のDNAの欠失やファージDNAの残存を伴い，遺伝子に変異を残すことになる（Muファージの名前はMutationに由来している）。

大腸菌の雄性（接合）にかかわるF因子は通常，プラスミドとして大腸菌の染色体とは独立に存在しているが，時折り染色体に組み込まれ，高頻度に接合するHfr株ができる。組み込まれる場所は数か所存在していて，次に述べているIS因子が関与している。

C IS因子，トランスポゾン

λファージやFプラスミドはDNAとして固有のライフサイクルをもっている。一方単独では増殖も複製もできないが，DNA上を転移する機能だけをもつDNAが二つある。一つはIS(insertion)因子と呼ばれ，1kb未満のものから，3kbほどのものまで，数十種類発見された（表10-4）。このIS配列は，組み込まれた場所がたまたま遺伝子内だとその遺伝子の機能が失われたり，発現の様子がおかしくなったりする変異の原因として見つかったものである。

もう一つはトランスポゾンtransposonと呼ばれ，IS配列に加え，多くは薬剤耐性の遺伝子をもっている（表10-5）。たとえばアンピシリン（Tn 1），クロラムフェニコール（Tn 9），テトラサイクリン（Tn 10）などがある。

IS因子やトランスポゾンは，一つの菌体内で転移をするだけであるが，プラスミドやファージに転移すると，他の菌にも伝播するようになる。薬剤耐性をもつRプラスミドには，これらのトランスポゾンが入っている場合が多く，多剤耐性菌が生じやすい理由にもなっている。

IS因子もトランスポゾンも，DNA配列の末端に逆方向繰返し配列（inverted repeat：IR）をもっている。標的となる部位は，不特定の5-9 bpの塩基配列（長さは因子により異なる）で，IS因子がコードするトランスポーゼスがこの配列に切れ目を入れる。挿入後には，この5-9 bpの配列が新たに合成され，両端の染色体とIRとの継ぎ目に1コピーずつ作られることになる。この標的となった重複した配列間で切出しが起これば，染色体DNAからIS因子が失われ，DNA配列は元通

表 10-4　代表的な IS 因子

	大腸菌染色体中のコピー数	F 因子中のコピー数	全長(bp)	末端の逆方向繰返し配列(bp)	標的となる配列(bp)
IS 1	5-8 コピー		768	18	5
IS 2	5 コピー	1 コピー	1,327	32	9
IS 3	5 コピー	2 コピー	1,400	32	6
IS 4	1-2 コピー		1,400	16	2
IS 5			1,250	短い	
γ-δ	1-2 コピー	1 コピー	5,700	35	

表 10-5　代表的なトランスポゾン

	抗生物質耐性マーカー	全長(bp)	末端逆方向繰返し配列(bp)
Tn 3	アンピシリン	4,957	38
Tn 4	アンピシリン，ストレプトマイシン，スルフォンアミド	20,500	短い
Tn 5	カナマイシン	5,400	1,500
Tn 7	トリメトプリン，ストレプトマイシン	14,000	不明
Tn 9	クロラムフェニコール	2,638	18
Tn 10	テトラサイクリン	9,300	1,460
Tn 501	水銀イオン	7,800	38
Tn 551	エリスロマイシン	5,200	35

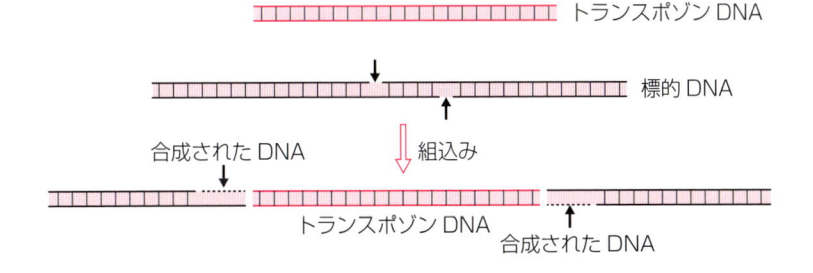

図 10-6　トランスポゾンの組込み
　トランスポゾンの組込みでは標的となる部位に矢印のようにニックが入り，ここにトランスポゾン DNA が挿入される。そのためトランスポゾン DNA の両側にはニックが入って，一本鎖となった部分(5-9 bp)に新たに DNA が合成される(点線)ことになる。

りに復帰する。正確な切出しを行う酵素（リゾルベース）をコードされている場合もあるが，多くの場合，切出しは正確には起こらず，染色体にはIS 因子の一部が残ったり，あるいは染色体DNAの欠失が起こることが多い（図 10-6）。転移の頻度はそれぞれの因子により異なるが，細菌一世代あたり 10^{-5}〜10^{-9} と低く，切出しが起こる頻度はさらに低い。

D 真核生物のトランスポゾン

　遺伝子は，メンデルが想定したように不変で安定したものである。実際，変異が認められるのは一倍体で 10^{-7}，二倍体では 10^{-14} くらいの頻度である。マクリントック McClintock, B. は 1930 年代から 40 年代にかけて，トウモロコシの遺伝解析から，非常に高頻度で変異が生じたり，消失し

たりする現象を見つけ出し，それを引き起こす因子を調節因子と呼んだ．トウモロコシは粒の1個1個がクローンであり，1度にたくさんの個体に生じた表現型の変化を解析できる．そのため，遺伝解析に有利であったが，高頻度な遺伝子の変異や染色体の切断や転座が起こるということは一般には受け入れられ難かったようである．

ところが1970年代になり，細菌でもIS因子やトランスポゾンが見つけられ，その原因となるDNAやバクテリオファージが同定されるにつれ，マクリントックの業績が再評価されることになった．

このようなシステムは細菌ばかりでなく，酵母，ショウジョウバエ，センチュウ(線虫)にも見つかり，マクリントックの発見したトウモロコシの調節因子もトランスポゾンであることが示された．

酵母のトランスポゾンとしては，Ty因子(transposon yeast)が酵母の染色体中におよそ35のコピーが散在している．Ty1は，全長5.6 kbで両端に300 bpのδという配列が同方向繰返しとなっている．δは染色体中に100コピー近くあり，単独でIS因子として機能していると考えられている．

ショウジョウバエのトランスポゾンには，copiaと呼ばれる5〜8.5 kbのファミリーが染色体中に10〜100コピー散在している．またショウジョウバエに特有なトランスポゾンであるP因子は，長さは0.5〜2.9 kbとさまざまであるが，31 bpのIRを両端に備えている．P因子をもった雄ともたない雌とを交配すると，受精した胚細胞の中できわめて頻繁な転移が起こり，この現象をhybrid dysgenesis(雑種不稔)と呼んでいる．転移の結果，たくさんのランダムなP因子の転移による変異が引き起こされ，胚の発生が損なわれることになる．逆にこれを利用すると，さまざまなP因子の挿入による変異を作り出すことができる．P因子をもった雌では，hybrid dysgenesisは観察されない．

ヒトも同様のトランスポゾン様の構造をもっており，宿主染色体に組み込まれることがわかっている．また，ヒトやマウスの染色体中に多数見られる反復配列は，トランスポゾン自体であったり，そのなれの果てと考えられる．このようなトランスポゾンはレトロウイルスと同様に逆転写酵素がかかわるものがあり，とくにレトロポゾンと呼んでいる．トランスポゾンは通常，自分で複製するシステムをもたず，他の染色体に寄生して増えるため，selfish gene(利己的因子)と呼ばれることもある．

● 参考文献

1) Griffiths A, et al : Introduction to Genetic Analysis 5 th ed. pp.561-578, pp.579-604, Freeman, 2005.
2) Hartwell L, et al : Genetics, from genes to genomes. pp.419-460, pp.461-500, McGraw Hill, 1999.
3) Lewin B著，菊池韶彦，他訳：エッセンシャル遺伝子. pp.295-312, pp.326-374, 東京化学同人，2007.
4) Bukhari AL, Shapiro JA, Adhya SL(eds) : DNA, Insertion Elements, Plasmids, and Episomes. Cold Spring Harbor Press, 1977.
5) Watson J, Baker T, Bell S, Gann A, Levine M, Losik R : Molecular Biology of the Gene 5th ed. pp.293-342, Pearson, 2003.
6) Thompson M, McInnes R : Genetics in Medicine 6th ed. Saunders, 2004.

第 11 章
細胞の分化・老化・死と適応・応答

Ⅰ. 細胞分化　290
Ⅱ. 形態形成過程における細胞のふるまい　302
Ⅲ. 加齢・老化　309
Ⅳ. アポトーシス　314
Ⅴ. ストレス応答　321

●本章を学ぶ意義

　たった1個の受精卵という細胞から多細胞複合集合体である個体が出来上がって恒常的な生命活動を営む過程の理解には，整然と遂行される細胞分化と細胞死の知見が必須である．また，個体の生存時間軸に沿った変化である加齢とその最終段階での変化に注目した老化の分子機構と，それらとともに出現頻度の上昇する疾患の発症機構について学ぶのも重要である．そこでまず，多能性幹細胞から多方向への分化決定や未分化細胞の増殖・分化の決定の遺伝子制御，および分化決定した細胞の機能分化・成熟の遺伝子制御について，主として血液系細胞について理解するのがよい．次いで，器官発生のうちで神経板・神経管から脳へと形態形成する過程に主たる力点を置いて，種々の特異細胞種の細胞移動，細胞内と細胞間の微細形態の分化，そして脳の各方向別の領域化などについて，現象とともにそれらに関与する分子機構をも理解することは有用であろう．
　一方，加齢・老化についての理解には，細胞寿命の制御因子としての染色体の特異構造と関連酵素について学び，次いで個体寿命の外因性制御因子のいくつかについて考察を進める．その上で，細胞死の能動的な型としてアポトーシスの形態と分子機構について学び，この現象がまともに起こらないことによって，形態形成異常やがん・自己免疫疾患の発生に至ることも認識する．
　さらに，上記の一連の現象の根底にある細胞の恒常性維持に関与する機構の一つであるストレス応答については，熱ショック応答を主に理解を進めるとよい．そしてストレスに応答して誘導されるストレス蛋白質の発現制御機構(主として転写調節による)を学ぶことが適切である．合わせて，脳虚血におけるストレス応答を臨床的重要性の例として考察するのも適切であろう．

I. 細胞分化

　われわれの個体はいろいろな組織で構成されており，これら組織は個体が恒常的な生命活動を営むために特殊化した機能を保持している．そしてこれら組織の特殊化された機能は，これを構成している細胞の分化した機能に依存している．

　ヒトではこれら組織の機能，形態の異なる分化成熟した細胞が200種以上もあるといわれている．このような成体組織ができあがるためには，1個の細胞としての受精卵から膨大な細胞分裂を経て，ヒトではおよそ60兆個の細胞の集合体となる．

　このような胚発生から個体形成に至るまでの間に，細胞分裂，細胞分化，そして細胞死が整然と起きていることは，約1,000個の細胞で1個体を形成しているセンチュウ（線虫）の細胞系譜を見ると明らかである（図11-1）．ヒトにおいては途方もなく膨大な細胞系譜となるであろうが，原理的には同じように描くことが可能であろう．

　一旦個体形成が完成すると，成人においては多くの組織の細胞は分裂を停止し，ほとんどは分裂しない細胞として分化機能を発揮し，細胞社会の

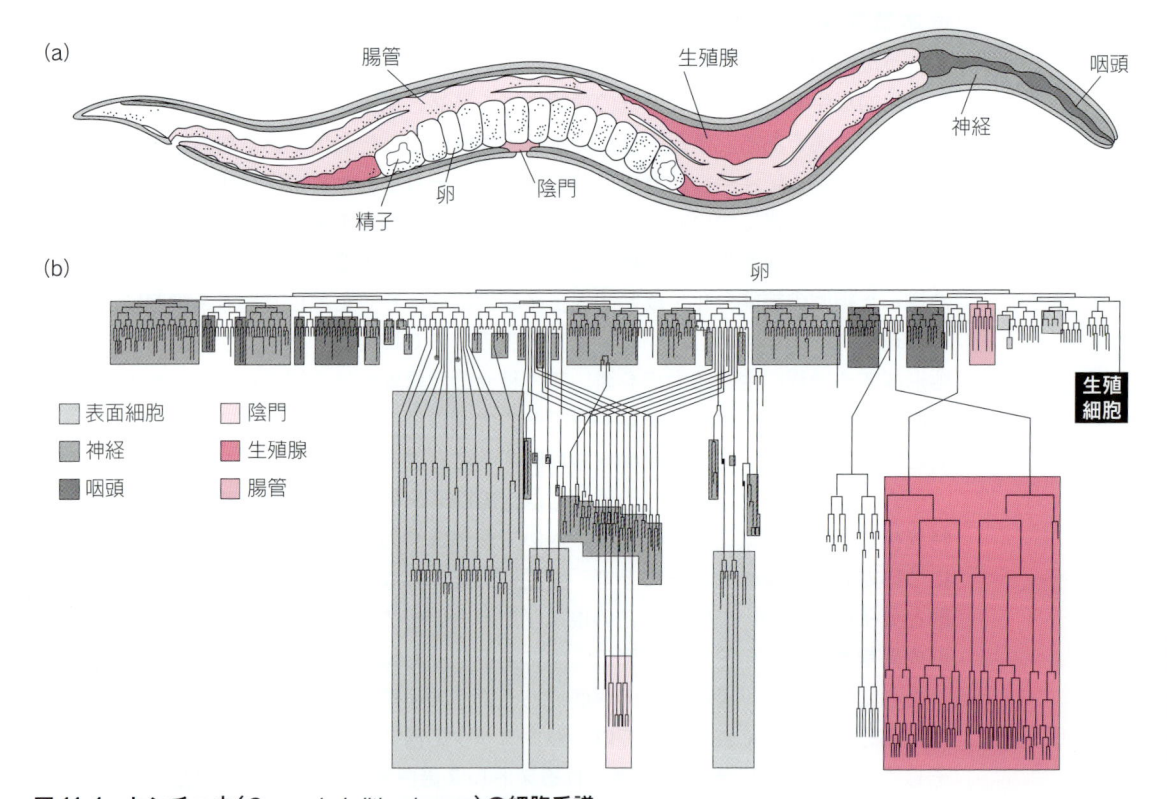

図11-1　センチュウ（*Caenorhabditis elegans*）の細胞系譜
　(a)：センチュウの成虫で約1,000個の細胞で1個体を形成している．
　(b)：卵から卵割，細胞分裂を経ていろいろな組織となっていく経過をすべての細胞について観察し，図式化したもの．
（Scott & Gilbert：Developmental biology 4th ed. p.510, Sinauer, 1994 より）

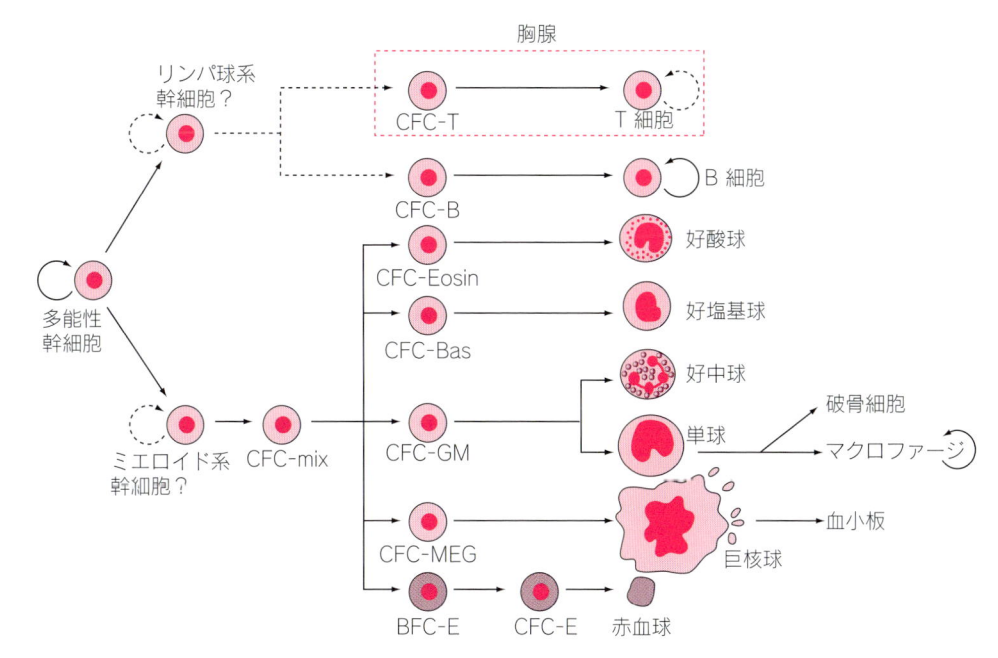

図 11-2 造血幹細胞の分化

一員として，個体の生命活動の維持のために，その役割を果すことになる。しかし，一部の組織，たとえば皮膚や小腸上皮，造血細胞などでは細胞の恒常的な交代が起きており，成体でもたゆまない細胞の分化・増殖と細胞死が繰り返される。

受精卵や初期の胚細胞は個体のすべての細胞になれる能力があると考えられ，これを**全能性の細胞**と呼ぶ。一方，ある方向性が限られているものの，多方向の細胞に分化できる細胞は**多能性細胞**と呼ばれる。たとえば造血細胞を例にとると（図11-2），成熟した血球は多能性の未分化な血液幹細胞から分化方向の決定を行ったあと，増殖を繰り返し，それぞれ機能も形態も異なる血球へと成熟分化する。血流中にある赤血球，好中球，好酸球，好塩基球，単球および血小板を作る巨核球，さらに組織中にあるマクロファージや破骨細胞も単球から分化し，また肥満細胞，免疫担当細胞であるBリンパ球，Tリンパ球も含めて，いずれも多能性血液幹細胞から由来すると考えられている。赤血球にしかなれない前駆細胞などは，単能性の細胞ということになる。幹細胞自身は特殊化した分化機能をもたないが，将来，機能細胞へと分化する潜在能力をもち，同時にこの未分化状態を維持したまま，一定の分裂能ももっている。したがって，未分化な幹細胞から分化した細胞が産み出される過程では細胞の分裂と分化方向への決定が一定のバランスの上に起きる。

そこで細胞分化を考える上で重要な点は，次の三つである。

①多能性幹細胞から多方向への分化決定はどのようにして起きるか。

②未分化な細胞の増殖と分化の転換はどのような遺伝子制御によって起きるか。

③分化決定した細胞が機能分化し，成熟するのにどのような遺伝子制御が働いているか。

A 多能性幹細胞の存在

赤血球やリンパ球を生み出す元になる血液幹細胞の存在は，動物実験で証明されている。これまでの血液学研究では，主として造血細胞の増殖分化機能を経由した，いわゆる機能的な血液幹細胞のアッセイ法が用いられてきた（図11-3）。最もよく用いられてきた方法は，脾コロニーアッセイ法である。これは，幹細胞に欠陥がある遺伝子的変異マウス（W）や，X線照射により幹細胞を死滅

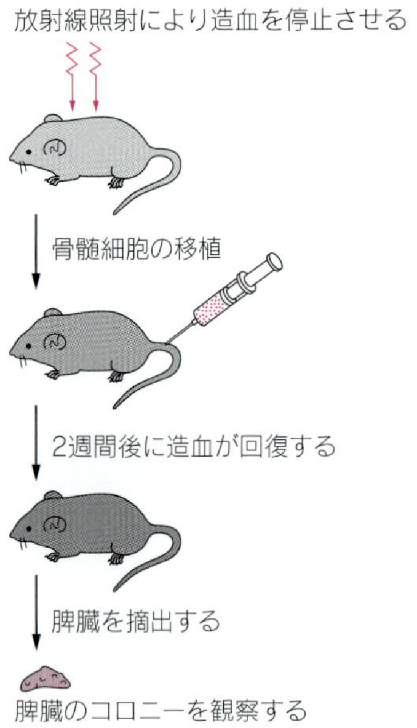

図11-3 脾コロニーアッセイ
放射線照射したマウスに健康なマウスの骨髄細胞を移植し、脾臓のコロニー中に多種類の血球が局在することを見る。

させたのち，他のマウスから骨髄細胞を静注し，9〜10日後に脾臓にできるコロニー数を数えるというもので，この脾コロニーは，数種の異なる血球細胞の集合であり，1個の細胞が増殖分化してできたものと考えられ，また，染色体マーカーを用いた実験からも，1個の幹になる細胞から派生したコロニーであることが証明され，血液幹細胞由来だと想定される。

最近では，この脾臓コロニー形成能は本当の血液幹細胞に由来するのではなく，ある程度増殖し始めている血液幹細胞に由来すると想定されている。本当の幹細胞は細胞増殖をほとんど停止している細胞と考えられる。

放射線照射したマウスにアイソザイムなどの遺伝子マーカーをもつ血液幹細胞を未分化な血球とともに静注し，遺伝的マーカーをもち，ゆっくりとした速度で血液細胞へと分化してくる細胞が本当の多能性血液幹細胞だと考えられるようになった。このような幹細胞は，さらに別の放射線照射したマウスに同様の方法で繰り返し移植しても，多様な血液細胞へと分化してくれることから，無限に自己複製しつつ分化する能力をもっているようにみえるが，幹細胞が無限に自己複製できる能力をもっているか，あるいは限定された自己複製能をもっているかは，いまだ議論が残されている。

血液幹細胞の場合，このような生物機能のアッセイの上だけでなく，幹細胞の実体としても明らかになりつつある。分化成熟した血球細胞の特異的な機能や形態は，成熟分化過程の最後の分裂を経過して初めて出現し，それ以前の細胞は特徴的な分化機能，形態を示さない。いわゆる骨髄芽球と呼ばれる前駆細胞である。

最近，いろいろなモノクローナル抗体を利用してこの骨髄芽球の中の血液幹細胞を単離精製し，これを先に述べたマウスに移植することにより，きわめて少数の純化された血液幹細胞でマウス1個体のすべての造血が起きることが示されている。また，このように純化した幹細胞の分化増殖の *in vitro* のコロニー形成アッセイ法も検討されつつあるが，最もよく進んでいる血液幹細胞においても，幹細胞の実態を細胞生物学的に明らかにし，その分化を培養系で研究することは，これからの課題である。

血液細胞のほかにも，間葉系細胞，神経細胞，腸管，生殖細胞，皮膚などで自己複製し分化する能力をもつ幹細胞の存在が確認されている。

なお，一般に未分化な幹細胞から分化への方向性は不可逆的であり，分化した組織細胞は，さらに増殖し分化することはないと考えられている。しかし，近年肝臓の分化した細胞が細胞増殖サイクルに再び入り，肝臓の再生を起こすことが考えられるようになっており，幹細胞のシステムのみが成体での組織の維持機構とはいえないようである。

B 幹細胞の増殖と分化の決定の制御

1 幹細胞の自己複製と分化決定のモデル

幹細胞の増殖・分化はどのように制御されているであろうか。幹細胞はそれ自身が変身して分化

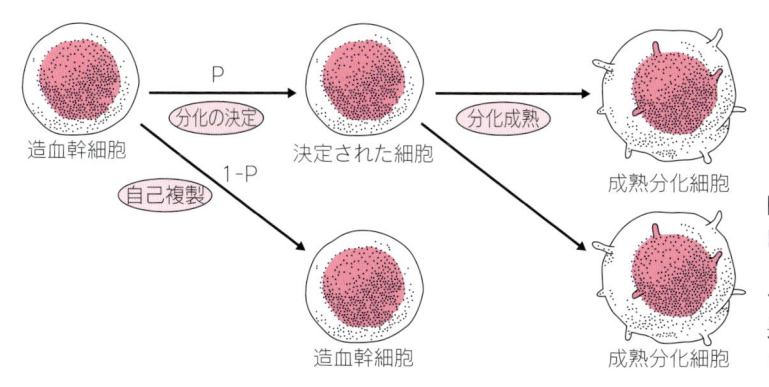

図 11-4 造血幹細胞の分化決定と自己複製
幹細胞の分化の決定は一定の頻度(P)で起き，一方の細胞は自己複製する。造血幹細胞の分化決定はストキャスティックに起きると考えられている。

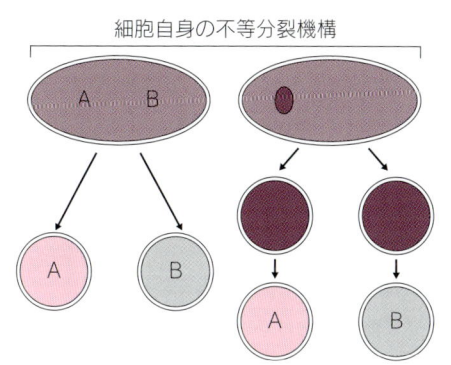

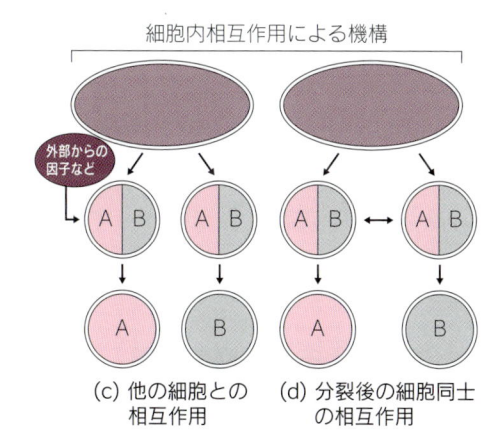

図 11-5 不均等分裂が生じる機構

すなわち，幹細胞の分裂は不均等に起きることによって自己複製能と分化能を維持することができる(図11-4)。そして，この分裂した娘細胞がどちらになるかの決定は，ランダムに起きる場合(**ストキャスティックモデル** stochastic model と呼ばれる)と方向性を決めた**不均等分裂**(deterministic model と呼ばれる)がある。前者の例は血液細胞で，また後者の例は神経細胞などで認められるが，両者が区別できない場合も多い。

血液幹細胞のように，多方向へ分化する多能性幹細胞の分化の方向の決定づけはどのようになされるのだろうか。この決定づけは幹細胞それ自身がするという考え方(cell-autonomous model)と，細胞間相互作用を含めて外的因子によって行われているという考え方がある(図11-5)。この外的因子として考えられるものは，まず液性因子としての**サイトカイン**である。近年種々のサイトカインが発見され，いろいろな血液前駆細胞の分化増殖に特異的に作用を示すことが明らかになってきたが，このようなサイトカインによる幹細胞の分化方向の決定には，次の二つのモデルが考えられる(図11-6)。

①血液幹細胞のストキャスティックな分化決定により生じた未分化な前駆細胞の増殖と生存を助けることにより，結果として1方向に分化した血液細胞を増幅させ，あたかも1方向の分化決定に働いたように見える場合(選択モデル)。

②サイトカインが増殖と分化のシグナルを1方向の細胞にのみ与え，結果として分化の方向へと導く場合(教育モデル)。

現在のところ，どちらの仮説もはっきりとした

するのではなく，細胞分裂を経て初めて分化成熟した細胞を作り出す。この幹細胞の分裂により1対の娘細胞ができるとき，もし両方の娘細胞がそのまま分化成熟してしまえば，直ちに幹細胞は枯渇してしまう。したがって，幹細胞が1回分裂してできた1対の娘細胞は，一方が元と同じ幹細胞として残りつつ，他方が分化成熟して血球になるという方法を採らなくてはならない。

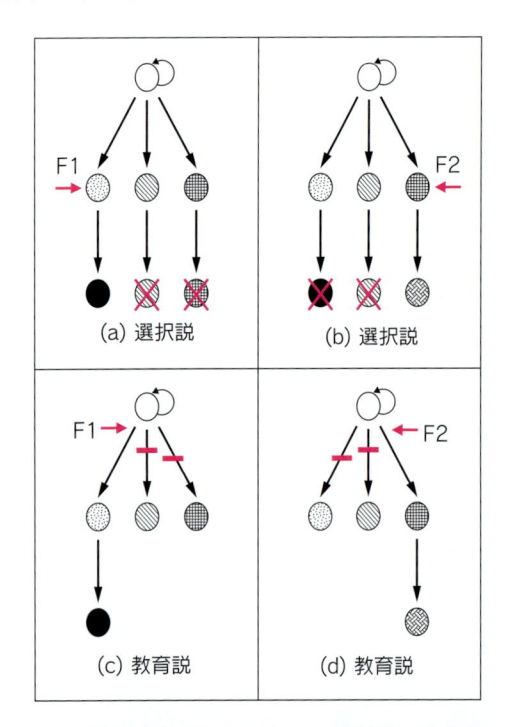

図 11-6 幹細胞分化決定における選択説と教育説
(a)(b)：選択説。二つの因子(F1, F2)が自律的にそれぞれ特定の系列の前駆細胞へと分化決定したあと，その生存と成熟を促進する。他の前駆細胞は死滅(×)する。
(c)(d)：教育説。特定の因子(F1, F2)が幹細胞の特定の系列へと決定を促す。
(Morrison, et al：Regulatory mechanisims in stem cell biology. Cell 88：290, 1997 より）

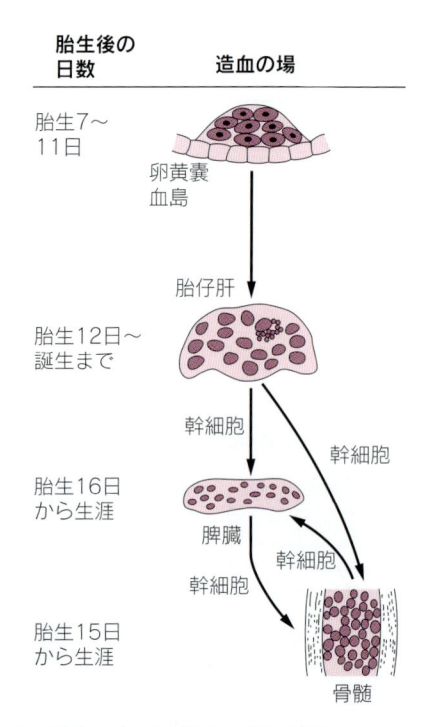

図 11-7 発生における造血の場の変化

決め手となる実験的証明はなされていない。

血中にある成熟血球はいずれも増殖能力を失っているが，たとえば，骨髄などにある赤血球へと分化する赤血球前駆細胞は，エリスロポイエチンというサイトカインに特異的な膜受容体をもっており，エリスロポイエチンに反応して，増殖と分化が誘導される。この前駆細胞は，エリスロポイエチンを高濃度に要求する BFU-E：burst promoting unit-erythroid と，低濃度要求性の CFU-E：colony forming unit-erythroid と呼ばれるコロニー形成能力のある細胞として検出される。エリスロポイエチンのほかにも，G-CSF，M-CSF，GM-CSF，トロンボポイエチン，IL-2，IL-3 など，血液前駆細胞の増殖を制御するサイトカインが多数知られている。これらに対応する膜受容体があり，細胞内シグナル伝達経路を介して増殖を誘導するとともに，異なる系列の成熟分化した血液細胞を増やす。

最近のサイトカインとその受容体の研究から，いくつかのサイトカインが共通の受容体分子を利用しており，また増殖を誘導する細胞内シグナル伝達経路も共通性が高いことがわかってきたが，分化成熟に対するサイトカインの機能については，まだ明らかになっていない。

2 環境による幹細胞の制御

もう一つの幹細胞の外的制御の要因として環境による制御がある。血液幹細胞の制御には，**造血微小環境** hematopoietic inductive microenvironment と呼ばれる細胞間相互作用による制御が知られている。

マウスを例にとると，造血は，まず胎児においては卵黄嚢 yolk sac で始まり，ついで胎児肝臓で起こり，生後は脾臓と骨髄が主として造血組織となる（図11-7）。血液幹細胞は，発生後順次この造血組織へと移行し造血を行うが，これら造血組織はそれぞれ特徴的な造血能をもち，卵黄嚢や胎

児肝では赤血球造血が盛んであり，骨髄などとは異なると思われるし，骨髄や脾臓の造血では局部的に特異的な血球への造血が起きていることが解剖学的に示されている．たとえば脾臓では赤脾髄 red pulp（赤血球造血巣）と白脾髄 white pulp（白血球造血巣）が明瞭である．

これらの結果は，造血組織内の微小環境が血球分化の方向づけに重要な要因であることを示している．この造血微小環境は恒常的な造血に重要であり，サイトカインなどによる造血制御はむしろ誘導的造血に関与していると考えられる．この造血微小環境の実体がどんなものなのかは，現時点では不明な点が多いが，これを構成している間質の細胞の機能によっていると予想されている．

近年の遺伝的貧血症マウスの研究からおもしろいことが明らかとなってきた．貧血症マウスのW 変異（white spotting 白斑）と SI 変異（steel）は，いずれもホモ接合体では致死的または強い貧血を呈する．W 変異と SI 変異は，ともに貧血症のほかに不妊（生殖細胞の異常），白斑（メラノサイトの異常），さらにマスト細胞の異常を惹起する．交配実験や細胞移植の実験から，その原因が W 変異は血液細胞側にあり，SI 変異は微小環境側に原因があると考えられた．

その後，この遺伝子座の詳しい解析から，W 遺伝子座は c-kit がん遺伝子であることが同定された．c-kit はネコのウイルスのがん遺伝子（v-kit）に相当する細胞のがん遺伝子 c-oncogene として同定された受容体型チロシンキナーゼに属する遺伝子である．c-kit は PDGF 受容体や GM-CSF 受容体などとも構造的にホモロジーがあることから，造血微小環境に原因のある SI 遺伝子座は c-kit のリガンドとしての成長因子，サイトカインであろうと予想された．そして，SI 遺伝子産物は，マスト細胞増殖因子という形でスクリーニングされ，その遺伝子のクローニングにより，c-kit のリガンドとして働くことが証明され，SI 因子はマスト細胞だけでなく，予想されたように血液幹細胞の増殖，さらにはいくつかの血液前駆細胞の増殖制御にも重要であることがわかってきた．

また，SI 因子は間質細胞から産出され，differ-ential splicing により，血中に分泌されるものと，細胞膜結合型とが生じ，特に，細胞膜結合型は，細胞の接着を介した増殖制御や細胞の移動の制御に働くことが考えられ，SI 因子が血液細胞の増殖維持に重要な因子であることがわかった．

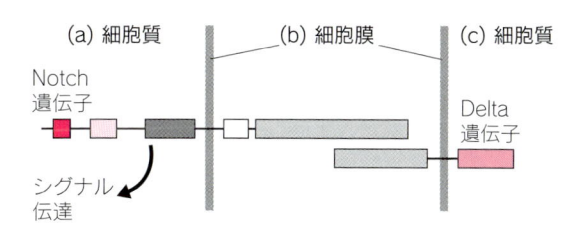

図 11-8 側方性制御
隣り合う細胞同士の共通のシグナル系をもっているが(a)，どれか特定の細胞が分化の方向が決まると，隣り合う細胞の分化を阻害するようにシグナルが働き(b)，結果として隣り合う細胞は異なる方向へと分化する．この lateral inhibition に働く Notch と Delta は，図に示すように，ともに膜貫通型の蛋白質であるが，Notch は受容体として，Delta はそのリガンドとして働き，シグナル伝達を行い分化制御を行う(Lodish HF, et al: Molecular Cell Biology 3rd ed. Freeman company, 2007 より)．

3 細胞間相互作用

細胞間相互作用による分化決定の戦略として，隣り合う細胞同士でお互いを制御する，いわゆる**側方性制御** lateral inhibition がある（図 11-8）．これは，たとえばショウジョウバエの神経細胞分化において明らかになった Notch とそのリガンド Delta のように，細胞外ドメインに EGF repeat 構造をもつ膜蛋白で，この領域を介して結合し，細胞内ドメインにシグナルを伝えることにより，神経細胞になることを阻害するという制御方式である．

ショウジョウバエでこの Notch などに変異が起きると，幹細胞はすべて神経細胞になってしまう．哺乳動物でも Notch, Delta 遺伝子のホモローグがあり，同様の制御に預かっていると考えられる．実際 Notch のヒトホモローグである TAN-1 という遺伝子が染色体転座を起こしたことにより，T リンパ球由来の白血病が生じること，また，この遺伝子が CD4 および CD8 リンパ球の選択的分化の制御因子として働くことも報告されている．

同様の制御方式として，センチュウの陰門形成で働く因子としてNotch様蛋白質であるLIN-12と，そのリガンドLAG-2が知られている。

このように，多能性幹細胞の分化と自己複製の決定は，細胞自身の自立的な遺伝的プログラムと，細胞間相互作用を介する外界からのシグナルにより調節を受け，幹細胞はある方向への分化決定を行うとともに，生涯を通じて保存される。

C 細胞分化の遺伝子調節

さて一旦分化の方向へと決定された細胞は，それぞれの特徴的な機能・形態を発現するためにさらに遺伝子調節を受けることになる。

ヒトでは200種以上の異なる機能をもつ分化した細胞種があるが，これらはいずれも，その分化した機能的特性を発揮するために特異的な蛋白質を発現している。たとえば，肝臓ではアルブミン，赤血球ではヘモグロビンというように，その分化した細胞のみに特異的に存在する蛋白質(これを分化特異的蛋白質という)が発現している。

したがって，分化した細胞の特異性は，これら蛋白質の遺伝子の特異的発現ということに置き換えて考えることができる。リンパ球における免疫グロブリンやT細胞受容体など一部の遺伝子(これらの遺伝子群は個体発生分化過程を通して遺伝子群の再編が起き，リンパ球と他の細胞とは染色体遺伝子の構造が異なってしまう)を除いては，身体のすべての細胞は同じ染色体遺伝子セットをもっており，大半の細胞は細胞増殖や生命活動に必要な共通の遺伝子(house-keeping geneと呼ばれる)が発現している。その数は大まかに見積もって，約数10万個と思われる。これら共通に発現している遺伝子に加えて，分化特異的遺伝子の発現が起きる。この分化特異的発現の特異性は，現代の分子生物学的分析の最大精密度で測定してもall or none(実際にヘモグロビン遺伝子の発現は，肝臓では赤血球の10万分の1以下)である。

血液幹細胞のような多能性幹細胞が多方向への血液細胞に分化するとき，たとえば，赤血球とリンパ球へと分化することは，それぞれの特異的な遺伝子であるヘモグロビンと免疫グロブリンの発現が，選択的に起きるようになることはほとんど等価であるといえる。

これまでの細胞分化の研究の多くは，それぞれの分化した細胞の特異的遺伝子の発現制御の研究として行われてきた。そこで，以下に分化特異的遺伝子がどのような制御を受けているかを述べ，最後に分化系列決定との関係に触れることにする。

D 赤血球特異的遺伝子の発現と制御

200種以上の分化した細胞のそれぞれ固有の課題をすべて触れることはできないので，血液細胞について，まず，赤血球分化を例として詳しく述べることにする。

赤血球は体中に酸素を運ぶ役割をもつ細胞である。成熟した赤血球はヒトなど哺乳動物では脱核して細胞膜とヘモグロビンのみで，ヘモグロビンがその全蛋白量の9割を占めるというきわめて特徴ある細胞である。このように特殊化された細胞となるまでに，血液幹細胞からの分化の決定された後，何回かの分裂を経てヘモグロビンなどの赤血球分化マーカー遺伝子の発現が誘導される。このグロビン遺伝子の赤血球分化特異的発現調節は詳しく研究されてきた。グロビン蛋白の発現は赤血球特異的であるとともに，ヘモグロビンはα-グロビン鎖とβ-グロビン鎖の四量体とヘムが結合したものであり，α-グロビン鎖は，α-鎖とζ鎖から，β-グロビン鎖はβ, γ, δ, ε鎖の4種があり，胎(児)発生に伴ってスイッチが起きることが知られている。また，遺伝的貧血症である鎌形赤血球症やサラセミア(地中海性貧血)の研究などから，ヒトのグロビン遺伝子座の構造がある程度推定されていたし，染色体もα-グロビン遺伝子が第16番に，またβ-グロビン遺伝子が第11番にマップされている。そして，遺伝子クローニングが行われたことにより，図11-9に示すような遺伝子のクラスター構造をもっていることが明らかとなった。

グロビン遺伝子の研究は他の遺伝子の研究に先行しており，その遺伝子がエキソンとイントロン

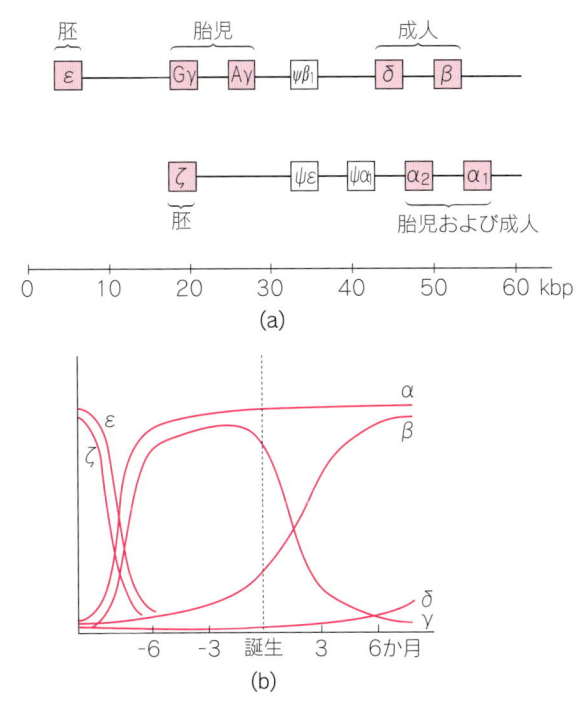

図11-9 ヒトα-，β-グロビン遺伝子クラスターとその胎発生に伴う発現のスケッチ

図中の色刷りのボックスは機能発現できる遺伝子であり，無色のψで示したものは偽遺伝子である。ヘモグロビンはα鎖様，β鎖様グロビン四量体（$\zeta_2\varepsilon_2$，$\alpha_2\gamma_2$，$\alpha_2\beta_2$など）として機能をもつ（帯刀：岩波講座・分子生物科学11，生命体のまもり方．p.175，岩波書店，1993より）。

構造をもつモザイク遺伝子構造をとっていること，またこのクラスターの中に，**偽遺伝子** pseudo gene があることも発見された。この遺伝子のクラスター構造と偽遺伝子の存在は，グロビン遺伝子が進化の過程で，遺伝子重複を経て進化してきたことを示しているものと思われる。このクラスター構造と偽遺伝子の存在はマウスなどでも同様に認められる。

ヒトの遺伝性貧血症の研究からヘモグロビン欠損の原因が詳しく調べられ，図11-10に示すように，転写制御領域の変異，ノンセンス変異，ミスセンス変異，さらにはスプライシング異常を示す変異など多様な変異が発見され，真核生物の遺伝子の発現制御の基本骨格（転写制御，スプライシングと修飾，翻訳レベルでの調節）が明らかとなった。

このように，グロビン遺伝子の構造の全貌が明らかになるとともに，グロビン遺伝子の発現の制御も次第に明らかとなってきた。ヘモグロビンは，α-グロビン鎖とβ-グロビン鎖が等量ずつ産生されなければならないので，両グロビン鎖を等量にする制御はmRNAのレベル（転写の制御）と蛋白のレベル（翻訳の制御）で行われているが，基本的には転写制御が最も重要である。両遺伝子座は異なっているものの，基本的な転写制御のメカニズムは共通性が高い。一般に遺伝子発現の制御には，その遺伝子の転写開始点上流近傍のプロモーターと呼ばれるDNA配列の性状解析をするのが常道である。

最近の研究から，赤血球分化特異的発現の制御機構はおおよそ図11-11に示すような**シスエレメント**（遺伝子側の制御領域）と**転写因子**（シスエレメントに結合してトランスに働く因子）により制御を受けていると推定されている。グロビン遺伝子の赤血球特異的遺伝子発現の制御は，まず，グ

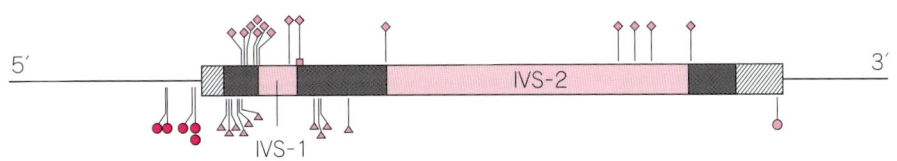

β-サラセミア変異
● 転写変異（遠隔制御領域・TATAボックス），● RNA切断変異，▲ 機能を失う変異（終止欠損・フレームシフト変異），
◆ RNAプロセッシング変異〔スプライスサイト（ドナー，アクセプター），新しいスプライスサイト〕

図11-10 β-グロビン遺伝子のエクソン-イントロン構造とβ-サラセミアにおける変異

β-グロビン遺伝子のエクソンのうち，蛋白質をコードする領域を黒で，非コード領域を斜線で示す。イントロンをIVS-1，IVS-2で示す。図中の各印はβ-サラセミア点突然変異の例を示しており，それぞれ下に示す機能変異に分類される（帯刀：岩波講座・分子生物科学11，生命体のまもり方．176，岩波書店，1993より）。

図11-11 ヒトβ-グロビン遺伝子上流のエンハンサーとして働くDNase I高感受性領域（HS 2, HS 3）の転写因子の結合
GGTGG配列を認識して結合する因子，GATA配列を認識するGATA-1と呼ばれる因子，NF-E2と呼ばれる因子などが複数箇所結合することにより，エンハンサー活性を生ずる。

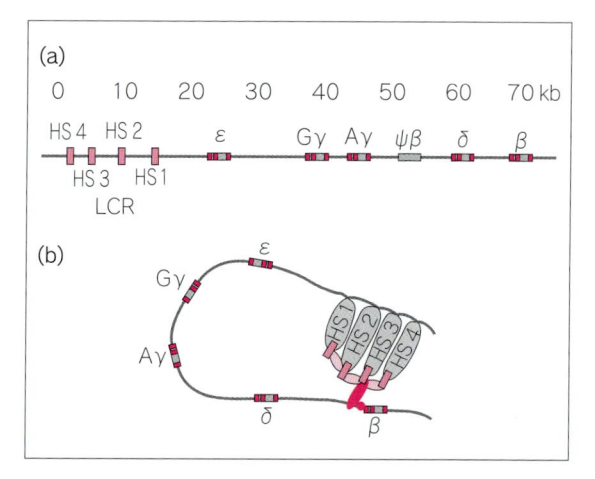

図11-12 ヒトβ-グロビン遺伝子クラスターのLCRによる発現スイッチモデル
β-グロビン遺伝子クラスターの上流に四つのDNase I高感受性領域（HS）があり(a)，胎発生に伴うε→Gγ，Aγ→δ，βの発現のスイッチを制御する。4HSは複数の因子と結合し，どれかのグロビン遺伝子プロモーター（この場合はβ-グロビン）上の転写因子と相互作用し，転写活性化を起こすという仮想モデル(b)。

ロビン遺伝子の転写開始点近傍の制御領域の解析が進められ，ヒトγ鎖遺伝子の変異のために生じたサラセミアの研究から，塩基配列上 **GATA** をコアとする配列がシスエレメントとして重要であることが発見された。ついで，この GATA 配列を認識して結合する転写因子が，赤血球系の細胞に特異的に存在することがわかった。その後，この転写因子の遺伝子クローニングが行われ，確かに GATA 配列を認識して結合し，しかもその発現は赤血球に限局することがわかった。さらに，この GATA 配列を認識する転写因子は複数個あり，互いにホモロジーがあり，しかも，転写因子の特徴的な構造モチーフとして知られる Zn フィンガーをもっている蛋白であることがわかった。

このうち，赤血球に特異的に発現している転写因子を **GATA-1** と呼んでいる。GATA-1 転写因子は赤血球系列の細胞に加えて，マスト細胞，血小板の前駆細胞である巨核球にも存在することが示された。また最近になって，同様に赤血球特異的な転写因子として NF-E2 と呼ばれる転写因子が発見され，少なくとも二つの赤血球特異的な転写因子がグロビンを初めとするいくつかの赤血球特異的に発現する遺伝子（ヘム合成関連酵素，赤血球膜蛋白グリコホリンなどの遺伝子）の制御に関わることが明らかとなった。

もちろん，これら赤血球特異的遺伝子の発現には，GATA-1，NF-E2 のような細胞系列特異的な転写因子とともに，どの細胞にも存在するような共通の転写因子の関与が必要であることは言うまでもない。すなわち，最近の転写制御の研究から，一つの遺伝子の特異的発現制御には，多数の転写因子が働いて，そのコンビネーションにより特異性を生み出していると考えられる。また，ここでは特に触れないが，RNA ポリメラーゼとこれと結合し共同で働く多数の因子の性状が明らかにされつつあり，ポリメラーゼ複合体といくつかの転写因子の親和性により，プロモーター上にいわゆる転写開始複合体が形成され，特異的な発現が行われるものと推定される。

また，プロモーターから離れた遺伝子領域に，転写を促進するシスエレメントがあり，**エンハンサー**と呼ばれている。グロビン遺伝子においてもこのようエンハンサーは存在するが，サラセミアの患者のグロビン遺伝子クラスターの構造と発現制御の研究から，さらに面白いことがわかった。すなわち，ヒトグロビン遺伝子クラスターの 5′

上流の構造遺伝子以外の領域に大きな欠失変異があり，ヘモグロビンの発現に異常を来すヒトの変異が見つかった．この欠失変異は，グロビン遺伝子全体の発現制御に大きく関わっていることが予想され，この領域の解析が詳しく行われた．そして，この領域は構造遺伝子をもたないものの，グロビン遺伝子領域全体のコントロールをすることから**局所制御領域** locus control region : LCR と呼ばれることとなった(図11-12).

一般に，活性な遺伝子は，その転写制御領域を含めたクロマチン構造が，非活性の遺伝子のクロマチン領域とは異なった構造を示している．この活性構造の差は単離核やクロマチンを DNase I で処理したとき，非活性な領域に比べてすみやかに分解され，DNase 高感受性領域 (DNase Hypersensitive Site＝HS 領域)と呼ばれる．

クロマチンの基本単位は**ヌクレオソーム**と呼ばれ，4種のヒストンが八量体(ヒストンオクタマー)として DNA 鎖と結合した繰返し構造であるが，先に述べた転写因子がシスエレメントに結合すると，ヌクレオソームに乱れが生じ，このヌクレオソームの空白部分が DNase にアタックを受けやすいものと推定される．

グロビン遺伝子上流の LCR は，構造遺伝子領域ではないにもかかわらず，4か所の HS 領域をもっていることがわかった．この領域はまた，GATA-1，NF-E2 といった，転写因子の認識部位がかたまって存在しており，実際これらの因子が結合していると思われる．かなり離れた領域にあるこの LCR は，おのおののグロビン遺伝子(ε，γ，δ，β鎖)のプロモーターエレメントに結合する転写因子群の共同作業により，個々の遺伝子の発現の制御を行うものと予想されている．特に興味深い点は，この領域が胎発生におけるヘモグロビンのスイッチ(胚；ε鎖－胎児；$G\gamma$，$A\gamma$－成人；β，δ鎖)の制御に必須であることであり，LCR は 5′側から順次，グロビン鎖遺伝子の発現を誘導して胎発生に伴う発現のスイッチを行っていると推定される．実際この LCR の領域(4か所の HS 領域をコンパクトにつないだ領域＝mini LCR と呼ぶ)を個々のグロビン遺伝子につなぎ，

トランスジェニックマウスを作出すると，胎発生に伴った発現のスイッチが起きることが確認されている．また，赤血球分化を培養系で誘導できる赤白血病細胞に遺伝子導入すると，LCR に依存した発現のコントロールができるようになる．

LCR 中の四つの HS 領域は，一つを除いて一過性の転写活性測定では効果を示さず，染色体に組み込まれたときのみ，その効果を発揮することから，クロマチンの活性構造を通じて遺伝子発現を制御している新しいエレメントと考えられるが，どのようにしてこのような複雑なコントロールをしているかは明らかにされていない．このような LCR は，β-グロビン遺伝子クラスター以外に，α-グロビン遺伝子クラスター(ζ，α-グロビン)でも発見された．また，ヒトやマウス以外にもニワトリの遺伝子でも若干その構造は異なるものの，その存在が確認されている．

このように，分化特異的遺伝子の発現は，RNA ポリメラーゼと各種特異的転写因子群とに加えて，多様な制御因子群が関与して初めて起ることがわかる．

E 他の血液細胞での遺伝子発現制御

さて，他の血液細胞での遺伝子発現の制御機構についても，いくつかの特異的に発現する遺伝子を用いてその機構が明らかになりつつある．中でも，リンパ球での遺伝子発現制御の解析は，赤血球と同じように大変進んでいる．リンパ球での遺伝子発現で最も重要なことは，**免疫グロブリン**の生合成であり，免疫グロブリン遺伝子がB細胞特異的に作られることとともに，無限の多様性をもった抗原に対応して無限に近い多様な免疫グロブリンが作られる点である．この多様性を生み出すメカニズムは遺伝子の再編成によっている．B細胞での免疫グロブリン遺伝子と，T細胞でのT細胞受容体遺伝子の特異的発現に関与するシスエレメントと，これに結合して制御するリンパ球特異的転写因子群(たとえば ikaros，Pax5 など)も明らかにされている．同様に，マクロファージや巨核球，顆粒球などの特異的遺伝子についても，

(a) 単純決定モデル

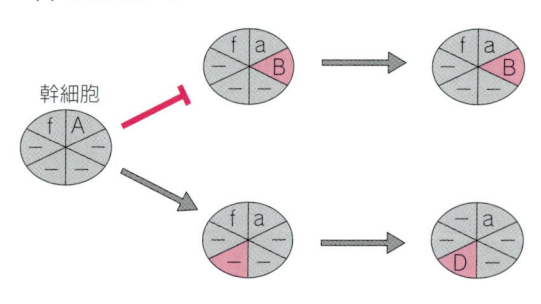

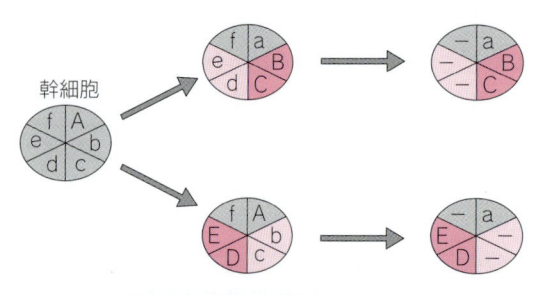

図11-13 幹細胞分化系列決定のモデル
(a)：特定の系列細胞の分化決定はその特異的(転写)因子(B，またはD)の発現があれば決まる．
(b)：1個の因子ではなく，複数の因子の組合せにより系列の特異性が決まるとするモデルで，現在はこちらのほうが(a)より支持されている(Orkin : Current Opinion in Genetics & Development 6 : 597-602, 1996 より)．

転写因子の研究が進められている．

F 多能性血液幹細胞の分化系列決定

さて，それぞれの分化した血液細胞には，特異的な遺伝子発現を制御する分化系列特異的な転写制御因子が重要であることを指摘した．血液幹細胞をスタートとして，このような系列特異的転写因子の遺伝子の発現を考えると，ニワトリと卵の論議のように，初めは何かになってくる．しかし現在のところ，系列特異的転写因子は多くの場合，GATA-1遺伝子のように，少なくとも自分の遺伝子自身のプロモーターに結合領域をもつものが知られており，自己の発現を正に制御することが予想される．ただ，血液幹細胞がこのような系列特異的転写因子を最初からすべて発現しており，ストキャスティックな分化決定が起きるのと対応して，それぞれの特異的転写因子の組合せが決まり，ある方向への分化の決定が起きると考えるのが妥当のようである．この実験的証拠はもう少し待たなければならないだろう(図11-13)．

ただ，最近の遺伝子ノックアウトマウスの実験から，これら系列特異的転写因子を欠いたマウスでは，それぞれの特異的系列の血球の産生が見られなくなることから(図11-14)，これら因子が，分化系列決定に必須の因子として働くことは確かである．

G 増殖と分化のスイッチ

細胞分化を考えるうえで，分化系列決定とともに重要なのが，増殖と分化のスイッチである．一般に，未分化な幹細胞や前駆細胞が増殖能をもっているのに対して，多くの分化成熟した細胞は増

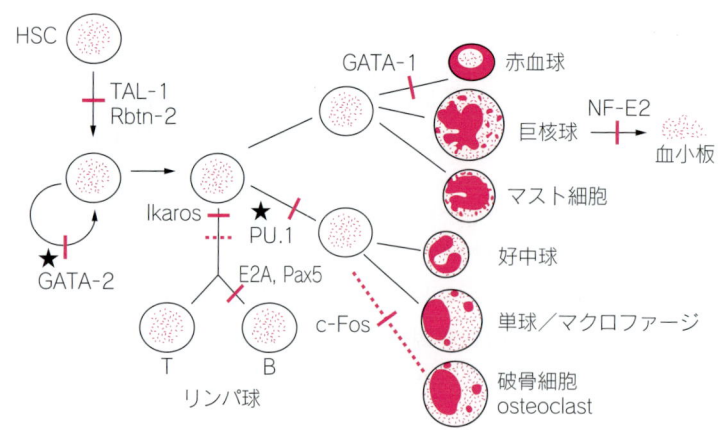

図11-14 造血幹細胞の分化系列決定と血球系列特異的転写因子の関与
特定の血球系列特異的転写因子を遺伝子ノックアウトしたマウスで認められる造血異常の解析をまとめると，それぞれの転写因子が造血幹細胞分化系列決定のどの段階で働いているかがわかる(Shivdasani & Orkin : Transcriptional control of hematopoiesis. Blood 87 : 4025-4039, 1996 より)．

I. 細胞分化　301

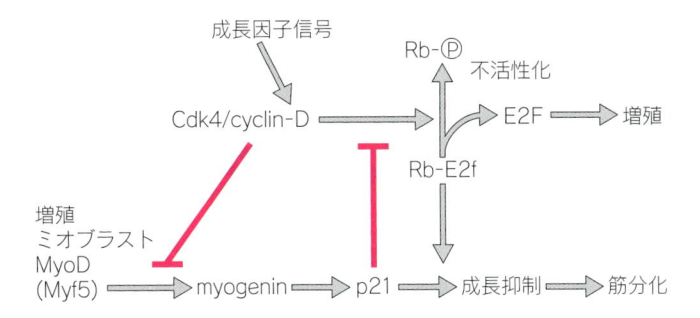

```
                        成長因子信号        Rb-Ⓟ
                             ↓          不活性化
                        Cdk4/cyclin-D ──→    E2F ──→ 増殖
                             ↑  ┬       ↗
    増殖                       │  │    Rb-E2f
    ミオブラスト                │  │
    MyoD                    ⊥  ⊥
    (Myf5) ──→ myogenin ──→ p21 ──→ 成長抑制 ──→ 筋分化
```

図 11-15　筋分化と細胞増殖スイッチに働く因子群
　筋分化を特定化する MyoD，Myf5 などは増殖している筋芽細胞で発現しているが，増殖因子により活性化される Cdk4/cyclin-D より，その活性が阻害されている．増殖因子がなくなると MyoD は Cdk4/cyclin-D の阻害因子 p21 を誘導する．Cdk4/cyclin-D は Rb のリン酸化を行い不活化し，細胞 E2F との会合ができなくなり，フリーとなった転写因子 E2F は細胞を増殖に導く．MyoD ──→ myogenin ──→ p21 ---→ Rb-E2F の流れが細胞増殖抑制を促しつつ，筋分化を促進する（Molkentin & Olson：Current Opinion in Genetics & Development, 6：450, 1996 より）．

殖を停止し（細胞周期の G₀ と呼ばれる状態），死を迎えるまでこの状態を維持していると考えられる．そこで，細胞の分化は，増殖状態から増殖停止状態への転換を伴う．この増殖と分化の転換の機構について，筋分化の系を例として述べてみよう．

　筋細胞はミオシンなどの筋線維蛋白の発現によって特徴づけられる．この筋線維蛋白の発現制御の研究や，培養細胞で筋分化誘導できる間葉系細胞である 10T 1/2 細胞の分化誘導を制御する遺伝子の研究から，MyoD と呼ばれる遺伝子が単離された．この遺伝子は helix-loop-helix（HLH）構造という転写因子の蛋白蛋白会合に必要な特徴ある機能ドメインをもち，遺伝子ファミリーを形成し，互いの相互作用により未分化な幹細胞を筋分化へと導くことがわかった．この **MyoD ファミリー遺伝子**は，一方で筋分化特異的遺伝子の転写制御をするだけでなく，Rb，CDK インヒビターなどの細胞周期制御蛋白に作用を及ぼし，増殖の抑制を引き起こし，未分化な細胞の細胞増殖と分化の転換の因子として働くことがわかってきた（図 11-15）．

●参考文献
1) Morrison SJ, Shah NM, Anderson DJ：Regulatory mechanisms in stem cell biology. Cell 88：287-298, 1997.
2) Shivdasani RA, Orkin SH：Transcriptional control of hematopoiesis. Blood 87：4025-4039, 1996.
3) Orkin SH：Development of the hematopoietic system. Current Opinion in Genetics and Development 6：597-602, 1996.
4) Molkentin JD, Olson EN：Defining the regulatory networks for muscle development. Current Opinion in Genetics and Development 6：445-453, 1996.
5) 帯刀益夫：統合生命科学Ⅰ　細胞の分化．サイエンス社，2007．

II. 形態形成過程における細胞のふるまい

　1個の細胞である受精卵から多細胞の個体が作られる発生過程において，細胞自身や細胞集団は劇的な形態変化を遂げる．

　本項では，比較的知見の集積しているアフリカツメガエルやマウスの胚 embryo の発生過程に沿って，単一細胞レベルの形態形成および細胞集団（組織）レベルの形態形成について概説する．さまざまなモデル動物にはそれぞれ実験材料としての長所・短所があるために，必ずしも同一種の発生のすべての事象が分子レベルで記載されているわけではないことに留意されたい．

A 卵における極性

　両生類やショウジョウバエ，センチュウ（線虫）などの卵 egg には極性 polarity があることが知られている．アフリカツメガエルの卵では，卵黄を多く含む側を植物極と呼び，その反対側を動物極と呼ぶ．精子は卵の動物極側に侵入し，この侵入点から卵の皮質部が約30度回転する．卵割の初期にはあまり細胞の配置が変わらないため，後に植物極側の細胞と動物極側の細胞の細胞内成分には大きな差が生じることになる．哺乳類の卵（卵子 ovum）は球形（放射対称）であり顕著な極性は認められないが，精子侵入点が後に極性を生じる元になっていると推測されている．

B コンパクション

　哺乳類の受精卵は透明帯 zona pellucida と呼ばれる膜に包まれており，卵割が進んで16細胞期になる頃に，細胞膜の接着性が高まり，全体として滑らかな球状になる．これをコンパクション compaction と呼んでいる．

　この時期にはカルシウム依存性の細胞接着分子 calcium-dependent cell adhesion molecule である E カドヘリン E cadherin の発現が上昇することが知られている．つまり，コンパクションによって受精卵の各細胞は，割球というそれぞれが独立したような状態から，細胞同士が接着した上皮的な性格 epithelialized features を帯びるようになると考えられる．この場合，胚の内部が頭頂側 apical であり，外側が側底側 basolateral となっている．

C 胞胚における背腹軸および前後軸形成

　アフリカツメガエルの受精卵の卵割が進み，桑実胚 morula を経て，やがて内部に空洞が生じて胞胚 blastula となる頃，精子侵入点から約30度植物極側にずれた位置から**原腸陥入** gastrulation が始まり，中胚葉 mesoderm が形成される．この位置は将来の尾側 caudal（後方 posterior）であり，その反対側が吻側 rostral（前方 anterior）となり，前後軸が形成される．また，卵黄の多い植物極側が腹側 ventral であり，その反対側が背側 dorsal である．

　哺乳類胚では胚盤胞 blastocyst（両生類の胞胚に相当）形成時に，内部細胞塊 inner cell mass のある近位 proximal とその反対側である遠位 distal が極性として区別される．内部細胞塊から後にすべての胚体が形成されるが，胞胚腔 blastocoel 寄りの細胞層が腹側で，その反対側（将来の胎盤が形成される側）が背側である．マウス胚ではその後，胞胚腔が消失し，原腸陥入に先立って遠位の細胞集団が前方へ移動する．これによって，近遠位軸が前後軸に変換されることになる．後方の結節 node からやがて原腸陥入が進行する．

D 原腸胚における左右極性の形成

原腸陥入が進行し，中胚葉が形成されつつある原腸胚 gastrula の時期に，両側対称 bilateral である胚の左右に違いが生じる．マウス胚では結節部の細胞の頭頂部にある線毛 nodal cilia の運動により局所的な渦流（**ノード流**）が生じ，これによって何らかの分泌性因子が左右非対称に局在するようになる．たとえば lefty などの左側特異的な遺伝子発現が生じる．

結節の線毛には微小管 microtubule およびキネシン kinesin などのモーター蛋白 motor proteins が局在している．たとえばキネシンのノックアウトマウスでは線毛の動きが悪くなることによってノード流がうまく生じず，その結果，個体の左右がランダム化する．

臨床との接点

内臓逆位とキネシン

ヒトにおいて臓器の位置が通常と反対になる内臓逆位 sinus invertus が知られている．内臓逆位のヒトは呼吸器疾患を発症する頻度が高いこともわかっていた．キネシンノックアウトマウスにおいて左右がランダム化するという表現型が生じることから，内臓逆位のヒトにおいてキネシン遺伝子の変異が見つかった．キネシン遺伝子の変異により正常なキネシン蛋白質が作られないために，このようなヒトでは発生のごく初期に左右の極性形成に異常が生じるほか，気管上皮の線毛の動きも悪いために，呼吸器疾患を起こしやすいということがうまく説明されたのである．

E 神経板/神経管の形成（図11-16）

原腸陥入が進行しつつある時期，胚の前方部では中胚葉からの誘導シグナル inductive signal によって外胚葉正中部の細胞の丈が長くなり，**神経板** neural plate が形成される．神経板はやがて巻き上がって背側正中部で癒合 fusion し，**神経管** neural tube という管が形成され，これが中枢神経系 central nervous system の原基 primordium となる．

神経板および神経管は，組織学的には多列上皮 pseudostratified epithelium という特殊な形態を呈し，**神経上皮** neuroepithelium と呼ばれる．これは，個々の神経上皮細胞 neuroepithelial cells の核が細胞周期に従って上下する（interkinetic nuclear movement, 下記の Side Memo 参照）ことによって，一見重層状態に見えることによる．しかし実際のところ，神経上皮細胞は基底膜側および頭頂側に細長い突起を伸ばした円柱上皮 columnar epithelium の特殊化した姿と見なすべきである．

ただし，通常の上皮細胞と異なり，神経上皮細胞の先端側にはタイト結合 tight junction が形成されない．**アドヘレンス結合** adherens junction が形成され，通常の接着装置構成蛋白質（カドヘリン類，カテニン類など）が局在するほか，神経上皮細胞ではタイト結合構成蛋白質である ZO-1 なども，アドヘレンス結合に局在する．また，間期の神経上皮細胞の中心体は先端側に，核からかなり離れて存在することも特徴的である．

臨床との接点

神経管癒合不全

神経板外側縁が癒合して神経管が完成するプロセスは，細胞レベルで考えると非常に複雑である．そもそも，細胞の増殖が少なければ論外だが，神経管が巻き上がるためには，神経板表面（将来の神経管の内腔側）が凹面となるよう，神経上皮細胞の頂上側に存在する微細線維（アクチンフィラメント）が収縮しなければならない．神経板両側縁が接するためには，細胞接着分子が働く必要がある．さらに，神経上皮細胞同士の接着のタイミングに合わせ，一部の上皮細胞は細胞死を起こす．そうでなければ，永遠に上皮細胞が接したまま，癒合しないことになってしまう．このように，神経管形成のプロセスが複雑で数多くの分子が関わるため，神経管の癒合不全は比較的頻度の高い発生異常である．癒合不全が吻方部，すなわち脳の領域で生じた場合には，外脳症と呼ばれる重篤な奇形となり，生存は不可能である．尾方部，すなわち脊髄の下部で癒合不全が生じた場合には，二分脊椎と呼ばれ，脊髄が脊椎の骨や皮膚に覆われていない状態になるが，軽度であれば手術で脊髄を皮下に埋めることにより，普通の生活を営むことが可能である．

Side Memo 神経上皮細胞のエレベータ運動

1935 年，Sauer はニワトリ胚の神経管の切片を観察し，多列上皮の中で分裂期の細胞がみな脳室面（＝先端側）に存在することから，間期に核が脳室面に移動するのではないかと考えた．これが細胞周期依存的核移動 interkinetic

nuclear movement の概念についての最初の報告である。
　やがて，1950 年代に放射性チミジンを取り込ませることにより，DNA 合成期（S 期）の細胞を標識することができるようになると，何人もの神経発生学者がこのオートラジオグラフィーという手法を応用し，S 期の核は神経上皮の基底膜寄りに存在することを見出した。日本では藤田哲也博士がこの問題に取り組み，放射性チミジン標識後の時間をずらして標本を作製することにより，細胞周期に伴う核の上下運動を証明し，1964 年の論文では独自に「神経上皮細胞核のエレベーター運動」と名づけている。
　現在では細胞のイメージング技術の開発により，脳原基のスライス培養下での神経上皮細胞や新生ニューロンのふるまいをライブ観察することが可能になり，細胞周期依存的核移動の実際を目の当たりにすることができる。だが，この興味深い細胞現象の分子的実態については，まだ多くが謎のまま残されている。

F 神経堤形成と神経堤細胞

　神経管が形成される時期，神経上皮と外表上皮 epidermis との境界部が特殊化し，神経堤 neural crest と呼ばれる領域になる（図 11-16）。神経堤の細胞はやがて脱上皮 delamination し，上皮から間葉への転換 epithelial-mesenchymal transition：EMT が起きる。脱上皮した神経堤細胞は，胚体内を腹側へと移動して，移動先で多様な種類の組織・細胞に分化する。そのレパートリーには，脳神経節，脊髄神経節，自律神経節などのニューロンおよびシュワン細胞 Schwann cells と衛星細胞 satellite cells，皮膚の色素細胞（メラノサイト melanocytes），頭部血管の平滑筋細胞 smooth muscle cells と周皮細胞 pericytes，角膜実質および内皮層 corneal stroma and endothelium，虹彩実質部 iris stroma，顔面の骨と軟骨 craniofacial bone and cartilage，歯の象牙質やセメント質 dentine and cementum，歯髄 dental pulp などがある。このように，体全体への貢献度が大きいことから，神経堤は「第四の胚葉」と呼ばれることもある。
　神経堤の成立には，外表上皮側，神経上皮側それぞれからの誘導シグナルが必要であることが知られている。外表上皮からの誘導シグナルの本体は**骨形成蛋白** BMP：bone morphogenesis protein や Wnt などの分泌因子であり，神経上皮からの

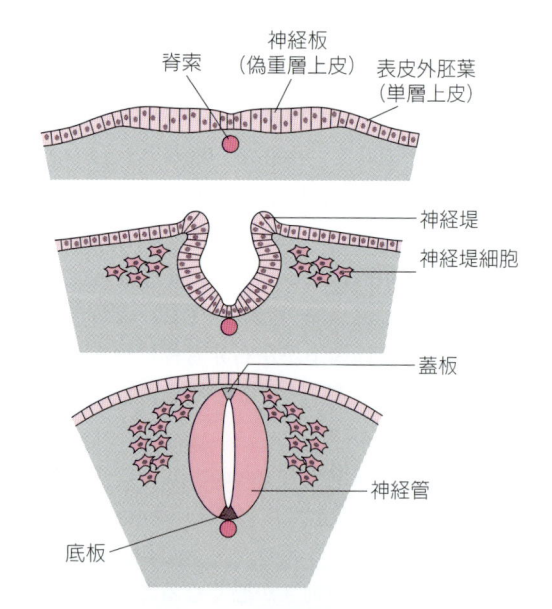

図 11-16　神経管形成と神経堤の成立
神経上皮と外表上皮の境界部に神経堤が形成される。神経上皮は巻き上がって神経管となり，これが中枢神経系の原基となる。神経堤の細胞はやがて脱上皮し，末梢神経系その他の組織を派生する。

シグナルは**線維芽細胞増殖因子** FGF：fibroblast growth factor であろうと考えられている。このほか，神経堤細胞と外表上皮細胞の間の細胞間相互作用も重要であり，これには Notch シグナルが関わる。神経堤細胞が脱上皮する際には，トランスフォーム増殖因子 TGF-β：transforming growth factor-β や，基底膜を壊す酵素が働く。胚内を移動するためには，フィブロネクチン fibronectin やラミニン laminin などの細胞外基質が必須である。多様な細胞への分化には，それぞれ異なる誘導シグナルが働いている。たとえば，背側大動脈に発現している BMP により，その近傍に移動した神経堤細胞は交感神経系の細胞へと分化し，神経管からの脳由来神経栄養因子 BDNF：brain-derived neurotrophic factor に曝されると脊髄神経節の感覚ニューロンになる。あるいは，ニューレグリンによりシュワン細胞に，TGF-β により平滑筋へと派生する。なお，神経堤細胞の上皮-間葉転換などに関する研究は，がんの転移のメカニズムなどを知るための基礎研究としても重要と見なされている。また，神経堤細

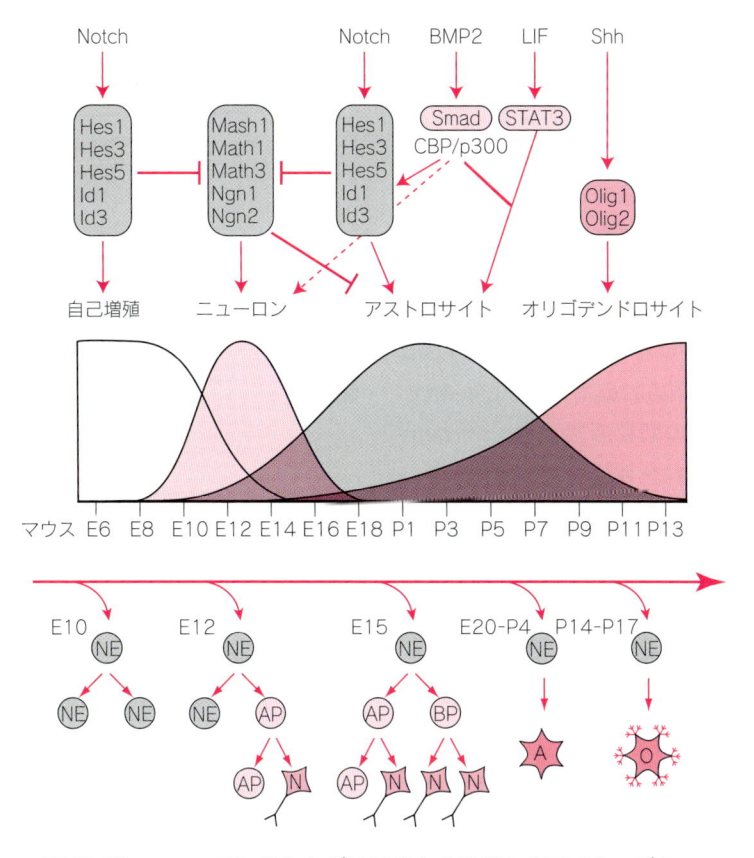

図11-17 ニューロン分化とグリア分化の様態と分子メカニズム
対称分裂により自己増殖を繰り返す神経上皮細胞（NE）から，発生の進行とともに脳室面で非対称分裂するニューロン前駆細胞（AP）と脳室帯の基底膜側や脳室下帯で対称分裂するニューロン前駆細胞（BP）が生じ，ニューロン（N）が分化する．神経上皮細胞からは，後にグリア細胞（アストロサイト（A），オリゴデンドロサイト（O））が分化する．横軸はマウスの胎齢（E）および生後の日齢（P）を示す．

胞は成体においてひっそりと眠っており，必要とあらば多能性幹細胞としてふるまう能力をもっていることから，成体幹細胞の源としての利用についても注目されている．

G ニューロンとグリアの分化

神経上皮細胞は最初，**対称分裂** symmetric division をすることにより，未分化性を保ったまま増殖する．やがて**非対称な分裂** asymmetric division を行い，娘細胞の片方は自身と同じ未分化な神経上皮細胞として残り，もう片方から分化した神経細胞（ニューロン）が生まれるようになる（ニューロン新生 neurogenesis）（図11-17）．

大脳皮質の原基では，胎生後期になると非対称分裂によりグリア細胞の一種であるアストロサイト（星状膠細胞）astrocytes が生み出され，出生直前くらいからオリゴデンドロサイト（希突起膠細胞）oligodendrocytes が産生される（グリア新生 gliogenesis）．すなわち，神経上皮細胞は「神経幹細胞 neural stem cells」としての性質を備えているといえる．ニューロンやグリアへの分化に必要な分子機構については盛んに研究されているが（図11-17），どのようにして時間の経過とともにニューロン新生からグリア新生へとスイッチが入れ替わるかについては，まだ混沌としている．

神経上皮細胞のもう一つの興味深い性質は，ニューロン新生が開始されると，神経上皮細胞の突起が，ニューロンの基底膜側，すなわち脳の表面側の足場となることである。これをニューロンの**放射状移動** radial migration と呼ぶ。ニューロン新生期の神経上皮細胞は放射状グリア radial glia と呼ばれることも多い。

なお，神経上皮は齧歯類の出生時期にはかなり退縮し，最終的には脳室を取り巻く上衣層 ependyma となる。側脳室前方の脳室下層 subventricular zone および海馬の顆粒細胞下層 subgranular zone には生涯にわたり神経幹細胞が存在し，成体脳でもニューロン新生が起こることが明らかになってきた。現在，記憶や学習とその異常に関して成体脳ニューロン新生がどのように関わるかについて注目が集まっている。

H 神経板/神経管の領域化

中枢神経系の原基は，その成立初期にすでに前後軸を獲得しているが，神経板形成から神経管形成の間に大まかに，**前脳** forebrain，**中脳** midbrain，**後脳** hindbrain，**脊髄** spinal cord に領域化 regionalization されるようになる。これは，神経管形成という形態形成運動とは独立したメカニズムで進行する。さらに，前脳は**終脳** telencephalon と**間脳** diencephalon に分かれ，後脳には**ロンボメア** rhombomeres と呼ばれる分節構造が一過性に表れる。

上記のような前後軸に沿った領域化と並行して，背腹軸に沿った領域化も生じる。すなわち，一般的に神経管の腹側および背側の正中部にはそれぞれ**底板** floor plate および**蓋板** roof plate が誘導され，神経管は腹側の**基底板** basal plate と背側の**翼板** alar plate に分かれる。

このような領域化，すなわち初期脳のフレームワークは後にどのような種類のニューロンが分化するかに重要な役割を果たすとともに，領域の境界部がニューロンの移動や神経軸索伸長の足場となる。

神経板/神経管の領域化のメカニズムにおいて，

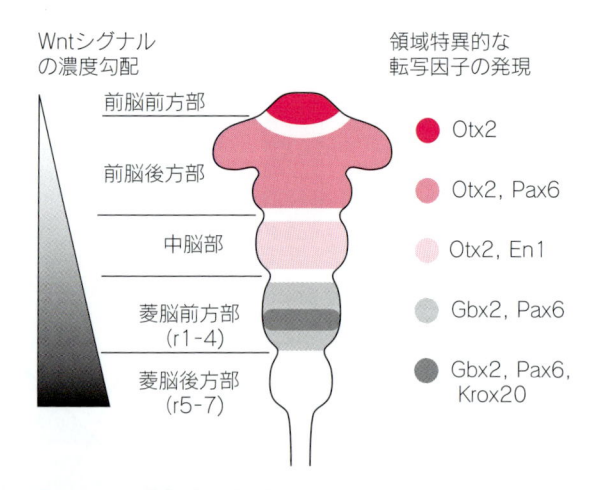

図 11-18　神経管の領域化と転写因子の発現
初期の誘導因子の濃度勾配に従って領域特異的な転写因子が発現するようになる。それらの発現の組合せにより，神経管が領域化される。

最も早くから研究されたのは背腹軸に沿った領域化である。ニワトリ胚を用いた実験により，神経管の腹側に存在する**脊索** notochord が誘導シグナルを分泌していることが知られていたが，その分子的実体は後に sonic hedgehog : shh と呼ばれる因子であることが証明された。shh は脊索や，ついで底板から分泌され，その濃度勾配に依存して神経管の腹側の性質が与えられる。同様に，外表上皮や神経管の背側からは BMP などの TGF-β 系の分泌因子が放出され，神経管の背側の性質が与えられる。

神経板/神経管の前後軸に沿った領域化の分子メカニズムについては，動物種による差異もあり，不明な点が多いが，後脳部で多い Wnt シグナルやレチノイン酸（ビタミン A の誘導体）がその候補となっている。

分泌因子の濃度勾配に依存して，神経板/神経管では領域特異的な転写制御因子が発現するようになり，各領域における転写因子の発現の組合せがその領域の個性を決定する役割を果たす（図 11-18）。たとえば，神経板の時期に将来の前脳では Pax6 という転写因子が発現し，将来の中脳では Pax2 や En1 という転写因子が発現する。それぞれの発現境界は最初曖昧であるが，やがて明瞭な発現境界が認められるようになり，前脳と中脳が

区画化される。同様に，中脳と後脳は Otx2 と Gbx2 により区画化される。この際に，それぞれの転写因子は互いに相手の発現を抑制する働きがある。このような転写因子同士の発現抑制は，中枢神経系だけでなく，発生初期に体のいろいろな組織において見られる一般原則となっている。

Advanced Studies　領域化を支えるメカニズム

　領域化においては，さらに，異なる転写因子を発現する細胞同士の反発力（ephrin および Eph シグナルに依存）や，同じ転写因子を発現する細胞同士の接着力（カドヘリン類に依存）が重要な役割を果たす。つまり，異分子を自分の領域から排除したり，同士が互いに強固なスクラムを組むというわけである。ただし，場合によっては，本来と異なる領域に紛れ込んでしまった細胞で，元々の領域特異的な転写因子の発現がオフになり，周囲と同じ転写因子がオンになるという仕組みも存在する。すなわち，多勢に無勢と見た場合に，細胞は宗旨替えするという柔軟さを示す。

　このような，発生過程や形態形成過程における個々の細胞のふるまいについての細胞生物学的研究は，今後，大きく進展する研究領域である。従来の細胞生物学では，扱いやすい培養細胞を用いて，シャーレの上での細胞の挙動についてもっぱら研究されてきたが，それは必ずしも生体内で起きている現象を反映していない場合もあった。現在では，たとえば発生途中の胚に電気ショックにより直接遺伝子を導入する手法（電気穿孔法 electroporation）や，組織構築を保ったまま細胞を生かしておく培養技術や，組織の中での細胞の分裂や分化などを観察できるイメージング技術などが開発され，より生体内に近い環境で細胞を研究することが可能となっている。

　ちなみに，電気穿孔法は日本で開発された技術であり，発生生物学の分野ではカラオケと漫画とアニメーションのように海外に広く行き渡っているものである（文献6)参照）。細胞や分子のイメージング技術においても，日本は光学系と情報系の叡智を結集したシステムを多く開発するとともに，さまざまな特徴をもった蛍光分子を新しく創り出して供している。

I 体節形成

　胚発生において神経管形成と並行して起こる体節形成 somitogenesis は，胚全体のボディプランを構築する上で重要な発生事象であり，細胞生物学的観点からも非常に興味深いプロセスである。

　体節形成では，神経管の両脇に存在する**傍軸中胚葉** paraxial mesoderm（体節板 segmental plate とも呼ばれる）の細胞集団が，前後軸に沿ってくびれ，そこが切れて左右一対の**上皮性体節** epithelial somites となって順に形成されていく。ニワトリ胚では 90 分に一対の体節が，齧歯類胚では 120 分に一対の体節が形成される。体節形成では，いわゆる間葉細胞 mesenchymal cells として存在する中胚葉の細胞が上皮化 epithelialization して，体節というボール状の構造を形成する。腎臓の尿細管が形成される場合にも，同様の間葉から上皮への**細胞形態変換** mesenchymal-epithelial transition が生じるが，これは先に述べた神経堤細胞の脱上皮化（上皮 - 間葉転換）と逆の現象である。

　体節構造は胚発生において一過性のものであり，やがて外側の**皮筋節** dermomyotome と内側の**硬節** sclerotome に分かれ，硬節の細胞は脱上皮し，ばらばらな間葉細胞となって正中に向かって移動し，神経管を取り巻いて脊椎骨 vertebra を形成する。皮筋節の細胞のうち皮節 dermatome の細胞も脱上皮し，表皮 epidermis に向かって移動してやがて真皮 dermis を形成する。**筋節** myotome の細胞は体のさまざまな部位に移動し，前後軸に応じて種々の筋肉を派生する。なお，手足の骨は体節ではなく側板中胚葉 lateral mesoderm に由来する。

　時間に沿って体節が順に生じる現象はアリストテレスの時代から科学者の興味を惹いたが，近年，その分子メカニズムがかなり明らかになってきた。すなわち，ニワトリ胚の体節板では，90 分ごとに対応して hairy や fringe などの Notch シグナル系分子の発現が振動することにより，時間的な位相が空間的位相に転換される。さらに，隣接した細胞では同じ位相に保つための細胞間コミュニケーションが働いていると考えられる。最後に形成された体節に隣接する領域では，振動が徐々に遅くなり，体節板に対してずれが生じる結果，次の体節を生じる領域で振動が停止するようになる。

　体節形成においても，上記の皮筋節と硬節の領域化には，神経管の背腹領域化と同様の誘導シグナルが関わる。脊索から分泌される shh により体節の腹内側部が硬節となり，表皮から分泌される BMP や Wnt により体節の背外側部が皮筋節となる。それぞれの領域は異なる転写因子（たと

えば硬節ではPax1，内側の皮筋節ではmyf5など)を発現するようになり，細胞の運命決定がなされる。

Advanced Studies　ホメオボックスとボディプラン

　ホメオボックスとは，もともとショウジョウバエの形態形成に重要なホメオティック遺伝子群に共通する遺伝子配列として同定されたものであるが，転写因子蛋白質のDNA結合領域をコードしている。ホメオボックスを有する遺伝子(Hox遺伝子)が多数同定されてみると，それが一つの染色体上にクラスターとして並んでいることがわかった。興味深いことには，染色体上でのHox遺伝子群の並び方と，それぞれの遺伝子の前後軸に沿った発現領域の間に対応関係が見つかった。さらに，Hox遺伝子群は進化の過程で非常によく保存された遺伝子群であり，マウスやヒトでは遺伝子重複により4本の染色体上にHoxクラスターが存在するだけでなく，やはり前後軸に沿った位置情報を与える分子メカニズムとして働いていることがわかってきた。たとえば，マウスとニワトリでは頚椎や胸椎の数が異なるが，どのHox遺伝子の組合せが発現しているか(Hoxコード)でみると，ともにHoxc6という遺伝子の発現の前方境界が頚椎から胸椎への移行部に相当し，Hoxd10の前方境界が腰椎から仙椎への移行部に相当するという点で共通している。すなわち，ホメオボックスを有する遺伝子群は胚発生における基本的なボディプラン構築に関して，種を超えて重要なのである。

●参考文献

1) 大隅典子訳，Jonathan Slack著：エッセンシャル発生生物学 第2版．羊土社，2006.
2) 大隅典子：神経系の初期発生─細胞分化とその制御機構．脳神経外科学大系1 神経科学(山浦　晶総編集)，第1章, pp.12-21, 中山書店, 2006.
3) 沼山恵子，新井洋子，大隅典子：神経新生に関与する転写因子．実験医学増刊号 23(1): 149-156, 2005.
4) 高橋将文，佐藤健一，大隅典子：哺乳類胚神経管および胎児脳への遺伝子導入法．遺伝子医学別冊「図・写真で観る発生・再生医学実験マニュアル」, pp.22-35, メディカル・ドゥ社, 2002.
5) 倉谷　滋，大隅典子著：神経堤細胞．東京大学出版会, 1996.
6) Nakamura H(ed)：Electroporation and sonoporation in developmental biology. Springer, India, 2009.

III. 加齢・老化

　加齢 aging と老化 senescence は似た事象であるが、加齢は生物個体の時間軸に沿った変化を表現し、老化は加齢の最終段階の変化に注目した表現といえる。また、寿命 lifespan は、生物個体が死を迎えるまでの時間の長さを示す表現である。ヒトにおける老化現象は、神経変性による脳疾患（アルツハイマー症、ハンチントン病など）、血管変性などによる血管系疾患、遺伝子変異の集積としての発がんなど、加齢とともに頻度が高まる疾患の発症と大きな関係がある。

　加齢現象を生物学的に捉えると、酵母から、センチュウ（線虫）、ショウジョウバエ、マウス、ヒトに至るまで、多様な生物で生物学的特性として認められる複雑な生物学的事象といえる。加齢が遺伝的にプログラムされたものか、それとも環境との関係において障害が蓄積した結果生じるものかは、議論のあるところであり、これまで加齢が起きる分子機構としては、体細胞遺伝子変異仮説、テロメア消失仮説、フリーラジカル仮説、ミトコンドリア仮説、蛋白質の変性と老廃物蓄積仮説、カロリー制限仮説、ネットワーク仮説など、多様な機構が提唱されてきている。少なくとも、ヒトの寿命については遺伝的影響を受けていることは間違いない。

　こうした加齢の研究は、とくに、生物個体の寿命の制御という観点から注目され、最近、酵母、センチュウ（線虫）、ショウジョウバエ、マウスなどの実験動物を用いた加齢の遺伝学的研究が盛んになった。そして、センチュウを中心として遺伝解析から programmed aging、つまり、個体の寿命を制御する遺伝子があることが明確になり、センチュウに限らずショウジョウバエ、マウス、ヒトに到るまで共通の機構があることが明らかとなってきた。

　ここでは、加齢について、寿命を制御する遺伝子についての研究に焦点を当てて述べることにする。がんの発症を規定する p53 などのがん抑制遺伝子の働きは、がんの発症だけでなく老化にも大きな影響を与えていることがわかってきたが、ここでは触れない。

A 寿命の制御因子

1 細胞寿命とテロメア

　ヒトの一個体はおよそ60兆個の細胞の集団であるので、個体の寿命は、個体を構成している細胞の寿命によって規定されていることが予想される。個体の中の個々の細胞が寿命をもっているかについては、Hayflick の研究から、ヒト線維芽細胞を生体から取り出して培養すると、細胞分裂あるいは染色体複製に応じて老化する（replicative senescence、複製依存の老化と呼ばれる）ことが示されている。

　最近、この老化の原因がテロメア telomere と呼ばれる染色体の末端構造に依存していることがわかってきた。細胞分裂に従って DNA は複製されるが、線状の DNA の末端は岡崎フラグメントを介して複製する機構のゆえに、複製ごとに末端が短縮されることになり、その短縮により染色体遺伝子が欠損すれば細胞に重大な障害が起き、細胞は死滅することになる。この染色体末端の短縮を補うため、染色体の末端構造は特殊な配列であるテロメアにより保護されている。

2 テロメラーゼ

　このテロメアを維持するのがテロメラーゼと呼ばれる酵素である。分化成熟した組織細胞の多く

はこのテロメラーゼ活性が減少しており、複製が起きるごとにテロメアが短縮し、その短縮がある程度以上になると染色体上の遺伝子に欠損が起きるため、細胞は老化し、死を迎えるとされる。また、テロメア鎖長の制御は、染色体末端の複製の制御だけでなく、酸化ストレスなどのストレス誘導DNA障害からも大きな影響を受けることがわかっている。

このような培養系での事象が個体レベルですべての組織細胞でも同様に起きているかはまだ不明な点があるが、テロメラーゼを過剰発現するとセンチュウの寿命を伸ばすという報告がされている。成熟したセンチュウの個体の細胞は分裂を停止しているので、複製依存のテロメア短縮は影響を与えないので、テロメラーゼがテロメア短縮を補償したために寿命が伸びたとは考えにくい。テロメラーゼを過剰発現したセンチュウでは、ストレス耐性になっていることが観察されることから、ストレス応答を誘導したことが寿命を伸ばしたのではないかと推定されている。

いずれにしても、テロメラーゼが寿命の制御に重要であることがわかる。

3 早老症

ヒトの早老症であるワーナー症候群は、その原因遺伝子がDNAヘリカーゼ helicase であることが遺伝子解析によって発見された。DNAヘリカーゼの作用機構は明らかでないが、ワーナー症候群の人の細胞ではテロメアが短縮することがわかっている。そこで、マウスのDNAヘリカーゼ遺伝子をノックアウトして、早老症が起きるかどうか確認したところ、予想に反してマウスでは早老症を起こさず、テロメアの短縮も起きていないことがわかった。そこで、DNAヘリカーゼ遺伝子の欠損に加えてテロメラーゼ遺伝子も欠損したマウスを作出すると、このマウスの細胞では初めてテロメアの短縮が認められるとともに、マウスはヒトにおける早老症と類似のさまざまな症状を引き起こしたという。これらの結果から、ワーナー症候群の早老の原因として、組織の細胞のテロメアが短縮することが重要な要因であると予想され、

ヒトの個体においても、テロメラーゼが寿命を制御する遺伝子として働いていると推定された。

B 個体の寿命の制御因子

1 インスリン/IGF-1 経路

センチュウの遺伝学的研究からクローズアップされてきたのは、インスリン/IGF-1 経路である。センチュウの長生きする変異株の探索から選別された daf-2 と呼ばれる変異体の原因遺伝子が、インスリン/IGF-1 受容体の遺伝子であることが判明した。この変異体は実に野生株のセンチュウの2倍の長寿命になっていることが分かった。さらに、この daf-2 変異に影響を与える遺伝子として探索されたものに、daf-16 と呼ばれる遺伝子があり、これは FOXO ファミリーという転写因子をコードしていることがわかった。そして、このような daf-2 遺伝子変異をめぐる変異の解析から、センチュウの長寿命を制御する遺伝子のネットワークの実体が明らかとなってきた。

すなわち、DAF-2 受容体が活性化されると、PI-3-キナーゼを介するシグナル伝達経路を活性化し、このシグナル経路の一部が DAF-16(FOXO)転写因子の核内への移行を促進する。DAF-16(FOXO)転写因子は、その標的となる遺伝子の発現を誘導することにより長寿化に導くと考えられる。Daf-2 変異の長寿化に必要である遺伝子として、HSF-1(heat shock factor-1)という熱ショック蛋白質の誘導を制御する転写因子が働いていることがわかった。

センチュウやショウジョウバエなどの実験動物の結果では、低レベルのストレスは長寿命化をもたらすことがわかっている。そのため低レベルのストレスで誘導された熱ショック応答遺伝子の転写因子である HSF-1 が、下流の応答遺伝子を誘導することで長寿化に好影響を与えている。また、インスリン/IGF-1 シグナル経路に影響を与える PTEN 変異は、DAF-16(FOXO)転写因子の核内への移行を促進することにより、熱ショックへの耐性を増強させる。これらの結果から、ストレス

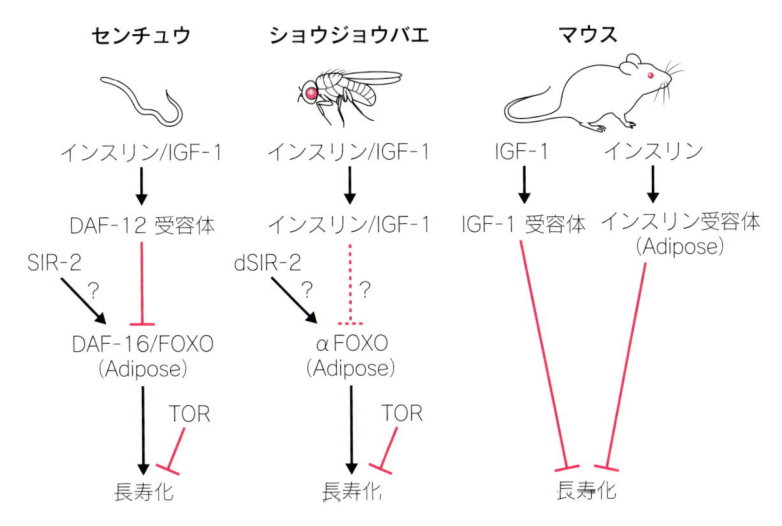

図 11-19　各種生物で共通する長寿化制御経路
(Kenyon C : Cell 20 : 449-460, 2005 より改変)

に対する応答が，下流のインスリン/IGF-1 シグナル経路を通して長寿化の促進に働くと推定されている。

さらに Daf-2 変異の長寿化に必要とされる遺伝子として，AMP-活性化キナーゼの触媒サブユニットが同定されている。このような daf-2 経路はショウジョウバエの長寿化でも働いていることがわかった。すなわち，ショウジョウバエの daf-2 変異は野生型の寿命をおよそ 80％長引かせることがわかった。そして，chiro と呼ばれる長寿命の変異体の遺伝子は，インスリン IGF-1 経路と関係の深い IRS-様シグナル蛋白質であることも明らかとなった。さらに，FOXO 遺伝子を過剰発現すると，ショウジョウバエでも寿命が延びることも明らかとなっている。

マウスでもインスリン/IGF-1 経路が重要性を支持する結果が多数報告されている。中でも，アダプター蛋白質の p60sch 遺伝子を欠損したマウスでは長寿化が認められるとともにストレス耐性が増加することがわかり，また，インスリン/IGF-1 経路の変異ではストレス耐性がよく認められている。

さらに，酵母のような単細胞真核生物でも，ある条件下では複製依存の老化が認められる。そして，この老化を制御する因子として，ヒストン脱

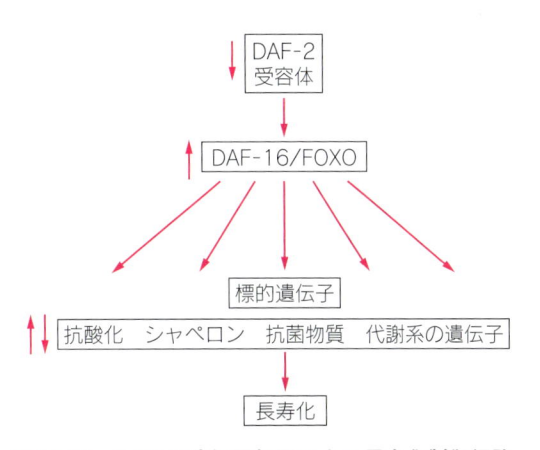

図 11-20　DAF-2 遺伝子起因による長寿化制御経路

アセチル化酵素である Sir2 が長寿命化に重要であること，また，AKT の類似遺伝子である SCH9 遺伝子の変異が長寿化を誘導することがわかってきた。Sir2 はセンチュウでも，インスリン/IGF-1 経路の一部として長寿化に関係していることがわかっている。

このように，単細胞真核生物である酵母から哺乳動物まで，長寿化に関する共通の制御経路があることがはっきりしてきており，図 11-19 に示すように，インスリン/IGF-1 経路から DAF-2 転写因子にシグナルが伝達され，DAF-2 が老化を制御する多様な遺伝子の発現を制御するというモ

デルが提唱され，寿命を制御するメカニズムとして一般化されている（図11-20）。

2 フリーラジカル仮説

フリーラジカル仮説とは，生体内で産生される活性酸素 reactive oxygen species が寿命の決定の主要な要因であるとする仮説である．1956年に Harman が提唱し，無脊椎動物，培養細胞，哺乳動物などさまざまなモデルで実験が行われ，その検証が行われている．

この仮説は，活性酸素の最も大きな産生場所であるミトコンドリアが老化の主要な要因であるとするミトコンドリア仮説と同様の仮説といえる．実際，生体内の活性酸素の発生は，NADPH oxidase などの oxidase 類によっている．しかし90％はミトコンドリアの酸化的リン酸化反応の過程で産生される．また，ミトコンドリアの呼吸鎖に関係する遺伝子の変異（succinate dehydrogenase cytochrome b など）が寿命を変化させることも報告されているので，ミトコンドリアでの活性酸素発生は寿命に影響を与えていることは確かである．

活性酸素は，ミトコンドリア自身のDNAに損傷を与えることにより老化をもたらす可能性がある．活性酸素による損傷のバイオマーカーである 8-oxo-2′-deoxyguanosine（oxo8dG）の形成が老化とともに亢進することが知られている．この損傷がさらにミトコンドリアの活性酸素の産生を増強させ，さらにミトコンドリアの損傷が増幅されるとする考え方がある．

また活性酸素はミトコンドリアのDNAだけでなく，核内のDNA，細胞質内の蛋白質，膜の脂質などの変性も誘起し，細胞に大きな障害をもたらし，結果として老化を引き起こす．活性酸素を消去する酵素としては，superoxide dismutase：SOD, peroxiredoxin, catalase などがあり，これら酵素の欠損，増強などにより寿命が制御されることが，センチュウ，ショウジョウバエ，マウスなどの実験動物で示されている．これらの結果からも活性酸素が寿命を制御する因子であることが裏づけられている．

3 食餌制限と寿命

食餌制限が長寿命化を促進し，加齢疾患を遅らせることは，酵母，センチュウ，ショウジョウバエ，齧歯類，霊長類で知られている現象である．食餌制限はインスリンを低下させるので，インスリン/IGF-1経路の重要性が予想される．だが，この経路の重要性についての実験的な証明は，ショウジョウバエでなされているのに対し，センチュウ，マウスなどでは必ずしも同経路が働いているかどうか明確ではない．

食餌制限による長寿化と強い関係があるのは，酵母での長寿命化に重要な因子として発見されたヒストン脱アセチル化酵素のSir2である．酵母をグルコース制限培地で培養すると，代謝を発酵から酸化的リン酸化にシフトする．これが長寿化を引き起こす必要十分条件になっているが，このシフトにはSir2の活性化が必須である．

Sir2は，センチュウでもショウジョウバエでも長寿化を制御しているが，センチュウでは食餌制限との関係においてインスリン/IGF-1経路とは別経路の制御をしていると予想される．一方，ショウジョウバエではインスリン/IGF-1経路を介していることが証明されている．

哺乳動物における Sir2 の類似遺伝子は，SirT1 という．マウスにおける SirT1 の発現は食餌制限で誘導されることがわかっており，代謝とホルモンシグナルを制御していると考えられている．SirT1はFOXO転写因子を脱アセチル化し，そのことがFOXO転写因子の標的遺伝子の選択性を変え，ストレス応答遺伝子を誘導することになると予想されている．さらに，SirT1は脂質の調節因子である PPAR-γ を阻害する活性をもっているので，脂肪レベルを低下させることにより長寿化に促進的に働くとも推定される．しかしこの点についての結論づけには，まだ十分な証拠が提示されているとはいえない．

いずれにしても，Sir2／SirT1は多様な生物種において，食餌制限と長寿命化を調節している重要な遺伝子であることは明確である．

以上述べてきたように，寿命の遺伝子制御メカニズムが明らかになりつつある。こうした寿命の制御機構が，ヒトにおける個体の加齢，老化現象，アルツハイマー症やがんの発症など加齢に付随して発症が高まる疾患と，どのような関係にあるかを追跡することにより，さらに寿命を延ばし，健康寿命を保つための医学が発展すると期待できる。

●参考文献
1) 帯刀益夫, 佐竹正延編：加齢医学—エイジング・ファイン. 東北大学出版会, 2007.

IV. アポトーシス

A アポトーシスとは

　アポトーシス apoptosis とは，細胞が死ぬときの様式の一つで，細胞の縮小，クロマチンの凝集，核の断片化，細胞膜・核膜の波状化，染色体DNAの断片化などを特徴とする。この過程は，細胞内のさまざまな分子群の連鎖的な活性化によって起こるものであり，能動的な細胞死あるいは細胞の自殺とも例えられ，外部的要因で細胞内のホメオスタシスが破綻することによって起こるネクローシスとは区別される。アポトーシスは，発生過程や正常状態の生体内のさまざまな部位に認められ，恒常性の維持，不要あるいは有害な細胞群の除去などの重要な役割を果たしている。アポトーシスが正常に起こらないことによって，形態形成の異常，がんや自己免疫疾患が発生する。

　生理的な条件下で細胞が死ぬという現象は，20世紀の初頭から知られていたが，アポトーシスという概念と用語を初めて提唱したのは，病理学者のKerrらで，1972年のことであった。アポトーシスとは，ギリシャ語でApo＝離れて，ptosis＝落ちるであり，「落葉」を意味する。

Side Memo　プログラム細胞死

　今日，アポトーシスと同じ意味でプログラム細胞死 programmed cell death という用語が用いられることがある。プログラム細胞死は，本来，発生学において，「発生の決まった時期に決まった領域に起こる予定された細胞死」という意味で用いられていたもので，アポトーシスとは意味が異なる。しかし，発生過程のプログラム細胞死の多くが，アポトーシスの形態をとって起こることや，アポトーシスを，細胞が本来もっているプログラムによって起こる能動的な細胞死という意味で「プログラム細胞死」と呼ぶ人が多くなっている。

　また，研究が進むにつれて典型的なアポトーシスやネクローシスに分類できないような形態を経る細胞死もあることが知られるようになり，単に細胞死 cell death と呼ばれることも多い。

B アポトーシスに特徴的な形態的および生化学的変化

　アポトーシスが起こるときに，最も早く認められる細胞の形態的変化は，染色質が核膜直下に凝集するという核の変化である（図11-21(a)）。このとき，すでにDNAの断片化が始まっている。つづいて，核や細胞質の収縮が起きるが，細胞内小器官の構造や細胞膜は比較的よく保たれる（図11-26(b)）。このときの細胞は，光学顕微鏡下では「ピクノーシス（染色質がヘマトキシリンなどの好塩基性色素に過染する状態）」を起こしている細胞として認められる。電子顕微鏡で観察すると，「電子密度が高い（印画紙上で濃い陰影を示す）」細胞として認められる（図11-21(a), (b)）。やがて，これらの細胞は，核や細胞全体の断片化が起こり，アポトーシス小体と呼ばれる状態になり，遊走してきた貪食細胞や隣接する細胞によって貪食され，リソソーム酵素によって完全に消化されてしまう。

　通常，これら一連の過程は，数時間という短時間のうちに終わり，死んだ細胞からのリソソーム酵素の逸脱によって，周囲の細胞に傷害を与えたり炎症反応を起こすことはない。

技術解説

DNA断片化の検出

　アポトーシスの生化学的な特徴である染色体DNAの断片化は，ヌクレオソーム単位のDNA切断によるものである。これは電気泳動法によって特徴的なラダー（断片化されたDNAバンドのはしご状の集合）として認められる。また，組織切片上では，断片化したDNAに，ビオチンで標識したd-UTPを酵素反応で

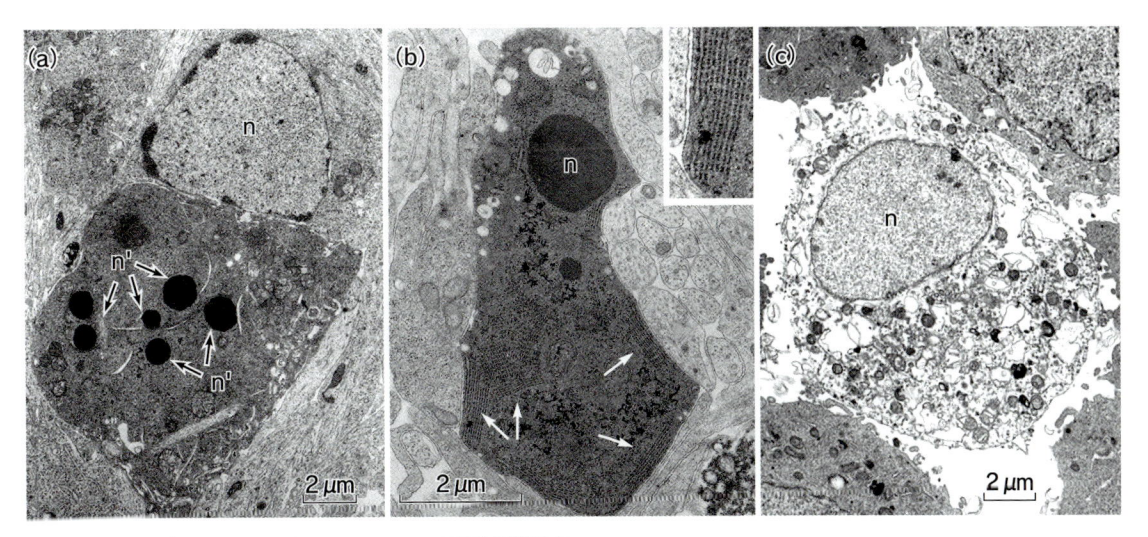

図11-21　アポトーシスとネクローシスの電子顕微鏡像
(a)：ニワトリ胚脊髄に見られる運動神経細胞死。違う段階にある二つの細胞が見られる。上の細胞は，アポトーシスの初期段階で，核(n)の核膜下にクロマチンの凝集(矢印)が認められる。下の細胞は，アポトーシスが進み，細胞全体が凝縮して電子密度が高く，核はすでに断片化(n′)している。(b)：ニワトリ胚脊髄に見られる運動神経細胞死。典型的なアポトーシス像。細胞全体と核の凝縮。リボソームが凝集して規則的に配列している(右上挿入図)。(c)：カルシウムイオノフォアの投与により，細胞内カルシウム濃度が上昇し，ネクローシスに陥ったPC12細胞。細胞膜の破綻，細胞内容の流出が起こっている((c)は新潟大学肉眼解剖学・佐藤昇教授原図)。

結合して可視化するTUNEL：Terminal deoxynucleotidyl transferase-mediated dUTP-biotin Nick End Labeling法で容易に感度よく検出することができる。この方法を用いて観察すると，核の形態的な変化がまだ顕著ではない段階で，すでにDNAの断片化が始まっていることがわかる。

起こる(図11-21(c))。また，細胞内容の流出によって炎症反応が惹起され，周囲の細胞にまで傷害を与えることもある。また，アポトーシスが散発的，孤発的に起こるのに対して，ネクローシスは外的な要因が作用している部位全体にまとまって起こるという違いもある。

C アポトーシスとネクローシス

　アポトーシスが起こるときには，エネルギーが使われ，さまざまな分子が連鎖的に活性化される。そのため，アポトーシスは細胞の能動的な自殺と例えられる。

　これに対して，もう一つの細胞の死に方であるネクローシスは，外的な要因による他殺と言うことができる。これは，虚血や毒物によって，ATPの供給ができなくなった場合や細胞内イオンの恒常性が破綻した場合に起こるものである。

　形態的にも両者は全く違う像を示す。ネクローシスでは，核の変化はあまり目立たないものの，細胞膜や細胞内小器官の破壊，細胞内容の流出が

D アポトーシスの意義

　アポトーシスという現象は，センチュウ(線虫)類から哺乳類にいたるまで種を超えて見られる現象であり，その実行メカニズムもほぼ共通している。このように普遍的な現象であるアポトーシスの役割は，一言でいえば，「不要あるいは有害となった細胞を安全，確実，迅速に処理する」ことである。アポトーシスの起こる目的として，以下のような具体的な例をあげることができるが，これらから，アポトーシスが正常に起こらない場合，先天性の異常，自己免疫疾患，がんの発生，組織の恒常性の破綻など，多くの問題が起こることが容易に想像できる。

1　形態形成のためのプログラム細胞死

発生の過程では，盛んに細胞が分裂して増えていく一方，さまざまな部位でアポトーシスによって細胞が死んでいく。

発生の初めの頃，手はうちわのような形をしているが，やがて指になる部分がはっきりし出すと，指と指との間に水かき状に残っていた部分の間葉にアポトーシスが起こり，おのおのの指が独立する。カエルなどの変態を行う動物では，なくなっていく器官の細胞にアポトーシスが起こっている。

神経細胞は，いったん過剰に産生されるが，標的由来の生存因子の獲得を競合する結果，十分な生存因子の獲得ができなかった細胞はアポトーシスを起こす。これによって，標的となる細胞の数に合わせるように過剰の神経細胞が取り除かれていく（ボリュームマッチング）。

2　免疫系の発生におけるクローン選択のためのアポトーシス

免疫機構の発生過程においても，細胞死が重要である。Tリンパ球前駆細胞は，骨髄で産生された後，胸腺に移動して成熟したTリンパ球となる。この過程で，それぞれのTリンパ球は，遺伝子再編成を起こして，多様なT細胞受容体のうちの一つを発現するようになる。このTリンパ球のうち，自己のMHC（主要組織適合抗原）と強い親和性をもつT細胞受容体を発現するものはアポトーシスを起こして排除される。この結果，自己に対して免疫反応が起きなくなる。一方，非自己の抗原と強く反応できるTリンパ球のクローンは生存する。

3　器官・組織の恒常性維持のためのアポトーシス

成体においても，細胞が絶えず入れ替わっているような腸管の上皮のような場所では，寿命が尽きた細胞がアポトーシスを起こして除去される。また，生体にとって緊急事態に対応して一過性に増殖動員された細胞が，役目を終えた後に消滅する際にもアポトーシスが起こっている。

たとえば，赤血球の前駆細胞は，エリスロポエチンが欠乏するとアポトーシスを起こす。失血などに対する生体の緊急応答により分泌されたエリスロポエチンによって分化増殖した赤血球前駆細胞は，赤血球の供給が満たされると，エリスロポエチン量が急激に低下するためアポトーシスを起こして消えていく。

4　生体防御のためのアポトーシス

生体にとって有害となる細胞を除去する過程にも，アポトーシスが関与している。がん化した細胞やウイルスが感染して異常となった細胞は，免疫系細胞の細胞傷害作用により，アポトーシスを起こし除去される。ウイルスの中には，このような宿主の免疫から逃れて増殖するために，抗アポトーシス作用のある分子を発現させて宿主細胞の延命を図るようなウイルスもある（アデノウイルスやワクシニアウイルスなど）。

放射線や紫外線によってDNAに修復不能なほどの傷を負った細胞，あるいはがん遺伝子が活性化し異常な増殖を始めた細胞は，がん化するのを防ぐため，p53などが関与する細胞内の機構によってアポトーシスに導かれる。

E　アポトーシスの分子メカニズム

1　アポトーシスの共通実行メカニズム

アポトーシスは，カスパーゼと呼ばれる酵素群が連鎖的に活性化されることで進行する（side memo参照）（図11-22）。カスパーゼは，細胞死開始カスパーゼ（カスパーゼ-8，-9）と細胞死実行カスパーゼ（カスパーゼ-3，-6，-7）に分類される。

このうち，実行カスパーゼの活性化によって，DNA分解酵素 CAD caspase-activated DNase の活性化，染色質を凝集させる蛋白質の活性化および核の骨格蛋白質の分解が起こり，DNAの断片化，核膜下への染色質の凝集，核の崩壊，収縮などのアポトーシスに特有な現象が引き起こされる。

これらの実行カスパーゼは，普段は前駆体とし

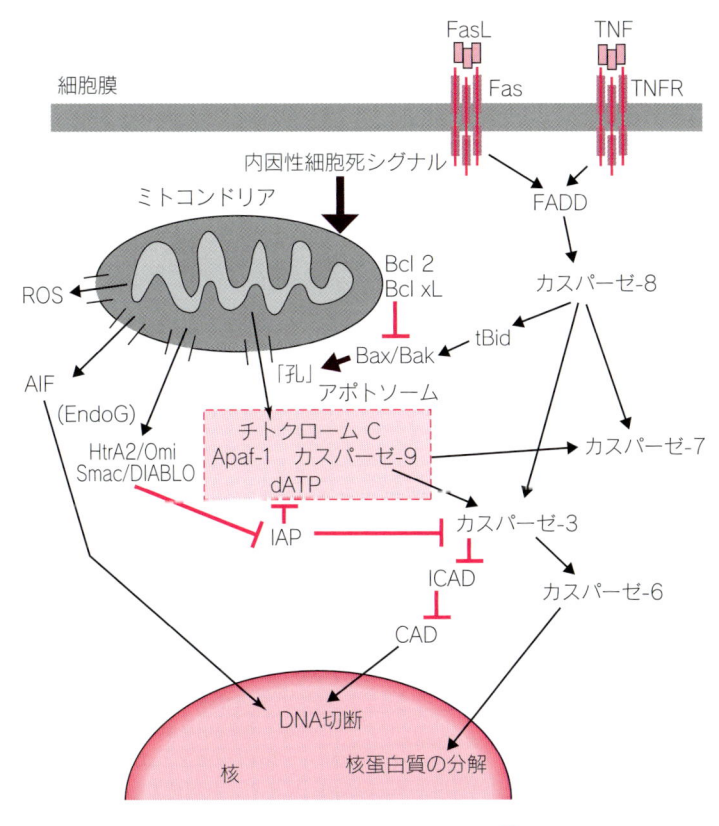

図11-22 アポトーシスの実行メカニズムを示す模式図

　アポトーシスの実行部隊はカスパーゼ-3,-6,-7で,これらの活性化によりアポトーシスに特有な形態的な変化が起こる。カスパーゼ-3は,外因性経路および内因性経路の合流点に位置し,活性化により,DNA分解酵素であるCADの活性を抑制していたICADを分解し,CADの活性化を起こす。これによって,アポトーシスの特徴であるDNAの断片化が起こる。また,カスパーゼ-6は核の骨格蛋白質のラミンを分解し核を崩壊させる。

　外因性経路は,細胞死受容体に細胞死リガンドが結合することによって始まり,カスパーゼ-8の活性化を介してカスパーゼ-3を活性化する。また,BH3だけをもつ蛋白の一つのBidはカスパーゼ-8で部分分解されtBidとして活性化し,さらにBaxを活性化する。これによって外因性経路と内因性経路が連結される。

　内因性の細胞死シグナルによって,ミトコンドリアの外膜に「孔」が生じると,さまざまな分子が細胞質中に流出してくる。このうちチトクロームCは,Apaf-1,dATP,カスパーゼ-9とともにアポトソームという複合体を形成する。この中でカスパーゼ-9が活性化し,これによってカスパーゼ-3が活性化される。ミトコンドリアからは,チトクロームC以外にも,HtrA2/Omi,Smac/DIABLO,AIF,活性酸素(ROS)などが流出し,それらは細胞死実行の側副路として機能している。

て不活性な形で存在しているが,細胞死シグナルにより活性化した細胞死開始カスパーゼの作用によって,分子の部分的な切断が起こり,活性化される。これらを活性化する経路には,カスパーゼ-8を介する外因性経路とカスパーゼ-9を介する内因性経路の二つあるが,それらはカスパーゼ-3の活性化のところで合流する。

2 細胞死受容体から始まる外因性経路

　外因性経路は,細胞膜上に存在する細胞死受容体death receptorと称されるFas受容体,TNF(腫瘍壊死因子)受容体などにリガンドや抗体が結合することによって始まる経路である。リガンドが結合した受容体の細胞内ドメインは別名death domain と呼ばれ，この部分にアダプター蛋白質のFADD，さらにカスパーゼ-8前駆体が結合すると，部分切断が起こり，カスパーゼ-8が活性化される．活性化されたカスパーゼ-8は実行カスパーゼのカスパーゼ-3やカスパーゼ-7の部分切断を行い活性化させる．この経路は，ウイルス感染や突然変異によって異常となった細胞を，免疫系の細胞がアポトーシスを誘導することによって除去する際などに活性化される．

3 ミトコンドリアの破綻から始まる内因性経路

内因性経路の最も重要なステップは，ミトコンドリアの外膜に，高分子も通すような大きな孔が生じることである．このような大きな孔が開くと，ミトコンドリアの機能は破綻し，この孔を通して，ミトコンドリア内にしか存在しない多くの分子が細胞質中に流出する．その一つの分子であるチトクロームCは，Apaf-1，ATP/dATP，カスパーゼ-9前駆体とともにアポトソーム apoptosome という複合体を形成する．この中でカスパーゼ-9の活性化が起こる．カスパーゼ-9は，カスパーゼ-3やカスパーゼ-6などの実行カスパーゼを活性化させる（図11-22）．

4 アポトーシス開始の鍵を握るBcl-2分子ファミリー

ミトコンドリア外膜に開く「孔」の実体については，諸説あり決着がついていない．しかし，いずれの場合も，鍵を握っているのはBcl-2ファミリーと呼ばれる分子群である（図11-23）．これは，ヒト濾胞性リンパ腫で見つかったがん遺伝子であるBcl-2と相同性をもつ分子群で，3グループに分けられる．アポトーシスを抑える作用をもつBcl-2やBcl-xLなどのグループ，逆にアポトーシスを起こす方向に作用するBaxやBakなどのグループ，さらに，BH3という領域だけに相同な部分をもち，細胞死を促進させる方向に働くBid，Bad，PUMAなどのBH3だけをもつ蛋白群BH3-only proteinsである．

BaxやBakは，通常は細胞質中に存在するが，

(a) アポトーシス抑制作用をもつ分子群

| BH4 | BH3 | BH1 | BH2 | TM |

Bcl-2
Bcl-xL
Bcl-w

(b) アポトーシス誘導作用をもつ分子群

複数のBHドメインをもつ分子群
(BH multi-domain sub-family)

| BH3 | BH1 | BH2 | TM |

Bax
Bak
Bok

BH3ドメインだけをもつ分子群
(BH3-only sub-family)

| BH3 |

Bid
Bad
PUMA

| BH3 | TM |

Bim
Bik
Noxa
Hrk/DP5

図 11-23 Bcl-2 ファミリーの分類
がん遺伝子のBcl-2と相同性をもつ分子群は，機能的に細胞死を抑制する群と細胞死を誘導する群の二つに分けられる．細胞死を抑制する群は，Bcl-2と相同な領域（BHドメイン）を4か所（BH1からBH4）と膜貫通領域（TM）をもっている．細胞死を誘導する群は，BHドメインを複数もつ群と，BH3ドメインのみをもつ分子の2群に分けられる．BHドメインを複数もつ群はBH1から3までをもち，BH4ドメインをもたない．

細胞死を誘導するシグナルが入るとミトコンドリアに移動して外膜に挿入され，そこでオリゴマーを形成して自ら「孔」となるか，電位依存性陰イオンチャンネルVDACや，アデニントランスロケーターANTを含む複合体の透過性を高めて「孔」を作るものと考えられている．Bcl-2やBcl-xLは，BaxやBakと結合し二量体を形成することでBaxやBakの機能を阻害し，アポトーシスを抑える作用をする．

一方，BadなどBH3だけをもつ蛋白群は，Bcl-2やBcl-xLがBaxやBakと結合するのを妨げることによって，BaxやBakを遊離させ，結果的にアポトーシスを促進する方向に働く（図11-24）．

また，BH3だけをもつ蛋白群の一つのBidはカスパーゼ-8による部分切断を受け，活性化したtBidとなってBaxを活性化する．これによって，外因性経路から内因性経路へいたる経路として機能している（図11-24）．

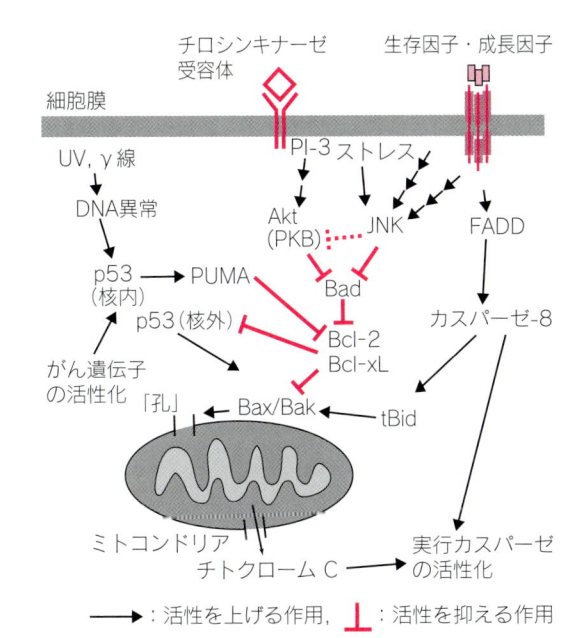

図 11-24 アポトーシスの調節を行うシグナル伝達系を示す模式図

ミトコンドリアの外膜に孔を開ける最終段階で働くのはBax と Bak であり，これらは p53 や tBid で活性化される。Bcl-2 や Bcl-xL は，Bax/Bak を抑制することでアポトーシス抑制機能を発揮する。Bcl-2 や Bcl-xL の機能は Bad や PUMA などの BH3 だけをもつ蛋白群によって阻害されるため，それらの増加は結果的に Bax/Bak の活性化を招く。p53 は転写因子として PUMA の発現を上昇させ，細胞死誘導に働く。成長因子は受容体から PI-3/Akt を介して Bad の活性を抑え，細胞死を抑制する。

Advanced Studies 細胞死実行の側副路

ミトコンドリアの外膜に開く孔を通って細胞質中に流出する分子群の中には，細胞死の実行の側副路の開始分子として働くものがあり，細胞死が確実に実行されるためのバックアップシステムとして機能している。

これまで，チトクローム C 以外の分子として，Smac/DIABLO, Omi/HtrA2, AIF（アポトーシス誘導因子 apoptosis-inducing factor），EndoG（Endonuclease G）などが知られている。また，ミトコンドリア内膜の電位の破綻により ROS（Reactive Oxygen Species：活性酸素）も放出される（図 11-22）。Smac/DIABLO や Omi/HtrA2 は，内因性の IAPs（アポトーシス抑制蛋白質：inhibitor of apoptosis proteins）の機能を抑制することで，カスパーゼ-9 や-3 を活性化させることができるとされる。AIF（おそらく EndoG も）は，細胞の核に移動し DNA を切断して細胞死を起こす。ROS はリソソーム系を介した細胞死に関与するものと考えられている。通常の細胞死では，チトクローム C の遊離に始まるカスパーゼ系によって迅速に細胞死が進行するため，側副経路の働きは表面に出ない。しかし，遺伝子操作や阻害剤によってカスパーゼ系の動きを止めても，時間はかかるものの細胞は死ぬことから，カスパーゼに非依存的な細胞死の経路があることがわかる。ただし，このときの形態は典型的なアポトーシス像とは異なっている。

5 アポトーシスを決定する上流のシグナル

内因性経路の上流にあって，アポトーシスの実行を調節するシグナル伝達には，原因や細胞の種類ごとに多くの分子が関与している。ここでは，これまで内因性経路との関連が明らかとなっているいくつかのキー分子について紹介する（図 11-24）。

細胞の生存を維持し，成長や増殖を促す成長因子や生存因子の多くは，細胞表面のチロシンキナーゼ受容体に結合し，ホスファチジルイノシトール 3 リン酸（PI-3）などを介して Akt（PKB）をリン酸化する。リン酸化された Akt は，BH3 だけをもつ蛋白の一つの Bad をリン酸化する。リン酸化された Bad は，それまで結合していたアポトーシス抑制分子の Bcl-xL などを遊離させ，この分子がミトコンドリアの破綻を防いでアポトーシスを停止させる。成長因子が枯渇すると，この抑制が効かなくなってアポトーシスが起こると考えられている。

MAP キナーゼの一つの JNK：c-Jun N-terminal protein kinase は，サイトカインやストレスによって活性化される。IL-3 依存性の前 B 細胞においては，IL-3 によって活性化した JNK が，やはり Bad をリン酸化し，Akt と同様のメカニズムでアポトーシスを抑制する。しかし，JNK については，場合によっては Akt によるアポトーシス抑制作用に拮抗し，アポトーシスを促進することも知られている。

放射線などによって DNA が傷害されたときのアポトーシスにおいては，p53 が重要な働きをする。p53 には多彩な機能が知られており，核内で転写因子として働く機能と細胞質中で BH3 だけをもつ蛋白群と同様に Bcl-xL に結合してアポトーシスを促進する作用が知られている。p53 によって発現が誘導される分子に，BH3 だけをもつ蛋

白の一つで，PUMAと呼ばれる分子がある．細胞質中のp53とPUMAは協同して，Baxを活性化させ，アポトーシスを開始させると考えられている．

椎動物のApaf-1に，CED-9がBcl-2に相同なものであることがわかり，細胞死実行メカニズムがセンチュウから哺乳類まで保存された機構であることが明らかとなった．これら一連の研究の基礎を築き推進してきたHorvitzらに対して，ノーベル医学生理学賞が2002年に贈られた．

Side Memo センチュウの細胞死とカスパーゼの発見

今日までの細胞死の研究を飛躍的に進めた原動力の一つは，センチュウの一種のC. エレガンス(*Caenorhabditis elegans*)における一貫した細胞死の研究であった．センチュウの発生過程では1,090個の細胞が産まれ，このうち131個の細胞が細胞死を起こす．どの細胞が死ぬかは，細胞の系譜によって厳密に決まっている．この細胞死に異常を来たす系統(ced-1からced-10)が見出されて，遺伝学的な解析が行われた．その結果，原因分子の一つとしてCED-3という分子が見つかったが，これはすでに見出されていた哺乳類のIL-1β転換酵素(ICE)と相同のものであった．1993年，ICEを哺乳類の細胞内で強制発現させると細胞が死ぬことから，この酵素が細胞死の実行を担う分子であることが明らかになった．その後，この分子と相同性をもち，細胞死の実行に関わる分子が次々に発見された．それらは，活性中心にシステイン残基を含む共通の配列をもち，基質内の特定のアスパラギン酸のC末側で切断するというユニークな活性をもつシステインプロテアーゼであったため，Caspase：Cysteine Protease Cleaving after Aspartic acidと名称が統一された．現在，ヒトで11種知られている．それらは機能によって，(1)アポトーシス開始カスパーゼ(2, 8, 9, 10, 12)，(2)アポトーシス実行カスパーゼ(3, 6, 7)，および(3)炎症反応に関与するカスパーゼ(1, 5, 11)の3群に分けられる．

その後もセンチュウの細胞死の研究から，CED-4が脊

●参考文献

1) Alberts B, Johnson A, Lewis J, 他編，中村桂子，松原謙一監訳：細胞周期とプログラム細胞死．細胞の分子生物学 第4版．pp.983-1026, 教育社，2004.
2) Bras M, Queenan B, Susin SA : Programmed cell death via mitochondria : different modes of dying. Biochemistry(Mosc) 70 : 231-239, 2005.
3) Cory S, Huang DC, Adams JM : The Bcl-2 family : roles in cell survival and oncogenesis. Oncogene 22 : 8590-8607, 2003.
4) Degterev A, Boyce M, Yuan J : A decade of caspases. Oncogene 22 : 8543-8567, 2003.
5) Kim R : Unknotting the roles of Bcl-2 and Bcl-xL in cell death. Biochem Biophys Res Commun 333 : 336-343, 2005.
6) Kroemer G, Martin SJ : Caspase-independent cell death. Nat Med 11 : 725-730, 2005.
7) Liu J, Lin A : Role of JNK activation in apoptosis : a double-edged sword. Cell Res 15 : 36-42, 2005.
8) Twomey C, McCarthy JV : Pathways of apoptosis and importance in development. J Cell Mol Med 9 : 345-359, 2005.
9) Vousden KH : Apoptosis. p53 and PUMA : a deadly duo. Science 309 : 1685-1686, 2005.

V. ストレス応答

A ストレス応答とストレス蛋白質

1 ストレス応答

　生物の適応応答機構には個体レベルで免疫応答がある。免疫系は，多くの免疫担当細胞の協調によって，個体としての生体防御をつかさどる機構である。時間的には何日から何年というオーダーで起こる反応である。適応応答をもう少し長い目で見れば，進化は，個々の個体の死には頓着せず，種とか属とかというレベルで生存を確保しようとする戦略である。そのために遺伝子の変異を後世に伝えることによって，環境の変化に対応しようとする。獲得免疫が，外敵の多様性に対して，遺伝子の組替え，再構成を通じて対処しようとするのと対照的である。最近では自然免疫に注目が集まっているが，獲得免疫で対応する前に自然免疫で対応していることがわかり，これはもっと短い時間での対応である。

　一方，生物は，バクテリアから，植物，酵母を含めて，高等動物にいたるまで，個々の細胞レベルでの防御機構をももっている。それがストレス応答である。ストレス応答は，最も短時間で起こる応答機構であり，したがって変異や組替えと言った悠長な手段に頼ることはできず，遺伝子発現を通じて，特定の蛋白質を発現することによって，外界の刺激に対応する機構である。

　ストレス応答は，広義には活性酸素の発生などによって，細胞の酸化還元状態に変化が生じた場合に誘導される酸化ストレス応答，紫外線などによってDNA鎖に損傷が生じた場合に誘導されるSOS応答，さらに栄養飢餓などによって誘導される飢餓応答などをも含むが，ここでは狭義のストレス応答，熱ショックをはじめとする特定のストレスによって，細胞内に新たな特定の蛋白質が発現されて，細胞の恒常性維持に貢献している応答機構を取り上げる。

2 熱ショック応答

　動物細胞は通常37℃で培養される。この培養温度を数度高くする。たとえば，42℃で1時間程度培養してみると，細胞の合成する蛋白質の種類に明らかな違いが認められるようになる。このように熱ショックで新たに合成されるようになった蛋白質を熱ショック蛋白質と呼び，熱ショックによってこのように特定の蛋白質を合成する応答機構を熱ショック応答と呼ぶ。

　これら熱ショック蛋白質は，熱ショックによって最も典型的に誘導されるが，他のストレスによっても同様に誘導されることがわかってきた。表11-1に示すように，さまざまのストレスが熱ショック応答を引き起こす。そこで，これらをより一般的にストレス応答と呼ぶようになった。

　外界からのストレスだけでなく，種々の生体内

表11-1　ストレス誘導物質，誘導条件

①環境ストレス	炎症
熱ショック	虚血
ヒ素	ウイルス感染
エタノール	心肥大症
過酸化水素	酸化的ストレス
重金属	細胞および組織障害
アミノ酸アナログ	拘束ストレス
エネルギー産出の阻害剤	③ストレス以外の要因
グルコース飢餓	細胞周期
2-デオキシグルコース	発生
カルシウムイオノフォア	分化
②病的状態(生理的ストレス)	増殖因子
発熱	サイトカイン

表 11-2　ストレス蛋白質の種類

ファミリー	原核生物	真核生物		
		酵母	動物細胞	細胞内局在
HSP 100	ClpA ClpB ClpX	HSP 104		サイトゾル
HSP 90	HtpG	HSP 90	HSP 90 GRP 94	サイトゾル 小胞体
HSP 70	Dnak	Ssa1,2,3,4p Ssb1,2p		サイトゾル
		Ssc1p		ミトコンドリア
		Ssd1p Sse1,2p		
			HSP 70 HSC 70	サイトゾル, 核 サイトゾル, 核
		Kar2	GRP 78(BiP) GRP 75	小胞体 ミトコンドリア
シャペロニン	GroEL	HSP 60	HSP 60	ミトコンドリア
TRiC	TF 55(古細菌)		TRiC(TCP-1)	サイトゾル
DnaJ	DnaJ	SCJ 1 YDJ 1 SIS 1 SEC 63		小胞体膜
			HSP 40 HSDJ, HSJ 1 など	サイトゾル
その他	GrpE		HSP 47 p37, ヘムオキシゲナーゼ HSP 27	小胞体 サイトゾル, 核
	GroES(cpn 10)		HSP 10(cpn 10) ユビキチン	サイトゾル サイトゾル

の病理的状態もストレスとして，ストレス蛋白質誘導に寄与することが明らかになってきた。発熱は熱ショックと関連して，最も考えやすいものであるが，他にも虚血によるストレス応答は臨床的にもきわめて重要である。感染，炎症，肥大などもストレス応答を引き起こすことが知られているし，胃潰瘍時の胃の粘膜に引き起こされるストレス蛋白質の誘導，拘束（水浸拘束）や手術時の出血によって，それぞれ副腎皮質や血管内皮細胞に誘導されるストレス蛋白質の例なども知られるようになり，精神的ストレスと細胞生物学的な蛋白質の誘導という現象とが密接にリンクする興味深い例となっている。

3　熱ショック応答と小胞体ストレス応答

　細胞にストレス応答を引き起こすのは，熱ショックストレスだけではない。さまざまな外的ストレスが，細胞にストレスを引き起こすが，それらは大きく二つに分けることができる。すなわち，熱ショック応答を代表とするサイトゾルストレスと，もう一つは小胞体ストレスである。サイトゾルストレスには，熱ショックのほかに重金属やヒ素などの有害物質の取り込み，エタノールや過酸化水素による処理，エネルギー生成の阻害剤などによる処理などがある。

一方で小胞体ストレスと呼ばれるものは，グルコース飢餓，2デオキシグルコースによる処理，カルシウムイオノフォアによる処理，アミノ酸アナログの取込みなどである．

熱ショックストレスも小胞体ストレスも，基本的には蛋白質の構造異常を引き起こす処理，すなわち異常な構造をもった蛋白質が，サイトゾルないし小胞体に蓄積することによって引き起こされる．細胞は，サイトゾルあるいは小胞体に蓄積した異常蛋白質を感知して，それぞれサイトゾルあるいは小胞体に特異的なストレス蛋白質を誘導する．

4 ストレス蛋白質

ストレス蛋白質としては，どのようなものがあるだろうか．**表11-2**に，現在までに報告されているストレス蛋白質のうち，代表的なものを示す．多くのストレス蛋白質は，HSPの後ろに数字をつけて表示されるが，これはheat shock proteinの略号HSPとその分子量を表すものである．たとえば，70 kDaの熱ショック蛋白質という意味で，HSP 70と表示される．

ストレス蛋白質には，ファミリーを形成しているものが多く，代表的なストレス蛋白質HSP 70の場合には，酵母で12種，動物細胞で4種のファミリー蛋白質が見つかっている．ストレス蛋白質ファミリーの中には，ストレスに応答して誘導されるものと，通常の状態でも存在する非誘導型のものとがある．サイトゾルに存在するストレス蛋白質は，多くが熱ショックによって誘導されるので，HSPと呼ばれることが多い．また一方で，小胞体に存在するストレス蛋白質の多くは，グルコース飢餓などの処理によって誘導されるので，glucose regulated proteinの略号としてGRPと呼ばれる．

B ストレス蛋白質遺伝子の発現制御

1 熱ショック応答と転写調節

熱ショックをはじめとする種々のストレスによって，すべてのストレス蛋白質が同時に発現を誘導される．その発現制御機構は主として転写調節によるものである．

すべての熱ショック蛋白質遺伝子のプロモーター領域には，TATA boxなどの基本的な転写調節領域のほかに，共通のエレメントが存在する．これは**図11-25**のように，xGAAxという単純な5塩基配列（これをheat shock element：HSEと呼ぶ）が三つ直列につながったものである．どのストレス蛋白質も共通にこのHSEをもっているために，HSEに結合する共通の転写因子が働いて，ストレスによって一斉にすべてのストレス蛋白質が転写されるのである．

HSEに結合する転写因子は，HSF：heat shock transcription factorと呼ばれる．**図11-25**にHSFの分子構造を示す．HSFは動物細胞では現在4種類が知られている．どのHSFも，その構造はよく似ている．N末端に近く，DNA結合ドメインが存在し，そのC端側にleucine zipperとして働くheptad repeatが存在する．leucine zipperは，蛋白質の多量体形成に働くドメインである．HSFには，さらにC末端に近く，もう一つのheptad repeatが存在している．ストレスのかかっていない通常の状態では，HSFはN末端側とC末端側の二つのheptad repeatが結合した単量体として存在している（図11-25）．

熱ショックによって，HSFが活性化する分子機構は次のようなものである．細胞に熱がかかると，細胞内の通常の蛋白質の多くが熱変性をする．熱によって変性した蛋白質が蓄積すると，のちに述べるように，ストレス蛋白質がミスフォールドmisfoldした蛋白質を再生させようとして，それらのミスフォールド蛋白質に動員される．HSFは，通常HSP 90が結合し，モノマーとして安定化した状態にあるが，HSP 90が蛋白質の再生のために，動員されることによってHSFから解離すると，HSFは不安定化して三量体を形成しやすくなる．三量体形成には，フリーになったN末端側のheptad repeatが，別のHSFの同じドメインと結合することが重要で，これがHSFの三量体化に伴う活性化の機構である．

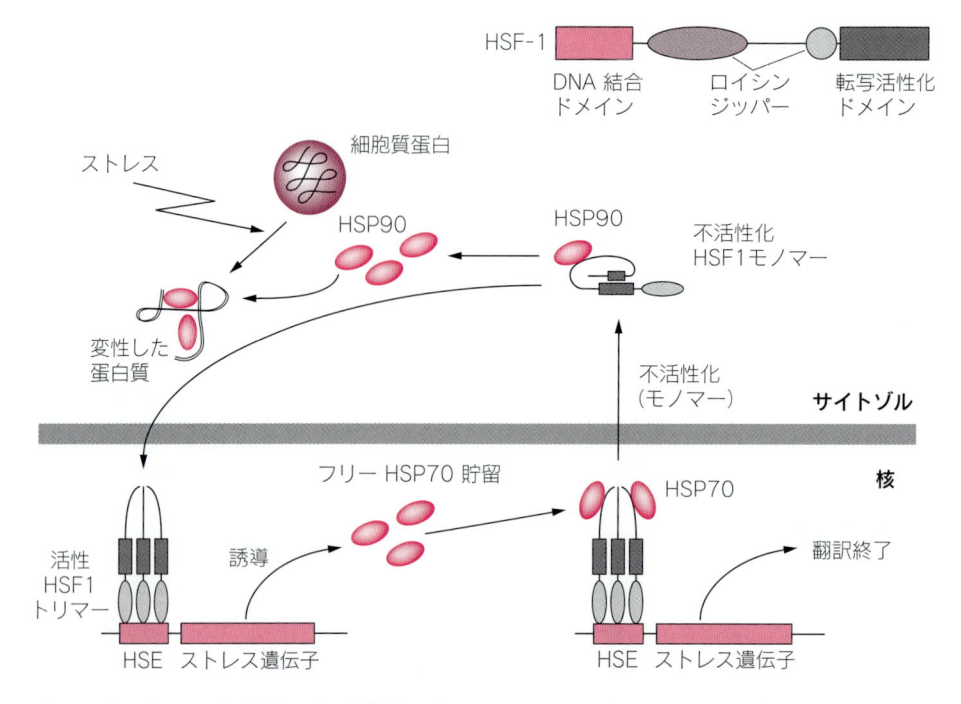

図 11-25　熱ショック蛋白質の発現調節機構

　三量体を形成したHSFは，サイトゾルから核へ移行して，DNAに結合し，ストレス蛋白質が大量に作られるようになる。細胞内のミスフォールドした蛋白質の再生が行われ，動員されていたストレス蛋白質も基質から遊離して，細胞内には十分な量のストレス蛋白質が，再び蓄積することになる。過剰になったストレス蛋白質のうち，HSP70が核の中でHSFの三量体に結合し，これをモノマー化する。このことによって熱ショック応答は終了する。つまり，ストレス蛋白質が過剰に蓄積しないよう，フィードバック阻害がかかるのである。

2　小胞体ストレス応答(UPR)

　上に述べたように，熱ショック応答の引き金になるのは，サイトゾルにおける変性蛋白質の蓄積であった。小胞体ストレス応答の場合も，小胞体における変性蛋白質の蓄積が引き金になる。これは，アンフォールドunfoldした蛋白質の応答という意味で，UPR : unfolded protein response と呼ばれる。

　小胞体の中に，アンフォールドした蛋白質，あるいはミスフォールドした蛋白質が蓄積すると，その凝集を防いだり，あるいはミスフォールドした蛋白質を再生させるために，小胞体の中の主要なストレス蛋白質であるBiPが動員される。BiPは，小胞体の膜上にあるATF6という膜蛋白質に結合して，これを不活性化している。ATF6に結合していたBiPが，他の蛋白質に動員されることによって，ATF6は活性化され，小胞体の膜内でプロテアーゼによって切断される。

　この切断によって，ATF6のサイトゾル側に存在するP50というフラグメントが切られて核へ移行し，小胞体ストレス蛋白質の上流にあるERSE : endoplasmic reticulum stress response element に結合する。このことによって，小胞体ストレス蛋白質の遺伝子の転写が活性化され，小胞体ストレス蛋白質の誘導が始まる。熱ショック蛋白質と同様，過剰に作られた小胞体ストレス蛋白質は，再びATFに結合し，それを不活性の状態に留めるように働く。これもフィードバック阻害の一例である。

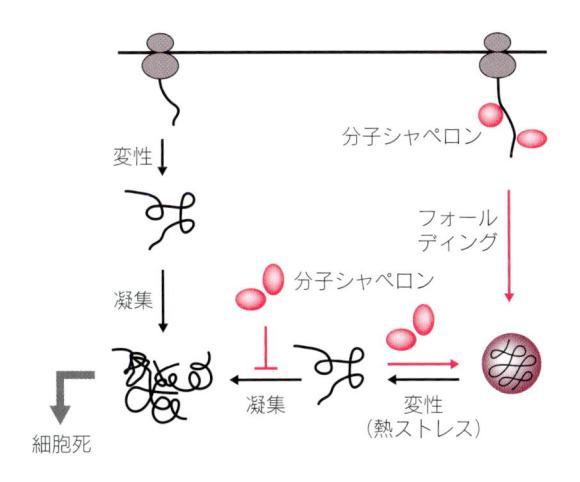

図11-26 蛋白質の変性

C ストレス蛋白質の機能

1 蛋白質の安定な構造

細胞に熱ショックがかかったとき、その標的になるのは、熱によって変性した蛋白質である。細胞内の蛋白質は、疎水性のアミノ酸を分子の内部に折り畳み、親水性のアミノ酸を分子の外側に露出することによって、安定な可溶性蛋白質として存在している（図11-26）。膜蛋白質などの場合には、一部疎水性のアミノ酸クラスターが存在して、その部分が膜内の脂質二重層からなる疎水性環境に組み込まれることによって安定化しているが、この場合にも、細胞内あるいは細胞外に露出している部分では、同様に親水性アミノ酸が分子表面に配置されるように折り畳まれる。

2 蛋白質の変性

このような細胞内の蛋白質に熱がかかると、そのエネルギーによって蛋白質は構造変化を引き起こされ、分子内に折り畳まれていた疎水性アミノ酸が分子表面に露出する。変性中間体と呼ばれるものである。それらは水性環境内では不安定であり、近くの疎水性アミノ酸との間に疎水結合によって凝集を作りやすい（図11-26）。いわゆる蛋白質の変性である。小胞体ストレス（UPR）の場合には、グルコース飢餓などによって糖蛋白質の糖鎖付加に傷害が起こり、やはり小胞体内の蛋白質が不安定化して変性や凝集が引き起こされる。

細胞内に蛋白質の凝集ができてしまうと、細胞は死ぬことになる。ストレス蛋白質は、このような変性中間体に作用して、蛋白質の凝集を防ぐ役割を果たす。変性中間体の疎水性の部分に選択的に結合して、まず凝集を防ぎ、さらにATPの働きを介して、変性蛋白質から解離するとともに、蛋白質の再生を促す。再生のプロセスには複数のストレス蛋白質が経時的に関与しているが、それについては後に述べる。

3 変性蛋白質の再生

変性蛋白質が、ストレス蛋白質によって再生されることは、試験管内の実験によっても確認された。まずロダネースなどの蛋白質を熱によって変性させる。その後に酵素活性がなくなったところで、GroEL/GroESといったストレス蛋白質（後述）とATPとを添加すると、活性が回復する。すなわちストレス蛋白質によって凝集の阻止と、re-foldingが行われたのである。

このようにストレス蛋白質の標的は、熱やグルコース飢餓などによって変性した蛋白質である。変性に伴う蛋白質の凝集を抑え、再生を促すことによって細胞をストレスによる細胞死から防御しているのである。

D 分子シャペロンとしてのストレス蛋白質

1 新生ポリペプチドの初期合成

ストレス蛋白質は、細胞にストレスがかかったときに合成され、変性蛋白質に作用して、凝集を防ぐとともに、その再生を促す。しかしファミリーの中のあるものは、ストレスのかかっていない状態でも合成されており、細胞内の蓄積量がかなり多いものも存在する。これらは、正常な細胞内でどのような働きをしているのだろうか。

正常下でのストレス蛋白質の働きとして、最も典型的な例は、新生ポリペプチドの合成過程であ

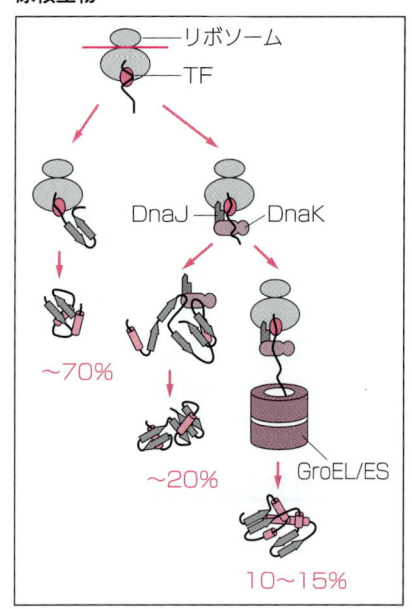

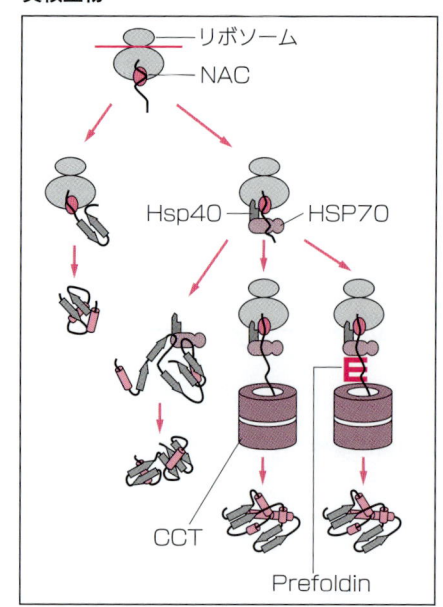

図 11-27　大腸菌(原核生物)と哺乳類細胞(真核生物)での分子シャペロンのフォールディングの違い

る。リボソーム上で新たに合成されている新生ポリペプチドは，構造的には蛋白質の変性中間体と同じである。一本の鎖として伸長してくるポリペプチド鎖上には，疎水性アミノ酸のクラスターも存在するであろう。このような部位は，隣で合成されているポリペプチド鎖との間に，あるいは自身の鎖上の他の部分との間に疎水結合を作ることで，せっかく作られたポリペプチドがミスフォールドしやすい。また，作られたポリペプチドが凝集を作ることもある(図11-26)。

　ストレス蛋白質は，ストレス下と同様の働きによって，ミスフォールディングや凝集を防いでいる。すなわち，疎水性の領域に選択的に結合し，凝集を防ぐばかりでなく，ミスフォールディングを抑えるのである。やがて，この未熟なポリペプチドから解離しながら，その過程で正しいフォールディング(折り畳み)を導き，成熟した機能蛋白質を作るのである。

　このような働きを称して，分子シャペロンと呼ぶようになった。シャペロンとは介添え役の意味である。未熟な分子に結合して，分子が成熟するまでの間，面倒をみるというところからの命名で

あるが，分子シャペロンはこの名にふさわしい役割を演じている。

　新生ポリペプチドが，正しいフォールディングへ導かれるためには，複数の分子シャペロンが正しい順序で作用する必要があることが明らかになってきた。この過程を大腸菌の場合，そして哺乳類細胞の場合の共通の機構として少し詳しくみることにしよう(図11-27)。

　リボソームから出てきたポリペプチド鎖は，まずトリガー因子(TF，動物細胞の場合はNAC：nascent polypeptide-associated complex)と呼ばれる分子シャペロンに捕捉される。これは新生ポリペプチドをサイトゾルの環境から保護し，他のポリペプチドなどとの相互作用しないように保持しながら，小さなドメインでのフォールディングを助けていると考えられている。このままフォールディングが完成する蛋白質が約70%あると見積もられている。他に約20%の蛋白質は，DnaJ(Hsp 40)およびDnaK(Hsp 70)，GrpEという三つのシャペロンによってフォールディングされ，残りは，さらにGroEL/GroESというリング構造をもった分子シャペロンに受け渡され，このリン

グの内腔でフォールディングする。真核細胞ではGroELはCCT/TRiCと呼ばれる八量体リングからなる，より複雑な構造をもった分子シャペロンがフォールディングに関わっている。

　新たに合成されるポリペプチドは，以上のようにかなり複雑な，精巧な過程を経て，正しく折り畳まれた機能型の成熟蛋白質になるのである。変性した蛋白質の再生の際にも，基本的にはこのような過程が存在している。

2 アンフィンゼンのドグマと蛋白質フォールディング

　蛋白質のフォールディングに関しては，有名な**アンフィンゼンのドグマ**がある。リボヌクレアーゼの変性／再生に関するAnfinsenの有名な実験は，尿素などの変性剤を除去することによって，蛋白質は自動的に高次構造を作りうること。すなわち，蛋白質の高次構造は，一次構造（アミノ酸配列）の中に書き込まれていることを明確に示したものであった。ポリペプチド鎖は，三次元的に最も安定な状態へと自然に折り畳まれるというものである。蛋白質の高次構造は，一次構造によって規定されるというのがアンフィンゼンのドグマであった。

　蛋白質の正しいフォールディングのために，他の蛋白質の介助が必要であるという上の事実は，アンフィンゼンのドグマに一見矛盾するように思われる。しかし，蛋白質の高次構造形成がシャペロンによって介助されるという事実は，高次構造の情報が一次構造に書き込まれているという従来の考え方に矛盾するものではない。確かに高次構造は一次構造に依存しているのであるが，細胞内のような蛋白質密度の高い状態では，かなりの部分が凝集やミスフォールディングによって不活性の蛋白質を作ってしまうので，分子シャペロンはその過程をブロックしながら，正しいフォールディングへと導いているのである。

E 蛋白質の品質管理

　蛋白質は，正しく翻訳され，正しくフォールディングされ，それが本来機能する正しい場所に輸送されることが大切である。細胞には，このような蛋白質が正しく構造を維持するための，きわめて精緻に構成された品質管理機構をもっている。

　しかしながら，いったん正しい高次構造をとって機能型になった蛋白質も，細胞にかかるさまざまなストレスによって，容易に変性したり凝集したりする。

　従来の生化学，分子生物学が扱ってきた蛋白質は，正しい構造をもち，機能型のものを扱うのが普通であった。しかしながら，細胞の中では，合成された直後の構造をとっていない未熟な蛋白質から，働き終わって変性し始めているもの，分解直前のもの，あるいは変性をして凝集をしているものなど，さまざまな状態の蛋白質が混在していると考えられている。近年，このようないわゆるnon-nativeな蛋白質に対する注目が集まってきた。ここでは，細胞が備えている品質管理機構の概略について述べる。

1 小胞体における品質管理機構

　蛋白質の品質管理機構を最もよく発達させている細胞小器官は，小胞体である。小胞体は，多くの分泌蛋白質，膜蛋白質合成の場であり，細胞における蛋白質の総生産量の約3割を占めている。小胞体においては，蛋白質を正しく作るだけではなく，その良否を判定して，ゴルジ体以降への分泌系へ回すかどうかを判定する，いわゆる品質管理機構を備えている。正しくフォールドしていない蛋白質を下流へ輸送してしまっては，そこでトラブルを起こすことになり，小胞体は，最初のチェックポイントとして位置づけられる。小胞体にミスフォールドした蛋白質が蓄積すると，それが引き金になり，いくつかの応答が起こる。先に述べたUPR : unfolded protein responseである。UPRによって，四つの蛋白質品質管理機構のスイッチが入れられることになる（図11-28）。

2 PERKによる翻訳の停止

　小胞体における品質管理機構として，最初に作動するのは，PERK : PKR-like-ER-kinaseを介

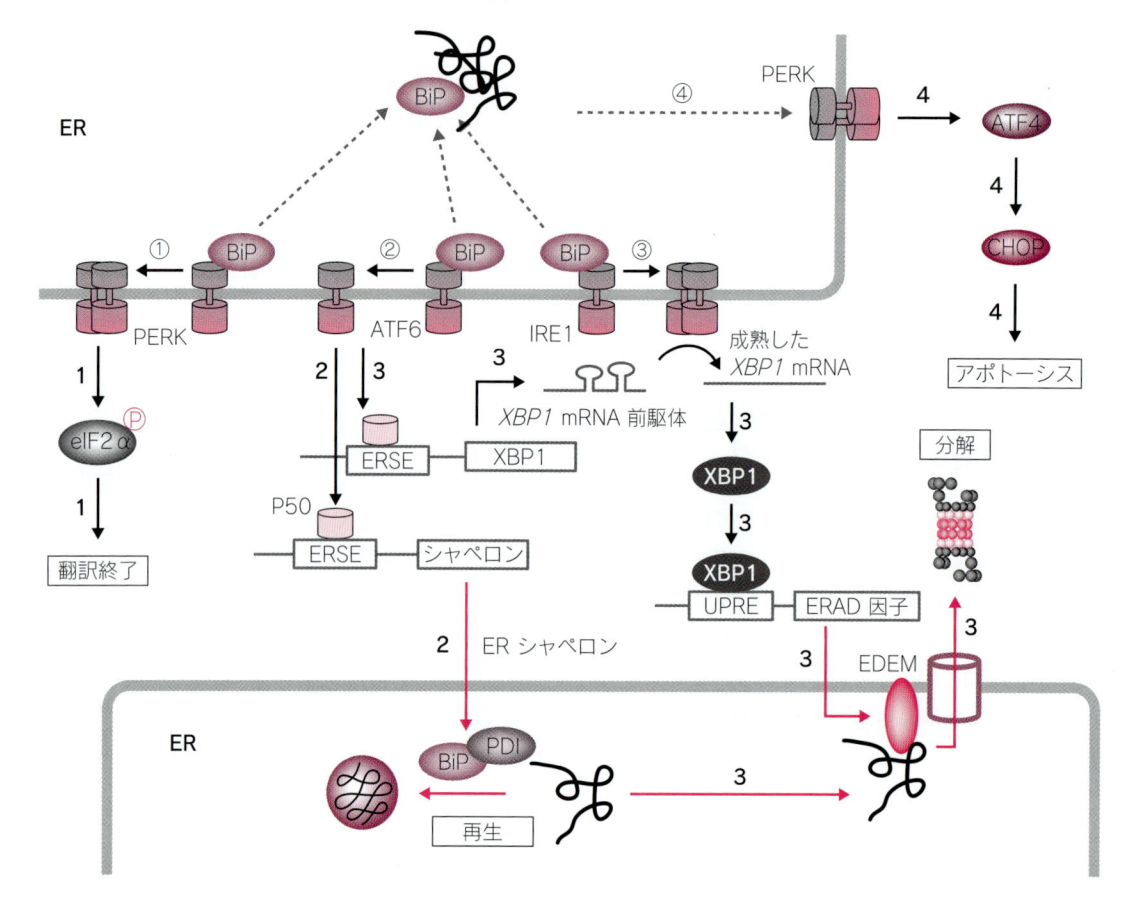

図 11-28 小胞体における蛋白質の品質管理機構

ミスフォールド蛋白質が小胞体に蓄積すると，ここに示した四つの反応が番号どおりの順序で起こると考えられる。1：PERK から BiP が解離すると PERK は二量体化を通じて活性化され，翻訳開始因子 eIF2a をリン酸化する。これによって一般的な蛋白質の翻訳停止が起こる。2：ATF6 に結合していた BiP が解離すると，ATF6 は膜内で切断を受け，p50 断片が核内に移行して，小胞体分子シャペロンの上流の ERSE エレメントに結合することによって，それらの転写を誘導する。誘導された分子シャペロンは小胞体に移行して，ミスフォールド蛋白質の再生に寄与する。3：同じ ATF6/p50 は *XBP1* mRNA の転写を促進するが，この *XBP1* mRNA 前駆体は，活性化された IRE1 によってスプライシングされ，活性型 *XBP1* 蛋白質を合成する。*XBP1* は ERSE に作用して分子シャペロンの誘導を行うが，同時に，UPRE に結合して ERAD に関係する蛋白質の合成誘導をも行う。こうして合成された ERAD 因子（EDEM や Derlins）は小胞体関連分解に寄与する。4：これらの応答だけで処理できなかった場合は，時間的に最も長くかかると考えられるアポトーシスの誘導によって細胞ごと殺してしまうという戦略が取られる。これには活性化した PERK によって ATF4 が誘導され，ATF4 によって CHOP が誘導されるという何段階かのの転写誘導が必要である。

した翻訳の一時的抑制である。PERK は小胞体膜蛋白質であり，BiP などの小胞体分子シャペロンによって不活性な状態に保たれているが，BiP が小胞体の他の蛋白質の凝集阻止のために動員されると，PERK から離れ，PERK の二量体化が起こる。このことによって活性化された PERK は，サイトゾル側のリン酸化ドメインによって，翻訳開始因子 eIF2α のリン酸化を起こす。eIF2α のリン酸化は，一般的な翻訳の停止を引き起こし，このことによって，小胞体へのミスフォールド蛋白質の負荷を減らすことになる。

3 分子シャペロンの誘導

次に起こる反応は，いわゆる UPR による小胞体分子シャペロンの誘導である。PERK の活性化と同様，ATF6 を不活性状態に保っていた BiP

が解離することによって，ATF 6 が膜内部で切断され，サイトゾル側の P 50 フラグメントが核へ移行し，転写因子として小胞体分子シャペロンの転写誘導を引き起こす。これらの分子シャペロンは小胞体へ輸送され，これによって，小胞体中のミスフォールド蛋白質の再生が促される。

4 小胞体関連分解

小胞体中に蓄積したミスフォールド蛋白質は，何らかの形で処分しなければならない。いわゆる廃棄処分である。このためには，ミスフォールドした蛋白質を小胞体からサイトゾルへ逆輸送し，ユビキチンプロテアソーム系によって分解する。いわゆる小胞体関連分解（ERAD : ER associated degradation）と呼ばれる機構である。この ERAD に関与する分子のいくつか，たとえば EDEM および Derlin などは，UPR 経路によって合成誘導される。この場合の UPR 経路は ATF 6 経路より複雑であり，*XBP 1* という転写因子が関与する。*XBP 1* 経路によって誘導される因子の多くが，ERAD に関係する蛋白質であることがわかっている。

5 アポトーシス

上記の三つの戦略によって，事態が改善できなかったとき，細胞が最後に選択する手段はアポトーシスである。ミスフォールドした蛋白質の蓄積を処理できない細胞を，細胞ごと処分しようという戦略であり，いわゆる工場閉鎖にも例えられる。アポトーシスには，先に述べた PERK 経路が関係する。PERK は，ATF 4 という転写因子を活性化し，ATF 4 は CHOP を活性化し，そのような経路の果てにアポトーシスが引き起こされる。

これら四つの戦略は，時系列としてこの順序で起こることも知られている。

F ストレス応答の臨床的重要性

細胞レベルでストレス応答を引き起こすものには，熱ショックをはじめ，さまざまな物質および外的要因があることは先に述べたが，実際に生体におけるストレス応答にはどのようなものがあり，それは臨床的にどのような重要性をもっているのであろうか。ここでは主として虚血におけるストレス応答を取り上げ，その他の興味深い例を最後に紹介する。

1 虚血におけるストレス応答

虚血にはその対象となる臓器によって，脳虚血，心虚血などが有名だが，その他の器官においても血流が遮断されれば，もちろん虚血は起こる。脳虚血の場合，血流による冷却効果がなくなることにより，脳内の温度が数度上昇することが知られている。この温度上昇は直接 HSF 1 を活性化し，ストレス応答を引き起こす。虚血のもう一つの作用は，血流の遮断により，グルコースや ATP の枯渇した状態になり，蛋白質の糖鎖付加に障害が生じたり，フォールディングがうまくいかなくなることにある。このような形で正しくフォールディングされない蛋白質が作られると，それらには HSP 70 を初めとするストレス蛋白質が動員され，凝集を抑えたり再生修復を行おうとする。先に述べたように，フリーの HSP 90 が少なくなることによって，単量体の HSF 1 は不安定になり，三量体化しやすくなり，ストレス応答が起こるのである。

HSF 1 の活性化により，ストレス蛋白質の合成が急速に始まる。HSP 70 を初め，他のストレス蛋白質の mRNA は，虚血後数十分も経つと明確な増加を示すようになる。mRNA の増加蓄積だけではなく，ストレス蛋白質そのものも多く蓄積してくるのが認められる。ラットなどのモデルにより，脳全体の血流遮断を行うと，特に海馬と呼ばれる記憶に関係する領域の神経細胞にストレス蛋白質の蓄積が認められるようになる。

このようなストレス蛋白質の蓄積は，虚血に対する耐性獲得と密接な関連をもっている。30 分程度の一過性の虚血を与え，その後再灌流した場合，図 11-29 に示したように，虚血後数日経って，海馬領域の神経細胞が脱落しているのが認められる（図 11-29 C）。これは遅延性神経細胞死と呼ばれる現象である。一時的な虚血によってダメージ

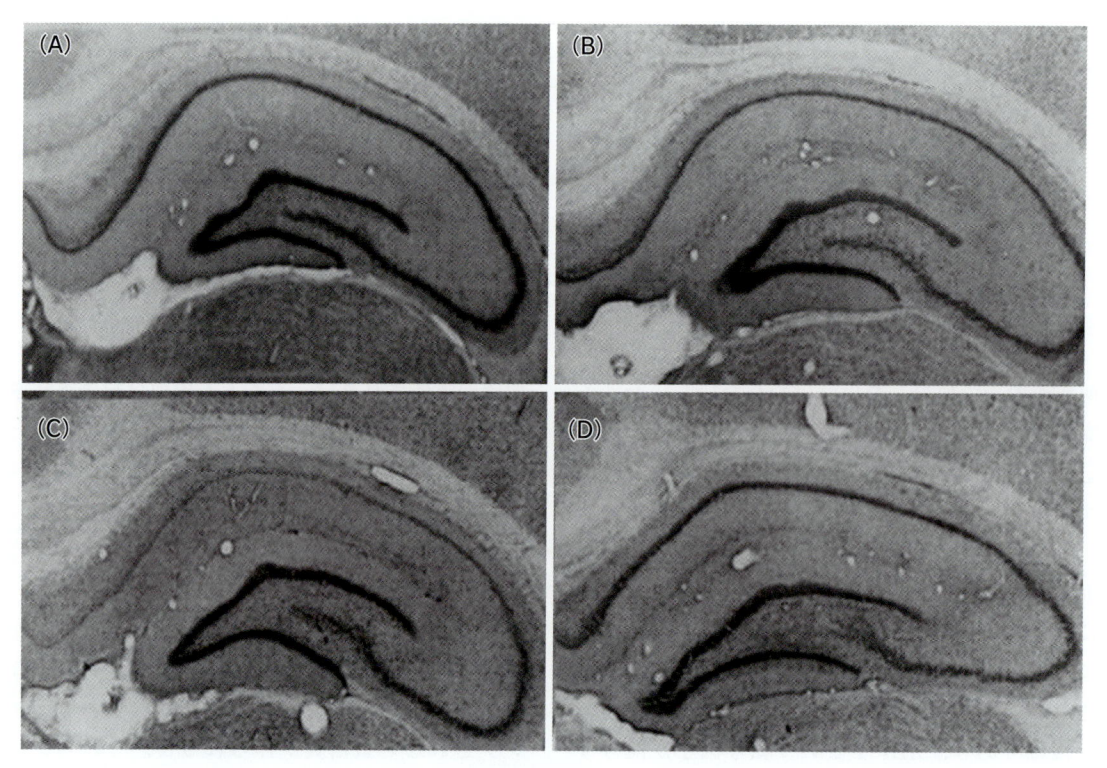

図11-29 虚血に対する耐性獲得とストレス蛋白質の蓄積
A〜Dの解説は本文参照。

を受けた結果である．しかし，30分虚血を与える2日程前に，軽度の5分程度の虚血を与えておくと，次いで30分の虚血を与えても，神経細胞死は見られなくなる（図11-29 D）．5分間の軽度の虚血だけでは，神経細胞は死に至らないが（図11-29 B），この間にストレス蛋白質が誘導され，蓄積することによって，次いで与えられた強い虚血に耐性を獲得した結果である．このような現象を**虚血耐性**と呼んでいる．

2 ストレス耐性

このような虚血によるストレス蛋白質の発現も，細胞レベルと同様にHSFによる調節機構が働いている．虚血によって活性化されるHSFは，熱ショックなどのストレスと同様，HSF1である．生体内においても虚血によってHSF1が活性化し，各種ストレス蛋白質の転写がいっせいにスタートして，蛋白質が作られることになる．

ストレス蛋白質による耐性獲得は，脳虚血の場合だけでなく，心虚血の場合にも同様に認められる．虚血だけでなく，生体においても熱ショックをはじめとする，各種ストレスによってストレス蛋白質が作られて，生体防御を担っている．興味深い例として，拘束ストレスによる副腎皮質でのHSP 70の誘導の例なども報告されている．拘束によって脳下垂体からACTH（副腎皮質刺激ホルモン）が産生，放出され，副腎皮質におけるHSF 1の活性化を通じて，HSP 70などのストレス蛋白質を合成する．このような精神的ストレスによって副腎皮質に新生されるストレス蛋白質の生体防御における役割については，現在のところ明らかではない．

一方，ストレス蛋白質の合成は，必ずしも役に立つばかりとは限らない．がんの温熱療法における温熱耐性は，ストレス蛋白質がネガティブな働きをしている例である．がんの治療法として，現在主なものは五つである．外科手術，化学療法，放射線療法，免疫療法が有名であるが，最近温熱

療法が注目されている．がん組織が熱に弱いことを利用する療法であり，副作用がほとんどないことから，生物学的に有用ながんの治療法である．しかし，この療法には，一つの弱点がある．がん細胞といえども，本来は宿主（この場合は人間）と同じ細胞である．がん細胞にも当然ストレス応答が起こって，せっかく加えられた熱に対して抵抗性を獲得する．これを**温熱耐性**という．もちろん温熱耐性は，ストレス蛋白質の発現，蓄積によって起こるのである．温熱耐性の獲得によって，がん組織は熱に抵抗性を獲得するので，現在では温熱療法は，週に2度程度の間隔で行われている．それでも温熱耐性は問題になる．すなわち，生体の各組織は，血液循環によって常に冷却されているために，局所を電磁波などによって暖める場合にも，かなりの時間がかかる．ストレス応答は最初にも述べたように，きわめてすみやかに起こる応答機構であるから，組織が所定の温度（42℃程度）に達するまでに，ストレス蛋白質を作ってしまい，ある程度の耐性が誘導されるのである．この場合には，ストレス応答を阻止することができれば，温熱療法の治療効果は飛躍的に増大するものと考えられる．

このようにストレス蛋白質の誘導は，臨床的には両刃の剣である．誘導することが初期生体防御にとって必須の場合が多いが，作られ過ぎたり，いつも作られていると困る場合も存在する．必要なときに，適切に効率よくストレス蛋白質を誘導，合成できるように制御することが生体防御の観点から重要である．

●参考文献
1) 永田和宏編：ストレス蛋白質―基礎と臨床．p.266，中外医学社，1994．
2) Feige U, Morimoto RI, Yahara I, Polla BS (ed)：Stress-Inducible Cellular Responses. pp492, Birkhauser-Verlag, 1996.
3) 矢原一郎監修：特集　分子シャペロン．蛋白質核酸酵素 41(7): 847-895, 1996．
4) 永田和宏監修：特集　分子シャペロン―蛋白質の誕生から死までを介添えする．細胞工学 16(9): 1238-1301, 1997．
5) 永田和宏，森　正敏，吉田賢右編：分子シャペロンによる細胞機能制御．p.219，シュプリンガー・フェアラーク東京，2001．
6) 小椋　光，他編：細胞における蛋白質の一生．蛋白質核酸酵素（増刊）49(7): 807-1152, 2004．
7) 永田和宏，遠藤斗志也編：細胞タンパク質の社会．実験医学（増刊）23(15): 2228-2418, 2005．
8) 永田和宏：タンパク質の一生（岩波新書）．岩波書店，2008．

医師国家試験出題基準対照表 334
医学教育モデル・コア・カリキュラム対照表 334
略号・記号一覧 336

医師国家試験出題基準対照表

- 医師国家試験出題基準（ガイドライン）は，医師国家試験の「妥当な範囲」と「適切なレベル」とを項目によって整理したもので，出題に際して準拠される基準である．
- ここでは，ガイドライン【医学総論】の中から，細胞生物学に関連する部分を抜粋して編集・掲載し，本書の関連項目ページを示した．

節	大項目	中項目	小項目	本書関連項目ページ
Ⅲ．人体の正常構造と機能	1．個体の構造	細胞，組織		2〜21
	2．皮膚，頭頸部，感覚器，発声器	A．皮膚の構造・機能	・細胞間接着 ・基底膜	14, 136, 138 20, 151
	9．内分泌，代謝，栄養	B．代謝と栄養	・代謝経路	57
	10．免疫	A．免疫系の構成・機能	・抗原提示細胞〈マクロファージ〉 ・免疫グロブリン ・サイトカイン ・自己免疫	291 299 258, 293 245
Ⅳ．生殖，発生，成長・発達，加齢	1．妊娠	A．妊娠の成立・維持	・受精 ・受精卵の分割と輸送	263 264
	8．加齢，老化	A．細胞・組織の加齢現象	・細胞数の減少と萎縮，退縮 ・アポトーシス	309 16, 314
Ⅴ．病因，病態生理	1．疾病と影響因子	B．内因と外因	・疾患関連遺伝子 ・遺伝子異常と環境因子	270 31, 269
	2．先天異常	A．原因と分類	・染色体異常 ・細胞質遺伝（ミトコンドリア遺伝病）	284 65
		B．遺伝形式	・Mendel遺伝様式 ・非Mendel遺伝様式	274 281
		C．染色体異常の種類	・染色体異常の原因 ・数的異常〈trisomy〉 ・構造異常〈欠失，転座〉 ・隣接遺伝子症候群	284 260, 284, 285 284, 285 285
	4．腫瘍	B．腫瘍の病因	・発癌遺伝子 ・癌と遺伝子異常 ・癌遺伝子，癌抑制遺伝子	266, 271 269 269

医学教育モデル・コア・カリキュラム対照表

- 医師教育モデル・コア・カリキュラム（以下コア・カリ）は，「医学における教育プログラム研究・開発事業委員会」から出された，習得すべき必須の教育内容を示したものである．
- ここでは，コア・カリの中から細胞生物学に関連する部分を抜粋して編集・掲載し，本書の関連項目ページを示した．
- 表中に示した到達目標の詳細な内容や程度については，各大学の教育理念に基づいて設定されている．

コア・カリキュラム到達目標	本文関連項目ページ
(1) 細胞の基本構造と機能	
【細胞の構造と機能】	
1) 細胞の観察法を説明できる．	2, 10
2) 細胞の全体像を図示できる．	10
3) 核とリボソームの構造と機能を説明できる．	11, 12,
4) 小胞体，ゴルジ体，リソソームなどの細胞内膜系の構造と機能を説明できる．	11, 100, 125
5) ミトコンドリア，葉緑体の構造と機能を説明できる．	11, 17, 61
6) 細胞骨格の種類とその構造と機能を概説できる．	174
7) 細胞膜の構造と機能，細胞同士の接着と結合様式を説明できる．	76, 136, 138
8) 原核細胞と真核細胞の特徴を説明できる．	12
【細胞内の代謝と細胞呼吸】	
1) 酵素の構造，機能と代謝調節（律速段階，アロステリック効果）を説明できる．	52
2) ATPの加水分解により自由エネルギーが放出されることを説明できる．	56, 57
3) 解糖，TCA回路，電子伝達系，酸化的リン酸化によるATPの産生を説明できる．	57
【細胞周期】	
1) 細胞分裂の過程を図示し，説明できる．	248, 253
2) 細胞周期の各過程，周期の調節を概説できる．	248

（335頁につづく）

コア・カリキュラム到達目標	本文関連項目ページ
【減数分裂】	
1)減数分裂を説明できる。	259
2)遺伝的多様性を減数分裂の過程から説明できる。	264
【遺伝子と染色体】	
1)メンデルの法則を説明できる。	274
2)遺伝子型と表現型の関係を説明できる。	274
3)染色体を概説し，減数分裂における染色体の挙動を説明できる。	240, 253, 259
4)性染色体による性の決定と伴性遺伝を説明できる。	274
【DNAと蛋白質】	
1)DNAの複製過程と修復機構を説明できる。	26, 27
2)セントラルドグマを説明できる。	25
3)転写と翻訳の過程を説明できる。	28
【細胞膜】	
1)細胞膜の構造と機能を説明できる。	76, 82
2)細胞内液・外液のイオン組成，浸透圧と静止(膜)電位を説明できる。	90
3)膜のイオンチャネル，ポンプ，受容体と酵素の機能を概説できる。	94
4)細胞膜を介する物質の能動・受動輸送過程を説明できる。	90
5)細胞膜を介する分泌と吸収の過程を説明できる。	100, 117, 125
6)細胞接着の仕組みを説明できる。	136〜143
【細胞骨格と細胞運動】	
1)細胞骨格を構成する蛋白質とその機能を概説できる。	174
2)アクチンフィラメント系による細胞運動を説明できる。	190, 232
3)細胞内輸送システムを説明できる。	198, 208
4)微小管の役割や機能を説明できる。	203
【細胞の増殖】	
1)細胞分裂について説明できる。	211, 253
2)細胞周期の各期とその調節を概説できる。	248
3)減数分裂の過程とその意義を説明できる。	259
(3)個体の調節機構とホメオスターシス	
【情報伝達の機序】①情報伝達の基本	
1)情報伝達の種類と機能を説明できる。	156
2)受容体による情報伝達の機序を説明できる。	156
3)細胞内シグナル伝達過程を説明できる。	162
4)生体内におけるカルシウムイオンの多様な役割を説明できる。	162
(4)個体の発生	
1)配偶子の形成から出生に至る一連の経過と胚形成の全体像を説明できる。	290, 302
2)体節の形成と分化を説明できる。	307
9)神経管の分化と脳，脊髄，視覚器，平衡聴覚器と自律神経系の形成過程を概説できる。	302
〔3)〜8)は略〕	
(5)生体物質の代謝	
1)酵素の機能と調節について説明できる。	52
2)解糖の経路と調節機構を説明できる。	57
3)クエン酸回路を説明できる。	57
4)電子伝達系と酸化的リン酸化を説明できる。	57
5)糖新生の経路と調節機構を説明できる。	59
6)グリコーゲンの合成と分解の経路を説明できる。	59
7)五炭糖リン酸回路の意義を説明できる。	59
10)蛋白質の合成と分解を説明できる。	33
14)フリーラジカルの発生と作用を説明できる。	312
〔8), 9), 11)〜13), 15), 16)は略〕	
(6)遺伝と遺伝子	
1)遺伝子と染色体の構造を説明できる。	24, 240
2)ゲノムと遺伝子の関係が説明できる。	24, 240
3)DNAの合成，複製と修復を説明できる。	24, 240
4)DNAからRNAを経て蛋白質合成に至る遺伝情報の変換過程を説明できる。	24, 240
5)プロモーター，転写因子などによる遺伝子発現の調節を説明できる	271, 297
6)PCRの原理とその方法を説明できる。	37
7)ゲノム解析に基づくDNAレベルの個人差を説明できる。	31

略語・記号一覧

略語・記号　欧文　和文　掲載頁　の順に記載。

数字

1,3-BPG	1,3-bisphosphoglycerate	1,3-ビスホスホグリセリン酸　57
2-PG	2-phosphoglycerate	2-ホスホグリセリン酸　57

A

AFP	α-fetoprotein	α-フェトプロテイン　268
AIF	apoptosis inducing factor	アポトーシス誘導因子　319
AP	adoptor complex	アダプター複合体　113
ARF	ADP-ribosylation factor	ADP-リボシル化因子　110
ARG法	autoradiography	オートラジオグラフィー法　105
Asn	asparagine	アスパラギン　106
Arp2/3複合体	actin-related protein 2/3 complex	194
ATM	ataxia telangiectasia mutated	末梢血管拡張性運動失調症の原因遺伝子　251
ATP	adenosine triphosphate	アデノシン三リン酸　56, 61
ATPase	adenosine triphosphatase	アデノシントリホスファターゼ　9
ATR	AMT-and Rad3-related	251

B

BDNF	brain-derived neurotrophic factor	脳由来神経栄養因子　304
BFA	brefeldin A	ブレフェルジンA　114
BFU-E	burst promoting unit-erythroid	赤芽球系前駆細胞　294
BMP	bone morphogenesis protein	骨形成蛋白　304
BPG	bisphosphoglycerate	ビスホスホグリセリン酸　57

C

CAD	caspase-activated DNase	DNA分解酵素　316
CAK	Cdk-activating kinase	251
CaM	calmodulin	カルモジュリン　169
cAMP	cyclic AMP	環状AMP　163, 164
CAMs	cell adhesion molecules	細胞接着分子　157
CAS	cellular apoptosis susceptibility protein	236
Caspase	cysteine protease cleaving after aspartic acid	カスパーゼ　320
CCV	clathrin-coated vesicle	クラスリンコート小胞　120
Cdk1	cyclin-dependent kinase 1	サイクリン依存性キナーゼ1　250
CEA	carcinoembryonic antigen	がん胎児性抗原　268
CENP	centromere protein	セントロメア特異的蛋白質　224
CFU-E	colony forming unit-erythroid	赤芽球コロニー形成単位　294
cGMP	cyclic guanosine-5′ phosphate	環状グアニル酸　160
CGN	cis Golgi network	シスゴルジネットワーク　102
Chk	check point kinase	251
CKI	Cdk inhibitor	250
cM	centi-morgan	センチモルガン〔遺伝子座間の距離を示す単位〕　277
cNucL	cyclic nucleotide	サイクリックヌクレオチド　169
COP I	coat protein I	コート蛋白質I　110
CPEO	chronic progressive external ophthalmoplegia	〔ミトコンドリア病の1つ〕　65
CRE	cAMP response element	cAMP反応エレメント　28
CREB	cAMP response element-binding protein	〔クレブ：CREに結合する転写因子の総称〕　166
CURL	compartment that uncouples receptor and ligand	120

D

DAB(法)	diaminobenzidine	ジアミノベンチジン　67
DAG	diacylglycerol	ジアシルグリセロール　83, 163
DHAP	dihydroxyacetone phosphate	ジヒドロキシアセトンリン酸　57
DHFR	dihydrofolate reductase	ジヒドロ葉酸還元酵素　284

DHP受容体	dihydropyridine receptor　ジヒドロピリジン受容体　186			性蛋白質　221, 228
DNA	deoxyribonucleic acid　デオキシリボ核酸　2, 7, 240		GFP	green fluorescent protein　緑色蛍光蛋白質　105
DNase	deoxyribonuclease　DNA分解酵素　299		GGA蛋白質	Golgi-localized, γ-ear-containing, ARF-binding protein　113, 131
E			GlcNAc	N-acetyl glucosamine　N-アセチルグルコサミン　133
EBS	epidermolysis bullosa simplex　単純性先天性表皮水疱症　229		GPI	glycosylphosphatidylinositol　グリコシルホスファチジルイノシトール　86
eCBs	endogenous cannabinoids, endocannainoids　内因性カンナビノイド　161		GRP	glucose-regulated protein　グルコース調節蛋白質　323
EGF	epidermal growth factor　上皮増殖因子　122, 123, 156, 170, 258		GSLs	glycosphingolipids　スフィンゴ糖脂質　81
eIF-2	eukaryotic initiation factor 2　翻訳開始因子2　35		**H**	
EMT	epithelial-mesenchymal transition　304		HLH構造	helix-loop-helix構造　ヘリックス-ループ-ヘリックス構造　301
EndoG	Endonuclease G　エンドヌクレアーゼG　319		HMM	heavy meromyosin　H-メロミオシン　176, 191
ERAD	ER-associated degradation　イーラド；小胞体関連分解　329		HO	heme oxygenase　ヘムオキシゲナーゼ　161
ERK	extracellular signal-regulated kinase　アーク；細胞外シグナル制御キナーゼ　163, 171		HRP	horseradish peroxidase　西洋ワサビペルオキシダーゼ　38
ERSE	endoplasmic reticulum stress response element　324		HSE	heat shock element　熱ショックエレメント　323
ES cell	embryonic stem cell　胚性幹細胞(ES細胞)　20		HSF	heat shock transcription factor〔HSEに結合する転写因子〕　323, 323, 329, 330
F			HSF-1	heat shock factor-1　熱ショック因子　310
F6P	fructose 6-phosphate　フルクトース 6-リン酸　57		HSP	heat shock protein　熱ショック蛋白質　36, 172, 323
FAD	flavine adenine dinucleotide　フラビンアデニンジヌクレオチド　55, 62		HS領域	hypersensitive site　高感受性領域　299
FADH₂	〔FADの還元型〕　63		**I**	
FBP	fructose 1,6-bisphosphate　フルクトース 1,6-ビスリン酸　57		IAPs	inhibitor of apoptosis proteins　アポトーシス抑制蛋白質　319
FGF	fibroblast growth factor　線維芽細胞増殖因子　150, 258, 304		I-CAM	intercellular adhesion molecules　136
FSH	follicle-stimulating hormone　卵胞刺激ホルモン　260		ICE	interleukin-1β converting enzyme　インターロイキン-1β転換酵素　320
G			I-cell病	I-cell disease　I-cell病　133
G6P	glucose 6-phosphate　グルコース 6-リン酸　57, 59		ICSH	interstitial cell stimulating hormone　間細胞刺激ホルモン　260
GA3P	glyceraldehyde 3-phosphate　グリセルアルデヒド 3-リン酸　57		ICSI	intracytoplasmic sperm injection　細胞質内精子注入法　264
GAE	γ-adaptin ear　113		IFN	interferon　インターフェロン　258
GAG	glycosaminoglycan　グリコサミノグリカン　148		IFT	intra-flagellar transport　蛋白質輸送系　215
GERL	Golgi apparatus-endoplasmic reticulum-lysosomes　102		Ig	immunogloblin　免疫グロブリン　136
GFAP	glial fibrillary acidic protein　グリア線維酸		IHF	integration host factor　宿主因子　285
			IL	interleukin　インターロイキン　258
			IP₃	inositol 1,4,5-triphosphate　イノシトール 1,4,5-三リン酸　83, 163, 168
			iPS細胞	induced pluripotent stem cell　21
			IR	inverted repeat　逆方向繰返し配列　286
			IS因子	insertion factor　286

略語	英語	日本語	ページ
ISH	in situ hybridization		38
IVF	in vitro fertilization	体外受精	264

J, L

略語	英語	日本語	ページ
JNK	c-Jun N-terminal protein kinase		319
LAMPs	lysosome-associated membrane proteins	リソソーム膜蛋白	125
LCR	locus control region	局所制御領域	299
LDH	lactate dehydrogenase	乳酸脱水素酵素	55
LDL	low-density lipoprotein	低比重(密度)リポ蛋白質	121, 122
LFA-1	lymphocyte function associated antigen-1		158
LOH	loss of heterozygosity	ヘテロ接合性の消失	270
LTP	long-term potentiation	長期増強	161

M

略語	英語	日本語	ページ
MAPs	microtubule-associated proteins	微小管結合蛋白質	204
MEK	MAP kinase/kinase	MAPキナーゼキナーゼ	163, 171
MELAS	mitochondrial encephalomyopathy with lactic acidosis and stroke-like episodes	〔メラス:ミトコンドリア病の1つ〕	65
MERRF	myoclonic epilepsy with ragged-red fibers	〔ミトコンドリア病の1つ〕	65
MHC	major histocompatibility complex	主要組織適合抗原	316
MLCK	myosin light chain kinase	ミオシン軽鎖キナーゼ	189
MPF	mitosis promoting factor	M期促進因子	214
MPRs	mannose-6-phosphate receptors	マンノース-6-リン酸(M6P)受容体	130
mRNA	messenger RNA	伝令RNA	11, 25
MTOC	microtubule organizing center	微小管形成中心	206, 214, 254
MVB	multivesicular body	多胞体	120

N

略語	英語	日本語	ページ
NAC	nascent polypeptide-associated complex		326
NAD^+	nicotinamide adenine dinucleotide	〔ニコチンアミドアデニンジヌクレオチドの酸化型〕	62
NADH		〔NADの還元型〕	53, 55, 63
NADPH	reduced form of nicotinamide adenine dinucleotide phosphate	ニコチンアミドアデニンジヌクレオチドリン酸還元型	59
N-CAM	neural cell adhesion molecule	〔エヌカム:哺乳類神経細胞の接着分子〕	136
NEM	N-ethylmaleimide	N-エチルマレイミド	109
NES	nuclear export signal	核移行シグナル	237
NGF	nerve growth factor	神経成長因子	170
NLS	nuclear localization signal	核移行シグナル	234
NO	nitric oxide	一酸化窒素	160
NPC	nuclear pore complex	核膜孔複合体	233
NSF	NEM sensitive fusion protein	N-エチルマレイミド感受性融合蛋白質	111
NTF 2	nuclear transport factor 2	逆輸送因子2	238

O, P

略語	英語	日本語	ページ
oxo8dG	8-oxo-2'-deoxyguanosine		312
PAF	platelet-activating factor	血小板活性化因子	161
PC	phosphatidylcholine	ホスファチジルコリン	79, 104
PCNA	proliferating cell nuclear antigen	増殖性核抗原	27
PCR法	polymerase chain reaction		37, 54
PDGF	platelet-derived growth factor	血小板由来増殖因子	170, 258
PE	phosphatidylethanolamine	ホスファチジルエタノールアミン	79
PEP	phosphoenolpyruvic acid	ホスホエノールピルビン酸	53, 57, 59
PERK	PKR-like-ER-kinase		327
PEX	peroxin	ペロキシン	72
PG	phosphoglycerate	ホスホグリセリン酸	57
PGC	primordial germ cell	原始生殖細胞	259
PGs	prostaglandin	プロスタグランジン	161
PI	phosphatidylinositol	ホスファチジルイノシトール	79, 83, 168
PIP	phosphatidilinositol monophosphate	ホスファチジルイノシトール一リン酸	168
PIP_2	phosphatidylinositol bisphosphate	ホスファチジルイノシトール二リン酸	168
PKA	protein kinase A	プロテインキナーゼA	163, 164
PKC	protein kinase C	プロテインキナーゼC	163, 168
PLC	phospholipase C	ホスホリパーゼC	163
PPAR	peroxisome proliferator activated receptor	ペルオキシソーム増殖活性化受容体	71
PRPP	phosphoribosyl pyrophosphate	ホスホリボシルピロリン酸	59
PS	phosphatidylserine	ホスファチジルセリン	79
PSD	postsynaptic density	シナプス後肥厚部	158
PTS	peroxisomal targeting signal	ペルオキシソーム標的シグナル	71

R

Raf-1	Rat fibrosarcoma	171
RanGAP	Ran GTPase activating protein	238, 239
Rb	retinoblastoma protein　網膜芽細胞腫蛋白〔がん抑制遺伝子の1つ〕	250
RCC 1	regulator of chromosome condensation 1	238
RFLP	restriction fragment length polymorphism　制限酵素断片長多型性解析	270
RNA	ribonucleic acid　リボ核酸	7
RNAi	RNA interference　RNA干渉	38
ROS	reactive oxygen species　活性酸素	319
rRNA	ribosome RNA　リボソームRNA	12, 25

S

SDS-PAGE	sodium dodecyl sulphate-polycrylamide gel electrophoresis　SDS-ポリアクリルアミドゲル電気泳動法	141
SEM	scanning electron microscopy　走査電子顕微鏡	88
shh	sonic hedgehog	306
siRNA	small interfering RNA　低分子干渉RNA	38
SM	sphingomyelin　スフィンゴミエリン	80
SNAP	soluble NSF attachment protein　可溶性NSF接着蛋白質	111, 133
SNAPs	soluble NSF attachment proteins　可溶性NSF接着蛋白質	111
SNARE	SNAP receptor　SNAP受容体	111
SOD	superoxide dismutase　スーパーオキシドジスムターゼ	312
SR	sarcoplasmic reticulum　筋小胞体	186
SRE	steroid hormone response element　血清応答配列	171
SREBP	sterol regulatory element binding protein　SRE-1結合蛋白質	239
SRP	signal recognition particle　シグナル認識因子	43

T

TCAサイクル	tricarbonic acid cycle　トリカルボン酸回路	53, 57
TCF	ternary complex factor	171
TF	trigger factor　トリガー因子	326
TGF-β	transforming growth factor-β　トランスフォーム増殖因子	304
TGN	trans Golgi network　トランスゴルジネットワーク	102, 104, 113
TNF	tumor necrosis factor　腫瘍壊死因子	156
TOFMAS	time of flight mass spectrometry　飛行時間型質量分析法	48
TOM複合体	translocase of the outer membrane complex	64
TPA	12-O-tetradecanoyl-phorbol-13-acetate	271
tRNA	transfer RNA　転移RNA	25, 34
ts変異	temperature-sensitive mutant　温度感受性変異体	280
TUNEL法	terminal deoxynucleotidyl transferase-mediated dUTP-biotin Nick End Labelig法　タネル法	315
Ty因子	transposon yeast	288

U, V

UPR	unfolded protein response　小胞体ストレス応答	324, 324, 327
UV	ultraviolet light　紫外線	27
VAMP	vesicle-associated membrane protein　シナプトブレビン〔synaptobrevin, 膜蛋白質の1つ〕	111

和文索引

あ

アイソザイム 55
アイソフォーム 166, 191, 203
アクアポリン 94
アクチニン 144, 170, 185, 187, 195
アクチノマイシン D 29
アクチン 11, 176, 183, 191
アクチン系細胞運動 198
アクチン結合蛋白質 191, 193
アクチン重合 118, 192
アクチン-スペクトリン網 181
アクチン分子 177
アクチン-ミオシン系運動 199
アクチンミオシン系運動装置 178
アクチンフィラメント 11, 15, 144, 175, 176, 177, 180, 191, 197, 257, 303
アクトミオシン系運動装置 190
アグレカン 149, 150
アシル化 107
アシル-CoA オキシダーゼ 70
アストロサイト 305
アセチル CoA 57, 58, 59, 63
アセチルガラクトサミン 107, 149
アセチルグルコサミン 149, 234
アセチルコリン受容体 186
アセチルコリンエステラーゼ 86
アダプター複合体 113, 119
アダプチン 113
アデニル酸シクラーゼ 163, 165, 167, 170
アデニン(A) 24, 25
アデノシン三リン酸 56
アデノシントリホスファターゼ 262
アドヘレンス結合 139, 303
アドレナリン 159, 167
アフィニティ 192
アフリカツメガエル 235, 302
アポトーシス 16, 314, 315, 329
―― , 生体防御のための 316
―― の実行メカニズム 317
アポトーシス制御作用 318
アポトーシス制御蛋白質 319
アポトーシス誘導因子 319
アポトーシス誘導作用 318
アポトソーム 318
アポトランスフェリン 122
アマニチン 28, 29
アミノ酸 33, 63
―― の略式名称 34
アミノ酸オキシダーゼ 69
アミノ酸輸送体 95
アミノ酸誘導体 159

アミラーゼ 52
アメーバ運動 198
アルカプトン尿症 276
アルカリ性 DAB 法 67
アルカリ性ホスファターゼ活性 84
アルカリホスファターゼ 86
アルツハイマー病 36
アレル 275
アロステリック酵素 54
アンチコドン 34
アンチポーター 91, 96
アンドロゲン非感受性症候群 262
アンバー変異 279
アンピシリン 286
アンフィンゼンのドグマ 327
アンフォールド 324
悪玉コレステロール 123
足場非依存性増殖 268
暗小体 225

い

I 型ミオシン 196
イオン性物質 90
イオン選択フィルター 93
イオンの平衡電位 94
イオン分布 94
イオンチャネル 91, 92, 94, 163
―― の構造 93
イオンチャネル受容体 169
イオンポンプ 83, 91
イズロン酸 149
イニシエーター 271
イノシトール 1, 4, 5-三リン酸 83, 163, 168
インスリン 170
インスリン/IGF-1 経路 310, 312
インターネクシン 228
インターフェロン 258
インターロイキン 258
インテイン 37
インテグリン 137, 143, 144, 197, 257
イントロン 25
異化 14, 55
異型接合体 275
異種結合型 136
異所性妊娠 262
異食リソソーム 127
異数体 285
異性化酵素 52
異染色質 12
遺伝 15
―― の法則 274

遺伝暗号 33
遺伝因子 281
遺伝解析 280
遺伝子 10, 24
遺伝子改変マウス 265
遺伝子クローニング 30
遺伝子再配列 269
遺伝子診断 31
遺伝子制御 299
遺伝子増幅 269
遺伝子地図 246, 277, 278
遺伝子導入マウス 265
遺伝子特異的転写調節因子 28
遺伝子ノックアウトマウス 264, 300
遺伝子ノックダウン 38
遺伝子破壊マウス 264
遺伝子発見 14
遺伝情報 15
遺伝病(染色体異常の) 285
一次性能動輸送 96
一次性能動輸送体 91
一次精母細胞 260
一次リソソーム 127
一倍体 275
一酸化窒素 NO 160
陰嚢がん 271
飲作用 117
飲食作用 131

う

ウイルス 13, 316
ウイルス感染 120
ウェスタンブロット法 141
ウラシル(U) 24, 25
ウロン酸 149
腕(染色体の) 244
裏打ち機能(細胞膜の) 197
裏打ち構造(形質膜の) 182
運動調節(線毛・鞭毛の) 217

え

エキソサイトーシス 11, 14
エクステイン 37
エクソン 25
エクソン-イントロン構造 297
エストロゲン受容体 mRNA 39
エネルギー代謝 61
エピジェネティック遺伝 282
エピソーム 281
エフェクター 162
エフェクター酵素 165

エラスチン 148
エリスロポイエチン 294
エンドクライン伝達 158
エンドサイトーシス 11, 14, 83, 117, 120, 122
エンドソーム 10, 120, 121
エンドヌクレアーゼ 27
エンハンサー 298
液相エンドサイトーシス 118, 128
液胞 17, 126
遠位面 102
遠心分画法 65
塩基除去修復 27
塩基配列決定法 31

お

オーカー変異 279
オートクライン伝達 156, 158
オートラジオグラフィー法 105
オキサロ酢酸 57, 58, 60, 63
オキシダーゼ 70
オクルディン 138
オパール変異 279
オプソニン 118
オリゴ糖 107
オリゴ糖鎖 105
オリゴデンドログリア細胞 82
オリゴデンドロサイト 305
オルガネラ 3, 41, 232
オワンクラゲ 105
尾 260
応答 15
黄色胞 73
横細管 185, 186, 188
横紋 184
横紋筋 225
岡崎フラグメント 26, 309
温度感受性変異体 280
温熱耐性 331

か

カーゴ蛋白質 112
カスパーゼ 316, 317, 320
カタラーゼ 53, 70
カテコールアミン 168
カテニン 139, 197
カドヘリン 136, 139, 197, 307
カベオラ 88, 118, 120, 121
カルシウム依存性細胞接着分子 302
カルシウムチャネル 186
カルジオリピン 62, 80
カルタゲナー症候群 215
カルボニル酸素 92
カルモジュリン 169
カルモジュリン活性化 170
カロテノイド小胞 73
ガングリオシド 80, 81
かご状構造 119
がん遺伝子 269, 295
がんウイルス 258

がん原遺伝子 269
がん細胞 266, 331
がん胎児性抗原 268
がん抑制遺伝子 269, 270, 309
がん抑制遺伝子産物 250
下区画 103
下垂体前葉 159
化学シナプス 158
化学浸透共役 83
化学進化 6
化学発がん物質 271
化学ポテンシャルの差 94
加水分解酵素 52, 125
加齢 309
可逆的阻害 54
可溶性 NSF 接着蛋白質 111
仮足 117, 118, 198
果粒層細胞 262
架橋蛋白質 178
家族性高コレステロール血症 123
家族性リポジストロフィー病 233
過分極 94
顆粒白血球 127
開口放出 156, 158
階層性 20
解糖系 57, 58
壊血病 147
外因性経路 317
蓋板 306
拡散性シグナル分子 156, 157
核 2, 10, 232
核液 12
核外移行サイクル 238
核外移行シグナル 235, 237
核外膜 233
核型 244
核基質 12
核局在化シグナル 234, 235
核質 240
核小体 12
核蛋白質 232
核蛋白輸送 235
核内移行サイクル 236
核内膜 233
核分裂 198
核膜 12, 233
核膜腔 233
核膜孔 12, 232, 233
核膜孔複合体 233, 234
核膜病 233
核マトリックス 240
核融合 263
核様体 3
核ラミナ 12, 228, 255
核-細胞質間物質輸送 232
核-細胞質間分子"シャトル" 237
活性酸素 312, 317
活性中心 53
割球 264
滑面小胞体 11, 41, 42
肝細胞がん 268
桿領域 221

間期染色体 244
間細胞 260
間細胞刺激ホルモン 260
間脳 306
間葉 18
間葉系細胞 225
幹細胞 19, 292
感染性プリオン蛋白質 39
管状構造 69
還元分裂 260
環境ストレス 321
環状 GMP 160

き

キアズマ 260, 279
キシロース 107
キス-アンド-ラン・モデル（リソソームの） 130
キナーゼ 53
キネシン 209, 303
キネシン系 178
キネシンファミリー蛋白質 257
キネトコア 244, 245, 279
キネトプラスト 282
キメラマウス 264
キモトリプシン 52
キャッピング蛋白質 194
キャパシテーション 263
キャリア 95
ギャップ結合 140, 156
気体性シグナル分子 160
希突起膠細胞 305
忌避反応 217
飢餓状態 60
基質 52, 92
基質特異性 53
基質濃度 93
基底小体 207
基底板 20, 306
基底膜 20, 151
基本転写因子 28
器官 2, 20
器官系 2, 20
機械作動型チャネル 93
偽遺伝子 297
偽足 198
逆方向繰返し配列 286
逆行性伝達 160
逆行性輸送 46, 112
吸収 14
虚血 329
虚血耐性 330
共焦点顕微鏡 200, 201
共役輸送体 91
共輸送体 96
共優性 275
狂牛病 36, 39
競合阻害 54
凝集 326
局在化シグナル 44
局所制御領域 299

極間微小管　255
　——の重合　214
極性　15, 20, 102, 177, 302
極性脂質　79
極性輸送　97
近位面　102
菌糸　18
菌類　9
筋原線維　20, 183, 186, 190
筋細胞　225
筋ジストロフィー　189, 233
筋収縮　183, 186
　——のすべり説　184
筋小胞体　186
筋節　183, 196, 307
筋線維　20, 183
筋組織　19, 20
筋分化　301

く

クールー　39, 282
クエン酸　57, 58, 60, 63
クエン酸回路　62
クエン酸サイクル　57
クラインフェルター症候群　260, 284
クラスリン　113, 119
クラスリンコート小胞　120, 129
クラスリン被覆小胞　119
クラジミア　13
クラミドモナス　18, 215
クリスタ（クリステ）　11, 61, 62
クレブス回路　62
クロイツフェルト-ヤコブ病　39, 282
クローディン　138, 141
　——のリン酸化　97
クローニング　31
クローン胚作製　265
クローンヒツジ　265
クロマチン　12, 15, 240
クロモメア部　242
クロラムフェニコール　286
クロロキン　114
クロロフィル　18
グアニン（G）　24, 25
グリア細胞　20, 305
グリア新生　305
グリア線維　228
グリア線維酸性蛋白質　221
グリアの分化　305
グリアフィラメント　181, 221, 228
グリコーゲン　55, 58, 59
　——の分解　167
グリコーゲン蓄積症　132
グリコサミノグリカン　20, 148
グリコシラーゼ　27
グリコシル化　43
グリコシルホスファチジルイノシトール　86
グリシン　146
グリセロール　63
グリセロリン脂質　79

グルクロン酸　149
グルコース　55, 57, 58, 59
グルコース 6-リン酸　57, 59
グルコース 6-リン酸脱水素酵素　53
グルコース代謝　60
グルコース輸送体　95
グルタミン酸輸送体　97
グルタルアルデヒド　203
グロビン遺伝子　296, 297, 299
グロビン遺伝子クラスター　298, 299
グロビン遺伝子プロモーター　298
空胞　100, 101
組換え　260, 277
組換え DNA　30

け

ケト原性アミノ酸　60
ケトン体　58
ケファリン　79
ケラタン硫酸　149
ケラチノサイト　73
ケラチン　181, 224
ケラチンフィラメント　220, 229
ゲート　93
ゲノム　15, 24
ゲル　180
ゲル・ゾル変換　180
ゲルゾリン　170, 194
形質転換　21, 267
形質膜　2, 10, 76
　——の裏打ち構造　182
系統樹　9
系列特異的転写因子　300
係留線維　147
蛍光色素　249
蛍光蛋白質　105
軽鎖　195
欠失変異　299
欠失変異体　280
血液幹細胞　291
血液細胞　300
血球系列特異的転写因子　300
血小板活性化因子　161
血小板由来増殖因子　258
血友病　276
結合組織　19
結合装置　15
結合複合体　138
嫌気性　7
腱　146
原核細胞　2, 3, 10
原核生物　9, 12
原形質　2, 10
原形質流動　199
原形質連絡　142
原始細菌　7
原始細胞　7
原始生殖細胞　259
原生生物　9
原生動物　9
原線維　220

原腸陥入　302
原腸胚　303
減数分裂　15, 19, 248, 259, 260

こ

コア　67
コア蛋白　148, 149
コアセルベート　7
コアヒストン　241
コーテッド・ピット　88
コート陥凹　118, 119, 121
コート小胞　119, 120, 131
コートマー　47, 110
コートマー蛋白 I　109
コートマー複合体　110
コドン　33
コドン表　33, 35
コネキシン　97, 140
コネキシン蛋白　140
コネクチン　187
コハク酸　54
コヒーシン複合体　254
コフィリン　194
コラーゲン　17, 151
コラーゲン細線維　146, 147
コラーゲン線維　146, 147
コラーゲン分解酵素　152
コラーゲン分子　147
コルヒチン　100, 114, 176, 179, 203
コレステロール　80, 122
コンセンサス配列　28
コンデンシン複合体　255
コンドロイチン硫酸　149
コンパクション　264, 302
コンパターゼ　104
ゴルジ装置　10, 100
　——の極性　103
5 塩基配列　323
古細菌　7, 8, 12
呼吸　70
五炭糖回路　59
五量体　235
孔　318
交叉　260, 279
交配　275
交流結合　140
光学顕微鏡　5
光学的切片　201
光合成　18
光合成細菌　7, 8
好中球　117
抗生物質耐性マーカー　287
抗ビンキュリン染色　197
効果器　162
後期（細胞周期の）　255
後期 A　213
後期 B　213
後脳　306
厚糸期　260
虹色素胞　73
高次構造（クロマチンの）　242

高マンノース型オリゴ糖　105
硬節　307
構成的分泌　104
酵素　14, 52
酵素活性　54
酵素阻害剤　54
酵素組織化学的方法　67
酵素組織細胞化学　83
酵素反応速度　54
酵母　18
膠原線維　20
興奮伝導　154
合糸期　260
合成酵素　52
合胞体　183
黒色素胞　73
骨格筋　20, 183
骨格筋線維　20
骨形成蛋白　304

さ

サイクリックヌクレオチド　169
サイクリックヌクレオチド依存性 Ca^{2+} チャネル　169
サイクリックヌクレオチド系伝達機構　164
サイクリックヌクレオチドホスホジエステラーゼ　170
サイクリン　249, 250
サイクロヘキシミド　30
サイトカイン　258, 293, 294
サイトカラシン　179, 196, 181, 220, 224
サイトゾル　40, 323, 324
サイトゾル蛋白質　12, 43
サイレント変異　33
サブユニット　165, 176
サプレッサー tRNA　35
サプレッサー変異　280
再生医療　21
細菌　12
細糸期　260
細線維　220
細胞　2, 10
　──の起源　6
細胞/細胞間側方輸送　97
細胞応答　162, 164, 168
細胞外シグナル　162
細胞外物質　146
細胞外マトリックス　19
細胞学的地図　246
細胞核　232
細胞株　21
細胞株樹立　258
細胞間基質　146
細胞間橋　260
細胞間質　17, 18, 146
細胞間情報伝達　15, 18
細胞間情報伝達機構　156
細胞間相互作用　295
細胞間機能調節　150
細胞極性　153

細胞形態変換　307
細胞骨格　10, 11, 174, 190
　──の線維構造　175
細胞骨格結合蛋白質　178
細胞骨格線維　176
細胞骨格毒　179
細胞死受容体　317
細胞質　2, 10
細胞質基質　12
細胞質性ダイニン　210
細胞質ゾル　12
細胞質内精子注入法　264
細胞質分裂　198, 211, 253, 256
細胞質流動　199
細胞周期　15, 248, 253
細胞周期依存的核移動　303
細胞小器官　3, 10
細胞生物学　5
細胞性粘菌　18
細胞接着　18, 156
細胞接着分子　136, 157
細胞説　4
細胞増殖　15, 253
細胞増殖スイッチ　301
細胞同士の接着力　307
細胞同調　249
細胞内ドメイン　318
細胞内共生説　9, 63, 64
細胞内情報伝達機構　162
細胞内分布　206
細胞内膜系　10, 40
細胞培養　21
細胞皮質　180
細胞分化　3, 9, 15, 18, 290, 296, 300
細胞分裂　11, 211, 253, 279
　──の諸段階　254
細胞壁　4, 13, 17
細胞膜　2, 10, 76
　──の裏打ち機能　197
　──の裏打ち構造　87
細胞膜蛋白質　87
細胞モデル　216
雑種不稔　288
三量体　192, 242, 323
三量体 G 蛋白質　86, 164, 165
三量体 GTP 結合蛋白質　163
酸化還元酵素　52, 53
酸化還元電位　63
酸化的代謝　62
酸化的リン酸化　62, 63
酸性加水分解酵素　125
酸性ホスファターゼ　125
酸性ホスファターゼ活性　84
残余小体　118, 129

し

シアノバクテリア　7
シアル酸　87
シグナル　104
シグナルペプチダーゼ　104
シグナル仮説　42

シグナル認識粒子　43
シグナル分子　15, 19, 156
シグナル変換　15
シスゴルジネットワーク　102, 108
シス面　102
シスエレメント　297
システインプロテアーゼ　320
シストランス変換　81
シストロン　279
シトシン(C)　24, 25
シナプス結合　142
シナプス後肥厚部　158
シナプス小胞　158
シナプス伝達　157, 158
シナプトタグミン　170
シナプトブレビン　111
シャジクモ　199
シャドウイング法　65
シャペロン　129, 326
シャペロン仲介性自食作用　47, 129
シュワン細胞　82
ショウジョウバエ　253, 288, 301, 309, 312
　──の遺伝子地図　278
　──の多糸染色体　247
シンタキシン　111, 112
シンデカン　144
シンポーター　91, 96
ジアシルグリセロール　79, 83, 163
ジストロフィン　187, 188, 189
ジッパー　117
ジッパーモデル説　127
ジヒドロキシアセトンリン酸　57
ジヒドロピリジン受容体　186
ジベンツアントラセン　271
支持組織　19, 20
糸粒体　9
至適 pH　54
至適温度　54
姉妹染色分体　243, 245, 254, 257
脂質2分子層モデル　76
脂質アンカー型膜蛋白質　86
脂質二重層　10
脂質二重膜　90
　──の流動性　81
脂質二重膜単純拡散　90
脂肪　63
脂肪酸　60, 63
紫外線　27
試験管内運動検定　208
自己増殖　2, 305
自己複製（幹細胞の）　292, 293
自己分泌伝達　159
自己保存　2
自己免疫疾患　245
自食作用　47, 129
自食リソソーム　129
自由エネルギー　56
色覚異常　276
色素体　17, 18
色素顆粒　73
識別標識　83
軸回転　81

軸索輸送　210
軸索流　154, 208
軸糸　214
軸糸微小管のすべり運動　216
縞模様　279
車軸藻　199
主要組織適合抗原（MHC）　316
腫瘍壊死因子　156
腫瘍マーカー　268
種族保存　2
寿命　309, 312
受精　263
受精卵　15, 18
受精卵クローン法　265
受動輸送　91
受容体　15, 162
受容体型チロシンキナーゼ　170
受容体仲介エンドサイトーシス　118, 128
樹状突起　154
収縮環　181, 199, 254, 257
周辺微小管　214
修飾　43
終期　214, 256
終結因子　35
終止コドン　35, 279
終脳　306
終板電位　186
終末槽　186
重合　15, 176
　──, チュブリンの　205
重合制御蛋白質　179
重合体　176
重合・脱重合　223
　──, 中間径フィラメントの　223
重合・脱重合反応　192
重鎖　195
宿主因子　285
縮重　33
出芽　43
順行性伝達　157, 160
順行性輸送　46, 112
初期異食胞　131
初期胚　264
女性前核　263
小管　100
小管輸送説　112
小自食作用　129
小嚢　100
小胞　100
小胞体　10, 40
小胞体移行シグナル配列　42
小胞体関連分解　329
小胞体残留シグナル受容体　112
小胞体ストレス　323
小胞体ストレス応答　324
小胞輸送　43, 82, 83, 110
小胞輸送モデル（リソソームの）　108, 109, 130
消化　14
消化酵素　52
上皮　18, 20
上皮細胞　20

──の極性　153
上皮性体節　307
上皮組織　19, 20
上皮増殖因子　156, 258
上皮輸送　97
娘細胞　214, 253, 293, 305
常染色体　259
情報発信細胞　156
情報標的細胞　156
食作用　14, 117
食細胞　117
食餌制限　312
植物細胞　10, 17
心虚血　329
心筋　20, 183, 188
神経管　303
　──の領域化　306
神経管形成　304
神経管癒合不全　303
神経幹細胞　305
神経元　20
神経原線維　220, 226
神経膠細胞　228
神経細胞　20, 154, 226
神経軸索　154, 227
神経上皮　303
神経上皮細胞　305
神経線維　20
神経組織　19, 20
神経調節物質　158
神経堤　304
神経内分泌細胞　159
神経板　303
浸潤　268
真核細胞　2, 8, 10
真正細菌　7, 12
新生物　266
人工多能性幹細胞　21
靭帯　146

す

スクレイピー病　39, 282
ステロイド　159
ステロイドホルモン　163, 171
ステロイドホルモン核内受容体系　171
ストキャスティックモデル　293
ストレス応答　16, 321
　──, 虚血における　329
ストレス応答遺伝子　312
ストレス線維　181, 190, 196, 197, 199
ストレス耐性　330
ストレス蛋白質　16, 322, 323, 325, 329, 330
　──による耐性獲得　330
ストレス誘導条件　321
ストレス誘導物質　321
ストロマトライト　7
スフィンゴ糖脂質　81
スフィンゴミエリン　80
スフィンゴリピド症　132
スフィンゴリン脂質　80
スプライシング　12, 25

スプライソソーム　29
スペクトリン　86, 87, 181, 187, 195, 197
スポーク　214, 215
スレオニン残基　166
すべり運動　15, 196, 208
ずり応力　181
水和　91
膵リパーゼ　52
髄鞘膜　82
刷込み　282

せ

セカンドメッセンジャー　156, 161
セパレース　255
セプテイトデスモソーム　142
セラミド　80
セリン　107
セリン残基　166
セリンプロテアーゼ　52
セルトリ細胞　260, 262
セルロース　17
セレクチン　87, 136
センサー　93
センダイウイルス　78
センチモルガン（cM）　277
センチュウ　253, 288, 290, 302, 309, 312
　──の細胞死　320
セントラルドグマ　25
セントラルプラグ　234
セントロメア　243, 244, 279
セントロメア領域　254
正常細胞　266
正染色質　12
生殖細胞　19, 259
生殖子　15, 19
生殖子形成　259
生体防御　16
生体膜　10, 76, 78
生物進化　6
生命　7
生理活性をもつペプチド　258
生理的ストレス　321
成熟蛋白質　64
成熟分裂　260
成熟モデル（リソソームの）　130
成熟卵子　262
西洋ワサビ　38, 128
制御因子（寿命の）　310
制限酵素　30, 31
性染色体　259
星状膠細胞　228, 305
星状体　212
星状体微小管　255
精細胞　260
精子　262
　──の構造　261
精子活性化　263
精子完成　260, 260
精子形成　261
精子発生　260
精子-卵子融合　263

精祖細胞　260
精巣性女性化症候群　262
精母細胞　260
制限酵素断片長多型性解析　270
斥力　212
赤色胞　73
赤脾髄　295
脊索　306
脊髄　306
赤血球　296
赤血球造血巣　295
赤血球分化マーカー遺伝子　296
接触阻止現象　267
接触抑制　156
接着　14
接着装置　196
接着斑　224
接着分子　15, 18, 150
先体　260
先体反応　263
染色質　12, 240
染色体　12, 24, 213, 244, 279
——の対合　279
染色体 ISH 法　38
染色体異常　284
——に関連した遺伝病　285
染色体運動　213
染色体擬集　255
染色体地図　246, 247
染色分体　257, 260
剪断力　181
腺　20
線維芽細胞　20, 181, 267
線維芽細胞増殖因子　258, 304
線維状構造　69
線維状構造体　234
線維末端結合蛋白質　179
線虫→センチュウ
線毛　11, 214
線毛異常による疾患　215
線毛打　217
線毛虫　246
選択的スプライシング　150
全能性の細胞　291
繊毛　180
前核形成　263
前がん病変　271
前期（細胞周期の）　254
前駆体蛋白質　64
前中期（細胞周期の）　212, 255
前脳　306

そ

ソフトレザーイオン化法　48
ゾウリムシの線毛　217
ゾル　180
阻害剤　29
——, DNA 転写の　29
——, 翻訳過程の　29
素線維　204, 207
粗面小胞体　11, 41

組織　2, 18
組織液　20
組織学　19
組織培養法　21
疎水性ブロット　85
早老症　233, 310
走査電子顕微鏡　89
走査電子顕微鏡法　88
相同染色体　15
桑実胚　264, 302
層　100
層成熟モデル　108
層板構造　100
造血　294
造血幹細胞　291, 300
造血幹細胞分化系列決定　300
造血微小環境　294
造精細胞　260
増殖　3
増殖因子　257, 258
増殖性核抗原　27
増殖誘導　71
促進拡散　82, 91, 92
側方拡散　81
側方性制御　295
損傷のバイオマーカー　312

た

ターナー症候群　284
ターリン　144
タイチン　187
タイト結合　20, 138, 139, 153, 303
タウ蛋白質　204
タキソール　114
タクソール　179
ダイナクチン複合体　210
ダイニン　180, 204, 208, 209, 214, 216
——の構造　210
ダイニン外腕　215
ダイニン系　178
ダイニン重鎖の高次構造　211
ダイニン内腕　215
ダイニン腕　215, 261
ダイサー　38
ダイマー　178, 221, 222
ダウン症候群　260, 284
多酵素欠損　132
多細胞生物　2, 3, 14, 18, 253
多糸染色体　246, 279
多精子進入防御　263
多段階発がん　271
多能性血液幹細胞の分化系列決定　300
多能性細胞　291
多発性嚢胞腎　215
多胞体　120, 126, 130
多列上皮　303
唾液腺染色体　279
代謝　14
体外受精　263
体細胞クローン法　265
体細胞分裂　15, 248

体節形成　307
対向輸送体　96
対向輸送蛋白質　106
対称分裂　305
対立遺伝子　275
大自食作用　129
大食細胞の糖鎖　87
大腸がん　266, 268
大腸菌　13
第 1 分裂　260
第 2 分裂　260
第四の胚葉　304
脱アミノ化反応　27
脱重合　15, 176
——, チュブリンの　205
脱水素酵素　53
脱水和　91
脱プリン化反応　27
脱分極　94
脱離酵素　52
単位膜　10
単位膜仮説　76
単クローン性増殖　267
単細胞生物　2, 3, 13, 18, 253
単純拡散　82, 90, 91
単純性先天性表皮水疱症　229
単体　176
単輸送体　91, 92, 95
単量体　242
蛋白質　52, 63
蛋白質キナーゼ　53
蛋白質合成　35
蛋白質スプライシング　37
蛋白質プロセシング　104
蛋白質分解酵素　52, 104, 223
蛋白質リン酸化反応　217
短腕（染色体の）　244
男性前核　263
弾性線維　146, 148

ち

チェックポイント機構　251
チトクロム C　317, 319
チトクロム類　53
チミン（T）　24, 25
チモシン　194
チャネル　90, 169, 186
チュブリン　11, 175, 203, 204
チュブリン重合核　207
チュブリン-ダイニン系運動装置　180
チラコイド　18
チロシンキナーゼ　170
チロシンキナーゼ活性　163
遅延期　192
中間区画　102
中間径フィラメント　11, 175, 176, 178, 181, 187, 190, 219, 220
中間径フィラメント結合蛋白質　223
中間径フィラメント蛋白質　221, 222
中期（細胞周期の）　212
中期チェックポイント　214

中期板 255
中心子 154, 207
中心子周辺物質 207
中心小体 11
中心体 207, 254, 279
中心微小管 261
中心明澄域 69
中枢神経系 303
中性脂質 60
中脳 306
中胚葉 302
長期増強 161
長寿化制御経路 311
長腕(染色体の) 244
張原線維 220
調節軽鎖 195
調節性分泌 104

つ,て

通孔 92
テイル 235
テスト交配 275
テトラサイクリン 286
テトラヒメナ 30
テトラマー 221
テロメア 16, 243, 244, 245, 267, 309
テロメラーゼ 245, 246, 267, 309
ディープエッチング法 77, 227
ディプロイド 275
デオキシリボ核酸 240
デオキシリボース 24
デコリン 149
デスミン 181, 221, 225
デスモソーム 140, 143, 181, 224, 226, 139
デスモプラキン 223
デヒドロゲナーゼ 53
デルマタン硫酸 149
低角度回転蒸着法 65
低密度(比重)リポ蛋白質 83, 122
定着層モデル 108, 109
底板 306
停止コドン 33
適合 252
点突然変異 35, 269
転移 268
転移RNA 25, 34
転移温度 81
転移酵素 52, 52, 53
転座 284
転写 12, 25
転写因子 19, 297, 306
転写活性亢進 269
転写後調節 29
転写酵素 28
転写制御因子 306
転写調節 28
転写調節因子CREB 166
伝令RNA 11, 25
電位依存性 Ca^{2+} チャネル 169
電位作動型チャネル 93

電気化学ポテンシャル 63, 91
電気シナプス 158
電気穿孔法 269, 307
電子顕微鏡 5, 16

と

トウモロコシの遺伝解析 287
トノフィラメント 220
トポイソメラーゼ 26
トランジット配列 44
トランス面 102
トランスゴルジネットワーク 36, 102, 113
トランスサイトーシス 124
トランスジェニックマウス 265
トランスデューサー 162, 164
トランスフェクション法 269
トランスフェリン 121, 122, 123
トランスフォーム増殖因子 304
トランスポーター 90
トランスポゾン 286, 287
トランスロコン 43
トリアシルグリセロール 60
トリガー因子(TF) 326
トリカルボン酸回路 53, 62
トリスケリオン 119
トリソミー 260, 284
トリトンモデル 216
トリパノソーマ 282
トリプシン 52, 216
トリプレット 221, 226
トレオニン 107
トレッドミル現象 193
トロポニン 185
トロポミオシン 170, 185, 195
トロポモジュリン 187
ドミナント 274
凍結割断法 77
凍結割断レプリカ像 139
透過係数 91
透過電子顕微鏡法 16
透明帯 262, 302
透明帯反応 263
等分裂 260
糖 63
糖原性アミノ酸 60
糖脂質 81
―― の合成 107
糖新生 60
糖新生経路 58, 59
糖蛋白質 43
糖蛋白症 132
同化 14, 55
同型分裂 260
同型接合体 275
同種結合型 136
動原体 212, 243, 244, 254, 255, 279
動原体微小管 212, 255
―― の脱重合 214
動的不安定性 205
動物細胞 10, 17
特殊顆粒 127

突然変異 27
貪食 117
貪食作用 131

な

ナンセンス変異 33, 35, 279
7回膜貫通型受容体 164
内因性経路 318
内細胞塊 264
内臓逆位 303
内部細胞塊 302
内分泌伝達 158, 159

に

ニーマン-ピック病 123
ニトロソアミン 271
ニューロフィラメント 181, 220, 226, 227
ニューロン 20, 158, 159
―― の分化 305
―― の放射状移動 305
ニューロン新生 305
二価染色体 212
二次性能動輸送 96
二次性能動輸送体 91, 97
二次精母細胞 260
二次メッセンジャー 162
二次リソソーム 127, 128
二重コイル 221, 222
二重らせん構造 24, 27
二段階の突然変異 269
二倍体 275
二量体 27, 144, 177, 178, 221, 242
二連微小管 214
乳酸 57, 58
乳酸脱水素酵素 55, 57

ぬ

ヌクレアーゼ 52
ヌクレオイド 67
ヌクレオソーム 12, 241, 299
ヌクレオソームヒストン 241
ヌクレオチド除去修復 27
ヌクレオチド誘導体 106
ヌクレオプラスミン 235

ね

ネガティブ染色法 65
ネキシンリンク 214, 215
ネクローシス 314, 315
ネスチン 226
ネブリン 187, 195
ネルンスト電位 94
熱ショック 323
熱ショック応答 321
熱ショック蛋白質 36, 172, 310, 321
熱ショックストレス 322

の

ノード　214
ノード流　303
ノコダゾール　114
ノックアウト（遺伝子の）　280
ノックアウトマウス　264
ノルアドレナリン　159
能動輸送　83, 95
能動輸送体　91
脳虚血　329
脳由来神経栄養因子　304
乗換え　260

は

ハイブリダイゼーション　25, 26
ハッチング　264
ハプロイド　275
バイアグラ　160
バイオマーカー　312
バクテリア　63
バクテリオファージ　284
バスケット様構造体　234
バリア機能　138
バンドパターン　279
パーレカン　150, 151
パイノサイトーシス　117, 118
パッチクランプ法　93
パフ　247
パラクライン伝達　156, 157, 158
肺がん　268
肺小細胞がん　268
胚移植　263
胚結節　264
胚子　18, 263
胚性幹細胞　20
胚盤胞　264, 302
配偶子形成　259, 261
排卵　262
白脾髄　295
白血球造血巣　295
八量体　299
発がん　270
発がん因子　270
発がん実験　271
反応産物　52
半減期　29
伴性遺伝　276
斑状接着　143

ひ

ヒアルロン酸　149
ヒストン　12, 241
ヒストン八量体　241, 299
ヒト染色体　259
ヒトゲノム計画　31
ヒドロキシ酸オキシダーゼ　69
ヒドロキシル化　42
ビタミンC　147

ビデオ顕微鏡法　208
ビメンチン　181, 221, 225
ビリン　195
ビンブラスチン　114
ピクノーシス　314
ピューロマイシン　29
ピリミジンダイマー　27
ピルビン酸　57, 58, 59, 63
ピルビン酸キナーゼ　53
ピルビン酸脱水酵素　57
引き金モデル説　127
皮筋節　307
皮膚がん　271
肥満細胞　158
非競合阻害　54
非対称な分裂　305
非メンデル遺伝　281
被覆陥凹　88
被覆小窩　119
被覆小胞　46, 109, 119, 131
被覆蛋白質　46
被覆粒子　127
飛行時間型質量分析法　48
脾コロニーアッセイ（法）　291
微絨毛　88, 197
微小管　11, 100, 154, 175, 179, 190, 203, 303
微小管形成中心　206, 254
微小管結合蛋白質　204
微小管捕捉　212
微生物　13
必須軽鎖　195
表現型　275
表皮由来増殖因子　122, 123
品質管理機構　44
―, 小胞体における　327, 328

ふ

ファージDNA　284
ファーストメッセンジャー　156
ファゴサイトーシス　14, 117
ファゴソーム　117
ファゴリソソーム　128
ファスナー　117
ファロイジン　179, 196
フィードバック阻害　54
フィブロネクチン　144, 146, 150, 197
フィラミン　195
フィラメント　11, 176, 183, 184
フィラメント架橋蛋白質　194
フィラメント切断蛋白質　194
フィラメント側方結合蛋白質　195
フィラメント端結合蛋白質　194
フィロポディア　197
フィンブリン　195
フェニルアラニン代謝系　276
フェンス機能　138
フォールディング　36, 46, 326
フリン　104
フラグミン　194
フリーズエッチング像　227
フリーズエッチング法　229

フリーズフラクチャー法　77, 229
フリーラジカル仮説　312
フリップフロップ　81
フルクトース1,6-ビスリン酸　57
フルクトース6-リン酸　57
フレームシフト変異　34, 279
フローサイトメトリー　249
プテリン顆粒　73
プライマー　32
プライマーゼ　26
プラス端　193, 204
プラスミド　30
プラスミドベクター　30
プラスモデスス　17
プリオン　36, 39, 282, 283
プリオン蛋白質　39
プレ配列　64
プレクチン　187, 195, 223
プレケラチン　224
プログラム細胞死　314, 316
プロコラーゲン　147
プロスタグランジン　161
プロテアーゼ　223
プロテアソーム　48
プロテインキナーゼ　164
プロテインキナーゼC　163, 168
プロテオグリカン　104, 144, 146, 148
プロトフィラメント　177, 221
プロトン(H^+)ポンプ　120, 126
プロトン濃度勾配　63
プロフィリン　194
プロペプチド　147
プロモーター　28, 271, 297, 298
不可逆の阻害　54
不可逆の阻害物質　54
不均等分裂　293
不死化　267
不動線毛症候群　215
不等分裂　260
不分離　260
部位特異の組換え　284
部分分泌　105
斑入り　281
封入体　12, 127
封入体細胞病　133
腹膜妊娠　263
複合型オリゴ糖　106
複製　12
複製依存の老化　309
複製開始点　26
複合型オリゴ糖　105
二つ組　188
物質輸送　90
太いフィラメント　184
分化決定（幹細胞の）　292
分化細胞　13
分化特異の蛋白質　296
分子細胞生物学　5
分子シャペロン　16, 36, 46, 325
分子進化　31
分子スイッチ　165
分泌　14

へ

分泌顆粒　73
分泌小胞　10
分泌放出　156
分裂期染色体　242, 244
分裂溝　256
分裂周期　248, 211
分裂中期　284
分裂毒　176

へ

ヘキスロン酸　149
ヘキソキナーゼ　53, 57
ヘキソサミン　148
ヘテロカリオン　237
ヘテロクロマチン　240, 282
ヘテロ接合体　270, 275
ヘテロダイマー　177
ヘテロポリマー　222
ヘテロ四量体　113, 166
ヘパラン硫酸　149
ヘパラン硫酸プロテオグリカン　151
ヘパリン　149
ヘミデスモソーム　143, 225
ヘムオキシゲナーゼ　161
ヘモグロビン　54, 296
 ──のスイッチ　299
ベータグリカン　149
ベルトデスモソーム　139
ベンツピレン　271
ペプシン　52
ペプチダーゼ　52
ペプチド　159
ペリフェリン　228
ペルオキシソーム　11, 67, 68, 129
 ──の酵素　70
ペルオキシソーム疾患　72
ペルオキシソーム増殖活性化受容体　71
ペルオキシソーム標的シグナル　71
ペルオキシダーゼ　38, 128
ペロキシン　72
ペントースサイクル　58, 59
平滑筋　20, 183, 188, 225
閉鎖結合　138
閉鎖帯　138
辺縁板　69
変異　33
変異原　27
変異原物質　271
変異体　275, 280
変性　25
変性蛋白質　325
鞭毛　13, 180, 214, 260
鞭毛運動　216
鞭毛・線毛運動　217

ほ

ホスファターゼ活性　84
ホスファチジルイノシトール　79, 83, 169
ホスファチジルイノシトール 4,5-二リン酸　168
ホスファチジルイノシトール 3 リン酸　319
ホスファチジルエタノールアミン　79
ホスファチジルコリン　79
ホスファチジン酸　169
ホスホエノールピルビン酸　53
ホスホグルコムターゼ　59
ホスホジエステラーゼ　165
ホスホフルクトキナーゼ　57
ホスホリパーゼC　163
ホスホリパーゼCβ　168
ホスホリラーゼキナーゼ　167, 170
ホスホリルコリン　80
ホメオスタシス　90
ホメオボックス　308
ホモ接合体　270, 275
ホモポリマー　222
ホルモン　159, 166
ホルモン分泌細胞　160
ボリュームマッチング　316
ポア　92
ポリアクリルアミドゲル電気泳動　31
ポリソーム　35, 36
ポリペプチド　326
ポリマー　176
ポリメラーゼ　27, 28
ポリリボソーム　35
ポンプ　96
補酵素　53, 55
母細胞　253
芳香族炭化水素水酸化酵素　42
放射状グリア　306
胞体　154
胞胚腔　302
紡錘糸　11
紡錘体　180, 203, 207, 212, 254
紡錘体極　254, 257
紡錘体チェックポイント　253, 256
紡錘体微小管　213, 257
傍細胞経路　97
傍軸中胚葉　307
傍分泌伝達　157, 158
膨圧　17
細いフィラメント　183
翻訳　25
翻訳開始因子2　35
翻訳機構　35
翻訳共役輸送　41
翻訳後修飾　36
翻訳後輸送　41

ま

マイクロインジェクション　235
マイクロフィブリル　148
マイクロフィラメント　11, 175, 176
マイコプラズマ　9
マイナス端　193, 204
マクロオートファジー　47
マクロファージ　117, 127
マトリックス　62
マトリックス区画　61
マルターゼ　52
マルチコピーサプレッサー　280
マロリー小体　229
マロン酸　54
マンノース　105
マンノース 6-リン酸　133
膜裏打ち構造　79
膜裏打ち蛋白質　86
膜貫通蛋白質　85, 139
膜間区画　61
膜骨格　87
膜ジッパー機構　117, 118
膜周辺蛋白質　86
膜小器官　10
膜蛋白質　10, 81, 85
膜転換酵素　82
膜電位　94
膜電位変化系　163
膜透過型リガンド系　163
膜糖蛋白質　86
膜内在性蛋白質　85
膜モデル　77, 78
膜輸送　82
膜融合　82
膜流動モデル　108
窓　102

み

ミエリン膜　82
ミオシン　11, 178, 184, 185, 191, 195
ミオシン軽鎖キナーゼ（MLCK）　170, 189
ミオシンフィラメント　15, 257
ミオシン分子　176
ミオメシン　187
ミカエリス定数　55
ミクロオートファジー　47
ミクロドメイン　88
ミクロボディ　67
ミスセンス変異　33, 279
ミスフォールド　323
ミッドボディ　256
ミトコンドリア　9, 11, 13, 61, 282, 318
ミトコンドリアDNA　63
ミトコンドリア仮説　312
ミトコンドリアゲノム　63
ミトコンドリア病　65
ミトコンドリア分裂　65
三つ組　186
 ──の塩基配列　33
水チャネル　94
密着帯　138

む

ムコ多糖　148
ムコ多糖沈着症　132
無糸分裂　13

め

メラニン顆粒　73

メラニン細胞　73
メンデルの法則　274
免疫グロブリン　299
免疫グロブリンスーパーファミリー　136
免疫細胞化学　106, 107
免疫シナプス　158
免疫組織・細胞化学　142
免疫ブロット法　141

も

モーター蛋白質　178, 182, 195, 208, 212, 257, 303
モネンシン　114
モノマー　176, 222
モノマー結合蛋白質　179
モノユビキチン結合　112
網膜芽細胞腫　269
網膜芽腫細胞　267
戻し交配　275

や 行

焼きなまし　26
薬剤耐性遺伝子　286
ユウクロマチン　240
ユニポーター　91, 92, 95
ユビキチン　47, 72, 123
ユビキチン依存性プロテアソーム　52
ユビキチン結合モチーフ　114
輸送小胞　43
輸送体　90
輸送担体　95
有隔接着斑　142
有糸分裂　211, 253
有性生殖　19
遊離リボソーム　11
誘導シグナル　303
融合細胞　237
融合-分離モデル（リソソームの）　130
優性　274
予定細胞死　16
葉緑体　17, 18, 281
翼板　306
四回膜貫通蛋白質　139
四量体　54, 221

ら

ライディヒ細胞　260, 262
ライブラリー　30
ラグ鎖　26
ラクターゼ　52
ラトランクリン　196
ラフト　79, 88
ラミニン　144, 146, 151, 197
ラミン　181, 228, 233
　──の脱重合　256
ラメリポディア　194, 198
ラメリポディア部分　191
ラン藻　7
ランプブラシ染色体　242, 243
卵割　248, 264
卵管妊娠　263
卵丘細胞　262
卵子活性化　263
卵子形成　261, 262
卵子発生　262
卵周囲腔　262
卵祖細胞　262
卵母細胞　262
卵胞刺激ホルモン　260

り

リアノジン受容体　186
リード鎖　26
リガーゼ　27
リガンド　119, 162, 164, 170
リガンド依存性 Ca^{2+} チャネル　169
リガンド作動型チャネル　93
リケッチア　9, 13
リサイクリングエンドソーム　120
リセッシブ　274
リソソーム　10, 125
リソソーム疾患　132, 133
リソソーム蛋白欠損症　132
リソソーム蓄積症　133
リソソーム膜蛋白　125
リソソーム輸送欠陥　132
リピドーシス　132
リボザイム　30, 267
リボソーム　11, 29, 34, 81
リボソーム RNA　12, 25
リボフスチン　73
リボフスチン顆粒　130
リポプロテインリパーゼ　52
リン脂質　79
リン脂質代謝回転系　168
リンカーヒストン　241
リンパ球特異的転写因子群　299
利己的因子　288
流動モザイクモデル　77
硫酸化　104, 108
硫酸転移酵素　108
両親媒性　79
領域化　307
輪状束　181, 197
隣出伝達　156
臨界濃度　192
鱗片形成　108, 109

る，れ

ループ構造　242
類似性　268
レクチン　87, 106, 136
レシチン　79
レセプター　15, 162
レプリカ膜　77
劣性　274
連結結合　139
連鎖　277

ろ

ローダミン標識ファロイジン　197, 200, 201
ローダミンファロイジン染色　197
ロッド領域　178, 221
ロンボメア　306
老化　16, 309
六単糖　149

わ

ワーナー症候群　310

欧文索引

A

α-アクチニン　144, 170, 187, 195
α-アマニチン　28, 29
α-チュブリン　204
α-ヘリックス領域　222
α-fetoprotein　268
α-internexin　228
A 帯　184
absorption　14
acetyl CoA　57
acid hydrolase　125
acid phosphatase　125
acrosome　260
acrosome reaction　263
actin　11, 176, 183
actin binding protein　191
actin filament　11, 144, 175, 190
actinomycin D　29
active transport　83, 95
acylation　107
acyl-CoA oxidase　70
adaptation　252
adaptor complex　119
adenoma-carcinoma sequence　272
adenosine triphosphatase　9, 262
adenosine triphosphate　56
adherens junction　139, 303
adhesion　14
　── molecule　15, 18
　── plaque　143
affinity　192
aggrecan　149
aging　16, 309
alar plate　306
alkaline diaminobenzidin 法　67
allosteric enzyme　54
alternative splicing　150
Alzheimer disease　36
amitosis　13
amphipathic　79
AMT-and Rad3-related　251
anabolism　14, 55
anaerobic　7
anaphase　255
　── A　211
　── B　211
anchorage independent growth　268
anchoring fibril　147, 151
anchoring junction　139
animal cell　10
anterograde transport　46

B

anthopore　73
anticodon　34
AP endonuclease　27
apoptosis　16, 314
　── -inducing factor　319
apoptosome　318
archaebacteria　7, 12
arm　244
aster　212
astral microtubules　255
astrocytes　305
asymmetric division　305
ataxia telangiectasia mutated　251
ATF6　328
ATP　56
　── の合成　60
ATPase　9, 178, 262
　── スーパーファミリー　191
autocrine signaling　159
autophagolysosome　129
autophagy　47, 129
axonal flow　154, 208
axoneme　214

B

β-グロビン遺伝子　297
β-サラセミア　297
β-チュブリン　204
β酸化　70
B 端　191
bacteria　12
Bad　318
Bak　318
barbed end　191
basal body　207
basal lamina　20, 151
basal plate　306
basement membrane　151
basket-like structure　234
Bax　318
Bcl-2 分子ファミリー　318
belt desmosome　139
BH3　318
BH3-only proteins　318
Bid　318
biomembrane　10, 76
blastocoel　302
blastocyst　264, 302
blastomere　264
blue green algae　7
bone morphogenesis protein　304
Boss-Sevenless　157

brain-derived neutrophic factor　304
budding　43
burst promoting unit-erythroid　294

C

C-蛋白　187
C 末端領域　221
Ca チャネル　169, 186
Ca^{2+}/CaM キナーゼⅡ　170
Ca^{2+}-ATPase　169, 170
Ca^{2+} によるシグナル伝達　169
Ca^{2+} ポンプ　169
CAD　317
CAD 遺伝子　284
cadherin　136, 197
calcium-dependent cell adhesion molecule　302
cAMP　28
　── 依存性プロテインキナーゼ　163, 164
cancer cells　266
Cap Z　187
capacitation　263
carcinoembryonic antigen　268
cardiolipin　80
caspase-activated DNase　316
catabolism　14, 55
catalase　312
catenin　139, 197
caveola　88, 120
CD44　144
cdc2/cdc28　249
Cdk　249
Cdk inhibitor　250
Cdk4/cyclin-D　301
cDNA プロジェクト　39
CENP-B　245
cell　2, 10
　── adhesion　18
　── biology　5
　── cortex　180
　── cycle　15
　── differentiation　3, 15, 18
　── division　11, 253
　── membrane　2, 10, 76
　── organelle　3, 10
　── polarity　153
　── proliferation　15
　── signaling　15, 18
　── strain　21
　── theory　4
　── wall　4, 13, 17

cellular slime mold　18
cellulose　17
central　11
—— body　11
—— clear region　69
—— nervous system　303
—— plug　234
—— rod domain　221
—— -pair microtubules　214
centriole　154, 207
centromere　244
centrosome　207
ceramide　80
Chaperone-mediated autophagy　47
check point kinase　251
chemical carcinogenesis　271
chemical evolution　6
chemiosmotic coupling　83
chiasma　260
chiro　311
chlamydia　13
chlorophyll　18
chloroplast　17, 18
chloroquine　114
cholesterol　80
chromatin　12, 240
chromosome　12, 244
—— condensation　255
—— map　246
cilium(-ia)　11, 180, 214
circumferential bundle　181, 197
cis face　102
cisterna　100
cisternal maturation model　108
citrate　57
citric acid cycle　62
c-kit がん遺伝子　295
clathrin　113, 119
claudin　138
—— のリン酸化　97
cleavage　264
—— furrow　256
coacervate　7
coat protein　46
coated pit　88, 119
coated vesicle　47, 119, 127
coatomer　47
—— 複合体　110
codon　33
coenzyme　55
cofilin　194
cohesin complex　254
coiled coil　221, 222
colchicine　100, 114, 179
collagen　17
—— fiber　20, 146, 147
—— fibril　146, 147
—— molecule　147
collagenase　152
colony forming unit-erythroid　294
communication junction　140
compaction　264, 302

c-oncogene　295
condensin complex　255
confocal microscope　200
connectin　187
connective tissue　19
connexin　140
consensus sequence　28
constitutive secretion　104
contact inhibition　156
contractile ring　181, 199
convertase　104
COP Ⅰ　47, 109
—— 小胞　112
—— 被覆　110
COP Ⅱ　47, 112
core　67
—— histone　241
—— protein　148, 149
cotranslational import　41
Creutzfeldt-Jacob 病　282
crista(e)　11, 61
cristae　61
critical concentration　192
cumulus cell　262
cyanobacteria　7
cyclic AMP　28, 163
cyclic GMP　160
cyclin-dependent kinase 1　250
cytochalasin　179, 196
cytokeratin　181, 220, 224
cytokine　258
cytokinesis　198, 211, 253, 256
cytoplasm　2, 10
cytoplasmic dynein　210
cytoplasmic fibril　234
cytoplasmic matrix　12
cytoskeleton　10, 174
cytosol　12

D

D-キシロース　107
daf-2 遺伝子変異　310
DAF-2 受容体　310
daf-2 変異（ショウジョウバエの）　311
daf-16 遺伝子　310
DAF-16 転写因子　310
D-aminoacid oxidase　69
DEAE デキストラン法　269
deamination　27
death domain　318
death receptor　317
deep-etching 法　77
degenerate　33
dehydrogenase　53
Delta　295
Delta-Notch　157
denaturation　25
de novo 核酸合成経路　58
dense body　225
deoxyribonucleic acid　2, 240
depolymerization　176

depurination　27
dermomyotome　307
desmin　181, 221, 225
desmoplakin　223
desmosome　140, 143, 181
deterministic model　293
diacylglycerol　79, 83
diad　188
dicer　38
diencephalon　306
differentiated cell　13
distal face　102
DNA　2, 24, 240
—— 塩基配列決定法　32
—— グリコシラーゼ　27
—— 修復　27
—— 診断　31
—— 断片化　314
—— 転写　28
—— トポイソメラーゼ　27
—— の配列の解明　31
—— のパッケージング　242
—— プライマーゼ　26
—— 複製　26
—— 複製フォーク　26
—— 分解酵素　317
—— 分解酵素 CAD　316
—— ヘリカーゼ　310
—— ポリメラーゼ　27, 54
—— リガーゼ　27
—— repair　27
—— transcription　28
DnaJ　326
DnaK　326
DNase 高感受性領域　298, 299
double-helix 構造　24
doublet microtubules　214
d-UTP　315
dynamic instability　205
dynein　180, 204, 208, 216

E

E カドヘリン　302
early embryo　264
early heterophagosome　131
EB ウイルス　258
E-cadherin　139, 302
elastic fiber　148
elastin　148
electron microscope　5, 16
electroporation　307
embryo　18, 263
—— transfer　264
embryoblast　264
embryonic stem cell　264
endocrine signaling　158
endocytosis　11, 14, 117, 131
EndoG　319
endomembrane system　40
Endonuclease G　319
endoplasmic reticulum　10, 40

endosome 10
endosymbiont theory 64
enzyme 14, 52
—— cytochemistry 83
—— histochemistry 83
epidermal growth factor 122, 123, 156
epidermolysis bullosa simplex 229
epigenetic inheritance 282
epithelial 20
—— cell 20
—— somites 307
—— tissue 19
—— -mesenchymal transition 304
epithelium 18, 20
ERAD 因子 328
ER associated degradation 329
erythrophore 73
Escherichia coli 13
essential light chain 195
ES 細胞 20, 264
eubacteria 7, 13
euchromatin 12, 240
eukaryotic cell 3, 10
eukaryotic initiation factor 2 35
exocytosis 11, 14, 158
exon 25
exportin 238
extein 37
extracellular matrix 19, 146

F

F-actin 177
falloidin 179
familial hypercholesterolemia 123
feedback inhibition 54
fenestration 102
fertilization 263
fertilized egg 15, 18
fibril 220
fibrillar structure 69
fibroblast 20
—— growth factor 304
fibronectin 150
Fick の法則 91
fidelity 268
filament 11
filamin 195
fimbrin 195
first meiotic division 260
first messenger 156
flagella 13, 180, 214
flagellum 260
flip-flop 82
flippase 82
floor plate 306
fluid mosaic model 77
fluid phase endocytosis 118, 128
focal adhesion 196
focal contact 143, 196
folding 36

follicle-stimulating hormone 260
forebrain 306
FOXO 遺伝子 311
FOXO 転写因子 310, 312
fragmin 194
frameshift mutation 34
free ribosome 11
freeze-fracture 77
furin 104

G

λ ファージ 284, 286
G 蛋白質 163, 164
G1(gap1)期 248
G2(gap2)期 248
G-actin 177
gamete 15, 19
gametogenesis 259
ganglioside 80, 81
gap junction 140, 156
gastrula 303
gastrulation 302
GATA 298
GATA 配列 298
gelsolin 194
gene 10, 24
gene amplification 269
gene cloning 30
gene expression 14
general transcription factor 28
genome 15, 24
germ cell 19, 259
GFP 105, 141
GFP 蛋白質 181
GGA 蛋白 113, 131
gland 20
Glanzmann's disease 144
GlcNAc 234
GlcNAc リン酸基転移酵素 133
glial cell 20
glial fibrillary acidic (GFA) protein 221
gliogenesis 305
GLT-1 97
gluconeogenesis 59
glucose 57
—— 6-phosphate 57
—— regulated protein 323
GLUT 4 95
GLUT ファミリー 95
glutaraldehyde 203
glycolipid 81
glycolytic pathway 57
glycoprotein 43
glycosaminoglycan 20, 148
glycosphingolipids 81
glycosylation 43
glycosylphosphatidylinositol 86
Golgi apparatus 10, 100
GPI 結合型蛋白質 86
GPI-anchored proteins 86
granulose cell 262

green fluorescent protein 105
GroEL/GroES 326
GrpE 326
GTP キャップ説 205, 206
GTP 結合蛋白質 165
GTPase Ran 239
GTPase 活性 165

H

H 帯 184
H$^+$-ポンプ 96
H1 ヒストン 241
half-life 29
hatching 264
head domain 221
heat shock element 323
heat shock factor-1 310
heat shock protein 36, 172, 323
heat shock transcription factor 323
heavy chain 195
HeLa 細胞 223, 267
helicase 310
hematopoietic inductive microenvironment 294
hemidesmosome 143, 225
heredity 15
heterochromatin 12, 240
heterophagolysosome 127
heterophilic type 136
heterozygosity 270
hexokinase 57
hexosamine 149
hierarchy 20
hindbrain 306
histology 12, 19
histone 241
Hoechest 33342 249
homologous chromosomes 15
homophilic type 136
homozygosity 270
hormone 159
house-keeping gene 296
Hox 遺伝子 308
HSF 1 329, 330
HSP 36
Hsp 40 326
Hsp 70 129, 323, 326, 329
HSP 90 329
HS 領域 299
hyaluronic acid 149
hybrid dysgenesis 288
hybridization 25
hydrolase 52
hydropathy plot 85
hydroxylation 42
hypha 18

I

I 帯 184
I-cell 病 133

Ig スーパーファミリー　136
ikaros　299
IL-1β 転換酵素(ICE)　320
immortalization　267
immotile-cilia syndrome　215
immunoblot　141
immunoglobulin superfamily　136
immunohistocytochemistry　142
importin α　237
importin β　237, 238
imprinting　282
in situ hybridization　38
in vitro motility assay　208
in vitro fertilization　264
in vitro 核移行アッセイ系　236
inclusion　12, 127
―― cell disease　133
induced pluripotent stem cell　21
inductive signal　303
inner cell mass　264, 302
inositol-triphosphate　83
insertion 因子　286, 287
integral membrane proteins　85
integrin　137, 143, 197
intein　37
intercellular bridge　260
intercellular substance　17, 18
interkinetic nuclear movement　303
intermediate filament　11, 175, 219
intermediate filament-associated protein　223
intermembrane space　61
internal membrane　10
interphase　248
interstitial cell stimulating hormone　260
intron　25
invasion　268
inverted repeat　286
ion channel　92
IP_3　168
iPS 細胞　21
iridophore　73
isomerase　52
isozyme　55
IS 因子　286, 287
IVF 児　264

J

junctional complex　15, 138
juxtacrine signaling　156

K

K^+ チャネル　94
Kartagener's syndrome　215
karyogamy　263
karyokinesis　198
karyotype　244
keratin　181, 224
―― filament　220
keratinocyte　73
kinase　53
kinesin　209
kinetochore　212, 245, 255
―― fiber　212
―― microtubules　255
kuru　39, 282

L

L-α-hydroxyacid oxidase　69
lactate　57
―― dehydrogenase　57
lag phase　192
lagging strand　26
lamellae 構造　100
lamellipodia 部分　191
lamin　228, 233
lamina densa　151
lamina fibroreticularis　151
lamina lucida　151
laminin　151
lateral inhibition　295
latrunculin　196
LDL 受容体　83
leading strand　26
lectin　87, 106, 136
Leydig cell　262
library　30
lifespan　309
ligament　146
ligand　119, 162
ligase　52
light chain　195
linkage　277
linker histone　241
lipid-anchored proteins　86
lipid bilayer　10
lipofuscin granule　130
liposome　81
locus control region　299
long arm　244
loss of contact inhibition　267
lyase　52
lysosome　10, 125
lysosome accumulating disease　133

M

M 期　248, 252, 253
M 線　184
M6P　133
macro-autophagy　47, 129
macrophage　117, 127
mad cow disease　36
male germ cell　260
Mallory body　229
malonate　54
MAP キナーゼ　319
marginal plate　69
matrix space　61
maturation division　260
Maxam-Gilbert 法　31
medial compartment　102
meiosis　15, 19, 260
melanin　73
melanocyte　73
melanophore　73
melanosome　73
membrane glycoproteins　86
membrane protein　10, 81
membrane-zippering mechanism　118
membranous organelle　10
merocrine　105
mesenchymal-epthelial transition　307
mesenchyme　18
mesoderm　302
messenger RNA　25
metabolism　14
metaphase　211, 255, 284
―― plate　212, 255
metastasis　268
MHC　316
Michaelis-Menten の飽和曲線　93
micro-autophagy　129
microbody　67
microfibril　148
microfilament　11, 175
microorganism　13
microscope　5
microtubule(s)　11, 100, 154, 175, 203, 204
―― capture　212
―― organizing center　254
microvilli　88
midbody　256
midbrain　306
minus end　193
misfold　323
missense mutation　33
mitochondria　11, 61
mitochondrial precursor protein　64
mitosis　15, 211, 248, 253
mitotic spindle　203, 212
molecular cell biology　5
molecular chaperone　16, 36
molecular evolution　31
monensin　114
monoclonal proliferation　267
monomer　176
morula　264, 302
motor proteins　208
MPS　132
mRNA 前駆体　328
MTOC　214
Mu ファージ　286
multicellular organism　2, 14, 18
multi-step carcinogenesis　271
multivesicular body　120, 130
muscle contraction　183
muscle fiber　20, 183
muscle tissue　19
mutagen　27, 271
mutation　27, 33
mycoplasm　9
MyoD ファミリー遺伝子　301

myofibril 20, 183
myosin 11, 176, 178, 184, 191
myosin-I 196
myotome 307

N

N-アセチルガラクトサミン 107
N-アセチルグルコサミン 149, 234
N-結合型オリゴ糖 105
N末端領域 221
Na⁺-K⁺ポンプ 96
Na⁺チャネル 94
NADPH 59
ncd蛋白質 210
nebulin 195
neoplasm 266
Nernst 電位 94
nerve cell 20
nerve fiber 20
nervous tissue 19
NES 238, 239
nestin 226
neural crest 304
neural plate 303
neural stem cells 305
neural tube 303
neuroepithelium 303
neurofibril 220
neurofilament 220
neurogenesis 305
neuroglial fiber 228
neuromodulator 158
neuron 20
neutrophil 117
nexin link 215
NLS 234, 239
NO（一酸化窒素） 160
nocodazole 114
nondisjunction 260
nonsense mutation 33
Notch 295
notochord 306
NPC 233
nuclear 233
　―― envelope 233
　―― export signal 238
　―― lamina 12, 228, 255
　―― localization signal 234
　―― matrix 12, 240
　―― membrane 12, 233
　―― pore 12, 233
　―― pore complex 233, 234
nucleoid 67
nucleolus 12
nucleosomal histone 241
nucleosome 12, 241
nucleus 2, 10

O

O-結合型グリコシル化 43

O-結合型糖鎖付加 104
O-結合型糖付加 107
occludin 138
occuluding juction 138
Okazaki fragment 26
oligodendrocytes 305
O-linked glycosylation 43
oncogene 269
oocyte 262
oocyte activation 263
oogenesis 262
oogonium 262
opsonin 118
optical section 201
optimal pH 54
optimal temperature 54
organ 2, 20
　―― system 2, 20
organelle 41, 232
overexpression 269
ovulation 262
ovum（egg） 262
oxalate 57
oxidative phosphorylation 63
oxidoreductase 52

P

P因子 288
P端 191
p53 250, 309
PACE4 104
paracrine signaling 157
paraxial mesoderm 307
Pax5 299
Pax6 306
PCR法 37
pericentriolar material 207
peripheral membrane proteins 86
peripherin 228
periplasmic fusion 110
perivitelline space 262
PERK 327, 328
　―― 経路 329
perlecan 149
peroxiredoxin 312
peroxisome 11, 67
Pex遺伝子 71
phagocytosis 14, 117, 131
phagosome 117
phalloidin 196
Pho蛋白質ファミリー 198
phospholipids 79
phosphorylcholine 80
photosynthesis 18
PI-3 319
pinocytosis 117
PKC 170
PKR-like-ER-kinase 327
plant cell 10
plasma membrane 2, 10, 76
plasmid 30

plasmodesm 17
plasmodesmata 142
plastids 17
PLC 170
plectin 195, 223
plus end 193
pointed end 191
point mutation 269
polar ejection force 212
polar lipid 79
polar microtubules 255
polarity 15, 20, 102, 177, 302
polycystic kidney disease 215
polymer 176
polymerase chain reaction 37
polymerization 176
polyribosome 35
polysome 35
polytene chromosome 246
post-transcriptional control 29
post-translational import 41
post-translational modification 36
prekeratin 224
presequence 64
primary lysosome 127
primary spermatcyte 260
primordial germ cell 259
prion 36, 283
processing 43
procollagen 147
product 52
profilin 194
programmed aging 309
programmed cell death 16, 314
prokaryote 12
prokaryotic cell 2, 10
proliferation 3
prometaphase 211, 255
promoter 28
pronuclear formation 263
propeptide 147
prophase 211, 254
proteasome 48
protein 52
　―― quality control 44
　―― splicing 37
proteoglycan 104, 148
protofilament 177
proton pump 126
proto-oncogene 269
protoplasm 2, 10
protoplasmic streaming 199
proximal face 102
pseudo gene 297
pseudopodia 198
pseudostratifiel epithelium 303
puff 247
PUMA 318
pump 96
pyrimidine dimer 27
pyruvate 57
　―― dehydrogenase 57

R

R ポイント　250
radial glia　306
radial migration　306
rafts　79
Ras 蛋白　86
Rb 遺伝子　269, 270
reactive oxygen species　312
reannealing　26
rearrangement　269
receptor　15
receptor-mediated endocytosis　118, 128
recombinant DNA　30
recombination　260
recycling endosome　120
red pulp　295
reduction division　260
regeneration medicine　21
regulated secretion　104
regulatory light chain　195
replication　12
　―― origin　26
replicative senescence　309
residual body　118, 129
response　15
restriction enzyme　31
restriction fragment length polymorphism　270
retention signal　44
retinoblastoma protein　250
retrograde transport　46
RFLP 解析　270
RGD 配列　150
rhombomeres　306
ribosome　11, 34
ribosome RNA　12, 25
ribozyme　30
rickettia　9, 13
RNA　7, 24, 238
RNA 干渉　38
RNA ポリメラーゼ　28
roof plate　306
ROS　317
rough-surfaced endoplasmic reticulum　11, 41
rRNA　12, 25

S

S 期　248, 252
saccule　100
Sanger 法　31, 32
sarcomere　196
sarcoplasmic reticulum　186
scale formation　109
scanning electron microscopy　88
sclerotome　307
scrapie(病)　39, 282
second meiotic division　260
second messenger　156
secondary lysosome　127
secondary spermatcyte　260
secretion　14
secretory vesicle　10
selectin　87, 136
selfish gene　288
senescence　309
separase　255
septate desmosome　142
Sertoli cell　262
sexual reproduction　19
Shh　306
short arm　244
signal hypothesis　42
signal peptidase　104
signal sequence　42
signal transduction　15
signaling molecule　15, 19
silent mutation　34
simple diffusion　82
Sir2　312
Sir2/SirT1　312
siRNA 法　38
SirT1　312
site-specific recombination　284
skeletal muscle　183
skeletal muscle fiber　20
sliding theory　184
smooth muscle　183
smooth-surfaced endoplasmic reticulum　11, 41
SNAP-25　111, 112
SNAP 受容体　111
SNARE 仮説　109, 111
somitogenesis　307
sonic hedgehog　306
specific granule　127
spectrin　86, 181, 195
spermatogenesis　260
spermatogenic cell　260
spermatozoon　262
sperm-egg fusion　263
spermiogenesis　260
sphingomyelin　80
spinal cord　306
spindle　11, 180
　―― check poink　256
　―― fiber　213
spliceosome　29
splicing　12, 25
SRP 受容体　43
S-S 結合　46
stationary cistern model　108
stem cell　19
stochastic model　293
stop codon　33
stress fiber　181, 196, 199
stress protein　16
stress response　16
stromatolites　7
subcompartments　103
substrate　52

substrate specificity　53
subunit　176
succinate　54
sulfation　104, 108
sulfotransferase　108
Sup 35 蛋白　283
superoxide dismutase　312
suppressor tRNA　35
SV40　235
　―― ウイルス　258
symmetric division　305
synapse junction　142
synaptic signaling　157
synaptobrevin　111
syncytium　183
syntaxin　111
synthesis　248

T

T 管　185
tail　260
tail domain　221
talin　144
tau protein　204
taxol　114, 179
TCA サイクル　58, 60, 62
telencephalon　306
telomerase　245, 267
telomere　16, 244, 245, 267, 309
telophase　211, 256
temperature-sensitive mutant　280
tendon　146
terminal cistern　186
tetrahymena　30
TGN　113
thick filament　184
thin filament　176, 183
thylakoid　18
thymosin　194
tight junction　20, 138
tissue　2, 18
tissue fluid　20
titin　187
TNF 受容体　317
TOFMAS　48
tonofibril　220
tonofilament　220
trans face　102
trans Golgi network　36, 102
transcription　12, 25
　―― factor　19
transcytosis　124
transfer RNA　25, 34
transferase　52
transformation　21, 267
transforming growth factor-β　304
transit sequence　44
translation　25
translocation　284
translocon　43
trans-membrane control　150

transmembrane proteins 85
transmission electron microscopy 16
transport vesicle 43
transposon 286
——— yeast 288
transverse tubule 185
treadmilling 193
triad 186
trigger model 説 127
triplet 221
triskelion 119
trisomy 260, 284
tRNA 25, 34, 35, 238
tropomyosin 185, 195
troponin 185
ts 変異 280
t-SNARE 111
T-SR 接合部 186
T-T dimer 27
tubular structure 69
tubule 100
tubulin 11, 175, 203
tumor supressor gene 269
turgor pressure 17
two hit mutation theory 269

Ty 因子 288

U

ubiquitin 47, 72
ultraviolet light 27
unfold 324
unfolded protein response 324, 327
unicellular organism 2, 13, 18
unit membrane 10
unit membrane theory 76
UPR 324

V

vacuole 17, 100, 126
VAMP 112
veslcle 100
——— transport 43
vesicular transport 82, 83
vesicular transport model 108
VHS ドメイン 131
video microscopy 208
villin 195
vimentin 181, 221, 225

vinblastine 114
virus 13
v-SNARE 111

W, X, Y

western blot 法 141
white pulp 295
X 線結晶構造解析 48
X 染色体 282, 284
XBP1 328
XBP1 蛋白質 328
yeast 18

Z

Z 盤 183, 184, 187
Zellweger 症候群 72
zipper model 説 127
ZO-1 141
zona pellucida 262, 302
zona reaction 263
zonula adherens 139
zonula occludens 138

人名索引

Allen 208
Anfinsen 327
Beadle 275
Benzer 279
Berenblum 271
Branton 77
Brown 123
Cohen 170
Correns 281
Crick 24, 48
Danielli 76
Davson 76
de Duve 11, 67, 125
de Vries 275
Edidin 78
Edwards 264
Farquhar 109
Fawcett 203
Fialkow 267
Fischer 167
Flemming 24
Fox 7
Frye 78
Gerace 237
Gibbons 216
Goldstein 123
Golgi 100
Gorter 77
Grendel 77
Haldane 6
Harman 312
Harrison 21
Hartwell 251
Hayflick 267, 309
Hooke 4
Horvitz 320
Howard 248
Huggins 171

Hyman 213
Kendrew 48
Kirschner 213
Knudson 269
Kossel 241
Krebes 167
Langmuir 77
Leeuwenhoek 4
Matthei 33
McClintock 287
Mendel 5, 274, 281
Michaelis 55
Miescher 24, 241
Miller 6
Mitchison 213
Montalcini 170
Morgan 279
Morré 108
Mullis 37
Nicolson 78
Nirenberg 33
Novikoff 102
Nurse 249
Olins 夫妻 241, 242
Oparin 6
Orgel 7
Overton 77
Paget 268
Palade 11, 34
Pasteur 4
Pelc 248
Perutz 48
Porter 203
Pott 271
Prusiner 39, 282
Robertson 76
Rothman 109
Ruska 16

Sauer 303
Schleiden 4
Schwann 4, 52
Shubik 271
Singer 78
Spallanzani 52
Steptoe 264
Straus 125
Summers 216
Szent-Gyorgyi 216
Tatum 275
Taylor 203
Urey 6
Vale 208, 209
Virchow 4
Vogelstein 271
Watson 24, 48
Weisenberg 203
Wickner 283

市川厚一 271
井上信也 213
岡田善雄 78
垣内史郎 169
下村　脩 105
竹市雅俊 136
田中耕一 48
秦野節司 191
藤田哲也 304
水平敏知 204
宮脇敦史 105
毛利秀雄 203
山極勝三郎 271
山田英智 121
山田正篤 280
山中伸弥 21

今日の医学教育に即応した STANDARD TEXTBOOK 標準教科書シリーズ

標準組織学 総論 第4版
藤田尚男・藤田恒夫
●B5 頁352 2002年

標準組織学 各論 第4版
藤田尚男・藤田恒夫
改訂協力／岩永敏彦・石村和敬
●B5 頁616 2010年

標準生理学 第7版
総編集／小澤静司・福田康一郎
編集／本間研一・大森治紀・大橋俊夫
●B5 頁1200 2009年

標準薬理学 第6版
監修／鹿取 信
編集／今井 正・宮本英七
●B5 頁536 2001年

標準病理学 第4版
編集／坂本穆彦・北川昌伸・仁木利郎
●B5 頁880 2010年

標準微生物学 第11版
監修／平松啓一
編集／中込 治・神谷 茂
●B5 頁688 2012年

標準医動物学 第2版
編集／石井 明・鎮西康雄・太田伸生
●B5 頁336 1998年

標準免疫学 第2版
編集／谷口 克・宮坂昌之
●B5 頁544 2002年

標準公衆衛生・社会医学 第2版
編集／岡﨑 勲・豊嶋英明・小林廉毅
●B5 頁440 2009年

標準法医学 第7版
監修／石津日出雄・高津光洋
編集／池田典昭・鈴木廣一
●B5 頁336 2012年

標準細胞生物学 第2版
監修／石川春律
編集／近藤尚武・柴田洋三郎・藤本豊士・溝口 明
●B5 頁376 2009年

標準生化学
藤田道也
●B5 頁368 2012年

標準臨床検査医学 第3版
編集／猪狩 淳・中原一彦
編集協力／髙木 康・山田俊幸
●B5 頁496 2006年

標準救急医学 第4版
監修／日本救急医学会
●B5 頁728 2009年

標準放射線医学 第7版
編集／西谷 弘・遠藤啓吾・松井 修・伊東久夫
●B5 頁832 2011年

標準感染症学 第2版
編集／齋藤 厚・那須 勝・江崎孝行
●B5 頁400 2004年

標準腎臓病学
編集／菱田 明・槇野博史
●B5 頁376 2002年

標準血液病学
編集／池田康夫・押味和夫
●B5 頁332 2000年

標準神経病学 第2版
監修／水野美邦
編集／栗原照幸・中野今治
●B5 頁632 2012年

標準精神医学 第5版
編集／野村総一郎・樋口輝彦・尾崎紀夫・朝田 隆
●B5 頁560 2012年

標準呼吸器病学
編集／泉 孝英
●B5 頁480 2000年

標準循環器病学
編集／小川 聡・井上 博
●B5 頁440 2001年

標準消化器病学
編集／林 紀夫・日比紀文・坪内博仁
●B5 頁592 2003年

標準小児科学 第7版
監修／森川昭廣
編集／内山 聖・原 寿郎・高橋孝雄
●B5 頁792 2009年

標準皮膚科学 第9版
監修／瀧川雅浩
編集／富田 靖・橋本 隆・岩月啓氏
●B5 頁760 2010年

標準外科学 第12版
監修／北島政樹
編集／加藤治文・畠山勝義・北野正剛
●B5 頁784 2010年

標準脳神経外科学 第12版
監修／児玉南海雄
編集／佐々木富男・峯浦一喜・新井 一・冨永悌二
●B5 頁496 2011年

標準小児外科学 第0版
監修／伊藤泰雄
編集／髙松英夫・福澤正洋・上野 滋
●B5 頁424 2012年

標準形成外科学 第6版
監修／平林慎一・鈴木茂彦
●B5 頁280 2011年

標準整形外科学 第11版
監修／内田淳正
編集／中村利孝・松野丈夫・井樋栄二・馬場久敏
●B5 頁1008 2011年

標準リハビリテーション医学 第3版
監修／上田 敏
編集／伊藤利之・大橋正洋・千田富義・永田雅章
●B5 頁544 2012年

標準産科婦人科学 第4版
編集／岡井 崇・綾部琢哉
●B5 頁648 2011年

標準眼科学 第11版
監修／大野重昭
編集／木下 茂・中澤 満
●B5 頁392 2010年

標準耳鼻咽喉科・頭頸部外科学 第3版
鈴木淳一・中井義明・平野 実
●B5 頁504 1997年

標準泌尿器科学 第8版
監修／香川 征
編集／赤座英之・並木幹夫
●B5 頁408 2010年

標準麻酔科学 第6版
監修／弓削孟文
編集／古家 仁・稲田英一・後藤隆久
●B5 頁376 2011年

最新情報につきましては、医学書院ホームページをご覧ください。 http://www.igaku-shoin.co.jp

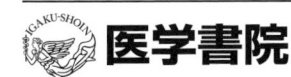

医学書院
〒113-8719 東京都文京区本郷1-28-23
[販売部]TEL：03-3817-5657 FAX：03-3815-7804
E-mail：sd@igaku-shoin.co.jp http://www.igaku-shoin.co.jp 振替：00170-9-96693

携帯サイトはこちら

（2012年10月作成）